麦芽威士忌年鉴

[英] 英格瓦·龙德（Ingvar Ronde） 主编

卢　霖（Richard） 编译

上海科学技术出版社

序言

欢迎打开《麦芽威士忌年鉴2025》（这是该系列的第20版），一场关于威士忌的深度探索之旅即将启程。多年来，我一直通过采访众多生产商，探讨他们对威士忌现状和未来趋势的看法。今年，我决定打破常规，引入全新的视角——邀请6位博客作者和YouTube博主分享他们的观点。他们将从消费者角度出发，分析消费者对生产商的期望和需求，带您从一个全新的维度感受威士忌世界中那些被忽视的细节与情感。在这本书中，您将读到从生产细节到爱尔兰威士忌多样化的讨论，以及19世纪末艾雷岛威士忌演变的引人入胜的故事，还有对过去20年威士忌世界发展的全面回顾。

本书一如既往地对"苏格兰麦芽威士忌蒸馏厂"进行了全面修订和更新，同时扩展了"世界其他地区蒸馏厂"章节的内容。在"过去的一年"章节中，我们总结了威士忌行业刚发生的重要事件。此外，书中还包含了关于"独立装瓶商""威士忌商店"的内容。最后，最新的"统计数据"将解答您关于威士忌生产和消费的疑问。

感谢您选择《麦芽威士忌年鉴2025》，希望您阅读愉快！

主编：英格瓦·龙德（Ingvar Ronde）

译者序

英格瓦·龙德（Ingvar Ronde）主编的《麦芽威士忌年鉴2025》汇聚了全球威士忌行业顶尖专家、蒸馏师、评论家与作家的智慧结晶，内容专业、权威，涵盖全球威士忌行业最新动态、海量酒款品鉴、前沿工艺创新及未来趋势预测，既能提升读者对威士忌文化的理解与品鉴水平，又能为从业者提供极具价值的行业指南，堪称一本兼具权威性、实用性和收藏价值的威士忌文化经典。

近年来，中国威士忌市场发展迅猛，消费者对专业、权威威士忌资讯的需求日益强烈。在此背景下，蒙泰集团积极引进该书版权，开展本土化编译工作，同时向国内各大威士忌酒厂征集内容，将其融入中文版。新增内容涵盖原料选用、酿造工艺革新、产品风味打造等实践经验与创新成果等，淳安千岛湖及邛崃两大威士忌产区投资促进局也积极参与，提供深度解读产区特色与优势的文章。这些内容极大地丰富了原英文版中国酒厂的介绍，同时填补了原英文版对中国产区介绍方面的空白。我们希望《麦芽威士忌年鉴2025》中文版不仅是威士忌知识的传递者，更是中外文化交流的桥梁，可以帮助中国读者更好地理解全球威士忌文化，同时向世界展示中国威士忌的魅力。

欢迎翻开此书，开启这场精彩纷呈的威士忌探索之旅吧！一起品味每一滴酒液背后的匠心与故事。

编译：卢霖（Richard）

目 录

二十年的变化 / 7
加文·D·史密斯（Gavin D Smith）

独特的发酵过程 / 15
克里斯蒂安·谢丽（Kristiane Sherry）

爱尔兰威士忌的现代特征 / 21
马克·詹宁斯（Mark Jennings）

空气中的微妙变化：蒸发 / 27
伊恩·维希涅夫斯基（Ian Wisniewski）

威士忌繁荣年代的兴衰 / 33
查尔斯·麦克林（Charles Maclean）

烟与镜 / 39
尼克·摩根（Nick Morgan）

苏格兰麦芽威士忌蒸馏厂 / 44

　艾柏迪（Aberfeldy）/ 45
　亚伯乐（Aberlour）/ 46
　欧特班（Allt-a-Bhainne）/ 47
　雅柏（Ardbeg）/ 48
　阿德摩尔（Ardmore）/ 50
　欧肯特轩（Auchentoshan）/ 52
　奥赫鲁斯克（Auchroisk）/ 53
　欧摩（Aultmore）/ 54
　巴布莱尔（Balblair）/ 55
　巴门纳克（Balmenach）/ 56
　百富（Balvenie）/ 57
　本尼维斯（Ben Nevis）/ 58

本利亚克（Benriach）/ 59
本利林（Benrinnes）/ 60
本诺曼克（Benromach）/ 61
磐火（Bladnoch）/ 62
布莱尔阿苏（Blair Athol）/ 63
波摩（Bowmore）/ 64
布拉佛（Braeval）/ 66
布赫拉迪（Bruichladdich）/ 68
布纳哈本（Bunnahabhain）/ 70
卡尔里拉（Caol Ila）/ 71
卡杜（Cardhu）/ 72
克里尼利基（Clynelish）/ 74
克拉格摩尔（Cragganmore）/ 75
克莱嘉赫（Craigellachie）/ 76
大云（Dailuaine）/ 77
大摩（Dalmore）/ 78
达尔维尼（Dalwhinnie）/ 79
汀思图（Deanston）/ 80
达夫镇（Dufftown）/ 81
埃德拉多尔（Edradour）/ 82
费特肯（Fettercairn）/ 83
格兰纳里奇（Glenallachie）/ 84
格兰伯奇（Glenburgie）/ 85
格兰卡登（Glencadam）/ 86
格兰多纳（GlenDronach）/ 87
格兰杜兰（Glendullan）/ 88
格兰爱琴（Glen Elgin）/ 89
格兰花格（Glenfarclas）/ 90
格兰菲迪（Glenfiddich）/ 92
格兰盖瑞（Glen Garioch）/ 94
格兰格拉索（Glenglassaugh）/ 96

格兰哥尼（Glengoyne）/ 97
格兰冠（Glen Grant）/ 98
格兰盖尔（Glengyle）/ 100
格兰凯斯（Glen Keith）/ 102
格兰昆奇（Glenkinchie）/ 103
格兰威特（Glenlivet）/ 104
格兰洛希（Glenlossie）/ 106
格兰杰（Glenmorangie）/ 108
格兰莫雷（Glen Moray）/ 110
格兰欧德（Glen Ord）/ 111
格兰路思（Glenrothes）/ 112
格兰帝（Glen Scotia）/ 114
格兰斯佩（Glen Spey）/ 115
格兰道奇（Glentauchers）/ 116
特睿谷（Glenturret）/ 117
高原骑士（Highland Park）/ 118
英尺高尔（Inchgower）/ 120
吉拉（Jura）/ 121
齐侯门（Kilchoman）/ 122
奇富（Kininvie）/ 123
龙康得（Knockando）/ 124
诺克杜 / 安努克（Knockdhu）/ 125
乐加维林（Lagavulin）/ 126
拉弗格（Laphroaig）/ 128
林可伍德（Linkwood）/ 130
罗曼湖（Loch Lomond）/ 131
洛赫兰扎（Lochranza）/ 132
朗摩（Longmorn）/ 133
麦卡伦（Macallan）/ 134
麦克达夫（Macduff）/ 136
曼洛克摩尔（Mannochmore）/ 137
米尔顿达夫（Miltonduff）/ 138
慕赫（Mortlach）/ 139
欧本（Oban）/ 140
富特尼（Pulteney）/ 141
皇家布莱克拉（Royal Brackla）/ 142
皇家蓝勋（Royal Lochnagar）/ 143
斯卡帕（Scapa）/ 144
盛贝本（Speyburn）/ 145

诗贝（Speyside）/ 146
云顶（Springbank）/ 148
斯特拉赛斯拉（Strathisla）/ 150
史特斯密尔（Strathmill）/ 151
泰斯卡（Talisker）/ 152
檀都（Tamdhu）/ 154
塔木岭（Tamnavulin）/ 155
第林可（Teaninich）/ 156
托本莫瑞（Tobermory）/ 157
汤玛丁（Tomatin）/ 158
托明多（Tomintoul）/ 159
托莫尔（Tormore）/ 160
杜丽巴汀（Tullibardine）/ 161

苏格兰新增威士忌蒸馏厂 / 162

八门（8 Doors）/ 163
阿伯拉吉（Aberargie）/ 163
艾尔莎湾（Ailsa Bay）/ 164
安南代尔（Annandale）/ 164
阿比奇（Arbikie）/ 165
阿德纳侯（Ardnahoe）/ 165
艾德麦康（Ardnamurchan）/ 166
阿德罗斯（Ardross）/ 166
巴林达洛克（Ballindalloch）/ 167
巴尔莫德（Balmaud）/ 167
博宁顿（Bonnington）/ 168
边境（Borders）/ 168
酿酒狗（Brew Dog）/ 169
布朗拉（Brora）/ 169
布诺本尼（Burnobennie）/ 170
卡布拉赫（Cabrach）/ 170
凯恩（Cairn）/ 171
克莱赛（Clydeside）/ 171
达夫特米尔（Daftmill）/ 172
达姆纳克（Dalmunach）/ 172
多诺赫（Dornoch）/ 173
邓菲尔（Dunphail）/ 173
伊顿磨坊（Eden Mill）/ 174
福尔柯克（Falkirk）/ 174

格拉斯哥（Glasgow）/ 175

格伦威维斯（GlenWyvis）/ 175

哈里斯（Harris）/ 176

荷里路德（Holyrood）/ 176

英斯代尼（InchDairnie）/ 177

拉塞岛（Isle of Raasay）/ 177

杰克顿（Jackton）/ 178

金岸逐梦（Kingsbarns）/ 178

拉格（Lagg）/ 179

勒威克（Lerwick）/ 179

林多修道院（Lindores Abbey）/ 180

洛赫丽（Lochlea）/ 180

女巫（Nc'nean）/ 181

波特艾伦（Port ElleN）/ 181

利斯港（Port of Leith）/ 182

罗斯班克（Rosebank）/ 182

瑰屿（Roseisle）/ 183

斯特拉森（Strathearn）/ 183

图拉贝格（Torabhaig）/ 184

沃富奔（Wolfburn）/ 184

其他新增微型蒸馏厂 / 185

附：苏格兰威士忌活跃酒厂（按所有者分）/ 187

邛崃——世界威士忌地图上点亮中国产区 / 188
程 科

中国威士忌千岛湖产区发展正当时 / 190
章 蓓

中国威士忌蒸馏厂 / 192

蒙泰威士忌酒厂 / 193

崃州蒸馏厂 / 194

韶山冲酒厂 / 195

吉斯波尔精酿蒸馏厂 / 196

伦布卡（南涧）蒸馏厂 / 197

高朗蒸馏厂 / 198

其他蒸馏厂 / 199

世界其他地区威士忌蒸馏厂 / 203

欧洲 / 204

北美洲 / 236

大洋洲 / 252

亚洲 / 261

南美洲 / 274

非洲 / 275

过去这一年 / 276

独立装瓶商 / 290

威士忌商店 / 299

统计数据 / 308

索引 / 314

致谢 / 319

倾听威士忌之声：我对威士忌的看法

罗伊·达夫 / 51

文·佩里·弗伦奇 / 67

杰夫·奥克斯利 / 95

切尔西·贝莱克和帕梅拉·多宾 / 101

凯伦·泰勒 / 107

克里斯·特雷维诺 / 113

二十年的变化

加文·D·史密斯（Gavin D Smith）

如果有人认为，威士忌的历史已经跨越了数个世纪，那么在《麦芽威士忌年鉴》第一版出版后的短短 20 年间，不可能发生太多重大变化。如果您持有这种观点，那么您可能要大吃一惊了。

首先，我们来看一些相关的统计数据。根据 2006 年版的《麦芽威士忌年鉴》（以下简称《年鉴》）记载，当时生产威士忌的蒸馏厂，澳大利亚有 5 家，美国有 6 家，日本有 6 家，整个欧洲大陆有 9 家。

在主要的 A-Z 蒸馏厂列表中，百世醇（Bushmills）位于布纳哈本（Bunnahabhain）和卡尔里拉（Caol Ila）之间，库力（Cooley）位于康法摩尔（Convalmore）和克拉格摩尔（Cragganmore）之间，没有专门的爱尔兰部分。

苏格兰的威士忌酒厂布莱克伍德（Blackwood）、齐侯门（Kilchoman）、达夫特米尔（Daftmill）、雷迪班克（Ladybank）和格兰哥尼（Glengyle）被列在"真正新酿酒厂"之中。其中，设在设得兰群岛（Sheland）的布莱克伍德和位于法夫（Fife）的雷迪班克，都未能成功——两者的失败引发大量的争议。新酒厂并不总是能够顺利地从设计图过渡到蒸馏器中流出烈酒，但在过去的 20 年里，确实有很多新酒厂做到了这一点。仅在苏格兰，据最新一次统计，麦芽和谷物蒸馏厂的总数达到了 160 家，而 2006 年这个数字还不到 100 家。

转而翻阅 2024 年版的《年鉴》，我们发现有多达 41 家爱尔兰威士忌蒸馏厂，根据国际葡萄酒及烈酒研究机构（IWSR）记录的数据，美国市场占据了爱尔兰威士忌销量的约 40%。具体来说，2006 年美国市场消费了 72.1 万箱（每箱 9 升）的爱尔兰威士忌，而到了 2022 年，这一数字飙升至 610 万箱，为蒸馏商带来了高达 11.4 亿美元的收入。这表示自 2003 年以来，美国市场上的"高端优质"和"超高端优质"爱尔兰威士忌的销量分别增长了 1 053% 和 2 769%，这一数据来自美国蒸馏酒协会（DISCUS）。

2024 年版的《年鉴》中收录了超过 40 家日本蒸馏厂，但日本威士忌的热潮实际上在 2006 年就已经开始。随后的几年里，由于供应远远跟不上需求，价格开始上涨，而酒标上的年份声明也开始逐渐消失。回望 2013 年，日本出口了 270 万升威士忌，价值约为 40 亿日元。10 年后，这些数字分别增长到了 1 290 万升和 501 亿日元。

在美国，2006 年有 75 家蒸馏厂在生产各类威士忌，而现在这个数字接近 2 300 家。波本威士忌的繁荣势头不减，根据肯塔基州蒸馏者协会（Kentucky Distillers' Association）的数据，该州的威士忌制造商在 2022 年创下了生产 270 万桶波本威士忌的新纪录。

在美国，除了波本威士忌之外，单一麦芽威士忌作为一个高端市场类别正在不断增长。这一趋势部分得益

左页图：在 2023 年秋季，威士忌世界见证了一个标志性的变化——越南的 Vẻ Đẻ Đi 蒸馏厂蒸馏出了该国的第一瓶麦芽威士忌。

于 2022 年的新立法，当时美国酒精和烟草税务贸易局（TTB）正式将美国单一麦芽威士忌列为一个新的分类。

澳大利亚现在拥有超过 100 家威士忌蒸馏厂，而欧洲大陆，包括斯堪的纳维亚地区，威士忌蒸馏厂的数量已超过 250 家。2006 年成立的诺福克的圣乔治蒸馏厂（St George），即现在的英格兰蒸馏厂，由于成立时间较晚，未能出现在 2006 年版的《年鉴》中。然而，正是从这家酒厂开始，英格兰现在已经拥有超过 30 家活跃的威士忌蒸馏厂。

印度一直是一个极其重要的威士忌消费国。据国际葡萄酒及烈酒研究机构的发言人所言，印度威士忌市场对全球威士忌品类的发展至关重要，因为全球每售出两瓶威士忌，就有近一瓶是在印度卖出的，而且全球 10 大威士忌品牌中有 6 个是印度品牌。尽管印度威士忌在全球市场上已占有一席之地，印度仍然是苏格兰威士忌的第六大出口目的地。

中国的威士忌制造行业正在快速崛起。目前有超过 30 家威士忌蒸馏厂已经投产或正在建设阶段。在全球烈酒市场占据领先地位的帝亚吉欧（Diageo）和保乐力加（Pernod Ricard）等公司，正在大力推动单一麦芽威士忌在中国这个世界最大的烈酒市场中的消费增长。

20 年前，中国的威士忌销量还相当有限，新兴中产阶级的首选饮品是芝华士（Chivas Regal）调和威士忌搭配绿茶。如今，年轻消费者对单一麦芽威士忌的需求日益增长，最近的一项估计显示，几乎一半的中国威士忌饮用者是在 1997 年之后出生的。2006 年，中国大陆的消费者在威士忌上的支出为 9 000 万英镑，而这个数字现在已经增长到近 10 亿英镑，中国大陆市场已成为苏格兰威士忌的第五大市场，仅次于美国、法国、德国和中国台湾地区，销售额达到 2.353 亿英镑。中国台湾地区同样是单一麦芽威士忌的重要市场，特别是在雪莉桶陈酿风格的威士忌中占据主导地位。大约 20 年前，麦芽威士忌就已占到中国台湾地区威士忌总销量的一半以上。当地威士忌专家何成尧（人称"钓鱼王"）认为："与 10 年前相比，我们现在在威士忌节上看到越来越多的 20 多岁的年轻酒友。这些年轻人愿意尝试各种威士忌，不再只局限于麦芽威士忌或高端品牌。同时，大型品牌也在加大对女性消费者的吸引力度，使得现在威士忌消费者群体比 20 年前更加宽泛。"

蒸馏厂产能翻了一倍

全球单一麦芽威士忌及其他非调和品类销量的增长，极大地推动了各个威士忌制造企业的迅猛发展，而在许多情况下，现有蒸馏厂的产能也得到了提升。

在苏格兰，2005 年的麦芽烈酒总产能为 2.242 亿升纯酒精，其中产能最大的蒸馏厂是格兰菲迪（Glenfiddich），年产能为 1 000 万升，其次是汤玛丁（Tomatin）700 万升、麦卡伦（Macallan）600 万升，以及格兰冠（Glen Grant）和格兰威特（Glenlivet）各 590 万升。

到了 2023 年，苏格兰的烈酒总产能几乎翻了一番，达到了 4.283 亿升。格兰菲迪和格兰威特各自的潜在产量均不少于 2 100 万升，麦卡伦为 1500 万升，而瑰屿（Roseisle，成立于 2009 年）和艾尔萨湾（Ailsa Bay，成立于 2007 年）各自的产能均为 1 250 万升。

从 2008 年到 2021 年，苏格兰瓶装调和威士忌的销量从 2.63 亿升下降到了 2.56 亿升，而瓶装单一麦芽威士忌的销量则从 2 300 万升增加到了 4 400 万升，并且在 2023 年销售额首次突破了 20 亿英镑。这是近两个世纪，自谷物威士忌开始生产以来，苏格兰谷物威士忌的产量首次与麦芽威士忌的产量持平。

全球威士忌蒸馏厂数量的增加同样促进了个体威士忌生产商的增长。虽然这些企业的总产量可能不及行业内巨头，但它们向市场提供了新产品，这些产品通常在桶型使用方面具有相当高的透明度，同时它们都将可持续性发展作为核心理念。

在首版《年鉴》中，格兰菲迪是当时最畅销的单一麦芽苏格兰威士忌（占据了全球市场 19.5%），其次是远远落后的格兰威特（市场份额为 7.9%）、格兰冠、卡杜（Cardhu）和麦卡伦则分别位列第四、第五。如今，格兰威特已经缩小了与格兰菲迪的差距，这两个品牌现在每年都在争夺市场领导地位。

与消费者互动

自《年鉴》首次出版以来，全球范围内威士忌行业的一个极其重要的趋势和变化因素是互联网的普及，它不仅反映了过去 20 年威士忌消费行为的变化，而且在很大程度上塑造了这些变化。互联网已经成为传播威士忌信息的全球性平台。

只需轻点鼠标，消费者和潜在消费者就能接触到海量的威士忌相关信息。在主流搜索引擎中搜索"whisky"会得到约 2.91 亿条结果，而搜索"whiskey"则能得到约 3.27 亿条结果。这样的信息量使得现代的威士忌爱好者比以往任何时候都更加便利地了解和掌握威士忌知识。这种信息的丰富性进一步激发了人们对更多威士忌知识的渴求，而这种渴求得到了来自专业和业余爱好者在线分享的广泛满足。

有趣的是，虚拟互动的增加反而增强了消费者想与威士忌制造商和首席调酒师进行面对面交流的渴望。他

新的威士忌酒厂正在世界的各个角落建立起来——这里是位于中国四川的叠川酒厂

们想要见到并听到那些积极投身于这个行业的人。为了满足这种需求,蒸馏厂商开始频繁参与全球范围内日益增多的品酒活动和威士忌节。

此外,过去 20 年间,与威士忌相关的图书出版数量也有了显著增加。实际上,这段时间内出版的威士忌图书数量超过了《年鉴》第一次出版以前的所有威士忌相关图书的总和。

随着消费者知识水平的提升,他们对产品表达形式的需求日益增长。对此,蒸馏厂积极响应,通过推出系列产品和限量版产品来满足这一需求。

"成品"威士忌的数量和质量都有所提升,因为蒸馏厂已经认识到,将原本就是二流的威士忌在二流的雪莉桶中存放 6 个月,并不会提升其品质。与此同时,大量的独立装瓶商涌现,他们帮助满足市场对威士忌新表达形式的渴望。

在法规允许的情况下,创新和实验推动了在次级陈化过程中使用橡木以外的木材,这一点在爱尔兰蒸馏厂的 Method & Madness 系列中表现得尤为明显。该系列尝试了雪松、栗木和安布罗纳木等不同木材,尤其是后者这种南美硬木,也在美国的手工蒸馏厂中变得流行起来。

对于消费者来说,最重要的创新举措之一——尽管纯粹主义者可能不以为然——就是对风味威士忌的持续热衷。这一趋势始于北美,以皇冠皇家苹果(Crown Royal Apple)和诺布溪烟熏枫糖(Knob Creek Smoked Maple)等酒款为代表,该品类取得了巨大的成功。

风味威士忌现在是一个价值 15 亿美元的品类,占美国威士忌销售总额的 20%。2019 年以来,美国货架上的风味威士忌数量激增了 37%,超过了 1 000 种选择。在美国市场取得成功后,爱尔兰威士忌生产商也效仿了这种做法,尊美醇(Jameson)、图拉多 D.E.W.(Tullamore D.E.W.)和普罗珀 12 号(Proper No.12)等品牌都推出了风味版本。

高端化趋势持续

随着越来越多的新兴酒厂推出年轻的威士忌产品,关于酒龄声明的争论也越来越多。没有人愿意在自己的苏格兰单一麦芽威士忌上标注三年陈酿的年份,同时却要收取三位数的价格,因此,人们更加重视生产实践和熟化的质量。

麦卡伦与莱俪的合作仅仅是高端化趋势中的众多例子之一

然而，在全球许多市场中，酒龄声明仍被视为某种标准的标识。在高端市场中，向高端化发展的趋势促使蒸馏厂与奢侈品牌的合作，如麦卡伦（Macallan）与莱俪（Lalique）之间的长期合作关系，以及最近波摩（Bowmore）与汽车制造商阿斯顿·马丁（Aston Martin）的合作。

您只需支付大约65 000英镑，就能获得一瓶52年陈酿的波摩威士忌——ARC-52，它被盛放在一个引人注目的容器里。波摩的市场团队用诗意的语言表达了这款威士忌的独特之处："它就像一台时光机，一半承载着波摩的精髓，另一半则融入了阿斯顿·马丁的风采，仿佛同时在两个方向上穿梭。"

在高端领域市场，您所支付的金钱确实能换来不少夸张的宣传效果，而且随着包装设计日益创新和成本上升，这种夸张的趋势也在逐年增长。消费者选择减少饮酒量但追求更高的品质，这种消费升级现象在近年来的许多市场中表现为销量下降而价值上升。此外，威士忌消费方式的变化也体现在"鸡尾酒文化"的复兴上。

为了迎合越来越多希望拓宽品鉴体验的消费者，专业的威士忌酒吧应运而生，它们经常提供主题化的"品鉴套装"和稀有瓶装酒，使得即使是相当古老和异国情调的威士忌品种也变得相对经济实惠。尽管如此，随着可提供的威士忌品种增加，全球范围内提供整瓶销售的实体和虚拟零售店也迅速增多。

在过去20年中，全球旅游零售领域的重要性显著增加，许多蒸馏厂提供了专为旅游零售设计的独家产品系列。曾经被视为亏损的品牌推广活动，如今已成为大生意，2022年全球旅游零售的总销售额达到了640亿美元。

当然，威士忌并不是孤立存在于饮品世界中的，它总是面临着各种威胁。鸡尾酒饮用的复兴以及与之相关的手工金酒蒸馏厂及其品牌的增长，让消费者重新认识到了白色烈酒的多样性。不过，威士忌蒸馏厂商也不甘示弱，他们推出了一系列专为自家烈酒设计的鸡尾酒配方，以此来反击。

2022年，美国市场上龙舌兰和梅斯卡尔的销量增长了17%，销售额增加了8.86亿美元，总计达到60亿美元。与此同时，在中国，即便威士忌在中国的流行度正在逐步攀升，但由谷物发酵制成的白酒仍然占据烈酒市场的

90%以上，销售额约160亿美元。

在过去几十年里，威士忌一直被誉为比葡萄酒、黄金或老爷车更好的投资品，尽管最近价格有所回落，但总体而言，威士忌的表现还是非常令人满意的。

飙升的拍卖价格

无论是为了享受品鉴的乐趣还是作为投资，潜在买家的需求都可以通过众多在线拍卖平台得到满足，同时还有像苏富比（Sotheby）和邦瀚斯（Bonham）这样历史悠久、声望卓著的拍卖行举办的专业威士忌拍卖活动。

回到2006年，任何拍卖会上出现一瓶威士忌都是罕见的，而且很可能不是麦卡伦（Macallan）就是大摩（Dalmore），但在2023年10月之前的一年里，竟有不少于8 500瓶的威士忌出现，并且每瓶的售价都超过了1 000英镑。

2023年11月，一瓶麦卡伦阿达米（Macallan Adami）1926，以创纪录的211万英镑成交；而早在2002年12月，一瓶62年陈酿的大摩在格拉斯哥的McTear's威士忌拍卖会上，以25 877.5英镑售出，成为当时全球最贵的公开拍卖单一麦芽威士忌。

苏格兰威士忌无疑是迄今为止最具收藏价值的威士忌，但日本威士忌、爱尔兰威士忌和美国威士忌也越来越频繁地出现在拍卖会上。在2020年11月邦瀚斯中国香港精品及稀有葡萄酒和威士忌拍卖会上，羽生（Hanyu Ichiro）的"全扑克牌系列"（Full Card Series）共54瓶，以1 189万港币（合119万英镑）的总价成交，创下了威士忌系列的新世界拍卖纪录。

2024年1月，一款由百世醇蒸馏、爱尔兰手工威士忌公司提供的30年爱尔兰单一麦芽威士忌以219万英镑的惊人价格售出，比前一年秋季拍卖的麦卡伦阿达米1926高出8万英镑。

近年来，随着威士忌成为一种热门的投资品，越来越多的公司热衷于向客户出售新酒和陈年酒的单桶。这在某种程度上让人回想起20世纪80年代，当时单桶投资在威士忌领域占据重要地位。与当时一样，现在的预期收益至少可以说是乐观的。但还有一些不法之徒存在，投资需警惕！

日益增长的威士忌旅游业

虽然在20年前有很多蒸馏厂向游客敞开大门，尤其是在苏格兰和美国，但"威士忌旅游"并没有像今天这

龙舌兰酒和以龙舌兰为基底的烈酒正在挑战威士忌的地位

样被量化,可以用事实和数字来展示其巨大增长所带来的影响。

苏格兰威士忌协会(SWA)的统计数据显示,2022年苏格兰威士忌游客中心的访客量第二次超过了200万人次,游客在蒸馏厂的总消费额达到了8 500万英镑——2010年以来增长了90%。在爱尔兰海的另一边,2022年有67.7万名游客参观了爱尔兰的酒厂,爱尔兰威士忌协会(IWA)表示,游客在与蒸馏厂相关的当地社区消费超过了4 000万欧元。

由美国蒸馏酒协会委托进行的研究发现,在疫情之前,酒厂旅游业在美国得克萨斯州创造了7.152亿美元的总经济效益,在纽约州创造了5.464亿美元,在加利福尼亚州创造了4.178亿美元。

在肯塔基州,与波本酒相关的旅游业蓬勃发展。2023年沿着肯塔基波本酒小径(Kentucky Bourbon Trail)和肯塔基波本工艺小径(Kentucky Bourbon Trail Craft Tour,展示较小蒸馏厂)的酒厂接待游客数量超过了250万。

越来越多的人参观蒸馏厂,他们还享受到了比以往标准的生产参观和品尝更多的体验。许多蒸馏厂提供一系列"体验"菜单,包括进入仓库和品尝桶陈样本、制作自己的调和酒,甚至有机会体验"一日蒸馏师"。

为了在竞争激烈的休闲娱乐市场中满足游客的期待,游客中心不断提升其服务水平,变得更加高端。例如,帝亚吉欧这样的蒸馏厂通过重新开放的波特艾伦(Port Ellen)和布朗拉(Brora)蒸馏厂提供独家体验,波特艾伦的入场费起价为200英镑,而布朗拉的则为300英镑。

可持续性是关键

直到20年前,全球威士忌行业才刚刚开始认真考虑其对环境的影响。在苏格兰,苏格兰威士忌协会在2009年制定了一项雄心勃勃的环境战略,目标是到2040年实现苏格兰威士忌产业的净零排放。其他许多威士忌生产国也非常重视可持续性问题。利用可再生资源创造能源和最大限度地减少用水量已成为公认的标准。蒸馏间和厌氧消化工厂都采用了热蒸汽再压缩技术,同时还制定了更环保的运输和包装措施。

苏格兰西高地的女巫蒸馏厂(Nc'nean)成为了新一代环境责任威士忌制造的"典范",而像美格波本威士忌(Maker's Mark)、威凤凰(Wild Turkey)和杰克·丹尼(Jack Daniels)这样的高调老牌蒸馏厂也在发挥作用。

除了解决可持续性问题,许多小规模蒸馏厂也开始

大型生产商正在大力投资威士忌旅游领域,爱丁堡的尊尼获加王子街体验中心就是这一趋势的有力证明

布纳哈本（Bunnahabhain）酒厂在2022年投产了新的生物能源厂

在展望未来时有效地回溯过去。他们以创造最佳风味为目标，采用"传统"大麦品种，这些品种曾一度受到大型蒸馏厂的青睐，但后来被产量更高的品种和不同的酵母所取代（当然同样是最大限度地提升风味）。值得注意的是，大麦的地板发麦（floor malting）技术和直火蒸馏技术（direct-firing of wash stills）正在复兴，这些技术都是为了提升威士忌的风味。在爱尔兰，一些蒸馏厂正在尝试通过提高燕麦和黑麦等辅助谷物的比例来重新定义"单壶式"威士忌，就像他们的前辈在一个多世纪前所做的那样。

虽然我们有时会被麦芽泥煤酚含量（Peat Phenol Content）和装瓶酒精度这些相对细枝末节的问题所困扰，但重要的是要记住，威士忌的世界其实是以人为本的，从酿造者到饮用者都是如此。

令人欣慰的是，在过去的20年里，整个行业的性别平等得到了进一步发展，越来越多的女性担任酒厂中的管理和生产职务。在苏格兰，目前男性首席调酒师的数量已经被女性同行超越，她们被称呼为"女首席调酒师"（Mistress Blender）。

英国首相哈罗德·威尔逊（Harold Wilson）曾说过："在政治上，一个星期是很长的时间。"对于威士忌世界而言，20年同样显得格外漫长。

加文·D·史密斯（Gavin D Smith）：世界著名的威士忌作家之一，也是《威士忌杂志》（Whisky Magazine）的苏格兰特约编辑。他经常接受一流饮品公司的委托撰写文章，并为各种国际出版物撰写专栏。目前已出版近30本图书，并且与已故的多明尼克·罗斯克罗合作，更新、修订并编辑了迈克尔·杰克逊的《麦芽威士忌伴侣》（Malt Whisky Companion）的三个版本。近期的出版物包括与乔尼·麦考密克合作的《威士忌奥秘》（Whisky Opus）《A9手册》以及《大摩的历史》（A History of the Dalmore）。他同时还是"双耳浅酒杯执持大师"（Master of the Quaich），目前居住在苏格兰边境地区。

独特的发酵过程

克里斯蒂安·谢丽（Kristiane Sherry）

从深奥的传统做法到新开发的尖端工艺，发酵正成为威士忌酿造过程中被讨论的焦点。以下内容介绍了当今威士忌先驱们是如何利用发酵潜力的。

"没有好的发酵液，就酿不出好的威士忌。"尤安·克里斯蒂（Euan Christie）强调说，这是多诺赫（Dornoch）酒厂经理的豪言壮语，但却让人很难反驳。对全球种类繁多、风味各异的威士忌来说，这是它们都遵循着的基本原则。最好的之所以是最好的，是因为它们建立在良好的基础之上。

正是基于这一原则，我们看到了越来越多以发酵为重点的威士忌诞生。2024年2月，边境酒厂（Borders Distillery）推出了"长与短"系列，系列中的短发酵威士忌和长发酵威士忌风味各异。拉弗格（Laphroaig）在5月通过发布元素2.0展示了其实验性长发酵的成果。与通常的55小时发酵不同的是，拉弗格发布的酒体可能在发酵罐中停留了多达155小时。还有爱丁堡的荷里路德酒厂（Holyrood Distillery），它在发酵试验中的大胆深入探索是众所周知的。看来，在这个时代，围绕橡木桶如何带来风味的叙述似乎已经让人感到乏味，生产要素的其他方面正在成为新焦点。

荷里路德酒厂的经理卡尔姆·雷（Calum Rae）认为，过去人们过分强调了木桶在威士忌风味中的作用，这并不是要贬低木桶的重要性，而是应当拓展讨论的范围。卡尔姆·雷还强调，威士忌的风味不仅仅来自木桶，还包括其他两个关键因素：麦芽的品质和配方，以及酵母和发酵过程。一切都发自其中。

白峰（White Peak）酒厂的经理戴夫·赛姆斯（Dave Symes）也同意这一观点。他解释说："现在，可以通过调整酵母来产生各种不同的风味。"他提到，"很多人都专注于木桶，即使大家都认为木桶贡献了三分之二的风味，那么还有三分之一的风味空间可以发挥。"

当然，这一切都是错综复杂且相互联系的。酿造优质的麦芽威士忌，每个阶段都要尽可能多地考虑细节，而发酵过程至关重要。

多诺赫酒厂的联合创始人西蒙·汤普森（Simon Thompson）表示："在陈酿阶段，它为我们带来了更丰富的风味强度和复杂性。很多时候，这实际上是在为其他风味的产生奠定基础。"

在我们深入探讨当今发酵理念的复杂性之前，先来回顾一下威士忌酿造中的发酵过程。一旦大麦经过麦芽化和洗涤以制成含有糖分的液体——醪液，接下来就是发酵的环节，它负责产生酒精和风味。在这个过程中，会加入酵母，酵母与醪液中的糖分相互作用，产生酒精、热量，以及一系列丰富的香气和风味化合物。这些化合物的气味、味道和感觉取决于无数的变量，包括酵母菌株、发酵时间、发酵容器（发酵罐）的温度，以及参与其中的细菌种类。

发酵过程中产生的酯类化合物对风味至关重要，它们往往带来果香和蜡质的口感。我们将探索这些因素以

在哈里斯酒厂,长时间的发酵是由于遵守安息日规则

及其他一些内容,其结果令人着迷。

传统的作用

麦芽威士忌已经酿造了几个世纪,没有发酵,就没有威士忌。发酵过程本身就像生命一样古老——毕竟,酵母无处不在,影响着地球上各种生物。酿酒师如何选择发酵方式往往受到古老文化传统的影响。这一点在哈里斯岛尤为明显。

哈里斯(Harris)酒厂坐落在靠近小码头的水边,类似位于过去与现在的交汇点。制造商的宗旨是解决社区人口下降的问题——希望通过提供就业机会,让更多的人选择留在岛上。但它的乡村环境不仅仅影响了其目的,这个地方的氛围也决定了威士忌的风味。

"这一切都与周日有关,"英国市场经理布莱尔·斯特里克(Blair Sterrick)解释说,"岛上仍然严格遵守安息日规则,这种基督教习俗甚至在艾雷岛等其他赫布里底(Hebridean)地区也已失传,以前您甚至不能晾衣服或割草。就威士忌酿造而言,这意味着周末的发酵时间会大大延长,过长的发酵时间增添了很多复杂性。"当周日批次与一周其他时间酿造的批次调和时,就形成了哈里斯酒厂自身的特色。

发酵传统远不只是工作时间这么简单——一些酒厂正在利用现代科学和研究让这些做法重现生机。白峰和多诺赫酒厂都在生产中使用活性酿酒酵母。这是一种古老的做法,过去酿酒厂和啤酒厂常常紧密相邻地运营。

白峰经理赛姆斯解释说:"科学已经跟上了威士忌的步伐,这意味着我们现在对风味的来源有了更深入的理解。回想几十年前,许多酒厂都在使用活性干酵母。"当地索恩桥(Thornbridge)啤酒厂在用白峰酒厂的酵母发酵其旗舰啤酒斋普尔(Jaipur)。酵母已经被使用过,这意味着它处于受压状态,而受到压力的酵母会产生不同的酯。

多诺赫团队在此基础上,对加入活酵母的时间,甚至过度投放酵母进行了试验。"我们发现过度投料的结果非常好,"克里斯蒂说,"双倍添加也酿造出了一些有趣的烈酒。像往常一样在零点投料后,24~48小时后再加入第二轮酵母。"

另一个有趣的做法是在酵母中掺入一些壶底酒进行繁殖。"它能清理掉所有残留物，"汤普森详细介绍说，"这是我们在一些历史文献中发现的，壶底酒是在第一次蒸馏后的残液，富含营养且糖分高——这两者都能使酵母快乐生长。这时的酸化程度也相当高，这有助于为正在繁殖的酵母带来竞争优势。此外，酸化还有助于提高酯类物质的浓度。"

一个很长时间的故事

参观过酒厂的人都不会对发酵时间的概念感到陌生。无论是不锈钢还是俄勒冈松木制成的发酵罐，当导游停在旁边时，首先介绍的就是酒厂的发酵时间。一般来说，发酵时间在48～60小时，但有时发酵时间会更长。

"如果您只是使用普通的蒸馏酵母和不锈钢发酵罐，进行长时间的发酵就没有太大意义，"位于英格兰弗罗姆附近的复仇蒸馏厂（Retribution Distilling）的创始人理查德·洛克（Richard Lock）说。

他说得有道理。过了这个阶段，所有的酵母基本上都会死亡，酒精也已经产生。那么，为什么大家对长时间发酵如此着迷呢？

用一个词来回答"微生物"。酵母不断地与生活在酒厂周围和木制发酵罐中的微生物竞争，其结果就是乳酸菌的聚集，它们依靠死去的酵母细胞生存。正是如此，才创造出了更多的风味。

"很多人都说，放得越久，效果越好，"赛姆斯沉思道，"我认为这不公道，但可以肯定的是，它一定会发生变化。至于是否变得更好，那就是主观看法了。"

有很多合理的原因可以解释为什么蒸馏师不会将发酵液放置多天。有些可能与成本有关——如果您必须尽快将酒精装桶，那么让其静置就没有意义。也许对有些人来说，55小时后就能形成理想的风味轮廓。但是对于许多人来说，这正是产生一些最有趣风味的方面。

多诺赫的发酵时间长达31天。"有些酵母发酵完后很有趣，但有些远还未达到商业化的要求，"汤普森解释说。然而，人们着迷的不是时间的长短，而是微生物本身。因为苏格兰威士忌协会的技术文件规定，不能在发酵过程中添加微生物。它只能自己进入发酵罐。

"我们所能做的最好的事情就是使用开放顶部的发酵罐，创造出一个环境，在这个环境中逐渐培养出所需的共生微生物，"他继续说，"这有点像进化和机缘的结合。"这也是品尝陈年威士忌魅力所在。"某些风味如此浓烈，真让人想知道这到底是怎么产生的？"

研究表明，这些化合物之所以存在，是因为周围环境中的植物群和动物群。而有一些风味仅仅是因为微生物产生了某些物质而出现的。

位置很重要

当谈到以发酵为特色的地域感时，没有哪家酒厂能与高冰庄园（Domaine des Hautes Glaces）相提并论。这家位于法国多山的特里耶夫（Trièves）地区的有机酒厂与当地农民合作，采购其大麦和酵母。

团队首先从酒厂周围的田野中采集酵母，开发了一个酵母库，用以通过发酵来捕捉该地区的风土。他们使用的是与常规酵母截然不同的有孢圆酵母属菌株（Torulaspora strain）。

"除了芳香特征外，我们的酵母凭借自身的新陈代谢，也会对酒液的质地产生影响。"酒厂创始人弗雷德·雷沃尔（Fred Revol）详细介绍道。

"我们得到了一种口感上的醇厚和质地，这种感觉在蒸馏过程中也能体会到。我们对这种口感特别感兴趣，而且只有我们本土的酵母才能产生出这种独特的风味。"

他还说，"用这些酵母发酵能产生果香、植物香和花香，反映出谷物的味道。虽然产量较低，但对雷沃尔来

复仇蒸馏厂创始人理查德·洛克

活性酿酒酵母是白峰酒厂生产过程中的一个重要部分

说这是值得的。"

"它们的工作方式不同，需要更多的关注，也需要更多的氧气。"他详细地介绍道，"它们对温度变化和高温更敏感。由于它们更加敏感，它们对酒精的抵抗力更低。"

如果酒精水平提升太多，它们可能会过早死亡。因此，需要进行缓慢且低温的 144 小时发酵。虽然每个蒸馏厂都有自己的细菌生态系统和环境酵母，但在高冰酒庄，这一点被提升到了一个新的高度。

威士忌能否实现完全自然的野生或自发发酵？毕竟，龙舌兰和朗姆酒酿造商已经做到了。业界对此观点各异。其中一个问题是如何一次性在发酵罐中获得足够的酵母。

"我不确定空气中的天然酵母能带来多少发酵效果？"荷里路德的雷沉思道，"我认为至少有人尝试去做这件事是有意义的，无论是我们还是其他人。"

什么是可控的

虽然每家蒸馏厂都有自己独特的地方特色，但除非在极端的实验室条件下，否则发酵的许多方面都无法控制。好在大胆的蒸馏师在风味创造方面仍然有很多可以操作的空间，而这些更具实验精神的蒸馏师同时也在收获美味的回报。

"在我看来，没有必要追求极端的一致性，例如试图酿造出风味恒定的 5 年威士忌，因为有很多其他英国酿酒厂已经在这样做了，而且产量和预算都比我们大得多。"复仇蒸馏厂（Retribution）的洛克（Lock）说。因此，他决定另辟蹊径，招募了酵母和细菌生物技术企业（WHC Labs）的烈酒销售主管皮特·加勒维（Pete Garraway）。

洛克在做了 12 年家庭酿酒师后，加入了蒸馏行业。这让他感受到了发酵更神秘的一面。他所做的大约 90% 的工作都是实验性的。"如果您使用和其他人相同的酵母菌株和谷物品种，调整水的比例以达到通常的麦芽浆酸碱度，并使用蒸汽加热的蒸馏器，那么就真的限制了酒厂的风味可能性。"

相反，他正在寻找耐高温和硫醇化酵母菌株（用于制作浑浊啤酒的那种），看看它们的表现如何。

"在某种程度上，我们是在尝试未知的东西，或者至少是在尝试那些没有公开讨论过的东西。这在一定程度上是有风险的。但是，如果投料量正确，发酵过程控制得当，就会发酵成功。接下来就看蒸馏后的酒液是否符合您的期望了。"

而每个人都希望解锁一系列新的风味。对于加勒维来说，在苏格兰以外的地方工作会产生更多的变数。温度、麦汁的密度、酸碱度和氮含量都会产生影响。

在上述所有因素中，温度的影响可以说是最大的。正如白峰酒厂的赛姆斯所指出的，使用相同配方酿制的两款啤酒，即使发酵温度相差5°C，味道也会完全不同。不过，虽然啤酒中的许多异味都来自过高的温度，但这些异味在威士忌中却很受欢迎。他说："实际上，我们希望我们的酒中有这些味道。温度也会影响发酵的速度，同样会产生不同的风味。"

"我希望我们的发酵罐有温度控制，那样我们就可以深入研究这个问题。"雷说。这对他来说尤其有用，因为生产商每次都要进行大量的发酵实验，不仅要研究多个菌种，还要研究多种不同的酵母。并非所有类型的酵母都适合，香槟酵母有一个"杀伤因子"。

"我们第一次使用它的时候，它并没有吃我们提供的糖分来酿酒，而是转过身来吃我们投放的其他酵母。"时间将告诉我们这种友军火力行为创造了什么风味。

"在发酵的上游，糖化也是另一个变量，"多诺赫的伊万说，"我们可以用一种能产生更多葡萄糖、更多可发酵糖的方式进行糖化。这让酵母在与细菌的斗争中占得先机。"

迄今为止，发酵实验领域的主要参与者都是规模较小的独立制造商。这是因为，对于威士忌界的大公司来说，酵母和细菌都是很难控制的，如果尝试在它们身上做改变，可能会毁掉历史悠久的酒厂特色。

怀特马凯（Whyte & Mackay）的首席调配师克尔斯滕·麦卡勒姆（Kirstie McCallum）博士指出，"我认为了解正在发生的事情以及不同的研究结果非常有趣。"尽管很感兴趣，但她不会在她的大摩（Dalmore）、吉拉（Jura）、塔木岭（Tamnavulin）和费特肯（Fettercairn）等酒厂的产品组合中深入研究这些问题。"我们需要努力保持一致性，所以我们必须保持相同的特性。"

然而，她并没有完全排除实验的可能性。"我们可能会考虑限量发行、限量生产。"她补充说，要确保后续的发行不被污染是很困难的。

无论制造商是稳扎稳打还是推陈出新，发酵技术都在前所未有地吸引威士忌迷们的关注。

"我们是一家刚起步的小酒厂，与我们一起踏上这段旅程的很多人都是刚开始接触威士忌。"白峰联合创始人克莱尔·沃恩（Claire Vaughan）认为，"他们欣赏创造风味的不同元素。我们的客户中有很大一部分都很在意这个问题。"

尽管可能尚未成为大众饮品的主流选择，但随着手工啤酒和自然葡萄酒等越来越受欢迎，人们对整个发酵过程的理解也变得更加广泛。

蒸馏师们显然士气高涨——感觉这仅仅是创新的开始。尽管荷里路德的雷很乐意遵守苏格兰威士忌协会的规定，但他也说，"我们所做的就是尽可能地接近那个框架的边缘，直到有人把我们打回原形。"这是令人兴奋的威士忌制作过程，而发酵正是这个过程的核心。

克里斯蒂安·谢丽（Kristiane Sherry）：一位自由职业的饮品作家、编辑、教育家、主持人和烈酒评委，提供品牌战略和创意营销方面的咨询。她曾在屡获殊荣的"麦芽大师"（Master of Malt）担任内容团队负责人，担任《烈酒商业》（Spirits Business）杂志编辑、并在奢侈葡萄酒平台"FINE+RARE"担任品牌负责人。克里斯蒂安还是许多品酒比赛的主席和评委，其中包括国际葡萄酒与烈酒竞赛（IWSC）、美国蒸馏研究所（American Distilling Institute）的手工烈酒评比和全球烈酒大师赛（Global Spirits Masters）等。

独特的发酵过程

爱尔兰威士忌的现代特征

马克·詹宁斯（Mark Jennings）

随着众多新酒厂的开业，爱尔兰威士忌已今非昔比。或许正因如此，它才保留了自己的特色。不同的所有者正在使用各种生产技术——有些是传统老派的，有些则是开创性的。结果就是各种不同风格的威士忌精彩纷呈。

我想谈谈我认为世界上最适合酿造威士忌的地方。这是一片富饶的土地，以其优质的谷物、丰富的蒸馏历史、创新的工艺和特色的口味而闻名于蒸馏界，但却又常常被人们完全误解，这就是爱尔兰。

现在请耐心听我说。我知道您的脑海中不会有火花闪过。您了解爱尔兰威士忌，您品尝过爱尔兰威士忌，对您来说，这是一个已知的实体。但事实真是这样吗？

在4位大胆创新、定义世界威士忌的制造商的帮助下，我想说服您。我愿意打赌，尽管您对爱尔兰威士忌了解很多，但其中很多可能是错误的。实际上，这是完全可以理解的，因为爱尔兰一直有一两家主要的酿酒厂在控制着爱尔兰威士忌的话语权。

如果您听过以下任何说法，请举手：
爱尔兰威士忌是——
- 陈酿三年零一天
- 从不带有烟熏味
- 总是口感顺滑（无论这是什么意思）
- 总是三次蒸馏
- 总是拼写时带有字母E

我举手了，在我的职业生涯中，我曾经一遍又一遍地提出上述所有观点。但它们都是错误的。

这很好，朋友们。我们已经厘清了一些关于爱尔兰威士忌的不实之词，那么让我们迅速达成共识，开始了解爱尔兰威士忌的真实情况，以及是什么让爱尔兰威士忌的潜力如此巨大、如此令人兴奋……而且如此美味。

虽然爱尔兰威士忌与苏格兰威士忌有一些相似之处，但在爱尔兰，他们可以使用混合的麦芽配方，而不仅仅是苏格兰人使用的麦芽大麦。威士忌可以使用未发芽的大麦、小麦、玉米和黑麦来制作，也可以使用橡木以外的木材桶。

这些丰富的谷物和木材为威士忌的风味增添了无限活力，然而我们几乎还没有品尝到这些，因为主要生产商一直专注于维持对爱尔兰威士忌的控制——生产易于饮用的调和酒。但这种情况正在改变，而您，亲爱的饮酒者，即将踏上这一段狂野之旅。

左页：布伦登·卡蒂，基洛文蒸馏厂的创始人兼蒸馏师

对于黑水蒸馏厂的创始人彼得·穆里安来说,麦芽配方是关键

麦芽配方的时光旅行者

"如果只生产单一麦芽苏格兰威士忌,那几乎没有什么与众不同之处——蒸馏器的形状、天花板上的蜘蛛网……蒸馏厂的猫。"黑水蒸馏厂（Blackwater Distillery）的创始人彼得·穆里安（Peter Mulryan）说,"您必须在很大程度上倚重酒龄和酒桶。"黑水蒸馏厂因附近的黑水河而得名,位于爱尔兰最南部的沃特福德郡（County Waterford）,于2018年开始生产威士忌。这家蒸馏厂可以说小到能够轻松地设在一个翻新过的20世纪50年代的五金店里。在这里,他们对威士忌进行双重蒸馏,不使用E（即不添加焦糖色素）,并且非常专注于从已关闭的蒸馏厂的历史麦芽配方档案中提取信息,以了解古老的烈酒是什么味道,然后再加入到自己的配方。

对于各大品牌如何控制和定义爱尔兰威士忌,以及哪些威士忌可以或不可以被称为"单壶式"（相当于苏格兰的单一麦芽威士忌的威望）,穆里安本人从不讳言。

目前的法律规定,爱尔兰单壶威士忌的原料至少有30%的麦芽或30%的未发芽大麦,以及5%的其他谷物。他带着一丝苦笑强调——当前的定义意味着爱尔兰历史上酿造的大部分威士忌如今都不能被称为"单壶式"。

"我想回到过去,重新制作一些这样的威士忌,这就是开设这个酒厂的目的。"穆里安回应道。

穆里安和他的团队已经尝试了超过30种麦芽配方,其中一种有200年历史,包括传统谷物、绿色麦芽或不同酵母。他热衷于谈论这种威士忌与当今人们认为的爱尔兰威士忌有多么不同。

"我们在这里有很多独一无二的特点,但不幸的是,大多数大品牌生产的产品并没有什么独特之处。95%的爱尔兰威士忌都相差无几。对爱尔兰威士忌最好的配方并不一定对尊美醇（Jameson）最好。"这位"刺头"指出。

黑水蒸馏厂说服爱尔兰农民为他们种植燕麦和黑麦等谷物,并且他们坚信双蒸馏而非三蒸馏至关重要。"我们需要创造有趣的新酒,这款威士忌在4年后味道很好,因为它不是来自柱式蒸馏器,也不仅仅是由玉米和大麦制成。"穆里安解释道。

他们的麦芽配方通常包含15%的燕麦,小麦和黑麦的比例较低,其余的则是由发芽和未发芽的大麦组成。这与大多数人喝过的爱尔兰威士忌截然不同。他总结说,"爱尔兰威士忌之所以能成为世界上最好的威士忌,一定与过去的酿造方式有关。"

重新定义爱尔兰威士忌

"甜美、顺滑、果味、三重蒸馏——这些都是爱尔兰威士忌的典型特征。但这些并不是我们追求的独特元素。"罗伊蒸馏厂(Roe & Co)的首席蒸馏师洛拉·赫米(Lora Hemy)表示。

罗伊蒸馏厂的名字来源于19世纪著名的都柏林——乔治罗伊蒸馏厂(George Roe & Co distillery,曾经是世界上产量最大的蒸馏厂),但这种联系仅止于此。他们的关注点不是过去,而是重新定义爱尔兰威士忌。

因此,由前音响工程师DJ洛拉·赫米(Lora Hemy)来掌舵这种完全现代的威士忌项目是再合适不过的了。赫米对香水的热情让她转向了蒸馏行业,并为威士忌的酿造带来了新奇、实验和现代的视角。2024年,他们推出了第一款使用精心设计的索莱拉陈酿系统生产的单一麦芽威士忌,该系统让威士忌在包括波本桶、雪莉桶甚至栗木酒桶等多种桶型中流动熟成。

该品牌于2017年开始使用采购的威士忌进行调配,但在2019年,他们在前健力士发电站大楼开始了他们的蒸馏厂项目。该厂归帝亚吉欧所有,帝亚吉欧也是乐加维林(Lagavulin)和卡杜(Cardhu)等知名酒厂的所有者。

赫米以音响工程师的视角描述了她作为蒸馏师的工作。

"能够灵活运用科学、技术和创造性思维是作为一名蒸馏师拥有的最关键能力,就像在操作一个巨大的调音台。从本质上讲,这是一个工程过程,需要做出一系列有序的、对口味有影响的决定,这些决定将帮助我们酿造出风味独特的烈酒。我们在它甚至还没有接触木材之前,就已经在琢磨我们希望它更加突出的地方。"

她承认,爱尔兰威士忌的全球声誉是建立在少数几家蒸馏厂的产品基础上的,这使消费者的观念根深蒂固。

"我认为大品牌在使爱尔兰威士忌变得有趣和易懂方面做得非常出色,但我们还有更多的工作要做,以引导它摆脱特定的模式。我不希望我们仅仅将爱尔兰威士忌视为一种饮品。"

"我认为,作为一个从业者,我们需要做得更好,展示威士忌经过陈酿和时间的沉淀后会有多么美妙,让它成为世界上最好的威士忌。"

帝亚吉欧在都柏林的罗伊蒸馏厂的理念是让爱尔兰威士忌变得更好

对于沃特福德蒸馏厂的创始人马克·雷尼尔来说,一切都与大麦有关

风土猎人

"我是为了大麦而去的,这也是我在那里的原因。"沃特福德蒸馏厂(Waterford Distillery)的创始人马克·雷尼尔(Mark Reynier)说。

在沃特福德这个南部城市的海滨地带,矗立着马克·雷尼尔对风土的致敬之作。雷尼尔成长于一个进口葡萄酒的世家,他最著名的成就是于2000年复兴了布赫拉迪(Bruichladdich)蒸馏厂。他是一位英国人,将前健力士啤酒厂改建成一家实力雄厚的酿酒厂,并不是因为他对爱尔兰威士忌的欣赏,也不是因为他爱上爱尔兰文化的感性故事。他之所以来到这里,是因为这里是世界上最适合谷物生长的地方,而谷物对威士忌至关重要。

"我还记得和了不起的邓肯·麦吉利夫雷(Duncan McGillivray),那位在布赫拉迪(Bruichladdich)工作了40年的资深酒厂经理的一次聊天。一个夏夜,我们坐在蒸馏厂外的小墙上,他指着北英吉利海峡对岸的爱尔兰对我说,'我自60年代初就在这里工作,您知道,毫无疑问,我见过的最好的大麦来自那边。'"雷尼尔回忆道。

雷尼尔对独特风味的威士忌的追求可以追溯到20世纪90年代,当时他创办了一家独立装瓶厂。

"当时我们并不知道,我们购买并装瓶的60年代生产的威士忌拥有更好的大麦、更好的酿造工艺和更好的橡木桶。那些蒸馏厂在1983年被关闭了。纯真年代结束,工业时代开始。"他怀念地回忆道。

雷尼尔对这种"纯真威士忌"的渴望让他来到了布赫拉迪,并说服农民在艾雷岛重新种植大麦。12年后,雷尼尔被迫卖掉了布赫拉迪,在他即将证明一件对他来说非常重要的事情之际——大麦的温度、湿度、土壤和海拔(风土)对威士忌口感的影响要比用于陈酿烈酒的木材更重要。

"我需要实际的科学证据。我的一位业界评论家曾直言不讳地说,'没有科学证据证明风土存在。'不幸的是,他是对的。"雷尼尔沉思道。

雷尼尔还有更多需要证明的东西,2016年开业的沃特福德蒸馏厂就是佐证之一。这是一个宏大的实验,他们从110个不同的农场和多个大麦品种中提炼出蒸馏大麦,其中许多品种在爱尔兰已经有几代人没有种植过——当时为了产量大麦被同质化。面对如此复杂的谷物多样性,雷尼尔没有时间去考虑混合麦芽配方、三重蒸馏,甚至威士忌的称谓。在沃特福德蒸馏厂,不加焦糖色素的威士忌是在苏格兰制造的蒸馏器中进行双重蒸馏,只使用发芽大麦。

最终,他得到了证据。由达斯汀·赫伯(Dustin Herb)博士领导的俄勒冈州立大学(Oregon State University)、爱尔兰农业部(Ministry of Agriculture in Ireland)和苏格兰领先威士忌实验室(Scotland's leading whisky laboratory)进行了一项为期三年的研究,发现大麦有2 000种风味化合物（相比之下，葡萄酒只有500种），其中60%受风土影响。

未来蕴藏在过去之中

基洛文蒸馏厂（Killowen Distillery）的创始人兼蒸馏师布兰登·卡蒂（Brendan Carty）说："这是一个充满激情的项目，我是出于对它的热爱才坚持下来的。"

曾经，爱尔兰北部以其丰富的威士忌产量而自豪，并一度领先世界。然而，随着时间的推移，唯一留存下来的只有布什米尔（Bushmills），尽管它依然强大。值得庆幸的是，如今北爱尔兰再次焕发生机，新蒸馏厂如雨后春笋般涌现。其中，成立于2019年的基洛文蒸馏厂，虽然规模不大，却成为了其中最引人注目的新成员之一。

虽然光有美丽的环境并不能造就好的威士忌，但不得不说，背靠莫恩山脉（Mourne Mountains），面朝大海，这家充满爱意的酿酒厂确实符合环境的要求。他们以如此小而精致的规模制作，以至于他们的威士忌几乎在酿造之前就已售罄。基洛文的产量是沃特福德的0.03%，规模与沃特福德不可同日而语，但与我提到的其他蒸馏厂确实有很多相似之处。

例如，卡蒂本人痴迷于酿造特定风格的烈酒，甚至不惜使用直火蒸馏和虫桶冷凝器，以传统的方式生产双蒸馏烈酒。他们的理念"让基洛文的独特风味与历史上国际威士忌的选择相呼应，这些威士忌都是独一无二的爱尔兰威士忌。"

卡蒂非常坦率地讲述了经营一个小型蒸馏厂的经历。"酒厂有自己的个性。你需要照料它、检测它、引导它——就像对待自己的孩子一样。你对它承担着责任，不能随意抛弃它，哪怕有时候你真想这么做。"

他也明白自己肩负着更广泛的责任，认识到基洛文在塑造行业未来方面的作用。

"这很令人兴奋，但确实压力非常大！"他微笑着说。

"爱尔兰威士忌未来的优势在于它曾经是什么。高质量的壶式蒸馏威士忌，黏稠且辛辣——那才是它的本色，在麦芽配方中加入更多的燕麦和黑麦。这是爱尔兰威士忌的天赋，我们应该好好利用它。"卡蒂热情地说。

他还认为，提高威士忌品牌的透明度至关重要，并希望大众能够对此提出更多的要求——人们理应知道自己喝的是什么。他的另一个观点是，蒸馏物主导的烈酒才是未来的趋势，这种烈酒口感极佳，酒体饱满，而不是只注重木头的味道。卡蒂说："不能粉饰垃圾。"

我本可以引用更多声音来描绘爱尔兰现在和不久的将来有哪些丰饶的产品在等待着您。在这片土地上，几代人都忘记了它曾经酿造过的丰富多样的威士忌，只因为他们不得不在一个以调和酒为主的世界中努力保持竞争力。

当然，未来并不确定，因为对于所有新的威士忌酒客来说，世界各地还有许多新的酒厂。卡蒂关于透明度的观点提出了一个挑战，因为许多品牌没有自己的蒸馏厂，只是购买威士忌。穆里安已经感受到这种竞争。

"我无法以如此低廉的价格生产威士忌。许多小型手工酿酒厂发现，很难为我们的定价提供合理解释，因为米基·麦克（Micky Mac）正以30欧元的价格销售他们的采购原液。"爱尔兰有个独特的现象，它只有新兴的小型蒸馏厂或者大型跨国公司，没有像苏格兰那样的中型企业。穆里安所说的"大换血"即将到来，一些现有的蒸馏厂可能无法在这场竞争中幸存下来。

不过，他们留下的遗产让我们百年来第一次品尝到爱尔兰威士忌的真正味道，并再次感受到爱尔兰威士忌的魅力。这需要人们齐心协力，正如赫米所说："熟成之旅不仅仅是关于威士忌，它也关乎人，威士忌是团队合作。"

苏格兰威士忌拥有一个非常简洁的称呼"单一麦芽"，而爱尔兰威士忌却在寻找一个统一的标志，以帮助全球消费者摆脱刻板印象。尽管有些人对这种命名法非常纠结，但我觉得这可能只是一个会分散注意力的问题。

值得庆幸的是，这并没有阻碍爱尔兰蒸馏业的蓬勃发展。无论您是想品尝油腻、辛辣的调和麦芽威士忌，还是独特的单一农场蒸馏出的单一麦芽威士忌，抑或是现代风格的调和威士忌，只要您愿意细细品味，就会发现其中的奥妙。

马克·詹宁斯（Mark Jennings）：在苏格兰长大，那时他不喜欢威士忌，英语成绩也不理想。后来，他的写作能力有所提高，并且对威士忌产生了极大的兴趣——特别是那些赋予这种简单棕色饮品独特魅力的人、地点和历史。他现在担任主要烈酒比赛的评委，为《威士忌杂志》（Whisky Magazine）撰稿，有一款鸡尾酒以他的名字命名——"Mark of Respest"，最近他还在一首歌《我最喜欢的爱尔兰威士忌》中被提及

爱尔兰威士忌的现代特征

空气中的微妙变化：蒸发

伊恩·维希涅夫斯基（Ian Wisniewski）

蒸发是威士忌生产中至关重要的一个环节，这一过程在仓库的阴暗角落悄然发生，随着时间的推移，酒液与木材及周围环境相互作用。这个过程涉及温度、湿度，以及仓库的微气候。以下将由伊恩·维希涅夫斯基为您揭示蒸发过程中的秘密。

扭动钥匙，解锁陈年仓库，大门缓缓打开。阳光洒进屋内照亮了一排排整齐的酒桶。踏入这个静谧的空间，我总会深吸一口气，这如同握手一样，是一种打招呼的方式，建立起了一种联系。感受到波摩一号酒窖（Bowmore's No 1 Vault）那浓郁的泥土气息和神秘感，以及顶层的斯蒂尔顿奶酪和橄榄汁的丰富香气，我立刻意识到自己正身处一个非凡之地。

"我的每个仓库都有明显不同的气味，这不仅与酒桶的类型有关，还与蒸发、湿度水平，以及小气候有关，它们对每个仓库都产生了不同的影响。"荷兰赞德酒厂（Zuidam）的首席蒸馏师帕特里克·范·赞德（Patrick van Zuidam）说。

蒸发物主要包括水和乙醇，水本身没有香味，而乙醇则带有一些香气，并伴有其他多种芳香化合物，如硫化合物、酚类（如果蒸馏液经过泥煤处理），主要是丙醇的高级醇类，以及极少量的丁醇。高级醇可能比乙醇更芳香，因为高级醇有两个以上的碳原子，而乙醇只有两个碳原子。酒桶也会带来橡木的香味，而从酒桶中挥发出来的醋酸则会让空气中弥漫着醋的味道。这些构成了"仓库香氛"的核心成分。

"一切都在不断地蒸发，包括成熟烈酒中存在的相同比例蒸发的风味化合物。蒸发可以增加威士忌的浓度，长期蒸发可以将威士忌浓缩成具有浓郁且美妙风味的精华。"威廉·格兰特父子公司（William Grant & Sons）的首席调酒师布莱恩·金斯曼（Brian Kinsman）说。

苏格兰的蒸发率被报道为每年2%，指的是酒桶中酒精的蒸发比例为2%。

"如果你将63.5%酒精度的酒液装填到一个200升的酒桶，这相当于120升纯酒精（Liters Pure Alchohol，LPA），因此每年2%的蒸发量对应的是120升纯酒精的2%。可以计算最终会得到多少箱9升装的产品。你可以查看总的纯酒精升数，然后乘以0.77，这是一个相当可靠的公式。如果没有蒸发，麦芽威士忌的复杂性和趣味性都会大打折扣。"格兰杰（Glenmorangie）威士忌创新总监比尔·梁思敦（Bill Lumsden）博士解释说。

2%的数字只是一个平均值，因为决定蒸发率的温度、湿度和气流等全年都在变化，更不用说不同仓库之间以及每个仓库内部的变化了。

"一些木桶的蒸发率明显高于或低于2%的平均值。同一木桶的年蒸发率也可能不同。"布莱恩·金斯曼（Brian Kinsman）说。

蒸发比，即水与酒精的比例，并没有被明确引用；考虑到蒸发比的多变性，这一点不足为奇，但它同样重要。酒精的损耗由温度决定，而水的损耗则取决于湿度，湿度越高，水的损耗越大。失水越多，酒精度越高，对酒桶的影响也越大，但桶中威士忌的总体积却会减少。相反，失去更多的酒精意味着酒精度降低，但蒸馏厂的独特风味特征会得到更好的保留，同时木桶中剩余液体的体积也会相对较多。

蒸发时间表

蒸发究竟何时开始尚不确定，但在装满酒桶后的24~48小时，"吸收"过程会对蒸发产生影响。"吸收"指的是酒液被酒桶吸收，从而减少了酒液的体积，并在酒桶顶部和酒液表面之间形成了一个"空隙"，即"顶空"的区域。

顶空的初始范围也取决于灌装水平。有些酿酒厂会将酒桶装满，有些则不会。

"我们在200升的橡木桶中装入195升的酒，以留出一些顶空。"布赫拉迪（Bruichladdich）的首席酿酒师亚当·汉内特（Adam Hannett）说。

空隙在酒桶中形成了明显的分隔，液体表面上下的蒸发过程并不相同。

在表面之下，液体与橡木直接接触，最初渗入桶头和桶板，然后通过橡木到达外部。与此同时，蒸汽从液体表面上升到顶空，巧妙地通过裂缝和桶板之间的微小缝隙，而不是直接穿过橡木。

"顶空中的蒸汽由于已经呈气态，因此更有可能从桶中逸出。无论是蒸汽还是液体，单个分子的大小保持不变，但结构不同，液体中的分子紧密结合在一起，而蒸汽中的分子可以扩散。"布莱恩·金斯曼解释说。

蒸汽最容易通过桶塞逸出。

"一个200升的波本桶或225升的葡萄酒桶，其桶塞木板（带有桶塞孔的那块木板）宽度约为12厘米，比其他木板（宽度为5~8厘米）宽约三分之一。钻桶塞孔时会影响木板的结构，这也是桶塞木板更容易出现裂缝的原因之一。"亚历山大·萨康（Alexandre Sakon）说道，他是ASC酒桶公司的创始人。

由于"曲线峰值"导致桶板缺乏与液体的接触，即使是在灌装后也是如此，这也是桶板的缺点。这导致木板干燥、收缩后，更容易开裂。更暖和、更干燥的环境会加剧这种情况，因为木板会收缩，木板之间的缝隙会增加。然而，苏格兰的冬季湿度升高，会使橡木膨胀，从而减小甚至封住木板之间的缝隙。

桶塞孔通常被钻成锥形，并配有锥形桶塞，这样比直塞孔配直塞的密封性更好。选择塞孔还需要考虑其他因素。

"白杨木比橡木更软、更多孔，因此使用得更多。不过有些从欧洲运来的酒桶使用的是软木塞，"卓越酒桶公司（Cask Excellence）总监斯图尔特·麦克弗森（Stuart MacPherson）说，"软木塞更容易让空气和蒸汽流动，而且软木塞可能会有一些收缩，从而略微增加损耗。"

在液体表面之下

在液体表面以下的蒸发过程开始时，酒桶会以不同程度的合作参与其中。

在波本桶中，炭化层含有裂缝，这些裂缝实际上是通道，酒液通过2~5毫米厚的炭化层传递到外面一层经过烘烤的橡木，这层橡木也有2~5毫米厚（总厚度约为25毫米）。炭化不仅降低了橡木的密度，同时还在炭化层内增加了空气"气囊"，这有助于酒液流动。

在雪莉桶中，烘烤会在木板上形成1~2毫米厚的烘烤层，木板厚度约为28~30毫米。这一层也含有裂缝和增加的空气空间，但由于烘烤比炭化更为温和，所以这些裂缝和空气空间的规模较小。

桶盖通常（但并非总是）会接受与桶板相同的热处理。

"10个波本桶中有9个的桶盖会经过炭化处理，其余的可能经过烘烤，或者是未经处理的新木材。雪莉桶、葡萄酒桶和法国橡木桶通常会有经过烘烤的桶盖。"亚当·汉内特（Adam Hannett）说道。

在经过烘烤的橡木层之外，橡木保持着其天然状态，缺乏裂缝这一特性最初对酒液构成了一定的挑战。然而，在酒液首次进入未经烘烤的橡木之后，便不会再有阻碍。

"酒液渗入木板的深度通常在0.8~1.2厘米，这是由于多糖（一种碳水化合物分子）的作用，它们像海绵一样，引发扩散反应，有效地将酒液吸入桶板。然后酒液转化为蒸汽。在干燥条件下，酒液渗透到桶板中0.7~0.8厘米后变成蒸汽，而在潮湿条件下，酒液渗透到1.2厘米后才变成蒸汽。"莱缇庄园（Maison Lineti）的威士忌大师玛格丽·皮卡德（Magali Picard）博士说。

引发液体蒸发的原因尚不清楚，但这就是液体通过木板中心部分的方式。然而，中心部分的构成并不确定，因此木板"内部"和"外部"的尺寸也无法量化。也不清楚为什么蒸汽会在逸出木桶外部之前又变回液体（这标志着双重蜕变）。

布赫拉迪的首席蒸馏师亚当·汉尼特（右）与生产总监艾伦·洛根

橡木还提供了第二种蒸发途径，即通过原树的"血管"将液体输送到木板外。类似的蜕变也会发生，液体到达木板的末端或木头的边缘，随后蒸发。这就形成了一种真空效应，使液体在容器中持续流动。

蒸发路线是沿着木板还是穿过木板的决定因素尚不清楚。但哪条是主要的蒸发路线却比较清楚。

"蒸发可能大约有80%是穿过桶板，20%是沿着桶板。"戴普斯研究中心（Demptos Research Centre）的研究主任尼古拉斯·维瓦斯（Nicolas Vivas）博士说。

仓库环境

仓库的类型对于蒸发率有着显著的影响，传统的堆垛式仓库与现代的架子式仓库之间存在差异（尽管堆垛式或架子式仓库都提供相同的储存条件）。

堆垛式仓库通常具有较低，但稳定的温度和较高的湿度，这得益于其厚实的石墙、泥土地面和低矮的石板屋顶。木桶一般堆放三层高，因此每一层的储存条件大致相同。

相比之下，架子式仓库可以堆放多达8层甚至更多的木桶。较高层的木桶会经历更温暖、更干燥的环境，而较低层的木桶则处于更凉爽、更湿润的环境中。

"在5层高的木桶仓库中，顶部的温度变化比底部要大。当外部温度达到25～30℃时，顶层的温度大约是23℃，而底层大约是15℃，"洛赫丽酒厂（Lochlea）的生产总监约翰·坎贝尔（John Campbell）解释道。

夏季与冬季的温度差异也不容忽视。

"仓库顶部在夏季会变得非常热，顶层两排的木桶从夏季到冬季平均会经历10～15℃的温度变化，而底部两排的季节性变化仅为5℃，这是在堆放6层高的仓库中观察到的。"磐火酒厂（Bladnoch Distillery）的蒸馏大师尼克·萨维奇（Nick Savage）说。

在气温较低时，所有反应都会减慢，冬季的蒸发率低于1%，而在夏季则达到3%～4%的高峰，这种差异在第一年尤为显著。

"10至第二年4月装桶的酒不像5至10月装桶的那么成熟，因为后者的蒸发率更高。因此，我们要等到每个酒桶都经历了一个完整的夏天，也就是装桶后的12～18个月后，才会开始采样。"斯图尔特·麦克弗森（Stuart MacPherson）说。

英国的白峰蒸馏厂有一个有趣的实验案例，该厂有一个两层的砖砌堆垛式仓库，分为上下两层（两者之间

两层结构的堆垛式仓库为每层创造了不同的熟成环境

没有物理隔离）。上层堆垛实际上是一个夹层，酒桶存放在两层高的地方，温度比下层料仓高10℃，这是因为上层堆垛靠近4米高的斜屋顶，屋顶上覆盖着金属板，可以有效地传递太阳的热量。下层堆垛是半地下的，地面潮湿，仅有2.5米的高度，因此温度较低。

"在上层堆垛中，三年半的酒精损耗率达到了12.5%，相当于25升酒精，其中19升是通过蒸发，6升是通过木桶吸收。在同一时间内，下层堆垛的酒精损耗是10%，相当于20升，其中14升是蒸发，6升是吸收。"白峰创始人马克斯·沃恩说。

特别款展示了威士忌在每个区域熟成的不同程度。两个红酒STR木桶用同一批新酿造的63.5%酒精度的原酒填充，并陈化了近5年。虽然上层堆垛的酒桶酒精度为63.5%，而下层的为62%，但这两者的装瓶酒精度均为52.7%。

"上层堆垛装瓶的酒散发着辛辣的咖啡香，口感中带有甘草味，单宁含量较高，最后以浓郁的香料味收尾。下层堆垛装瓶则展现出更浓郁的果味、更成熟的香气，口感中的饼干味更淡，余味中的香草味更浓。"马克斯·沃恩说。

这样的比较总是令人着迷。如果我们能精确地量化蒸发造成的差异有多大就好了！

温度的变化还会产生另一个重要的结果，即蒸发促进氧化。4~5月，气温升高会导致液体膨胀（乙醇的膨胀程度比水大）。当液体填满顶空时，蒸汽通过桶板之间的缝隙（而不是通过桶板）被挤出桶外。这种膨胀还能重新润湿那些与液体失去接触的桶板。与此同时，温度升高也会产生相反的趋势：桶板膨胀，减小了桶板之间的缝隙，从而减少了蒸汽逸出的机会。

9~10月，气温下降，桶板收缩，缝隙重新打开。液体也会收缩，形成"真空"，将新鲜空气从外部吸入顶空。因为持续的蒸发会扩大顶空，这种膨胀和收缩的循环会变得更加明显，使更多的空气积聚，进而促进氧化。

"我经常在体积较小的木桶中发现薄荷味的陈年威士忌。作为一项实验，我们用香草味较浓的泥煤麦芽威士忌装填了酒桶，让它从一开始就有三分之一的顶空体积。9个月后，这桶威士忌产生了薄荷和薄荷醇的味道，这是氧化的结果。"伊莱克西尔蒸馏公司（Elixir Distillers）的首席调酒师奥利弗·奇尔顿（Oliver Chilton）说。

流动的新鲜空气

空气流通的程度同样影响着蒸发速率。一些年代久远的仓库没有通风设备,例如波摩的1号窖,只有打开入口处的门,空气才能流动。

大多数仓库都配备了低处的通风口来引入空气,高处的通风口则帮助空气排出,同时带走酒液的蒸汽。然而,即使是在同一地点的仓库,通风口的数量也可能有所差异。有些仓库还有窗户,这些窗户可以打开或关闭,也可以临时或永久关闭。

那么,蒸发是如何影响威士忌的成熟和风味发展的,以及这种影响通常发生在怎样的时间框架内呢?

"在最初两年,通过蒸发作用,会损失掉一些极易挥发的成分以及不成熟的风味,包括尖锐的、烈性的气味,一丝苦味,以及生涩的青椒味。蒸发是促进美好事物的催化剂,它有助于改善酒液的质地和酯化作用,许多4~7年陈酿的优质麦芽威士忌都拥有美妙的平衡感和质地。"布兰登·麦卡伦(Brendan McCarron)说道,他是以其名字命名的咨询公司的创始人。

布赫拉迪(Bruichladdich)酒厂提供了一个具体的实验案例。

"我们的新酒展现出醋栗、脆青苹果、结实的梨和未熟透的绿色水果的风味。蒸发是陈酿过程的一部分,它将这些味道转化为成熟的苹果、炖梨,并在18~30年的陈酿过程中出现热带水果的味道。由于橡木桶里的酒在不断变化,所以味道也在不断变化。"布赫拉迪(Bruichladdich)的首席蒸馏师亚当·汉内特(Adam Hannett)说。

这就是挑战,多种因素共同推动和参与威士忌的熟成过程。我们可以收集蒸发的数据和考虑由此产生的风味特征,但任何关于蒸发的结论都是一般性的,而非具体的。这使得蒸发过程既令人向往又令人沮丧!我喜欢猜测,但也渴望得到证实。为此,我必须耐心等待,这并不容易。至少,当我在品尝一杯麦芽威士忌时能够体会到蒸发所带来的改变。这本身已经很值得庆幸了。

伊恩·维希涅夫斯基(Ian Wisniewski):一位自由撰稿人,专注于烈酒领域的写作,尤其是苏格兰威士忌。他为《法国威士忌杂志》(*Whisky Magazine France*)等多家刊物撰稿,著有12部相关著作,最新的一本书命名为《对威士忌的热爱:苏格兰小岛艾雷如何酿造出征服世界的麦芽威士忌》(*A Passion For Whisky: How the tiny Scottish island of Islay creates malts that captivate the world*),该书于2023年10月出版。他经常访问苏格兰的蒸馏厂以了解更多信息,并且是"双耳浅酒杯执持大师"(Master of the Quaich)。

(伊恩·维希涅夫斯基的照片由阿拉斯泰尔·邓肯摄)

"大炮的轰鸣声不及帕蒂森威士忌的轰动效应",帕蒂森威士忌在19世纪末的一则广告

威士忌
繁荣年代的兴衰

查尔斯·麦克林（Charles Maclean）

历史上，商品市场的每一次繁荣过后，往往都会遭遇衰退。这是资本主义和自由市场体系不可避免的矛盾，苏格兰威士忌行业同样未能幸免。面临的难题是该如何预测这种转变并做出相应的调整。

苏格兰威士忌产业经历了4个重要的繁荣时期。第一个时期是在1823年《消费税法案》(Excise Act) 通过后的20年间，第二个时期是在19世纪90年代，第三个时期是在1957—1976年，第四个时期，也是改变最大的时期——2004年之后的20年。在这篇文章中，将逐一探讨几个时期的来龙去脉和终止原因。

第一次繁荣时期：1824—1844 年

1823年《消费税法案》的目的在于"积极鼓励合法的蒸馏行业，希望在苏格兰和爱尔兰各地建立众多小酒厂"。事实上，该法案的另一个目的是打击非法蒸馏酒，因为在1815年法国战争结束后，非法蒸馏酒的发展已经完全失控。虽然该法案为获得许可证的人提供了多项经济激励措施，但它对蒸馏酒厂的建造和运营方式作出了非常明确的规定，并对违反这些规定的行为进行了严厉处罚。简而言之，尽管该法案为威士忌生产提供了一个蓝图，并一直沿用至今，但它只是一个"胡萝卜+大棒"的措施。

1824—1834年，至少260名蒸馏者申请了执照。其中许多人之前一直从事非法蒸馏，都是小规模经营。大多数企业在短短几年后就倒闭了，因为即使是小型蒸馏酒厂，建造和运营成本也非常高昂，而违法的惩罚往往是致命的。尽管有所减少，但走私商与持证蒸馏者的竞争仍然十分激烈。此外，1839年开始的经济萧条，加上三年的农作物歉收和1845年的马铃薯疫病，使这个时代被称为"饥饿的40年"。1836—1843年，苏格兰的威士忌消费量从660万加仑（约1450万升）锐减至550加仑，酿酒厂的数量从230家下降到169家——其中25家至今仍在运营。

可以说，调和苏格兰威士忌挽救了苏格兰威士忌产业的命运。在上述时期，许多日后成为行业中佼佼者的持牌杂货商相继成立。

大多数酒商会将不同酒龄、不同酒厂生产的麦芽威士忌进行调配，还会将麦芽威士忌与谷物威士忌混合，作为"自家调配酒"供应给当地客户。然而，通常被认为是"第一个真正意义上的调和者"（即按照当今的理解，致力于创造一种风味一致的威士忌，以便能够进行品牌化——没有批次间的一致性，就无法创建"品牌"）的是爱丁堡的酒类商人、格兰利威特（Glenlivet）酒厂的代理商安德鲁·亚舍（Andrew Usher）。亚瑟的老调和式格兰威特（Old Vatted Glenlivet）于1853年首次问世，那一年麦芽威士忌可以在缴纳税款之前进行分装或调和。在1860年，格莱斯顿的《烈酒法》(Spirits Act)将这相关规定拓展到了混合麦芽威士忌和谷物威士忌的调和，这也预示着苏格兰威士忌进入了一个新时代。

迈克尔·莫斯（Michael Moss）教授认为："调和威士忌最初的目的是降低风味浓郁的威士忌的成本，但娴熟的调酒师能够调配出口味一致的威士忌，将麦芽和谷物成分的最佳特性发挥到极致，这已被证明是该行业发展的决定性因素。对威士忌酒商来说，混合和调和威士忌有很多好处。它允许经销商以自己的名义而不是酒厂的名义销售威士忌。"

他还补充说，将几个或多个酒桶的酒调和在一起，可以酿造出吸引苏格兰以外的更多消费者的味道，并随着调和苏格兰威士忌市场的增长，大大增加了可供销售的威士忌数量。

第二次繁荣：19世纪90年代

19世纪70年代和80年代，欧洲三分之二的葡萄园都受到了葡萄根瘤蚜的破坏，这极大地促进了调和苏格兰威士忌的销售。当时，用苏打水稀释的干邑或法国白兰地是英国中产阶级最喜欢的烈酒。无良酒商试图用有色的德国烈酒来仿冒白兰地，这只会毁了白兰地的名声，但调和苏格兰威士忌已经准备好取而代之。

当时的调和酒厂已经在开发口味较淡的威士忌，适合与苏打水搭配饮用，而不是像苏格兰以前常见的那样直接饮用或作为格罗格酒（一种以朗姆酒为基酒的混合饮料）或托蒂酒（一种热饮）饮用。南方消费者追求不那么浓烈、更甜和更细腻的调和酒；正如詹姆斯·布坎南（James Buchanan）在他的回忆录中写道："我下定决心要做的，就是找到一种足够轻盈和陈年的调和威士忌，以满足用户的口味。幸运的是，我做到了这一点，而且进展迅速。"

詹姆斯·布坎南将敏锐的商业头脑、非凡的精力和娴熟的营销技巧融为一体。在这一点上，他并非孤军奋战，与他同时代的几位威士忌贸易商都是杰出的企业家。

为了创造这样的威士忌，调和酒商们偏爱优雅的格兰威特（Glenlivet）风格的麦芽酒，来自我们现在所知的斯佩塞地区——只是轻微泥煤化，而不是更加浓重的高地风格。1865—1879年，该地区新建了6家麦芽酿酒厂，所有这些酒厂至今仍在运营。

19世纪90年代，又有21家酿酒厂加入其中，还有20家酿酒厂在苏格兰其他地区开业。其中19家仍在运营，16家在斯佩塞。

19世纪80年代和90年代，新兴的苏格兰威士忌行业面临的主要挑战是"可接受性"和"体面性"。

可接受性与一致性密切相关。詹姆斯·布坎南在他的回忆录中写道："伦敦人经常不确定他们点'苏格兰威士忌'时会得到什么，而当他们得到时，他们又不喜欢。"正如我们所看到的那样，解决这个问题的方法是调配出对更广泛的市场，更有吸引力的风味一致的威士忌，这样消费者就知道他们将得到什么。只有使用多种成分——5~50种麦芽和2~3种谷物——才能实现一致的风味，而任何一家调配厂都无法通过自身资源实现这一目标。这导致了调和商、中间商和蒸馏商之间"互惠"关系的发展——实际上是交换麦芽和谷物"填充物"而不涉及金钱交易。到了19世纪90年代，蒸馏厂的主要客户是调和商，以至于任何一家蒸馏厂的年产量都是为了满足调和商和中间商的订单。

当时，一些威士忌行业的领军人物通过品牌、广告和不懈的自我宣传来解决"体面性"问题，他们高调地将自己及其产品与上流社会和英国上层社会的风尚联系在一起。

在詹姆斯·巴利爵士（Sir James Barrie）都能说出"苏格兰口音就像证词一样好使"的时代，许多品牌名称与苏格兰联系起来，而与苏格兰联系在一起就意味着诚信。城市和县郡分析师的说辞进一步保证了产品的纯正和健康。标签上的说明通常会强调纯度、健康和年份。19世纪80年代初，许多品牌只满足于"苏格兰威士忌"，但到了19世纪90年代末，为了让人更放心并增加其价值，形容词层出不穷："特级""上等陈酿""精选陈酿""多年陈酿稀有利口酒"……这些描述通常不使用"调和"一词，也不一定与威士忌的质量有关。

与品牌推广一样，早期的威士忌广告也利用了苏格兰风格与苏格兰之间的联系。人们普遍认为苏格兰是一个神秘的国度，那里有峡谷、城堡、风笛手、氏族和毛茸茸的高地奶牛，所有这些都被用来宣传苏格兰威士忌。

19世纪90年代，国内、国外市场对苏格兰威士忌的需求似乎无法满足。苏格兰威士忌被视为蓝筹股投资；银行不惜一切代价为酒厂建设和翻新提供贷款；私人投资者投机性地购买新酒，并在可能的情况下投资调和酒厂。数据印证了这场狂热：保税仓库中陈年麦芽威士忌存量从1891—1892年度的不足200万加仑（约909万升），飙升至1898—1899年度的1350万加仑（约6136万升）；而谷物威士忌存量也从1887年的940万加仑（约4273万升）增长至1900年的1250万加仑（约

詹姆斯·布坎南和他的两个品牌

5 682万升）。这远远超出了市场的承受能力，"威士忌泡沫"注定要破灭。

1901年，泡沫"砰"的一声爆了。原因是利斯（Leith）的帕蒂森公司轰然倒闭。该公司的品牌几乎与五大调和酒厂的品牌一样广为人知。公司负责人罗伯特（Robert）和沃尔特·帕蒂森（Walter Pattison）兄弟因欺诈和贪污而入狱。

许多年后，蒸馏者公司（Distillers Company）的总经理W.H.罗斯（W.H. Ross）写道：

"他们的交易规模如此之大，影响范围如此之广，以至于他们肆无忌惮地无视最基本的稳健商业规则。在当时的苏格兰银行很容易获得资金援助的鼓励下，最恶劣的投资者和投机者都被卷入了这个漩涡，他们争先恐后地攫取财富……"

"正处于高峰的繁荣完全崩溃了，银行撤回了信贷，许多公司不得不请求债权人保护，而其他公司未来的业务也陷入了毫无希望的困境。"

第三次繁荣：1957—1976年

在接下来的半个世纪里，威士忌行业的困境因众多无法控制的因素而加剧，其中包括大众口味的改变、恶性立法、第一次世界大战（1916年政府关闭了所有麦芽酿酒厂，次年关闭了谷物酿酒厂），以及惩罚性税收。20世纪20年代的经济大萧条导致更多的蒸馏厂关闭，从1921年的134家减少到1933年的15家。而1920—1933年，美国的禁酒令则封禁了苏格兰威士忌在美国市场的合法销售。

1934年，得益于美国对苏格兰威士忌需求的增加，英国经济开始复苏，美国很快成为苏格兰威士忌的主要出口市场。第二次世界大战爆发后，为了保存粮食，英国再次停止蒸馏威士忌。配给制一直持续到1953年，尽管熟成威士忌的库存量极低，但苏格兰威士忌协会一直控制着国内市场的销售，直到1959年。

苏格兰威士忌在欧洲和美国的需求比以往任何时候都要强劲，被大众视为"后法西斯自由世界的饮品"。1960—1980年，苏格兰威士忌出口量从2 315万标准加仑增至1.070 8亿标准加仑；在英国，消费量也从720万标准加仑增至2 122万标准加仑。

第二次世界大战结束后的20年间，酿酒产能大幅增长。1962—1972年，新建了4家谷物酿酒厂和24家麦芽酿酒厂。一旦资金到位，酿酒厂就会扩建以满足需求，并为提高效率而进行现代化改造。

然而，到了20世纪70年代中期，经济形势不那么稳定，庞大的美国市场开始萎缩。此外，在美国和英国，消费者的口味转向更清淡的烈酒（白色朗姆酒和伏

齐侯门酒厂及其创始人安东尼·威尔斯在艾雷岛上引领了苏格兰威士忌蒸馏业的第四次繁荣浪潮

特加），与饮料搭配饮用。苏格兰威士忌失去了时尚的光环。

威士忌公司纷纷开拓其他市场，特别是南美和亚洲市场，但与19世纪90年代末期的情况一样，威士忌的生产远远超过了需求。到1980年，以债券形式持有的威士忌数量是1960年的4倍多。此外，1981年，世界经济迅速陷入衰退。1981—1986年，至少有23家酿酒厂停产，其中20家从此不再经营，还有几家被拆除。

第四次繁荣：2004—2024年

当今时代是苏格兰蒸馏能力大幅增长的又一个时期。2004年以来，已有52家新的麦芽蒸馏厂投入运营：其中12家产能超过100万升纯酒精（LPA），11家在50~80万升纯酒精，20家在10~50万升纯酒精，9家低于10万升纯酒精。

此外，许多老牌蒸馏厂的产能也大幅提高。据粗略计算，自2007年以来，麦芽蒸馏酒的总产能增加了约60%，当然，并非所有蒸馏酒厂都在满负荷运转。产能的大幅扩张是基于对未来几年全球苏格兰威士忌需求的预期，但一个关键的问题是，全球对苏格兰威士忌的需求是否会按照行业精算师预测的水平增长。

正如我在本文中所强调的，苏格兰调和威士忌的需求历来都是依靠酒厂业主之间的互惠互利以确保他们调和酒的原料供应，酒厂每年会根据这些订单来安排他们的生产计划。除少数情况外，新酒厂无法参与这一过程，而且大多数酒厂也没有这个意愿，他们更倾向于酿造单一麦芽威士忌。

如何区分一种新的单一麦芽威士忌？大多数新蒸馏厂都有几个共同点。首先是对风味的热衷——探索历史悠久的大麦品种、麦芽风格、酵母菌种和更长的发酵时间；有些则着眼于过去，安装传统的虫桶冷凝器而不是更常见的壳管冷凝器；或着眼于未来，设计和制作新的蒸馏器。虽然对风味的关注非常符合我们消费者的利益，但它是有代价的，最终都会反映在产品的价格上。

整个行业共同关心的问题是节能和对环境的影响。许多新的酿酒厂都积极地接受了这一观点，例如，在可能的情况下，他们自己种植大麦或在当地采购大麦，使用水力发电，并用木屑作为锅炉的燃料。几乎所有的新酒厂都鼓励旅游业的发展，参观酒厂，雇用了大量的当地员工来管理游客设施。

但新酒厂面临的问题也不少。首先，也是最重要的一个问题是如何把产品推向已近饱和的市场。寻找海外分销商困难重重，支持促销却又成本高昂。没有多少新成立的酒厂有能力聘请品牌大使，年产能低于20万升纯酒精（LPA）的酒厂也无法拨出广告预算来拓展市场，只能依靠社交媒体的影响力。

专业零售商的货架上已经摆满了竞争品牌，不仅仅是苏格兰威士忌。麦芽威士忌消费者是多元化的，愿意尝试新发布的产品，但他们也是善变的……他们会买第二瓶吗？

定价是影响重复购买的关键因素，但许多小型酒厂无法享受规模经济带来的好处。

自英国脱欧以来，海外运输成本越来越高，也越来越不可靠，欧洲以外的市场也存在不确定性，美国总统唐纳德·特朗普对苏格兰麦芽威士忌征收25%的进口税就是证明。可以理解一些小型蒸馏商选择专注于国内市场，但考虑到英国国内关税居高不下，以及许多海外市场苏格兰威士忌消费量远高于本土市场的事实，这样做现实吗？

此外，酒桶和其他供应链上的成本也在不断增加，如泥煤麦芽、玻璃和包装。老牌蒸馏厂的所有者与西班牙酒庄和美国蒸馏厂建立了长期的合作关系，因此老客户比新客户更受欢迎。美国橡木桶也受到一些朗姆酒和龙舌兰蒸馏厂的热烈追捧。

繁荣是否会转变为衰退

总结来说，基于对未来几十年全球需求预期的乐观，苏格兰威士忌行业自千禧年之后积极投资于新蒸馏厂的建设和现有蒸馏厂的扩张。这是一个极具挑战性的任务，容易受到无法控制的多种因素的影响，包括全球经济和国际政治、酒精销售法规、财政安排以及200多个市场的流行趋势。

苏格兰威士忌的首个繁荣期在1823年之后因"饥饿的40年代"的经济萧条而结束，而本文讨论的另外两个繁荣期结束则是由于生产过剩和需求下降造成的。全球对苏格兰威士忌的需求能否与当前的生产能力增长保持同步？消费者的热情是否能够持续与新蒸馏厂创始人的理想主义同步？口味能否战胜成本？

这很难说，但正如T.S. 艾略特（T.S. Eliot）明智地提醒我们那样"在理念与现实之间……投下了阴影"。

查尔斯·麦克林（Charles Maclean）：1981年开始撰写有关苏格兰威士忌的文章，已出版了18本相关图书。1992年，他被授予"苏格兰双耳杯执杯者"（Keeper of the Quaich）荣誉，2009年晋升为大师（Master），2012年荣获国际葡萄酒与烈酒竞赛（IWSC）的"杰出成就奖"，2016年入选威士忌名人堂，2019年在斯佩塞威士忌节上被评为"年度国际大使"。2021年，女王陛下授予他员佐勋章（M.B.E.），以表彰他对苏格兰威士忌、英国出口贸易和慈善事业的贡献。

烟与镜

尼克·摩根（Nick Morgan）

数百年的传统威士忌酿造工艺造就了苏格兰威士忌今天的声誉。看起来也是如此，然而，传统与变革之间的矛盾由来已久，甚至艾雷岛上最保守的酿酒师，在面临生存威胁时也不得不彻底改变他们威士忌的风格。

这是艾伦港（Port Ellen）的一个不眠之夜。过去这个艾雷岛的村庄经常受到批评，有的来自游客——"街道和小路完全是泥泞肮脏的泥潭……根本无法从村子的一端走到另一端"（1888年），有的来自当地人——"这是一个衰败的村庄，在陌生人看来就像刚被轰炸过一样"（1890年）。但新酒店的开业使村庄逐渐开始转变。1891年7月，《奥本时报》（The Oban Times）写道："一年前看到艾伦港村庄的人，现在几乎认不出它了。"杜格尔德·麦克劳德（Dugald MacLeod）是当地的一位农民，也是马赫里（Machrie）高尔夫球场的发起人之一，他是新落成的艾雷酒店的主人，岛上南部海岸的达官贵人都聚集在这里参加庆祝活动。

那天晚上，1889年12月13日星期五，雅柏（Ardbeg）蒸馏厂的科林·海（Colin Hay）也出席了当晚的庆祝活动，他向来宾讲述了当晚庆祝活动所克服的种种困难，尤其是12个月前那场摧毁了酒厂建筑的大火。在场的80多位来宾中，有来自乐加维林（Lagavulin）酒厂的格雷厄姆夫妇（Mr & Mrs Graham），拉弗格（Laphroaig）酒厂所有者约翰斯顿家族（Johnston family）中的多位成员，三家酒厂的高级税务官员，以及基达尔顿庄园（Kildalton estate）的主要佃农和他们的代理人。客人们享受了蛋糕和美酒盛宴，在致辞和祝酒辞结束后参观了宽敞的酒厂，他们兴致勃勃地跳舞直到凌晨。

但彼得·麦克唐纳（Peter Macdonald）的一番话却给这个欢乐的夜晚蒙上了一层阴影。彼得·麦克唐纳是从格拉斯哥来的持证酒商、葡萄酒和烈酒商人，他是彼得·麦基（Peter Mackie，乐加维林的所有者和拉弗格酒的经销商）在卡尔顿连廊的邻居。

他说："岛上的主要商业是威士忌蒸馏，艾雷岛威士忌享誉全球。但是，艾雷岛威士忌的浓重风味必须减弱以适应当前的公众口味，特别是在英格兰。"他希望试验新的蒸馏方法，"将有幸适应所有人的口味。"

这个严酷的现实对于在场的酿酒师们来说并不意外。19世纪80年代初的投机性购买热潮助长了威士忌的过度生产。据当时的估计，从1874年到1884年，波摩（Bowmore）蒸馏厂的产量从5万加仑（22.7万升）增加到22.5万加仑（102.3万升），几乎增长了5倍，雅柏的产量也增加到了约30万加仑（136.4万升）。

繁荣之后是萧条，随着1885年秋蒸馏季节的开始，一份行业报纸警告说，"一种普遍的胆怯情绪对于蒸馏厂的订单簿来说并不是一个好兆头。"艾雷岛将比其他地区受到更大的影响，这种情况在1887年基德·尤恩森（Kidd Eunson）的失败后进一步恶化。

太重的风味

经历10年的发展，艾雷岛威士忌贸易形势开始变得不利——被认为过于浓郁、风味过于丰富、酒体过于饱满、烟熏味过重。1886年12月，里德利（Ridley）的《葡萄酒和烈酒贸易循环报》（Wine and Spirit Trade Circular）提到："一阵反对口味较重的威士忌的潮流正在形成，而格兰威特地区泥煤味较淡的产品则占了上风。"1887年9月，《阿伯丁晚报》（Aberdeen Evening Gazette）写道："大众口味比以前更倾向于北部地区的麦芽威士忌。在很长一段时间里，除了格拉斯哥附近风味浓郁、烟熏味浓郁的威士忌之外，人们别无其他选择……"

这一年晚些时候，里德利的《循环报》的报道看到了一些希望："艾雷岛的转机或许会到来，因为当公众开始了解什么是优质的麦芽威士忌时，会坚持酒中要有风味。艾雷岛或许可以通过稍微淡化泥煤味来迎合口味……"

岛上的蒸馏业一度陷入低谷。根据阿尔弗雷德·巴纳德（Alfred Barnard）的说法，当时岛上有9家蒸馏厂，年产能超过100万加仑（约454万升）原酒。岛上生产的大部分威士忌都被调和酒商使用。业内人士认为，英格兰的调和酒商们不分优劣的将其作为一种"辅料"，为苏格兰、爱尔兰或汉堡的新谷物酒增添特色。

据说，即使是在苏格兰调和威士忌市场蓬勃发展的低端市场，人们的口味也在向酚类物质较少的方向发展，因此斯佩塞地区的蒸馏业尤为受益。

蒸馏厂的就业对于岛上的居民至关重要，无论是熟练工还是临时工的岗位。尽管如此，1888年，《佩斯利和伦弗鲁郡公报》（The Paisley and Renfrewshire Gazette）的一位评论家指出，蒸馏厂还是只支付"饥饿工资"。

在唐纳德·约翰斯顿（Donald Johnston）的继承人与他的受托人［主要是乐加维林的詹姆斯·洛根·麦基（James Logan Mackie）］在旷日持久的法律纠纷中提交的文件显示，拉弗格（Laphroaig）的销售量从1883年的5.1万加仑（约23.2万升）下降到1887年的3.3万加仑（约15万升）。

1885年3月，雅柏的所有者在法庭上声称，"交易情况比去年差多了"。11月，《奥本电讯报》（The Oban Telegraph）的一位通讯员写道："艾雷岛的威士忌贸易正处于衰退状态。"1887年10月，《奥本时报》（The Oban Times）报道称："岛上两个主要酿酒厂——雅柏和乐加维林——目前非常清闲，许多人都失业了。"一周后，所有蒸馏厂都恢复了运营，但没有一家满负荷运转。

更糟的是，雅柏酒厂的建筑被大火烧毁。邓肯·麦克格雷戈牧师当时也在岛上，就土地改革问题进行布道和演讲。在布赫拉迪（Bruichladdich），他说："我们欣喜地得知今年的渔业收获量很好，而酒厂的生意却很惨淡。我们利用的鱼越多，威士忌越少，对我们的国家就越好。"

对于艾雷岛威士忌来说，新的10年开局也并不顺利，据《哈珀斯葡萄酒和烈酒公报》（Harpers Wine & Spirit Gazette）所说："有时被人鄙视和排斥。"在对1891年的回顾中，该杂志得出结论："对艾雷岛威士忌的狂热似乎发展为反向的反弹，即对艾雷岛威士忌的反感。"

里德利的报纸在回顾那一年时报告说，"艾雷岛威士忌被忽视了，公众目前的口味显然不喜欢曾经令人垂涎的艾雷岛威士忌的非常鲜明的风味。"

艾雷岛的蒸馏酒商已经开始用典型的务实态度应对这一生存危机。里德利的报纸在1889年12月的报道中提到，蒸馏酒商们开始降低麦芽中的酚类物质含量，这样调酒师们就可以在威士忌中使用更多的除了泥煤之外的物质，这些威士忌都是珍贵的浓郁型烈酒。

在1892年，有报道称，"一些蒸馏厂在酿造更适合当前公众口味的产品方面取得了进步。"

同年晚些时候，也有报道解释说，"尽管很难实现——只有酿酒师才知道有多难——那些以泥煤风为主的酒厂，正在酿造具有'北国'特色的威士忌。"艾雷岛威士忌已大幅降低了其风味强度，有可能成为格兰威特的有力竞争者。

变化何在？

这些难以实现的艾雷岛威士忌特性的转变是如何达成的？阿尔弗雷德·巴纳德（Alfred Barnard）提供了线索。虽然巴纳德对威士忌酿造过程中的某些部分非常痴迷，一丝不苟，但在虫桶冷凝器这方面他却有些盲点。

与其他部分相比，这个部分不那么容易监测，除了偶尔测量虫桶冷凝器的长度或混凝土虫桶的尺寸，有时会逃过了他的注意。

尽管如此，他很快就注意到了波摩蒸馏厂的一个专利冷凝器——冷凝器高3.8米，包含121个铜管，低度酒冷凝器高度相同，但只有91个管子——这是艾雷岛上首次使用冷凝器。

在他访问过的苏格兰129家蒸馏酒厂中，这是仅有的明确提到使用早期壳管式冷凝器的8家酒厂之一。

因为这些冷凝器对酒质的影响，有当代人这样描述波摩的威士忌："它不像其他艾雷岛麦芽威士忌那样风味浓郁，因此可能更受英国威士忌酒客的欢迎。与其他大多数艾雷岛威士忌相比，它的泥煤味也更加细腻。"

波摩酒厂的冷凝器可能是岛上最早使用的，但在巴

阿尔弗雷德·巴纳德的书中的这幅插图清晰地展示了波摩酒厂安装在窗户上的壳管式冷凝器

纳德的时代，可能并非最后一次出现。他提到在雅柏酒厂看到了冷凝器，但这个说法模棱两可。冷凝器或者说净化器，可能是彼得·麦克唐纳在艾雷岛酒店开业致辞中提到的"新专利工艺"，他希望这能产生"令人高兴的结果"——即降低艾雷岛威士忌的风味强度。

大多数蒸馏器制造商当时和现在一样，不轻易谈论变革。他们总是在传统和现代之间走钢丝，他们拥抱传统，拒绝变革。例如，1862年一篇关于明莫尔（Minmore）新格兰威特蒸馏厂（Glenlivet Distillery）的描述就急切地强调，"为了保持威士忌的统一口味和质量，我们采取了一切预防措施，使用部分旧器皿，并对新器皿进行了充分的调味，引入相同的水，并继续采用相同的精心酿造工艺，从而保持了该酒的独特品质。"在19世纪80年代末和90年代初，除了贸易报纸上关于蒸馏方法变化和威士忌特性变化的报道外，艾雷岛的蒸馏者们都对此保持沉默。除了一个人，那就是彼得·麦基，他当然不会让艾雷岛威士忌就这样无声无息地消失。

为烟熏味辩护

1887年春天，随着艾雷岛威士忌知名度下降的呼声越来越高，麦基在贸易报刊上与本尼维斯的约翰·麦克唐纳（John MacDonald）展开了一场极其公开的争论。麦克唐纳在几家期刊上发表文章，主张消费北部地区的麦芽威士忌而不是艾雷岛的，他声称"由多种未加工谷物酿制而成的口味浓郁的威士忌，烟熏味太重，不适合单独饮用。消费者反对的不是油脂，而是味道。"

麦基以一种非常直率的方式回应道："当一个人降格诋毁他的对手时，这表明他的事业是脆弱的……我相信，乐加维林是一个例外，作为'属于自我的威士忌'，它的销售量会比其他任何威士忌都要大——或许除了洛赫纳加（Lochnagar）。"

随后，他在报纸上发起了关于乐加维林的广告宣传

19世纪晚期的乐加维林酒厂

活动，这场活动于1888年从苏格兰开始，一直持续到1894年，遍及整个英国。

在早期的"影响者营销"案例中，麦基采用了作家威廉·布莱克（William Black，他的名字曾与当时最伟大的小说家并列）的话来说服消费者相信乐加维林的可口性。这种宣传既出现在广告中，也出现在新的乐加维林（Lagavulin）酒标上。

布莱克在1877年发表的短篇小说《洛赫苏纳巴尔的奇怪马》（The Strange Horse of Loch Suainabhal）中写道："我一直在乐加维林蒸馏厂附近，我知道是春天的清水让乐加维林威士忌就像新鲜牛奶一样纯净。"这句话至今仍保留在乐加维林的酒标上。

麦基还选择了饮料行业的报纸《晨间广告报》（The Morning Advertiser）的版面来讲述艾雷岛威士忌的特性为什么会改变，以及是如何改变的。西高地的两份报纸也刊登了这篇文章。这篇文章的作者可能是阿尔弗雷德·巴纳德，几年后他为麦基公司撰写了《如何调配苏格兰威士忌》（How to Blend Scotch Whisky），而且是以华丽的巴纳德式风格撰写的。这篇文章题为"艾雷岛及其蒸馏厂"（Islay and its Distilleries），将读者从格罗克码头（Gourock Pier）带到乐加维林（Lagavulin），并适当地穿插了一些关于地形、自然和历史的思考。

文章的中心思想是艾雷岛威士忌已经发生了变化，且是向好的方向发展。"蒸馏厂的过去让它变得过于浓重，烟熏味太重，几乎变成了一种用来掩饰谷物威士忌的精华，换句话说，它就像慈善机构一样，被用来掩盖各种罪恶。"文章接着说，"艾雷岛威士忌在那个时候并不适合作为单一产品来饮用……公众的口味自然而然会反感"。

重新定义艾雷岛威士忌

解决之道是什么？"蒸馏酒商们已经认识到，并且正在让他们的威士忌变得更干净，几乎不含杂醇油。"不用说，乐加维林是首批意识到公众正在抛弃那些厚重、粗糙的威士忌，转而青睐更精致的类型的艾雷岛蒸馏厂之一。在那里"所有的精力都集中在生产一种酒上，这种酒的特点是口感细腻，完全没有某些威士忌特有的浓烈气味和粗糙感。"

"精致"或"像新鲜牛奶一样细腻"成为了乐加维林品牌手册中的关键词——巴纳德在《如何调配苏格兰威士忌》（How to Blend Scotch Whisky）一书中再次提到了

这个词，并指出艾雷岛威士忌因为"过于浓烈"而遭遇的困境。

他还写道："这种威士忌的酿造过程更加精细，由于使用干泥煤而不是湿泥煤来烘干麦芽，所以口味更加细腻，刺激性更小。"

在1893年，一家报纸宣称，格拉斯哥正在建造50多年来最大的蒸馏器，并将被运往雅柏蒸馏厂。次年12月，有报道称，布赫拉迪蒸馏厂恢复了往日的活力。

里德利的报纸在1895年夏天写道："今年艾雷岛威士忌的顶级品牌表现得比1885年市场崩溃以来的任何时候都要好。这个类别的第二梯队产品虽然还不能说需求大增，但情况也不像过去那么糟糕了。"

1895年11月，《奥本时报》报道说，对艾雷岛威士忌的需求大幅增长，基达尔顿地区的蒸馏厂异常繁忙，因此增聘了税务官。

艾雷岛威士忌东山再起，但它已今非昔比。面对不可抗拒的商业压力，岛上的酿酒师们做出了务实的选择和务实的改变，以恢复他们在市场上的重要地位。

尽管彼得·麦基等人努力打造单一麦芽威士忌品牌，但艾雷岛威士忌还是回到了几乎完全为调和威士忌商服务的状态，并且现在的威士忌生产也是按照调和酒商想要的风格进行的。

一些艾雷岛的蒸馏厂甚至比使用干泥煤和净化器走得更远——波摩开始生产一种无泥煤的烈酒，并试图以"波斯佩"（Bowspey）这个名称注册商标，这引起了几家斯佩塞蒸馏厂的不满，他们以误导消费者为由表示反对。

尽管如此，该公司还是一直在每年春季蒸馏季末限量生产，直到第一次世界大战爆发。

苏格兰威士忌行业巧妙而精心地打造了诚信和正宗的声誉，这种声誉建立在坚守传统生产方式的公众形象之上。

不要更换水源！不要改变蒸馏器的形状！不要惊动那些蜘蛛网！不要改变风味！在威士忌爱好者的心目中，这种浪漫的想法在艾雷岛上那些著名的蒸馏厂中是最为根深蒂固。以其独特的含酚威士忌而闻名是单一麦芽苏格兰威士忌传统生产方式的标杆。

然而，苏格兰威士忌制造的历史，尤其是自1823年《消费税法》统一了低地和高地的生产以来，一直在不断发生变化，无论是在工厂和生产技术，还是在产品口味和特征方面，其中很多变化是为了适应消费者的口味变化。没有任何地方能够幸免。

"一个不可否认的事实是，"一位酒厂访客写道，"许多年前酿造的威士忌质量更好……其原因在于蒸馏过程并不匆忙，整个过程都是循序渐进、深思熟虑的……"

那一年是1895年，酒厂是新建的帕克摩尔（Parkmore）。如果您认为自20世纪60年代以来，威士忌酿造业的变化仅仅是由于大公司的介入，以及被妖魔化的"会计师和营销人员"参与的结果，那么艾雷岛的故事清楚地表明事实显然并非如此。

不仅仅是艾雷岛。在19世纪末，阿尔弗雷德·巴纳德在彼得·麦基的新斯佩赛酒厂（New Speyside distillery）品尝了样品。他带着怀念之情，写下了他所失去的威士忌世界："克莱嘉赫（Craigellachie）的主要特点是陈年后会散发出的菠萝的香味，这是原汁原味的格兰威特风格，现在已经很少见了。"

尼克·摩根（Nick Morgan）：原本有着一段作为历史学家和作家的职业生涯，然而，他却意外地投身于苏格兰威士忌行业长达30年，这段经历还为他赢得了诸多奖项。他最初担任联合蒸馏者公司（United Distillers）的档案管理员，之后他灵巧地转型进入市场营销领域，成为帝亚吉欧（Diageo）全球单一麦芽威士忌的市场营销总监，管理着全球最大的单一麦芽威士忌产品组合。如今，他已重返历史研究和写作的领域，专注于威士忌产业、酒类行业以及苏格兰历史领域的研究和写作。

拉塞岛（Raasay）蒸馏厂

苏格兰麦芽威士忌蒸馏厂

简介

目前，苏格兰有5个受保护的威士忌产区，分别是高地（Highlands）、低地（Lowlands）、斯佩塞（Speyside）、艾雷岛（Islay）和坎贝尔镇（Campbeltown）。有需要的话，我们会提及区域内的某个地点，例如奥克尼（Orkney）、北高地（Northern Highlans）等。酒厂成立的年份通常被视为开始建造的年份，产能则以升纯酒精（LPA）为单位，历史年表侧重于酒厂的官方历史，而vc表示该酒厂对游客开放。

对于所有苏格兰酿酒厂，我们提供的品酒笔记在大多数情况下都可以被称为核心产品（主要是其最畅销的10年或12年陈酿）。这些威士忌是由加文·D·史密斯（Gavin D Smith，简称GS）、伊恩·维希涅夫斯基（Ian Wisniewski，简称IW）、英格瓦·龙德（Ingvar Ronde，简称IR）品鉴。所有品鉴记录都是专门为《麦芽威士忌年鉴2025》准备。

尚未开始生产或处于规划阶段的蒸馏厂可在"过去这一年"章节中查看。

关闭的蒸馏厂

在年鉴的早期版本中，有一章专门介绍"已关闭的酿酒厂"，指1970年后停止生产的蒸馏厂。之所以选择这个分界点，是因为在2005年第一本年鉴出版时，所有这些酒厂的瓶装酒都可以买到。

如今，大部分酒厂的存货都已耗尽，只有在极少数情况下才能找到。与此同时，又有大量新酒厂成立。为了使年鉴的内容不至于过于冗长，我们决定今年只列出已关闭的酒厂名字。

要想更深入地了解它们，我们很乐意向您推荐《错过的苏格兰威士忌》（*Scotch Missed*），本书由布莱恩·汤森德（Brian Townsend）撰写，尼尔·威尔逊（Neil Wilson）出版社出版。

已关闭蒸馏厂的列表如下：

Banff 班夫
Ben Wyvis 本尼维斯
Caperdonich 凯普多尼克
Coleburn 科尔本
Convalmore 康沃莫尔
Dallas Dhu 达拉斯杜
Glen Albyn 格兰艾宾
Glenesk 格兰斯克
Glen Flagler 格伦弗拉格勒
Glenlochy 格兰洛奇
Glen Mhor 格兰莫尔
Glenugie 格兰尤杰

Glenury Royal 皇家格兰乌妮
Imperial 帝国
Inverleven 因弗利文
Killyloch 基利洛克
Kinclaith 金克拉斯
Ladyburn 雷迪朋
Littlemill 小磨坊
Lochside 洛克塞
Millburn 米尔本
North Port 诺斯波特
Pittyvaich · St Magdalene 圣玛德莲

艾柏迪（Aberfeldy）

[ah · bur · fell · dee]

所有者：约翰·杜瓦父子公司（百加得）
　　　　John Dewar & Sons（Bacardi）
地区 / 区域：南部高地
成立时间：1896 年
状态：活跃（vc）
产能：3 400 000 升
地址：Aberfeldy, Perthshire PH15 2EB
电话：01887 822010

在威士忌生产过程中，需要大量的热水和蒸汽。难怪锅炉常被视为所有蒸馏厂的心脏。

在传统的威士忌生产中，锅炉通常由燃油加热（一些蒸馏厂至今仍然如此），这显然与当前对环境可持续性的重视不太相符。大约 10 年前，艾柏迪安装了一台生物质锅炉，以木屑为燃料（或者更准确地说是锯末，以提高效率），从而将碳排放量减少了 95% 以上。他们在这方面是行业的先行者之一。

一个多世纪以来，艾柏迪麦芽威士忌一直是帝王（Dewar）调和威士忌的核心成分之一。帝王品牌在 2023 年销售了 3 900 万瓶，在苏格兰调配威士忌排行榜上名列第七。虽然表现依然不俗，但它们最近失去了在美国最畅销苏格兰威士忌的地位，被尊尼获加（Johnnie Walker），尤其是尊尼获加黑牌（Johnnie Walker Black Label）所取代。艾柏迪单一麦芽威士忌曾长期默默无闻，但在 2014 年重新上市后，销量大幅上涨，到 2022 年已达到了 170 万瓶。

该厂的设备包括一个 7.6 吨的不锈钢全过滤糖化锅，8 个落叶松质地的发酵槽和三个不锈钢发酵槽（平均发酵时间为 72 小时），以及 4 个蒸馏器。2024 年，计划每周进行 24 次糖化，相当于生产 3 400 000 升纯酒精。除了一流的游客中心，还在一个旧仓库增设了一个品酒区。

核心产品系列包括 12 年、16 年、21 年和新推出的 25 年陈酿。近期限量版包括一款在纳帕谷红酒桶（Napa Valley）中完成过桶处理的 18 年陈酿和一款凯迪拉克白葡萄酒桶（Cadillac white wine）过桶处理的 15 年陈酿。针对免税市场，有三款广泛可用的陈酿：12 年、16 年和 21 年陈酿，全部在不同类型的马德拉酒桶中完成过桶。还包括针对旅游零售和精选市场的限量发行，即"卓越桶系列"（Exceptional Cask Series.）。

历史：

1896 年	约翰和汤米·杜瓦（John and Tommy Dewar）开始建造蒸馏厂，地点紧邻 1825—1867 年运营的古老皮蒂利蒸馏厂（old Pitilie distillery）。他们的目标是生产单一麦芽威士忌，用于他们的调和威士忌——白标（White Label）。
1898 年	11 月开始生产。
1917 年	蒸馏厂关闭。
1919 年	蒸馏厂重新开放。
1925 年	联合酒业集团（DCL）接管。
1972 年	蒸馏厂进行了重建，地面麦芽烘干设施被关闭，蒸馏器的数量从 2 个增加到了 4 个。
1991 年	首次官方装瓶是 15 年的花鸟系列（Flora & Fauna series）。
1998 年	百加得以 11.5 亿英镑的价格从帝亚吉欧（Diageo）手中收购约翰·杜瓦父子公司。
2000 年	游客中心开放，并发布了 25 年陈酿。
2005 年	10 月推出 21 年陈酿，取代了 25 年陈酿。
2009 年	发布了两款 18 年单桶。
2010 年	发布了专供法国市场的 19 年单桶。
2011 年	发布了 14 年单桶。
2014 年	整个系列翻新，并发布了免税市场的 18 年陈酿。
2015 年	发布了 16 年陈酿。
2018 年	为免税市场发布了 16 年和 21 年陈酿的马德拉桶过桶产品。
2020 年	发布了限量版 15 年陈酿波尔多波美罗酒桶（Pomerol casks）过桶。
2021 年	发布了限量版 18 年陈酿罗蒂丘酒桶（Côte Rôtie casks）过桶。
2022 年	发布了限量版 15 年和 18 年红酒桶过桶陈酿。
2023 年	发布了限量版 18 年陈酿纳帕谷红酒桶过桶和 15 年陈酿凯迪拉克白葡萄酒桶过桶。
2024 年	一款 25 年陈酿增加到产品系列中。

12 年陈酿

艾柏迪 12 年陈酿品鉴笔记：

GS- 香气甜美，带有蜂巢、早餐谷物和炖水果的香气，诱人且温暖。口感上，入口绵密饱满。甜美和麦芽味平衡而优雅。尾韵悠长且复杂，逐渐变得更加辛辣和干涩。

亚伯乐（Aberlour）

[ah・bur・lower]

所有者：芝华士兄弟有限公司（保乐力加）
　　　　Chivas Brothers Ltd（Pernod Ricard）
地区/区域：斯佩塞
成立时间：1879 年
状态：活跃（vc）
产能：3 800 000 升
地址：Aberlour, Banffshire AB38 9PJ
电话：01340 881249

芝华士兄弟（Chivas Brothers）旗下的第二大单一麦芽威士忌品牌是亚伯乐。10 年前，它曾是全球第六大最畅销单一麦芽威士忌，但现在已跌至第九位。

尽管如此，它仍然以每年惊人的 420 万瓶销量保持领先地位，且近两年的销售数字似乎正在回升。在法国，亚伯乐是排名第一的单一麦芽威士忌品牌，其次是三只猴子（Monkey Shoulder）和卡杜（Cardhu）。亚伯乐 2022 年的销量 40% 来自法国。亚伯乐是所有者投资的两个单一麦芽品牌之一（另一个显然是格兰威特 Glenlivet）。其他 10 家蒸馏厂的销售额仅占公司单一麦芽零售量的 1%，其余部分主要用于调和威士忌。

亚伯乐的扩建计划早在 2017 年就已宣布，但后来又被撤销。2020 年向当地议会提出的新申请揭示了亚伯乐即将进行一次重大升级，包括增设 4 个蒸馏器和 16 个发酵槽，这将使产能翻倍至 7 500 000 升。这项工作正在进行中，同时酒厂计划新建一个游客中心。

目前，该蒸馏厂配备了一个 12 吨的半过滤糖化锅、6 个不锈钢发酵槽和两对宽大的蒸馏器。为了使新酒达到理想的果香特征，操作员采用非常缓慢的蒸馏方式。整个蒸馏循环耗时 7.5 小时，酒心切取区间 73% ~ 63%，需要两个小时才能完成。

亚伯乐的核心产品线涵盖了 12 年、14 年、16 年和 18 年的陈酿，这些酒液均在前波本酒桶和前雪莉酒桶中进行熟成。其他核心产品还包括 Casg Annamh［在波本和欧罗索桶（Oloroso Casks）中熟成］、Aberlour a'bunadh（以原桶强度装瓶）和 a'bunadh Alba（在美国橡木桶中熟成）。针对特定市场，提供 12 年非冷凝过滤版本和千禧白橡木桶（Millesime White Oak）酒款，法国市场则有 10 年的森林珍藏和新推出的三桶熟成（Triple Cask），以及专为中国市场推出的 20 年陈酿。在蒸馏厂游客中心提供的酒厂珍藏系列中，包括 9 年和 13 年陈酿。计划在 2024 年底，将为旅游零售市场推出一个全新的产品系列。

历史：

1879 年	当地银行家詹姆斯·弗莱明（James Fleming）创立了这家蒸馏厂。
1892 年	蒸馏厂被卖给了罗伯特·索恩父子有限公司（Robert Thorne & Sons Ltd），他们扩展了蒸馏厂。
1896 年	一场大火肆虐，几乎完全摧毁了蒸馏厂。建筑师查尔斯·多伊格（Charles Doig）被请来设计新设施。
1921 年	罗伯特·索恩父子有限公司将亚伯乐卖给了一家酿酒厂，W. H. 霍尔特父子有限公司（W. H. Holt & Sons）。
1945 年	S. 坎贝尔父子有限公司（S. Campbell & Sons Ltd）购买了蒸馏厂。
1962 年	亚伯乐终止了传统的地板发麦工艺。
1973 年	蒸馏器的数量从 2 个增加到 4 个。
1974 年	保乐力加购买了坎贝尔蒸馏厂。
2000 年	亚伯乐原桶（A'Bunadh）上市。
2001 年	保乐力加购买了芝华士兄弟公司，并将芝华士兄弟公司和坎贝尔蒸馏厂合并为芝华士兄弟品牌。
2002 年	一个新的现代化游客中心于 8 月揭幕。
2008 年	18 年陈酿也开始在法国以外地区推出。
2013 年	亚伯乐 2001 白橡木（White Oak）发布。
2014 年	白橡木千禧 2004（White Oak Millenium 2004）发布。
2018 年	珍稀橡木桶（Casg Annamh）发布。
2019 年	a'bunadh Alba 发布。
2021 年	发布了 14 年陈酿。
2024 年	为旅游零售推出了一个新的产品系列。

亚伯乐 12 年陈酿品鉴笔记：

GS- 闻香时呈现出棕色糖果、蜂蜜和雪莉酒的香气，带有一丝葡萄柚和柑橘的清新。口感甜美，带有黄油焦糖、枫糖浆和新鲜苹果的味道。尾韵中带有甘草、辛辣的橡木味和温和的烟熏味。

12 年陈酿

欧特班（Allt-a-Bhainne）

[alt a · vain]

所有者：芝华士兄弟有限公司（保乐力加）
　　　　　Chivas Brothers Ltd（Pernod Ricard）
地区/区域：斯佩塞
成立时间：1975年
状态：活跃
产能：4 200 000 升
地址：Glenrinnes, Dufftown, Banffshire AB55 4DB
电话：01542 783200

历史：

1975年	施格兰的子公司芝华士兄弟创立了这家酿酒厂，目的是为了确保其调和威士忌有优质麦芽威士忌供应。总成本达到270万英镑。
1989年	产量翻倍。
2001年	保乐力加从施格兰手中接管了芝华士兄弟。
2002年	10月份停产。
2005年	5月份恢复生产。
2018年	发布了一款官方的轻度泥煤味装瓶威士忌。

　　苏格兰麦芽威士忌第二大生产商芝华士兄弟公司从未拥有过艾雷岛上的蒸馏厂。多年来，他们一直从其他生产商或欧特班生产的烟熏风味的酒中获取调和所需的泥煤威士忌。

　　不过，这种情况即将改变。2023年10月，公司宣布计划在艾雷岛上建造蒸馏厂，2024年4月，向当地议会提交了规划申请。选定的地点是加特布雷克农场（Gartbreck Farm），位于波摩（Bowmore）西南几公里处。早在2014年，法国格兰阿尔莫蒸馏厂（Glann ar Mor distillery）的让·多内（Jean Donnay）就透露了在该地点建造蒸馏厂的计划。两年后，独立装瓶公司亨特·梁（Hunter Laing）加入了计划，但由于土地纠纷中止了该项目。欧特班建于20世纪70年代中期，一直为调和威士忌生产麦芽威士忌，特别是百笛人（100 Pipers）品牌，这个品牌由施格兰（Seagram）在1966年引入，并首先在美国推出。多年来，它在英国和其他一些欧洲国家很受欢迎，但在20世纪90年代初引入韩国和泰国市场后，该品牌的主要市场转移到了亚洲，尤其是印度。百笛人在2005年达到销售高峰，销售了4 200万瓶，而到了2023年，销量约为2 200万瓶。

　　欧特班蒸馏厂的设备包括一个9吨的过滤糖化锅、8个不锈钢发酵槽，发酵时间为48~50小时，以及两对蒸馏器。近年来，蒸馏厂每周工作7天，进行25次糖化，生产出4 000 000升纯酒精。通常，烟熏生产占总产量的30%~50%，大麦中的酚类物质含量在10~20ppm。蒸馏厂最近在升级以实现碳中和后重新开放。

　　官方装瓶的产品仅有轻度烟熏的欧特班无年份（NAS）和15年的桶强威士忌，后者在酒厂珍藏系列（Distillery Reserve Collection）中，可在所有芝华士的游客中心购买。

无年份

欧特班无年份品鉴笔记：

　　IR- 微妙的烟熏味与奶油糖果、蜂蜜、苹果和一丝胡椒味混合。在口感上，甜美的泥煤味，橙子、姜、甜瓜、更多的胡椒和香草味。

雅柏（Ardbeg）

[ard · beg]

所有者： 格兰杰公司（酩悦轩尼诗）
　　　　　The Glenmorangie Co（Moët Hennessy）
地区 / 区域： 艾雷岛
成立时间： 1815 年
状态： 活跃（vc）
产能： 2 400 000 升
地址： Port Ellen, Islay, Argyll PA42 7EA
电话： 01496 302244（vc）

历史：

1794 年	雅柏的酿酒厂首次有记录。它由亚历山大·斯图尔特（Alexander Stewart）创立。
1798 年	麦克道格尔家族（The MacDougalls）通过邓肯·麦克道格尔（Duncan MacDougall）在该地开展业务，后来成为雅柏的特许经营者。
1815 年	当前的酿酒厂由邓肯·麦克道格尔（Duncan MacDougall）的儿子约翰·麦克道格尔（John MacDougall）创立。
1853 年	约翰的儿子亚历山大·麦克道格尔（Alexander MacDougall）去世，他的姐妹玛格丽特和弗洛拉·麦克道格尔（Margaret and Flora MacDougall）在科林·海的（Colin Hay）帮助下继续经营酿酒厂。姐妹去世后，科林·海接管了经营权。
1888 年	科林·埃利奥特·海（Colin Elliot Hay）和亚历山大·威尔逊·格雷·巴克南（Alexander Wilson Gray Buchanan）特许签了执照。
1900 年	科林·海的儿子接管了执照。
1959 年	雅柏酿酒厂有限公司成立。
1973 年	海勒姆沃克（Hiram Walker）集团和蒸馏者有限公司（Distillers Company Ltd）共同购买了酿酒厂。
1977 年	海勒姆沃克集团接管了酿酒厂的单一控制权。雅柏关闭了其麦芽厂。
1979 年	基达尔顿（kidalton），一种泥煤味较轻的麦芽，连续多年生产。
1981 年	酿酒厂于 3 月关闭。

30 年前，格兰杰（Glenmorangie）以 700 万英镑的价格接手并复兴了这家酿酒厂以来，该品牌经历了惊人的转变。

当时的所有者（同盟蒸馏者 Allied Distillers）认为这家酿酒厂是多余的，可能正濒临永久关闭的边缘，根本不符合他们的需要。在单一麦芽威士忌尚未真正兴起的时候，他们还管理着艾雷岛的顶级酿酒厂——拉弗格（Laphroaig），如果保留着雅柏，他们似乎是在与自己竞争。在同盟蒸馏者管理雅柏的最后 15 年里，酒厂仅间歇性地生产。因此，格兰杰接手时的库存在质量和数量上都相当不稳定。

随着时间的推移，雅柏很快成为了一个受人追捧的品牌。到 2022 年，它成为了艾雷岛第四大畅销的单一麦芽威士忌，销量达到了 240 万瓶，与乐加维林（Lagavulin）和波摩（Bowmore）不相上下。需求的激增促使所有者将产能翻了一番，增设了两个蒸馏器和更多的发酵槽。

如今酒厂的设备配置包括一个 5 吨重的不锈钢半自动糖化锅和 12 个容量为 23 000 升的俄勒冈松木发酵槽。其中最后 4 个发酵槽是在 2022 年 1 月安装的，目前的发酵时间为 66～72 小时。此外，还有两对蒸馏器，其中用于蒸馏烈酒的蒸馏器安装了净化器，以帮助酿造具有特殊果香的烈酒。麦芽的酚类含量标准为 50～55ppm，酒心的切取区间为 72.5%～62.5%，这意味着在蒸馏末期可以避免重质化合物。2024 年的计划是每周进行 22 次糖化，生产大约 2 000 000 升纯酒精。现场有两个地窖和三个架式仓库，总共存放了 18 000 桶。

核心系列包括 10 年陈酿，这是波本桶和雪莉桶的结合；旋涡（Corryvreckan），是波本桶和新的法国橡木桶的组合；奥之岬（An Oa）是在三个巨大的桶中至少混合陈放三个月的威士忌；5 年的小怪兽（Wee Beastie），在波本桶和欧罗索桶中成熟；以及 25 年陈酿。

最近的限量装瓶包括变形记（Anamorphic），酒精度为 48.2%，桶盖被移除，深度刻痕以暴露更多木面，然后进行重度烘烤。今年的雅柏日发行的云巅（Spectacular）部分在旧波本桶中成熟，而 23 年的千禧年 Y2K（Vintage Y2K）在 2024 年 7 月发布，是由 2001 年退役的已使用 51 年的蒸馏器制成的。同时，在 2024 年夏天，34 年的深渊（The Abyss）在旧波本桶和重度烘烤的法国橡木桶中成熟后发布。还有 19 年的鸣沙（Traigh Bhan）的第六批，8 年的和 13 年的鹰身女妖（Harpy's Tale）在波本和苏玳桶的组合中熟成。旅游零售独家销售的迷雾之径（Smoketrails），在 2022 年秋天发布。

1987 年	同盟利昂（Allied Lyons）接管了海勒姆沃克。
1989 年	恢复生产。所有麦芽均来自波特艾伦。
1996 年	酿酒厂于 7 月关闭。
1997 年	格兰杰购买了酿酒厂。推出了 17 年陈酿和起源（Provenance）。
2000 年	推出了 10 年陈酿，成立雅柏委员会。
2001 年	推出了岛屿之王 25 年（Lord of the Isles 25 years）和雅柏 1977。
2002 年	推出了雅伯委员会会员版（Ardbeg Committee Reserve）和雅柏 1974。
2003 年	推出了乌干达（Uigeadail）。
2004 年	推出了青春系列（Very Young Ardbeg）6 年陈酿和限量版的基达尔顿（Kildalton）。
2005 年	推出了意外之喜（Serendipity）。
2006 年	推出了雅柏 1965 和青春永驻（Still Young）。推出了即将抵达（Almost There）9 年陈酿和野兽之地（Airigh Nam Beist）。
2007 年	推出了雅柏摩尔（Ardbeg Mor），一款 10 年的 4.5 升装瓶。
2008 年	推出了新的 10 年、旋涡（Corryvreckan）、复兴（Rennaissance）、甘甜（Blasda）和摩尔 II（Mor II）。
2009 年	推出了超新星（Supernova）。
2010 年	推出了云霄飞车（Rollercoaster）和超新星（Supernova）2010。
2011 年	推出了鳄鱼（Ardbeg Alligator）。
2012 年	推出了雅柏日（Ardbeg Day）和伽利略（Galileo）。
2013 年	推出了宝剑（Ardbog）。
2014 年	推出了黄衫军团（Auriverdes）和基达尔顿。
2015 年	推出了永恒（Perpetuum）和超新星（Supernova）2015。
2016 年	推出了黑湾（Dark Cove）和一个 21 年陈酿的二十多岁系列（Twenty Something）。
2017 年	推出了奥之岬（An Oa）、海妖（Kelpie）和 23 年陈酿的二十多岁系列（Twenty Something）。
2018 年	推出了深痕（Grooves）和 22 年陈酿的二十多岁系列（Twenty Something）。
2019 年	推出了鼓（Drum）和鸣沙（Traigh Bhan）。
2020 年	推出了黑羊（Blaaack）、小怪兽（Wee Beastie）和鸣沙第二批（Traigh Bhan batch 2）。
2021 年	推出了 8 年陈酿、25 年陈酿、船长（Arrrrrrdbeg）、焦炭（Scorch）和鸣沙（Traigh Bhan）第三批。
2022 年	推出了酵徒（Fermutation）、黑巢（Ardcore）、迷雾之径（Smoketrails）和鸣沙第四批（Traigh Bhan batch 4）。
2023 年	推出了奇遇烤味（Bizzarebq）、腾云（Heavy Vapours）和 13 年陈酿的乌妖传说（Harpy's Tale）。
2024 年	推出了变形计（Anamorphic）、壮哉（Spectacular）、千禧年 Y2K（Vintage Y2K）和深渊（The Abyss）。

雅柏 10 年品鉴笔记：

GS- 香气中带有甜美的泥煤、温和的石炭酸皂香和阿布罗斯烟熏风味。在口中，燃烧的泥煤味和干果味逐渐过渡到麦芽的甘甜和一丝甘草的回味。尾韵极为悠长且烟熏感十足，谷物的甜味与干燥泥煤的风味达到了极致的平衡。

千禧年 Y2K　　云巅　　深渊

奥之岬　　小怪兽　　迷雾之径

10 年陈酿　　乌干达　　旋涡

阿德摩尔（Ardmore）

[ard · moor]

所有者：三得利全球烈酒
Suntory Global Spirits
地区 / 区域：高地
成立时间：1898 年
状态：活跃
产能：4 900 000 升
地址：Kennethmont, Aberdeenshire AB54 4NH
电话：01464 831213

在过去的 10 年中，阿德摩尔单一麦芽威士忌的销量增长了一倍以上，并且在近几年稳定在每年近 70 万瓶。而且，还有进一步增长的潜力。

那些喜欢"有点烟熏味但不要太多"的消费者已经发现了阿德摩尔——这家 19 世纪末成立的高地酒厂始终如一地生产泥煤威士忌。大约 50% 的产品中，麦芽的酚类物质含量为 12～14ppm，并且在很大程度上使用了当地的泥煤。另一种风格的品牌名为阿黛尔（Ardlair），不经过泥煤熏制，仅用于调和。2024 年，阿黛尔的生产从 1 月持续到 5 月，之后酒厂转向生产中度泥煤威士忌。有些年份（最近一次是在 2023 年 12 月）会蒸馏一周重泥煤烈酒。

酒厂配备了一个带有铜盖的铸铁半过滤糖化锅，糖化量为 12.5 吨，16 个道格拉斯冷杉木制的发酵槽——其中 6 个容量为 90 000 升，10 个容量为 45 000 升。其中两个较大的发酵槽是在 2022 年 4 月增加的，发酵时间为 70 小时。最后，大型蒸馏室里有 4 对蒸馏器。2024 年，酒厂将每周工作 7 天，进行 23 次糖化，目标产量是达到 4 900 000 升纯酒精。

阿德摩尔的大量生产主要是为了教师（Teacher's）调和威士忌——老实说，这个品牌的日子已经不太好过了。10 年前，它的销量还是 2 400 万瓶，现在只有 500 万瓶。事实上，宾三得利（Beam Suntory）威士忌系列中最畅销的单一麦芽威士忌拉弗格（Laphroaig），去年的销量也只是接近 450 万瓶。迄今为止，印度无疑是这款著名苏格兰调和威士忌的最佳市场。

核心产品是传奇（Legacy），这是一种 80% 泥煤和 20% 无泥煤麦芽的调和威士忌。此外，之前一度停产的 12 年波特桶收尾现在又回到了产品线中。传统泥煤（Traditional Peated）和三重木桶（Triple Wood）是旅行零售市场的专供。

历史：

1898 年	威廉·蒂彻（William Teacher）的儿子亚当·蒂彻（Adam Teacher）开始建造阿德摩尔酒厂，该酒厂最终成为威廉·蒂彻父子公司（William Teacher & Sons）的第一个酒厂。亚当·蒂彻在酒厂完工前去世。
1955 年	蒸馏器从 2 个增加到 4 个。
1974 年	又增加了 4 个蒸馏器，总数达到 8 个。
1976 年	联合酿酒公司（Allied Breweries）接管了威廉·蒂彻父子公司，同时也接管了阿德摩尔酒厂。酒厂自己的发麦器（萨拉丁箱）被终止使用。
1999 年	为纪念酒厂成立 100 周年，发布了 12 年陈酿。同时，限量发行了 21 年陈酿。
2002 年	阿德摩尔是最后一批放弃直接用煤加热，转而通过蒸汽间接加热蒸馏器的酒厂之一。
2005 年	金宾品牌集团（Jim Beam Brands）以 50 亿美元收购了联合多美（Allied Domecq）公司旗下约 20 个烈酒和葡萄酒品牌，成为新所有者。
2007 年	阿德摩尔传统桶陈酿发布。
2008 年	发布了 25 年和 30 年陈酿。
2014 年	宾（Beam）和三得利（Suntory）合并。发布了传奇（Legacy）。
2015 年	传统（Traditional）重新发布为传统（Tradition），并发布了三重木桶和 12 年波特桶收尾。
2017 年	发布了 20 年双熟成（double matured）陈酿。
2018 年	发布了 30 年陈酿。

传奇

阿德摩尔传奇品鉴笔记：

GS- 闻香时呈现出香草、焦糖以及甜美的泥煤烟熏气息。口感上，香草和蜂蜜与较为干燥的泥煤风味形成对比，同时伴随着姜和深色浆果的风味。尾韵中等至长，带有辛辣感，持续的干燥烟熏味逐渐消散。

倾听威士忌之声

我对威士忌的看法

罗伊·达夫（Roy Duff）
阿夸维泰（Aqvavitae）威士忌频道创始人

您认为目前哪种类别或风格的威士忌被低估或被忽视了？

坦白说，我很惊讶今天会有这样的事情发生。作为威士忌爱好者，我们对探索新事物非常狂热，对任何新奇的事物都充满好奇。虽然我们个人可能会忽视某些风格，但大多数类别都已被探索。公开尝试其他威士忌有助于提高我们的鉴赏能力，或者只是让我们确信自己已经走在正确的道路上。适应性是关键。不过，如果您想要一个简短的答案，那就是英格兰威士忌。

您认为威士忌生产商在与消费者互动时，有时会忽略什么？

让我先澄清一点，并非所有生产商都如此，但有些人有些时候是这样。最糟糕的是让人觉得，他们在产品开发上显得很偷懒，尤其是缺乏透明度。这些生产商更倾向于追求品牌外观的美学和空洞的宣传话语，而不是提供真实的信息。对于目前高价的高端产品发布，我们期望得到更多的价值。产品标签不必像实验室样本那样详细，但应该通过实体产品传达信息；如今，许多标签可以包含更多有用的细节。如果产品的沟通方式显得不协调、过于保守且不透明，这可能意味着生产商的懒惰或缺乏关怀。

对于刚进入威士忌世界的新手，您有哪三大建议？

首先，不要急于求成。当今威士忌的规模和选择可能令人生畏，但经验丰富的威士忌爱好者最喜欢的就是分享快乐，因此您可以获得很多帮助。接下来，找到一个适合自己的社区。内向的人可能更喜欢安静地阅读线上内容，而那些更喜欢社交的人可能更乐于参加现实生活中的活动。最后，尽量不要盲目忠于某个品牌。我们都有自己的最爱，但要保持开放的心态！虽然偶尔也有不好的威士忌，但非常罕见。如今，品质的基准线已经很高，好奇心会得到回报。

"世界其他地区"的新威士忌是否能够挑战苏格兰威士忌作为一个类别的地位？如果可以，以什么方式？

确实，令人惊讶的是，近年来"世界威士忌"已经从一种新奇事物迅速发展成为真正的挑战者，这都要归功于其独特的风味。它们的规模往往很小，但对人们的认知影响却很大。在当今多样化的选择中，如果苏格兰威士忌还自视甚高，认为自己是唯一的威士忌，那将是一种短视的行为。苏格兰威士忌是独一无二的，但我们需要保护它的品质和价值。尽管苏格兰威士忌传统深厚，但它也容易受到流行趋势和时尚的影响。如今，似乎最有能力维护苏格兰威士忌传统和声誉的往往是新生产商，而不是老牌生产商。这对威士忌爱好者来说不失为一种讽刺。

近年来威士忌的价格迅速上涨，高端化已成为生产商之间的流行口号。您对此有何感受？您认为未来会如何发展？

许多长期接触威士忌的爱好者都认为，威士忌过去确实被低估了。随后出现了不可避免的价格调整，但调整的幅度似乎过头了。品牌商们急于将威士忌定位为一种令人渴望的奢侈商品或收藏品，却忽略了它作为一种日常消费品——一种饮料的本质。这种行为看起来像是出于一种对金钱的冷嘲热讽。正是那些爱好者通过他们的消费行为和思维方式，重新发现了威士忌的价值，才推动了当今威士忌的热潮。

对于您来说，在评价来自不同生产商的威士忌时，道德标准占据着怎样的重要性？

人永远是最重要的。所有公司，无论是在威士忌行业还是其他领域，都应当根据道德立场来评价。有些公司将政策写在纸上，有些公司则将文化付诸行动。缺乏道德操守迟早会被发现。当所有的威士忌都是用同样的谷物酿造时，道德理念就是一个关键的区别因素。

您个人的威士忌偏好多年来有何变化？现在您在寻找什么？

在早期，我寻找的是那些在风味上明显的"亮点"。我开始时是大范围尝试：辛辣的雪莉酒桶威士忌、烟熏泥煤味的威士忌、甜美的波本威士忌。如今，我更加关注那些微妙之处，但我会根据自己的心情来选择：我在哪里，和谁在一起。环境和共享的体验会影响风味，无论我们是否愿意承认这一点。有幸尝试过这么多特别的酒液，但又足够现实地意识到自己负担不起它们，我很高兴能够探索一切。

随着新一代人越来越多地选择无酒精和低酒精饮品，您认为威士忌会有失宠的危险吗？

如果没有严厉的立法，这些"无酒精和低酒精"替代品取代任何酒类的可能性都不大，但它们确实提供了选择。我自己偶尔也会喝无酒精啤酒，但对于威士忌而言，我认为它无法被替代。酒精本身就是传递风味的关键因素。随着年龄的增长，我饮用的酒液的酒精度有所提高，但饮用量却有所减少。人们逐渐明白，追求风味的品鉴比追求酒精效果的饮酒更为重要。如果无酒精和低酒精饮品的生产商能够提供具有类似品鉴价值的产品，我相信它们会有一定的市场吸引力，但不太可能完全替代传统含酒精饮品。

大多数威士忌消费者并不追求新的体验，而是更愿意坚持自己最喜欢的品牌。那么，对于生产商和威士忌的未来而言，规模较小的威士忌爱好者群体有多重要呢？

我非常认同安德烈·哈伯雷希特（Andre Haberecht）提出的"90-9-1规则"。在威士忌市场中，大约90%的消费者是偶尔饮用的群体，9%的消费者积极主动，而仅有1%的人会采取行动进行分享、指导和宣传。我们无需改变这一比例，但通过真诚努力地打造吸引人的产品，可以促进这些群体的扩张。如今，威士忌爱好者社区的规模已经比以往任何时候都要大，那些积极发声、分享威士忌之美的少数人，拥有真正的影响力，构建了积极的社区氛围。这也是我们今天能够聚集在此的重要原因。

苏格兰麦芽威士忌蒸馏厂

欧肯特轩（Auchentoshan）

［ock · en · tosh · an］

所有者：三得利全球烈酒
　　　　Suntory Global Spirits
地区/区域：低地
成立时间：1823 年
状态：活跃（vc）
产能：2 500 000 升
地址：Dalmuir, Clydebank, Glasgow G81 4SJ
电话：01389 878561

　　威士忌的生产过程对水质和温度要求极高，充足的水源和恰当的温度是确保酿造出理想风味和提高生产效率的关键因素。

　　众所周知，冬季比夏季更容易酿造出品质稳定的烈酒。炎热的夏天可能会造成供水问题，导致酿酒厂暂时关闭。炎热的天气需要冷却麦汁和酒液，以使发酵和蒸馏都不会受到过高温度的影响。欧肯特轩于 2024 年 5 月安装了一个新的冷却塔，还有麦汁冷却器，这样就不需要在夏天减少糖化次数。

　　设备包括一个 7.05 吨的半过滤糖化锅。有 4 个俄勒冈松木发酵槽和 5 个不锈钢发酵槽——全部容量为 38 000 升，发酵时间为 70 小时（之前为 52 小时）。

　　有三个蒸馏器：一个初馏器（17 500 升），一个中馏器（8 200 升）和一个终馏器（11 500 升）。由于三重蒸馏，酒心的切取范围很窄（82.5% ~ 80%）。酿酒厂目前实行 7 天生产，这意味着在 2024 年每周完成 19 次糖化，全年的纯酒精产量约为 2 200 000 升。欧肯特轩是苏格兰仅有的两家对整个生产进行三重蒸馏的酿酒厂之一。最近重新开放的罗斯班克（Rosebank）是另一家。

　　核心产品系列包括美国橡木桶（无年份声明）、12 年、三桶（Three Woods）、18 年、21 年，以及最近发布的 24 年陈酿。免税系列由血橡（Blood Oak）组成，它在波本桶和红酒桶中成熟。美国橡木桶珍藏（American Oak Reserve）在首次填充的波本酒桶中陈酿。黑橡木（Dark Oak），一种在旧波本桶、PX 和欧罗索桶中陈酿的调和威士忌。最后，在酿酒厂成立 200 周年之际，2023 年秋季发布了限量 25 年陈酿。

历史：

1817 年	首次提到敦托克（Duntocher）酒厂，它可能是欧肯特轩酒厂的原型。
1823 年	约翰·布洛赫（John Bulloch）创立了酒厂。
1823 年	酒厂被亚历山大·菲尔希（Alexander Filshie）收购。
1878 年	C.H. 柯提斯公司（C.H. Curtis & Co.）接管酒厂。
1903 年	约翰·麦克拉克伦（John Maclachlan）购买了酒厂。
1941 年	酒厂在德国的一次轰炸中严重受损。
1960 年	麦克拉克兰有限公司被 J. & R. 坦南特酿酒厂（John Maclachlan）收购。
1969 年	伊迪·凯恩斯有限公司（Eadie Cairns Ltd）购得欧肯特轩酒厂，并开始大规模现代化改造。
1984 年	斯坦利 P. 莫里森（Stanley P. Morrison），后来成为莫里森·波摩（Morrison Bowmore），成为新所有者。
1994 年	三得利收购了莫里森·波摩。
2002 年	欧肯特轩三桶推出。
2004 年	耗资 100 万英镑用于新建和翻新游客中心。发布欧肯特轩 42 年陈酿（当时最高年份纪录）。
2006 年	发布了欧肯特轩 18 年陈酿。
2007 年	发布了 50 年陈酿，刷新品牌最高年份装瓶纪录。
2008 年	推出新的包装以及新的酒款——经典款、18 年陈酿和 1988 年份酒。
2010 年	发布了两个年份酒，1977 年和 1998 年。
2011 年	发布了两个年份酒，1975 年和 1999 年，以及 Valinch。
2012 年	为免税市场推出了 6 款新酒款。
2013 年	发布了处女橡木款。
2014 年	美国橡木款取代了经典款。
2015 年	为免税市场发布了血橡和贵族橡木（Noble Oak）。
2017 年	推出了调酒师麦芽（Bartender's Malt）。
2018 年	发布了调酒师麦芽 2 号（Bartender's Malt 2）和 1988 年 PX 橡木桶陈酿。
2019 年	为旅行零售市场发布了美国橡木桶珍藏和黑橡木。
2024 年	发布了 24 年陈酿。

欧肯特轩 12 年品鉴笔记：

　　IR- 闻香时带有绿色和草本植物的香气，以及松针、柑橘和新鲜橡木的气味。口感相当干涩，带有辛辣的香气（肉豆蔻、丁香和月桂叶），以及香草和烤坚果和葵花籽的味道。

12 年陈酿

奥赫鲁斯克（Auchroisk）

[ar · thrusk]

所有者：帝亚吉欧
　　　　Diageo
地区/区域：斯佩塞
成立时间：1974 年
状态：活跃
产能：5 900 000 升
地址：Mulben, Banffshire AB55 6XS
电话：01542 885000

格兰纳里奇酒厂（Glenallachie）于 1967 年开业，而奇富（Kininvie）酒厂于 1990 年开业。在此期间，只有 5 家酒厂生产，且全部都在 1970 年前，而奥赫鲁斯克就是其中之一——由珍宝（Justerini & Brooks）于 1974 年创立。

20 世纪 50 年代初开始，苏格兰威士忌成为了世界各地许多人的首选饮品，并迅速风靡。然而，不久之后，出现了令人担忧的迹象，表明这个黄金时代不会永远持续下去。1981 年，全球经济开始衰退，年轻一代更偏爱白葡萄酒和白兰地。1981—1986 年，多达 23 家酒厂被关闭，绝大多数再也没有重新生产。1983 年，麦芽威士忌的产量降至 1959 年以来的最低点。现代而高效的奥赫鲁斯克酒厂成功度过这段艰难时期，除了为调和威士忌生产基酒外，甚至在几年内成为了独立营运的单一麦芽品牌。

在拥有 50 多家酒厂的斯佩塞地区旅行时，您可能会偶遇奥赫鲁斯克酒厂。如果在凯斯（Keith）和克莱嘉赫（Craigellachie）之间的 A95 公路上拐个弯，您就会看到它，就坐落在 B9103 公路旁。

该酒厂的设备包括一个 12 吨的不锈钢半过滤糖化锅，8 个不锈钢发酵槽（发酵时间为 53 小时），以及 4 对蒸馏器。发酵槽很大（每个可容纳 50 000 升），一个发酵槽可以供应 4 个初馏器，每个蒸馏器的容量达 12 700 升。短暂的发酵时间和浑浊的麦芽汁表明新酒具有坚果/麦芽的特性。过去 15 年奥赫鲁斯克根据帝亚吉欧对其调和酒的需求，生产了多种不同风格的威士忌。宽敞的蒸馏室成为了帝亚吉欧瑰屿（Roseisle）酒厂蒸馏室的样板。奥赫鲁斯克酒厂每周工作 7 天，每天 24 小时运作，每周进行 24 次糖化，年产纯酒精量为 5 800 000 升。

唯一的官方装瓶是 10 年的花鸟系列（Flora & Fauna）。最近的限量装瓶是 2021 年 9 月在传世臻品（Prima & Ultima）系列中推出的 47 年陈酿。

历史：

1972 年	珍宝（与 W. A. Gilbey 一起组成 IDV 集团）开始建造酒厂，目的是生产调和威士忌。同年 2 月，IDV 被酿酒厂沃特尼曼（Watney Mann）公司收购，后者在 7 月与大都会公司（Grand Metropolitan）合并。
1974 年	酒厂建成，生产开始。
1978 年	首次装瓶。
1986 年	从这一年起，它的麦芽威士忌以苏格登（Singleton）品牌名销售。
1997 年	大都会公司与健力士合并成大型企业集团帝亚吉欧。同时，子公司联合酿酒者公司（United Distillers，归健力士）和 IDV 集团（归大都会公司）组成了新的公司联合蒸馏及酿酒公司（UDV）。
2001 年	苏格登品牌名被放弃，此后这款威士忌以奥赫鲁斯克品牌名在花鸟系列中进行销售。
2003 年	推出了 1974 年，即酒厂首年生产的 28 年陈酿 "珍稀麦芽系列"（Rare Malt Series）。
2010 年	发布了一款 "经理之选"（Manager's Choice）单桶和限量版 20 年陈酿。
2012 年	发布了 1982 年生产的 30 年陈酿。
2016 年	发布了 1990 年生产的 25 年陈酿。
2021 年	推出了 1974 年生产的 47 年传世臻品系列。

10 年陈酿的花鸟系列

奥赫鲁斯克 10 年品鉴笔记：

GS- 在轻盈的鼻息中带有麦芽和香料的味道，随着时间的推移，坚果和花香的气味逐渐显现。口感相当丰富，带有新鲜水果和牛奶巧克力的味道。余味中有葡萄干的风味。

苏格兰麦芽威士忌蒸馏厂

欧摩（Aultmore）

[ault · moor]

所有者：约翰·杜瓦父子公司（百加得）
　　　　John Dewar & Sons（Bacardi）
地区 / 区域：斯佩塞
成立时间：1896 年
状态：活跃
产能：6 000 000 升
地址：Keith, Banffshire AB55 6QY
电话：01542 881800

位于凯斯（Keith）西北方向仅 5 公里处的欧摩酒厂，在 2024 年的 6 月至 8 月关闭了 10 周。这次关闭是因为酒厂正在开启一个全新的且令人激动的篇章。

经过多年规划，一项令人印象深刻的 1 500 万英镑的扩建工程圆满完成。增加的发酵槽和另一对蒸馏器使欧摩成为帝王集团（Dewar's group）中最大的酒厂，产能不少于 600 万升。除此之外，现场也彻底整改，新的储罐区、锅炉房和冷却塔都集中在一起，非常方便。

扩建后，欧摩配备了一个 10.25 吨的斯坦尼克（Steinecker）全过滤糖化锅。现在有 15 个木制发酵槽，最低发酵时间为 56 小时。此外，有 3 对蒸馏器，其中 3 个配备了现代热蒸汽压缩（TVR）技术，它们位于一个新的蒸馏器室内，以节省能源，而 3 个烈酒蒸馏器则位于一个较老的建筑中。由于林恩臂略微下降，回流不多，宽泛的酒心切取范围（73%～61%），所以新酒酒体丰满，口感独特，在调和时有很大的不同。

当您从凯斯沿着 A96 公路前往福查伯斯（Fochabers）时，欧摩很容易被发现，它就是路边"那家白色的酒厂"。虽然酒厂通常不接待游客，但在过去的几年里，它一直是 5 月份斯佩赛威士忌节期间"开放酒厂"主题活动的一部分。希望扩建后这一做法能继续下去。虽然单一麦芽威士忌的年销量只有 20 万瓶左右，但它却是世界上两个最大的调和威士忌品牌——威廉·劳森（William Lawson）和帝王的重要组成部分——2022 年合计销售量为 7 200 万瓶。

核心产品系列包括 12 年、18 年、21 年，以及亚洲专供的 25 年陈酿。还包括针对旅行零售和精选市场的限量版卓越桶系列（Exceptional Cask Series）。

历史：

1896 年	亚历山大·爱德华（Alexander Edward）建立了欧摩酒厂。他是本利林（Benrinnes）的拥有者和克莱嘉赫酒厂（Craigellachie Distillery，）的共同创始人。
1897 年	生产开始。
1898 年	产量翻倍；欧本、欧摩和格兰威特公司管理欧摩酒厂。
1923 年	亚历山大·爱德华以 20 000 英镑的价格将欧摩酒厂卖给约翰·杜瓦父子公司。
1925 年	约翰·杜瓦父子成为蒸馏者有限公司（DLC）的一部分。
1930 年	行政管理转移到苏格兰麦芽蒸馏者（SMD）。
1971 年	蒸馏器从 2 个增加到 4 个。
1991 年	联合蒸馏者推出 12 年陈酿作为花鸟系列（Flora & Fauna）的一部分。
1996 年	21 年的原桶强度作为珍稀麦芽（Rare Malt）系列上市。
1998 年	帝亚吉欧以 11.5 亿英镑的价格将帝王和孟买金酒（Bombay Gin）卖给百加得。
2004 年	推出了新的官方 12 年装瓶陈酿。
2014 年	发布了 12 年、25 年和 21 年陈酿，专供免税市场。
2015 年	发布了 18 年陈酿的版本。
2019 年	发布了三个 22 年陈酿的单桶，具有不同的二次成熟，专供免税市场。
2021 年	21 年陈酿的版本加入核心系列。
2024 年	产能扩大到 6 000 000 升。

欧摩 12 年品鉴笔记：

GS- 闻香时有桃子和柠檬水的气息，新鲜割草的味道，亚麻籽和牛奶咖啡的香气。口感上有非常浓的果香，略带草本植物的味道，带有太妃糖和轻微的香料。余味中等长度，带有持久的香料和软糖味，最后更多的是牛奶咖啡味。

12 年陈酿

巴布莱尔（Balblair）

约翰·麦克唐纳（John MacDonald）是苏格兰威士忌行业的标志性人物，2006年8月以来一直负责管理巴布莱尔酒厂，他于2024年5月退休。他的成就之一是在2012年向游客开放酿酒厂。

他和巴布莱尔酒厂都参与了由肯·洛奇（Ken Loach）导演，查尔斯·麦克林（Charles Maclean）主演的电影《天使的一份》（Angel's Share）。约翰·麦克唐纳在威士忌行业的职业生涯始于格兰杰附近的仓库管理员，长达35年，最终成为助理经理，之后转到巴布莱尔酒厂。他也是巴布莱尔单一麦芽威士忌从2007年开始以年份销售的过渡时期团队成员之一，这一做法在2019年被停止，重新采用标注酒龄的方式。他的继任者是大卫·罗杰森（David Rogerson），之前在盛贝本（Speyburn）酒厂担任助理经理。

苏格兰有9家仍在运营的麦芽蒸馏厂组成了一个独特俱乐部，它们都成立于18世纪。尽管巴尔布莱尔酒厂并不是一直都在同一个地方，但它却是历史第四悠久的酒厂。酒厂正式成立于1790年，但有事实表明，1749年可能才是巴布莱尔酒厂的起点。1872年，酒厂重建并向北迁移了800米。酒厂配备了一个不锈钢的4.5吨半过滤糖化锅，6个俄勒冈松木发酵槽和一对蒸馏器。2023年，蒸馏器安装了热蒸汽压缩系统（TVR）以节省能源和水资源。几年前，酒厂从每周5天工作制转变为每周7天工作制，2024年计划每周进行21次糖化，这意味着全年目标产量为1 800 000升。这也意味着发酵时间由原来的短时间（60小时）和长时间（90小时）的混合发酵变为现在的60小时（短发酵）。现场还有8个地窖，可容纳22 500个酒桶。

核心产品系列包括12年、15年、18年和25年陈酿。2023年秋季，新增了一款21年的威士忌，经过6年的欧罗索桶二次陈酿。12年、15年和25年的产品也在旅行零售中提供，还有一款17年的威士忌，在首次填充的雪莉桶中完成陈酿。

[bal·blair]

所有者：因弗豪斯蒸馏公司（国际饮料控股公司）
Inver House Distillers（International Beverage Holdings）
地区/区域：北高地
成立时间：1790年
状态：活跃（vc）
产能：1 800 000升
地址：Edderton, Tain, Ross-shire IV19 1LB
电话：01862 821273

历史：

1790年	酒厂由詹姆斯·麦凯迪（James McKeddy）创立。
1790年	约翰·罗斯（John Ross）接管酒厂。
1836年	约翰·罗斯去世，其子安德鲁·罗斯（Andrew Ross）在儿子们的帮助下接管酒厂。
1872年	酒厂迁移到当前位置。
1873年	安德鲁·罗斯去世，其子詹姆斯接管酒厂。
1894年	亚历山大·考恩（Alexander Cowan）接管并重建酒厂。
1911年	考恩被迫停止支付，酒厂关闭。
1941年	酒厂被挂牌出售。
1948年	罗伯特·卡明（Robert Cumming）以48 000英镑的价格购买巴布莱尔。
1949年	重新开始生产。
1970年	卡明将巴布莱尔卖给了海勒姆·沃克（Hiram Walker）。
1988年	通过海勒姆·沃克和同盟酿酒商（Allied Vintners）的合并，同盟蒸馏者（Allied Distillers）成为新所有者。
1996年	酒厂被因弗豪斯蒸馏者公司出售。
2000年	巴布莱尔元素系列和首个版本的巴布莱尔33年推出。
2001年	泰国公司太平洋烈酒（the Great Oriole Group的一部分）接管因弗豪斯。
2004年	巴布莱尔38年推出。
2005年	12年泥煤桶，1979年（26年陈酿）和1970年（35年陈酿）的版本推出。
2006年	国际饮料控股（International Beverage Holdings）收购太平洋烈酒英国公司。
2007年	3个新年份酒取代了以前的系列。
2008年	发布1975年和1965年的年份酒。
2009年	发布1991年和1990年的年份酒。
2011年	发布1995年和1993年的年份酒。
2012年	1975年、2001年和2002年的年份酒发布，游客中心开放。
2013年	1983年、1990年和2003年的年份酒发布。
2014年	1999年和2004年的年份酒为免税市场发布。
2016年	2005年的年份酒发布。
2019年	推出带有酒龄标注的新系列。
2024年	发布21年陈酿。

巴布莱尔12年品鉴笔记：

IR- 闻香时带有甜美和麦芽的香气，伴随着草本和泥土的气味。口感丰富，奶油般顺滑且甜美，有烤玉米棒、焦糖、蜂蜜以及一些苦涩的橡木味。

12年陈酿

苏格兰麦芽威士忌蒸馏厂

巴门纳克（Balmenach）

[bal・men・ack]

所有者：因弗豪斯蒸馏者（国际饮料控股公司）
Inver House Distillers（International Beverage Holdings）
地区/区域：斯佩塞
成立时间：1824 年
状态：活跃
产能：2 900 000 升
地址：Cromdale, Moray PH26 3PF
电话：01479 872569

巴门纳克是因弗豪斯（Inver House）购买的 5 家酒厂中最后一家，也是唯一一家没有正式装瓶酒款的酒厂。实际上，它在 2002 年曾推出一款限量产品。

那是一款 25 年的威士忌，为庆祝伊丽莎白女王的金禧年而推出。该款威士忌蒸馏于 1977 年，当时女王已经登基 25 年。不仅如此，在银禧庆典期间，一个初馏器被运到伦敦的海德公园展出。庆典结束后，这台蒸馏器被运回苏格兰并重新安装在酒厂里。

当独立装瓶商推出巴门纳克单一麦芽威士忌时，爱好者们往往会给予很高的评价，这与酒厂调和酒团队的观点不谋而合。该酒厂生产的新酒酒体饱满且浓郁，这种风格非常适合为调和威士忌增添个性。以因弗豪斯公司和巴门纳克酒厂为例，他们生产的调和威士忌品牌汉基·班尼斯特（Hankey Bannister）在 2022 年售出了 380 万瓶。

巴门纳克酒厂配备了一个 8 吨的不锈钢半过滤糖化锅，顶部为铜制圆顶，糖化周期为 7 小时。酒厂有 6 个由道格拉斯冷杉木制成的发酵槽，其中两个在 2023 年被更换。此外，酒厂还计划增加两个发酵槽，但尚未最终确认。在一周 7 天的工作制下，发酵时间为 54 小时。最后，酒厂拥有 3 对初馏器和 3 对再馏器，它们都配备了煮球、下降的林恩臂，并连接到虫管冷凝器。蒸馏过程相当快，回流较少，加上极宽的酒心切取范围（72% ~ 58%），使得新酒具有浓郁而深沉的特性。2024 年的生产计划是每周进行 20 次糖化，预计年产酒精量为 2 900 000 升。

20 世纪 90 年代，前所有者（联合蒸馏者 United Distillers）曾经推出过 12 年的版本。独立装瓶商 Aberko 与酒厂合作已久，并以"猎鹿人"（Deerstalkers）的名字发布了巴门纳克威士忌。

历史：

- **1824 年** 酒厂被授权给詹姆斯·麦克格雷戈（James MacGregor），他经营着一个名为巴门纳克的小农场酒厂。
- **1897 年** 巴门纳克 – 格兰威特蒸馏酒公司成立。
- **1922 年** 麦克格雷戈家族将酒厂卖给了由麦克唐纳·格林（MacDonald Green）、彼得·道森（Peter Dawson）和詹姆斯·沃森（James Watson）组成的财团。
- **1925 年** 该财团成为蒸馏者有限公司（DCL）的一部分。
- **1930 年** 生产转移到苏格兰麦芽蒸馏者（SMD）。
- **1962 年** 蒸馏器数量增加到 6 个。
- **1964 年** 地板发麦被萨拉丁箱取代。
- **1992 年** 首次官方装瓶是一款 12 年的威士忌。
- **1993 年** 酒厂在 5 月份被暂时关闭。
- **1997 年** 因弗豪斯从联合蒸馏者手中购买巴门纳克。
- **1998 年** 重新开始生产。
- **2001 年** 泰国公司太平洋烈酒（Pacific Spririts）以 5 600 万英镑的价格收购因弗豪斯。新所有者推出了 27 年和 28 年的威士忌。
- **2002 年** 为纪念女王金禧年，推出了 25 年的巴门纳克。
- **2006 年** 国际饮料控股公司（International Beverage Holding）收购太平洋烈酒英国公司。
- **2009 年** 开始生产金酒。

猎鹿人 12 年陈酿

猎鹿人 12 年品鉴笔记：

IR- 闻香时甜美，果香浓郁，带有绿色花园的气息和甜甘草的味道。口感上，甜美、果香的麦芽伴随着蜂蜜、奶油冻、杏子、桃子的味道，以及来自橡木的轻微苦涩。

百富（Balvenie）

[bal·ven·ee]

所有者： 威廉·格兰特父子公司
William Grant & Sons
地区 / 区域： 斯佩塞
成立时间： 1892 年
状态： 活跃（vc）
产能： 7 000 000 升
地址： Dufftown, Keith, Banffshire AB55 4DH
电话： 01340 820373

历史：

1892 年	威廉·格兰特将百富新房改建为百富蒸馏厂。
1893 年	5 月首次蒸馏。
1957 年	蒸馏器从 2 个增加到 4 个。
1965 年	安装了 2 个新的蒸馏器。
1971 年	又安装了 2 个蒸馏器。
1973 年	首次官方装瓶出现。
1982 年	推出了创始人珍藏版（Founder's Reserve）。
1996 年	推出了两款年份装瓶和一款波特桶陈酿。
2001 年	推出了百富艾雷岛桶（The Balvenie Islay Cask）。
2002 年	推出了 50 年陈酿。
2006 年	推出了新木（New Wood）17 年、烤麦芽（Roasted Malt）14 年和波特桶（Portwood）1993。
2007 年	推出了年份桶（Vintage Cask）1974 年和雪莉桶 17 年。
2008 年	推出了签名版（Signature）、1976 年份、百富玫瑰（Balvenie Rose）和朗姆桶 17 年。
2009 年	推出了 1978 年份、17 年马德拉桶过桶、14 年朗姆桶过桶和金色桶 14 年。
2010 年	推出了 40 年、泥煤桶和加勒比桶。
2012 年	推出了 50 年和双桶 17 年。
2013 年	推出了三桶 12 年、16 年和 25 年。
2014 年	推出了单桶 15 年和 25 年，Tun 1509 和两款新的 50 年。
2015 年	推出了百富 DCS 系列。
2016 年	推出了 21 年马德拉桶过桶。
2017 年	推出了百富泥煤周 2002 和泥煤三桶。
2018 年	推出了限量版 25 年。
2019 年	推出了百富故事系列。
2020 年	推出了 21 年和百富故事系列的第四部分。
2021 年	推出了第二支红玫瑰（The Second Red Rose）、训犬密令（The Tale of the Dog）和 25 年。
2022 年	推出了百富 16 年法国桶和滨海寻觅（A Rare Discovery From Distant Shores）。
2023 年	推出了锤桶之艺 19 年（A Revelation of Cask and Character 19 years）。
2024 年	推出了奇幻系列（A Collection of Curious Casks）。

虽然威廉·格兰特父子公司在苏格兰威士忌总销售额中的占比仅为 7.6%，但在 2022 年，他们在前六大麦芽威士忌品牌的市场份额却高达惊人的 40%！这一成就的主要原因当然是他们的产品组合中拥有全球销量排名第一的单一麦芽威士忌品牌格兰菲迪（Glenfiddch），年销量达到 2 000 万瓶。同时，售量 820 万瓶的调和麦芽威士忌品牌三只猴子（Monkey Shoulder）和 530 万瓶销量的单一麦芽品牌百富无疑也巩固了这个家族企业的强大市场地位。

百富酒厂的独特之处在于，游客可以了解威士忌生产的每一个步骤。酒厂拥有自己的地板发麦仓，产量占所需量的 10%~15%，并且厂内还有铜匠和制桶车间。1892 年，百富成为了格兰父子公司继格兰菲迪之后拥有的第二家蒸馏厂，之后又陆续有了格文（Girvan）的谷物蒸馏厂（1963 年）、奇富（Kininvie，1990 年）、艾尔萨湾（Ailsa Bay，2007 年），以及爱尔兰的图拉多（Tullamore，2014 年）。

酒厂配备了一个 11.9 吨的全过滤糖化锅，以及 9 个木制和 5 个不锈钢发酵槽，发酵时间为 64~68 小时。在原始蒸馏室内有 6 个再馏器。在酒厂扩建的厂房中，5 个初馏器紧凑地排列在一起。2024 年的计划是每周进行 30 次糖化，年产酒精量达到 7 000 000 升。酒厂主要生产使用的是无泥煤熏制的大麦，但每年有一周的生产使用的是泥煤熏制过的麦芽（泥煤含量 20~40 ppm）。

百富的核心产品系列包括：百富 12 年双桶（Doublewood）、加勒比桶（Caribbean Cask）14 年、百富 16 年法国桶（French Oak）、百富 21 年波特桶（Portwood）。此外，还有稀有融合（Rare Marriage）系列，包括 30 年和 40 年的威士忌。百富故事系列（Balvenie Stories）包括：滨海寻觅 27 年朗姆酒桶过桶（A Rare Discovery From Distant Shores 27 years rum finish）、锤桶之艺 19 年（A Revelation of Cask and Character 19 years）、泥煤周 17 年（The Week of Peat 17 years old）。2024 年 7 月，引入了奇幻桶系列（Collection of Curious Casks）：14 年波本酒桶、17 年西班牙橡木桶、18 年皮诺桶。2024 年 8 月，推出了一款 50 年的单桶威士忌。专为免税市场提供的再创经典（The Creation of a Classic）、一款 15 年的马德拉酒桶陈酿、一款 18 年的 PX 桶陈酿，还有泥煤周 19 年（The Week of Peat 19 years）陈酿。

双桶 12 年陈酿

百富双桶 12 年品鉴笔记：

　　GS- 闻香时有坚果和辛辣麦芽的香气，口感饱满，带有柔和的水果、香草、雪莉和一丝泥煤的味道。在奢华而持久的余味中，呈现出干爽和辛辣。

本尼维斯（Ben Nevis）

[ben nev · iss]

所有者：本尼维斯酒厂有限公司（余市，朝日啤酒厂）
Ben Nevis Distillery Ltd（Nikka, Asahi Breweries）
地区/区域：西高地
成立时间：1825 年
状态：活跃（vc）
产能：2 000 000 升
地址：Lochy Bridge, Fort William PH33 6TJ
电话：01397 702476

位于威廉堡（Fort Willian）的北郊，英国最高峰本尼维斯（Ben Nevis）山脚下，坐落着一家同名的酒厂。在这个曾经拥有 3 家酿酒厂的小镇上，这是最后一家幸存的威士忌生产商。

1825 年由"长脚"约翰·麦克唐纳（"Long" John MacDonald）创立以来，本尼维斯酒厂在古怪的约瑟夫·霍布斯（Joseph Hobbs）的所有权下经历了一段漫长而多彩的历史。霍布斯是个古怪的人，他安装了科菲蒸馏器，使酒厂能够同时生产麦芽和谷物烈酒。在 20 世纪 80 年代，酒厂在惠特布莱德（Whitbread）的经营下经历了一段低谷期。尽管进行了一些投资，但在这 10 年的大部分时间里，酒厂主要用于仓储和试生产，直到 1984—1986 年才开始实际生产。日本威士忌生产商余市（Nikka）在收购本尼维斯后安装了新的糖化锅，替换了霍布斯安装的混凝土发酵槽后，成为了酒厂的救星。

多年来，本尼维斯一直在生产一种高品质的烈酒，但遗憾的是，这种烈酒很少作为官方单一麦芽威士忌出现。2022 年，本尼维斯仅售出 25 000 瓶，希望它的所有者能提高它在市场上的占有率。

本尼维斯配备了一个 9 吨的全过滤不锈钢糖化锅，6 个不锈钢发酵槽和 2 个俄勒冈松木发酵槽，发酵时间为 48 小时，以及两对蒸馏器。2024 年的计划是每周糖化 13 次，共生产 2 000 000 升纯酒精。其中约 50 000 升将进行重度泥煤熏制的大麦（酚含量为 40ppm）。为了提高酿酒厂的灵活性，于 2023 年安装了一条小型装瓶生产线。

10 年陈酿在 2021 年以新设计重新推出。还有泥煤熏制的麦克唐纳的传统本尼维斯（MacDonald's Traditional Ben Nevis）以及无年龄声明的水源地（Coire Leis）。非常古老的本尼维斯版本已经上线，2019 年在中国台湾发布了 1966 年、1967 年和 1968 年的年份酒款。

历史：

- 1825 年　酒厂由"长脚"约翰·麦克唐纳创立。
- 1856 年　长脚约翰去世，其子唐纳德·P.麦克唐纳（Donald P. McDonald）接管。
- 1878 年　由于需求巨大，附近又建立了一家酒厂，名为尼维斯酒厂（Nevis Distillery）。
- 1908 年　两家酒厂合并为一家。
- 1941 年　麦克唐纳家族将酒厂卖给由加拿大百万富翁约瑟夫·W.霍布斯（Joseph W. Hobbs）领导的本尼维斯酒厂有限公司。
- 1955 年　霍布斯安装了科菲蒸馏器，使得酒厂能够同时生产谷物威士忌和麦芽威士忌。
- 1964 年　约瑟夫·霍布斯去世。
- 1978 年　生产停止。
- 1981 年　约瑟夫·霍布斯之子将酒厂卖回给长脚约翰蒸馏厂和惠特布莱德。
- 1984 年　经过总共 200 万英镑的修复和重建后，本尼维斯重新开业。
- 1986 年　酒厂再次关闭。
- 1989 年　惠特布雷德将酒厂卖给余市威士忌蒸馏有限公司（Nikka Whisky Distilling Company Ltd）。
- 1990 年　酒厂重新开业。
- 1991 年　游客中心开幕。
- 1996 年　本尼维斯 10 年陈酿上市。
- 2006 年　发布了 13 年波本桶过桶版本。
- 2010 年　发布了 25 年陈酿。
- 2011 年　麦克唐纳的传统本尼维斯上市。
- 2014 年　遗忘瓶装（Forgotten Bottlings）系列推出。
- 2015 年　发布了 40 年的生而调和（Blended at Birth）的单一调和威士忌。
- 2018 年　本尼维斯 10 年批次 1 号（Ben Nevis 10 years old Batch No. 1）上市。
- 2021 年　10 年陈酿的瓶身设计翻新，同时推出了水源地。

本尼维斯 10 年品鉴笔记：

GS- 初闻时带有鲜明的绿色植物气息，随后发展出坚果和橙子的香味。口感上，咖啡、脆糖和泥煤的味道出现在略带油性的口腔中，伴随着耐嚼的橡木味，这一直持续到余味，还有更多的咖啡和一丝黑巧克力的味道。

10 年陈酿

本利亚克（Benriach）

[ben · ree · ack]

所有者：本利亚克蒸馏公司（百富门）
　　　　　BenRiach Distillery Company（Brown Forman）
地区 / 区域：斯佩塞
成立时间：1897 年
状态：活跃（vc）
产能：2 800 000 升
地址：Longmorn, Elgin, Morayshire IV30 8SJ
电话：01343 862888

当您沿着斯佩赛的主干道 A941 向北行驶时，本利亚克酒厂就在您右手边，距离埃尔金（Elgin）还有 5 分钟车程。这里无疑是斯佩赛最显眼的地方之一。

这家酒厂非常醒目，所以您不会错过它。但令人惊讶的是，尽管如此，这家酒庄并没有一个完善的游客中心。不过，值得庆幸的是，几年前开始，酒庄提供了游览服务（有 4 个不同的游览项目可供选择），您只需要通过他们的官网提前预订即可。所有的生产过程都在一个楼层，因此非常容易参观。此外，这里还设有一个小商店和一个品酒吧，供游客购买纪念品和品尝美酒。

本利亚克配备了一个传统的铸铁糖化锅，重达 5.8 吨，外露不锈钢外壳，8 个不锈钢的发酵槽，进行短发酵（58 小时）和长发酵（120 小时）。有 2 个 20 912 升的初馏器和 2 个 12 700 升的再馏器，蒸馏器的林恩臂略有下降。2023 年，蒸馏车间完全实现了自动化。2024 年的计划是每周进行 19 次糖化，生产 1 500 000 升纯酒精。其中约 1/3 使用酚类规格 25～30ppm 的泥煤麦芽酿造。2013 年开始重新投入使用的地板发麦设备在 10 年后暂时停止使用。它每年只使用几周时间，看起来再次投入使用需要一些投资，尤其是出于安全考虑。

在 2020 年，由首席调配师瑞秋·巴里（Rachel Barrie）推出新的产品系列后，本利亚克的销售量起飞，2022 年销售超过 600 000 瓶。

核心系列包括起源 10 年（The Original Ten）、烟熏 10 年（The Smoky Ten）、12 年、烟熏 12 年（The Smoky Twelve）、16 年、21 年、25 年、30 年和 40 年陈酿。2024 年 6 月，在亚洲推出了一款 50 年陈酿，是本利亚克有史以来最高年份装瓶，后来也在其他市场销售。这款酒桶于 1966 年灌装，仅产生了 37 瓶。专为旅游零售独家推出的产品"四十度·八度桶陈"（The Forty Octave Cask Matured）。

历史：

- 1897 年　约翰·达夫公司（John Duff & Co）创立了本利亚克酒厂。
- 1900 年　酒厂关闭。
- 1965 年　新的所有者——格兰威特蒸馏有限公司重新开放了酒厂。
- 1972 年　开始生产泥煤味的本利亚克。
- 1978 年　施格兰蒸馏公司接管了酒厂。
- 1985 年　增加了 2 个蒸馏器，使蒸馏器总数达到 4 个。
- 1998 年　麦芽作坊被停用。
- 2002 年　10 月，酒厂暂时关闭。
- 2004 年　南非基础交易公司（Intra Trading）与前巴恩·斯图尔特集团（Burn Stewart）董事比利·沃克（Billy Walker）一起购买了本利亚克。
- 2004 年　推出了标准（Standard）、好奇心（Curiositas）和 12 年、16 年和 20 年。
- 2005 年　推出了 4 种不同的年份酒。
- 2006 年　推出了 16 种新产品，包括 25 年、30 年和 8 种不同的年份酒。
- 2007 年　推出了 40 年陈酿和 3 种新的泥煤味产品。
- 2008 年　推出了泥煤味的马德拉桶过桶、15 年的苏玳桶过桶和 9 种单桶酒。
- 2009 年　推出了 2 种过桶版（麝香葡萄 Moscatel 和加亚巴罗洛 Gaja Barolo）和 9 种单桶酒。
- 2010 年　推出了三重蒸馏的地平线（Horizons）和重泥煤味的至点（Solstice）。
- 2011 年　推出了 45 年和 12 年年份酒。
- 2012 年　推出了 17 年的第十七章。
- 2013 年　推出了 46 年的遗迹（Vestige），麦芽作坊重新运作。
- 2015 年　推出了 Dunder、Albariza、Latada 和 10 年陈酿。
- 2016 年　百富门公司收购了该公司。推出了本利亚克桶强酒。
- 2017 年　推出了 10 年的三重蒸馏和泥煤味桶强酒。
- 2018 年　推出了 12 年和 21 年陈酿，以及 21 年的时光（Temporis）和 30 年的 Authenticus。
- 2020 年　整个核心系列进行了重新推出，推出了 7 种新产品。
- 2021 年　推出了麦芽季节第一版（Malting Season First Edition）。
- 2022 年　推出了 16 年陈酿。
- 2024 年　推出了 50 年陈酿。

本利亚克 12 年品鉴笔记：

IR- 香气清新，带有家具上光剂、桉树、热带水果、蜂蜜和红糖的香气。口感起初干爽，随后是浸泡在波特酒中的葡萄干味，带有香草的烤苹果味，巧克力、肉桂和杏仁的味道。

12 年陈酿

苏格兰麦芽威士忌蒸馏厂

本利林（Benrinnes）

[ben rin · ess]

所有者：帝亚吉欧
　　　　Diageo
地区 / 区域：斯佩塞
成立时间：1826 年
状态：活跃
产能：3 500 000 升
地址：Aberlour, Banffshire AB38 9NN
电话：01340 872600

曾经，苏格兰仅有三家蒸馏酒厂采用不同寻常的部分三重蒸馏法，本利林就是其中之一。虽然 10 年前本利林就停止使用这种工艺了，但云顶（Springbank）和慕赫（Mortlach）仍在采用这种方法。

本利林酒厂的工艺特点是每个糖化桶配有两个初馏桶，其中一部分低度酒会被重新蒸馏，并分成两部分，其中酒精度高的部分会与糖化桶中酒精度高的酒液混合，再在第二个初馏桶中蒸馏，以增加新酒的厚重感和硫磺味。

与大云（Dailuaine）和慕赫一样，本利林风格的单一麦芽威士忌也在威士忌爱好者中拥有众多追随者。这三家酒厂都位于斯佩塞地区，彼此相距不远，而本利林可能最容易被找到。从亚伯乐（Aberlour）出发，沿 A95 向南几分钟车程的左侧，就能看到一座带有红色烟囱的白色建筑。

本利林的设备包括一个 8.5 吨的半自动糖化锅和 8 个俄勒冈松木制成的发酵槽，发酵时间为 65 小时，每周运行 7 天。酒厂还拥有 2 个初馏器和 4 个再馏器，这些蒸馏器都与虫桶冷凝器相连。2023 年，这些虫桶冷凝器被更换，酒厂在短暂关闭后恢复了满负荷生产，即每周 21 次糖化，年产 3 500 000 升纯酒精。虫桶冷凝器冷却烈酒蒸汽的方法赋予了本利林新酒轻硫磺的特点，而宽泛的酒心切取区间（73% ~ 58%）也有助于形成其浓郁、厚重的酒体风格。

帝亚吉欧花鸟系列（Flora & Fauna）15 年是唯一的常规官方装瓶威士忌。到了 2024 年，推出了一款 21 年的特别版（Special Release），这款威士忌首先在旧的酒桶中熟成了 8 年，随后在经过葡萄酒调味的美国橡木桶、欧洲橡木桶以及重新炭化处理的酒桶中又陈酿了 13 年。

历史：

1826 年	彼得·麦肯齐（Peter McKenzie）在怀特豪斯农场（Whitehouse Farm）建立了卢瑟里莱恩（Lyne of Ruthrie）酒厂。
1829 年	一场洪水摧毁了酒厂，约翰·英尼斯（John Innes）在几公里外建造了一个新的酒厂。
1834 年	约翰·英尼斯申请破产，威廉·史密斯公司（William Smith & Co）接管了酒厂。
1864 年	威廉·史密斯公司破产，大卫·爱德华（David Edward）成为新主人。
1896 年	本利林遭受火灾破坏，促使进行了大规模翻新。亚历山大·爱德华接管。
1922 年	约翰·杜瓦父子公司接管了酒厂。
1925 年	约翰·杜瓦父子公司成为 DCL 的一部分。
1956 年	酒厂被完全重建。
1964 年	地板发麦被萨拉丁箱取代。
1966 年	蒸馏器的数量增加到 6 个。
1984 年	萨拉丁箱停止使用，麦芽开始集中采购。
1991 年	本利林的第一个官方装瓶是花鸟系列中的 15 年陈酿。
1996 年	联合蒸馏酒厂在他们的珍稀麦芽系列（Rare Malts series）中发布了一款 21 年的原桶强度威士忌。
2009 年	作为当年特别发布（Rare Malts series）的一部分，推出了一款 23 年的威士忌。
2010 年	发布经理之选 1996（Manager's Choice 1996）。
2014 年	发布了一款限量的 21 年威士忌。
2024 年	在特别版（Special Releases）中推出了一款 21 年的威士忌。

特别版 21 年陈酿

本利林 15 年品鉴笔记：

GS- 初闻时有短暂的焦糖蛋糕香气，很快转变为辛辣和皮革味，还带有一些雪利酒的味道。最终呈现咸鲜和烧焦橡胶的气味。酒体丰满，黏稠，带有肉汁、黑巧克力和更多的胡椒味。中等长度的余味中带有温和的烟熏和活泼的香料味。

本诺曼克（Benromach）

[ben·ro·mack]

所有者：高登&麦克菲尔
　　　　Gordon & MacPhail
地区/区域：斯佩塞
成立时间：1898 年
状态：活跃（vc）
产能：700 000 升
地址：Invererne Road, Forres, Morayshire IV36 3EB
电话：01309 675968

对于高登&麦克菲尔公司（Gordon & MacPhail）来说，"长远的眼光和耐心"是其商业哲学的核心。这一点在他们如何将瓶装业务拓展至蒸馏领域的过程中表现得尤为突出。

厄克特家族（Urquhart family）一直怀揣着拥有一座蒸馏酒厂的梦想。1950 年，家族的领导人约翰·厄克特（John Urquhart）曾对出售中的斯特拉赛斯拉（Strathisla）蒸馏酒厂出价 7 万英镑，但最终酒厂被出价 7.1 万英镑的施格兰（Seagrams）公司收购。时隔 43 年，高登&麦克菲尔购得了停产的本诺曼克酒厂，并投入 5 年时间进行翻新和整改装备。他们的初衷是复刻斯佩塞地区的传统麦芽风格，而本诺曼克如今成为了英国大陆仅有的 2 家在整个生产过程中使用泥煤麦芽（12~14ppm）的蒸馏酒厂之一。

本诺曼克酒厂配备了一个 1.5 吨的半自动糖化锅（顶部为铜制圆顶），13 个发酵槽——其中 9 个由欧洲落叶松木制成，4 个由苏格兰落叶松木制成，发酵时间 67~115 小时。酒厂还拥有一对蒸馏器，这些蒸馏器配有直颈林恩臂和外部冷凝器。2024 年的计划是在 44 周内，每周进行 18 次糖化，产量 500 000 升纯酒精。在这 44 周中，有 2 周专门用于生产重度泥煤风味的烈酒，另外 2 周则用于有机麦芽威士忌生产。目前，酒厂内有 6 个地面堆放仓库和一座架式仓库，总共可以存放 35 000 个酒桶，而在未来 2 年内，计划增加额外的空间以容纳 15 000 个酒桶。

高登&麦克菲尔公司是历史最悠久且可能最为人熟知的独立装瓶商之一，1895 年起就在埃尔金的南街开设了店铺。目前，这家店铺正在经历一场转型，旨在打造成为一个供游客体验的经典场所，计划 2024 年开放。

高登&麦克菲尔的核心产品线包括 10 年、15 年和 21 年的威士忌，以及桶强年份酒。自 2021 年起，每年都会推出一款 40 年的威士忌，而在 2024 年 9 月，他们推出了一款非常限量的 50 年威士忌。此外，对比系列（Contrasts range）中也有特别版，包括 2014 年的有机版（Organic 2014）和泥煤版。到了 2024 年，这个系列又增加了 2013 年处女橡木版（Virgin Oak 2013）和 2014 年无泥煤版（Unpeated 2014）。

历史：

1898 年　本诺曼克蒸馏公司开始营业。
1911 年　哈维·麦克奈尔公司（Harvey McNair & Co）购买了酒厂。
1919 年　约翰·约瑟夫·考尔德（John Joseph Calder）购买了本诺曼克，随后将其卖给了本诺曼克蒸馏有限公司。
1931 年　酒厂被暂时关闭。
1937 年　酒厂重新开放。
1938 年　约瑟夫·霍布斯（Joseph Hobbs）购买了本诺曼克，然后将其卖给了美国国家蒸馏者公司（NDA）。
1953 年　NDA 将本诺曼克卖给了蒸馏者有限公司（DCL）。
1968 年　酒厂取消了地板发麦。
1983 年　本诺曼克再次被暂时关闭。
1993 年　高登&麦克菲尔购买了本诺曼克酒厂。
1998 年　酒厂再次投入运营。
2004 年　新所有者首次装瓶威士忌品牌本诺曼克传统（Benromach Traditional）。
2005 年　发布了波特桶过桶、1968 年份酒（Vintage 1968）和经典 55 年（Classic 55 years）。
2006 年　发布了本诺曼克有机版（Organic）。
2007 年　发布了泥煤烟熏（Peat Smoke），这是酒厂首款重度泥煤威士忌。
2008 年　发布了本诺曼克起源黄金诺言（Origins Golden Promise）。
2009 年　发布了本诺曼克 10 年陈酿。
2015 年　发布了 15 年陈酿和两款木桶过桶（Hermitage 和 Sassicaia）。
2016 年　发布了 35 年陈酿和 1974 单桶。
2017 年　发布了 1976 单桶和 2009 三重蒸馏。
2018 年　发布了 20 周年纪念瓶和 Sassicaia 2010。
2019 年　发布了泥煤烟熏雪莉桶熟成（Peat Smoke Sherry Cask Matured）和 50 年陈酿。
2020 年　发布了新的核心系列。
2021 年　发布了 40 年和 2012 泥煤烟熏雪莉桶陈酿（Peat Smoke Sherry Cask Matured 2012）。
2022 年　发布了 Cara Gold 和三重蒸馏。
2023 年　发布了 Air Dried Oak 和 Kiln Dried Oak。
2024 年　发布了 2013 年处女橡木版、2014 年无泥煤版和 50 年陈酿。

本诺曼克 10 年品鉴笔记：

GS- 初闻时，烟熏气息显著，伴随着湿润草地、黄油、姜和脆硬太妃糖的香味。在口中呈现浓郁的辛辣、麦芽和坚果风味，同时逐渐展现柑橘水果、葡萄干味和柔和的木质烟熏味，尾韵温暖，带有持续的烧烤香气。

10 年陈酿

苏格兰麦芽威士忌蒸馏厂

磐火（Bladnoch）

[blad·nock]

所有者：大卫·普赖尔
　　　　David Prior
地区/区域：低地
成立时间：1817 年
状态：活跃（vc）
产能：1 500 000 升
地址：Bladnoch, Wigtown, Wigtonshire DG8 9AB
电话：01988 402605

在过去的几年里，很少有苏格兰蒸馏厂像磐火那样积极地推出新瓶装酒。至少到最近为止，所有这些酒都来自20世纪60年代以来众多前所有者的生产。

这些前所有者包括麦格温与卡梅隆（McGown & Cameron）、亚瑟贝尔父子（Arthur Bell & Sons）、联合酿酒公司（United Distillers）和雷蒙·阿姆斯特朗（Raymond Armstrong）。直到2024年4月，现任所有者才推出了由大卫·普赖尔（David Prior）蒸馏的酒——两款2017年的单桶酒。

磐火是仍在生产的最古老的低地蒸馏厂，它于1817年成立，比欧肯特轩（Auchentoshan）早了6年，比格兰昆奇（Glenkinchie）早了10年。从历史上看，它曾有过几次不稳定状态，但现任所有者似乎决心让它长盛不衰。一个好现象是，参观者数量不断增加（2023年达到12 000人），这家略微偏离威士忌之路的酒厂备受欢迎。

蒸馏厂配备了5.5吨的不锈钢半糖化锅和6个道格拉斯枞木发酵槽。以前有短发酵和长发酵的结合，但由于产量增加，现在发酵时间已固定在60小时。还有两对蒸馏锅。自去年以来，产量有所增加。2024年，酒厂计划每周进行19次糖化，总计将达到2 000 000升纯酒精。与此同时，泥煤烈酒的生产（大麦酚值在60～80ppm）的产量也比去年增加了2倍，略高于500 000升。

核心系列包括4种无年份声明的表达：入门级凡觉（Vinaya）、轮回（Samsara）、泥煤味的阿林塔（Alinta）和余温（Liora）。还有4种有年份声明的表达：11年、14年、19年和最近添加的30年——来自欧罗索和麝香葡萄桶的组合。2023年推出了龙系列（Dragon Series），包含5种无年份声明的表达；紧随其后的是萨马兰收藏系列（The Samhla Collection），包含三种超稀有年份和泥煤味收藏系列（Peated Collection）。2024年6月，名为浪潮（The Wave）新系列的第一部分上市，该系列旨在通过五重维度诠释威士忌制作的核心支柱。

凡觉

历史：

1817年	由托马斯（Thomas）和爱德华·麦克利兰（John McClelland）兄弟创立。
1878年	约翰·麦卡伦（Macallan）的儿子查理对磐火蒸馏厂进行了重建和翻新。
1905年	生产停止。
1911年	邓威公司（Dunville & Co.）购买了T. & A. 麦克利兰有限公司（T. & A. McClelland Ltd.），生产一直持续到1936年。
1937年	邓威公司、磐火蒸馏厂被清算。战后，罗斯和库尔特（Ross & Coulter）公司购买了蒸馏厂，设备被拆卸并运往瑞典。
1956年	A.B. 格兰特（A. B. Grant，磐火蒸馏厂有限公司）接管并重新启动生产，安装了4个新的蒸馏锅。
1964年	麦格温与卡梅隆成为新的所有者。
1973年	因弗豪斯酒厂购买了磐火蒸馏厂。
1983年	亚瑟贝尔父子公司（Arthur Bell and Sons）接管。
1985年	健力士集团收购买了亚瑟贝尔父子公司。该公司被纳入联合酒厂。
1988年	建立了一个游客中心。
1993年	6月磐火蒸馏厂暂时关闭。
1994年	雷蒙德·阿姆斯特朗（Raymond Armstrong）在10月购买了磐火蒸馏厂。
2000年	12月重新开始生产。
2003年	推出了阿姆斯特朗生产的第一批瓶装酒。
2008年	推出了三款6年陈酿。
2009年	推出了一款8年陈酿和一款19年陈酿。
2014年	蒸馏厂被清算。
2015年	大卫·普赖尔购买了蒸馏厂。
2016年	推出了轮回、阿德拉（Adela）和天露（Talia）。
2017年	重新开始生产，并推出了一款1988年陈酿。
2018年	推出了一款10年陈酿。
2019年	开设了一个游客中心。
2020年	推出了一款11年陈酿和瀑布系列（Waterfall Collection）。
2022年	推出了阿林塔和余温，以及5款单桶原酒。
2023年	推出了龙系列和萨马拉收藏系列。
2024年	推出了浪潮I：时间与陈酿（Time & Maturation）。

凡觉品鉴笔记：

IW- 橡木的味道中夹杂着草本植物和柑橘的香气，随后葡萄柚伴随着干草的味道浮现。口感丝滑，甜味迅速上升，变得浓郁，并带有一丝干草药的味道，随后柑橘和核桃的味道出现，随之而来的是绿茶和蜂蜜的味道。

布莱尔阿苏（Blair Athol）

[blair ath · ull]

所有者：帝亚吉欧
　　　　Diageo
地区/区域：南部高地
成立时间：1798 年
状态：活跃（vc）
产能：2 800 000 升
地址：Perth Road,Pitlochry, Perthshire PH16 5LY
电话：01796 482003

布莱尔阿苏是帝亚吉欧旗下官方发行的单一麦芽威士忌中销量相对较低的一个品牌。不过，从独立装瓶商那里可以找到更多的布莱尔阿苏威士忌。例如，苏格兰麦芽威士忌协会就已经推出了至少 125 个不同的单桶版本。

布莱尔阿苏是金铃（Bell）调和苏格兰威士忌中最重要的组成部分之一，但这并不意味着其所有者帝亚吉欧完全忽视了布莱尔阿苏作为独立品牌的地位。联合蒸馏者（帝亚吉欧的前身）在 1982 年至 1995 年间推出了 4 个主要的麦芽威士忌系列。对于整个麦芽威士忌类别来说，最重要的当属 1988 年推出的"六大经典麦芽"（The Six Classic Malts），3 年后，又推出了花鸟系列（Flora & Fauna），多年来，至少有 26 家酿酒厂参与其中，布莱尔阿苏就是其中之一。这个系列的名称实际上是由著名威士忌作家迈克尔·杰克逊（Michael Jackson）在 1994 年命名的。

虽然在成熟市场以外的其他市场上并不常见，但我们在 30 年后仍能品尝到这些制作精良的威士忌，实在是一件幸事。这不仅仅是指威士忌本身，还包括那些富有艺术感的各种酒标，每个酒厂都用一种特定的与酒厂相关的动物（有时也用植物）作为代表。以布莱尔阿苏为例，它的代表动物是水獭。酒厂取水的地方 Allt Dour Burn 溪流，用盖尔语来说，意为"水獭溪"。

布莱尔阿苏酒厂配备了 8.2 吨的半过滤式糖化锅，6 个不锈钢发酵槽，发酵时间控制在 46 小时，并且拥有两组蒸馏器。浑浊的麦汁和较短的发酵周期赋予了布莱尔阿苏新酒独特的坚果和麦芽风味。供应金铃调和威士忌的部分主要在波本桶中陈酿，而其他部分则在雪莉桶中陈酿。酒厂计划在 2024 年实现每周运作 7 天，每周进行 16 次糖化，预计年产达 2 800 000 升纯酒精。

官方装瓶的唯一产品是 12 年的花鸟系列。然而，在 2017 年秋天，作为特别发布的一部分，推出了一款在旧欧洲橡木桶中陈酿 23 年的威士忌。

历史：

1798 年　约翰·斯图尔特（John Stewart）和罗伯特·罗伯逊（Robert Robertson）创立了奥尔多酒厂（Aldour Distillery），这是布莱尔阿苏的前身。酒厂的名字来源于附近的阿尔特杜尔河（Ilt Dour）。
1825 年　约翰·罗伯逊（John Robertson）扩建了酒厂，并将其更名为布莱尔阿苏酒厂。
1826 年　阿索尔公爵（The Duke of Atholl）将酒厂租给了亚历山大·康纳彻公司（Alexander Connacher & Co）。
1860 年　伊丽莎白·康纳彻（Elizabeth Connacher）开始经营酒厂。
1882 年　爱丁堡的彼得·麦肯齐公司（Mackenzie & Company Distillers Ltd, 未来达夫镇酒厂的创始者）购买了布莱尔阿苏并进行了扩建。
1932 年　酒厂被暂时关闭。
1933 年　亚瑟·贝尔父子公司（Arthur Bell & Sons）通过收购彼得·麦肯齐公司（Peter Mackenzie & Company）接管了酒厂。
1949 年　酒厂恢复生产。
1973 年　蒸馏器数量从 2 个增加到 4 个。
1985 年　健力士集团并购了亚瑟·贝尔父子公司。
1987 年　建立了一个游客中心。
2003 年　帝亚吉欧的珍稀麦芽系列（Rare Malts）中推出了一款 1975 年的 27 年原桶强度威士忌。
2010 年　发布了一款没有年份声明的酒厂独家威士忌和一款 1995 年的单桶威士忌。
2016 年　发布了一款没有年份声明的酒厂独家威士忌。
2017 年　作为特别发布的一部分，推出了一款 23 年陈酿。

12 年陈酿

布莱尔阿苏 12 年品鉴笔记：
　　GS- 闻起来温和且带有雪莉酒的风味，伴随着脆硬的太妃糖香。甜美而芬芳。口感相对丰富，在口中感受到麦芽、葡萄干、苏丹娜（一种无籽葡萄干）和雪莉酒的味道，余味悠长、优雅，且逐渐变得干燥。

苏格兰麦芽威士忌蒸馏厂

波摩（Bowmore）

[bow・moor]

所有者：三得利全球烈酒
　　　　　Suntory Global Spirits
地区/区域：艾雷岛
成立时间：1779 年
状态：活跃（vc）
产能：2 150 000 升
地址：School Street, Bowmore, Islay, Argyll PA43 7GS
电话：01496 810441

波摩酒厂是 18 世纪成立且至今仍在运作的 9 家麦芽蒸馏酒厂中非常独特的一个。它建于 1779 年，是继 1763 年成立的特睿谷（Glenturret）之后，历史第二悠久的酒厂。波摩酒厂由大卫·辛普森（David Simpson）创立，在"小"丹尼尔·坎贝尔（Daniel Campell 'The younger'）规划该村之后的第 10 年建成。这家酒厂一直以生产比艾雷岛上三家基达尔顿兄弟（Kildalton cousins）的威士忌烟熏味更淡的威士忌而闻名。这可能是它在那些喜欢不太重烟熏味的消费者中取得成功的原因之一。

波摩是艾雷岛上三家拥有自己地板发麦的酒厂之一，另外两家是拉弗格（Laphroaig）和齐侯门（Kilchoman）。三层楼高的一个发麦设施能生产 42 吨麦芽，这些麦芽分为三个批次烘干，首先是用泥煤进行 10 小时的烘干，然后在干燥空气中焙烧 34 小时。大约 25% 的麦芽需求是在酒厂内部生产的，其余部分是从辛普森（Simpson）公司购买的。这两部分麦芽的酚类化合物规格都在 25～30ppm，并且通常按照 2 吨自产麦芽和 6 吨辛普森麦芽的比例调和。

波摩酒厂配备了一个重达 8 吨的不锈钢半过滤式糖化锅，原有的 6 个俄勒冈松木发酵槽，在 2023 年 4 月增加到了 7 个，以便将发酵时间从 62 小时增加到 70 小时。酒厂拥有两台容量为 30 940 升的初馏器和两台容量为 14 750 升的再馏器，精馏过程中前段切取时间为 35 分钟，酒心切取区间 74%～61%。2024 年，计划每周进行 16 次糖化，纯酒精产量达 2 150 000 升。大约 20% 的新酒先在雪莉桶中陈酿，其余则装入首次或第二次使用的波本桶。酒厂还计划在 2025 年安装液态酵母厂，从而提供酿酒酵母和啤酒酵母的组合。就销售而言，拉弗格一直是艾雷岛麦芽威士忌中的佼佼者，波摩和雅柏（Ardbeg）对第二和第三名的争夺十分激烈。2022 年的数据显示，波摩以 260 万瓶的销量位居第二。

波摩的核心产品系列包括 12 年、15 年、18 年和 25 年的威士忌。此外，还有定期但限量发布的 30 年和 40 年的威士忌。2024 年 10 月，新增了雪莉橡木桶系列（Sherry Oak Cask），包括 12 年、15 年、18 年和 21 年的威士忌。最近的限量瓶装包括 2021 年春季推出的永恒系列，其中有 27 年和 31 年的威士忌。随后在 2023 年推出了 29 年和 33 年的威士忌。2022 年还有 25 年的蒸馏大师典藏系列（25 year old Distiller's Anthology.）。2024 年的艾雷岛节（Feis Ile）发布一款 19 年的威士忌，在美国处女橡木桶中额外陈酿，酒精度为 54.8%。酒厂还与汽车制造商阿斯顿·马丁（Aston Martin）合作，第三款合作产品在 2023 年 9 月发布。限量发行还包括拱顶酒窖系列（Vaults Vintage），最新的一款来自 1971 年。2024 年 10 月，原来的免税系列（10 年、15 年、18 年）被新的产区系列取代，这个新系列包含 4 种酒款：14 年的波尔多桶陈、16 年的红宝石波特桶陈、19 年的黑皮诺（Poinot Noir）桶陈和 22 年的苏玳（Souternes）桶陈。

历史：

1779 年	波摩酒厂由大卫·辛普森（David Simpson）创立，成为艾雷岛上最古老的酒厂。
1837 年	酒厂被卖给了格拉斯哥的詹姆斯（James）和威廉·穆特（William Mutter）兄弟。
1892 年	经过额外的建设后，酒厂被卖给了由一群英国商人组成的波摩酒厂有限公司。
1925 年	J. B. 谢里夫（J. B. Sheriff）公司接管。
1929 年	蒸馏者公司有限公司（DCL）接管。
1950 年	威廉·格里戈尔父子公司（William Grigor & Son）接管。
1963 年	斯坦利·P. 莫里森（Stanley P. Morrison）购买了酒厂，并成立了莫里森波摩蒸馏酒有限公司（Morrison Bowmore Distillers Ltd.）。
1989 年	日本三得利（Suntory）公司购买了莫里森波摩 35% 的股份。
1993 年	传奇的黑波摩（Black Bowmore）发布。
1994 年	三得利控制了莫里森波摩的全部股份。
1996 年	一瓶 1957 年的波摩（38 年）被装瓶，酒精度为 40.1%，但直到 2000 年才发布。
1999 年	波摩极暗（Darkest），经过 3 年欧罗索桶陈酿后发布。
2000 年	波摩黄昏（Dusk）发布。
2001 年	波摩黎明（Dawn），经过 2 年波特桶过桶后发布。
2002 年	发布了一款 1964 年的 37 年波摩，成熟于菲诺桶。
2003 年	发布始于 1964 年菲诺的木桶三部曲——1964 年波本和 1964 年欧罗索。
2005 年	发布了 1989 年的波摩波本（16 年）和 1971 年的波摩（34 年）。

2006 年 发布了 1990 年的波摩欧罗索（16 年）和 1968 年的波摩（37 年）。
2007 年 推出了 18 年的波摩。发布了 1991 年的波特桶（16 年）和黑波摩（Black Bowmore）。
2008 年 发布了白波摩（White Bowmore）和 1992 年的波摩，后者以布尔多尾（Bour-deaux）收尾。
2009 年 发布了金波摩（Gold Bowmore）、麦芽人精选（Maltmen's Selection）、码头（Laimrig）和波摩风暴（Bowmore Tempest）。
2010 年 发布了 40 年的波摩和 1981 年的年份酒。
2011 年 发布了 1982 年的年份酒和新一批的风暴（Tempest）和码头（Laimrig）。
2012 年 为免税市场发布了 100 度证明（100 Degrees Proof）、春潮（Springtide）和 1983 年份酒（Vintage 1983）。
2013 年 发布了恶魔桶（Devil's Cask）和 1984 年份酒。
2014 年 为免税市场发布了黑岩（Black Rock）、金矿（Gold Reef）和白沙（White Sands）。
2015 年 发布了新的恶魔桶（Devil's Cask）、风暴和 50 年的波摩，以及水栖木桶陈酿。
2016 年 发布了波摩拱顶版（Bowmore Vault Edit1on）和最后一批黑波摩。
2017 年 发布了 1 号地窖（No. 1），并为旅游零售推出了三款新酒。
2018 年 推出了酿酒师三部曲（Vintner's Trilogy）。
2019 年 发布了波摩拱顶版泥煤烟熏（Vault Edit1on Peat Smoke）和 36 年的龙版（Dragon Edition）。
2020 年 发布了黑波摩 DBS。
2021 年 发布了 27 年和 31 年的时光永恒（Timeless）系列。
2022 年 推出了无所遁形系列（No Corners To Hide Collection）的第二批。
2023 年 发布了 29 年的时光永恒系列。
2024 年 发布了雪莉橡木桶系列和新的旅游零售系列。

波摩 12 年品鉴笔记：
GS- 诱人的柠檬香气和温和的咸味引领进入一个带有烟熏、柑橘口感的味觉体验，其中可可和煮沸糖果的风味在悠长、复杂的尾韵中显现。

31 年陈酿 时间永恒　　50 年陈酿 1971　　18 年陈酿 艾雷岛节 2023

12 年陈酿 雪莉橡木桶　　12 年陈酿　　22 年陈酿 苏玳桶

苏格兰麦芽威士忌蒸馏厂

布拉佛（Braeval）

[bre · vaal]

所有者：芝华士兄弟（保乐力加）
　　　　　Chivas Brothers（Pernod Ricard）
地区/区域：斯佩塞
成立时间：1973 年
状态：活跃
产能：4 200 000 升
地址：Chapeltown of Glenlivet, Ballindalloch, Banffshire AB37 9JS
电话：+44 1542 783042

历史：

1973 年　芝华士兄弟（施格兰）创立了这家酒厂，并于 10 月开始生产。
1975 年　蒸馏器数量从 3 个增加到 5 个。
1978 年　蒸馏器数量进一步从 5 个扩展到 6 个。
1994 年　酒厂更名为布拉佛。
2001 年　保乐力加接管了芝华士兄弟。
2002 年　布拉佛在 10 月停产。
2008 年　酒厂于 7 月重新开始生产。
2017 年　发布了首个官方装瓶，一款 16 年的单桶威士忌。
2019 年　在新系列"斯佩塞秘境"中发布了三款新的官方装瓶。
2024 年　发布了一款 26 年的斯佩塞秘境威士忌。

　　布拉佛是这样一个酒厂，驱车前往酒厂及其周边地区的旅途，与参观酒厂本身一样令人印象深刻。它位于格伦威特（Glenlivet）南部偏远的布拉斯（Braes）地区，不是一个您会偶然间发现的酒厂。

　　由于地理位置偏僻且交通不便，布拉佛历史上一直是两种截然不同的活动的绝佳地点。一种是非法蒸馏和威士忌走私。时至今日，您仍可以沿着那些以走私者或税务官（即征税官员）名字命名的小路和小径，追寻历史上走私者的足迹。第二项活动也因其僻静的地理位置而得以开展，这就是在 18 世纪被当局禁止的一种宗教——天主教。许多信徒在高地偏僻的地方避难，就在今天的布拉佛酒厂附近，秘密建立了一个名为斯卡恩（Scalan）的学院，供年轻人接受牧师培训。1799 年，当一项新法律重新赋予天主教徒权利后，该学院随之关闭。布拉佛酒厂旁边有一座建于 1826 年的美丽天主教堂，名为永援圣母堂（Perpetual Succour），至今仍在每月的第三个星期日举行礼拜。

　　布拉佛酒厂的设备包括一个 9 吨不锈钢全过滤糖化锅，13 个不锈钢发酵槽，发酵时间为 70 小时，以及 6 个蒸馏器。其中 2 个是带有后冷却器的初馏器，4 个是再馏器。每周可以进行 26 次糖化，酒厂现在可以年产 4 200 000 升纯酒精。几年前，布拉佛通过转向基于菜籽残渣的生物燃料，成为芝华士兄弟旗下首个零碳排放酒厂。

　　2017 年，布拉佛酒厂首款官方装瓶上市：一款 16 年的单桶威士忌。2019 年，推出了一个名为"斯佩塞秘境"（The Secret Speyside Collection）的新系列，这个系列来自 4 家不同的酒厂。最初的布拉佛的产品在 2024 年 4 月被一款 26 年的、在美国橡木桶中首次陈酿的产品所取代。最后，还有一款 18 年的酒厂珍藏系列（Distillery Reserve Collection），在游客中心有售。

布拉佛 16 年品鉴笔记：

　　GS- 闻香时有杏仁糖、涂有牛奶巧克力的土耳其软糖和橙皮的香气。口感甜美，带有炖苹果、糖渍杏仁、肉豆蔻和姜的味道。余味中等至长，始终保持甜美和辛辣。

26 年陈酿

倾听威士忌之声

我对威士忌的看法

文·佩里·弗伦奇（Vin Perry-French）
专业威士忌频道"纯粹威士忌"（No Nonsense Whisky）创始人

您觉得目前哪种类别或风格的威士忌被低估或被忽视了？

花式橡木桶陈酿的兴起，通常是为了提升年轻酒液的档次，几年来一直主导着威士忌爱好者的市场。就连我自己也会忍不住购买一些听起来很有趣的调和酒。这种趋势导致传统的波本桶陈酿威士忌相对边缘化，有时甚至被错误地视为"乏味"。但在我看来，波本桶陈酿是威士忌行业的基石，它真正考验了生产商酿造卓越威士忌的能力。即使是首次使用的桶，也无法掩盖酒液的青涩或劣质。因此，忽视波本桶陈酿威士忌可能会让您错失良机。

您认为威士忌生产商在与消费者互动时，有时会忽略什么？

透明度，这就是我们消费者所追求的。虽然在旅游零售或超市等市场，这一点可能不那么重要，但对于更高端的市场，我们还是希望了解一些情况：桶的构成、发酵过程、以及蒸馏者是谁。如果生产商担心这些信息会让他们的标签显得杂乱无章，那么提供一个二维码供我们查看也是一个不错的选择。虽然有些生产商已经在这样做了，但我希望它能成为行业标准做法。普通消费者的意识和精明与日俱增，因此透明度对生产商来说至关重要。

对于刚进入威士忌世界的新手，您有哪三大建议？

1. 加入一个威士忌俱乐部。如今，几乎到处都有威士忌俱乐部，它们是结识其他威士忌爱好者和尝试不同威士忌的好机会，而且不需要每次都购买整瓶。

2. 不要害怕探索。当开始我的威士忌之旅时，我讨厌泥煤味。然而，我很早就决定，不能忽视威士忌中如此庞大的一个类别。听从建议尝试了一些轻度泥煤味的威士忌，时至今日，泥煤味威士忌成了我最喜爱的类型。

3. 不要被威士忌的"潜规则"所束缚，按照您喜欢的方式享用您的饮品。如果有人告诉您，单一麦芽威士忌只能用特定的杯子喝，而且永远不能加冰。那是胡说！

来自"世界其他地区"的新威士忌是否已经能够挑战苏格兰威士忌作为一个类别的地位？如果可以的话，以什么方式？

不可否认，苏格兰威士忌仍然是威士忌界的教父，但波本和爱尔兰威士忌确实是唯一能与之相媲美的品类。中国似乎正朝着大规模生产威士忌的方向发展，但我怀疑其产品能否在全球范围内广泛流通，就像印度的"日薪"威士忌一样。苏格兰威士忌目前看来并无太多竞争压力，要在全球市场上占据一席之地，需要对大型蒸馏厂进行显著投资。就目前而言，市场空间足够广阔，苏格兰威士忌、波本、爱尔兰威士忌、加拿大威士忌、英格兰威士忌、日本威士忌，以及其他各国生产的威士忌都可以和谐共存于我的酒架上，任何一方都无需忧虑。

近年来威士忌的价格迅速上涨，高端化已成为生产商之间的流行口号。您对这一现象有何看法？您认为未来会如何发展？

就像其他东西一样，人们愿意花多少钱买威士忌，威士忌就值多少钱。而且现在人们已经开始清醒地认识到这一点。遗憾的是，您可能会发现自己因为某个喜爱品牌的建议零售价（RRP）上涨而被排除在外，但请将其视为一个黄金机会。因为如果您愿意去探索，市场上有很多真正优秀且价格亲民的威士忌。

在您对任一生产商的威士忌进行品鉴时，他们的道德标准重要吗？

我最关心的是与它相关体验的质量。如果它味道好，我又负担得起，那我就会选择它。对我而言，第二重要的是环境的可持续性。威士忌生产对环境并不特别友好。任何积极努力减轻这种影响的生产商都能赢得我的好感。最后，透明的原则对我来说也非常重要。

您个人的威士忌偏好多年来有何变化？现在您在寻找什么？

我的威士忌喜好总是不断变化。目前，我特别迷恋那些经过波本桶陈酿的威士忌。不过，我的口味会随着心情的不同而变化。我喜欢让我的酒柜保持一种随意的状态，随机更换其中的瓶子，因为我经常会在晚上随意浏览，看看哪款威士忌能吸引我当晚的兴趣。

随着新一代人越来越多选择无酒精和低酒精饮品，您认为威士忌会有失宠的危险吗？

我不这么看。通常来说，烈酒的流行趋势会有涨有落，但我认为威士忌的热潮仍在持续上升。无酒精和低酒精饮品确实已成为行业的一个重要组成部分，但如果没有一个足够醇厚的威士忌风格的饮品供我慢慢享受，而我又需要担任司机的话，我更倾向于选择软饮料。

大多数威士忌消费者并不追求新的体验，而是更愿意坚持自己最喜爱的品牌。那么，对于生产商和威士忌的未来而言，规模较小的威士忌爱好者群体有多重要？

不要以为爱好者市场与全球威士忌市场相比微不足道。实际上，我们的作用非常重要。这一点从不断涌现的新蒸馏厂就能看出来。这些蒸馏厂几乎都是小规模的，并且直接针对我们这些威士忌爱好者。我们往往是最先尝试新品牌和实验性产品的人群，这种尝试可能会推动新产品的开发，这些新产品未来有可能吸引到更广泛的消费者。威士忌爱好者们通过社交媒体分享他们的体验和推荐，这种自然的推广方式非常宝贵，通常比传统广告更具说服力。

苏格兰麦芽威士忌蒸馏厂

布赫拉迪（Bruichladdich）

[brook・lad・dee]

所有者：人头马君度
　　　　Rémy Cointreau
地区 / 区域：艾雷岛
成立时间：1881 年
状态：活跃（vc）
产能：2 000 000 升
地址：Bruichladdich, Islay, Argyll PA49 7UN
电话：+44 1496 850221

目前，艾雷岛上有 10 家威士忌酿酒厂，并计划再建 4 家。几年后，这个数字可能会比 20 年前翻一番。然而，这并不意味着没有问题。

基础设施是其中之一，不仅包括往返岛上的交通，还包括艾雷岛的道路必须满足越来越多的货车将原材料运往酒厂以及将烈酒运往大陆的需要。最近，另一个因素也阻碍了布赫拉迪重新在现场安装发麦机器的计划。酒厂的现场地板发麦在 1961 年已经停止。然而，由于岛上的电力供应网络目前已达到最大负荷，这导致了在现有仓库中重新启用萨拉丁麦芽箱的计划被推迟，预计将在 2027—2028 年，主电网升级后才能实施。

布赫拉迪配备了一个重达 7 吨的铸铁开放式糖化锅（带耙子）和 6 个容量为 60 000 升的俄勒冈松木发酵槽，但只装了 35 000 升的酒。发酵时间在 70 ~ 100 小时。此外，还有两个初馏器和两个再馏器，酒心切取区间为 70% ~ 63%。生产的所有威士忌都以苏格兰大麦为原料，其中 40% 在艾雷岛种植。一年中仅有一周使用来自大陆的有机大麦进行生产。预计将在 2024 年生产约 1 100 000 升纯酒精。三种威士忌的产量比例为：55% 布赫拉迪，35% 波夏（Port Charlotte），10% 泥煤怪兽（Octomore）。近年来，酒厂还生产了少量的黑麦威士忌。

布赫拉迪有三个产品线：无泥煤味的布赫拉迪、重泥煤味（40ppm）的波夏和超重泥煤味（超过 100ppm）的泥煤怪兽。核心产品包括经典拉迪（The Classic Laddie）、限量版的布赫拉迪 18 年和 30 年、波夏 10 年和限量版的波夏 18 年。以下布赫拉迪的产品线已经连续多年每年推出，但在 2024 年不发布，它们目前正在开发中，并将于 2025 年重新推出：艾雷岛大麦（Islay Barley）、古卓大麦（Bere Barley）和有机大麦（The Organic Barley）。至于波夏，部分在旧西拉桶中陈酿的 SYC01 于 2024 年秋季发布。2024 年 9 月，另一批重泥煤味的泥煤怪兽发布，包括 15.1、15.2 和 15.3 三个版本，其中 15.3 版本使用了泥煤酚值 307.2ppm 的麦芽大麦。11 月，泥煤怪兽 15 年陈酿作为酒厂独家产品出现。生产中的实验性一面由项目系列代表，其中再生项目（Regeneration Project，2023 年 3 月）是最新的一款。

2024 年艾雷岛节（Feis Ile）期间，布赫拉迪发布了以下限量版威士忌：Rock'ndaal 03.1 和 Rock'ndaal 03.2。其中 Rock'ndaal 03.1 熟成于波本桶、苏玳桶、奥地利甜酒桶和 PX 雪莉桶。Rock'ndaal 03.2 是一款波夏威士忌，熟成于波本桶和初次填充的苏玳桶。此外，布赫拉迪还推出了两款旅游零售版威士忌：经典拉迪雪莉桶版（Classic Laddie Sherry Cask Edition）[取代了之前的拉迪八号（The Laddie Eight）和布赫拉迪二十一号（The Bruichladdich Twenty One）]。

历史：

1881 年　巴尼特・哈维（Barnett Harvey）用他兄弟威廉三世（William III）留给三个儿子威廉四世（William IV）、罗伯特和约翰・古尔雷（John Gourlay）的钱建造了这家酒厂。
1886 年　布赫拉迪蒸馏厂有限公司成立并开始重建。
1929 年　暂时关闭。
1936 年　酒厂重新开放。
1938 年　约瑟夫・霍布斯（Joseph Hobbs）、哈提姆・阿塔里（Hatim Attari）和亚历山大・托尔米（Alexander Tolmie）通过特雷恩和麦金泰尔（Train & McIntyre）公司购买了酒厂。
1952 年　酒厂被卖给了罗斯和库尔特（Ross & Coulter）。
1960 年　A.B. 格兰特（A. B. Grant）购买了罗斯和库尔特。
1961 年　停止自己发麦。
1968 年　因弗高登（Invergordon）蒸馏厂接管。
1975 年　蒸馏器数量增加到 4 个。
1983 年　暂时关闭。
1993 年　怀特马凯购买了因弗高登蒸馏厂。
1995 年　酒厂在一月份被封存。
1998 年　短暂恢复生产几个月。
2000 年　默里・麦克大卫（Murray McDavid）以 650 万英镑从 JBB Greater Europe 购买了酒厂。
2001 年　波夏和布赫拉迪的首次蒸馏始于 7 月。
2002 年　泥煤怪兽，世界上泥煤味最重的威士忌（80ppm）被蒸馏。
2004 年　发布了 20 年陈酿的第二版 [昵称"调情"（Flirtation）] 和 3D [也称为"泥煤提案"（The Peat Proposal）]。

- 2005 年 发布了无限（Infinity）、岩石（Rocks）、黄色潜水艇（The Yellow Submarine）和二十'岛屿'（The Twenty 'Islands'）。
- 2006 年 波夏的首次官方装瓶；PC5。
- 2007 年 新发布的产品包括更红的蒸馏器（Redder Still）、遗产 6（Legacy 6）、PC6 和 款 18 年的产品。
- 2008 年 发布超过 20 种新品，包括第一款泥煤怪兽。
- 2009 年 新发布的产品包括经典（Classic）、有机（Organic）、星图（Black Art）、无限 3（Infinity 3）、PC8、泥煤怪兽 2（Octomore 2）和 X4+3。
- 2010 年 发布了 PC 多年份（PC Multi Vintage）、有机多年份（Organic MV）、泥煤怪兽 /3_152、布赫拉迪 40 年陈酿。
- 2011 年 自家生产的首个 10 年陈酿发布，以及 PC9 和 泥煤怪兽 4_167。
- 2012 年 发布了波夏和泥煤怪兽的 10 年版本，以及拉迪 16 和 22。人头马君度（Rémy Cointreau）购买了酒厂。
- 2013 年 发布了苏格兰大麦（Scottish Barley）、艾雷岛大麦洛克赛德农场（Islay Barley Rockside Farm）、古卓大麦第二版（Bere Barley 2nd edition）、星图 4（Black Art 4）和波夏苏格兰大麦（Port Charlotte Scottich Bartey）。
- 2014 年 发布了 PC11 和泥煤怪兽苏格兰大麦。
- 2015 年 发布了 PC12、泥煤怪兽 7.1 和正午 134。
- 2016 年 发布了拉迪 8 年、泥煤怪兽 7.4 和波夏 2007 CC:01。
- 2017 年 发布了星图 5（Black Art 5）和 25 年雪莉桶。
- 2018 年 波夏系列翻新，发布了 10 年和艾雷岛大麦 2011。
- 2019 年 发布了古卓大麦 10（Bere Barley 10）、有机 10（Organic 10）、星图 7（Black Art 7）和泥煤怪兽 10.1、10.2、10.3 和 10.4。
- 2020 年 发布了波夏 OLC:01、波夏 16 年和 4 个新的泥煤怪兽。
- 2021 年 发布了波夏 PAC:01 和艾雷岛大麦 2013，以及布赫拉迪艾雷岛大麦 2012 和古卓大麦 2011。
- 2022 年 发布了生物动力项目（The Biodynamic Project）、波夏 SC:01、布赫拉迪 1988/30 和星图 09.1。
- 2023 年 发布了由黑麦制成的再生项目（The Regeneration Project）。
- 2024 年 发布了经典拉迪雪莉桶版本和 4 个新的泥煤怪兽迭代。

经典布赫拉迪品鉴笔记：

　　IR- 闻香时清新，带有梨、青苹果、香草、柑橘和油漆的香气。口感以甜美的麦芽味和活泼的胡椒味开始，随后是麦芽大麦、香草和梨的味道。

波夏 10 年品鉴笔记：

　　IR- 闻香时有烟熏鲱鱼和蛤蜊的气息，伴随着烟草、薄荷、干草和一丝橙子的味道。口感极佳，带有舒缓的烟熏味，还有苹果派、消化饼干、甘草、肉豆蔻、烤椰子片和一些蜂蜜的甜味。

| 布赫拉迪 18 年陈酿 | 黑麦制成的再生项目 | 经典拉迪雪莉桶版 |

经典布赫拉迪

波夏 18 年陈酿

波夏 10 年陈酿

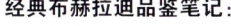

苏格兰麦芽威士忌蒸馏厂

布纳哈本（Bunnahabhain）

[buh · nah · hav · enn]

所有者：希威仕烈酒集团 CVH Spirits
地区 / 区域：艾雷岛
成立时间：1881 年
状态：活跃（vc）
产能：3 800 000 升
地址：Port Askaig, Islay, Argyll PA46 7RP
电话：+44 1496 840646

艾雷岛上的大多数酿酒厂都是标志性的，通常生产深受欢迎的泥煤威士忌，而且通常都坐落在美丽的海边。

布纳哈本酒厂绝对符合上述描述，但多年来一直缺乏对游客方面细节的关注。酒厂当然欢迎游客，但酒厂本身看起来并不尽如人意，商店也很小。在过去的几年里，一切都变好了，尤其是商店和品酒吧的环境极佳，它们拥有令人赞叹的吉拉岛（Jura）景观。布纳哈本的新纪元也反映在销售数字上，在过去的5年里，销售量增长了75%，到2022年达到100万瓶。在艾雷岛上，唯一能与布纳哈本增长相匹敌的是齐侯门（Kilchoman，增长110%）。

这家酒厂配备了一个传统的8.5吨不锈钢糖化锅，带有铜盖。有6个70 000升的发酵槽，由俄勒冈松木制成，其中两个（最后一批可以追溯到1963—1964年）在2022年被更换。在全天候的生产模式下，发酵时间现在是52~54小时。最后，有两对蒸馏器，林恩臂略微向下倾斜。2024年的计划是每周糖化22~23次，生产3 600 000升纯酒精，分为33%的泥煤味（35~45ppm）和67%的无泥煤味。无泥煤味的酒心切取区间为74%~64%，泥煤味的酒心切取区间为72%~61.5%。

核心产品线包括12年、18年、25年、30年和40年的陈酿，还有12年的原桶强度版本。泥煤风味系列包括泥煤序曲（Toiteach a Dha），它在波本桶和雪莉桶中陈酿；海洋之舵（Stiùireadair）在首次填充和再次填充的雪莉桶中陈酿；以及泥煤（Moine）。2024年艾雷岛节的发布包括23年的三重雪莉、27年的麝香红葡萄酒桶过桶、14年的红宝石波特桶过桶和19年的泥煤马德拉过桶。2024年9月限量发布了21年的PX桶过桶。最后，还有三款旅游零售独家产品——重泥煤风味的Cruch-Mhòna、日出（Eirigh Na Greine，在波本桶、雪莉桶和红酒桶中陈酿）以及雪莉桶陈酿的海岸（An Cladach）。

历史：

1881 年	威廉·罗伯逊（William Robertson）与威廉和詹姆斯·格林里斯（William and James Greenless）兄弟一起创立酒厂。
1883 年	1月开始生产。
1887 年	艾雷蒸馏厂与威廉·格兰特公司（William Grant & Co.）合并，成立了高地蒸馏者公司（Highland Distilleries）。
1963 年	增加了两个蒸馏器，使总数达到4个。
1982 年	酒厂关闭。1984年酒厂重新开放。为纪念建厂100周年，发布了21年过桶陈酿。
1999 年	爱丁顿（Edrington）集团接管高地蒸馏厂，将布纳哈本封存，但允许每年进行几周的生产。
2001 年	发布了一款1965年的35年过桶陈酿。
2002 年	推出了1968年的Auld Acquaintance。
2003 年	爱丁顿集团以1 000万英镑的价格将布纳哈本和黑瓶出售给巴恩·斯图尔特蒸馏者（Burn Stewart Distilleries）。发布了一款1963年的40年陈酿。
2004 年	发布了第一款泥煤限量版6年陈酿。
2005 年	发布了三款限量版：34年、18年和25年。
2006 年	发布了14年Pedro Ximenez雪莉桶过桶和35年陈酿。
2008 年	新桶针对旅游零售市场发布，烟熏在少数选定市场推出。
2010 年	发布了泥煤风味的Cruach-Mhòna和限量版30年陈酿。
2013 年	发布了40年陈酿。2014年发布了日出和烟雾（Ceobanach）。
2017 年	发布了泥煤欧罗索（Moine Oloroso）、海洋之舵和海岸。
2018 年	发布了泥煤序曲和一款20年帕罗卡塔多（Palo Cortado）桶陈酿。2019年发布了2007年的白兰地桶过桶和一款39年陈酿。
2020 年	发布了2008年的曼萨尼亚（Manzanilla）桶陈酿、1997年的PX过桶和2005年的勃艮第过桶。
2021 年	发布了12年的原桶强度版本。
2023 年	为艾雷岛节发布了三款装瓶。
2024 年	发布了21年的PX桶过桶。

布纳哈本12年品鉴笔记：

GS- 闻香时感觉清新，带有轻微的泥煤味和隐约的烟熏味。在富有坚果和水果味的口感中，泥煤味更为明显，但作为艾雷岛的威士忌仍然相对克制。余味饱满而持久，带有一丝香草味和一些烟熏感。

12年陈酿

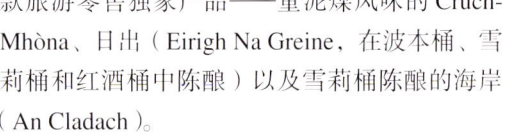

卡尔里拉（Caol Ila）

[cull eel·a]

所有者：帝亚吉欧
　　　　Diageo
地区/区域：艾雷岛
成立时间：1846 年
状态：活跃（vc）
产能：6 500 000 升
地址：Port Askaig, Islay, Argyll PA46 7RL
电话：+44 1496 302760

20 世纪 70 年代以来，卡尔里拉一直是艾雷岛上最大的蒸馏厂，并且常被视为生产调和麦芽威士忌的主力军。直到 2002 年的艾雷岛节，老板才决定开始推广单一麦芽威士忌。

随着 12 年、18 年和原桶强度威士忌的发布，卡尔里拉与克里尼利基（Clynelish）、格兰爱琴（Glen Elgin）和格兰欧德（Glen Ord）一起成为了"隐藏麦芽"（Hidden Malts）系列的一部分。其中克里尼利基和格兰爱琴仍然相对低调，而格兰欧德则成为了苏格登系列的旗舰产品。卡尔里拉的产品线最终得到了延伸，但近 20 年来，其销量一直保持在每年 50 万瓶左右。直到最近两年，情况才开始有所好转，2022 年的销量超过了 80 万瓶。许多鉴赏家已经发现了它的品质，现在它也得到了更多威士忌酒客的认可。

卡尔里拉酒厂配备了一个 12.5 吨的全过滤式糖化锅，8 个木制发酵槽和两个不锈钢发酵槽，每个发酵槽的容量均为 58 000 升，发酵周期为 55～60 小时。此外，酒厂还设有三个装有下降式林恩臂的初馏器和三个装有直型林恩臂的再馏器。在 2024 年，酒厂每周进行 24 次糖化，年产量达到 6 500 000 升纯酒精。卡尔里拉以其重泥煤味威士忌而著称，但也生产无泥煤味威士忌。2022 年夏季，酒厂对访客体验设施进行了大规模升级，原先的小商店被一个包含商店、酒吧和餐厅的文化遗产中心所取代，从这里可以欣赏到艾雷湾和吉拉山脉的迷人景色。

核心产品线包括无年份声明的破晓（Moch）、12 年、18 年和 25 年陈酿，以及经过麝香葡萄酒桶过桶的蒸馏师版（Distiller's Edition）。2024 年艾雷岛节发布的是一款在红宝石波特桶中过桶的 13 年陈酿，酒精度为 54.5%。2022 年推出了一款 14 年的苏格兰四角系列（Four Corners of Scotland）独家产品，而在 2024 年秋季，作为特别发布（Special Releases）的一部分，发布了一款 11 年陈酿，这款威士忌在重新填充和翻新的美国和欧洲橡木葡萄酒桶中过桶。

历史：

1846 年　赫克托·亨德森（Hector Henderson）创立了卡尔里拉。
1852 年　亨德森、拉蒙特公司（Lamont & Co）遭遇财务困难，亨德森被迫将卡尔里拉卖给诺曼·布坎南（Norman Buchanan）。
1863 年　诺曼·布坎南将其卖给了来自格拉斯哥的调和酒公司布洛克·拉德公司（Bulloch, Lade & Co.）。
1879 年　酒厂进行了重建和扩建。
1920 年　布洛克·拉德公司被清算，酒厂被卡尔里拉蒸馏厂接管。
1927 年　DCL 成为唯一的所有者。
1972 年　除了仓库外，所有建筑都被拆除并重建。
1974 年　耗资 100 万英镑的翻新工程完成，并安装了 6 个新的蒸馏器。
1999 年　尝试使用无泥煤麦芽。
2002 年　自花鸟系列（Flora & Fauna）和珍惜麦芽（Rare Malt）以来首次官方装瓶出现；12 年、18 年和原桶强度（约 10 年）。
2003 年　发布了 25 年原桶强度。
2006 年　发布了无泥煤 8 年和 1993 年麝香葡萄酒桶过桶。
2007 年　第二版无泥煤 8 年发布。
2009 年　发布了无泥煤版本的第四版（10 年）。
2010 年　发布了 25 年、1999 年艾雷岛节装瓶和 1997 年经理之选（Rare Malt）。
2011 年　发布了无泥煤 12 年和无年份的破晓。
2012 年　发布了无泥煤 14 年。
2013 年　发布了无泥煤斯切蒂珍藏（Unpeated Stitchell Reserve）。
2014 年　发布了无泥煤 15 年和 30 年。
2016 年　发布了无泥煤 15 年。
2017 年　发布了无泥煤 18 年。
2018 年　特别版中发布了 15 年和 35 年两款。
2020 年　作为新的传世臻品（Prima & Ultima range）系列的一部分，发布了 35 年陈酿。
2022 年　发布了 24 年陈酿纪念瓶和 14 年陈酿苏格兰四角系列。
2024 年　作为特别发布系列的一部分，发布了 11 年陈酿。

卡尔里拉 12 年品鉴笔记：

GS- 闻香时有碘、新鲜鱼肉和烟熏培根的特征，伴随着更细腻的花香。口感上带有烟熏、麦芽、柠檬和泥煤的味道，略显油润。余味中带有辛辣的泥煤，逐渐变得干涩。

特别发布 11 年陈酿

苏格兰麦芽威士忌蒸馏厂

卡杜（Cardhu）

[car · doo]

所有者：帝亚吉欧
　　　　Diageo
地区 / 区域：斯佩塞
成立时间：1824 年
状态：活跃（vc）
产能：3 400 000 升
地址：Knockando, Aberlour, Moray AB38 7RY
电话：+44 1479 874635

经过多年的非法蒸馏，卡杜与格兰威特（Glenlivet）一起成为在 1823 年《烈酒法案》颁布后首批获得酿造许可证的酒厂之一。140 多年后，卡杜再次站在了前沿，积极推广并销售单一麦芽威士忌。

继格兰菲迪（Glenfiddich）在 20 世纪 60 年代中期作为品牌单一麦芽威士忌被推出，卡杜于 1969 年以"卡杜高地单一麦芽苏格兰威士忌，品味之选，专为鉴赏家而设"的口号进行推广。从那时起，卡杜一直是全球最畅销的麦芽威士忌之一。其销量最高峰在 2000 年，仅次于格兰菲迪（Glenfiddich）、格兰威特（Glenlivet）和格兰冠（Glen Grant），位列第四。虽然此后情况可能有所改变（2022 年卡杜以 280 万瓶的销量位居第 13 位），但仍然拥有良好的声誉，尤其是在西班牙、法国和希腊等市场。

卡杜也是沃克家族（Walker family）拥有的第一个蒸馏厂。沃克家族于 1893 年接管了这家酿酒厂，从那时起，它就一直是世界上最畅销的苏格兰威士忌——尊尼获加（Johnnie Walker）不可或缺的一部分。几年前，当所有者在新的尊尼获加品牌之家投入重金时，卡杜被选为"苏格兰四角"之一。

卡杜酒厂配备了一个 8 吨不锈钢全过滤糖化锅（顶部为铜制），10 个发酵槽（8 个木制和 2 个不锈钢制，所有发酵槽的发酵时间为 75 小时），以及三对蒸馏器。多年来，酒厂一直每周生产 7 天，每周进行 21 次糖化，年产纯酒精总量为 3 400 000 升。在帝亚吉欧旗下，卡杜是继苏格登（Singleton）和泰斯卡（Talisker）之后第三大畅销的单一麦芽威士忌，但乐加维林（Lagavulin）的销量增长也十分迅速。

该酒厂的核心产品线包括 12 年、15 年和 18 年陈酿，以及两款无年份声明的产品——琥珀岩（Amber Rock）和金醇（Gold Reserve）。为庆祝酒厂成立 200 周年，最近推出了限量版的 12 年陈酿，还有一款限量版的 16 年陈酿苏格兰四角（Four Corners of Scotland）装瓶，仅在酒厂有售。

历史：

- **1824 年** 约翰·卡明（John Cummin）申请并获得了卡杜酒厂的许可证。
- **1846 年** 约翰·卡明去世，他的妻子海伦（Helen）和儿子刘易斯（Lewis）接管。
- **1872 年** 刘易斯去世，他的妻子伊丽莎白（Elizabeth）接管。
- **1884 年** 为了取代旧酒厂，建造了一个新的酒厂。
- **1893 年** 约翰·沃克父子公司（John Walker & Sons）以 20 500 英镑的价格购买了卡杜。
- **1908 年** 名称恢复为卡多。
- **1960 年** 蒸馏器数量从 4 个扩展到 6 个。
- **1981 年** 名称更改为卡杜。
- **1998 年** 建造了一个访客中心。
- **2002 年** 帝亚吉欧将卡杜单一麦芽威士忌更改为调和麦芽威士忌，其中包含其他酒厂的产品。
- **2003 年** 威士忌行业对帝亚吉欧的计划提出了强烈抗议。
- **2004 年** 帝亚吉欧撤回卡杜纯麦芽威士忌。
- **2005 年** 重新推出了 12 年的卡杜单一麦芽威士忌，并发布了 22 年陈酿。
- **2009 年** 发布了卡杜 1997 年的单桶经理之选（Manager's Choice）系列。
- **2011 年** 发布了 15 年、18 年陈酿。
- **2013 年** 发布了 21 年陈酿。
- **2014 年** 发布了琥珀岩（Amber Rock）和金醇（Gold Reserve）。
- **2016 年** 发布了酒厂独家产品。
- **2019 年** 14 年陈酿出现在特别发布（Special Releases）中，卡杜也成为权力的游戏系列（Game of Thrones series）的一部分。
- **2020 年** 发布了 11 年陈酿的生而珍稀（Rare by Nature）装瓶。
- **2021 年** 发布了 14 年陈酿生而珍稀和 16 年陈酿苏格兰四角装瓶。
- **2022 年** 发布了 16 年陈酿的朗姆酒过桶版。
- **2024 年** 发布了 200 周年纪念装瓶。

12 年陈酿

卡杜 12 年品鉴笔记：

GS- 闻香时相对轻盈而花香，相当甜美，带有梨、坚果和一丝遥远的泥煤气息。口感中等酒体，带有麦芽和甜味。余味中等长度，带有甜美的烟熏、麦芽和一丝泥煤味。

克里尼利基（Clynelish）

[cline · leash]

所有者：帝亚吉欧
　　　　Diageo
地区 / 区域：北高地区
成立时间：1967 年
状态：活跃（vc）
产能：4 800 000 升
地址：Brora, Sutherland KW9 6LR
电话：+44 1408 623003

尽管地理位置稍微偏僻了些，但克里尼利基酒厂及其单一麦芽威士忌常常是许多爱好者的最爱。酒厂位于因弗内斯（Inverness）以北，沿着自 2015 年以来被称为"北海岸 500"（简称 NC500）的道路（这个名字是当地旅游业为了吸引游客到经常被忽视的苏格兰北海岸专门起的）。这条路线从因弗内斯开始，通过一条风景优美的环形路线带您到达苏格兰大陆的最北端，但也通往西部的阿勒浦（Ullapool），那里有通往外赫布里底群岛（Outer Hebrides）的渡轮，以及美丽的阿普尔克罗斯（Applecross）地区。在因弗内斯和维克（Wick）之间，坐落着小村庄布朗拉（Brora）——这里是克里尼利基和新近复兴的布朗拉酒厂（Brora distillery）的所在地。

克里尼利基以其罕见的蜡质感新酒而闻名——这种风格并不常见。对于克里尼利基来说，这是通过在酒头和酒尾收集器中逐渐积累的残留物来实现的。2016 年，酒厂关闭了一整年进行翻新和扩建。在那段时间里，大云（另一家帝亚吉欧的酒厂）转而生产蜡质感新酒，以确保尊尼获加（Johnnie Walker）金牌至关重要的独特性。随着克里尼利基所有新的、清洁的设备投入使用，帝亚吉欧内部成立了一个名为"蜡质项目"的特别小组，以确保酒厂在扩建后能够酿造出同样特质的烈酒。

这家酒厂配备了一个 12.2 吨的全过滤糖化锅，8 个木制发酵槽和两个不锈钢发酵槽，每个容量为 58 000 升，发酵时间为 85 小时。蒸馏器房间内有三对蒸馏器。在过去几年中，克里尼利基每周运营 7 天，每周进行 18 次糖化，生产约 4 800 000 升纯酒精。现场还有一家工厂，负责处理蒸馏过程中产生的废酒糟中的铜残渣。

唯一的官方核心产品是 14 年陈酿。2021 年推出了一款 16 年的酒厂独家产品——苏格兰四角（Four Corners of Scotland），随后在 2023 年秋季推出了一款 10 年陈酿的特别发布（Special Release）。

历史：

1819 年	第一代萨瑟兰公爵（The 1st Duke of Sutherland）创立了名为克里尼利基蒸馏厂的酒厂。
1827 年	第一位获得许可的蒸馏师詹姆斯·哈珀（James Harper）申请破产，约翰·马西森（John Matheson）接管。
1846 年	乔治·劳森父子（George Lawson & Sons）成为新的持牌人。
1896 年	詹姆斯·艾斯利和海尔布隆（James Ainslie & Heilbron）接管。
1912 年	詹姆斯·艾斯利公司差点破产，蒸馏者有限公司（DCL）与詹姆斯·里斯克（James Risk）一起接管。
1916 年	约翰沃克父子（John Walker & Sons）公司购买了詹姆斯·里斯克股份的一部分。
1931 年	酒厂被封存。
1939 年	生产重新开始。1960 年酒厂实现电气化。
1967 年	在第一个酒厂旁边新建了一个也名为克里尼利基的蒸馏厂。
1968 年	8 月"老"克里尼利基被封存。
1969 年	"老"克里尼利基更名为布郎拉重新开放，并开始生产重泥煤风味。
1983 年	3 月布朗拉关闭。
2002 年	发布了 14 年陈酿。
2006 年	发布了 1991 蒸馏师版（Distiller's Edition 1991），在欧罗索桶中陈酿。
2009 年	为经典麦芽的朋友（Friends of the Classic Malts）发布了 12 年陈酿。
2010 年	发布了 1997 经理之选（Manager's Choice）的单桶。
2014 年	发布了克里尼利基精选储备（Clynelish Select Reserve）。
2015 年	发布了克里尼利基精选储备的第二版。
2017 年	酒厂在为期一年的翻新后重新生产。
2019 年	作为权力的游戏系列的一部分，发布了克里尼利基泰瑞尔家族（Clynelish House Tyrell）。
2020 年	发布了 26 年陈酿传世臻品（Prima & Ultima）。
2021 年	发布了 16 年陈酿苏格兰四角。
2022 年	发布了 12 年陈酿特别发布。
2023 年	发布了 10 年陈酿特别发布，以及在 PX 和欧罗索雪莉桶中熟成的 26 年传世臻品。

克里尼利基 14 年品鉴笔记：

GS- 闻香时芬芳、辛辣且复杂，带有烛蜡、麦芽和一丝烟熏味。口感非常顺滑，带有蜂蜜和对比鲜明的柑橘味，以及辛辣的泥煤味，最后是咸味和热带水果的余味。

14 年陈酿

克拉格摩尔（Cragganmore）

[crag·an·moor]

所有者：帝亚吉欧
　　　　Diageo
地区/区域：斯佩塞
成立时间：1869 年
状态：活跃（vc）
产能：2 200 000 升
地址：Ballindalloch, Moray AB37 9AB
电话：+44 1479 874700

尽管邓迪（Dundee）的调和酒制造商詹姆斯·沃森公司（James Watson & Co）从未拥有过克拉格摩尔，但该公司在酒厂的历史上却扮演了重要的角色。

1888 年，在威士忌热潮中，詹姆斯·沃森公司开始购买克拉格摩尔的大部分产品，并在以后许多年里一直如此。詹姆斯·沃森公司是威士忌行业的主要企业，也是格兰欧德（Glen Ord）、帕克摩尔（Parkmore）和富特尼（Pulteney）等酒厂的所有者。1906 年夏天，该公司在邓迪的一个保税仓库失火，里面有 100 万加仑（454 万升）的烈酒，公司因此遭受重创，但仍设法继续经营。经过几次易主、关闭和重新开业，詹姆斯·沃森公司最终还是在 1981 年停止营业。

克拉格摩尔酒厂隐匿于斯佩河谷中，靠近 A95 公路，与公路另一侧的格兰花格（Glenfarclas）相邻，风景优美。1988 年，它入选首批"经典麦芽威士忌"六大创始成员之一。2022 年的销量达到了 22 万瓶，在帝亚吉欧麦芽威士忌中排名第 12 位。

这家酒厂配备了一个 7 吨的不锈钢全过滤糖化锅，外覆木材并配有铜制顶棚。有 6 个发酵槽，由俄勒冈松木制成，由于每周工作 5 天，因此有 6 次短时（50 小时）和 6 次长时（100 小时）的发酵。有两台大型的初馏器，林恩臂急剧下降；两台相对较小的再馏器，配备沸腾球和长且略微下降的林恩臂。蒸馏器连接到外部的虫桶冷凝器，用于冷却酒精蒸汽。在 2024 年，产量将达到约 1 500 000 升纯酒精。

克拉格摩尔酒厂的官方核心产品系列包括一款 12 年陈酿和一款在波特桶中收尾的蒸馏师版（Distiller's Edition）。2022 年，传世臻品（Prima & Ultima）系列中推出了一款限量发布的 48 年陈酿，这款酒是在重新填充的猪头桶中熟成。这款酒也是在酒厂从使用燃煤蒸馏器转为蒸汽蒸馏器时期生产出来的。

历史：

1869 年	已经经营格兰花格（Glenfarclas）蒸馏厂的约翰·史密斯（John Smith），创立了克拉格摩尔蒸馏厂。
1886 年	约翰·史密斯去世，他的兄弟乔治（George）接管了运营。
1893 年	约翰的儿子戈登（Gordon）接管。
1901 年	在著名建筑师查尔斯·多伊格（Charles Doig）的帮助下，蒸馏厂进行了翻新和现代化改造。
1912 年	戈登·史密斯去世，他的遗孀玛丽·简（Mary Jane）监督管理运营。
1917 年	蒸馏厂关闭。
1918 年	蒸馏厂重新开放，玛丽·简安装了电灯照明。
1923 年	蒸馏厂被新成立的克拉格摩尔-格兰威特蒸馏厂有限公司（Cragganmore-Glenlivet Distillery Co.）收购，其中麦基公司（Mackie & Co.）和乔治·麦克弗森·格兰特爵士（Sir George Macpherson Grant）的巴林达洛赫庄园（Ballindalloch Estate）共享所有权。
1927 年	白马蒸馏厂（White Horse Distillers）被 DCL 收购，因此 DCL 获得了克拉格摩尔 50% 的所有权。
1964 年	蒸馏器的数量从 2 个增加到 4 个。
1965 年	DCL 购买了克拉格摩尔剩余的股份。
1988 年	克拉格摩尔 12 年成为 DCL 精选的 6 款经典麦芽（Classic Malts）威士忌之一。
1998 年	首次推出了克拉格摩尔蒸馏师版双熟成（Cragganmore Distillers Edition Double Matured）波特桶。
2002 年	5 月开设了游客中心。
2006 年	发布了 1988 年的 17 年陈酿。
2010 年	发布了 1997 年经理之选（Manage's Choice）的单桶和限量的 21 年陈酿。
2014 年	发布了 25 年陈酿。
2016 年	发布了无年份声明的特别发布（Special Releases）和酒厂独家产品。
2019 年	在特别发布系列中出现了 12 年的原桶强度装瓶。
2020 年	发布了 48 年和 20 年陈酿。
2022 年	发布了 48 年陈酿的传世臻品。

克拉格摩尔 12 年品鉴笔记：

GS- 闻香时有雪莉酒、脆太妃糖、坚果、温和的木烟、当归和混合果皮的香气。口感优雅，带有麦芽、草本和水果的味道，尤其是橙味。余味中等长度，带有干燥、略微烟熏的尾韵。

12 年陈酿

克莱嘉赫（Craigellachie）

[craig · ell · ack · ee]

所有者：约翰·杜瓦父子公司（百加得）
　　　　John Dewar & Sons（Bacardi）
地区/区域：斯佩塞
成立时间：1891年
状态：活跃
产能：4 300 000 升
地址：Aberlour, Banffshire AB38 9ST
电话：01340 872971

克莱嘉赫的所有者约翰杜瓦父子公司旗下5家酿酒厂总计可生产2 100万升纯酒精。然而，他们的单一麦芽产品组合每年仅销售270万瓶。目前，克莱嘉赫正在努力尝试每周进行22次糖化，而不是21次，以便每年多酿造10~20万升，这看起来可能有些奇怪。当然，这是因为其所有者也是世界十大调和苏格兰威士忌中的两大品牌——威廉·劳森（William Lawson）和帝王（Dewar）的幕后老板。这两家公司的总销量达7 900万瓶，而克莱嘉赫麦芽威士忌是这两款调和威士忌的重要组成部分。

公司对单一麦芽威士忌的兴趣是近年来才发展起来的（艾柏迪Aberfeldy和格兰德弗伦Glen Deveron除外）。大约在2012年，时任公司全球市场营销经理的斯蒂芬·马歇尔（Stephen Marshall）提出了一个想法，即将公司所有酿酒厂的酒都作为单一麦芽威士忌正式推出。到了2014年，公司以"最后的伟大麦芽威士忌"（The Last Great Malts）为名，推出了各酿酒厂的多款产品。在这个过程中，公司投入了大量的精力来为每个酒厂打造一个独特的品牌形象——不仅是在酒液方面，还包括酒瓶和标签的设计，以及酒厂背后的故事。

克莱嘉赫配备了一个10吨的全筛板糖化锅，8个容量为47 000升的由落叶松木制成的发酵槽，发酵时间为56~60小时，两对连接到虫桶的蒸馏器。2024年的生产计划是每周21~22次糖化和4 300 000升纯酒精的产量。克莱嘉赫的重口味特征依赖于虫桶冷凝器、短时间发酵、巨大的蒸馏器，以及很少的回流。这通过清澈的麦汁和相对较高的酒心切取度（64%）来平衡，以增加更多的果味口感。

核心产品线包括13年、17年、19年、23年和33年陈酿。2022年春季，推出了限量版的桶藏系列（Cask Collection），首款产品是在阿马尼亚克桶（Armagnac casks）中收尾一年的13年陈酿。此外，还有针对旅游零售和精选市场限量发行，在卓越桶系列（Exceptional Cask Series）中。

历史：

1890年　克莱嘉赫-格兰威特蒸馏公司建造了这家蒸馏厂，亚历山大·爱德华（Alexander Edward）和彼得·麦基（Peter Mackie）是部分所有者。
1891年　生产开始。
1916年　麦基蒸馏有限公司（Mackie & Company Distillers Ltd）接管。
1924年　彼得·麦基去世，麦基公司更名为白马蒸馏者公司（White Horse Distillers）。
1927年　白马蒸馏者公司被蒸馏者有限公司（Distillers Company Limited，DCL）收购。
1930年　管理权转移到苏格兰麦芽蒸馏者（Scottish Malt Distillers，SMD），DCL的子公司。
1964年　进行翻新，购买两个新的蒸馏器，数量增至4个。
1998年　联合蒸馏与酿造公司（UDV）将克莱嘉赫连同艾柏迪（Aberfeldy）、布莱克拉（Brackla）、欧摩（Aultmore），以及调和酒公司约翰杜瓦父子公司一起卖给了百加得马天尼（Bacardi Martini）。
2004年　新所有者首次装瓶，推出了新的14年陈酿，取代了UDV的花鸟系列（Flora & Fauna），以及为克莱嘉赫酒店生产的1982年的21年陈酿桶强。
2014年　为国内市场发布了三款新装瓶（13年、17年和23年），以及一款免税店专供的19年陈酿。
2015年　发布了一款31年陈酿。
2016年　发布了一款33年陈酿和一款1994年的马德拉单桶。
2018年　为免税店发布了一款24年陈酿和一款17年的帕洛卡塔多（Palo Cortado）过桶，发布迄今为止最老的官方克莱嘉赫51年陈酿。
2019年　发布了一款19年陈酿和一款23年陈酿。
2020年　发布了一款39年陈酿。
2021年　33年陈酿被加入核心产品线。
2022年　发布了一款阿马尼亚克桶收尾13年陈酿。

克莱嘉赫13年品鉴笔记：

GS-早期的香气中带有咸味，伴随着用过的火柴、青苹果和调和坚果的味道。口感上，麦芽与坚果和苹果的味道相融合，伴随着锯末和非常微弱的烟熏味。干爽的口感中带有小红莓、香料和更微妙的烟熏味。

13年陈酿

大云（Dailuaine）

[dall・yoo・an]

所有者：帝亚吉欧
　　　　Diageo
地区/区域：斯佩塞
成立时间：1852年
状态：活跃
产能：5 200 000升
地址：Carron, Banffshire AB38 7RE
电话：01340 872500

阅读阿尔弗雷德·巴纳德（Alfred Barnard）在19世纪80年代末所著的《英国威士忌蒸馏厂》(The Whisky Distilleries of the United Kingdom) 一书，会让您意识到从那时起发生了多大的变化，同时也会意识到有多少事物依然保持不变。

至于大云，巴纳德在书中用了整整7页来描述这家蒸馏厂，显然那里的环境和周围景色让他感到意外。巴纳德充满敬畏地写道："难怪在这样的环境里，从这样一个伊甸园中诞生的纯净烈酒会受到全世界的赞赏，"他还补充说，"整个场景精致得足以媲美仙宫。"

时至今日，大云仍是斯佩塞地区蒸馏厂的缩影。当您驾车沿着蜿蜒曲折的道路行驶，多次穿越斯佩河，不经意间，您会突然发现又一座隐匿在山谷中的蒸馏厂。看似浪漫的大云当时已经是当地最大的蒸馏厂之一，年产量接近1 000 000升。大云威士忌历史上的地位还得益于1889年在这里首次试验的一项创新。当时，建筑师查尔斯·克里·多伊格（Charles Cree Doig）建造了第一个宝塔顶（后来的称呼），以便于从窑炉中排出烟气。

这家蒸馏厂配备了一个不锈钢材质、容量为11.25吨的全过滤糖化锅；还有8个由道格拉斯冷杉制成的发酵槽，外加两个放置在室外的不锈钢发酵槽——所有发酵槽的容量都是54 000升；最后是三对蒸馏器。在处理蜡质的新酒时，发酵时间非常长（80～107小时），但从2022年开始，为了追求坚果风味，他们已经将发酵时间缩短至46小时。大云的生产也从每周5天转变为每周7天，每周进行约22次糖化。

唯一的核心瓶装酒是16年陈酿的花鸟系列（Flora & Fauna）。2015年，作为特别发布（Special Releases）的一部分，酒厂推出了一款1980年份的34年陈酿。

历史：

1852年	威廉·麦肯齐（William Mackenzie）创立了这家蒸馏厂。
1865年	威廉·麦肯齐去世，他的遗孀将蒸馏厂租给了米自亚伯乐（Aberlour）的银行家詹姆斯·弗莱明（James Fleming）。
1879年	威廉·麦肯齐的儿子与弗莱明成立了麦肯齐公司（Mackenzie and Company）。
1891年	成立了大云-格兰威特蒸馏有限公司（Dailuaine-Glenlivet Distillery Ltd.）。
1898年	大云-格兰威特蒸馏有限公司与泰斯卡蒸馏有限公司合并，成立了大云-泰斯卡蒸馏有限公司（Dailuaine-Talisker Distilleries Ltd.）。
1915年	托马斯·麦肯齐（Thomas Mackenzie）去世，无嗣。
1916年	大云-泰斯卡公司被之前的客户约翰杜瓦父子公司（John Dewar & Sons）、约翰沃克父子公司（John Walker & Sons）和詹姆斯·布坎南公司（James Buchanan & Co.）收购。
1917年	发生了大火，宝塔屋顶坍塌。
1920年	蒸馏厂重新开业。
1925年	蒸馏者有限公司（DCL）接管。
1960年	翻新。蒸馏器数量从4个增加到6个，萨拉丁箱取代了地板发麦。
1965年	安装了通过蒸汽的间接蒸馏器加热系统。
1983年	停止现场发麦，改为集中购买麦芽。
1991年	发布了首款官方瓶装，16年陈酿的花鸟系列。
1996年	发布了一款1973年份的22年陈酿，作为珍稀麦芽（Rare Malt）系列的一部分。
1997年	发布了16年陈酿的桶强版本。
2000年	发布了一款17年陈酿的经理之选（Manager's Dram），熟成于雪莉桶中。
2010年	发布了一款1997年份的单桶威士忌。
2012年	生产能力提高了25%。
2015年	发布了一款34年陈酿，作为特别发布（Special Releases）系列的一部分。

大云16年品鉴笔记：

GS-闻香时感受到大麦、雪莉和坚果的香气，逐渐转变为枫糖浆的香味。中等酒体，口感丰富且带有麦芽风味，还有更多的雪梨、坚果，以及成熟的橙子、水果蛋糕、香料和轻微的烟熏味。余味悠长且略带油性，带有杏仁、雪松和轻微烟熏的橡木味。

16年陈酿

大摩（Dalmore）

[dal · moor]

所有者：怀特马凯有限公司（皇胜集团）
　　　　Whyte & Mackay Ltd（Emperador Inc）
地区 / 区域：北高地
成立时间：1839 年
状态：活跃
产能：9 000 000 升
地址：Alness, Ross-shire IV17 0UT
电话：01349 882362

大摩正在进行一项耗资 4 000 万英镑的全面扩建工程，包括建造一个新的蒸馏器厂房和一个新的游客中心，这个位置原本是萨拉丁箱麦芽工厂，现已被拆除。预计新的蒸馏厂将在 2025 年初投入生产。自从皇胜集团（Emperador）在 2014 年收购怀特马凯公司（Whyte & Mackay）以来，扩建计划就一直在酝酿之中，而现在的时机恰到好处。大摩作为单一麦芽苏格兰威士忌中增长最快的品牌之一，其销量在过去 10 年中增长了近 300%，到 2022 年已达到 3 200 万瓶。

截至撰写本文时，大摩配备了一个 10.4 吨的不锈钢半过滤糖化锅，8 个由俄勒冈松木制成的发酵槽，发酵时间为 50 小时，以及 4 对蒸馏器。所有的初馏器顶部都是平的，而再馏器配备了增加回流的水套。所有者预计在 2024 年生产 5 300 000 升酒精。酒厂扩建工程将于 2025 年初完工，届时将拥有 2 个糖化锅、17 个发酵槽和 8 对蒸馏器，产能将达到 9 000 000 升纯酒精。

苏格兰的每个主要蒸馏厂都拥有一位首席调配师，大摩蒸馏厂的首席调配师是理查德·帕特森（Richard Paterson）。然而，在这些明星调配师的背后，往往还有一位不太为公众所知的人物。在大摩，这个人是玛格丽特·'玛格斯'·尼科尔（Margaret 'Mags' Nicol），她作为调配控制员在怀特马凯有限公司服务了 45 年。为了表彰她的贡献，公司在 2024 年 4 月发布了一款特别为她打造的 44 年限量版威士忌。

核心产品线包括 12 年、12 年雪莉桶精选（Sherry Cask Select）、15 年、18 年、21 年和 25 年陈酿，以及亚历山大三世（King Alexander III）、雪茄三桶（Cigar Malt Reserve）和极尊波特桶（Port Wood Reserve）。针对旅游零售市场，产品线包括三重奏（The Trio）、四重奏（The Quartet）和五重奏（The Quintet），以及一款 20 年陈酿和亚历山大三世的新版本。最近的限量酒款包括：30 年陈酿、大摩年份系列（Dalmore Vintages）、大摩年代臻选系列（The Decades of Dalmore），以及桶艺精选系列（Cask Curation Series），其中第二版（波特桶风味主导）于 2024 年 10 月推出。

历史：

1839 年　亚历山大·马西森（Alexander Matheson）创立了这家蒸馏厂。
1867 年　三位麦肯齐兄弟（Mackenzie brothers）经营这家蒸馏厂。
1891 年　肯尼斯·马西森爵士（Sir Kenneth Matheson）以 14 500 英镑将蒸馏厂出售给麦肯齐兄弟。
1917 年　皇家海军进驻，开始制造美国水雷。
1922 年　蒸馏厂再次投入生产。
1956 年　地板发麦被萨拉丁箱取代。
1960 年　麦肯齐兄弟（大摩）有限公司与怀特马凯合并。
1966 年　蒸馏器数量增加到 8 个。
1982 年　萨拉丁箱被废弃。
1990 年　美国品牌公司收购怀特马凯。
1996 年　怀特马凯更名为 JBB（Greater Europe）。
2001 年　通过管理层收购，JBB 从财富品牌公司手中购得，并更名为 Kyndal Spirits。
2002 年　Kyndal Spirits 更名为怀特马凯。
2007 年　联合酒业（United Spirits）收购怀特马凯。
2008 年　发布了 1263 亚历山大三世。
2009 年　新发布的产品包括 18 年、58 年和 1951 年限量版。
2011 年　发布了更多河流系列（River Collection）和 1995 年莱奥德城堡（Castle Leod）威士忌。
2012 年　访客中心进行了升级，并推出了星座系列（Constellaton Collection）。
2014 年　皇胜集团（Emperador Inc）收购怀特马凯。
2016 年　发布了三款新的旅游零售限定版，以及一款 35 年和五重奏（Quintessence）。
2017 年　发布了年份波特系列（Vintage Port Collection）。
2018 年　发布了波特桶储备系列（Port Wood Reserve）。
2019 年　推出了新的旅游零售系列产品。
2020 年　发布了一款 51 年陈酿。
2021 年　发布了大摩历世系列。
2022 年　发布了一款 21 年陈酿。
2023 年　推出了桶陈系列（Cask Curation Series）。
2024 年　发布了 44 年玛格丽特·尼科尔（Margaret Nicol）和桶陈系列第二版，产能翻倍。

大摩 12 年品鉴笔记：

GS- 闻香时感受到甜美的麦芽、橙皮果酱、雪莉酒和一丝皮革的味道。酒体饱满，带有干雪莉的味道，但口中会发展出更甜的雪莉味，伴随着香料和柑橘的香气。余味悠长，带有更多香料、姜、塞维利亚橙和香草的味道。

12 年陈酿

达尔维尼（Dalwhinnie）

[dal · whin · nay]

所有者：帝亚吉欧 Diageo
地区/区域：斯佩塞
成立时间：1897 年
状态：活跃（vc）
产能：2 200 000 升
地址：Dalwhinnie, Inverness-shire PH19 1AB
电话：01540 672219

苏格兰的许多蒸馏厂都隐藏在远离主干道的峡谷中，但达尔维尼蒸馏厂却并非如此。对于从爱丁堡前往斯佩塞的威士忌爱好者，或者任何前往高地的游客来说，A9 公路是主要的交通干道。

当您驾车经过德鲁莫赫特山口（Drumochter）（海拔 462 米），您会在公路的左侧看到达尔维尼蒸馏厂。每年有 60 000 名游客选择在此参观。从路上可以清楚地看到虫管冷凝器，这是一种冷却蒸馏酒的传统方法，目前只有 20 家蒸馏酒厂还在使用。

作为帝亚吉欧旗下第六大畅销的单一麦芽威士忌（2022 年售出 120 万瓶），自 1988 年以来一直是最初的经典麦芽（Classic Malts）系列的一部分，但它仍然是布坎南（Buchanans）和黑白狗（Black & White）这两种调和威士忌的重要成分。这两种可追溯到 19 世纪的知名威士忌近年来又迎来了新的曙光，尤其是在南美洲。事实上，黑白狗是世界上第五大畅销的调和苏格兰威士忌，2022 年的销量达到 4 300 万瓶。

达尔维尼配备了一个 7.3 吨的全过滤糖化锅，6 个木制发酵槽（其中两个在 2021 年被替换），有一对连接着虫管冷凝器的蒸馏器。自 2023 年起（这也是自 2015 年以来的第一次），蒸馏厂每周工作 7 天，每周进行 15 次糖化。这意味着所有发酵过程都是 60 小时，总产量约为 2 200 000 升纯酒精。

核心产品线包括一款 15 年陈酿、蒸馏师版（Distiller's Edition），以及欧罗索桶（Oloroso）过桶和达尔维尼冬日金醇（Dalwhinnie Winter's Gold）。2019 年春季，达尔维尼还推出了以热门电视剧《权力的游戏》（Game of Thrones）命名的冬霜系列（Winter's Frost）。此外，在 2020 年秋季的特别发布（Special Releases）中推出了一款 30 年陈酿，酒精度为 51.9%。

历史：

1897 年　约翰·格兰特（John Grant）、乔治·塞拉（George Sellar）和亚历山大·麦肯齐（Alexander Mackenzie）开始建造设施。最初的名字是斯特拉斯佩（Strathspey）。

1898 年　所有者遇到财务困难，约翰·萨默维尔公司（John Somerville & Co）和 A·P·布莱思父子公司（A P Blyth & Sons）接管并更名为达尔维尼。

1905 年　纽约的库克和伯恩海默（Cook & Bernheimer）以 1 250 英镑在拍卖中购得达尔维尼。

1919 年　由詹姆斯·卡尔德爵士（Sir James Calder）领导的麦克唐纳·格林利斯·威廉姆斯有限公司（Macdonald Greenlees & Willliams Ltd）购得达尔维尼。

1926 年　麦克唐纳·格林利斯·威廉姆斯有限公司被蒸馏者有限公司（DCL）收购，后者将达尔维尼授权给詹姆斯·布坎南公司（James Buchanan & Co.）。

1930 年　运营权转到苏格兰麦芽蒸馏厂（SMD）。

1934 年　2 月发生火灾后，蒸馏厂关闭。

1938 年　蒸馏厂重新开业。1968 年停止发麦。

1987 年　达尔维尼 15 年成为联合蒸馏商经典麦芽（Classic Malts）系列中的六款精选之一。

1991 年　建立了访客中心。

1992 年　蒸馏厂关闭，并进行了耗资 320 万英镑的重大翻新。

1995 年　蒸馏厂于 3 月重新开业。

2002 年　发布了一款 36 年陈酿。

2006 年　发布了一款 20 年陈酿。

2012 年　发布了一款 25 年陈酿。

2014 年　为经典麦芽之友（The Friends of the Classic Malts）发布了一款无年份声明的三重熟成瓶装。

2015 年　发布了达尔维尼冬日金醇（Dalwhinnie Winter's Gold）和一款 25 年陈酿。

2016 年　发布无年份声明的蒸馏厂专属瓶装。

2018 年　发布了莉兹精选（Lizzie's Dram），这是一款蒸馏厂专属的瓶装威士忌。

2019 年　发布冬霜版。

2020 年　作为生而珍惜（Rare by Nature）系列的一部分，发布了一款 30 年陈酿。

达尔维尼 15 年品鉴笔记：

GS- 闻香时感受到清新的松针、石楠花和香草味。口感甜美且平衡，带有水果味，以及蜂蜜、麦芽和非常微妙的泥煤味。中等长度的余味优雅地变干。

15 年陈酿

汀思图（Deanston）

[deen·stun]

所有者：希威仕烈酒集团
　　　　CVH Spirits
地区/区域：南高地
成立时间：1965 年
状态：活跃（vc）
产能：3 000 000 升
地址：Deanston, Perthshire FK16 6AG
电话：01786 843010

新酒中有一种蜡质感，甚至这种质感延续到了瓶装威士忌的风味和口感中，这是很不寻常的。很少有蒸馏厂能够做到这一点，但克里尼利基（Clynelish）和汀思图是其中两家。以两家酒厂为例，这种独特的蜡质感是因为在生产过程中对某些容器的清洁工作并不是特别上心。对于汀思图蒸馏厂而言，低度酒和酒胃接收器中会产生沉淀物，如果这些沉淀物被留存下来，就会赋予威士忌这种独特的特性。这些沉淀物为调和酒注入了神奇的魔力，因此受到了调配师的追捧，许多威士忌爱好者也非常喜欢单一麦芽威士忌中的这种沉淀物。

汀思图蒸馏厂配备了一个令人惊叹的开放式、带耙的不锈钢糖化锅，其容量在过去几年中从 10.5 吨增加到 12 吨，最后减少到 8 吨。所有者寻求高比重麦芽，主要是为了节省能源。有 8 个 64 000 升的不锈钢发酵槽，由于蒸馏厂现在每周工作 7 天，发酵时间是固定的 85 小时。有两台 16 000 升的初馏器和两台 14 400 升的再馏器，都配备了上升式林恩臂。为了生产果味的新酒，酒厂老板正在寻求一种清澈的麦汁（不含太多固体物质），这在使用传统糖化设备时很难实现。他们计划每周进行 22 次糖化，目标是在 2024 年生产出 2 950 000 升纯酒精。

汀思图蒸馏厂的核心产品系列包括两款 12 年和 18 年陈酿过桶，以及一款先在美国波本酒桶中陈酿、后在处女橡木桶中过桶的处女橡木系列（Virgin Oak）。近期限量版装瓶包括一款 15 年陈酿的龙舌兰酒桶过桶、一款处女橡木酒厂版（Virgin Oak Distillery Edition）、一款处女橡木桶强威士忌（Virgin Oak Cask Strength），以及一款 20 年陈酿的有机（Organic）威士忌——这款威士忌是在 2002 年蒸馏，并在美国橡木桶中熟成的。免税店独家供应的是一款 10 年陈酿的波尔多红酒桶过桶。此外，还有三款较新的蒸馏厂专属分别是 2012 年的红酒桶熟成、2012 年的勒班托桶（Lepanto）熟成和 2006 年的欧罗索桶（Oloroso）过桶。

历史：

1965 年	一家建于 1785 年的纺织厂被詹姆斯·芬德利公司（James Findlay & Co.）和布罗迪·赫本有限公司（Brodie Hepburn Ltd.）改造成汀思图蒸馏厂。
1966 年	10 月开始生产。
1971 年	第一款单一麦芽威士忌被命名为老班诺克本（Old Bannockburn）。
1972 年	因弗高登蒸馏厂接管。
1974 年	生产出第一款以汀思图命名的单一麦芽威士忌。
1982 年	蒸馏厂关闭。
1990 年	来自格拉斯哥的伯恩·斯图尔特蒸馏者公司（Burn Stewart Distillers）以 210 万英镑购得蒸馏厂。
1991 年	蒸馏厂恢复生产。
1999 年	C.L. 世界品牌集团（C L Financial）购买伯恩·斯图尔特 18% 的股份。
2002 年	C.L. 世界品牌集团收购剩余股份。
2006 年	发布汀思图 30 年陈酿。
2009 年	发布了 12 年陈酿的新版本。
2010 年	发布处女橡木系列。
2012 年	开放游客中心。
2013 年	伯恩·斯图尔特蒸馏商被南非迪斯特集团（South African Distell Group）以 1.6 亿英镑收购。
2014 年	发布 18 年陈酿干邑桶（cognac）过桶威士忌。
2015 年	发布 18 年陈酿。
2016 年	发布有机汀思图。
2017 年	发布 40 年陈酿和 2008 年份威士忌。
2018 年	为免税市场发布 10 年波尔多桶过桶。
2019 年	发布 1997 帕罗卡塔多桶（Palo Cortado）过桶、2006 奶油雪莉桶（Cream Sherry）过桶和 2012 啤酒桶过桶威士忌。
2020 年	发布 1991 年麝香葡萄酒（Muscat）过桶、2002 年有机 PX 和 2002 年黑皮诺（Pinot Noir）过桶威士忌。
2021 年	发布肯塔基桶（Kentucky Cask）和龙奶（Dragon's Milk）威士忌。
2023 年	希威仕烈酒集团（CVH）成为新所有者。

汀思图 12 年品鉴笔记：

GS- 闻香时感受到清新、果味的气息，带有麦芽和蜂蜜的味道。口感上呈现出丁香、姜、蜂蜜和麦芽的风味，余味悠长，略带干燥，令人愉悦的草本香气。

12 年陈酿

达夫镇（Dufftown）

[duff · town]

所有者：帝亚吉欧
　　　　Diageo
地区/区域：斯佩塞
成立时间：1895 年
状态：活跃
产能：6 000 000 升
地址：Dufftown, Keith, Banffshire AB55 4BR
电话：01340 822100

达夫镇蒸馏厂位于达夫镇的南郊。这是一个仅有 1 600 位居民的小镇，但却拥有包括世界著名的格兰菲迪（Glenfiddich）和百富（Balvenie）在内的 6 家正在运营的酒厂，它本应比现在更受瞩目。

达夫镇的住宿、餐饮和酒吧设施相对匮乏，尽管镇上的威廉·格兰特父子公司（William Grant & Sons）拥有三家蒸馏厂，却似乎并未在旅游业方面进行太多投资，这一直令人费解。2020 年，达夫镇信托有限公司成立，致力于推动当地社区的发展。自 2023 年 11 月以来，南非威士忌专家马克·彭德利伯（Marc Pendlebury）里成为了公司的一位董事。在南非，他成功建立了包括商店和威士忌展览在内的威士忌业务。2023 年，他接管了位于教堂街的商业酒店，并将其改造成提供住宿、酒吧、威士忌酒吧和高端餐厅的威士忌之都酒店。2024 年春，他还收购了声誉卓著的达夫镇威士忌商店。

达夫镇蒸馏厂配备了一个 14 吨的全过滤糖化锅、12 个不锈钢发酵槽和三对蒸馏器。此外，所有蒸馏器都配备了亚冷却器。新酒的风格呈现绿色和草本的特点，这是通过清澈的麦汁和长时间的发酵（至少 75 小时）实现的。在精馏过程中，前段酒液收集持续 15 分钟，中间段酒心切取在 73% ～ 58%。每周 7 天的工作周期内，每周进行 23 次糖化，年产量达 6 000 000 升纯酒精。

帝亚吉欧在 2006—2007 年推出一系列威士忌旨在作为入门麦芽威士忌，激发消费者对麦芽威士忌的兴趣。核心产品线包括麦芽大师精选（Malt Master's Selection）和苏格登达夫镇（Singleton of Dufftown）的 12 年、15 年和 18 年陈酿。免税系列产品包括 Trinité、Liberté 和 Artisan。2021 年，发布了 54 年陈酿的苏格登达夫镇，这是帝亚吉欧单一麦芽威士忌中官方装瓶年份最老的一款。2023 年 10 月，一款 37 年的威士忌成为第四版传世臻品系列（Prima & Ultima）的一部分。

历史：

1895 年	彼得·麦肯齐（Peter Mackenzie）、理查德·斯塔克波尔（Richard Stackpole）、约翰·赛蒙（John Symon）和查尔斯·麦克弗森（Charles MacPherson）在一座旧磨坊中建立了达夫镇－格兰威特（Dufftown-Glenlivet）蒸馏厂。
1896 年	11 月开始生产。
1897 年	蒸馏厂归彼得·麦肯齐公司所有，该公司同时也拥有皮特洛赫里（Pitlochry）的布莱尔·阿索（Blair Athol）蒸馏厂。
1933 年	彼得·麦肯齐公司（P. Mackenzie & Co.）被亚瑟·贝尔父子公司（Arthur Bell & Sons）以 56 000 英镑收购。
1968 年	停止地板发麦，从外部供应商购买麦芽。蒸馏器数量从 2 个增加到 4 个。
1974 年	蒸馏器数量从 4 个增加到 6 个。
1979 年	蒸馏器数量进一步增加，达到 8 个。
1985 年	健力士收购了亚瑟·贝尔父子公司。
1997 年	健力士和大都会合并，组成了帝亚吉欧。
2006 年	发布了苏格登达夫镇 12 年陈酿，作为特别的免税装瓶。
2008 年	苏格登在英国上市。
2010 年	发布了一款 1997 年的经理之选（Manager's choice）。
2013 年	发布了一款 28 年的桶强威士忌和两款免税产品——Unité 和 Trinité。
2014 年	发布了 Tailfire、Sunray 和 Spey Cascade。
2016 年	发布了限量版 21 年和 25 年陈酿。
2018 年	发布了麦芽大师精选。
2020 年	发布了 30 年陈酿传世臻品和 17 年陈酿生而珍稀（Rare by Nature）。
2021 年	发布了一款 54 年陈酿。
2023 年	发布了一款 37 年陈酿，酒精度为 47.7%，作为传世臻品系列的一部分。

达夫镇 12 年品鉴笔记：

　　GS- 闻香时感受到甜美，带有紫罗兰般的香气，以及底层的麦芽味。口感宏大而鲜明，这是一款入口明快却极适饮的威士忌。余味中长段收结，温润带有辛辣感，雪莉和软糖的香气慢慢消退。

苏格登达夫镇 12 年陈酿

埃德拉多尔（Edradour）

[ed · ra · dow · er]

所有者：圣弗力珍稀苏格兰威士忌有限公司 Signatory Vintage Scotch Whisky Co. Ltd
地区 / 区域：南高地
成立时间：1825 年
状态：活跃
产能：340 000 升
地址：Pitlochry, Perthshire PH16 5JP
电话：01796 472095

埃德拉多尔曾经是苏格兰最小的蒸馏厂，直到 2008 年路易斯（Lewis）岛上的红河蒸馏厂（Abhainn Dearg）开业。自那以后，许多小型蒸馏厂陆续成立。埃德拉多尔蒸馏厂也进行了扩张，如今它已不再是苏格兰最小的 20 家蒸馏厂之一。

这家蒸馏厂位于皮特洛赫里（Pitlochry），距离 A9 公路仅 5 分钟车程，当您前往高地时会经过这里。埃德拉多尔曾是苏格兰最受欢迎的蒸馏厂之一，但新冠疫情之后已对公众关闭。2022 年，埃德拉多尔销售了 365 000 瓶威士忌。

经过 2018 年扩建后，场地现在由两组蒸馏器组成。两组蒸馏器共有的设备包括两个开放式的传统铸铁糖化锅，糖化能力为 1.1 吨，产出浑浊的麦汁。有两个冰箱用于冷却麦汁，以及 8 个由俄勒冈松木制成的发酵槽，发酵时间有短的（50 小时）和长的（120 小时）。每个组设备的两个蒸馏器都连接到外部的虫管冷凝器，酒心切取通常在 75% ~ 63%。2024 年，所有者在旧蒸馏器进行一班次的生产，在新蒸馏器进行两班次，每周共生产 340 000 升纯酒精。在过去的几年里，由于人们对埃德拉多尔无泥煤款的需求增多，而巴拉奇（Ballechin）库存充足，巴拉奇泥煤款产量有所减少。

除了蒸馏厂，所有者安德鲁·赛明顿（Andrew Symington）自 20 世纪 80 年代以来，一直是苏格兰最有影响力的独立装瓶商之一。他的公司圣弗力（Signatory），以装瓶稀有威士忌而闻名，受到威士忌爱好者的极力追捧。

核心产品线包括一款 10 年和 12 年陈酿的加勒多尼亚精选（Caledonia Selection），还有一款 10 年的泥煤巴拉奇（Ballechin）。常规但限量的装瓶包括 12 年、21 年和 25 年陈酿——全部在雪莉桶中熟成并以桶强装瓶。埃德拉多尔和巴拉奇都有多种不同的陈酿方式，包括在葡萄酒桶中完全熟成或进行最后的过桶。

历史：

1825 年	可能是珀斯郡（Perthshire）农民创立名为格兰福里斯（Glenforres）的蒸馏厂的年份。
1837 年	埃德拉多尔这个名字首次被提及。
1841 年	农民们组成了约翰·麦克拉斯汉公司（John MacGlashan & Co.）。
1886 年	约翰·麦金托什公司收购了埃德拉多尔。
1933 年	威廉·怀特利公司（William Whiteley & Co.）购买了蒸馏厂。
1982 年	坎贝尔蒸馏厂（Campbell Distilleries，保乐力加）购买了埃德拉多尔并建立了访客中心。
1986 年	发布了第一款单一麦芽威士忌。
2002 年	安德鲁·赛明顿从圣弗力公司以 540 万英镑的价格购买了埃德拉多尔。产品线扩展，增加了 10 年和 13 年的桶强威士忌。
2003 年	发布了 30 年和 10 年的威士忌。
2004 年	发布了一系列木桶陈酿的桶强威士忌。
2006 年	发布了首款泥煤熏制的巴拉奇。
2007 年	发布了在马德拉酒桶中熟成的巴拉奇。
2008 年	发布了在波特酒桶中熟成的巴拉奇和一款苏玳酒桶过桶的 10 年埃德拉多尔。
2009 年	发布了第四版巴拉奇（欧罗索 Oloroso）。
2010 年	发布了巴拉奇 #5 马沙拉（Marsala）。
2011 年	发布了巴拉奇 #6 波本（Bourbon）和一款 26 年的 PX 雪莉过桶威士忌。
2012 年	发布了 1993 年的欧罗索和 1993 年的苏玳桶过桶，以及巴拉奇 #7 波尔多（Bordeaux）。
2013 年	发布了巴拉奇苏玳桶（Sauternes）。
2014 年	发布了首款 10 年的巴拉奇。
2015 年	发布了仙女旗（Fairy Flag）。
2017 年	新发布的产品包括 8 年的埃德拉多尔和巴拉奇调和威士忌。
2018 年	新蒸馏厂投入使用。

10 年陈酿

埃德拉多尔 10 年品鉴笔记：

GS- 闻香时可感受到苹果、麦芽、杏仁、香草和蜂蜜的香气，同时伴有一丝烟熏和雪莉酒的味道。口感丰富、奶油般丝滑且带有麦芽风味，持续的坚果味和明显的略带皮革感的雪莉酒味道。香料和雪莉酒的味道在中等至长的余味中占据主导地位。

费特肯（Fettercairn）

这家有200年历史的酿酒厂，其最近的发展重点聚焦于可持续性，尤其是对其所在地周边环境的保护。

在2021年，费特肯的首席调配师格雷格·格拉斯（Gregg Glass）开展了苏格兰橡木计划，怀特马凯的其他蒸馏厂也参与其中。除了在当前产品中使用苏格兰橡木并探索新风味外，该计划还包括在费特肯蒸馏厂所在地的法斯克庄园种植13 000棵橡树苗（包括欧洲栎 Q. robur 和无梗花栎 Q. petrea）。此外，还成立了费特肯200俱乐部——与贝兹麦芽公司（Bairds Maltings）和当地200个农场合作。从现在开始，所有生产所需的大麦都将在当地采购。

蒸馏厂配备了一个传统的5吨铸铁糖化锅，2025年将安装一个新的6吨传统糖化锅。酒厂目前有11个39 000升的发酵槽，发酵时间为56小时，以及两对蒸馏器。这些蒸馏器在苏格兰相当独特，它们都装有一个冷却环，向蒸馏器的顶部喷水，然后收集在底部，再循环到顶部。整个设计理念是在蒸馏过程中增加回流。两个蒸馏器在2024年都换成了新的，加热用的盘管和加热片被更节能的散热器所取代。2024年生产目标是每周进行24次糖化，产出2 200 000升纯酒精。

核心产品系列包括12年、16年、22年和28年陈酿。2022年，系列中新增了18年陈酿——这是酒厂首次推出苏格兰橡木计划中的产品。最初在美国波本桶中熟成，最后在苏格兰橡木桶中收尾。系列中更老的版本包括40年、46年和50年陈酿。2021年，酒窖系列2（Warehouse 2）的第一款产品发布，到2023年，该系列的第五版也是最终版发布，这款产品在三种不同的啤酒桶中完成陈酿。针对免税市场，有一款12年的PX雪莉桶过桶和一款23年陈酿。为了庆祝200周年，2024年还推出200周年纪念系列（The 200th Anniversary Cotteltion），共6款，从60年到3年陈酿不等。

12年陈酿

[fett・er・cairn]

所有者：怀特马凯（皇胜集团）
　　　　　Whyte & Mackay（Emperador）
地区/区域：东高地
成立时间：1824年
状态：活跃（VC）
产能：2 200 000升
地址：Fettercairn, Laurencekirk, Kincardineshire AB30 1YB
电话：01561 340205

历史：

1824年	亚历山大·拉姆齐爵士（Sir Alexander Ramsay）创立了这家酒厂。
1830年	约翰·格莱斯顿爵士（Sir John Gladstone）购买了这家酒厂。
1887年	发生火灾，酒厂关闭并进行修复。
1890年	约翰·罗伯特（John Robert）接管酒厂，酒厂重新开放。
1912年	约翰·格莱斯顿买断了其他投资者的股份。
1926年	酒厂停产。1939年酒厂被苏格兰联合蒸馏酒业有限公司购买。生产重启。
1960年	停止发麦。1966年蒸馏器从2个增加到4个。
1971年	酒厂被托明多－格兰威特蒸馏公司（Tomintoul-Glenlivet Distillery Co. Ltd.）购买。
1973年	托明多－格兰威特蒸馏公司被怀特马凯蒸馏者公司购买。
1974年	朗罗（Lonrho）集团购买了怀特马凯。
1988年	朗罗出售给布伦特·沃克集团。
1989年	游客中心开放。1990年美国品牌公司（American Brands Inc.）以1.6亿英镑购买了怀特马凯。
1996年	怀特马凯和金宾品牌合并成为JBB全球公司（JBB Worldwide）。
2001年	Kyndal Spirits从JBB全球公司购买了怀特马凯。
2002年	威士忌更名为费特肯。
2003年	Kyndal Spirits更名为怀特马凯。
2007年	联合酒业购买了怀特马凯。
2009年	发布了24年、30年和40年陈酿。
2010年	发布了费特肯Fior。
2012年	发布了费特肯Fasque。
2015年	皇胜集团（Emperador Inc）购买了怀特马凯。
2018年	发布了12年、28年、40年和50年陈酿。
2019年	为免税市场发布了12年PX雪莉桶陈酿。
2020年	发布了16年和22年陈酿。
2021年	发布了两批酒窖系列2。
2022年	发布了18年陈酿。
2023年	发布了酒窖系列14。
2024年	发布了200周年纪念系列。

费特肯12年品鉴笔记：

IR- 菠萝、香蕉和芒果的美妙组合，伴随着咖啡豆、腌制火腿和干花的味道。口感上依然保持果味，但同时也变得更加辛辣并带有麦芽味，最后带有一点薄荷的味道。

格兰纳里奇（Glenallachie）

[glen · alla · key]

所有者：格兰纳里奇蒸馏者公司
　　　　The Glenallachie Distillers Co.
地区/区域：斯佩塞
成立时间：1967 年
状态：活跃（vc）
产能：4 000 000 升
地址：Aberlour, Banffshire AB38 9LR
电话：01236 422120

2017 年，比利·沃克（Billy Walker）从保乐力加手中收购了格兰纳里奇酒厂，并任命理查德·比提（Richard Beattie）为酒厂经理。2024 年 5 月，比提离开了格兰纳里奇，前往日本的北海道，协助 Cedarfield 公司建设一个有望成为日本规模最大的威士忌酒厂。在过去的 7 年里，沃克、比提和团队其他成员成功地将格兰纳里奇从一个为调和酒生产麦芽酒的蒸馏厂转变为一个独立的品牌。成功的部分原因归功于比利·沃克作为调配师的专业技能——这些是他在威士忌行业积累多年获得的技能。尤其是在他拥有和管理本利亚克（Benriach）、格兰多纳（Glendronach）和格兰格拉索（Glenglassaugh）期间。

当保乐力加在 1989 年收购格兰纳里奇时，酒厂的主要任务是生产麦芽威士忌，作为金鹰堡（Clan Campbell）调和威士忌不可或缺的一部分。这种调和威士忌创建于 20 世纪 30 年代，1984 年引入法国市场，目前是法国最受欢迎的威士忌之一。2023 年，斯托克烈酒集团（Stock Spirits）收购了金鹰堡（Clan Campbell）威士忌，并计划在因弗雷里（Inveraray）附近建造一个专用的麦芽威士忌酒厂。

格兰纳里奇配备了一个 9.4 吨的半过滤糖化锅和 8 个不锈钢发酵槽，发酵时间为 160 ~ 164 小时，也曾尝试过更长的发酵时间。此外，还有两对蒸馏器。2024 年的产量为每周 5 次糖化，纯酒精产量约为 1 000 000 升，其中 10% 作为重度泥煤味。

核心产品系列最近经过更新，现在包括 10 年、12 年、15 年、18 年、21 年和 30 年陈酿。其中三款（10 年、21 年和 30 年）是以批次强度装瓶的。最近的限量发行包括三款 9 年陈酿，分别在菲诺雪莉桶、阿蒙提亚多雪莉桶和欧罗索雪莉桶中完成陈酿。2023 年秋季，以麦克托尔（Inveraray）为名推出了一系列泥煤威士忌，包括雪莉 5 年陈酿、清泉（The Chingquapin）5 年陈酿和涡轮增压（The Turbo）5 年陈酿。格兰纳里奇还生产一种名为迈尔烟囱（MacNair's Lum Reek）的调和麦芽威士忌，以及调和威士忌白希瑟（White Heather）。

历史：

1967 年	酒厂由苏格兰及纽卡斯尔酿酒有限公司（Scottish & Newcastle Breweries Ltd.）的子公司麦金利 - 麦克弗森公司（Mackinlay, McPherson & Co.）创立，建筑师为威廉·德尔梅·埃文斯（William Delmé Evans）。
1985 年	苏格兰及纽卡斯尔酿酒有限公司将查尔斯麦金利有限公司（Charles Mackinlay Ltd.）出售给因弗高登酿酒厂（Invergordon Distillers），后者收购了格兰纳里奇和吉拉（Isle of Jura）。
1987 年	酒厂停产。
1989 年	坎贝尔酿酒厂（保乐力加）购买了酒厂，将蒸馏器数量从 2 个增加到 4 个，并重新开始生产。
2005 年	多年来首次官方装瓶是一款 1989 年的桶强版。
2017 年	发布了格兰纳里奇酒厂版，并将其出售给格兰纳里奇财团。
2018 年	发布了一系列单桶威士忌，随后推出了包括 12 年、18 年和 25 年陈酿的核心产品系列。
2019 年	发布了一系列过桶版，以及一款 15 年的核心装瓶。同时开设了访客中心。
2020 年	发布了一款 21 年的桶强和三种新的木桶过桶：黑麦（rye）、波特（port）和麝香葡萄酒（moscatel）桶。
2021 年	发布了一款 30 年的桶强和葡萄酒桶过桶系列。
2022 年	发布了 50 周年三部曲（The 50th Anniversary Trilogy），以及 2012 Cuvée 过桶。
2023 年	引入了泥煤味的麦克托尔（Meikle Tòir）系列。
2024 年	核心产品系列经过更新。

格兰纳里奇 12 年品鉴笔记：

IR- 闻香时有烤苹果、杏仁和奶油的香气，伴随着柠檬皮和松针的味道。口感丰富而活泼，带有甜香料、姜、香蕉、甘草、葡萄干和一丝胡椒的味道。

12 年陈酿

格兰伯奇（Glenburgie）

[glen · bur · gee]

所有者：芝华士兄弟（保乐力加）
　　　　Chivas Brothers（Pernod Ricard）
地区/区域：斯佩塞
成立时间：1810年
状态：活跃
产能：4 250 000 升
地址：Glenburgie, Forres, Morayshire IV36 2QY
电话：01343 850258

至少从20世纪20年代末开始，格兰伯奇单一麦芽威士忌就与百龄坛（Ballantine）调和苏格兰威士忌紧密相关。这两个品牌之间的联系可以归功于苏格兰威士忌行业中影响最大的人物之一——吉米·巴克莱（Jimmy Barclay）。

巴克莱在本利林（Benrinnes）开始了他的职业生涯，1909年他搬到格拉斯哥与彼得·麦基（Peter Mackie）共事——白马（White Horse）的创造者和乐加维林（Lagavulin）的所有者。10年后，他与RA麦金利（RA McKinlay）一起从家族手中收购了百龄坛。时机非常糟糕，因为几个月后美国就开始实施禁酒令。然而，巴克莱是一个真正的企业家，很快就看到了通过加拿大和西印度群岛将威士忌非法进入美国市场的方法。他与杰克·克林德勒（Jack Kriendler）和查理·伯恩斯（Charlie Berns）合作，他们是纽约几家非法酒吧的所有者，也是后来传奇的21俱乐部（21 Club）的创始人。当1933年废除禁酒令时，百龄坛已成为威士忌酒客心目中的优质品牌。

巴克莱和麦金利在1935年将百龄坛品牌出售给了海勒姆·沃克（Hiram Walker）公司，但继续在该公司工作。几年后，巴克莱转而与芝华士兄弟合作，将另一个调和威士忌品牌——芝华士，打造成一个全球性的超级品牌。百龄坛是全球销量第二的调和苏格兰威士忌，仅次于尊尼获加（Johnnie Walker），在2023年达到了9 800万瓶的销量。它也是一个倾向于创新的品牌。2013年推出了加入青柠味的百龄坛巴西版，随后又推出了热带水果和樱桃口味的版本。2021年，在西班牙推出了酒精度为20%的百龄坛轻怡版（Ballantine's Light）。

格兰伯奇配备了一个7.5吨的全过滤糖化锅（带有铜制圆顶），12个不锈钢发酵槽，发酵时间为52小时，还有三对大型蒸馏器，具有直式林恩臂。

有三款官方装瓶——12年、15年和18年陈酿。在酒厂珍藏系列（The Distillery Reserve Collection）中，还有一款17年的桶强版，可在芝华士的游客中心找到。

历史：

1810年 威廉·保罗（William Paul）创立了Kilnflat酒厂。官方生产始于1829年。
1870年 Kilnflat酒厂关闭。
1878年 酒厂以格兰伯奇-格兰威特（Glenburgic Glenlivet）的名字重新开放，查尔斯·海（Charles Hay）是许可证持有者。
1884年 亚历山大·弗雷泽公司（Alexander Fraser & Co.）接管。
1925年 亚历山大·弗雷泽公司申请破产，唐纳德·穆斯塔德（Donald Mustad）接管运营。
1927年 詹姆斯和乔治·斯塔达特有限公司（James & George Stodart Ltd, 1922年以来由詹姆斯·巴克莱James Barclay和RA麦金利拥有）购买了这家当时不活跃的酒厂。
1930年 海勒姆·沃克（Hiram Walker）购买了詹姆斯和乔治·斯塔达特有限公司60%的股份。
1936年 海勒姆·沃克在10月购买了格兰伯奇酒厂。生产重启。
1958年 安装了洛蒙德蒸馏器，生产单一麦芽威士忌格兰克雷格（Glencraig）。停止地板发麦。
1981年 洛蒙德蒸馏器被传统蒸馏器取代。
1987年 同盟利昂（Allied Lyons）收购了海勒姆·沃克公司。
2002年 发布了15年陈酿。
2004年 进行了价值430万英镑的翻新和重建。
2005年 通过收购联合多美（Allied Domecq），芝华士兄弟（保乐力加）成为新所有者。
2006年 5月，蒸馏器数量从4个增加到6个。
2017年 发布了15年陈酿。
2019年 发布了18年陈酿。

15年陈酿

格兰伯奇15年品鉴笔记：

IR- 闻香时果香浓郁，带有梨子、苹果派、蜂蜜、杏仁糖和烤坚果的香气。口感展现出热带水果、白巧克力、果酱、香草和焦糖的味道。

格兰卡登（Glencadam）

[glen・ka・dam]

所有者：奥歌诗丹迪蒸馏者公司
　　　　Angus Dundee Distillers
地区/区域：东高地
成立时间：1825 年
状态：活跃
产能：1 300 000 升
地址：Brechin, Angus DD9 7PA
电话：01356 622217

历史：

1825 年	乔治・库珀（George Cooper）创立了这家酒厂。
1827 年	大卫・斯科特（David Scott）接管。
1837 年	大卫・斯科特出售了酒厂。
1852 年	亚历山大・米尔恩・汤普森（Alexander Miln Thompson）成为所有者。
1857 年	格兰卡登酒厂公司成立。
1891 年	吉尔莫・汤普森有限公司（Gilmour, Thompson & Co Ltd）接管。
1954 年	海勒姆・沃克（Hiram Walker）接管。
1959 年	酒厂翻新。
1987 年	同盟利昂（Allied Lyons）收购海勒姆・沃克古和德里姆 & 沃茨（Hiram Walker Gooderham & Worts.）。
1994 年	同盟利昂更名为联合多美（Allied Domecq）。
2000 年	酒厂停产。
2003 年	联合多美将酒厂出售给奥歌诗丹迪集团。
2005 年	新所有者发布了 15 年陈酿。
2008 年	重新调配的 15 年陈酿和新的 10 年陈酿被引入市场。
2009 年	限量发布了 25 年和 30 年陈酿。
2010 年	发布了 12 年波特桶过桶、14 年雪莉桶过桶、21 年陈酿和 32 年陈酿。
2012 年	发布了 30 年陈酿。
2015 年	发布了 25 年陈酿。
2016 年	发布了经典 1825、17 年波特桶过桶、19 年欧罗索桶过桶、18 年陈酿和 25 年陈酿。
2017 年	发布了 13 年陈酿。
2019 年	15 年陈酿重返产品线，发布了 25 年陈酿的第二批。
2020 年	发布了安达卢西亚珍藏（Reserva Andalucia）。
2022 年	发布了美国橡木桶（American Oak）系列。
2023 年	18 年陈酿再次推出，限量发布了 15 年欧罗索桶过桶。

在苏格兰只剩下几家大型家族拥有的威士忌公司。威廉・格兰特（William Grant）显然是第一个，其次是伊恩・麦克劳德（Ian Macleod）、奥歌诗丹迪（Angus Dundee）以及拥有高登 & 麦克菲尔（Gordon & MacPhail）和两家酒厂的厄克特家族（Urquhart family）。

奥歌诗丹迪蒸馏者公司自 1988 年成立以来，始终保持着低调的形象。他们掌管着格兰卡登和托明多（Tomintoul）两家酒厂，同时也是散装威士忌行业中的佼佼者。此外，他们目前正在中国建造一家酿酒厂。公司由业内资深人士特伦斯・希尔曼（Terence Hillman）创立，多年来一直由他的子女亚伦（Aaron）和塔尼娅（Tania）负责管理。去年，公司实现了税前利润 3 100 万英镑的营收。顺便一提，2023 年底，奥歌诗丹迪从著名歌手鲍勃・迪伦（Bob Dylan）手中买下了位于凯恩戈姆山（Cairngorms）的奥特摩尔庄园（Aultmore Estate）。

格兰卡登是位于阿伯丁（Aberdeen）和邓迪（Dundee）之间东海岸上为数不多仍在运营的蒸馏厂之一。为庆祝成立 200 周年，该酒厂将于 2025 年开放期待已久的游客中心。2021 年重新安装的一个历史悠久的水车（直径 4.3 米），也将成为游览旅程的一部分。设备包括一个传统的 5 吨不锈钢糖化锅、6 个不锈钢发酵槽，发酵时间为 52 小时，以及一对蒸馏器。在现场，可以找到两座建于 1825 年的棚式仓库、三座建于 20 世纪 50 年代的仓库和一座现代的架式仓库。酒厂目前每周运营 7 天，可以完成 16 次糖化，产量达 1 300 000 升纯酒精。酒厂老板还生产大量调和酒，并将它们一起装入酒厂旁边的 16 个巨大钢罐中。

核心产品系列包括经典 1825、安达卢西亚雪莉桶、美国橡木桶、10 年、13 年、15 年、18 年、21 年和 25 年陈酿。2023 年 7 月推出了一个限量系列的 5 款无年份桶强陈酿，包括 PX 雪莉桶、白波特桶（white port）、茶色波特桶（tawny port）、梅洛（merlot）和黑皮诺桶（pinot noir）陈酿；随后在 2024 年推出了马德拉桶、PX 桶和欧罗索桶陈酿，带有年份声明。

10 年陈酿

格兰卡登 10 年品鉴笔记：

GS- 闻香轻柔细腻，带有花香、糖水梨和软糖奶油的香气。中等酒体，口感平滑，带有柑橘类水果和轻微香料的橡木味。余味相当长且果香，带有一丝大麦的味道。

格兰多纳（GlenDronach）

[glen · dro · nack]

所有者：本利亚克酒厂有限公司（百富门）
　　　　Benriach Distillery Co (Brown Forman)
地区 / 区域：高地
成立时间：1826 年
状态：活跃（vc）
产能：2 000 000 升
地址：Forgue, Aberdeenshire AB54 6DB
电话：01466 730202

从阿伯丁（Aberdeen）向西北方向驱车大约一小时便可到达格兰多纳，向南 20 分钟便可到达离它最近的阿德摩尔（Ardmore）蒸馏厂。格兰多纳始建于 1826 年，但在最近 60 年的历史中却几经易主。这些所有者名单几乎囊括了历史上一些最知名的威士忌生产商，从 1960 年的教师（Teachers）开始，然后是联合多美（Allied Domecq）、保乐力加、比利·沃克（Billy Walker），最后是美国的百富门（Brown Forman）——杰克·丹尼（Jack Daniels）威士忌的所有者。尽管酒厂的所有权不稳定，但它似乎一直保持着作为高品质威士忌生产商的良好声誉。在 20 世纪 80—90 年代，该品牌因其主要在旧雪莉桶中陈酿的单一麦芽威士忌而为追随者们所熟知，现在依然如此。2022 年，格兰多纳共售出了 875 000 瓶。

这家蒸馏厂正在进行大规模扩建，最终目标是将产能翻一番。第一期工程包括安装新的麦芽进料口和储存箱，目前已经完工，第二期工程（安装糖化锅、更多的发酵槽和另一对蒸馏器）正在进行中，计划 2024 年底完成。

设备包括一个 3.7 吨的铸铁糖化锅，带有耙子；9 个由落叶松木制成的发酵槽，发酵时间为 50～65 小时；两个初馏器的林恩臂急剧下降，而再馏器的林恩臂角度则不那么明显。计划 2024 年每周将进行 28 次糖化，总产量达 1 950 000 升纯酒精。

核心产品线包括 12 年的经典（Original）、15 年的复兴（Revival）、18 年的阿拉迪斯（Allardice）和 21 年的国会（Parliament）。其中三款威士忌是在 PX 桶和欧罗索雪莉桶的混合陈酿，而那款 18 年陈酿则完全在欧罗索桶中熟成。最近的限量版发布包括第 11 版宏伟（Grandeur）28 年陈酿，以及新的桶强（Cask Strength）批次。最后，免税产品线包括 10 年的 Forgue（PX 桶和欧罗索桶）和 16 年的 Boynsmill（PX 桶、欧罗索桶和波特桶）。

历史：

1826 年	这家蒸馏厂由一个财团创立，其中之一的拥有者是詹姆斯·阿拉迪斯（James Allardes）。
1037 年	蒸馏厂的部分建筑在一场大火中被毁。
1852 年	来自第林可（Teaninich）的沃尔特·斯科特（Walter Scott）接管了蒸馏厂。
1887 年	沃尔特·斯科特去世，利斯（Leith）财团接管。
1920 年	查尔斯·格兰特（Charles Grant）以 9 000 英镑的价格购买了格兰多纳。
1960 年	威廉·蒂彻父子公司（William Teacher & Sons）购买了这家蒸馏厂。
1966 年	蒸馏器的数量增加到 4 个。
1976 年	联合酿酒厂（Allied Breweries）接管了威廉·蒂彻父子公司。
1996 年	蒸馏厂被暂时关闭。2002 年 5 月 14 日恢复生产。
2005 年	蒸馏厂关闭以从煤炭直接燃烧改造为蒸汽间接加热，并在 9 月重新开放。通过收购联合多美，芝华士兄弟（保乐力加）成为新的所有者。
2008 年	保乐力加将蒸馏厂卖给了本利亚克（BenRiach）蒸馏厂的所有者。
2009 年	重新推出 12 年、15 年和 18 年陈酿。
2010 年	发布了一款 31 年的单桶威士忌，1996 年的单桶威士忌，以及总共 11 个年份和 4 种木桶过桶的威士忌。游客中心开放。
2011 年	发布了 21 年的国会（Parliament）和 11 个年份版本。
2012 年	继续发布系列年份威士忌。
2013 年	发布了 44 年的 Recherché 和一些新年份的威士忌。
2014 年	发布了 9 个不同的单桶威士忌。
2015 年	发布了 8 年的希尔兰（Hielan）。
2016 年	百富门购买了蒸馏厂。发布了泥煤味的格兰多纳和经典八分之一桶（Octaves Classic）。
2017 年	发布了一系列新的单桶威士忌。
2018 年	发布了两款免税装瓶：10 年的 Forgue 和 16 年的 Boynsmill。
2019 年	发布了波特桶、传统泥煤和第 18 批木桶装瓶。
2021 年	发布了第九批桶强。
2022 年	发布了一款 50 年的威士忌。
2023 年	发布了第 12 批桶强。

格兰多纳 12 年品鉴笔记：

GS- 散发着新鲜出炉的圣诞蛋糕的甜美香气。口感顺滑，带有雪莉、柔和的橡木、水果、杏仁和香料的味道。余味相对干燥且带有坚果味，以苦巧克力结束。

经典 12 年陈酿

格兰杜兰（Glendullan）

[glen · dull · an]

所有者：帝亚吉欧
　　　　Diageo
地区 / 区域：斯佩塞
成立时间：1897 年
状态：活跃
产能：5 000 000 升
地址：Dufftown, Keith, Banffshire AB55 4DJ
电话：01340 822100

许多威士忌爱好者都知道这样一句话："罗马建立在 7 座山上，达夫镇则建立在 7 座蒸馏器上。"这个小镇曾经一度拥有 7 家蒸馏厂，确实令人惊叹。慕赫（Mortlach）最早在 1823 年成立，随后是格兰菲迪（Glenfiddich，1886 年）、百富（Balvenie，1892 年）、康法摩尔（Convalmore，1894 年）和帕克摩尔（Parkmore，1894 年），以及达夫镇（Dufftown，1896 年）。在第七家蒸馏厂格兰杜兰于 1897 年开业后，这句话应运而生。1897—1932 年，这里有 7 家蒸馏厂，但之后帕克摩尔关闭。随着皮蒂维克（Pittyvaich）的成立，又变成 7 家，但在 1985 年康法摩尔关闭后，又减少到了 6 家。最后一次可以应用 "7 座蒸馏器" 的说法的时期是 1990 年（奇富 Kininvie 开业）到 1993 年（皮蒂维克 Pittyvaich 关闭）。

直到 2007 年，格兰杜兰从未成为一个独立品牌，其麦芽威士忌仅用于所有者的调和酒。那一年，市场上出现了苏格登（Singleton），它是三种麦芽威士忌的合称，另外两种分别是格兰欧德（Glen Ord）和达夫镇（Dufftown）。不同蒸馏厂的名字至今仍会在标签上注明，格兰杜兰主要在美国推广。1896 年建成的原始蒸馏厂的一些遗迹至今仍清晰可见，但现在的工厂建于 1972 年。两家蒸馏厂并行生产了 13 年，直到 1985 年老厂关闭。

格兰杜兰配备了一个 12 吨的全过滤不锈钢糖化锅，8 个由落叶松制成的发酵槽，两个由不锈钢制成的发酵槽，发酵时间为 75 小时，以及三对蒸馏器。在 2024 年，蒸馏厂计划每周进行 21 次糖化，生产 5 000 000 升纯酒精。

核心产品线包括 12 年、15 年和 18 年的苏格登。苏格登珍藏系列包括经典版（Classic，美国橡木桶陈酿）、双重桶熟成版（Double Matured，美国和欧洲橡木桶陈酿后再调和）和大师艺术版（Master's Art，麝香葡萄酒桶过桶），这些是免税店专供。最近的限量版是一款 14 年陈酿，属于 2023 年特别发布（Special Releases）系列，在霞多丽白葡萄酒法国橡木桶（Chardonnay de Bourgogne French oak casks）过桶。

12 年陈酿

历史：

1896 年　威廉 · 威廉姆斯父子公司（William Williams & Sons），一家拥有三星（Three Stars）和斯特拉顿（Strahdon）等品牌的调和酒公司，创立了这家蒸馏厂。

1902 年　格兰杜兰被呈献给皇家宫廷（Royal Court），成为爱德华七世（Edward VII）最喜欢的威士忌。

1919 年　麦克唐纳 · 格林利斯（Macdonald Greenlees）购买了公司的一部分股份，成立了麦克唐纳 · 格林利斯与威廉姆斯蒸馏商（Macdonald Greenlees & Williams Distillers）。

1926 年　蒸馏者有限公司（DCL）购买了格兰杜兰。

1930 年　格兰杜兰被转让给苏格兰麦芽蒸馏者有限公司（SMD）。

1962 年　进行了大规模翻新和重建。

1972 年　在旧蒸馏厂旁边建造了一座全新的蒸馏厂，几年内两者同时运营。

1985 年　两个蒸馏厂中较老的一个被暂时关闭。

1995 年　格兰杜兰首次在珍稀麦芽系列（Rare Malts）中推出，是一款 1972 年的 22 年陈酿。

2005 年　在珍稀麦芽系列中推出了一款 1978 年份的 26 年陈酿。

2007 年　苏格登格兰杜兰在美国推出。

2013 年　苏格登格兰杜兰自由（Liberty）和三位一体（Trinity）作为免税版发布。

2014 年　发布了一款 38 年陈酿。

2015 年　发布了经典版、双重熟成版和大师艺术版。

2018 年　发布了遗忘之滴（Forgotten Drops）40 年陈酿。

2019 年　发布了权力的游戏系列中的图利家族（House of Tully），以及一款 41 年陈酿。

2021 年　发布了一款 19 年的白兰地桶过桶和一款 28 年的马德拉桶二次熟成。

2023 年　一款 14 年的霞多丽桶过桶成为 2023 年特别发布的一部分。

苏格登格兰杜兰 12 年品鉴笔记：

GS- 香气中带有辛辣味，伴随着脆糖、香草、新皮革和榛子的味道。口感平滑，辛辣与甜美交织，带有柑橘类水果、更多的香草和新鲜橡木的味道。余味干燥，令人愉悦的胡椒味。

格兰爱琴（Glen Elgin）

[glen el·gin]

所有者：帝亚吉欧
　　　　Diageo
地区 / 区域：斯佩塞
成立时间：1898 年
状态：活跃
产能：2 700 000 升
地址：Longmorn, Morayshire IV30 8SL
电话：01343 862100

　　帝亚吉欧是全球最大的烈酒生产商，也是苏格兰威士忌的霸主，占据全球市场 40% 的份额，在苏格兰拥有并经营着不少于 30 家麦芽威士忌酒厂。

　　虽然该公司在苏格兰威士忌领域的声誉和财富是建立在尊尼获加（Johnnie Walker）等调和威士忌的基础上，而且现在仍然如此，但多年来他们一直向威士忌爱好者提供多款单一麦芽威士忌，如经典麦芽（Classic Malts）、珍稀麦芽（Rare Malts）和特别发布（Special Releases）等系列迎合了爱好者的需求。格兰爱琴曾短暂出现在花鸟系列（Flora & Fauna）中，但在 2002 年，所有者决定创建由格兰爱琴、卡尔里拉（Caol Ila）、克里尼利基（Clynelish）和格兰欧德（Glen Ord）组成的隐藏麦芽（Hidden Malts）。这种情况持续了几年，但很快卡尔里拉出于对泥煤麦芽的需求，成为了一个独立的品牌。大约在同一时期，格兰欧德成为大获成功的苏格登（Singleton）系列的基础酒，该系列很快又纳入了达夫镇（Dufftown）和格兰杜兰（Glendullan）。具有独特蜡质感的克里尼利基对调和酒来说太重要了，以至于无法拥有自己的独立品牌，而格兰爱琴（另一个调配师的最爱）如今的销量仅为 40 000 瓶左右。在过去的几年里，由于进行了大量的整修工作，酒厂一直处于关闭状态；2 个蒸馏器被更换，2 个发酵槽和 6 个冷凝器中的 4 个正在改造，这些只是正在被改进的部分项目。

　　目前，这家蒸馏厂配备了一个 8.4 吨的 Steinhecker 全过滤糖化锅，9 个由落叶松制成的发酵罐（每个容量为 39 400 升）和 6 个小蒸馏器。蒸馏器连接到 6 个木制的冷凝器中，酒蒸气在其中被冷凝。当蒸馏厂再次开始生产时，最初是每周运行 5 天，进行 12 次糖化，然后逐步增加到每周 7 天生产，进行 16 次糖化。

　　格兰爱琴长期以来一直是调和威士忌白马（White Horse）的标志性麦芽酒，白马是全球十大最畅销的苏格兰威士忌之一。单一麦芽的官方装瓶是 12 年的，但 2017 年特别发布了限量版的 18 年陈酿，这款酒在酒窖欧洲橡木桶中熟成。

历史：

1898 年	格兰花格（Glenfarclas）的前经理威廉·辛普森（William Simpson）和银行家詹姆斯·卡莱（James Carle）创立了格兰爱琴。
1900 年	5 月开始生产，但仅仅 5 个月之后蒸馏厂就关闭了。
1901 年	蒸馏厂以 4 000 英镑的价格被拍卖给了格兰爱琴 – 格兰威特蒸馏厂公司（Glen Elgin-Glenlivet Distillery Co.），并被暂时关闭。
1906 年	葡萄酒生产商 J. J. 布兰奇公司（J. J. Blanche & Co.）以 7 000 英镑购买了蒸馏厂，生产恢复。
1929 年	J. J. 布兰奇去世，蒸馏厂再次被出售。
1930 年	苏格兰麦芽蒸馏者公司（SMD）购买了它，许可证转给了白马蒸馏厂。
1964 年	从 2 个蒸馏器扩展到 6 个，以及其他翻新工作。
1992 年	蒸馏厂关闭，进行翻新，安装新蒸馏器。
1995 年	9 月恢复生产。
2001 年	在花鸟（Flora & Fauna）系列中推出了 12 年的格兰爱琴。
2002 年	花鸟系列被隐藏麦芽取代。
2003 年	发布了一款 1971 年份的 32 年桶强威士忌。
2008 年	推出了一款 16 年的特别发布（Special Release）。
2009 年	发布了 1998 年份的经理之选（Manager's Choice）系列中单桶威士忌。
2017 年	作为特别发布的一部分，推出了一款 18 年的威士忌。

12 年陈酿

格兰爱琴 12 年品鉴笔记：

　　GS- 闻香时感受到丰富的水果雪莉、无花果和芬芳的香味。口感饱满、柔和、带有麦芽和蜂蜜的味道。余味悠长，略带香水味，伴随着辛辣的橡木香。

苏格兰麦芽威士忌蒸馏厂

格兰花格（Glenfarclas）

[glen・fark・lass]

所有者：J. & G. 格兰特
　　　　　J. & G. Grant
地区/区域：斯佩塞
成立时间：1836 年
状态：活跃（vc）
产能：3 500 000 升
地址：Ballindalloch, Banffshire AB37 9BD
电话：01807 500257

从前，蒸馏器的加热方式是通过在底部燃烧木材、煤炭、焦炭，或后来的煤粉燃烧器加热。现在这种方法已成为过去，很少使用。

如今，几乎所有的蒸馏厂都采用蒸汽加热技术，即通过内部的蒸汽盘管或蒸汽夹套加热初馏器和再馏器。这样做的好处是更容易控制热量，也更有可持续性。虽然一些新兴的手工蒸馏厂为了追求"老派风格"的烈酒而采用了直接加热初馏器，但除了格兰花格以外，格兰菲迪（Glenfiddich）和云顶（Springbank）一定程度上也在使用，其他所有老牌蒸馏厂都采用间接加热。

在 20 世纪 80 年代格兰花格也曾尝试使用过蒸汽盘管加热，但结果令人失望，他们很快又回到了直接加热初馏器的做法，沿用至今，尽管现在使用的是燃气。直接加热的初馏器中会产生美拉德反应，如果不加以控制，新酒就会受到糖化过程中烧焦的化合物的污染。为了控制这种效应，需要一个回旋链（翻酒器）在初馏器底部旋转，以去除堆积和烧焦的固体物质。

格兰花格作为经典的单一麦芽威士忌品牌，拥有众多爱好者。他们的威士忌，尤其是较老的版本，价格很有竞争力，这也许是因为家族经营，没有追求快速收益的股东。2022 年，该品牌的销量达到 250 万瓶，超过了高原骑士（Highland Park）和雅柏（Ardbeg）等其他知名单一麦芽威士忌。

这家蒸馏厂配备了苏格兰最大的 16.5 吨的半过滤糖化锅和 12 个不锈钢发酵槽，最短发酵时间为 60 小时（目前平均为 106 小时）。还有三对直火加热的蒸馏器。2024 年的目标是每周进行 12 次糖化，生产 2 900 000 升纯酒精。现场有多达 42 个堆垛式仓库。

格兰花格的核心产品线包括 8 年、10 年、12 年、15 年、21 年和 25 年陈酿，以及轻度雪莉风味的传承（Heritage）系列，这款酒没有年龄声明，还有 105 桶强（105 Cask Strength）系列，最近以 16 年陈酿的形式发布。还有一款 17 年的威士忌专门供应给美国、日本和瑞典市场。30 年和 40 年陈酿限量发售，但新版本定期推出。2022 年发布了一款 35 年陈酿，同年晚些时候，为了庆祝约翰·格兰特（John Grant，家族的第五代）在威士忌行业工作 50 年，发布了一款 50 年陈酿。还有计划推出一款 70 年陈酿——这将是格兰花格的首次——但目前尚不清楚这款酒是否会在 2024 年或之后上市。与英国分销商宝禄爵（Pol Roger）合作，2023 年 6 月发布了一款 20 年的波特桶瓶装威士忌（Port Pipe Decanter）。所有者还继续推出他们的家族桶（Family Casks）系列，年份从 1954 年到 2009 年不等。

历史：

1836 年　罗伯特·哈伊（Robert Hay）在自 1797 年以来的原址上创立了这家蒸馏厂。

1865 年　罗伯特·哈伊去世，约翰·格兰特（John Grant）和他的儿子乔治买下了蒸馏厂。他们将其租给了格兰威特蒸馏厂（The Glenlivet Distillery）的约翰·史密斯（John Smith）。

1870 年　约翰·史密斯辞职去创立克雷格摩尔（Cragganmore），J.&G. 格兰特有限公司接管了蒸馏厂。

1889 年　约翰·格兰特去世，乔治·格兰特（George Grant）接管。

1890 年　乔治·格兰特去世，他的遗孀埃尔西获得了许可证，儿子约翰和乔治控制了运营。

1895 年　约翰和乔治接管并成立了格兰花格－格兰威特蒸馏厂有限公司（The Glenfarclas-Glenlivet Distillery Co. Ltd），与声名狼藉的帕蒂森埃尔德公司（Pattison, Elder & Co.）合作。

1898 年　帕蒂森破产。蒸馏厂进行大规模改造后遇到财务问题，但通过抵押和向埃尔金的威士忌经纪人 R.I. 卡梅隆（R. I. Cameron）出售储存的威士忌而存活下来。

1914 年　约翰·格兰特因健康原因离开，乔治独自继续。

1948 年　格兰特家族庆祝蒸馏厂的 100 周年纪念，实际的周年纪念恰逢二战，因此晚了 9 年。

1949 年　老乔治·格兰特去世，他的儿子乔治·斯科特（George Scott）和约翰·彼得（John Peter）继承了蒸馏厂。

1960 年　蒸馏器从 2 个增加到 4 个。

1968 年　格兰花格首次推出桶强单一麦芽威士忌。后来被命名为格兰花格 105。
1972 年　停止地板发麦，改为集中购买麦芽。
1973 年　开放游客中心。
1976 年　从 4 个蒸馏器扩展到 6 个。
2002 年　乔治·S·格兰特去世，他的儿子约翰·L·S·格兰特（John L.S Grant）接任公司董事长。
2005 年　发布了一款 50 年陈酿，以纪念约翰·格兰特诞辰 200 周年。
2007 年　发布了家族桶系列（Family Casks），是一款连续 43 年推出的单一酒桶瓶装酒。
2008 年　家族桶系列有新发布。发布了格兰花格 105 系列 40 年陈酿。
2010 年　发布了 40 年陈酿和家族桶系列的新年份酒。
2011 年　发布了董事长精选（Chairman's Reserve）和 175 周年纪念版（175th Anniversary）。
2012 年　发布了 58 和 43 年陈酿。
2013 年　发布了专为免税店的 18 年和 25 年的四分之一桶。
2014 年　发布了 60 年和 1966 年份单桶菲诺雪莉桶。
2015 年　发布了 1956 年份雪莉桶（Sherry Cask）和家族珍藏（Family Reserve）。
2016 年　发布了 40 年、50 年陈酿，1981 年份的波特桶和 1986 年份的桶强。
2018 年　发布了 105 桶强的 22 年陈酿。
2019 年　发布了格兰花格三部曲（Glenfarclas Trilogy）。
2020 年　发布了宝塔红宝石珍藏（Pagoda Ruby Reserve）62 年和 63 年陈酿。
2021 年　发布了 185 周年纪念瓶和 35 年陈酿。
2022 年　发布了 50 年陈酿。
2024 年　发布了 105 桶强的 16 年陈酿。

格兰花格 10 年品鉴笔记：

GS- 闻香时感受到饱满且丰富的雪莉香气，带有坚果、水果蛋糕和一丝柑橘类水果的香气。口感宏大，带有成熟的水果、脆糖、一些泥煤和橡木的味道。余味中等长度，带有姜味。

105 桶强

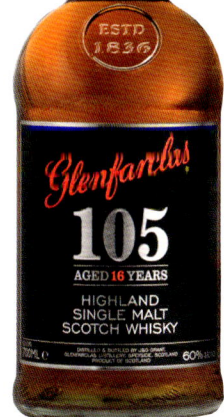
105 桶强
16 年陈酿

12 年陈酿

18 年陈酿　家族桶 1959

21 年陈酿

40 年陈酿

苏格兰麦芽威士忌蒸馏厂

格兰菲迪（Glenfiddich）

[glen · fidd · ick]

所有者：威廉·格兰特父子公司
　　　　William Grant & Sons
地区/区域：斯佩塞
成立时间：1886 年
状态：活跃（vc）
产能：21 000 000 万升
地址：Dufftown,Keith,Banffshire AB55 4DH
电话：01340 820373

2023 年，有 23 个苏格兰威士忌品牌的 9 升装销量超过了 100 万箱，但其中只有三个品牌的销量与前一年相比有所增长，其中有两个品牌属于威廉·格兰特父子公司（William Grant & Sons）。

他们的格兰特调和威士忌销量增长了 4.8%，而格兰菲迪单一麦芽威士忌销量增长了 6.2%，达到 2 000 万瓶。这使它超越了格兰威特，成为世界上销量最好的单一麦芽威士忌。威廉·格兰特父子公司是苏格兰迄今为止最大的家族式烈酒公司，其历史可以追溯到 19 世纪末，当时威廉·格兰特创立了格兰菲迪，后来又创立了百富。公司现任董事长格伦·戈登（Glenn Gordon）及其家族身价高达 56 亿英镑，自 2023 年以来增长了 10 亿英镑。这使得该家族成为苏格兰第二富有的家族。

2020 年 12 月完成大规模扩建后，格兰菲迪现在配备了 4 个不锈钢全过滤糖化锅——每个都有 10 吨的糖化能力。格兰菲迪不仅为新蒸馏器建造了一个高效的蒸馏间，还不遗余力地将其打造得美轮美奂。建筑的屋顶是装饰性的铜宝塔顶，花岗岩建筑群的楼梯通向一个巨大而华丽的玻璃入口。一进门，左侧是 6 个初馏器，对面是 10 个再馏器。到了建筑的后面，房间向左拐，又摆放了 12 个蒸馏器。现在共有 48 个用道格拉斯冷杉制成的发酵槽（40 000 升），发酵时间为 74 小时。蒸馏器的总数是 43 个；16 个初馏器（9 500 升）和 27 个再馏器（5 900 升），其中 15 个蒸馏器（位于旧的二号蒸馏器房）直接使用天然气加热。一个有趣的新项目于 2022 年完成，即在一台初馏器和两台再馏器上安装单独的接收器，能够在不干扰正常生产的情况下进行实验尝试。2024 年的计划是每周进行 105 次糖化，生产 21 000 000 升纯酒精。有传言称，这家蒸馏厂不久的将来会进行扩建。

核心产品线包括 12 年、15 年和 18 年的威士忌。还包括一个 12 年的阿蒙蒂亚桶（仅限中国台湾地区）、14 年的波本桶珍藏（美国、加拿大、法国和以色列限定）和 12 年三重橡木（法国限定）。另一个 Grand 系列，包括 21 年的 Grand Reserva、22 年的 Grand Cortez（亚洲限定）、23 年的 Grand Cru、26 年的 Grand Couronne、29 年的 Grand Yozakura 在旧阿瓦莫里桶中完成，以及在 2024 年 9 月发布的 31 年的 Grand Chateau。在时光系列（Time Series）中，我们可以找到 30 年、40 年和 50 年陈酿，实验系列（Experimental Series）包括 XX 项目（Project XX）、火藤（Fire & Cane）和果园实验（Orchard Experiment）。在最近的限量发布中，稀有系列（Rare Collection）已经停售，取而代之的是不同的单桶档案系列（Archive Collection）。2022 年秋季，为旅行零售推出的全新系列——永恒（Perpetual Collection），无年份声明的 Vat 01 和 Vat 02、15 年的 Vat 03 和 18 年的 Vat 04。

历史：

1886 年	威廉·格兰特创立了这家蒸馏厂。
1887 年	首个蒸馏过程在圣诞节进行。
1892 年	威廉·格兰特建造了百富（Balvenie）。
1898 年	帕蒂森（Pattisons）调和酒公司，格兰菲迪的最大客户，申请破产，格兰特决定自己生产调和威士忌，推出 Standfast，并迅速成为他们的主要品牌之一。
1903 年	威廉·格兰特父子公司成立。
1957 年	引入了著名的三角形瓶子。
1958 年	关闭地板发麦。
1963 年	格兰菲迪成为首个在英国和世界其他地区作为单一麦芽威士忌市场推广的品牌。
1964 年	为格兰菲迪推出了 Standfast 三角形瓶子改进版的绿色玻璃版本。
1969 年	格兰菲迪成为苏格兰首个开设游客中心的蒸馏厂。
1974 年	安装了 16 个新的蒸馏器。
2001 年	发布了 1965 限量版酒窖珍藏系列（1965 Vintage Reserve，480 瓶）。格兰菲迪 1937 装瓶（61 瓶）。
2002 年	发布了格兰菲迪 21 年的 Gran Reserva、12 年的 Caoran Reserve 和 1937 稀有（61 瓶）。
2003 年	发布了 1973 Vintage Reserve（440 瓶）。
2004 年	发布了 1991 Vintage Reserve（13 年）和 1972 Vintage Reserve（519 瓶）。
2006 年	发布了 1973 Vintage Reserve（33 年陈酿，861 瓶）和 12 年陈酿的烤橡木桶威士忌。
2007 年	发布了 1976 Vintage Reserve 31 年陈酿。
2008 年	发布了 1977 Vintage Reserve。
2009 年	发布了 50 年的威士忌。

2010 年	发布了浓郁橡木（Rich Oak）、1978 Vintage Reserve、第六版 40 年的雪凤凰（Snow Phoenix）。
2011 年	发布了 1974 Vintage Reserve 和 19 年的马德拉桶过桶。
2012 年	发布了 Cask of Dreams 和 Millennium Vintage。
2013 年	发布了 19 年的红酒桶过桶和 1987 年周年 Vintage。Cask Collection 为免税店发布。
2014 年	发布了 26 年的格兰菲迪卓越（Glenfiddich Excellence）、25 年的珍稀木桶（Rare Oak）和格兰菲迪起源（Glenfiddich The Original）。
2015 年	发布了针对美国市场的 14 年陈酿。
2016 年	为旅行零售发布了最佳索莱拉（Finest Solera）。实验系列中推出了 XX 项目（Project XX）和 IPA 实验（IPA Experiment）。
2017 年	发布了冬季风暴（Winter Storm）。
2018 年	发布了火藤（Fire & Cane）。
2019 年	发布了 23 年的 Grand Cru 和 Rare Collection Cask No.20050。
2020 年	发布了 22 年的 Gran Cortes、26 年的 Grande Couronne 和两款 1975 年的年份酒。蒸馏厂产能翻倍。
2022 年	发布了苹果酒桶过桶的果园实验系列和永恒系列。
2023 年	发布了 29 年的 Grand Yozakura。
2024 年	发布了 31 年的 Grand Chateau 和档案系列。

格兰菲迪 12 年品鉴笔记：

GS- 闻香时感受到精致花香和轻微的水果香。口感温和，带有麦芽香，优雅且柔和。丰富的水果风味主导着口腔，随着坚果味的发展和隐约的泥煤烟香在芬芳的余味中若隐若现。

XX 项目　　　果园实验　　　永恒 Vat 01

Grand Chatesu　　Grand Yozakura
31 年陈酿　　　　29 年陈酿

Our Original 12　　Our Solera 15　　Our Small Batch 18

苏格兰麦芽威士忌总蒸馏厂

格兰盖瑞（Glen Garioch）

[glen gee·ree]

所有者：三得利全球烈酒
　　　　Suntory Global Spirits
地区 / 区域：东部高地
成立时间：1797 年
状态：活跃（vc）
产能：1 500 000 升
地址：Oldmeldrum, Inverurie, Aberdeenshire AB51 0ES
电话：01651 873450

2014 年，三得利控股（Suntory Holdings）收购了美国金宾公司（Beam Inc），新公司宾三得利（Beam Suntory）成为继帝亚吉欧和保乐力加之后的世界第三大烈酒生产商。新公司拥有苏格兰 5 家麦芽蒸馏厂的所有权。其中三家，即欧肯特轩（Auchentoshan）、波摩（Bowmore）和格兰盖瑞（Glen Garioch），自 1994 年以来就一直由三得利控制，而阿德摩尔（Ardmore）和拉弗格（Laphroaig）则是从美国金宾方面纳入新的集团。合并 10 年后（2024 年 5 月），宾三得利宣布将更名为三得利全球烈酒（Suntory Global Spirits）。这多少透露了谁在发号施令，尽管金宾（Jim Beam）仍然是世界上销量最高的波本威士忌。

在过去三年里，日本所有者对他们在苏格兰的蒸馏厂特别感兴趣，试图复兴一种古老的单一麦芽风格，品尝半个世纪前的味道。这包括延长发酵时间、尝试使用不同类型的酵母，以及在格兰盖瑞重新使用直火加热的初馏器和地板发麦。这种"复古未来派"的做法在新的小型酿酒厂非常常见，但这是第一次有全球性的蒸馏厂走上这条道路。

格兰盖瑞配备了一个 4 吨的全过滤糖化锅，9 个不锈钢发酵槽，平均发酵时间为 72 小时，一个直火加热的初馏器和一个再馏器。这两个蒸馏器拥有业内最陡峭的下降林恩臂，回流极少。加上清澈的麦汁，试图酿造出一种浓郁而果香型的新酒。2024 年，计划每周进行 19 次糖化，生产 1 300 000 升纯酒精。2024 年 2 月，蒸馏厂首次尝试 100% 使用自家地板发麦的麦芽进行蒸馏。

核心产品线是 1797 创始人珍藏（Founder's Reserve）和 12 年的威士忌。最近的限量表达包括处女橡木（Virgin Oak）、文艺复兴系列（Renaissance Collection）、美国三部曲（American Trilogy）和一些年份单桶。最新的一款于 2023 年 5 月发布，是 1979 年单桶的 44 年陈酿，仅在蒸馏厂有售。

历史：

1797 年	约翰·曼森（John Manson）创立了这家蒸馏厂。
1798 年	托马斯·辛普森（Thomas Simpson）成为许可证持有者。
1825 年	英格拉姆与兰姆公司（Ingram, Lamb & Co.）成为新所有者。
1837 年	约翰·曼森公司购买了蒸馏厂。
1884 年	蒸馏厂被卖给了 J.G. 汤姆森公司（J. G. Thomson & Co.）。1908 年威廉·桑德森（William Sanderson）购买了蒸馏厂。
1933 年	桑德森父子公司（Sanderson & Son）与金酒制造商布斯蒸馏有限公司（Booth's Distilleries Ltd.）合并。
1937 年	布斯蒸馏有限公司被蒸馏者有限公司（DCL）收购。
1968 年	格兰盖瑞停产。1970 年被卖给了斯坦利 P. 莫里森有限公司（Stanley P. Morrison Ltd.）。
1973 年	生产再次开始。
1978 年	蒸馏器从两个增加到三个。
1994 年	三得利控制了莫里森鲍摩尔蒸馏公司的全部股份。
1995 年	10 月蒸馏厂被暂时关闭。
1997 年	蒸馏厂在 8 月重新开放，从那时起，开始使用无烟麦芽。
2004 年	发布了 46 年的格兰盖瑞。
2005 年	发布了 15 年的波尔多桶过桶。10 月开设了游客中心。
2006 年	发布了 8 年陈酿。
2009 年	产品线全面翻新，发布了 1979 创始人珍藏（未陈年）、12 年、1978 年和 1990 年的年份酒。
2010 年	发布了 1991 年的年份酒。
2011 年	发布了 1986 年和 1994 年的年份酒。
2012 年	发布了 1995 年和 1997 年的年份酒。
2013 年	发布了处女橡木、1999 年的年份酒和 11 个单桶。
2014 年	发布了文艺复兴系列 15 年。
2018 年	发布了文艺复兴系列的第四部也是最后一部。
2021 年	重新安装了地板发麦。
2023 年	发布了 44 年的单桶。

格兰盖瑞 12 年品鉴笔记：

GS- 闻香时感觉多汁且甜美，有桃子和菠萝的香气，伴随着香草、麦芽和一丝雪莉酒的味道。口感饱满且质地良好，口腔中有更多的新鲜水果味，伴随着香料、脆糖，最后是干涩的橡木味。

12 年陈酿

倾听威士忌之声

我对威士忌的看法

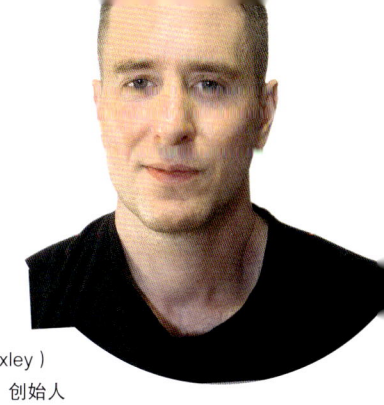

杰夫·奥克斯利（Geoff Oxley）
威士忌品鉴频道"G Whisky"创始人

您认为目前哪种类别或风格的威士忌被低估或忽视了？

我希望苏格兰威士忌能更多地使用巧克力麦芽。我认为，如果说有什么问题的话，那就是蒸馏器忽视了巧克力麦芽。这是一种非常规的、复杂的工艺，但却能为我们带来一些真正有趣而独特的风味。我试过的巧克力麦芽威士忌的数量屈指可数，但我非常喜欢其中的一些。

您认为威士忌生产商在与消费者互动时，有时会忽略什么？

大型蒸馏厂在透明度方面做得很差，这对大多数爱好者已经是老生常谈了。新的生产商明白这一点，我想大品牌也明白，只是他们的手脚被束缚了。但是，是的，要有更多的透明度。另外，如果您打算每年推出800款特别版，也不要因此而放弃核心产品系列的一致性。核心产品系列才能赢得长期粉丝的青睐。

对于刚进入威士忌世界的新手，您有哪三大建议？

1. 在开始这个爱好之前，先成为一个富有且成功的千万富翁（这是我的一大遗憾）。
2. 谨防炒作和错失恐惧症（FOMO），您不可能尝试一切。
3. 威士忌朋友必不可少。如果您还没有一些与您有共同爱好的朋友，您可以加入团体、俱乐部等，这有助于您尝试更多的威士忌、交流想法、分享酒瓶。此外，这样做还会更有趣。

您认为"世界其他地区"的新威士忌是否能够挑战苏格兰威士忌作为一个类别，如果可以，以什么方式？

我认为他们能够并且将会挑战苏格兰威士忌。到目前为止，苏格兰威士忌仍然是我的真爱，我认为它仍有很多优势。苏格兰拥有丰富的酿酒经验、众多的蒸馏厂，以及非常适合威士忌生产的地理或"风土"条件。不过，国际蒸馏商可以更多地尝试新生产技术，因为他们不受苏格兰威士忌协会（SWA）的束缚。此外，我认为有很多充满热情和渴望的人正在投资和开展国际威士忌项目。他们的一些产品已经能够与苏格兰威士忌的质量相媲美，而且还会有更多的品牌出现。

近年来威士忌的价格迅速上涨，高端化已成为生产商之间的流行词。您对此有何感受，未来会怎样？

我对此有何感受？糟透了。未来会怎样发展？会有更多高端化趋势吗？也许会吧？

对于您来说，在评价来自不同生产商的威士忌时，他们的道德标准占据着怎样的重要性？

自然，如果威士忌生产过程环保、支持当地社区或与某些公益事业合作，那就更好了。但老实说，如果威士忌本身品质上乘，我不会太在意——这只是锦上添花而已。打个比方，如果欧本威士忌是在极其不道德的条件下生产的，我可能还是会买。当然，我肯定会稍微犹豫一下，毕竟我也不是铁石心肠。

您个人的威士忌偏好多年来有何变化？现在您在寻找什么？

我认为我的经历相当典型。起初，我追求的是浓烈的风味，一切都必须是重泥煤、重雪莉、桶强等。最终，我开始更多地欣赏威士忌的细腻和微妙。就在那时，我开始品尝更陈年的威士忌，也不再完全否定酒精度不超过46%的酒。我仍然喜欢浓郁的风味，但现在许多更精致、更柔和、更老的威士忌更适合我。工艺精湛、品质优良的威士忌有自己的特色。很明显，它需要有"适合我"的特色。说起来容易做起来难，我是个挑剔的小鬼。我更倾向于沿海地区的口味。我是泰斯卡（Talisker）、欧本（Oban）、艾德麦康（Ardnamurchan）等品牌的忠实粉丝。许多西高地和岛屿产区的威士忌我也很喜欢。还有一个不太知名的地方，叫坎贝尔镇（Campbeltown），那里的威士忌也不错。

随着新一代越来越多地选择无酒精和低酒精饮料，您是否认为威士忌有失宠的危险？

是的，它有可能暂时失宠。在短期内，这肯定会让发烧友们烦恼，因为随着需求的减少，品种和供应量可能会减少。但我认为（也许是天真地认为）这最终会对整个行业有所帮助。我们希望生产商能够约束自己，专注于那些制作精良、真诚、优质的产品，并且摒弃那些花哨的营销手段。在我看来，市面上有很多新品发布是毫无意义的，甚至是愚蠢的。我不会指名道姓（比如雅柏 Ardbeg），但现在确实有很多产品（如深渊 The Abyss）过于荒谬。我尽量避免愤世嫉俗，但不可否认，当前行业中存在很多自满、花哨和过度的现象。

全球绝大多数威士忌消费者并不寻求新的体验，而是更愿意坚持他们最喜欢的品牌。那么，对于生产商和威士忌的未来而言，较小的威士忌爱好者社群有多重要呢？

我认为，我们的工作有助于防止行业停滞不前。我相信，不断地抱怨和不断地提出要求会有结果。看看那些新成立的蒸馏厂，几乎所有的酒厂都为我们带来了精酿威士忌，并提供了前所未有的行业透明度。新品牌的努力将塑造威士忌的未来。老品牌可以忽视我们，安于现状，但新品牌需要我们。他们还不为人所知，因此他们的消费群体不是普通消费者，而是我们这些爱好者。这意味着，在未来，当这些品牌成为行业巨头时——其中一些已经开始崭露头角——它们将秉承透明和自然的传统。

苏格兰麦芽威士忌蒸馏厂

格兰格拉索（Glenglassaugh）

[glen・gla・ssa]

所有者：格兰格拉索蒸馏厂有限公司（本利亚克蒸馏厂有限公司）Glenglassaugh Distillery Co.（BenRiach Distillery Co.）
地区/区域：高地
成立时间：1875 年
状态：活跃（vc）
产能：1 100 000 升
地址：Portsoy, Banffshire AB45 2SQ
电话：01261 842367

格兰格拉索蒸馏厂的历史显然与苏格兰威士忌的兴衰同步。大约在 19 世纪末，它在威士忌的第一个黄金时代开业。当时调和威士忌已成为一种时尚，格兰格拉索的麦芽威士忌也被用于生产教师（Teachers）等著名品牌。后来，由于两次世界大战和美国的禁酒令，苏格兰威士忌的销售放缓，酒厂关闭了近 50 年。1960 年重新开放时，苏格兰威士忌行业正处于第二个黄金时代。调和威士忌依然主导市场，格兰格拉索的威士忌也出现在 Famous Grouse 和 Cutty Sark 等品牌中。20 世纪 80 年代中期，市场萎缩，格兰格拉索不得不再次关闭。22 年后，新的所有者重新启用了蒸馏厂，但 5 年后又将其出售。2016 年，现任所有者百富门接管了蒸馏厂。至于格兰格拉索是否会像其姊妹品牌格兰多纳（Glendronach）和本利亚克（Benriach）那样，成为更广泛威士忌爱好者所认可的品牌，还有待观察。如今，它的年销量仅为 65 000 瓶左右。不过，这些数字很可能会增加，因为直到 2023 年，该品牌才推出了包含陈年威士忌的综合核心系列。

这家蒸馏厂的设备包括一个 5.2 吨带有耙子的铸铁糖化锅，4 个木制发酵槽和两个不锈钢发酵槽，发酵时间为 54~80 小时。有一对蒸馏器，酒头切取时间为 20 分钟，酒精含量 61% 时开始切取酒心部分。2024 年的产量将达到约 620 000 升纯酒精，其中包括 50 000 升泥煤威士忌（30ppm）。

核心产品线以一款在波本桶、雪莉桶和红酒桶中陈酿的 12 年威士忌为首。还有两款没有年份声明的酒款：桑登德（Sandend）（在波本桶和曼萨尼亚雪莉桶中陈酿），波特索伊（Portosy）（雪莉、波本和波特桶混合陈酿）。2024 年 1 月，蛇纹石海岸酒桶系列（Serpentine Coastal Cask Collection）发布了三款单桶威士忌：一款 48 年的红酒巴里克桶陈酿，一款 49 年的波本桶陈酿和一款 51 年的欧罗索桶陈酿。

历史：

1873 年　詹姆斯・莫尔（James Moir）创立了这家蒸馏厂。
1887 年　亚历山大・莫里森（Alexander Morrison）开始进行翻新工作。
1892 年　莫里森将蒸馏厂卖给了罗伯逊和巴克斯特公司（Robertson & Baxter），他们又以 15 000 英镑的价格将其转卖给了高地蒸馏公司（Highland Distilleries Company）。
1908 年　蒸馏厂关闭。1931 年蒸馏厂重新开业。
1936 年　蒸馏厂再次关闭。1957 年进行了重建。
1960 年　蒸馏厂重新开业。1986 年被暂时关闭。
2005 年　发布了一款 22 年的威士忌。
2006 年　发布了三款限量版威士忌：19 年、38 年和 44 年陈酿。
2008 年　斯坎特集团（Scaent Group）以 500 万英镑收购了蒸馏厂，并发布了三款酒——21 年、30 年和 40 年陈酿。
2009 年　发布了新制酒和 6 个月的酒。
2010 年　一款 26 年的威士忌取代了 21 年的威士忌。
2011 年　发布了一款 35 年的威士忌和新所有者生产的第一款酒——3 年的威士忌。
2012 年　游客中心开幕，并发布了格兰格拉索复兴版（Glenglassaugh Revival）。
2013 年　本利亚克蒸馏厂有限公司（BenRiach Distillery Co.）购买了蒸馏厂，并发布了格兰格拉索进化版（Glenglassaugh Evolution）。
2014 年　发布了泥煤味的 Torfa，8 种不同的单桶威士忌，35 年和 41 年陈酿的 Massandra Connection。
2015 年　发布了第二批单桶威士忌。
2016 年　百富门（Brown Forman）购买了蒸馏厂，并发布了经典八分之一桶（Octaves Classic）和八分之一桶泥煤版（Octaves Peated）。
2017 年　发布了三种木桶过桶的威士忌。
2018 年　发布了珍稀木桶（Rare Cask）系列的第三批和八分之一桶（Octaves）的第二次发布。
2020 年　发布了沿海木桶（Coastal Casks）系列中的 10 款单桶威士忌。
2021 年　发布了一款 50 年的威士忌。
2023 年　引入了新的核心系列：12 年的 Sandend 和 Portsoy。
2024 年　发布了蛇纹石海岸酒桶系列。

格兰格拉索 12 年品鉴笔记：

IW- 闻起来像是新鲜成熟的水果，伴随着焦糖酱的香甜，当奶油糖果的香气出现时，整体风味变得更加诱人。口感轻柔，奶油糖果和焦糖的味道在口腔中逐渐展开。随后，软糖的风味加入，伴随着糖浆中煮熟的水果和一丝肉桂的香气，使得整体口感更加丰富和浓郁。

12 年陈酿

格兰哥尼（Glengoyne）

[glen · goyn]

所有者：伊恩·麦克劳德蒸馏者公司
Ian Macleod Distillers
地区 / 区域：南高地
成立时间：1833 年
状态：活跃（vc）
产能：1 200 000 升
地址：Dumgoyne by Killearn, Glasgow G63 9LB
电话：01360 550254

与人类从事的几乎所有生产活动一样，威士忌的生产过程中会产生或多或少有害的副产品，需要加以处理。

蒸馏车间的洗涤水，以及再蒸器排出的残渣酒糟（其中含有铜的残留物），通常需要专门的处理厂进行净化处理。格兰哥尼酒厂早在 2011 年就率先安装了人工湿地系统，这一创新举措随后也被诺克杜（Knockdhu）和汤马丁（Tomatin）等酒厂效仿。在这片精心打造的湿地中，种植了 15 000 株植物，包括芦苇、万寿菊以及另外 20 种植物，它们分布在 12 个池塘中。受污染的水流经这些池塘时，植物会吸收水中的杂质。经过三天的缓慢过滤，水流最终变得清澈，安全地重新汇入溪流，实现了自然净化与生态循环的完美结合。

格兰哥尼配备了一个 4 吨的半过滤糖化锅生产清澈的麦汁，以及 6 个俄勒冈松木发酵槽，发酵时间为 56 小时。在蒸馏器方面，有一个初馏器和两个再馏器的不寻常组合。蒸馏酒的前馏时间非常短（5 分钟），酒心切取区间在 75%～64%。2024 年的计划是每周进行 16 次糖化，生产 1 100 000 升纯酒精。雪莉桶的影响一直是格兰哥尼的特色，与赫雷斯的酒厂也保持长期的合作关系。然而在 2024 年 7 月，所有者大胆推出了两款新酒，分别在首次填充的波本桶和处女橡木桶中陈酿。其中一款是 10 年陈酿，属于核心系列，另一款是 24 年陈酿，属于限量版。

核心产品线包括 10 年、12 年、15 年、18 年、21 年、25 年、30 年的威士忌，以及新推出的 10 年白橡木（White Oak）。还有 2023 年发布的桶强（Cask Strength）系列的第十批次。最近的限量版包括铜茶壶（Teapot Dram）系列的第九批次和 24 年的白橡木。针对旅行零售市场发布时光精华（The Spirit of Time）系列，包括首填波本桶为主的 10 年陈酿、12 年的 PX 桶版（PX Cask Edition）和 26 年的欧罗索桶陈酿。

历史：

1833 年	埃德蒙斯通家族（Edmonstone family）以"溪之尾"（Burntoot Distilleries）的名字获得蒸馏厂的许可证。
1876 年	朗兄弟公司（Lang Brothers）购买蒸馏厂并将其更名为格兰吉恩（Glenguin）。
1905 年	更改为格兰哥尼。
1965 年	罗伯逊和巴克斯特公司（Robertson & Baxter）接管朗兄弟公司，并对蒸馏厂进行翻新。蒸馏器从两个增加到三个。
2001 年	发布了格兰哥尼苏格兰橡木桶过桶版（Glengoyne Scottish Oak Finish, 16 年）。
2003 年	伊恩·麦克劳德蒸馏有限公司（Ian MacLeod Distillers Ltd.）以 720 万英镑的价格从爱丁顿集团购买了蒸馏厂以及朗兄弟品牌。
2005 年	发布了 19 年、32 年和 37 年的桶强威士忌。
2006 年	发布了 9 款"之选"（Choices）系列：蒸馏师（Stillmen）、糖化工（Mashmen）和经理（Manager）。
2007 年	发布了新的 21 年版本、两个仓库管理员之选（Warehouse-men's Choice）、1972 年的年份酒和两个单桶威士忌。
2008 年	发布了 16 年的 Shiraz 桶过桶、三个单桶和 Heritage Gold。
2009 年	发布了 40 年、两个单桶和新的 12 年版本。
2010 年	发布了两个单桶，分别是 1987 年和 1997 年的年份酒。
2011 年	发布了 24 年的单桶威士忌。
2012 年	发布了 15 年和 18 年的威士忌，以及没有年份声明的桶强。
2013 年	发布了限量版 35 年的威士忌。
2014 年	发布了 25 年陈酿。
2018 年	为免税市场发布了新的产品线——橡木之魂（Cuartillo）、Balbaine、28 年和格兰哥尼 PX 桶过桶。
2019 年	发布了 Legacy。
2020 年	发布了 50 年的威士忌和 Legacy 第二章。
2022 年	为旅行零售市场发布了时光精华系列。
2024 年	发布了 10 年和 24 年的白橡木威士忌。

格兰哥尼 12 年品鉴笔记：

GS- 闻香时略带泥土气息，伴有坚果麦芽、成熟的苹果和一丝蜂蜜的味道。口感饱满且果味丰富，有牛奶巧克力、姜和香草的味道。余味中等长度，带有奶香味的咖啡和柔和的香料味。

12 年陈酿

格兰冠（Glen Grant）

[glen grant]

所有者：金巴利集团 Campari Group
地区 / 区域：斯佩塞
成立时间：1840 年
状态：活跃（vc）
产能：6 200 000 升
地址：Elgin Road, Rothes, Banffshire AB38 7BS
电话：01340 832118

苏格兰威士忌行业中有许多伟大的个性人物，但很少有人能与丹尼斯·马尔科姆（Dennis Malcolm）的成就相媲美。他出生在格兰冠蒸馏厂，1961 年，年仅 15 岁的他作为一名酿酒学徒开始了自己的职业生涯。

多年来，他曾在多家蒸馏厂工作，一度负责所有芝华士兄弟（Chivas Brothers）的蒸馏厂。2006 年，他回到格兰冠担任蒸馏厂经理，2016 年成为首席蒸馏师。同年，因其对苏格兰威士忌行业的贡献被授予大英帝国勋章（OBE）。2024 年 6 月，他在行业工作了 63 年后退休，由格雷格·斯塔布斯（Greig Stables）接任首席蒸馏师。

格兰冠一直是最大的品牌之一，至少从 20 世纪 60 年代开始，它在意大利市场取得了巨大成功。后来销量放缓，在 2022 年的销量排行榜中位列第 11 位，销售了 300 万瓶。

当您参观格兰冠时，一个突出的吸睛点是壮丽的少校花园。这个维多利亚式花园占地约 9 公顷，位于蒸馏厂后面的山谷中，拥有美丽的果园、草坪和花坛，由当时的所有者詹姆斯·格兰特少校（Major James Grant）于 1886 年创立。最近，所有者获得了在花园中建造温室和新游客中心的规划许可，计划于 2026 年初开放。

格兰冠蒸馏厂配备了一个 12.3 吨的半过滤糖化锅，10 个俄勒冈松木发酵槽，最低发酵时间为 48 小时，以及 4 对蒸馏器。初馏器的特点是它们在颈部底部有垂直的侧面，所有 8 个蒸馏器都装有净化器。2024 年的计划是每周糖化 24 次，持续 33 周，生产 4 000 000 升纯酒精。蒸馏厂在 2024 年夏季关闭了三个月，在初馏器上安装热蒸汽再压缩（TVR）系统以节省能源。2013 年，耗资 500 万英镑的高效装瓶车间正式投入使用，每小时可装瓶 12 000 瓶。在大型蒸馏酒厂中，格兰冠是唯一一家在现场装瓶的酒厂。

格兰冠的核心产品线包括无年份声明的雅铂瑞思（Arboralis，它在旧波本和旧雪莉桶中混合陈酿），一个 10 年，一个 12 年（在波本和雪莉桶中混合陈酿），一个 15 年批次原酒强度和一个 18 年的波本桶陈酿。2023 年，玻璃屋精选（Glasshouse Collection）新增了 21 年和 25 年的产品，以及 2025 年初的 30 年产品。格兰冠有史以来最老的官方装瓶出现在 2023 年秋季。为了向伊丽莎白二世女王及其在位 70 年致敬，发布了 7 瓶 70 年陈酿（酒精度为 55.5%）。第一个瓶装通过苏富比（Sotheby）拍卖，所得款项捐赠给了皇家苏格兰林业协会（Royal Scottish Forestry Society）。

历史：

1840 年	詹姆斯和约翰·格兰特（James and John Grant）兄弟，丹代莱斯（Dandelaith）蒸馏厂的经理，创立了这家蒸馏厂。
1861 年	蒸馏厂成为第一个安装电灯的蒸馏厂。
1864 年	约翰·格兰特去世。
1872 年	詹姆斯·格兰特去世，蒸馏厂由他的儿子詹姆斯·格兰特二世（詹姆斯·格兰特少校）继承。
1897 年	詹姆斯·格兰特少校决定在马路对面建造另一家蒸馏厂；它被命名为格兰冠第二蒸馏厂。
1902 年	格兰冠第二蒸馏厂被暂时关闭。
1931 年	格兰特少校去世，由他的孙子道格拉斯·麦凯萨克少校（Major Douglas Mackessack）继任。
1953 年	J.&J. 格兰特（J. & J. Grant）与经营格兰威特蒸馏厂的乔治 &J.G. 史密斯（George & J. G. Smith）合并，成立了格兰威特 & 格兰冠蒸馏厂有限公司。
1961 年	阿尔曼多·乔维内蒂（Armando Giovinetti）和道格拉斯·麦凯萨克（Douglas Mackessak）建立了友好合作关系，促使格兰冠成为意大利最畅销的麦芽威士忌。
1965 年	格兰冠第二蒸馏厂恢复生产，但更名为卡普多尼克（Caperdonich）。
1972 年	格兰威特 & 格兰冠蒸馏厂与希尔·汤普森公司（Hill Thompson & Co.）和朗摩 – 格兰威特有限公司（Longmorn-Glenlivet Ltd.）合并，形成了格兰威特蒸馏厂（Glenlivet Distillers）。
1973 年	蒸馏器从 4 个增加到 6 个。

- 1977 年　芝华士＆格兰威特集团（Chivas & Glenlivet Group，施格兰）购买了格兰冠蒸馏厂。蒸馏器数量从 6 个增加到 10 个。
- 2001 年　保乐力加和帝亚吉欧购买了施格兰的烈酒和葡萄酒业务，保乐力加收购了芝华士集团。
- 2006 年　金巴利（Campari）以 1.15 亿欧元购买了格兰冠。
- 2007 年　整个产品线重新推出。
- 2008 年　发布了两款限量版桶强威士忌：16 年和 27 年陈酿。
- 2009 年　发布了酒窖珍藏 1992（Cellar Reserve 1992）。
- 2010 年　发布了 170 周年纪念装瓶版。
- 2011 年　发布了 25 年的威士忌。
- 2012 年　发布了 19 年的酒厂珍藏版（Distillery Edition）。
- 2013 年　发布了 50 年传奇（Five Decades），并建立了装瓶厂。
- 2014 年　发布了 50 年陈酿和罗西斯版（Rothes Edition）10 年陈酿。
- 2015 年　发布了格兰冠 Fiodh。
- 2016 年　发布了 12 年和 18 年的威士忌，以及为旅行零售发布的 12 年非冷凝过滤的威士忌。
- 2018 年　为免税市场发布了 15 年的威士忌。
- 2020 年　发布了无年份声明的雅铂瑞思。
- 2021 年　发布了 60 年的丹尼斯·马尔科姆纪念（Dennis Malcolm Anniversary）装瓶版。
- 2023 年　21 年和 25 年的威士忌被加入核心产品线，并发布了 70 年的威士忌。

12 年陈酿　　　15 年陈酿　　　21 年陈酿

格兰冠 12 年品鉴笔记：

GS- 最初的闻香是一股新鲜的水果味——橙子、梨和柠檬，随后发展出杏草和软糖的味道。水果味在口中持续，伴随着蜂蜜、焦糖和甜香料。余味中等长度，带有肉桂和柔软的橡木味。

10 年陈酿　　　雅铂瑞思

苏格兰麦芽威士忌蒸馏厂

格兰盖尔（Glengyle）

[glen · gajl]

所有者：米切尔 & 格兰盖尔有限公司
　　　　Mitchell's Glengyle Ltd
地区/区域：坎贝尔镇
成立时间：2004 年
状态：活跃
产能：750 000 升
地址：Glengyle Road, Campbeltown, Argyll PA28 6LR
电话：01586 551710

坎贝尔镇（Campbeltown）曾是世界著名的威士忌之都，拥有 20 多家酿酒厂，但在 20 世纪的头几十年里却逐渐被人们遗忘。如今，至少有三家酿酒厂正在金泰尔（Kintyre）镇内或附近兴建。

在这一复兴之前的 20 年，云顶（Springbank）蒸馏厂的所有者海德利·赖特（Hedley Wright）和蒸馏厂经理弗兰克·麦克哈迪（Frank McHardy）决定将坎贝尔镇重新塑造为一个独立的威士忌产区。距离云顶几百米远的格兰盖尔（Glengyle，1925 年关闭）蒸馏厂旧址被重新装备，并在 2004 年再次开业。

蒸馏厂配备了一台 4.2 吨的半过滤糖化锅，两个由船用落叶松制成的发酵槽和两个由道格拉斯冷杉制成的发酵槽，发酵时间 72～110 小时。此外，还有一个容量为 18 000 升的初馏器和一个容量为 15 000 升的再馏器。麦芽来源既包括邻近的云顶（Springbank）蒸馏厂，也包括外部麦芽商，同时还有计划在格兰盖尔安装鼓式发麦设施。格兰盖尔和云顶的运营由同一批员工管理，产能为 750 000 升纯酒精，但历年来实际产量较少。2024 年的计划是在 9 月至 12 月期间，每周进行 5 次糖化，总计约 90 000 升纯酒精，其中 85% 为常规的可蓝（Kilkerran）威士忌，其余为重度泥煤（Heavily Peated）威士忌。目前厂区内有 8 个仓库，现有的装瓶厂和相邻的储存区计划在 2025 年重建，届时将腾出三个堆垛式仓库用于熟成。

格兰盖尔蒸馏厂的威士忌以"可蓝"的名字销售多年，发展中之作（Work in progress）装瓶之后，第一个核心产品线 12 年威士忌于 2016 年推出。2017 年，出现了一款 8 年的桶强威士忌。2023 年的两个最新版本分别在波本桶和雪莉桶中完全熟成。可蓝重度泥煤（Kilkerran Heavily Peated，大麦中的酚类规格为 80ppm）第一批在 2019 年春季发布，第九批出现在 2024 年。16 年的威士忌在 2020 年推出。在 2024 年夏季，为了庆祝蒸馏厂成立 20 周年，推出了一系列单桶威士忌。

历史：

1872 年	原始的格兰盖尔蒸馏厂由威廉·米切尔（William Mitchell）建造。
1919 年	蒸馏厂被西高地麦芽蒸馏有限公司（West Highland Malt Distilleries Ltd.）购买。
1925 年	蒸馏厂关闭。
1929 年	克雷格兄弟公司（Craig Brothers）购买了仓库（但没有存货），并将其改建为加油站和车库。
1941 年	蒸馏厂被布洛赫兄弟公司（Bloch Brothers）收购。
1957 年	坎贝尔·亨德森（Campbell Henderson）申请规划许可，有意重新开放蒸馏厂。
2000 年	云顶蒸馏厂（Springbank Distillery）的所有者海德利·赖特（Hedley Wright），也是创始人威廉·米切尔的亲戚，收购了蒸馏厂。
2004 年	3 月进行了重建后的首次蒸馏。
2007 年	发布了第一个限量版——3 年的威士忌。
2009 年	发布了发展中之作。
2010 年	发布了发展中之作 2。
2011 年	发布了发展中之作 3。
2012 年	发布了发展中之作 4。
2013 年	发布了发展中之作 5，这次有两个版本——波本桶和雪莉桶。
2014 年	发布了发展中之作 6，有两个版本——波本桶和雪莉桶。
2015 年	发布了发展中之作 7，有两个版本——波本桶和雪莉桶。
2016 年	发布了可蓝 12 年陈酿。
2017 年	发布了可蓝 8 年桶强。
2019 年	发布了可蓝重度泥煤。
2020 年	发布了 16 年陈酿。
2021 年	发布了重度泥煤的第四批次和 16 年的第二批次。
2022 年	发布了 8 年桶强的两个新批次。
2023 年	发布了 8 年和重度泥煤的新批次。
2024 年	发布了一系列单桶威士忌。

12 年陈酿

可蓝 12 年品鉴笔记：

GS- 最初，闻香时相当内敛，然后发展出泥煤果香。口感油润且饱满，带有桃子和更明显的烟熏味，以及一种泥土质感。还有蓖麻油和甘草的味道。余味中等长度，滑顺，带有轻微干涩的橡木味和持久的甘草香。

倾听威士忌之声

我对威士忌的看法

切尔西·贝莱克和帕梅拉·多宾
(Chelsey Belec) & (Pamela Dobbin)
"醇饮细品"(Dram Fine) 频道

您认为目前哪种类别或风格的威士忌被低估或忽视了?

虽然独立装瓶商和美国单一麦芽威士忌等类别越来越受到人们的喜爱,但我们对加拿大威士忌的崛起尤为兴奋。来自加拿人的威士忌令人惊叹,值得更多关注和赞赏。加拿大威士忌的多样性和品质往往被忽视。加拿大的酿酒厂,如最近获得世界最佳新酿酒厂称号的 Anokha,正在展示非凡的工艺和创新。随着加拿大威士忌品类的不断发展,我们预计该品类将出现独特的地区性趋势。

您认为威士忌生产商在与消费者互动时,有时会忽略什么?

威士忌消费者的人口结构正在发生显著变化,变得更年轻和多样化。这种转变为威士忌行业提供了一个扩大受众基础的关键机会。要想在当今竞争激烈的市场中保持优势,了解年轻消费者不断变化的口味和偏好至关重要。并做出相应调整,以确保持续的参与度和忠诚度。

对于刚进入威士忌世界的新手,您有哪三大建议?

1. 对自己要有耐心:拥抱威士忌探索之旅,完全可以接受自己无法立即喜欢上某些威士忌的表现形式,每种威士忌都会随着时间的推移带来独特的感官体验。

2. 保持开放的心态:威士忌拥有多样的风味谱系,从泥煤和烟熏风味到精致和果味的香气。对于新手来说,保持开放的心态可以在每次品尝中发现新的和意想不到的风味。

3. 可以加水:尤其是酒精含量超过 46% 的威士忌,加入少量的水可以缓和酒精的浓度,展示威士忌成熟和谷物特征的细微差别。

您认为"世界其他地区"的新威士忌是否能够挑战苏格兰威士忌作为一个类别,如果可以,以什么方式?

毋庸置疑,国际酿酒厂在酿造在品质上可与苏格兰威士忌媲美的卓越威士忌,尽管尚未得到广泛认可。例如,荷兰的 Zuidam Distillers 公司生产的威士忌物美价廉,展示了全球威士忌生产的多样性和卓越性。

近年来威士忌的价格迅速上涨,高端化已成为生产商之间的流行词。您对此有何感受,未来会怎样?

威士忌市场价格的不断攀升反映了更广泛的经济趋势,对威士忌的可获得性和包容性提出了挑战。这种趋势可能会阻碍年轻消费者或不太富裕的消费者探索威士忌,限制消费群体的扩大。虽然我们重视威士忌的高端化,将其视为工艺和品质的证明,但提供能够吸引更广泛受众的平易近人的选择以保持平衡同样至关重要。作为消费者,我们相信威士忌应该"去神秘化",让所有爱好者都能品尝到威士忌,无论他们的预算如何。

对于您来说,在评价来自不同生产商的威士忌时,他们的道德标准占据着怎样的重要性?

威士忌生产商所秉持的经营哲学和道德观念深深影响着我们对其品牌的欣赏和忠诚度。道德实践和可持续生产方式不仅能维护品牌的完整性,也与具有环保和社会意识的消费者产生共鸣。对当地做出积极贡献或实施创新性可持续发展举措的酿酒厂尤其能激发我们的喜爱。这些做法丰富了我们的威士忌体验,加深了我们与品牌的联系。

您个人的威士忌偏好多年来有何变化?现在您在寻找什么?

当我们开始做播客时,最初是被橡木桶陈酿和在雪莉桶或波特桶中熟成的单一麦芽威士忌所吸引,我们的口味已经发展到接受谷物表达的多样性。我们对单一谷物威士忌、传统谷物和调和谷物威士忌的尝试越来越感兴趣。我们不断变化的喜好反映了我们对展示独特谷物特征和创新熟化技术威士忌的欣赏与日俱增。

随着新一代越来越多地选择无酒精和低酒精饮料,您是否认为威士忌有失宠的危险?

虽然低酒精替代品的出现正在重塑整个酒类行业对饮品的偏好,但我们相信威士忌在市场上始终会占有一席之地。注重健康的选择,如低醇和低糖等选择,是迎合消费者不断变化的生活方式的受欢迎的新产品。我们预计,在传统鸡尾酒的基础上,威士忌鸡尾酒也将兴起,以迎合不同的饮酒需求,扩大威士忌在不同人群中的吸引力。我们很高兴看到人们更加注重健康,而口味可能还需要一段时间的培养。

全球绝大多数威士忌消费者并不寻求新的体验,而是更愿意坚持他们最喜欢的品牌。那么,对于生产商和威士忌的未来而言,较小的威士忌爱好者社群有多重要呢?

规模较小的威士忌爱好者群体在推动威士忌行业的创新和多样性方面发挥着举足轻重的作用。正如切尔西所强调的那样,"全球的小型生产商都在精心制作独特的产品,挑战传统,突破界限。"帕梅拉补充说,"非常支持本地酿酒厂在威士忌生产中展现出的实验性和创造性。"这些爱好者培养了一种探索和欣赏不同威士忌风格的文化,创造了威士忌类别充满活力的未来,并对不太喜欢冒险的威士忌酒客产生了间接影响。

格兰凯斯（Glen Keith）

[glen・gla・ssa]

所有者：芝华士兄弟（保乐力加）
　　　　Chivas Brothers（Pernod Ricard）
地区 / 区域：斯佩塞
成立时间：1957 年
状态：活跃
产能：6 000 000 升
地址：Station Road, Keith, Banffshire AB55 3BU
电话：01542 783042

1957 年，施格兰公司（当时芝华士兄弟的所有者）创建了格兰凯斯蒸馏厂，旨在应对公司当时面临的诸多挑战。

施格兰已经拥有了芝华士（Chivas Regal）——众所周知的豪华调和威士忌品牌，以及斯特拉赛斯拉（Strathisla）——可以追溯到 18 世纪的蒸馏厂。施格兰的老板山姆·布朗夫曼（Sam Bronfman）想要在产品线中增加一款价格更便宜且易于饮用的威士忌。他看到了 J&B 和顺风（Cutty Sark）在美国的成功，但斯特拉赛斯拉单一麦芽威士忌具有更强烈的特色，对于调制芝华士是必不可少的。起初，他试图从贝瑞兄弟洛德公司（Berry Brothers & Rudd）手中收购顺风，但董事长休·洛德（Hugh Rudd）以这样的声明拒绝了布朗夫曼："我有您想要的东西，但您没有我想要的。"在 20 世纪 60 年代初，布朗夫曼创造了百笛人（100 Pipers）调和威士忌。为了获得真正轻盈的酒体，他在格兰凯斯蒸馏厂使用了一段时期的三重蒸馏工艺。由于在艾雷岛没有自己的蒸馏厂，施格兰还在这里蒸馏了用于其他威士忌的泥煤威士忌。这种烟熏味浓郁的品种有几次被独立装瓶商以克雷格达夫（Craigduff）和格兰尼斯拉（Glenisla）的名字作为单一麦芽威士忌发布。

格兰凯斯配备了一台 Briggs 8.4 吨的全过滤糖化锅。有三个糖化车间，一号车间有三个木制发酵槽，二号车间有另外 6 个木制槽，三号车间则有 6 个不锈钢发酵槽以及糖化锅。此外，有 6 个蒸馏器，它们的林恩臂异常长且略微下降。通常每周进行 38 至 41 次糖化，可生产出 6 000 000 升纯酒精。

虽然格兰凯斯远非畅销产品（2022 年销量为 180 000 瓶），但它实际上是芝华士兄弟麦芽威士忌中第三大畅销品牌！核心产品是仅限英国市场的酒厂版（Distillery Edition）。还有斯佩塞秘境系列（Secret Speyside Collection），其中格兰凯斯以 2024 年 4 月发布的 31 年陈酿为代表。此外，在所有芝华士游客中心均可购买的酒厂珍藏系列（Distillery Reserve Collection）中，有一款 22 年的桶强装瓶。

历史：

1957 年	蒸馏厂由芝华士兄弟（施格兰）创立。
1958 年	生产开始。
1970 年	苏格兰首个以气体为燃料的蒸馏器安装，蒸馏器数量从三个增加到 5 个。
1976 年	停止自己发麦（萨拉丁箱）。
1983 年	安装了第六个蒸馏器。
1994 年	第一个官方装瓶，一款 10 年的威士忌，作为施格兰 Heritage Selection 的一部分发布。
1999 年	蒸馏厂被暂时关闭。
2001 年	保乐力加从施格兰接管芝华士兄弟。
2012 年	蒸馏厂的重建和翻新开始。
2013 年	生产再次开始。
2017 年	发布了酒厂版。
2019 年	在斯佩塞秘境系列中发布了三款瓶装。
2024 年	在斯佩塞秘境系列中发布了一款 31 年陈酿。

酒厂版

格兰凯斯酒厂版品鉴笔记：

IR- 闻香时甜美多果，带有太妃糖和苹果的香气。口感平滑，有香草、热带水果、杏仁膏、海绵蛋糕、蜂蜜、梨子的味道，以及一丝干橡木的余味。

格兰昆奇（Glenkinchie）

[glen · kin · chee]

所有者：帝亚吉欧 Diageo
地区／区域：低地
成立时间：1837 年
状态：活跃（vc）
产能：2 500 000 升
地址：Pencaitland, Tranent, East Lothian EH34 5ET
电话：01875 342004

格兰昆奇与其他 5 家低地蒸馏厂一起，在 1914 年成立了苏格兰麦芽蒸馏者（SMD），后来与另一家集团——蒸馏者有限公司（DCL）合并。

他们的目标是维护蒸馏厂的利益，尤其是反对政府在 20 世纪前几十年大幅提高威士忌赋税。他们与政府的斗争形式多样。约翰·海格公司（John Haig & Co.）接管了格兰昆奇，并在日报上为其著名的调和威士忌翰格蓝爵（Haig）购买了广告版面。广告以"致财政大臣的公开信"开始，敦促财政大臣减税，否则政府将面临倒台的风险。

除了这段抗争时期，格兰昆奇在超过 150 年的时间里都未受到太多关注，直到 1988 年推出了 10 年陈酿，代表低地地区成为六大经典麦芽威士忌之一。这款酒一直不是酒厂的畅销酒（2022 年销售了 30 万瓶），但这家蒸馏厂因靠近爱丁堡而受到游客的欢迎——只需 30 分钟车程，每年约有 40 000 人慕名而来，而 2020 年对品牌之家进行全面翻新则更激发了游客的兴趣。

这家蒸馏厂配备了一个 9 吨的全过滤糖化锅和 6 个木制发酵槽，结合了短时（66 小时）和长时（110 小时）发酵。有两个蒸馏器，其中初馏器的装填量是苏格兰最大的——21 000 升。酒精蒸汽在一个铸铁螺旋管中冷凝。多年来的生产制度是每周 5 天，每周 10 次糖化，生产近 2 000 000 升酒精。

核心产品系列包括一款 12 年陈酿和一款在阿蒙蒂亚雪莉桶过桶的蒸馏商版（Distiller's Edition）。2020 年发布了一款仅限蒸馏厂出售的限量版 16 年陈酿。2023 年秋季，一款 27 年陈酿出现在特别发布（Special Release）系列中，这款酒在重填的美国桶和欧洲橡木桶中熟成。

历史：

- **1825 年** 约翰和乔治·拉特（John and George Rate）兄弟创立了名为米尔顿（Milton）的蒸馏厂。
- **1837 年** 拉特兄弟注册成为名为格兰昆奇的蒸馏厂的持照人。
- **1853 年** 约翰·拉特将蒸馏厂卖给了名叫克里斯蒂的农民，后者将其改建成锯木厂。
- **1881 年** 来自爱丁堡的财团购买了这些建筑。
- **1890 年** 成立了格兰昆奇蒸馏厂公司。接下来的几年里，进行了重建和翻新。
- **1914 年** 格兰昆奇与其他 4 家低地蒸馏厂一起成立了苏格兰麦芽蒸馏者公司（SMD）。
- **1939-1945 年** 格兰昆奇是少数几家在战争期间被允许维持生产的蒸馏厂之一。
- **1968 年** 停用地板发麦。
- **1969 年** 发麦厂被改建成博物馆。
- **1988 年** 格兰昆奇 10 年成为经典麦芽系列（Classic Malt series）中精选的 6 款之一。
- **1998 年** 发布了一款以阿蒙蒂亚雪莉桶过桶的蒸馏商版。
- **2007 年** 发布了一款 12 年陈酿和一款 20 年陈酿的桶强版。
- **2010 年** 发布了专供游客中心的桶强版，一款 1992 年单桶和一款 20 年陈酿。
- **2016 年** 发布了一款 24 年陈酿和一款无年份声明的蒸馏厂独家产品。
- **2019 年** 与爱丁堡皇家军乐节（The Royal Edinburgh Military Tattoo）联名，发布了限量版。
- **2020 年** 开放新的游客体验中心，并发布了一款 16 年陈酿的蒸馏厂独家产品。
- **2023 年** 作为今年特别发布的一部分，发布了一款 27 年陈酿。

格兰昆奇 12 年品鉴笔记：

GS- 闻香时感觉清新花香，带有香料和柑橘类水果的味道，再加上一丝棉花糖的气息，非常优雅。加水后释放出割草和柠檬的香气。中等酒体，口感顺滑、甜美、果味浓郁，带有麦芽、黄油和芝士蛋糕的味道。余味相对较长且逐渐变干，起初带有草本植物的风味。

12 年陈酿

苏格兰麦芽威士忌蒸馏厂

格兰威特（Glenlivet）

[glen·liv·it]

所有者：芝华士兄弟公司（保乐力加）
　　　　Chivas Brothers（Pernod Ricard）
地区/区域：斯佩塞
成立时间：1824 年
状态：活跃（vc）
产能：21 000 000 升
地址：Ballindalloch, Banffshire AB37 9DB
电话：01340 821720

历史：

1817 年　乔治·史密斯（George Smith）继承了上德拉姆明（Upper Drumin）农场蒸馏厂。
1840 年　乔治·史密斯购买了托明多附近的德尔纳博（Delnabo）农场，并租下了凯恩戈姆蒸馏厂（Cairngorm Distillery）。
1845 年　乔治·史密斯租下了另外三个农场，其中一个是位于利维特（Livet）河畔的明摩尔（Minmore）。
1846 年　威廉·史密斯患上了结核病，他的兄弟约翰·戈登（John Gordon）回到家中帮助父亲。
1858 年　乔治·史密斯购买了米摩尔农场，并获得了建造蒸馏厂的许可。
1859 年　上德拉姆和凯恩戈姆关闭，所有设备都被带到米摩尔，后者被重新命名为格兰威特蒸馏厂。
1871 年　乔治·史密斯去世，他的儿子约翰·戈登接管了业务。
1880 年　约翰·戈登·史密斯申请并获得了"格兰威特"这个名字的独家使用权。
1890 年　发生了火灾，一些建筑被替换。
1901 年　约翰·戈登·史密斯去世。
1904 年　约翰·戈登的侄子乔治·史密斯·格兰特（George Smith Grant）接管了业务。
1921 年　乔治·史密斯·格兰特的儿子，比尔·史密斯·格兰特上尉（Captain Bill Smith Grant）接管了业务。
1953 年　乔治和 J.G. 史密斯有限公司（George & J. G. Smith Ltd.）与 J.&J. 格兰特（J. & J. Grant）的格兰特蒸馏厂（Glen Grant Distillery）合并，形成了格兰威特和格兰特蒸馏厂有限公司（Glenlivet & Glen Grant Distillers）。
1966 年　关闭地板发麦。
1970 年　格兰威特和格兰特蒸馏厂有限公司与朗

　　　格兰威特和格兰菲迪（Glenfiddich）是仅有的两个每年销量超过一百万箱的麦芽威士忌品牌。世界上销量最大的单一麦芽威士忌之争仍在继续，目前格兰菲迪处于优势地位。

　　2020—2022 年，格兰威特一直处于领先地位，但 2023 年期间销售额下降了 18%，使该品牌以 1 680 万瓶的销量跌回第二位，而格兰菲迪则成功达到了 2 040 万瓶。尽管在美国这个最大市场的销量下降了 13%，格兰威特仍然是该国销量第一的苏格兰单一麦芽威士忌，2023 年销量为 530 万瓶，这比第二名（麦卡伦 Macallan）和第三名（格兰菲迪）加起来还要多。但销量并不代表一切。对于所有主要生产商来说，高端化是关键词，格兰威特所有者成功地销售了更少但更贵的威士忌。

　　2024 年，格兰威特蒸馏厂将迎来 200 周年庆典。根据 1823 年的《烈酒法案》，创始人乔治·史密斯是首批申请威士忌蒸馏许可证的生产商之一——这让利维特山谷（Livet valley）中所有剩余的非法蒸馏商大失所望，他们威胁要烧毁他的蒸馏厂。

　　2009 年以来，酒厂的产能分两步扩大，从 580 万升增至目前的 21 000 000 升。最后一步是在 2018 年完成的，在仓库后面建造了第二个蒸馏室。格兰威特目前的完整设备包括两个 Briggs 全过滤糖化锅，每个容量为 14 吨。在新蒸馏厂中，在原有的 16 个木制发酵槽的基础上又增加了 16 个不锈钢发酵槽——所有发酵槽都能装 59 000 升的酒，发酵时间为 50～52 小时。14 对蒸馏器分布在不同的蒸馏室中：4 对在最古老的蒸馏室，3 对在 2010 年建造的美丽蒸馏室，另外 7 对在第三家也是最新的蒸馏室。它们都是高颈、长林恩臂和窄腰的设计。

　　核心产品系列包括创始人珍藏（Founder's Reserve）、上尉珍藏（Captain's Reserve，在干邑桶中收尾）、加勒比珍藏（Caribbean Reserve，朗姆酒桶熟成）、12 年双橡木（Double Oak）、15 年法国橡木珍藏（French Oak Reserve）以及 18 年陈酿。还有专为美国市场提供的 14 年干邑桶收尾，以及针对中国台湾市场的 13 年和 15 年雪莉桶收尾，以及 13 年朗姆酒桶收尾。风味创造系列（Sample Room Collection）包括一款 21 年三重过桶，分别在欧罗索桶、干邑桶和陈年波特桶中陈酿，而 25 年陈酿则在 PX 桶和干邑桶中收尾。最近的限量版包括 12 年 200 周年纪念版（200th Anniversary Edition）、小批次系列（Small Batch Collection，包括 17 年、19 年和 20 年陈酿）以及两款蒸馏厂独家产品——14 年和 22 年陈酿，两者均在美国橡木桶中熟成。最后，旅行零售系列包括三桶蒸馏师珍藏（Triple Cask Distiller's Reserve）、三桶白橡木珍藏（Triple Cask White Oak Reserve）、三桶稀有桶（Triple Cask Rare Lask）和桶匠（Caskmakers）。

摩－格兰威特蒸馏厂有限公司（Longmorn-Glenlivet Distilleries Ltd.）和希尔·汤姆森有限公司（Hill Thomson & Co.）合并，形成了格兰威特蒸馏厂有限公司（The Glenlivet Distillers Ltd.）。

1978年　施格兰收购了格兰威特蒸馏厂有限公司。游客中心开业。
2000年　法国橡木12年和美国橡木12年产品推出。
2001年　保乐力加和帝亚吉欧收购了施格兰的烈酒和葡萄酒业务。保乐力加因此获得了芝华士集团的控制权。
2004年　法国橡木15年陈酿取代了12年陈酿。
2005年　格兰威特12年首次装填（First Fill）和Nadurra推出。
2007年　格兰威特XXV发布。
2009年　安装了更多的蒸馏器，并发布了Nadurra Triumph 1991。
2010年　另外两台蒸馏器投入使用，创始人珍藏发布。
2011年　总蒸馏师珍藏（Master Distiller's Reserve）为免税市场发布。
2012年　1980年酒窖系列（Cellar Collection）发布。
2013年　18年批次珍藏（Batch Reserve）和阿尔法（Alpha）发布。
2014年　Nadurra欧罗索（Nadurra Oloroso）、Nadurra首次装填精选（Nadurra First Fill Selection）、格兰威特守护者章节（The Glenlivet Guardian's Chapter）和50年陈酿发布。
2015年　创始人珍藏以及索莱拉调和（Solera Vatted）和小批次系列发布。
2016年　格兰威特密码（Cipher）和50年第二版推出。
2018年　上尉珍藏和代码（Code）发布。新建蒸馏厂投入使用。
2019年　谜题（Enigma）和14年干邑桶过桶发布。
2020年　密谱（Spectra）、加勒比珍藏和秘密蒸馏（Illicit Still）发布。
2021年　合法蒸馏（Licensed Dram）发布。
2022年　风味创造系列（Sample Room Collection）推出。
2024年　为纪念200周年，发布了12年特别版。

格兰威特12年品鉴笔记：
　　GS-闻香时感受到美妙的蜂蜜、花香和芳香。中等酒体，口感顺滑且带有麦芽风味，伴有香草的甜味。并不像闻起来那么甜。余味令人愉悦，悠长而精致。

蒸馏师珍藏　　12年陈酿200周年纪念版　　加勒比珍藏

21年陈酿　　25年陈酿

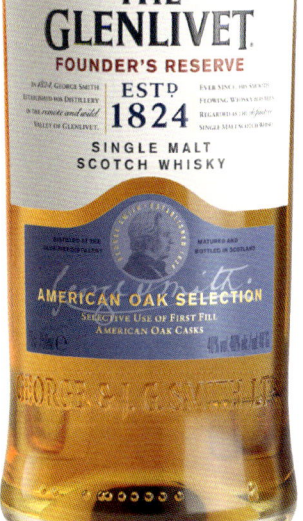

创始人珍藏　　12年陈酿　　18年陈酿

苏格兰麦芽威士忌蒸馏厂

格兰洛希（Glenlossie）

[glen · loss · ee]

所有者：帝亚吉欧 Diageo
地区/区域：斯佩塞
成立时间：1876 年
状态：活跃
产能：3 700 000 升
地址：Birnie, Elgin, Morayshire IV30 8SS
电话：01343 862000

格兰洛希创立于苏格兰威士忌最激动人心的时期之一。1860 年，在公司成立前 10 年左右，苏格兰通过了一项法律，允许将麦芽威士忌和谷物威士忌调和并以保税方式储存，调和威士忌由此诞生。

在 19 世纪 70 年代中期，一种名为根瘤蚜（Phylloxera）的小昆虫自 1863 年从美洲传入后，彻底摧毁了科涅克（Cognac）地区的葡萄园，从而损害了法国烈酒对英国的出口。这些事件的结合，使得投资苏格兰威士忌生产变得有利可图。然而，格兰洛希的创始人并不是唯一抓住这一机遇的人。大约在同一时期，格兰菲迪（Glenfiddich）、克拉格摩尔（Cragganmore）、格兰罗塞斯（Glenrothes）、英尺高尔（Inchgower）、格兰斯佩（Glen Spey）和格兰格拉索（Glenglassaugh）等蒸馏厂也相继建立。

格兰洛希配备了一个 8 吨不锈钢全过滤糖化锅，8 个由落叶松制成的发酵槽，以及两个位于户外的不锈钢发酵槽。有三台初馏器（15 800 升）和三台再馏器（13 500 升），全部配备水平林恩臂和净化器。几年来，蒸馏厂每周糖化 12 次，但在 2023 年暂时关闭 6 个月后，蒸馏厂现在恢复到每周 7 天 18 次糖化，发酵时间为 80 小时，产量略有不足。新酒的特点是青草味/油性。2024 年，格兰洛希及其姊妹蒸馏厂曼洛克摩尔（Mannochmore）将它们的燃气锅炉更换为生物质燃料锅炉。

与格兰昆奇（Glenkinchie）和林克伍德（Linkwood）一起，格兰洛希是翰格蓝爵金标（Haig Gold Label）调和威士忌的主要基酒之一。在销售方面，目前翰格蓝爵与 20 世纪 70 年代的鼎盛时期的销量相比相去甚远，但每年仍在 400 万瓶左右，主要销往印度。如今市面上唯一官方装瓶的格兰洛希单一麦芽威士忌是 10 年的花鸟系列（Flora & Fauna）。想要更多样化的格兰洛希单一麦芽威士忌，人们需要关注独立装瓶商，尤其是苏格兰麦芽威士忌协会（The Scotch Malt Whisky Society）。

历史：

1876 年　约翰·达夫（John Duff），前格兰多纳蒸馏厂的经理，创立了这家蒸馏厂。亚历山大·格里戈尔·艾伦（Alexander Grigor Allan，后来成为泰斯卡蒸馏厂 Talisker Distillery 的部分所有者）、威士忌商人乔治·汤姆森（George Thomson）以及查尔斯·希雷斯（Charles Shirres，两人都在大约 20 年后与约翰·达夫共同创立朗摩蒸馏厂）和 H. 马凯（H. Mackay）也参与了该公司。

1895 年　格兰洛希－格兰威特蒸馏厂公司（Glenlossie-Glenlivet Distillery Co.）成立。亚历山大·格里戈尔·艾伦（Alexander Grigor Allan）去世。

1896 年　约翰·达夫更多地参与朗摩的事务，H. 马凯接管了格兰洛希。

1919 年　蒸馏者有限公司（DCL）接管了该公司。

1929 年　发生火灾，造成相当大的损失。

1930 年　DCL 将运营转移到苏格兰麦芽蒸馏者（SMD）。

1962 年　蒸馏器的数量从 4 个增加到 6 个。

1971 年　SMD 在厂区内建造了另一家蒸馏厂曼洛克摩尔（Mannochmore），并安装了一个深色谷物厂。

1990 年　在花鸟系列（Flora & Fauna）中推出了 10 年陈酿。

2010 年　发布了一款 1999 年的经理之选（Manager's Choice）单桶。

10 年陈酿

格兰洛希 10 年品鉴笔记：

GS- 相对轻盈的闻香中带有谷物、青贮饲料和香草的香气。口感丰满甜美，有李子、姜和大麦糖的味道，再加上一丝橡木的香气。余味中等长度，带有麦芽和轻微的胡椒味橡木。

倾听威士忌之声

我对威士忌的看法

凯伦·泰勒

(Karen Taylor)

您认为目前哪种类别或风格的威士忌被低估或忽视了?

我怀念那些完全在波本桶中熟成的苏格兰威士忌和新世界的威士忌。如今,许多蒸馏厂和大师级的调酒师将桶的实验性创新放在首位,这种传统陈年风格已逐渐被边缘化。虽然这种风格有时可能会被认为是单一的,但如果蒸馏厂在选购橡木桶时足够用心,它们所能展现出的复杂性和个性对我来说是无可比拟的。

您认为威士忌生产商在与消费者互动时,有时会忽略什么?

一个著名的电影台词说:"他们太专注于自己能否做到,而没有停下来想想自己是否应该去做。"我认为这句话在这里也适用。有些威士忌在纸面上听起来可能很吸引人,但遗憾的是,它们实际的味道并不那么美味,而且往往是为了引起惊喜和讨论而推出的。

对于刚进入威士忌世界的新手,您有哪三大建议?

1. 品尝新威士忌时,我不会试图记住它的每一个细节,而是集中注意力于那些给我留下深刻印象的一两个特点。由于我记忆力不佳,这种方法帮助我将威士忌归类为"值得再次品尝"或"不再尝试"的类别,并让我能够将我喜欢的威士忌风格联系起来。

2. 大胆尝试各种风格的威士忌,如果有些不是您的菜,也不要感到失望。不必对它们进行负面评价,有时候,对那些别人高度评价的威士忌"就是不感兴趣"也是完全可以的。

3. 去酒吧或酒馆尝试5毫升的小瓶装或单杯威士忌,然后请服务员给您看看瓶子,以便了解更多关于这款威士忌的信息。您不必每次都买整瓶。尝试不同的蒸馏厂、不同国家或不同风格的威士忌。您的下一个最爱可能就在其中。

您认为"世界其他地区"的新威士忌是否能够挑战苏格兰威士忌作为一个类别,如果可以,以什么方式?

世界各地的威士忌确实对传统的苏格兰威士忌产业提出了挑战。无论是在生产流程、使用的原料,还是陈酿桶方面,新威士忌所带来的风味多样性是显而易见的。更令人振奋的是,苏格兰的蒸馏厂——无论是新入行的还是历史悠久的——都在审慎地挑选他们认为激动人心的元素,并谨慎地将这些元素融入到他们的产品中。全球其他地区的威士忌常常以苏格兰生产商为榜样,而苏格兰生产商大多也慷慨地提供支持,我们因此看到了这种相互启发和支持的良性循环。

近年来威士忌的价格迅速上涨,高端化已成为生产商之间的流行词。您对此有何感受,未来会怎样?

毫无疑问,商品成本的增加以及政治压力是零售价上涨的原因之一,从而导致整个行业的潜在溢价。消费者对于"少喝但喝好的"的观念也是另一个因素。一些品牌似乎正在利用这些因素来证明其价格的进一步上涨是合理的,并一跃成为超高端产品,以扩大其在威士忌消费者之外的奢侈品消费者中的影响力。遗憾的是,这种做法使得一些我们熟知并喜欢饮用的威士忌脱离了普通威士忌消费者的视野,成为身份的象征。

对于您来说,在评价来自不同生产商的威士忌时,他们的道德标准占据着怎样的重要性?

毫无疑问,消费者对于品牌背后的哲学和道德世界充满热情。在我们现有的消费世界中,故事、观点和事实之间的界限非常模糊,这些道德观念只会有助于增加对特定品牌的欣赏。我愿意相信,唯一例外的情况来自于独立评判的口味奖项,那里的评委不受偏见影响,仅基于他们盲品时所体验到的高品质产品提供评分和意见。

您个人的威士忌偏好多年来有何变化?现在您在寻找什么?

我对威士忌的日常偏好变化如此频繁,以至于有时我自己也很难跟上节奏,但我确实发现自己每次重温那些"经典"时,都会更加欣赏它们。随着我对风味细微差别的关注越来越多,我开始更乐于欣赏单桶熟成风格的威士忌。

随着新一代人越来越多地选择无酒精和低酒精饮料,您是否认为威士忌有失宠的危险?

最近,我就曾与这样的酒窖一起举办过品酒会,毫无疑问,威士忌的鉴赏力依然旺盛。不过,我所感受到的不同之处在于,享用威士忌的方式正在发生变化,而饮用则更加节制和谨慎。

有些人告诉我们,喝威士忌时只能加两滴"从斯佩河采集的新鲜水",这对我们的影响依然存在,但值得庆幸的是,新一代人已经看穿了这些过时的废话,并加入水、苏打水或任何他们喜欢的东西,享受属于自己的乐趣。

全球绝大多数威士忌消费者并不寻求新的体验,而是更愿意坚持他们最喜欢的品牌。那么,对于生产商和威士忌的未来而言,较小的威士忌爱好者社群有多重要呢?

总会有一些人坚持自己喜好,对于任何品牌来说,这些人都需要得到尊重和赞赏。同时,我们也不能忽视影响力的作用,这里指的并不是那些拥有成千上万追随者的社交媒体红人,而是那些值得信赖的朋友和知识渊博值得信赖的人。对于那些刚踏入威士忌世界的人来说,面对琳琅满目的威士忌,他们需要一些指导和信心让他们知道下一步该从哪里开始或尝试什么。这就是我们的使命:让人们有信心尝试不同风格的威士忌,有时甚至是精心挑选的威士忌,直到他们找到自己喜欢的威士忌。小型社群更能促进更多的交流、提问和好奇心,这种氛围在大型威士忌活动或聚会中是难以复制的。这些亲密的互动可以建立尝试威士忌的信心。

苏格兰麦芽威士忌蒸馏厂

格兰杰（Glenmorangie）

[glen · mor · run · jee]

所有者：格兰杰公司（酩悦轩尼诗）
　　　　　The Glenmorangie Co（Moët Hennessy）
地区/区域：北高地
成立时间：1843 年
状态：活跃（vc）
产能：7 100 000 升
地址：Tain, Ross-shire IV19 1PZ
电话：01862 892477

早在单一麦芽苏格兰威士忌闻名全球并被认为是最热门的烈酒类别之前，格兰杰就已经被出口到意大利和美国等国家，尽管数量不多。

早在 1880 年，格兰杰就已跻身行业前列。在 20 世纪 80 年代初，该品牌在国内市场大力宣传，最新数据显示（2022 年），格兰杰在英国单一麦芽品牌中排名第三，仅次于吉拉（Jura）和格兰菲迪（Glenfiddich）。不过，格兰杰在出口市场上的表现也非常出色，自 1998 年以来，它一直是英国四大单一麦芽威士忌品牌之一。从 2018 年到 2022 年，该品牌的销量增长了 44%，略多于 900 万瓶，仅次于格兰菲迪、格兰威特（Glenlivet）和麦卡伦（Macallan）。

格兰杰还以勇于创新而闻名。他们是最早（或许不是第一个）尝试后来在业界和消费者中成为家喻户晓的名字——收尾的生产商之一。1987 年推出了一款产品，在旧波本桶中陈熟后，最后 18 个月在雪莉桶中收尾。在蒸馏和威士忌创意负责人比尔·梁思敦（Bill Lumsden）的领导下，他们的创新精神得以延续，在酒厂内建造了一座名为"灯塔"（The Lighthouse）的独立创新蒸馏区就是最好的证明。在这里，卢姆斯登和他的团队可以在不影响原有蒸馏厂工作的情况下尝试新的方法。"灯塔"配备了一个一吨中的糖化锅，还有一个可以处理更复杂麦芽配比的麦芽转化器。此外，还有两个 5 000 升的发酵槽和一对蒸馏器。格兰杰主要蒸馏厂配备了一个全滤网糖化锅，可以装 11.5 吨的麦芽。还有 12 个不锈钢发酵槽，发酵时间为 52 小时，以及 6 对蒸馏器。2024 年的生产计划是每周进行 34 次糖化，生产约 7 100 000 升纯酒精。

核心系列的巅峰之作曾是一款 10 年陈酿，但在 2024 年被 12 年陈酿取代。系列中还包括一款 18 年陈酿最近更名为 Infinita。还有三款特殊木桶版：Quinta Ruban，一款 14 年陈酿在红宝石波特桶中二次熟成；Lasanta，一款 12 年陈酿在欧罗索和 PX 雪莉桶熟成；16 年 Nectar D'Or 在苏玳桶陈酿。还有一款名为 Signet，糖化配方中有部分使用了巧克力麦芽。2024 年春季，核心系列新增了珍藏三重桶（Triple Cask Reserve）——使用了波本桶、新烤橡木桶和黑麦威士忌桶三种桶进行熟成。

格兰杰最近的限量版发布包括精选桶系列（Barrel Select）第五版（2021 年推出）——12 年苹果白兰地桶过桶。2023 年秋季，推出了 A Tale of Tokyo，其中一部分熟成在日本的水楢桶中。对于旅游零售市场，格兰杰推出了 12 年的 The Accord、14 年的 The Elementa、16 年的 The Tribute 和一款 19 年陈酿，还有最近专为希思罗机场独家推出的彭玛德桶（Pommard）过桶版。

历史：

1843 年　威廉·马瑟森（William Mathesen）申请了一家名为莫兰吉（Morangie）的农场蒸馏厂的许可证，该蒸馏厂由他们重建。1738 年这里开始了生产，可能自 1703 年以来就存在。
1849 年　11 月开始生产。
1887 年　蒸馏厂重建，成立了格兰杰蒸馏有限公司。
1918 年　蒸馏厂的 40% 股份卖给了麦克唐纳缪尔有限公司（Macdonald & Muir Ltd.），60% 卖给了威士忌经销商德拉姆（Durham）。到了 30 年代末，麦克唐纳缪尔接管了德拉姆的股份。
1931 年　蒸馏厂关闭。
1936 年　11 月生产重新开始。
1980 年　蒸馏器的数量从两个增加到 4 个，停止自己发麦。
1990 年　蒸馏器数量翻倍至 8 个。
1994 年　游客中心开放。发布了格兰杰波特桶过桶版。
1995 年　推出了格兰杰 Tain l'Hermitage。
1996 年　推出了马德拉桶过桶版和雪莉桶过桶版。成立了格兰杰股份有限公司。
2001 年　推出了桶强波特桶过桶版，伯恩丘红酒桶过桶版（Cote de Beaune Wood Finish）和三桶版（旧波本，新烤橡木和旧里奥哈葡萄酒桶）。
2002 年　推出了 20 年的苏玳桶过桶版。
2003 年　推出了勃艮第木桶过桶版和桶强马德拉熟成版。
2004 年　格兰杰购买了苏格兰麦芽威士忌协会。麦克唐纳家族决定以 30 亿英镑的价格将格兰杰股份有限公司（包括格兰杰、格兰莫雷 Glon Moray 和雅柏 Ardbeg）卖给酩悦轩尼诗（Moët Hennessy）。发布了

新的格兰杰 Tain l'Hermitage（28 年）以及格兰杰艺术桶（Artisan Cask）。
2005 年　推出了 30 年陈酿。
2007 年　整个系列全面翻新。
2008 年　推出了 Astar 和 Signet。
2009 年　为免税市场发布了 Sonnalta PX。
2010 年　发布了格兰杰 Finealta。
2011 年　发布了 28 年的格兰杰 Pride。
2012 年　发布了格兰杰 Artein。
2013 年　发布了格兰杰 Ealanta。
2014 年　发布了 Companta, Taghta 和 Dornoch。
2015 年　发布了 Túsail 和 Duthac。
2016 年　发布了 Milsean, Tayne 和 Tarlogan。
2017 年　发布了 Bacalta, Astar 和 Pride 1974。
2018 年　发布了 Spios, Cadboll，以及 1989、1993 顶级年份麦芽（Grand Vintage Malt）。
2019 年　推出了 Allta、1784 号酒桶威士忌和 1991 顶级年份麦芽。
2020 年　发布了新的旅行零售专属系列，以及 26 年的 Truffle Oak、1996 顶级年份麦芽和蛋糕物语（A Tale of Cake）。
2021 年　推出了格兰杰 X、1997 顶级年份麦芽、13 年的干邑过桶版、Signet Ristretto 和冬日物语（Tale of Winter）。
2022 年　发布了森林物语（A Tale of Forest）和精选帕罗科塔多桶（Barrel Select Palo Cortado）。一个实验性蒸馏厂投入使用。
2023 年　发布了精选木桶之阿蒙蒂亚桶（Barrel Select Amontillado）。
2024 年　12 年陈酿取代了 10 年陈酿，并发布了珍藏三重桶。

格兰杰 Original 12 年品鉴笔记：
IR- 闻香迷人，橙和柑橘的香气与石楠、草木和香草相融合。口感非常醇厚，带有蜂蜜的甜味，甜美的园果味和一丝椰子的香味。

A Tale of Tokyo 　　The Elementa 　　Barrel Select Calvados

12 年陈酿　　La Santa　　Infinita 18 年陈酿

苏格兰麦芽威士忌总蒸馏厂

格兰莫雷（Glen Moray）

[glen mur · ree]

所有者：马提尼克公司（COFEPP）
　　　　La Martiniquaise（COFEPP）
地区 / 区域：斯佩塞
成立时间：1897 年
状态：活跃（vc）
产能：8 400 000 升
地址：Bruceland Road, Elgin, Morayshire IV30 1YE
电话：01343 542577

　　成立于 1934 年的马提尼克公司（La Martiniquaise）是法国第二大烈酒集团，仅次于保乐力加。1969 年，他们通过推出调和威士忌品牌雷堡五号（Label 5）进入了苏格兰威士忌业务。

　　直到 2008 年，该公司还没有自己的苏格兰威士忌生产设施，而是从其他公司购买原酒。同年，他们收购了格兰莫雷，两年后在爱丁堡附近的巴斯盖特建造了一座年产 25 000 000 升的斯塔罗谷物蒸馏厂。在威士忌方面，该公司的产品组合包括全球 20 大苏格兰调和威士忌中的三个——雷堡 5 号、爱德华爵士（Sir Edward's）和顺风（Cutty Sark），以及两个单一麦芽威士忌——旗舰产品格兰莫雷和格兰特纳（Glen Turner）。2023 年的最新投资使其成为苏格兰第九大麦芽蒸馏厂，产能达到 8 400 000 升。

　　该蒸馏厂配备了一个 10 吨的全过滤糖化锅和一个 6 吨的半过滤糖化锅，麦芽汁初始比重异常高，以节省能源。有 21 个不锈钢发酵槽放置在室外，发酵时间为 58 小时。最后，有 10 个蒸馏器——4 个配备了 TVR 技术（热蒸汽再压缩）的初馏器用于节能，6 个再馏器。到 2024 年，每个糖化锅每周进行 26 次糖化，总产量为 7 500 000 升纯酒精。2024 年 9 月，蒸馏了 200 000 升泥煤新酒（大麦酚含量为 48ppm）。

　　常见的核心系列包括经典（Classic）、经典波特桶过桶（Classic Port Finish）、经典霞多丽桶过桶（Classic Chardonnay Finish）、经典雪莉桶过桶（Classic Sherry Finish）、经典赤霞珠桶过桶（Classic Cabernet Sauvignon Finish）、经典泥煤风味（Classic Peated）和翠丝藤葡萄酒桶（Twisted Wine），以及 10 年陈酿火焰橡木桶（Fired Oak）、12 年、15 年、18 年陈酿和 21 年波特桶过桶。2023 年 12 月，新增了在新烤橡木桶中熟成的凤凰涅槃（Phoenix Rising），最近还发布了 12 年烟熏（Smoky）。限量版 1 号仓库（Warehouse 1）系列于 2021 年首次亮相，推出了三款装瓶，2023 年又推出了两款装瓶：2015 年里奥哈桶和 2012 年泥煤里奥哈桶。

历史：

1897 年	建于 1830 年的埃尔金西酿酒厂（Elgin West Brewery）被改建为格兰莫雷酿酒厂。
1910 年	酿酒厂关闭。
1920 年	财务困境迫使酿酒厂挂牌出售，买家是麦克唐纳与缪尔公司（Macdonald & Muir）。
1923 年	生产重新启动。
1958 年	进行一次重建，地板发麦被萨拉丁箱取代。
1978 年	自有的发麦工作停止。
1979 年	蒸馏器数量增加到 4 个。
1996 年	麦克唐纳缪尔公司更名为格兰杰股份有限公司。
1999 年	引入三种木桶过桶——霞多丽（Chardonnay，无陈年时间）、白诗南（Chenin Blanc）12 年和 16 年。
2004 年	路易威登酩悦轩尼诗集团（Louis Vuitton Moët Hennessy）收购了格兰杰股份有限公司，并推出了 1986 年份、20 年及 30 年的酒款。
2006 年	发布了 1963 和 1964 的两个年份酒款，以及新的经理之选系列（Manager's Choice）。
2007 年	新版山地橡木发布。
2008 年	酿酒厂被售于马提尼克公司。
2009 年	推出一款 14 年的波特桶过桶和一款在红酒桶中熟成 8 年的陈酿。
2011 年	发布了两款木桶过桶及一款 10 年的霞多丽陈酿。
2012 年	发布 2003 年的白诗南。
2013 年	推出一款 25 年的波特桶过桶。
2014 年	经典波特桶过桶上市。
2015 年	经典泥煤风味酒款发布。
2016 年	推出霞多丽桶过桶和雪莉桶过桶的版本，同时还有 15 年和 18 年的酒款。
2017 年	大师系列（Mastery）上市。
2018 年	10 年的火焰橡木桶版发布。
2019 年	农业朗姆酒（Rhum Agricole）上市。
2020 年	发布 13 年的马德拉桶陈酿。
2021 年	推出 30 年的雪莉桶过桶和 14 年的苏玳桶陈酿。
2022 年	1 号仓库系列第二批次发布。
2023 年	翠丝藤酒桶（Twisted Vine）和 1 号仓库系列第三批次上市。

格兰莫雷 12 年品鉴笔记：

　　GS- 闻香柔和，带有香草、梨糖和一些橡木香。口感顺滑，有辛辣的麦芽、香草和夏季水果的味道。余味相对短暂，带有辛辣的水果香。

12 年陈酿

格兰欧德（Glen Ord）

[glen ord]

所有者：帝亚吉欧
　　　　Diageo
地区/区域：北高地
成立时间：1838 年
状态：活跃（vc）
产能：11 900 000 升
地址：Muir of Ord, Ross-shire IV6 7UJ
电话：01463 872004

格兰欧德目前是帝亚吉欧第二大麦芽威士忌酒厂（珑岱 Roseisle 第一），也是苏格兰第六大酒厂。两年前，游客中心进行了全面翻新，其中一个参观项目包括参观相邻的发麦厂。

自 2006 年推出苏格登（Singleton）品牌（涉及三个不同的酒厂）以来，苏格登格兰欧德一直是这一系列的支柱。当时，该品牌就已经拥有了一批追随者（与另外两个品牌——苏格登达夫镇 Singleton Dufftown 和格兰杜兰 Glendullan 不同），并且在亚洲也广为人知且备受赞赏。2022 年，苏格登品牌的总销量为 900 万瓶，在单一麦芽苏格兰威士忌中排名第五。

格兰欧德配备了两个不锈钢全过滤糖化锅，每个糖化锅可容纳 12.5 吨麦芽。有 22 个木制发酵槽，容量为 55 000 升，发酵时间为 75 小时。其中 14 个是在过去 10 年的扩建期间安装的——12 个在旧的地板发麦厂，两个在旧的麦芽烘干窑。一号蒸馏车间面向道路，里面有三个初馏器和三个再馏器，而最新的 8 个蒸馏器则安装在一个新的建筑内。冷凝器运行温度较高，加上长时间发酵，导致新酒具有青草味/草本风味。现场还装有 1968 年安装的格兰欧德鼓式发麦机，配有 18 个鼓和 4 个烘干窑，每年可发麦 45 000 吨。

核心产品系列包括苏格登格兰欧德 12 年、15 年和 18 年。免税店系列包括签名版（Signature）、Trinité、Liberté 和 Artisan。还有一种仅在酒厂销售的庆祝版（Celebratory）。最近的限量版包括三款高年份的产品（38 年、39 年和 40 年）。2024 年秋季，一款 14 年的特别发布（Special Relesaes），以 54.7% 的酒精度装瓶，这款威士忌的陈酿过程非常复杂，涉及多种桶，包括旧波本桶、翻新的葡萄酒桶，以及实验性的桶。这些实验性桶使用了欧洲橡木和比利牛斯山脉橡木制成的桶。

历史：

1838 年	托马斯·麦格雷戈（Thomas McGregor）创立了这家酿酒厂。
1855 年	亚历山大·麦克莱南（Alexander MacLennan）和托马斯·麦格雷戈（Thomas McGregor）买下了这家酿酒厂。
1870 年	亚历山大·麦克莱南去世，他的遗孀接管了酿酒厂，并嫁给了银行家亚历山大·麦肯齐（Alexander Mackenzie）。
1877 年	亚历山大·麦肯齐租赁了酿酒厂。
1878 年	亚历山大·麦肯齐建造了一座新的蒸馏房，在一场火灾毁之前勉强开始生产。
1896 年	亚历山大·麦肯齐去世，酿酒厂以 15 800 英镑的价格卖给了詹姆斯·沃森公司（James Watson & Co.）。
1923 年	詹姆斯·沃森的儿子约翰·贾贝兹·沃森（John Jabez Watson）去世，酿酒厂被卖给了约翰·杜瓦父子公司。酒厂名称从格兰奥兰（Glen Oran）改为格兰欧德。
1961 年	安装了一个萨拉丁箱。
1966 年	将两个蒸馏器增加到了 6 个。
1968 年	建立了滚筒发麦厂。
1983 年	萨拉丁箱中的发麦工作停止。
1988 年	开设了一个游客中心。
2002 年	推出了 12 年陈酿。2005 年推出了 30 年陈酿。
2006 年	推出了 12 年陈酿的苏格登格兰欧德。
2010 年	在中国台湾地区发布了苏格登格兰欧德 15 年陈酿。
2012 年	发布了苏格登格兰欧德桶强版。
2013 年	推出了苏格登格兰欧德签名版（Signature）、Trinité、Liberté 和 Artisan 系列。
2015 年	发布了大师桶（Master's Casks）40 年陈酿。
2017 年	推出了一款专为亚洲市场准备的 41 年陈酿。
2018 年	作为特别发行的一部分，推出了一款 14 年三重熟成的威士忌。
2019 年	发布了一款 43 年陈酿以及一款 18 年陈酿的特别发布（Special Release）。
2022 年	推出了 34 年陈酿传世臻品（Prima & Ultima）和 15 年陈酿特别发布。
2023 年	发布了一款在萨凯帕（Ron Zacapa）朗姆酒桶中进行了 28 年二次熟成的 40 年陈酿。
2024 年	推出一款 14 年的特别发布。

格兰欧德 12 年品鉴笔记：

GS- 闻香时有蜂蜜麦芽和牛奶巧克力的香气，略带橙香。这些特点延续到甜美、易饮的口感上，伴随着饼干的风味。尾韵微妙地干燥，中等长度，带有辛辣的余味。

12 年陈酿

格兰路思（Glenrothes）

[glen · roth · iss]

所有者：爱丁顿集团
　　　　The Edrington Group
地区/区域：斯佩塞
成立时间：1878 年
状态：活跃
产能：5 600 000 升
地址：Rothes, Moray shire AB38 7AA
电话：01340 872300

多年来，虽然格兰路思一直受到鉴赏家们的喜爱，但在爱丁顿集团的产品组合中，它常常扮演着次要角色，大部分注意力都集中在麦卡伦（Macallan）和高原骑士（Highland Park）上。

事后看来，该品牌发展壮大的部分原因可能是 20 世纪 90 年代中期决定开始按年份而非酒龄声明发布威士忌。这种不寻常的做法并不总是容易被消费者接受，因此酒厂在 2018 年放弃了这种做法。从那时起，年销量一直保持在约 60 万瓶，现在爱丁顿集团决定通过推出年份更久的产品来塑造品牌的高端性。

格兰路思单一麦芽威士忌一直是调和大师们的最爱之一，部分原因是格兰路思经过陈酿后，始终能够保持酒厂的 DNA，即新鲜橙子的味道，而不会被橡木桶的味道所掩盖。其原因可能是这种威士忌是用地下火山泉水酿造的，水质异常柔软。事实上，根据苏格兰威士忌研究所最近的一项调查，这可能是业内最柔软的水源。

格兰路思酒厂配备了一个 5.5 吨的不锈钢全过滤糖化锅。12 个由俄勒冈松木制成的发酵槽在一个房间内，而相邻的现代发酵房则安装了 8 个新的不锈钢发酵槽——所有发酵过程的时间均为 58 小时。宏伟的、类似教堂般的蒸馏房内有 5 对蒸馏器，进行非常缓慢的蒸馏过程。2024 年的目标是每周完成 48 次糖化过程，生产大约 4 200 000 升纯酒精。

10 年和 12 年的版本以及酿酒师精选系列（Whisky Maker's Cut）已停产，目前的核心产品线包括 18 年（全部在欧洲橡木雪莉桶中熟成）和 25 年（结合了欧洲和美国橡木的雪莉桶）。2024 年秋季，产品线增加了一款主要在美国橡木雪莉桶中熟成的 15 年威士忌。此外还有一些 40 年及以上的限量版陈酿，其中一些专供特定市场。

1878 年	詹姆斯·斯图尔特公司（James Stuart & Co.）与罗伯特·迪克（Robert Dick）、威廉·格兰特（William Grant）和约翰·克鲁克申克（John Cruickshank）合伙开始规划新的酿酒厂。
1879 年	生产于 12 月开始。
1884 年	酿酒厂更名为格兰路思-格兰威特（Glenrothes-Glenlivet）。
1887 年	威廉·格兰特公司（William Grant & Co.）与艾雷岛酿酒厂公司（William Grant & Co.）联合成立高地酿酒公司（Highland Distillers Company）。
1897 年	大火。1903 年爆炸。
1963 年	蒸馏器从 4 个扩展到 6 个。
1980 年	蒸馏器扩展到 8 个。
1989 年	蒸馏器扩展到 10 个。
1999 年	爱丁顿和威廉·格兰特父子公司收购高地酿酒公司。
2002 年	推出 1966—1967 年的 4 桶单一麦芽威士忌。
2005 年	推出一款 30 年陈酿，以及精选珍藏（Select Reserve）和 1985 年份酒。
2008 年	推出 1978 年份酒和罗布珍藏（Robur Reserve）。
2009 年	发布格兰路斯约翰·拉姆齐（John Ramsay）、阿尔巴珍藏（Alba Reserve）和三十年（Three Decades）。
2010 年	贝里兄弟（Berry Brothers）接管了该品牌。
2011 年	发布品鉴师精选桶（Editor's Casks）。
2013 年	推出 2001 年份酒及曼斯布雷（Manse Brae）系列。
2014 年	发布雪莉桶珍藏（Sherry Cask Reserve）和 1969 年非凡桶（1969 Extraordinary Cask）。
2015 年	发布格兰路思年份单一麦芽（Glenrothes Vintage Single Malt）。
2016 年	推出了泥煤桶珍藏（Peated Cask Reserve）和祖先珍藏（Ancestor's Reserve）。
2017 年	品牌回归爱丁顿集团，并引入格兰路斯葡萄酒商收藏系列（The Glenrothes Wine Merchant's Collection）。
2018 年	整个系列进行了更新，引入 4 种带有酒龄声明的新装瓶。
2019 年	发布 40 年陈酿和 50 年陈酿。
2023 年	推出 42 年陈酿。
2024 年	发布 15 年陈酿。

格兰路思 18 年品鉴笔记：

IR- 成熟的梨和甜美的香草豆荚，提神的杏仁香气和一丝干姜的味道。口感丰富而深沉，带有甜姜、梨和玫瑰水的味道，芬芳的水果和轻微的橡木味，以及淡淡的奶油香草底蕴。

18 年陈酿

倾听威士忌之声

我对威士忌的看法

克里斯·特雷维诺（Chris Trevine）
烈酒品鉴频道"酒猎犬"（LiquorHound）
创始人兼主理人

您觉得目前哪种类别或风格的威士忌被低估或忽视了？

对我来说，最被低估和忽视的威士忌当属单一谷物威士忌。长期以来，它一直被认为用于调配廉价混合威士忌。我告诉所有人，单一谷物威士忌可以和单一麦芽威士忌一样出色，只是需要时间来陈酿。20 年以上的陈酿品尼品佳状态，但偶尔也能在 10～15 年陈酿的酒款中发现珍品。我常借助这些单一谷物威士忌引领波本威士忌爱好者走进苏格兰威士忌的世界。

在与消费者互动时，威士忌生产商是否会忽略一些问题？

我认为，生产者很容易忽视保持消费者心态。生产者往往会对自己生产的产品情有独钟，但其实，只有不断去尝试其他人的产品（无论是当下流行的还是过去的经典），才能真正了解自己的产品在市场上的位置。只有这样，才能有信心向消费者提供一款大多数人都会非常满意的产品。

对于刚进入威士忌世界的新手，您有哪三大重要的建议？

1. 不要花过多的钱去买那些被炒得很热的酒款！先在酒吧品尝一下（甚至可以和朋友合点一份），看看自己是否喜欢该酒厂的风格，再花自己的血汗钱。

2. 与社交平台上口碑好的品鉴者同步品鉴威士忌。这能帮你分辨自己所感受到的香气和风味，在这个过程中构建起自己的品鉴知识库。

3. 加入当地的威士忌爱好者团体，这样能结识其他威士忌同好，大家可以一起品尝各种不同的酒款，而又不至于花费太多钱。这是找到自己喜欢的威士忌的最佳途径。

来自"世界其他地区"的新威士忌是否已经能够挑战苏格兰威士忌作为一个类别的地位？如果可以的话，它们是以什么方式做到的？

我得说，全球各地的过桶陈酿威士忌正冲击着一些苏格兰威士忌的风格。比如有价格亲民、酒精度低却风味浓郁的印度因德里（Indri）单一麦芽威士忌；还有像雅沐特（Amrut）和噶玛兰（Kavalan）多年来一直在推出的风味醇厚、个性鲜明的原桶强度威士忌；甚至还有接种了酒曲的大米单一谷物威士忌，我觉得它们很独特，喝起来很享受（不过价格有点偏高）。

近年来威士忌的价格迅速上涨，高端化已成为生产商之间的流行口号。您对这一现象有何看法，您认为未来会如何发展？

价格与品质之间必须始终保持平衡。在我看来，你可以把任何东西都称作"高端产品"，但真正重要的是瓶中的内容。一个外观精美、定制的瓶子，里面装的却是品质欠佳的威士忌，可能只会卖出一次。而一个简简单单的瓶子，里面装着令人惊艳的威士忌，却会反复热卖——这才是我所追求的。过去几年威士忌市场一直在下滑，所以我认为他们最终会被迫意识到这一点。

在您对任何生产商的威士忌进行品鉴时，他们的道德标准有多重要？

一想到这，我脑海中就冒出好几件事，所以这可能得说上一会儿。首先（对我来说也是最重要的），生产商秉持尽可能向消费者提供所饮威士忌详细信息的理念。有些生产商宣传为"从谷物到酒杯"，但其实就是一些简单细节，比如使用的谷物种类、谷物来自哪些农场、具体的水源，以及所用酒桶的类型（初次使用桶还是再次使用桶）。当生产商提供此类信息时，我们消费者就能确切看到这些细微之处所带来的差异。

我欣赏生产商的第二种表现是他们真正考虑到了自身所处的环境和风土条件。在得克萨斯州，威士忌产业刚起步时，有种过于简单的想法，即得克萨斯州炎热的气候意味着威士忌可以快速陈酿成熟。但他们后来发现，高温也会带来大量单宁，酿出的威士忌橡木味过重。幸运的是，多年后，一些生产商找到了应对方法，比如使用更大的酒桶，以及借鉴法国干邑大师的"培养"（élevage）陈酿工艺，不仅在最终调配降低酒精度时加水，在陈酿过程中也往酒桶里加水，以使那些浓重的单宁更好地融合。2014 年起，铁根（Ironroot）酒厂率先采用了"得克萨斯州陈酿法"引领这一潮流，而巴尔科内斯（Balcones）和斯蒂尔奥斯汀（Still Austin）酒厂也采用了其中一些技术，我认为它们都因此有所提升。

谈及道德规范，我很赞赏威士忌酿造过程中，对环境可持续发展及环保措施的践行。我觉得，若要确保我们一直都能尽情享用威士忌，最好的办法就是呵护孕育它的土地与水源。

您的个人威士忌偏好多年来有何变化？现在您在寻找什么？

刚开始的时候，我什么都想尝试，但体验足够多之后，你就能专注于那些真正喜欢的风格、酒厂、陈酿时长或过桶方式。如今，我通常会寻觅一些我喜爱的酒厂，如克莱嘉赫（Craigellachie）、格兰纳里奇（GlenAllachie）、高原骑士（Highland Park）、云顶（Springbank）和朗摩（Longmorn），推出的 15 年左右（如果买得起，年份更久的也行）的原桶强度威士忌。话虽如此，像艾德麦康（Ardnamurchan）和拉赛岛（Isle of Raasay）这样的新兴酒厂，用低年份的原酒也能酿出很棒的威士忌。

随着新一代中越来越多的人开始接受无酒精和低酒精饮品，您认为威士忌会有失宠的危险吗？

我认为，根据不同的社交场合，（含酒精和无酒精威士忌）两者都有存在空间。虽然有低酒精度或无酒精的选择是好事，但对我来说，更重视真酒的风味影响。不过，一旦有无酒精版的布朗拉（Brora）替代产品上市，我会准备好一试！

世界上绝大多数威士忌消费者并不追求新体验，他们更愿意坚持自己喜爱的品牌。对于生产商和威士忌的未来而言，规模较小的威士忌爱好者群体有那么重要吗？

对我来说，它们意义重大！你说得没错，一直以来（以后也会是），总有那么些人只喝自己喜欢的酒，但威士忌品类能发展到如今的规模，靠的可不只是这些人。威士忌爱好者群体赋予了生产商真正探索创新的空间。

苏格兰麦芽威士忌蒸馏厂

格兰帝（Glen Scotia）

[glen sko·sha]

所有者：罗曼湖集团（高瓴资本旗下）
　　　　Loch Lomond Group（Hillhouse Capital Mangement）
地区 / 地区：坎贝尔镇
成立时间：1832 年
状态：运营中（vc）
产能：800 000 升
地址：High Street, Campbeltown, Argyll PA28 6DS
电话：01586 552288

多年来，云顶（Springbank）一直是曾经闻名遐迩的威士忌之都坎贝尔镇仅存的一家持续稳定生产的酒厂。格兰帝酒厂虽也断断续续地蒸馏威士忌，但在 20 世纪 90 年代，它的前景看起来十分黯淡。

然而，1999 年，格兰帝酒厂逐步重启。6 年前的一次所有权变更，将这家酒厂及其品牌推向了新高度。这一转变堪称非凡，2022 年，这个一度被遗忘的品牌售出了 55 万瓶威士忌，并在全球范围内屡获殊荣。如今，酒厂扩大生产的时机已然成熟。这项工作于 2024 年 8 月启动，将安装一台新的糖化锅（仍为传统样式）、更多的发酵槽以及一对蒸馏器。完工后，产能将提升至 1200 000 升。

目前，格伦斯科舍配备了一台传统的 3 吨铸铁糖化锅和 9 个不锈钢发酵槽，每个发酵槽容量为 25 000 升，但实际装填量为 15 000 升。发酵时间有长有短，从 70 小时到 120 小时不等。酒厂有一台初馏器（11 800 升）和一台再馏器（8 600 升），常规酒精度切取范围（72%～63%），而泥煤威士忌的切取酒精度则低至 61%。为了酿造出经典的坎贝尔镇风格威士忌，麦芽汁需保持浑浊，且蒸馏器要短。2024 年，酒厂计划每周进行 13 次糖化作业，产量达 800 000 升纯酒精，其中包括为期 6 周的轻度泥煤（17ppm）和重度泥煤（55ppm）威士忌的生产。

核心产品系列包括双桶陈酿（Double Cask）、双桶朗姆桶过桶（Double Cask Rum Finish）、10 年、15 年、18 年及 25 年陈酿威士忌。此外还有维多利亚（Victoriana）和格兰帝港湾（Glen Scotia Harbour），这两款都带有淡雅的泥煤风味。免税店系列产品有在 PX 雪莉桶中收尾的格兰帝坎贝尔镇 1832（Glen Scotia Campbeltown 1832）、克罗斯希尔桶强（Crosshill Cask Strength，欧罗索桶收尾）、一款 22 年陈酿（茶色波特桶收尾）以及一款 32 年陈酿威士忌。近期的限量版产品包括坎贝尔敦 Icons 系列的第二款——龙（The Dragon），14 年陈酿，泥煤风味且经红酒桶收尾。2023 年 9 月，该酒厂推出了一款 48 年陈酿威士忌，这是其迄今为止发布的年份最久的酒款。

历史：

1832 年	斯图尔特（Stewart）家族和加尔布雷斯（Galbraith）家族创办了 Scotia 酒厂。
1895 年	酒厂被卖给邓肯·麦卡勒姆（Duncan McCallum）。
1919 年	酒厂被卖给西高地麦芽威士忌蒸馏者（West Highland Malt Distillers）。
1924 年	西高地麦芽威士忌蒸馏厂破产，邓肯·麦卡勒姆回购了酒厂。
1930 年	酒厂关闭，邓肯·麦卡勒姆自杀。
1933 年	布洛赫兄弟有限公司（Bloch Brothers Ltd）接管酒厂，恢复生产。
1954 年	海勒姆·沃克（Hiram Walker）接管酒厂。
1955 年	A. 吉利斯公司（A. Gillies & Co.）成为新的所有者。
1970 年	A. 吉利斯公司成为联合蒸馏产品公司（Amalgamated Distilled Products）的一部分。
1979 年	酒厂重建。1984 年酒厂关闭。
1986 年	联合蒸馏产品公司被吉布森国际（Gibson International）收购。
1989 年	酒厂再次恢复生产。
1994 年	格伦卡特琳保税仓库有限公司（Glen Catrine Bonded Warehouse Ltd）接管酒厂，酒厂暂停运营。
1999 年	在罗曼湖酒厂（Loch Lomond Distillery）的监管下，酒厂重新启动，使用云顶酒厂的员工。
2000 年	5 月起，罗曼湖酒厂使用自己的员工运营酒厂。
2005 年	发布一款 12 年陈酿威士忌。
2006 年	发布一款泥煤风味版本威士忌。
2012 年	推出新的产品系列。
2014 年	发布一款 10 年陈酿和一款无年份标识威士忌，两款均为重度泥煤风味。
2015 年	发布新的产品系列，包括双桶陈酿、15 年陈酿和维多利亚威士忌。
2017 年	发布一款 25 年陈酿、一款 18 年陈酿，以及两款免税店装瓶。
2019 年	酒厂被卖给高瓴资本管理公司（Hillhouse Capital Management）。
2021 年	发布一款 46 年陈酿。
2022 年	推出双桶朗姆桶过桶威士忌。
2023 年	发布美人鱼（The Mermaid）和一款 48 年陈酿。
2024 年	发布龙（The Dragon）。

格兰帝双桶（Double Cask）品鉴笔记：

GS- 闻香甜美，带有黑莓和红醋栗的香气，还有焦糖与香草的气息。口感顺滑，有姜味、雪莉酒风味以及更浓郁的香草味。余味悠长，带有辛辣的雪莉酒味道，最后还有一丝海水的咸香。

双桶

格兰斯佩（Glen Spey）

Photo: © Raymond MacDonald

[glen spey]

所有者：帝亚吉欧
　　　　Diageo
地区 / 地区：斯佩塞
成立时间：1878 年
状态：活跃
产能：1 500 000 升
地址：Rothes, Morayshire AB38 7AU
电话：01340 831215

如今，格兰斯佩生产金酒而非威士忌，这种情况至少已有 4 年。这或许看似奇特，但从历史上看，一家酒厂停产数年，甚至转而生产其他烈酒，并非罕见之事。

帝亚吉欧的官方立场是未来让格兰斯佩酒厂重新回归威士忌生产。不过，在此之前，可能需要对设备进行大量的检修。

格兰斯佩是罗斯镇的 4 家威士忌酒厂之一。从历史上看，这些酒厂以及其他几家酒厂曾携手处理蒸馏过程中的副产品。罗斯镇目前有一家工厂，利用酒糟和蒸馏物生产可再生能源以及动物液体饲料。从可持续发展的角度来看，如今这样的做法无可争议，但在一百年前，人们的看法却截然不同。詹姆斯·伊迪（James Eadie）出版的《大不列颠及爱尔兰的威士忌蒸馏厂》The Distilleries of Great Britain & Ireland 一书中，在关于格兰斯佩酒厂的章节里有这样一句话："事实上，在大多数斯佩塞地区的酒厂，净化处理都被视为一种'必要之恶'。"世事变化真是大啊！

该酒厂配备了一台 4.4 吨的半过滤式糖化锅、8 个不锈钢发酵槽，发酵时间有短（46 小时）有长（100 小时），以及两对蒸馏器。两台再馏器都装有净化器，可增加回流，还有助于去除较重的酯类物质。由于麦芽汁浑浊，格兰斯佩新酿的酒带有坚果味，且略有些油润。尽管 2017 年安装了新的控制室，但格伦斯佩在很大程度上仍属于人工操作的酒厂。

几乎所有产品都用于调配威士忌，尤其是 J&B 的调和威士忌。时不时会有独立装瓶商对格兰斯佩威士忌感兴趣，多年来，苏格兰麦芽威士忌协会（Scotch Malt Whisky Society）已经发布了近 50 款单桶威士忌。唯一官方出品的单一麦芽威士忌是花鸟系列（Flora & Fauna）的 12 年陈酿。2010 年，发布了两款限量版威士忌——一款是 1996 年用全新美国橡木桶陈酿的单桶威士忌，另一款是在雪莉桶风味的美国橡木桶中陈酿 21 年的威士忌。

历史：

1878 年	詹姆斯·斯图尔特公司（James Stuart & Co.）创立了这家酒厂，当时它被称为罗西斯磨坊（Mill of Rothes）。
1886 年	詹姆斯·斯图尔特买下麦卡伦（Macallan）。
1887 年	W. & A. 吉尔比（W. & A. Gilbey）以 1.1 万英镑买下该酒厂，成为首家收购苏格兰麦芽威士忌酒厂的英国公司。
1920 年	酒厂突发火灾，主体部分重建。
1962 年	W. & A. 吉尔比与联合葡萄酒贸易商（United Wine Traders）合并，组建国际蒸馏酒与葡萄酒商公司（International Distillers & Vintners，简称 IDV）。
1970 年	蒸馏器数量从两台增加到 4 台。
1972 年	IDV 被沃特尼·曼恩（Watney Mann）收购，随后沃特尼·曼恩又被大都会集团（Grand Metropolitan）收购。
1997 年	健力士与大都会集团合并成立帝亚吉欧。
2001 年	花鸟系列推出一款 12 年陈酿威士忌。
2010 年	推出特别发布：一款 21 年陈酿威士忌，一款 1996 年的经理之选（Manager's Choice）单桶威士忌。

12 年陈酿

格兰斯佩 12 年品鉴笔记：

GS- 香气相对淡雅，有热带水果与麦芽的气息。酒体适中，口感上有新鲜水果与香草太妃糖的味道，余味中坚果味渐浓，且愈发干爽，伴有柔和的橡木，以淡淡的烟熏味收尾。

格兰道奇（Glentauchers）

[glen · tock · ers]

所有者：芝华士兄弟公司（保乐力加集团）
　　　　Chivas Brothers（Pernod Ricard）
地区/区域：斯佩塞
成立时间：1897 年
状态：活跃
产能：4 200 000 升
地址：Mulben,Keith,Banffshire AB55 6YL
电话：01542 860272

格兰道奇是芝华士兄弟公司旗下 12 家麦芽蒸馏厂中首个实现碳中和的。这一成就在 2022 年达成，紧随其后的是欧特班（Allt-a-Bhainne）和达姆纳克（Dalmunach）。

三家蒸馏厂的根本性改变是在蒸馏器上应用了 MVR 技术（机械蒸汽再压缩）。这一技术使蒸馏器的能耗降低了 90%，同时蒸馏现场的能源需求减少了 50%。

1910 年左右，格兰道奇、康法摩尔（Convalmore）和洛赫鲁安（Lochruan）蒸馏厂开始了一项试验，使用连续蒸馏器生产麦芽威士忌。这三家蒸馏厂均由詹姆斯·布坎南（James Buchanan）所有，但试验仅持续了几年。这并非首次尝试，早在 1855 年，格兰马维斯（Glenmavis）蒸馏厂就安装了科菲蒸馏器（也称为连续蒸馏器或柱式蒸馏器）来生产单一麦芽威士忌。近年来，罗曼湖（Loch Lomond）酒厂也采取了类似做法，但根据苏格兰威士忌协会的要求，其产品必须被标记为谷物威士忌而非麦芽威士忌。格兰道奇是芝华士兄弟公司中最不为人知的蒸馏厂之一，由威士忌大亨詹姆斯·布坎南创立，他的黑白狗（Black & White）调和威士忌显然是第一个依靠格兰道奇调配出来的。随着所有权的更迭，它逐渐成为教师（Teacher）的招牌麦芽威士忌，如今，它已成为百龄坛（Ballantine）不可或缺的一部分。

该蒸馏厂配备了一个 12.2 吨的不锈钢全过滤糖化锅，顶部为铜制。有 6 个用俄勒冈松木制成的发酵槽，发酵时间为 56 小时，以及三对蒸馏器。蒸馏厂目前每周进行 18 次糖化（在 5 天的工作周中为 12 次糖化），年产量达到 4 000 000 升纯酒精。

2017 年，百龄坛单一麦芽系列推出了 15 年的官方装瓶。该产品现已停产，但 23 年的产品仍在售。此外，还有三款桶强装瓶在蒸馏厂储备系列中，可以在所有芝华士的游客中心找到——两款 13 年和一款 21 年的产品。

历史：

- **1897 年** 詹姆斯·布坎南和来自格拉斯哥的威士忌商人 W.P. 劳里（W. P. Lowrie）共同创立了这家蒸馏厂。
- **1898 年** 生产开始。
- **1906 年** 詹姆斯·布坎南公司接管了整个蒸馏厂，并获得了 W.P. 劳里公司 80% 的股份。
- **1915 年** 詹姆斯·布坎南公司与帝王（Dewars）合并。
- **1923 年** 糖化房和发麦厂重建。
- **1925 年** 布坎南－帝王加入蒸馏者有限公司（DCL）。
- **1930 年** 格兰道奇所有权转移给苏格兰麦芽蒸馏集团（SMD）。
- **1965 年** 蒸馏器的数量从两个增加到 6 个。
- **1969 年** 地板发麦被放弃。
- **1985 年** DCL 将蒸馏厂闲置。
- **1989 年** 同盟蒸馏者（前 DCL）将蒸馏厂出售给克里多尼亚麦芽威士忌蒸馏者（Caledonian Malt Whisky Distillers），这个公司是同盟蒸馏者（Allied Distillers）的子公司。
- **1992 年** 8 月恢复生产。
- **2000 年** 发布了一款 15 年的格兰道奇威士忌。
- **2005 年** 芝华士兄弟（保乐力加）通过收购联合多美成为新所有者。
- **2017 年** 在百龄坛单一麦芽系列中发布了一款 15 年的格兰道奇威士忌。
- **2021 年** 发布了一款 23 年的格兰道奇威士忌。

格兰道奇 15 年品鉴笔记：

IR- 在闻香上非常美味，既有花香又有果香，还有香草、糕点、石楠花和蜂蜜的味道。口感上依然保持果味，另外还有烤坚果、太妃糖和牛奶巧克力的额外风味。

15 年陈酿

特睿谷（Glenturret）

[glen · turr · et]

所有者：莱俪集团／汉斯约格·怀斯
Lalique Group/Hansjörg Wyss
地区／区域：南部高地
成立时间：1763 年
状态：活跃（vc）
产能：500 000 升
地址：The Hosh, Crieff, Perthshire PH7 4HA
电话：01764 656565

特睿谷是一个在某些方面达到极致的蒸馏厂：它既是苏格兰现存最古老蒸馏厂之一，同时也是规模最小的蒸馏厂之一，它还是苏格兰乃至全世界唯一一家拥有两星级米其林餐厅的蒸馏厂。几年来，"最古老的酿酒厂"一直是一个争论不休的话题，波摩（Bowmore）和格兰盖瑞（Glen Garioch）都在争夺这一头衔。不过，新发现的文件似乎让特睿谷成功胜出。在爱丁顿集团拥有该酒厂的 17 年里，这里曾是威雀酒厂体验之旅（The Famous Grouse Experience）的所在地，但在 2019 年莱俪（Lalique）集团接管后，这一体验被中止了。新所有者的工作重点是提高产能、扩展瓶装酒的系列，尤其是要将酒厂打造成美食和奢华的旅游目的地。

从 1921 年到 1959 年，蒸馏厂曾一度关闭，大部分设备被拆除。酒厂复兴要归功于詹姆斯·费尔利，他于 1957 年买下了这些建筑，并设法在杜丽巴汀（Tullibardine）找到了一些二手设备。费尔利在调和威士忌行业中有一定的背景，但作为一个威士忌爱好者，他爱上了这个老厂址。他的理念是使用传统方法制作麦芽威士忌，从这个意义上说，他是当今威士忌手工艺运动的先驱。

该蒸馏厂配备了一个 1.9 吨的不锈钢半过滤糖化锅。有 8 个 8 000 升的道格拉斯冷杉发酵槽，发酵时间为 100～120 小时，以及一对蒸馏器。2024 年的生产目标是 312 000 升纯酒精。

核心系列包括 7 种不同酒精浓度的表达：三重木桶（Triple Wood）、7 年烟熏（Peat Smoked）、10 年烟熏（Peat Smoked）、14 年烟熏（2024 年新品），以及 12 年、15 年、25 年和 30 年陈酿。还推出了一系列非常限量的瓶装：三一系列（The Trinity），首款为 33 年；2023 年经理之选（Manager's Dram）第三次发布。2024 年春天，还发布了第一款金酒——阿伯塔里（Aberturret）。

历史：

1763 年	在今天的特睿谷所在地，有一个名为图罗（Thurol）的蒸馏厂在运营。
1818 年	约翰·德拉蒙德（John Drummond）成为许可证持有者，直到 1837 年。
1826 年	附近有一个名为特睿谷的蒸馏厂，但在 1852 年之前被废弃。
1852 年	约翰·麦卡勒姆（John McCallum）成为许可证持有者，直到 1874 年。
1875 年	霍什蒸馏厂（Hosh Distillery）接管了特睿谷蒸馏厂的名称，并由托马斯·斯图尔特（Thomas Stewart）管理。
1903 年	米切尔兄弟有限公司（Mitchell Bros Ltd.）接管。
1921 年	生产停止，建筑仅用于威士忌储存。
1929 年	米切尔兄弟有限公司清算，蒸馏厂被拆除，设施用于农业储存。
1957 年	詹姆斯·费尔利（James Fairlie）购买蒸馏厂并重新装备。
1959 年	生产重新开始。
1981 年	雷米·库安特罗（Remy-Cointreau）购买蒸馏厂并投资建设游客中心。
1990 年	高地蒸馏者接管。
1999 年	爱丁顿和威廉·格兰特父子公司以 6.01 亿英镑购买高地蒸馏者。购买公司 1887 公司是爱丁顿（70%）和威廉·格兰特（30%）之间的合资企业。
2002 年	成本为 250 万英镑的威雀酒厂体验游客中心开幕。
2003 年	10 年的特睿谷取代了 12 年的特睿谷成为蒸馏厂的标准发布。
2007 年	发布了三个新的单桶。
2013 年	发布 18 年的桶强作为蒸馏厂独家产品。
2014 年	发布了一款 1986 年的单桶。
2015 年	发布了雪莉、三重木桶和泥煤版本。
2016 年	发布了 16 位酿酒师（Fly's 16 Masters）。
2017 年	发布了 Cameron's Cut、Jamieson's Jigger Edition 和 Peated Drummond Edition。
2019 年	莱俪集团和汉斯约格·怀斯（Hansjörg Wyss）收购蒸馏厂。
2020 年	发布了全新的核心系列。
2021 年	发布了特睿谷捷豹（Jaguar E-Type）。
2024 年	发布了 14 年的烟熏（Peat Smoked）。

特睿谷 12 年品鉴笔记：

GS- 最初带有圣诞蛋糕和旧皮革的气息，温暖的香料、干果和陈年橡木的味道。口感甜美丰富，带有酸橙的酸味、肉桂、枣、核桃、焦糖和持久的姜味。

12 年陈酿

高原骑士（Highland Park）

[hi · land park]

所有者：爱丁顿集团
　　　　　The Edrington Group
地区/区域：高地（奥克尼）
成立时间：1798 年
状态：活跃（vc）
产能：2 500 000 升
地址：Holm Road, Kirkwall, Orkney KW15 1SU
电话：01856 874619

2024 年 4 月，高原骑士威士忌酒厂暂时关闭，停止生产也谢绝访客，以便进行重大升级，特别是为了实现其可持续性目标。

高原骑士自行麦芽化约 25% 的原料，过去一直使用泥煤和焦炭作为窑炉燃料。通过安装新的热回收系统，利用蒸馏过程中产生的热量来干燥大麦，预计可将二氧化碳排放量减少 20%，这是为了在 2030 年前将总排放量减少 50% 的第一步。在关闭期间，现有的糖化锅将被更高效的设备替换，所有 12 个发酵槽也将更新。

2008 年，高原骑士威士忌在单一麦芽销量排行榜上位居前 10。到 2022 年，其销量可能增长了 80%，达到 240 万瓶，尽管同期其他品牌的销量增长更为显著。2022 年的数据显示，高原骑士威士忌在单一麦芽销量中排名第 19。然而，重要的是要注意这一排名是基于销量而非销售额。多年来，高原骑士威士忌及其姊妹品牌（包括麦卡伦 Macallan 和格兰路思 Glenrothes）的长期目标是在市场中确立其在高端和超高端领域的定位。

高原骑士威士忌酒厂目前使用一个 12 吨的半过滤糖化锅，尽管实际糖化量为 6.5 吨。糖化锅与 11 个俄勒冈松木制成的发酵槽和一个西伯利亚落叶松制成的发酵槽位于同一房间。酒厂每周运营 7 天，发酵时间为 60 小时。在另一个建筑中，有两个 14 600 升的初馏器和两个 9 000 升的再馏器，全部配备水平林恩臂和室外冷凝器。酒心的截取区间为 74%~64%。过去几年，每周进行 22 次糖化，年产纯酒精总量达到 2 500 000 升。高原骑士自行麦芽化约 25% 的麦芽，共有 5 个发麦车间，容量接近 36 吨大麦。发芽的大麦最初使用泥煤干燥 8 小时，最后 19 小时使用焦炭，这使得酚类物质含量达到 30~40ppm，而从辛普森公司采购的麦芽则未经过泥煤化处理。

高原骑士威士忌的核心产品线包括 12 年的维京荣耀（Viking Honour）、15 年的维京之心（Viking Heart）、18 年的维京骄傲（Viking Pride），以及 21 年、25 年、30 年和 40 年的版本。前三款产品将在 2024 年 10 月更换新包装。核心系列中还包括分批发布的桶强（Cask Strength）版本，而龙传奇系列（Dragon Legend）已经停产。2024 年 10 月，将为旅游零售市场推出一个新的产品线，同时当前系列的剩余库存将售罄。新产品线包括在美国橡木旧雪莉桶中熟成的熊之精神（Spirit of the Bear）、14 年的狼之忠诚（Loyalty of the Wolf，在美国橡木旧雪莉桶和旧波本桶的组合中熟成）、16 年的鹰之翼（Wings of the Eagle，来自欧洲橡木前雪莉桶），以及免税版的维京骄傲。近期限量版产品包括酒厂有史以来最老的发布——一款 54 年的陈酿，于 2023 年春季推出。

历史：

1798 年　大卫·罗伯逊（David Robertson）创立了蒸馏厂。当地走私者和商人马格努斯·恩森（Magnus Eunson）曾在这个地点非法生产威士忌。

1816 年　约翰·罗伯逊（John Robertson），一名逮捕了马格努斯·恩森（Magnus Eunson）的税务官，接管了生产。

1826 年　高原骑士获得许可证，蒸馏厂由罗伯特·博维克（Robert Borwick）接管。

1840 年　罗伯特的儿子乔治·博维克（George Borwick）接管，但蒸馏厂状况恶化。

1869 年　弟弟詹姆斯·博维克（James Borwick）继承了高原骑士，并试图出售它，因为他不认为蒸馏烈酒与他的牧师身份相容。

1895 年　詹姆斯·格兰特（来自格兰威特蒸馏厂）购买了高原骑士。

1898 年　蒸馏厂从两个蒸馏器扩展到 4 个。

1937 年　高地蒸馏厂购买了高原骑士。

1979 年　高地蒸馏厂对高原骑士单一麦芽展开大规模营销投入，显著提高了销量。

1986 年　一个被认为是苏格兰最好的游客中心开幕。

1997 年　推出了两款新的高原骑士威士忌，分别是 18 年和 25 年陈酿。

1999 年　高地蒸馏者被爱丁顿集团和威廉·格兰特父子公司收购。

2005 年　发布高原骑士 30 年陈酿。为免税市场发布 16 年陈酿和大使桶（Ambassador's Cask）1984 年。

2006 年　发布大使桶第二版，这是 1996 年份的 10 年陈酿。

2007 年	发布 Rebus 20（21 年的免税独家）、38 年和 39 年陈酿。
2008 年	发布了 40 年陈酿和大使桶（Ambassador's Cask）的第三版和第四版。
2009 年	发布了两个年份和伯爵马格努斯（Earl Magnus）15 年陈酿。
2010 年	发布了 50 年陈酿的至马格努斯（Saint Magnus）12 年，奥克尼（Orcadian）1970 年以及 4 个免税年份酒。
2011 年	发布了 1970 年份酒、Leif Eriksson 和 18 年的伯爵哈康（Earl Haakon）。
2012 年	发布了索尔（Thor）和 21 年的陈酿。
2013 年	发布了洛基（Loki）和新的免税系列战士（The Warriors）。
2014 年	发布了芙蕾雅（Freya）和黑暗起源（Dark Origins）。
2015 年	发布了奥丁（Odin）。
2016 年	发布了霍布斯特（Hobbister）、冰山系列（Ice Edition）、英格瓦（Ingvar）和克里斯蒂安一世国王（King Christian I）。
2017 年	发布了瓦尔基里（Valkyrie）、龙之传奇（Dragon Legend）、掠夺之旅（Voyage of the Raven）、希尔（Shiel）、音浪（Full Volume）、黑暗（The Dark）和光明（The Light）。
2018 年	新的免税装瓶包括熊之精神、狼之忠诚和鹰之翼。还限量发布战神（Valknut）。
2019 年	发布了扭曲纹身（Twisted Tattoo）、英灵之父（Valfather）、Triskelion 和 21 年陈酿。
2020 年	核心系列中增加了桶强。
2021 年	发布了 15 年陈酿和 50 年陈酿。
2023 年	发布了 54 年陈酿，这是迄今为止高原骑士最老的表达。发布了 15 年陈酿的桶强。

高原骑士 12 年品鉴笔记：

GS- 闻香时散发着芬芳和花香，带有石楠花和一丝香料的气息。口感平滑且带有蜂蜜味，伴有柑橘类水果、麦芽和独特的木质烟熏调，在温暖、悠长、略带泥煤味的尾韵中显得格外突出。

21 年陈酿　　54 年陈酿　　狼之忠诚

桶强

12 年陈酿　　15 年陈酿

苏格兰麦芽威士忌蒸馏厂

英尺高尔（Inchgower）

[inch · gow · er]

所有者：帝亚吉欧
　　　　Diageo
地区/区域：斯佩塞
成立时间：1871年
状态：活跃
产能：3 200 000升
地址：Buckie, Banffshire AB56 5AB
电话：01542 836700

虽然对于普通苏格兰单一麦芽威士忌爱好者来说，英尺高尔单一麦芽威士忌可能并不家喻户晓，但仍有不少行家会在独立装瓶商提供的产品中寻找它的身影。

苏格兰麦芽威士忌协会多年来推出了近60种不同的单桶威士忌，香料、水果和一丝海岸咸味的组合似乎吸引了很多消费者。这也是一种适合在调和酒中加入特色的风格，以英尺高尔为例，它就是金铃（Bells）调和酒的一部分。这家蒸馏厂在1938年被著名的调和威士忌公司收购，后来被帝亚吉欧兼并。金铃（Bells）仍然是英国销量第二的调和苏格兰威士忌，仅次于威雀（Famous Grouse），但在过去几十年里，其国际销量已经放缓。2023年，金铃以1 600万瓶的销量位列顶级榜单第20位。

1991年以来，也有官方装瓶可供选择，当时联合酒业（United Spirits，后来成为帝亚吉欧）推出了他们著名的花鸟系列（Flora & Fauna），展示了旗下26家蒸馏厂的产品。之所以取这个名字，是因为酒标上描绘了当地的野生动物，其中一只蛎鹬代表了英尺高尔。

这家蒸馏厂配备了一个8.4吨的不锈钢半过滤糖化锅，其中浑浊的麦汁增加了烈酒的特色，还有6个50 000升的俄勒冈松木制成的发酵槽，分成两个独立的房间。两个初馏器（13 640升）和两个再馏器（8 155升）都是洋葱形状的，并且具有急剧下降的林恩臂。快速蒸馏和中段馏分，酒精度降至异常低的55%，增强了新酒的坚果味和浓郁的风格。2024年的目标是实现一周7天的运营，每周19次糖化，产量为3 200 000升。同时，发酵时间设定为50～52小时，相比之下，如果是一周5天的运营，发酵时间则为短的（42小时）和长的（90小时）。

除了官方的14年花鸟系列英尺高尔单一麦芽威士忌外，还有一些限量版的英尺高尔单一麦芽威士忌装瓶。最近的是2018年秋季发布的27年陈酿，它是年度特别发布（Special Release）的一部分。

历史：

1871年	亚历山大·威尔逊公司（Alexander Wilson & Co.）创立了这家蒸馏厂。
1936年	亚历山大·威尔逊公司破产，巴基市议会（Buckie Town Council）以1 600英镑的价格购买了蒸馏厂和家族住宅。
1938年	蒸馏厂以3 000英镑的价格转卖给了亚瑟·贝尔父子公司（Arthur Bell & Sons）。
1966年	扩展至4个蒸馏器。
1985年	健力士收购了亚瑟·贝尔父子公司。
1987年	通过亚瑟·贝尔父子公司和DCL的合并，成立了联合蒸馏者公司（United Distillers）。
1997年	发布了1974年的英尺高尔（22年陈酿）作为稀有麦芽（Rare Malt）的一部分。
2004年	发布了1976年的英尺高尔（27年陈酿）作为稀有麦芽的一部分。
2010年	发布了1993年的单桶。
2018年	发布了27年陈酿，作为特别发布的一部分。

14年陈酿

英尺高尔14年品鉴笔记：

GS-轻闻时有成熟的梨香和一丝咸味。口中带有草本味和姜味，还有一些酸度。尾韵辛辣、干涩且相对较短。

吉拉（Jura）

[joo · rah]

所有者：怀特马凯（皇胜集团）
　　　　Whyte & Mackay（Emperador Inc）
地区/区域：高地（吉拉岛）
成立时间：1810 年
状态：活跃（vc）
产能：2 500 000 升
地址：Craighouse, Isle of Jura PA60 7XT
电话：01496 820240

在吉拉岛这样一个偏远的小岛上经营一家酿酒厂可能会遇到很多困难。目前岛上有 196 人，岛上的失业率很低，而且随着吉拉品牌的成长，所有者需要雇佣更多的员工。

为了找到员工，他们需要将目光投向大陆，这当然意味着必须能够在吉拉岛上提供住宿。最近，酿酒厂购置了两栋房子，另外两栋目前正在建设中。从长远来看，这对于吉拉蒸馏厂来说，与过去 10 年里所取得的巨大进步相比，这只是一个低廉的代价。在过去 5 年里，吉拉的销售额增长了 80%。2021 年，吉拉在英国市场的销售额与格兰菲迪（Glenfiddich）持平，但第二年，吉拉就稳居领先地位。2022 年的全球销量为 290 万瓶。

酿酒厂有一个 5 吨重的半过滤糖化锅、6 个发酵时间为 60 小时的不锈钢发酵槽和两对蒸馏器。酒头切取时间为 20 分钟，酒心切取区间为 73%～60%。2024 年的计划是每周 28 次糖化，酒精产量接近 2 400 000 升。由于很难获取泥煤麦芽，吉拉 2023 年全年的生产都是无泥煤的。然而在 2024 年，年初有 5 周的生产是使用泥煤麦芽。同年，为了建设一个新的生物质能工厂，2 号仓库被拆除。

核心产品线包括波本桶、10 年、12 年、14 年黑麦桶（Bourbon Cask）、七木（Seven Wood）、12 年和 15 年旧雪莉桶、18 年陈酿、法国橡木桶以及 21 年的潮汐（Tide）。还有一个名为桶装版（Cask Editions）的系列，它是签名系列的一部分，但按季节销售。最新的包括淡啤酒桶（Pale Ale Cask）、红酒桶（Red Wine Cask）、冬季版（Winter Edition）和朗姆酒桶。免税产品有吉拉之声（The Sound）、吉拉之路（The Road）、吉拉之湖（The Loch）、吉拉之湾（The Bay），以及 19 年的吉拉之峰（The Paps）。还有岛民的表达（Islander's Expression）系列，其中第三号（No. 3）在红酒桶中完成陈酿，最近刚刚发布。2024 年推出了一个新的视角系列（Perspective），第一版是 16 年的欧罗索桶过桶。

历史：

1810 年　阿奇博尔德·坎贝尔（Archibald Campbell）创立了一家名为小岛蒸馏厂的蒸馏厂。
1853 年　理查德·坎贝尔（Richard Campbell）将蒸馏厂租给了来自格拉斯哥的诺曼·布坎南（Norman Buchanan）。
1867 年　布坎南申请破产，J.&K. 奥尔（J. & K. Orr）接管了蒸馏厂。
1876 年　许可证转让给了詹姆斯·弗格森父子公司（James Ferguson & Sons）。
1901 年　弗格森拆除了蒸馏厂。
1960 年　查尔斯·麦金莱公司（Charles Mackinlay & Co.）扩展了蒸馏厂。新成立的苏格兰和纽卡斯尔酿酒厂收购了查尔斯·麦金莱公司。
1963 年　第一次蒸馏活动开始。
1985 年　因弗戈登蒸馏厂（Invergordon Distillers）从苏格兰和纽卡斯尔手中收购了查尔斯·麦金莱公司。
1993 年　怀特马凯（Charles Mackinlay & Co.）购买了因弗戈登蒸馏厂。
1996 年　怀特马凯更名为 JBB（Greater Europe）。
2001 年　管理层收购了公司，并更名为 Kyndal。
2002 年　迷信（Superstition）上市。
2003 年　恢复旧名怀特马凯，吉拉 1984 上市。
2006 年　发布了 40 年陈酿。
2007 年　联合酒业购买了怀特马凯。
2009 年　发布了预言（Prophecy）和吉拉之峰。
2012 年　发布了 12 年的吉拉精华（Jura Elixir）。
2013 年　发布了立石（Camas an Staca）、吉拉 1977 和长途旅行（Turas-Mara）。
2014 年　怀特马凯被皇胜集团收购。
2016 年　发布 22 年的旅途一杯（One For The Road）。
2017 年　发布了限量版共饮（One and All）。
2018 年　发布了新的核心技术系列：10 年、12 年和 18 年陈酿，以及两个特别款：旅程（Journey）和七木（Seven Wood）。
2019 年　新的免税系列。
2020 年　红酒桶和冬季版。
2021 年　桶装版。
2022 年　14 年的黑麦桶。
2023 年　波本桶取代了旅程。2024 年引入视角系列。

吉拉 10 年品鉴笔记：

GS- 闻香时能感受到细腻的树脂、油质和松木香气。入口时酒体轻盈，带有麦芽的风味和咸味的干燥感。余味中带有麦芽和坚果的风味，盐分感更为突出，还伴随着一丝轻微的烟熏气息。

12 年陈酿

齐侯门（Kilchoman）

[kil · ho · man]

所有者：齐侯门酿酒厂有限公司
　　　　Kilchoman Distillery Co.
地区/区域：艾雷岛
成立时间：2005 年
状态：活跃（vc）
产能：650 000 升
地址：Rockside farm, Bruichladdich, Islay PA49 7UT
电话：01496 850011

2005 年齐侯门蒸馏厂在艾雷岛开业，这几乎引发了苏格兰新酒厂的爆炸式增长。从那时起，又有 52 家新酒厂成立——这是一个惊人的数字！

安东尼·威尔斯（Anthony Wills）20 年前的大胆举动，尤其是选择艾雷岛作为酿酒地，启发了其他许多新酒厂。齐侯门的发展势头令人振奋，目前，该酒厂年销量约为 60 万瓶，一系列扩建工程接踵而至。2019 年，其产能翻倍，地板发麦规模也持续扩大。但这还远远不够，2025 年，通过增加第三对蒸馏器和 9 个大型酒槽，产能提高到 97.5 万升。目前唯一的不足是，齐侯门 80% 的发麦大麦来自波特艾伦麦芽厂，但自 2022 年底起，麦芽厂已停止向非帝亚吉欧集团的酿酒厂供应大麦。目前，齐侯门将泥煤运往大陆的发麦厂加工，但未来仍需要扩大自己的发麦能力，很有可能会使用萨拉丁箱。

酿酒厂目前的设备包括两个 1.2 吨的不锈钢半过滤糖化锅，14 个 6 000 升的不锈钢发酵槽，平均发酵时间为 82 小时，以及两套蒸馏器，前馏时间仅为 5 分钟，酒心切取区间为 75%～65%。2024 年计划每周进行 12 次糖化，产量达到 500 000 升纯酒精。

齐侯门的核心产品线包括玛吉湾（Machir Bay）和塞纳（Sanaig）。2016 年以来，2024 年首次新增的核心产品——桶强（Batch Strength）。定期但限量发布的在欧罗索桶中陈酿的格姆湖（Loch Gorm）和 100% 艾雷岛（100% Islay），后者完全由岛上种植和麦芽化的大麦制成。最近的限量版产品包括专为 2024 年艾雷岛节（Feis Ile）推出的 2011 年无泥煤波本桶陈酿。还包括一款 16 年陈酿苏玳桶过桶，以及 2024 年 10 月推出的波特桶熟成和塞纳桶强（Sanaig Cask Strength）。对于旅游零售市场的库尔角（Coull Point）和萨利戈湾（Saligo Bay）。

历史：

2002 年　在艾雷岛西部的洛克赛德农场（Rockside Farm），规划新建一座酿酒厂。
2005 年　6 月开始生产。
2006 年　窑炉发生火灾，导致生产暂停几周，但发麦不得不停止一整年。
2007 年　酿酒厂扩建，增加了两个新的发酵槽。
2009 年　9 月 9 日首次发布单一麦芽威士忌，是一款三年陈酿，随后又发布了第二款。
2010 年　发布了三款新产品，并首次进入美国市场。来自布纳哈本（Bunnahabhain）的约翰·麦克莱伦（John Maclellan）加入团队，担任总经理。
2011 年　发布了 100% 艾雷岛威士忌，以及 4 年陈酿和 5 年陈酿。
2012 年　发布了首款核心产品玛吉湾，以及雪莉桶发布（Sherry Cask Release）和 100% 艾雷岛的第二版。
2013 年　发布了格姆湖和 2007 年份酒。
2014 年　发布了三年陈酿的波特桶威士忌和首款免税专供的库尔角。
2015 年　发布了马德拉桶陈酿，并庆祝酿酒厂成立 10 周年。
2016 年　发布了塞纳和苏玳桶陈酿。
2017 年　发布了葡萄牙红酒桶陈酿和 2009 年份酒。
2018 年　发布了原桶强度和 2009 年份酒。
2019 年　产能翻倍，增加了两套蒸馏器。发布了限量的 STR 桶熟成。
2020 年　发布了 Am Burach 和菲诺雪莉桶陈酿。
2021 年　分别发布了在 PX 雪莉桶和马德拉桶中陈酿的两款酒。
2022 年　发布了融合（Casado）和马德拉桶陈酿。
2023 年　发布了在曾装过干邑、菲诺雪莉和 PX 雪莉的橡木桶中陈酿的威士忌。
2024 年　推出了桶强和塞纳桶强。

齐侯门玛吉湾品鉴笔记：

GS- 闻香时感受到甜美的泥煤和香草气息，伴随着盐水、海带和黑胡椒的味道。随着时间的推移，还有烟灰缸的气息。口感顺滑，口腔中充满了平衡良好的柑橘水果、泥煤烟熏和类似 Germolene（一种消毒药膏）的味道。余味相对悠长且甜美，辛辣感逐渐增强，带有辣椒味，并以一丝坚果味作为结尾。

玛吉湾

奇富（Kininvie）

[kin · in · vee]

所有者：威廉·格兰特父子公司
　　　　William Grant & Sons
地区/区域：斯佩塞
成立时间：1990 年
状态：活跃
产能：4 500 000 升
地址：Dufftown, Keith, Banffshire AB55 4DH
电话：01340 820373

历史：

1990 年　奇富蒸馏厂正式成立，首次蒸馏于 6 月 25 日进行。
1994 年　安装了另外三座蒸馏器。
2006 年　奇富单一麦芽威士忌的第一个版本——15 年的黑兹尔伍德（Hazelwood）发布。
2008 年　2 月在希思罗机场 5 号航站楼推出了 17 年的黑兹尔伍德珍藏版（Hazelwood Reserve）。
2013 年　在中国台湾地区推出了 23 年的奇富威士忌。
2014 年　发布了 17 年陈酿和 23 年陈酿的第二批产品。
2015 年　发布了 23 年陈酿的第三批产品，同年稍晚，此批产品被 23 年的签名装瓶取代。同时推出了三款 25 年的单桶威士忌。
2019 年　发布了奇富工程（Kininvie Works）系列中的三款。

　　在 1990 年，奇富是当地 15 年来首家开业的麦芽蒸馏厂，接下来的 15 年里，仅有另外 4 家蒸馏厂成立，那还是单一麦芽威士忌尚未以雷霆之势崛起的年代。

　　奇富在很多方面都颇具特色。威廉·格兰特公司参与的项目往往进展迅速且行事低调，奇富也不例外。多年来，它被威士忌爱好者视为"老板不愿提起的秘密蒸馏厂"。事实上，即使不允许游客参观，它也并不神秘。由于格兰菲迪（Glenfiddich）和百富（Balvenie）正作为单一麦芽品牌蓬勃发展，因此成立了这家酒厂，为格兰特公司的调和酒生产单一麦芽威士忌。

　　很快，它就成为了著名的调和麦芽威士忌三只猴子（Monkey Shoulder）的重要组成部分，如今三只猴子是世界上第六大畅销的苏格兰麦芽威士忌（2022 年销量 800 万瓶），在酒吧中非常受欢迎。早在 2006 年，奇富单一麦芽威士忌就已推出了几款，但直到 2013 年才真正打上了品牌。这要归功于由凯文·阿布鲁克（Kevin Abrook）领导的指定创新团队，该团队还推动了艾尔莎湾（Ailsa Bay）和格文专利蒸馏（Girvan Patent Still）谷物威士忌的首次发布。

　　奇富蒸馏厂由一个独立的蒸馏间组成，蒸馏间内有三台初馏器和 6 台再馏器。在百富蒸馏厂有一个重达 9.6 吨的不锈钢全过滤糖化锅，还有 10 个道格拉斯冷杉木制的发酵槽，发酵时间至少为 70 小时。根据酿造风格的不同，发酵量也有所不同。对于"花香型"（通常占产量的 25%），每周将进行 20 次糖化，发酵时间至少为 70 小时。另一种"谷物"风格，发酵时间为 60 小时，每周可以进行 25 次糖化。每年还有一周专门生产黑麦威士忌。

　　2013 年首次官方装瓶，从那时起，推出了几款实验性威士忌；KVSM001 是一款 5 年的三重蒸馏单一麦芽威士忌，而 KVSG002 是由麦芽黑麦和大麦制成，在处女美国橡木桶中熟成。最后，还有 KVSB003，它是由双重蒸馏麦芽和上述的黑麦/大麦威士忌调和而成。

KVSB003

奇富 17 年品鉴笔记：
　　GS- 闻香时可感受到热带水果、椰子和香草奶油的香气，还有一丝牛奶巧克力味。口感上有菠萝和芒果的味道，伴随着亚麻籽油、姜和逐渐显现的坚果风味。余味缓慢变干，带有更多亚麻籽油味，丰富的香料感和柔和的橡木香。

龙康得（Knockando）

[nock · an · doo]

所有者：帝亚吉欧 Diageo
地区 / 区域：斯佩塞
成立时间：1898 年
状态：活跃
产能：1 400 000 升
地址：Knockando,Moray shire AB38 7RT
电话：01340 882000

斯佩塞德地区有 53 家酿酒厂，就威士忌而言，该地区包括整个莫雷议会（Moray Council）以及高地议会的巴登诺克（Badenoch）和斯特拉斯佩（Strathspey）选区。

从任何一条主干道上都能很容易地看到大多数蒸馏厂，它们的标志是一个宝塔式的屋顶或烟囱。然而，龙康得并不在其中。B9102 是一条美丽的道路，可将您从克莱嘉赫（Craigellachie）带到斯佩河畔的格兰敦（Grantown-on-Spey）。如果您想驾车靠近斯佩河，这条路是您的最佳选择。在您经过卡杜向西行驶后，左侧有一条狭窄的岔路。这条路将带您前往檀都（Tamdhu）蒸馏厂，再往前开几百米，就到了距离斯佩河仅几米远的龙康得蒸馏厂。

虽然没有游客中心，但几十年来，龙康得品牌在西班牙和法国等市场一直享有盛誉。2017 年底，蒸馏厂关闭了，几年过去了，没有任何活动，似乎无法确定酒厂是否会重新开放。然而 6 年后，龙康得又开始生产了。

这家蒸馏厂配备了一个小型 4.4 吨的半过滤糖化锅，8 个道格拉斯冷杉木制的发酵槽和两对蒸馏器。历史上，龙康得一直实行 5 天工作制，进行 16 次糖化——8 次短发酵（50 小时）和 8 次长发酵（100 小时）。从糖化锅中流出的浑浊麦芽汁带来的坚果香味使其声名远播。不过，为了平衡口感，蒸馏师还希望通过在再馏器上使用沸腾球来增加回流，从而创造出典型的斯佩赛花香。

龙康得一直为 J&B 主要调和酒威士忌提供基酒，其单一麦芽的核心系列曾有 4 款，最近已减少到只剩一款——12 年陈酿。15 年的充分熟成（Richly Matured）、18 年的缓慢熟成（Slow Matured）和 21 年的大师珍藏（Master Reserve）都已经停产。

历史：

1898 年	约翰·汤普森（John Thompson）创立了这家蒸馏厂，建筑师是查尔斯·多伊格（Charles Doig）。
1899 年	5 月开始生产。
1900 年	3 月蒸馏厂关闭，J. 汤普森公司（J. Thompson & Co.）接管了管理。
1903 年	W.&A. 吉尔比（W. & A. Gilbey）以 3 500 英镑购买了蒸馏厂，并于 10 月重新启动生产。
1962 年	W.&A. 吉尔比与联合酒商（United Wine Traders，包括 Justerini&Brooks）合并，成立了国际蒸馏商与酒商（IDV）。
1968 年	停止使用地板发麦。
1969 年	蒸馏器的数量增加到 4 个。
1972 年	IDV 被沃特尼·曼恩（Watney Mann）收购，而沃特尼·曼恩随后又被大都会收购。
1978 年	J. & B. 推出了 12 年的龙康得。
1997 年	大都会和健力士合并，形成了帝亚吉欧；同时 IDV 和联合蒸馏商合并成为联合蒸馏商与葡萄酒商（United Distillers & Vintners）。
2010 年	发布了一款 1996 年经理之选（Manager's Choice）。
2011 年	发布了一款 25 年陈酿。
2017 年	蒸馏厂关闭进行翻新。
2023 年	生产恢复。

12 年陈酿

龙康得 12 年品鉴笔记：

GS- 闻香时细腻而有芬芳，带有麦芽、旧皮革和干草的暗示。口感相当饱满，顺滑且带有蜂蜜味，伴随着姜味麦芽和一丝白朗姆酒的味道。余味中等长度，带有谷物和更多的姜味。

诺克杜 / 安努克（Knockdhu）

[nock・doo]

所有者：因弗豪斯蒸馏厂（国际饮料控股有限公司）
Inver House Distillers（International Beverage Holdings）
地区/区域：斯佩赛
成立时间：1893 年
状态：活跃（vc）
产能：2 000 000 升
地址：Knook, By Huntly, Aberdeenshire AB54 7LJ
电话：01466 771223

诺克杜 / 安努克的经理戈登·布鲁斯（Gordon Bruce）多年来一直致力于在保持酒液品质的同时尽可能实现可持续生产。

他最近的一次创新是拆除了初馏器上的水平冷凝器，取而代之的是两个垂直冷凝器。蒸汽流经第一个冷凝器（配备 TVR 系统），再流经第二个冷凝器，该冷凝器还为酿酒厂提供热水。然后，在开始蒸馏烈酒之前，将热的低度酒转移到一个虫桶冷凝器（次冷却器）中。这样做的主要目的是为了减少蒸馏厂的碳排放量。

诺克杜 / 安努克蒸馏厂配备了一个 5 吨不锈钢全过滤糖化锅（顶部为铜制），8 个由俄勒冈松木制成的发酵槽（其中两个用作中间容器）。目前的发酵时间为固定的 65 小时。最后，还有一对高颈直臂蒸馏器与壳管式冷凝器和虫桶组合相连。2024 年，蒸馏厂将继续每周工作 7 天，这意味着每周进行 18~20 次糖化，共生产 1 850 000 升纯酒精。其中大约 200 000 升将进行重度泥煤化处理（45ppm）。

与该地区的许多其他蒸馏厂不同，诺克杜并没有大型游客中心。不过从几年前开始，游客可以预约导游参观。其单一麦芽威士忌品牌安努克的销量越来越大，2022 年的销售量达到 265 000 瓶。

核心系列包括 12 年、18 年和 24 年陈酿。此外，还有烟熏味的泥煤心（Peatheart），其中第三批使用泥煤酚值 34ppm 的大麦（成酒酚值 13ppm），以及雪莉桶过桶的泥煤版（Sherry Cask Finish Peated Edition）。最近的限量装瓶包括 2009 和 2009 年份酒的雪莉桶版（仅限瑞典）。针对旅游零售市场，有 Black Hill Reserve。

历史：

1893 年	蒸馏者有限公司（DCL）开始建造酿酒厂。
1894 年	10 月开始生产。
1930 年	苏格兰麦芽蒸馏者（SMD）接管生产。
1983 年	酿酒厂于 3 月关闭。
1988 年	因弗豪斯（Inver House）从联合蒸馏者手中购买酿酒厂。
1989 年	2 月 6 日恢复生产。
1990 年	首次官方装瓶诺克杜（Knockdhu）。
1993 年	首次官方装瓶安努克（anCnoc）。
2001 年	太平洋烈酒以 8 500 万美元的价格购买因弗豪斯蒸馏者。
2003 年	重新推出安努克 12 年陈酿。
2004 年	推出 1990 年的 14 年陈酿。
2005 年	推出 1975 年的 30 年陈酿和 1991 年的 14 年陈酿。
2006 年	国际饮料控股收购太平洋烈酒英国公司。
2007 年	发布安努克 1993。
2008 年	发布安努克 16 年陈酿。
2011 年	发布 1996 年份酒。
2012 年	推出 35 年陈酿。
2013 年	发布 22 年陈酿和 1999 年份酒。
2014 年	引入泥煤系列，包括鲁特（Rutter）、弗拉特（Flaughter）、图什卡尔（Tushkar）和卡特（Cutter）。
2015 年	发布 24 年陈酿、1975 年份酒、泥煤之地（Peatlands）、黑丘陵珍藏（Black Hill Reserve）和巴罗（Barrow）免税产品。
2016 年	发布 2001 年份酒、Blas 和 Rùdhan。
2017 年	发布 2002 年份酒和泥煤心。
2019 年	发布 16 年陈酿桶强。
2021 年	发布 2009 年份酒。
2023 年	推出泥煤心第三批次。

12 年陈酿

安努克 12 年陈酿品鉴笔记：

GS- 闻香优美、甜美、花香，带有大麦的香气。中等酒体，口感中有一丝精致的烟熏味、香料和煮沸糖果的味道。口腔中的感觉比闻香时更干。余味相当短暂且干燥。

苏格兰麦芽威士忌蒸馏厂

乐加维林（Lagavulin）

[lah · gah · voo · lin]

所有者：帝亚吉欧 Diageo
地区/区域：艾雷岛
成立时间：1816 年
状态：活跃（vc）
产能：3 200 000 升
地址：Port Ellen, Islay, Argyll PA42 7DZ
电话：01496 302749

乐加维林酒厂的历史与麦基家族紧密相连。1861 年，詹姆斯·洛根·麦基（James Logan Mackie）成为酒厂的共同所有者，但他的侄子彼得对酒厂的影响更为深远。

彼得于 1889 年接管了酒厂，并在次年推出了白马（White Horse）威士忌，这是一种以乐加维林单一麦芽为主要原料的调和威士忌。同时，麦基也是邻近拉弗格（Laphroaig）酒厂的代理商，他最想收购的就是这家酿酒厂。然而，拉弗格的所有者拒绝，并认为麦基为了推广自己的威士忌而排挤拉弗格。这一争议导致双方的合作关系破裂，麦基愤怒之下于 1908 年在乐加维林的厂区内成立了麦芽磨坊（Malt Mill）品牌，试图复制拉弗格威士忌。尽管这一尝试并未成功，但麦芽磨坊的生产一直持续到 1962 年最终关闭。如今，麦芽磨坊已成为威士忌界的当代"圣杯"，现在还不确定是否还有该酒厂的威士忌，不过在乐加维林的游客中心，还可以看到一瓶麦芽磨坊酿造的新酒样本。

10 多年来，乐加维林一直在与波摩（Bowmore）争夺艾雷岛单一麦芽威士忌的第二把交椅（拉弗格 Laphroaig 无疑是第一）。在经历了 2020—2021 年的艰难岁月后，乐加维林于 2022 年成功将销量提升至 260 万瓶，超越了波摩（Bowmore）。

乐加维林酒厂目前使用一台 5.4 吨的不锈钢全过滤糖化锅和 10 个容量为 21 000 升的落叶松发酵槽，发酵周期为 55 小时。近年来，已更新了 6 个发酵槽。酒厂拥有两对蒸馏器，其中再馏器的容量大于初馏器。2021 年，三台蒸馏器被更换。前馏时间为 30 分钟，酒心切取从 72% 开始降至 59%。新酒几乎全部装入旧波本酒桶。酒厂仅有约 7 000 个桶在熟成，现在所有新酒都运往大陆进行熟成。2024 年的计划是每周生产 7 天，进行 30 次糖化，目标产量为 3 200 000 升酒精。

乐加维林的核心产品线包括 8 年陈酿、16 年陈酿，以及蒸馏师版（Distiller's Edition，PX 雪莉桶过桶）。此外，还有一款 12 年桶强（Batch Stregth），它是每年特别发布（Special Releases）的产品之一。2024 年发布的这款 12 年威士忌，酒精度为 57.4%，在旧波本桶、美国橡木再填桶和欧洲橡木再填桶中熟成。2023 年秋季，为艾雷岛爵士音乐节（Islay Jazz Festival）推出了一款 15 年陈酿，2024 年的艾雷岛节（Feis Ile）则推出了两款特别装瓶：一款是泥煤含量高于常规的 10 年陈酿，另一款是 29 年的 Skies of Feis Ile，采用阿莫罗索桶（Amoroso）过桶。最后，一款 1997 年蒸馏的 25 年陈酿在 2023 年 10 月作为传世臻品系列（Prima & Ultima）的一部分亮相。

历史：

1816 年　约翰·约翰斯顿（John Johnston）创立了酿酒厂。
1825 年　约翰·约翰斯顿接管了相邻的阿德摩尔酿酒厂（Ardmore）。
1836 年　约翰·约翰斯顿去世，两家酿酒厂合并并更名为乐加维林。来自格拉斯哥的葡萄酒和烈酒商人亚历山大·格雷厄姆（Alexander Graham）购买了酿酒厂。
1861 年　詹姆斯·洛根·麦基（James Logan Mackie）成为合伙人。
1867 年　酿酒厂被詹姆斯·洛根·麦基公司收购，开始翻新。
1878 年　彼得·麦基（Peter Mackie）受雇。
1890 年　J.L. 麦基公司（J. L. Mackie & Co.）更名为麦基公司。彼得·麦基推出白马调和威士忌，乐加维林包含在调和威士忌中。
1895 年　詹姆斯·洛根·麦基退休，彼得·麦基接管酿酒厂。
1908 年　彼得·麦基利用旧酿酒厂建筑在原址上新建了麦芽磨坊酒厂。
1924 年　彼得·麦基去世，麦基公司更名为白马蒸馏者公司（White Horse Distillers）。
1927 年　白马蒸馏者公司成为蒸馏者有限公司（DCL）的一部分。
1930 年　酿酒厂由苏格兰麦芽蒸馏者（SMD）管理。
1952 年　发生爆炸性火灾，造成相当大的损害。
1962 年　麦芽磨坊酿酒厂关闭，现在成为乐加维林的游客中心。
1974 年　停止使用地板发麦，改为从波特艾伦（Port Ellen）购买麦芽。

1988 年　乐加维林 16 年陈酿成为 6 大经典麦芽之一。
1998 年　推出 PX 雪莉桶过桶的蒸馏师版。
2002 年　推出两款桶强（12 年和 25 年）。
2006 年　发布 30 年陈酿。
2010 年　发布新的 12 年陈酿和经理之选（Manager's Choice）单桶。
2011 年　发布第 10 版 12 年桶强。
2012 年　发布第 11 版 12 年桶强和 21 年陈酿。
2013 年　发布 37 年陈酿和第 12 版 12 年桶强。
2014 年　为经典麦芽之友（Friends of the Classic Malts）发布三重熟成版本。
2016 年　推出 8 年和 25 年陈酿。
2017 年　发布新的 12 年桶强版。
2018 年　为艾雷岛节发布 18 年陈酿。
2019 年　为艾雷岛节发布 19 年陈酿，为《权力的游戏》的兰尼斯特家族（House Lannister）发布 9 年陈酿，以及为免税市场发布 10 年陈酿。
2020 年　发布 11 年的 Offerman Edition，1991 年的传世臻品和为艾雷岛节发布的 20 年陈酿。
2021 年　发布第二版 Offerman Edition，为艾雷岛节发布的 13 年陈酿和 26 年陈酿。
2022 年　发布第三版 Offerman Edition 和 28 年的传世臻品。
2023 年　为艾雷岛节发布 14 年装瓶和 1997 年的 25 年传世臻品。
2024 年　发布 29 年的 Skies of Feis Ile，采用阿莫罗索桶过桶。

11 年陈酿
Offerman Edition

12 年陈酿
特别发布 2024

14 年陈酿
艾雷岛节 2023

乐加维林 16 年品鉴笔记：

浓郁的香气中融合了泥煤、碘、石楠和草本味。泥煤和碘的味道延续到宽广、辛辣、雪莉味的口腔中，伴随着盐水、李子和葡萄干的味道。泥煤余烬在悠长、辛辣的余味中显现。

16 年陈酿

8 年陈酿

蒸馏师版

苏格兰麦芽威士忌蒸馏厂

拉弗格（Laphroaig）

[lah・froyg]

所有者：三得利全球烈酒公司
　　　　Suntory Global Spirits
地区/区域：艾雷岛
成立时间：1815 年
状态：活跃（vc）
产能：3 300 000 升
地址：Port Ellen, Islay, Argyll PA42 7DU
电话：01496 302418

历史：

- **1815 年** 亚历山大和唐纳德・约翰斯顿（Alexander and Donald Johnston）兄弟创立了拉弗格。
- **1836 年** 唐纳德买断了亚历山大的股份并接管了酒厂。
- **1837 年** 詹姆斯和安德鲁・盖德纳（James and Andrew Gairdner）在拉弗格附近创立了阿登斯蒂尔（Ardenistiel）。
- **1847 年** 唐纳德・约翰斯顿在蒸馏厂的一次事故中丧生。邻近的乐加维林的经理沃尔特・格雷厄姆（Walter Graham）接管了酒厂。
- **1857 年** 唐纳德的儿子道格拉德接管，酒厂的运营重回约翰斯顿家族手中。
- **1877 年** 道格拉德去世，无嗣，他的妹妹伊莎贝拉（嫁给了他们的堂兄亚历山大）接管了酒厂。
- **1907 年** 亚历山大・约翰斯顿去世，酒厂由他的两个姐妹凯瑟琳・约翰斯顿（Catherine Johnston）和威廉・亨特夫人（Mrs. William Hunter，伊莎贝拉・约翰斯顿 Isabella Johnston）继承。
- **1908 年** 伊恩・亨特（Ian Hunter）来到艾雷岛，协助他的母亲和姨妈管理酒厂。
- **1924 年** 蒸馏器的数量从两个增加到 4 个。
- **1927 年** 凯瑟琳・约翰斯顿去世，伊恩・亨特接管。
- **1928 年** 伊莎贝拉・约翰斯顿去世，伊恩・亨特成为唯一的所有者。
- **1950 年** 伊恩・亨特成立了 D. 约翰斯顿公司。
- **1954 年** 伊恩・亨特去世，酒厂的管理权由伊丽莎白"贝茜"・威廉姆森（Elisabeth "Bessie" Williamson）接管。
- **1967 年** 通过长约翰蒸馏厂，西格・埃文斯公司（Seager Evans & Company）收购了拉弗格，此前在 1962 年已经收购了拉弗格的一部分。蒸馏器的数量从 4 个增加到 5 个。
- **1972 年** 贝茜・威廉姆森退休。又安装了两个蒸馏器，总数达到 7 个。
- **1975 年** 惠特布雷德公司（Whitbread & Co.）从申利国际（Schenley International）手中收购了西格・埃文斯（Seager Evans，现更名为长脚约翰国际 Long John International）。

在过去的 10 年中，有关拉弗格蒸馏厂扩建可能性的讨论时断时续。最终，在 2024 年 4 月，所有者向阿盖尔和布特（Argyll & Bute）议会提交了规划许可申请。

他们计划建造一个新的糖化车间，将发酵槽的数量增加到 12 个，并将蒸馏室的蒸馏器数量从 7 个扩展到 11 个。该项目还包括拆除现有的游客中心，该中心将在同一地点重新建设，并恢复原有的麦芽酿造大楼底层。这些变化对增加产量的意义尚未公布，规划申请也有待批准。

这家蒸馏厂已经连续多年满负荷运转，这次扩建备受期待。拉弗格无疑是艾雷岛麦芽威士忌中最受欢迎品牌之一，2022 年销售量达到 450 万瓶。这使其成为全球第八大畅销的苏格兰单一麦芽威士忌。

拉弗格配备了一个 5.5 吨的不锈钢全过滤糖化锅和 8 个不锈钢发酵槽。其中两个在 2023 年 3 月新增，目的不是为了增加产能，而是为了将发酵时间从 53 小时延长至 72 小时，以产生更复杂和果味更浓郁的风味。蒸馏厂采用了一种不寻常的蒸馏器组合：三个初馏器（容量 4 700 升）、一个大型再馏器（容量 9 400 升）和三个较小的再馏器（容量是大型再馏器的一半）。所有蒸馏器都装有上升的林恩臂，前馏时间异常长——45 分钟。酒心切取从 72% 开始下降到 60%。每周进行 34 次糖化，计划在 2024 年生产 3 300 000 升纯酒精。

拉弗格通过 4 个地板发麦满足其 20% 的发麦需求，按照麦芽酚值 50～60ppm 的规格，用泥煤热风干燥 10～12 小时，用热风干燥 15～18 小时。在过去几年中，拉弗格无法从岛上的波特艾伦购买泥煤麦芽，所以转而依赖于大陆的辛普森麦芽厂，并且也向他们运送了一些艾雷岛的泥煤，以确保麦芽的风味。

核心产品系列包括橡木精选（Oak Select）、10 年陈酿、10 年陈酿桶强、10 年陈酿雪莉橡木桶过桶（在欧罗索桶中熟成 12～18 个月）、四分之一桶（Quarter Cask）、传说（Lore）和 25 年桶强。旅行零售系列包括 4 橡木（Four Oak,）、桶传承（Cask Legacy）、波特桶（Port Wood）和 PX 桶（PX Cask）。2019 年，为纪念约翰斯顿家族最后一位拥有拉弗格的人，推出了 5 款名为"伊恩・亨特的故事"（Ian Hunter Story）的瓶装系列。第五章（Chapter Five）于 2023 年 8 月发布，同年 7 月推出了 17 年陈酿的马德拉桶过桶的弗朗西斯・马尔曼版（Francis Mallman Edition）。2023 年，推出了一系列实验性的元素（Element）瓶装系列：元素 1.0 使用了多种糖化技术，随后在 2024 年推出了元素 2.0，特点是延长了发酵时间，赋予了独特风味。2024 年艾雷岛节限量版 10 年卡德亚斯（Cairdeas），它在之前两款卡德亚斯熟成桶中熟成，分别是 2019 年的三重木桶（Tripe Wood）和 2021 年的 PX 桶（PX Cask）。

1989 年	惠特布雷德的烈酒部门被卖给了同盟蒸馏者（Allied Distillers）。
1995 年	发布了 10 年桶强。
2001 年	发布了 40 年陈酿。
2004 年	发布了四分之一桶（Quarter Cask）。
2005 年	财富品牌（Fortune Brands）成为新的所有者。
2007 年	发布了 1980 年的年份酒和 25 年陈酿。
2008 年	发布了卡德亚斯（Cairdeas）和三重木桶（Triple Wood）。
2009 年	发布了 18 年陈酿。
2010 年	发布了卡德亚斯大师版（Cairdeas Master Edition）。
2011 年	发布了拉弗格 PX 和卡德亚斯－伊莱版（Cairdeas-The Ileach Edition）。
2012 年	发布了布罗迪（Brodir）和卡德亚斯起源（Cairdeas Origin）。
2013 年	发布了 QA 桶、安·库安·莫尔（An Cuan Mor）、25 年桶强和卡德亚斯波特桶（Cairdeas Port Wood Edition）。
2014 年	发布了拉弗格精选（Laphroaig Select）。
2015 年	发布了 21 年陈酿和 32 年雪莉桶，并重新推出了 15 年陈酿。
2016 年	发布了传说（Lore）、卡德业斯 2016 和 30 年陈酿。
2017 年	发布了 4 橡木（Four Oak，）、1815 和 27 年陈酿。
2018 年	发布了 28 年陈酿和卡德亚斯菲诺（Cairdeas Fino）。
2019 年	发布了 30 年陈酿，这是以伊恩·亨特故事（The Ian Hunter Story）命名的新系列中的第一款。
2020 年	发布了伊恩·亨特故事第二章（The Ian Hunter Story chapter 2）和 16 年陈酿。
2021 年	发布了 10 年雪莉橡木桶过桶和伊恩·亨特故事第三章（The Ian Hunter Story chapter 3）。
2022 年	发布了伊恩·亨特故事第四章。
2023 年	发布了伊恩·亨特故事第五章、弗朗西斯·马尔曼版和卡德亚斯白波特与马德拉桶版（White Port & Madeira）。
2024 年	发布了 10 年卡德亚斯和元素 2.0。

拉弗格 10 年品鉴笔记：

GS- 老式的胶布、泥煤烟熏和海藻的气味扑鼻而来，随后是一些更甜和更果味的香气。口感上非常强烈，有鱼油、盐和浮游生物的味道，余味相当紧致且越来越干燥。

橡木精造 　　四分之一桶 　　传说

10 年雪莉桶过桶 　　桶传承

10 年陈酿　　元素 2.0 　　卡德亚斯艾雷岛节 2024

苏格兰麦芽威士忌蒸馏厂

林可伍德（Linkwood）

[link · wood]

所有者：帝亚吉欧 Diageo
地区/区域：斯佩塞
成立时间：1821 年
状态：活跃
产能：5 000 000 升
地址：Elgin, Morayshire IV30 8RD
电话：01343 862000

许多酒厂的游客往往会忽略磨坊。然而，磨坊是酿酒的关键部分，林可伍德蒸馏厂和其他酿酒厂近年来都在研究如何改进磨坊工艺。

经典的四辊磨机将麦芽大麦研磨成三种不同的粒度。传统的最终混合物（麦芽粉）由 20% 的麦壳、70% 的粗粉和 10% 的面粉组成，以达到最佳的糖分提取和良好的糖化锅排水效果。许多生产商仍然使用传统的木制筛子，配备三个筛网，以确保比例正确。近几年，出现了最多可以分出多达 7 个不同粒度的机械筛。虽然面粉比例稍高一些会提高酒精产量，但同时也要非常小心，以免影响糖化锅的性能。

林可伍德配备了一个 12.5 吨的全过滤糖化锅和 11 个木制发酵槽，每个发酵槽容量为 52 000 升，这些设备集中在一个房间内。发酵时间为 80 小时。在另外两个房间中，设有三个 12 800 升的初馏器和三个 14 200 升的再馏器。2024 年的计划是每周进行 21 次糖化，预计生产 5 200 000 升纯酒精。2024 年春季，酒厂提交了规划申请，打算将现有的锅炉更换为以木质颗粒为燃料的新型锅炉。1872 年，旧蒸馏厂被拆除，目前仅存的建筑只有 6 号仓库和带有宝塔顶的废弃旧窑。

林可伍德将新鲜的果味、青草气息与浓郁饱满的酒体口感相结合，融合了两种风格的精华。为了达到理想的口感，他们努力使麦芽汁尽可能清澈，发酵时间长达 75 小时，仅填充至蒸馏器入口上方，以加强与铜的接触。此外，再馏器在每次运行之间至少停用一小时，以便铜再生。

官方装瓶仅有 12 年的花鸟系列（Flora & Fauna）。2021 年，林可伍德推出了一款 39 年陈酿的单一麦芽威士忌，这款威士忌在美国橡木桶、PX 桶和欧罗索雪莉桶中熟成，作为传世臻品系列（Prima & Ultima）的一部分。

历史：

1821 年 彼得·布朗（Peter Brown）创立了这家蒸馏厂。
1868 年 彼得·布朗去世，他的儿子威廉继承了蒸馏厂。
1872 年 威廉拆除了旧蒸馏厂并建造了一个新的。
1897 年 林可伍德格兰威特蒸馏公司有限公司接管了运营。
1902 年 来自埃尔金（Elgin）的威士忌商人英尼斯·卡梅伦（Innes Cameron）加入董事会，并最终成为主要股东和董事。
1932 年 英尼斯·卡梅伦去世，苏格兰麦芽蒸馏商（SMD）在 1933 年接管。
1962 年 进行了大规模翻新。
1971 年 蒸馏器数量增加了 4 个。这 4 个新的蒸馏器属于一个被称为林可伍德 B 的新蒸馏厂。
1985 年 林可伍德 A（两个原始蒸馏器）关闭。
1990 年 林可伍德 A 在每年的一部分时间里恢复生产，直到 1996 年。
2002 年 发布了一款 1975 年的 26 年陈酿作为稀有麦芽（Rare Malt）系列。
2005 年 发布了一款 1974 年的 30 年陈酿作为稀有麦芽系列。
2008 年 发布了三种不同的木材过桶（全部为 26 年陈酿）。
2009 年 发布了一款 1996 年的经理之选（Manager's Choice）。
2013 年 蒸馏厂扩建，增加了两个蒸馏器。
2016 年 发布了一款 37 年陈酿。
2021 年 发布了一款 39 年陈酿，作为传世臻品系列的一部分。

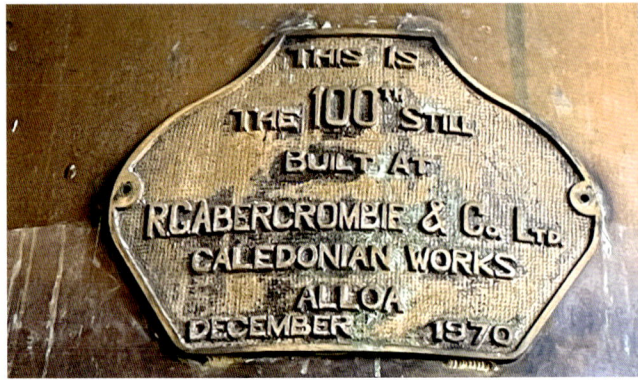

12 年陈酿

林可伍德 12 年品鉴笔记：

GS- 闻香时带有花香、草本和芳香的坚果味，而略带油性的口感逐渐变得甜美，最终呈现出杏仁膏和杏仁的味道。相对持久的余味相当干爽，带有柑橘味。

罗曼湖（Loch Lomond）

[lock low · mund]

所有者：罗曼湖集团（高瓴资本等）
　　　　Loch Lomond Group（Hillhouse Capital et al）
地区/区域：西高地区
成立时间：1965 年
状态：活跃
产能：5 000 000 升
地址：Lomand Estate，Alexandria G83 0TL
电话：01389 752781

罗曼湖酒厂总产能可达到 25 000 000 升，占地面积非常广阔，是一个繁忙的生产基地。这里曾是一个旧染厂，几乎像一个小村庄，厂区内遍布着各式建筑。罗曼湖的一个独特之处是拥有一个由 9 名全职桶匠运营的制桶厂。他们每年修复和更新 4～6 万个桶。虽然其他有些蒸馏厂也设有制桶厂，但没有一个规模能与此相媲美。

罗曼湖的设备配置颇为特别，包括一个 9.5 吨的全过滤糖化锅和 21 个不锈钢发酵槽（10 个容量为 25 000 升，11 个容量为 50 000 升），发酵时间 92～160 小时。然而，最引人注目的还是蒸馏器部分。这里有一对传统壶式蒸馏器和 6 个装有内胆板的直颈壶式蒸馏器。此外，还有一座连续蒸馏器（或称科菲蒸馏器），专门用于麦芽蒸馏。同时，还有两座容量为 20 000 000 升的柱式蒸馏器，用于生产谷物威士忌。计划在 2025 年再增加 6 个发酵槽和一对直颈蒸馏器，目标是使连续蒸馏器的产量达到 2 000 000 升，其他 10 个蒸馏器的产量达到 3 000 000 升。目前，酒厂每周进行 28 次糖化。

罗曼湖的核心产品系列包括经典（Classic）、起源（Original）、10 年、12 年和 18 年陈酿。此外，还有 12 年陈酿的迈伦岛（Inchmurrin）和缦安岛（Inchmoan）。2024 年限量发行的新系列路标（Waypoint），包括科涅克桶 16 年陈酿法洛赫瀑布（Falls of Falloch）和 31 年 Inversnaid to Inverarnan，后者是首批在茶色波特桶中完成陈酿的产品。2024 年春季，免税系列全面更新，推出的非凡蒸馏器系列（Remarkable Stills）包括波本桶陈酿的起源（Origins）、哥伦比亚橡木桶完成陈酿的炼金术（Alchemy）、瑞典橡木桶过桶的匠心（Ingenuity）和完全在波本桶熟成的铜韵（Copper）。

历史

1965 年　由邓肯·托马斯（Duncan Thomas）和美国巴顿品牌（American Barton Brands.）拥有的小磨坊蒸馏厂（Littlemill Distillery Company Ltd.）建造了罗曼湖蒸馏厂。
1966 年　生产开始。
1971 年　邓肯·托马斯的股份被买断。
1984 年　蒸馏厂关闭。
1985 年　罗曼湖蒸馏厂被格兰卡特琳保税仓库有限公司（Glen Catrine Bonded Warehouse Ltd.）收购。
1987 年　恢复生产。1993 年开始蒸馏谷物烈酒。
1997 年　一场火灾摧毁了 30 万个正在陈酿的威士忌。
1999 年　安装了更多的蒸馏器。
2005 年　发布了缦安岛和克雷格洛奇（Craiglodge）以及 12 年的迈伦岛。
2006 年　发布了 4 年的迈伦岛、9 年的 Croftengea、4 年 Glen Douglas 和 5 年的 Inchfad。
2010 年　发布了一款无年份声明的泥煤风味和 1966 年份酒。
2012 年　迈伦岛的新系列发布——12 年、15 年、18 年和 21 年陈酿。
2014 年　蒸馏厂被私募股权公司（Exponent Private Equity）出售。发布了 12 年单一麦芽和单一调和的有机版本。
2015 年　发布原创单一麦芽（Original Single Malt）以及单一谷物和两款调和酒——珍藏版（Reserve）和签名版（Signature）。
2016 年　发布了 12 年和 18 年陈酿。
2017 年　今年的发布包括 12 年的缦安岛，及 18 年的迈伦岛。
2018 年　发布了 50 年的罗曼湖。
2019 年　蒸馏厂被高瓴资本管理（Hillhouse Capital Management）收购，并发布了 50 年的产品。
2020 年　核心系列全面更新并扩展。
2021 年　45 年的欧罗索桶过桶的非凡蒸馏器系列。
2022 年　发布 4 款谷物表达系列。
2023 年　发布蒸汽与火焰（Steam and Fire）和 50 年陈酿。
2024 年　旅行零售系列更新推出了路标（Waypoint）。

罗曼湖 12 年品鉴笔记：

　　IR- 闻香时首先感受到麦芽的香气，随后是梨子、苹果派配奶油和消化饼干的味道。入口初觉草本香气，带有肉桂和百里香，烤根菜和坚果，焦糖、香草和一丝泥煤味。

12 年陈酿

苏格兰麦芽威士忌蒸馏厂

洛赫兰扎（Lochranza）

[lock·ran·sa]

所有者：艾伦岛蒸馏厂
Isle of Arran Distillers
地区 / 区域：高地（艾伦岛）
成立时间：1993 年
状态：活跃（vc）
产能：1 200 000 升
地址：Lochranza, Isle of Arran KA27 8HJ
电话：01770 830264

1975—2005 年的 30 多年，苏格兰仅开设了两家麦芽蒸馏厂——奇富（Kininvie）和艾伦（Arran）。后者背后的推动者是一个"非凡的人物"。

哈罗德"哈尔"·柯里（Harold "Hal" Currie）1924 年出生于利物浦，18 岁时加入了军队。他参与了 1944 年的诺曼底登陆，并在 2015 年作为他所在团的最后一名幸存者被授予法国最负盛名的军事奖项——荣誉军团勋章（Legion d`honneur）。他在芝华士兄弟工作了很长时间，并在此期间聘请了标志性人物亚历克斯·弗格森（Alex Ferguson）作为他担任主席的圣米伦（St. Mirren）队的教练。20 世纪 90 年代初，他决定建造自己的蒸馏厂。最初的计划将他带到了英格兰的湖区，但最终他选择了艾伦岛。哈尔·柯里于 2016 年去世，享年 91 岁。

洛赫兰扎配备了一个 2.5 吨的半过滤糖化锅，顶部为铜制。有 10 个 13 000 升的俄勒冈松木发酵槽，最后 4 个在 2023 年 11 月安装。额外的发酵槽并非旨在增加产量，而是为了能够在一周 7 天的生产中进行长时间的发酵（85 小时）。最后，还有两个初馏器（6 500 升）和两个再馏器（4 500 升）。计划 2024 年每周进行 18 次糖化，总共生产 800 000 升纯酒精。

核心产品系列包括 10 年、18 年和 25 年陈酿，四分之一桶小屋（Quarter Cask The Bothy）、雪莉桶博帝佳（Sherry Cask The Bodega）、木桶臻选（Barrel Reserve）和罗伯特·彭斯（Robert Burns）。艾伦的泥煤风味由麦其力沼泽桶强（Machrie Moor Cask Strengt，无年份声明）以及 10 年版本代表。限量版包括 Machrie Moor Fingal's Cut，有两种品种：四分之一桶陈酿和雪莉桶陈酿。最近的未泥煤化的洛赫兰扎限量版包括三种木材桶陈酿阿曼罗尼桶（Amarone）、波特桶和苏玳桶。2024 年春季，发布了艾伦签名系列（Arran Signature Series）的第二版——11 年陈酿，重泥煤味的 Barrel Bonfire；2024 年秋季推出了泥煤雪莉桶（Peated Sherry Butts）15 年陈酿。

历史：

1993 年　哈罗德·柯里（Harold Currie）创立了蒸馏厂。
1995 年　8 月 17 日全面开始生产。
1998 年　发布首个 3 年陈酿的产品。
1999 年　发布 4 年陈酿的艾伦（Arran）。
2002 年　发布 1995 年的单桶威士忌。
2003 年　发布 1997 年的单桶威士忌，非冷凝过滤和苹果白兰地桶过桶。
2004 年　发布干邑桶过桶、马沙拉桶过桶、波特桶过桶和 1995 首次蒸馏版艾伦（Arran First Distillation 1995）。
2006 年　发布 10 年陈酿的艾伦以及一些新的木材桶收尾产品。
2007 年　发布 4 种新的木材桶过桶和戈登的小酌（Gordon's Dram）。
2008 年　发布首个 12 年过桶和 4 种新的木材桶过桶。
2009 年　发布泥煤单桶、两种木材桶过桶和 1996 年份酒。
2010 年　发布 14 年陈酿、罗文树（Rowan Tree）、三种桶过桶和麦其力沼泽。
2011 年　发布 Westie、Sleeping Warrior 和 12 年陈酿桶强。
2012 年　发布 The Eagle 和 The Devil's Punch Bowl。
2013 年　发布 16 年陈酿。
2014 年　发布 17 年陈酿和麦其力沼泽桶强。
2015 年　发布 18 年陈酿和非法蒸馏系列（The Illicit Stills）。
2017 年　发布税官（The Exciseman）。
2018 年　发布 21 年陈酿和布罗迪克湾（Brodick Bay）。
2019 年　核心系列全面更新，并发布限量版洛赫兰扎城堡（Castle）。
2020 年　发布 25 年和 21 年的 Kildonan & Pladda。
2021 年　发布 Drumadoon Point 和两款 15 年陈酿。
2022 年　发布 10 年陈酿的麦其力沼泽（Machrie Moor）和珍稀桶藏（Rare Batch）。
2023 年　发布 17 年陈酿和余烬的新生（Remnant Renegade）。
2024 年　发布 15 年 泥 煤 雪 莉 桶 陈 酿 和 Barrel Bonfire。

艾伦 14 年品鉴笔记：

GS- 闻香时非常芬芳的香气扑鼻，带有桃子、白兰地和姜饼的香味。口感顺滑如奶油般，带有辛辣的夏季水果、杏子和坚果味。余味悠长，带有坚果味，逐渐变得干爽。

艾伦 10 年陈酿

朗摩（Longmorn）

[long · morn]

所有者：芝华士兄弟（保乐力加）
Chivas Brothers（Pernod Ricard）
地区/区域：斯佩塞
成立时间：1894 年
状态：活跃
产能：4 500 000 升
地址：Longmorn, Morayshire IV30 8SJ
电话：01343 554139

朗摩蒸馏厂在 2024 年迎来了 130 周年纪念，它见证了苏格兰威士忌的黄金时期。该厂的创始人约翰·达夫（John Duff），被认为是威士忌行业中最具前瞻性的连续创业家之一。

约翰·达夫出生于阿伯奇尔德（Aberchirder），曾在格兰多纳（Glendronach）蒸馏厂担任经理，并参与建设了珀斯郡（Perthshire）的汤姆达乔（Tomdachoill）蒸馏厂。1876 年，他创立了格兰洛希（Glenlossie）蒸馏厂，几年后离开，前往国外，目标是在南非和肯塔基建立蒸馏厂。然而，这一尝试并未成功，他返回苏格兰后于 1894 年开设了朗摩蒸馏厂，紧接着在三年后开设了邻近的本利亚克（Benriach）蒸馏厂。

20 世纪初，朗摩已成为众所周知的一流麦芽威士忌，调配出的酒既优雅又醇厚。其所有者芝华士兄弟（Chivas Brothers）至今仍将其用于芝华士（Chivas Regal）和皇家礼炮（Royal Salute）。在 20 世纪 70～80 年代，虽然蒸馏厂不那么容易找到，但仍受到爱好者的推崇（现在也是如此）。不过，芝华士兄弟公司对该品牌的投入并没有那么大，过去 20 年的年销售额仅在 2～6 万瓶。

朗摩蒸馏厂配备了一个 8.5 吨的 Briggs 全过滤糖化锅和 10 个不锈钢发酵槽。8 个大型洋葱形状的蒸馏器，其下降的林恩臂设计，使得新酒既丰富又兼具深度和果香。在过去的几年里，酿酒厂每周生产 5 天，共进行 18 次糖化，酒精产量约为 3 000 000 升。

朗摩的核心产品线在 2015—2016 年推出，包括蒸馏师之选（The Distiller's Choice）、16 年和 23 年陈酿，但在 2024 年 2 月被新的 18 年和 22 年陈酿取代，这两款新酒都是单批生产并以桶装强度装瓶。随着新产品线的推出，朗摩的斯佩赛秘境系列（The Secret Speyside Collection）和酒厂臻藏系列（Distillery Reserve Collection）所有装瓶都已停产。

1893 年　1876 年创立的格兰洛希约翰·达夫公司（John Duff & Company）开始建设朗摩。约翰·达夫（John Duff）、乔治·汤姆森（George Thomson）和查尔斯·希雷斯（Charles Shirres）都参与其中，总花费达到 2 万英镑。
1894 年　12 月首次生产。
1897 年　约翰·达夫买断其他合伙人的股份。
1898 年　约翰·达夫在朗摩旁边建造了另一家名为本利亚克（Benriach）的蒸馏厂（有时也称为朗摩 2 号）。达夫宣布破产，银行将股份卖给了詹姆斯·R. 格兰特（James R. Grant）。
1970 年　与格兰威特与格兰特蒸馏厂（The Glenlivet & Glen Grant Distilleries）以及希尔·汤姆森有限公司（Hill Thomson & Co. Ltd.）合并。自有的地板发麦停止。
1972 年　蒸馏器数量从 4 个增加到 6 个。再馏器改为蒸汽点火。
1974 年　又增加了两个蒸馏器。
1978 年　通过芝华士和格兰威特集团，施格兰接管了公司。
1994 年　初馏器改为蒸汽点火。
2001 年　保乐力加与帝亚吉欧一起购买了施格兰的烈酒和葡萄酒部门，保乐力加接管了芝华士集团。
2004 年　发布了一款 17 年的桶强威士忌。
2007 年　发布了一款 16 年的威士忌，取代了 15 年的产品。
2012 年　生产能力扩大。
2015 年　发布了蒸馏师之选。
2016 年　发布了 16 年和 23 年的威士忌。
2019 年　在新的斯佩赛秘境系列中发布了三款产品。
2024 年　引入了新的核心系列——一款 18 年和一款 22 年的威士忌。

18 年陈酿

朗摩 18 年品鉴笔记：

IW- 闻香时有浓郁的软糖、撒有可可粉的卡布奇诺和黑醋栗奶油的香气。口感如丝般滑顺，优雅且平衡的软糖、浓缩咖啡、黑醋栗奶油和巧克力松露的味道，基调带有麦芽的香气和干涩感。

麦卡伦（Macallan）

[mack · al · un]

所有者：爱丁顿集团 Edrington Group
地区/区域：斯佩塞
成立时间：1824 年
状态：活跃（vc）
产能：15 000 000 升
地址：Easter Elchies, Craigellachie, Morayshire AB38 9RX
电话：01340 871471

历史：

- **1824 年** 蒸馏厂许可证被授予给亚历山大·里德（Alexander Reid），名称为埃尔基斯蒸馏厂（Elchies Distillery）。
- **1847 年** 亚历山大·里德去世，詹姆斯·谢勒·普里斯特（James Shearer Priest）和詹姆斯·戴维森（James Davidson）接管。
- **1868 年** 詹姆斯·斯图尔特（James Stuart）接管许可证。10 年后，他创立了格兰斯佩蒸馏厂（Glen Spey）。
- **1886 年** 詹姆斯·斯图尔特购买了蒸馏厂。
- **1892 年** 斯图尔特将蒸馏厂卖给了来自埃尔金的罗德里克·凯姆（Roderick Kemp）。凯姆扩展了蒸馏厂，并将其命名为麦卡伦-格兰威特（Macallan-Glenlivet）。
- **1909 年** 罗德里克·凯姆去世，成立了罗德里克·坎普信托（Roderick Kemp Trust），以确保家族未来的所有权。
- **1965 年** 蒸馏器的数量从 6 个增加到 12 个。
- **1966 年** 信托改革为私人有限公司。
- **1968 年** 公司在伦敦证券交易所上市。
- **1974 年** 蒸馏器的数量增加到 18 个。
- **1975 年** 又增加了三个蒸馏器，总数达到 21 个。
- **1984 年** 首次推出官方 18 年单一麦芽威士忌。
- **1986 年** 日本三得利收购了 25% 的麦卡伦-格兰威特股票。
- **1996 年** 高地蒸馏厂（Highland Distilleries）收购了剩余的股票。1874 年复制品推出。
- **1999 年** 爱丁顿集团和威廉格兰特父子公司（William Grant & Sons）通过 1887 公司以 6.01 亿英镑收购了高地蒸馏厂，其中 70% 股份由爱丁顿集团持有，30% 由威廉格兰特父子公司持有。三得利仍然持

监督新麦卡伦蒸馏厂施工的经理罗素·安德森（Russell Anderson）现已离职，由曾在帝亚吉欧、克里普麦芽集团和本曼诺克任职的杰西卡·霍沃思（Jessica Haworth）接替。安德森的整个职业生涯都在爱丁顿公司度过，令人印象深刻。1987 年，他在格兰路思（Glenrothes），1995 年转到高原骑士（Highland Park），1998 年转到麦卡伦，2000 年回到高原骑士，最后从 2012 年至今一直在麦卡伦。

2024 年，麦卡伦将迎来其 200 周年庆典，鉴于其目前世界著名麦芽威士忌的地位，很难想象在 40 年前，麦卡伦作为一个品牌还几乎不为人知。麦卡伦的绝大部分产品都用于调和。威利·菲利普斯（Willie Phillips）在 1978—1996 年一直担任麦卡伦的总经理，他是麦卡伦向大品牌转型的功臣。但在他身边还有一位营销能力出众的人——休·米特卡尔夫（Hugh Mitcalfe）。他于 1978 年加入团队，率先意识到麦卡伦拥有无与伦比的陈年威士忌库存。他推出了周年纪念（Anniversary）系列，即陈年威士忌，并与伦敦的一家广告公司合作，制作了一系列小广告，将广告置于《泰晤士报》的填字游戏旁边。1996 年他离开公司时，麦卡伦已经是第六大麦芽威士忌品牌，销售 200 万瓶。如今，该品牌的销量已达 1 200 万瓶。

麦卡伦配备了一个全过滤的糖化锅，容量为 17 吨麦芽糖化和 21 个不锈钢发酵槽，发酵时间为 60 小时。还有 12 个初馏器和 24 个再馏器——相当小，且具有陡峭下降的林恩臂。它们不连接到任何烈酒保险箱，而是进入缓冲罐，然后从那里进入灌装库。自 2019 年新酒厂开业以来，其产量一直在不断增加，到 2024 年，他们的产量将相当接近其产能，即 15 000 000 升纯酒精。蒸馏厂有 16 个地窖和 35 个架式仓库。

麦卡伦的核心系列包括雪莉桶 12 年、18 年、25 年和 30 年，以及双桶 12 年、15 年、18 年和 30 年陈酿。麦卡伦庄园和三桶（Macallan Estate and Triple Cask，以前称为 Fine Oak）已经停产。限量版的数量非常庞大：红色系列（Red Collection）包括陈年的和超稀有的装瓶，最新的是 73 年的；M 系列包括绚丽 M（M Decanter）、黑 M（M Black）和金 M（M Copper）；臻味不凡系列包括最新的琥珀（Amber）、萃绿麦穗（Green Meadow）、版本（Edition）、精粹世界（Distil Your World）、地球之夜之旅（A Night on Earth The Journey）、麦卡伦传奇（Tales of Macallan）和珍稀系列（Fine & Rare），从 1926 年到 1995 年的单桶。在 2022 年，发布了有史以来最古老的瓶装苏格兰单一麦芽威士忌——81 年的光·晨（The Reach）。与宾利汽车合作在 2024 年推出了麦卡伦·无界（The Macallan Horizon）。专为免税店保留的麦卡伦探索系列在 2023 年被色彩系列取代，包括 12 年、15 年、18 年、21 年和 30 年陈酿。免税店也有珍稀桶陈黑色可供选择。

有 25% 的麦卡伦股份。
2000 年　第一个单桶麦卡伦（1981 年）被命名为卓越 1 号（Exceptional 1）。
2002 年　推出了典雅（Elegancia）、1841 复制品（1841 Replica）、卓越 2 号（Exceptional II）和卓越 3 号（Exceptional III）。
2003 年　发布了 1876 复制品（1876 Replica）和卓越 4 号（Exceptional IV），1990 年的单桶。
2004 年　发布了卓越 5 号（Exceptional V），1989 年的单桶，以及卓越 6 号，1990 年的单桶。推出了优质橡木系列（The Fine Oak）。
2005 年　新推出的是麦卡伦林地庄园（Macallan Woodland Estate）、冬季版（Winter Edition）和 50 年陈酿。
2007 年　1851 灵感（Inspiration）和威士忌酿造者精选（Whisky Maker's Selection）作为旅行零售系列（Travel Retail）的一部分发布。
2008 年　发布了庄园橡木（Estate Oak）和 55 年的莱俪（Lalique）。
2009 年　重新启用了停产的 2 号蒸馏器。发布了麦卡伦 1824 系列和 57 年的莱俪装瓶。
2010 年　为免税店发布深棕魅力（Oscuro）。
2011 年　为免税店发布了麦卡伦 MMXI。
2012 年　推出了新的 1824 系列中的第一个麦卡伦黄金（Macallan Gold）。
2013 年　发布了琥珀（Amber）、赭色（Sienna）和红宝石（Ruby）。
2014 年　发布了 1824 大师系列（Masters Series）包括：珍稀橡木桶（Rare Cask）、晖钻（Reflexion）和 No.6。
2015 年　发布了珍稀桶陈黑色（Rare Cask Black）。
2016 年　发布了一号版本（Edition No. 1）和 12 年的双桶（Double Cask）。
2017 年　发布了档案 2（Folio 2）。新蒸馏厂投产。
2018 年　为免税店发布了探索系列（The Quest Collection）和麦卡伦黑 M（Macallan M Black）以及创世纪（Genesis）。发布了概念 1 号（Concept No. 1）和 72 年及 52 年陈酿。
2019 年　发布了麦卡伦庄园（Macallan Estate）、5 号版本（Edition No. 5）和概念 2 号（Concept No. 2）。
2020 年　发布了双桶 15 年和 18 年，以及红色系列（Red Collection）。
2021 年　发布了概念系列（Concept）的第三款也是最后一款装瓶，以及麦克伦传奇第一册。
2022 年　发布了臻味不凡系列（The Harmony Collection）、30 年的双桶和 81 年的光·晨。
2023 年　推出了色彩系列（The Colour Collection）。
2024 年　发布了麦卡伦·无界（The Macallan Horizon）。

麦卡伦 12 年雪莉桶品鉴笔记：
　　GS- 闻香丰富，带有黄油雪莉酒和圣诞蛋糕的特征。口感丰富而坚实，带有雪莉酒、优雅的橡木和贾法橙的味道。余味悠长且带有麦芽味，略带烟熏香料。

双桶 30 年陈酿　　双桶 18 年陈酿　　双桶 12 年陈酿

萃绿麦穗　　73 年陈酿　　色彩系列 12 年陈酿

双桶 12 年陈酿　　M Copper　　珍稀桶陈黑色　　珍稀桶陈黑色 3

苏格兰麦芽威士忌蒸馏厂

麦克达夫（Macduff）

[mack · duff]

所有者：约翰·杜瓦父子有限公司（百加得）
　　　　John Dewar & Sons Ltd（Bacardi）
地区/区域：高地
成立时间：1960 年
状态：活跃
产能：4 100 000 升
地址：Banff, Aberdeenshire AB45 3JT
电话：01261 812612

当您从西边沿着 A98 公路行驶到达班夫镇（Banff），再穿过德弗隆（Macduff）河上的桥梁时，您会在右侧看到麦克达夫蒸馏厂，这里是拍摄蒸馏厂全景的最佳位置。

麦克达夫这个名字并不为威士忌爱好者所熟知，但其以德弗伦（The Deveron）命名的单一麦芽威士忌品牌（以及免税市场的格兰德弗伦 Glen Deveron）却拥有众多追随者。2022 年，该品牌共售出 50 万瓶，是百加得（Bacardi）旗下仅次于艾柏迪的第二大单一麦芽威士忌品牌。该酒厂在意大利一直享有盛誉（这或许要归功于之前的一个所有者马提尼 & 罗西 Martini & Rossi）。不过，该蒸馏厂主要是生产用于调和威士忌的麦芽酒，尤其是给威廉·劳森（William Lawson）品牌。威廉·劳森是世界上第五大畅销的苏格兰调和威士忌品牌，2023 年销量达到了 3 700 万瓶，是除 2015 年之外该品牌的第二大畅销。近年来，由于品牌过度依赖俄罗斯和乌克兰市场的大量曝光，销售受到了影响。但目前看来，品牌所有者似乎已经在法国、葡萄牙和西班牙等国扩大了消费群。

2022 年 8 月，麦克达夫蒸馏厂安装了一台新的 Steinecker 全过滤糖化锅，容量为 7.8 吨。其他设备包括 9 个不锈钢发酵槽，每个容量为 34 000 升，发酵时间为 55 小时。此外，还有两台带有垂直冷凝器的初馏器和三台带有水平冷凝器及亚冷却器的再馏器。前馏时间为 20 分钟，酒心的切取范围 74% ~ 64%。2024 年蒸馏厂每周进行 27 次糖化，持续 48 周，生产出 4 000 000 升的酒精。如果将来决定增加产能，这里还能再容纳 6 个发酵槽和两台蒸馏器。

麦克达夫蒸馏厂的核心产品以德弗伦品牌命名，包括 10 年和 12 年的威士忌。在免税市场，还有一个 2013 年首次推出的格兰德弗伦皇家伯格（Glen Deveron The Royal Burgh）系列，包括 16 年、20 年、25 年和 28 年的威士忌。

历史：

1960 年	蒸馏厂由马蒂·戴克（Marty Dyke）、乔治·克劳福德（George Crawford）、詹姆斯·斯特里拉特（James Stirrat）和布罗迪·赫本（Brodie Hepburn，也参与了杜丽巴汀 Tullibardine 和汀思图 Deanston 的经营）创立。公司名为麦克达夫蒸馏有限公司（Macduff Distillers Ltd.）。
1964 年	蒸馏器的数量从两个增加到三个。
1967 年	蒸馏器总数增至 4 个。
1968 年	蒸馏厂推出了首个装瓶产品——5 年的麦克达夫纯高地麦芽苏格兰威士忌（Macduff Pure Highland Malt Scotch Whisky）。
1972 年	威廉·劳森蒸馏厂，作为由马天尼 & 罗西拥有的通用饮料公司（General Beverage Corporation）的一部分，从格兰德弗隆蒸馏者手中购买了该蒸馏厂。
1990 年	安装了第五个蒸馏器。
1993 年	百加得购买了马天尼 & 罗西（包括威廉·劳森在内），最终将麦克达夫转移到子公司约翰·杜瓦父子有限公司。
2013 年	为免税市场推出了皇家伯格系列（The Royal Burgh Collection），包括 16 年、20 年和 30 年的威士忌。
2015 年	推出了新的产品系列，包括 10 年、12 年和 18 年的威士忌。

德弗伦 10 年陈酿

德弗伦 12 年品鉴笔记：

GS- 闻香柔和、甜美并带有果香，伴随着香草、姜和苹果花的气息。中等酒体，温和的辛辣感，带有奶油糖和巴西坚果的味道。在尾韵中，焦糖与相当干燥的辛辣橡木形成对比。

曼洛克摩尔（Mannochmore）

[man · och · moor]

所有者：帝亚吉欧
　　　　Diageo
地区/区域：斯佩塞
成立时间：1971 年
状态：活跃
产能：6 000 000 升
地址：Elgin, Morayshire IV30 8SS
电话：01343 862000

历史：

1971 年	蒸馏者有限公司（DCL）在他们的姊妹蒸馏厂格兰洛希（Glenlossie）的旧址上建立了这家蒸馏厂。它由约翰·海格有限公司（John Haig & Co. Ltd.）管理。
1985 年	蒸馏厂停产。
1989 年	蒸馏厂重新投产。
1992 年	12 年的花鸟系列成为第一个官方装瓶。
2009 年	发布了 18 年的威士忌。
2010 年	发布了经理之选 1998（Manager's Choice 1998）。
2013 年	蒸馏器的数量增加到 8 个。
2016 年	发布了 25 年的桶强（Cask Strength）。
2022 年	发布了 31 年的传世臻品。

　　曼洛克摩尔是在和威士忌产业繁荣发展的黄金时代建立的。美国禁酒令和第二次世界大战之后，调和苏格兰威士忌已经成为全球领先的烈酒品类。

　　1960—1980 年，共有 16 家麦芽蒸馏厂开业，其中 11 家至今仍在运营。这一时期后来被认为是短时间内新蒸馏厂建立的热潮。2006—2024 年，已有 50 多家新酒厂投入运营。正如查尔斯·麦克林（Charles Maclean）在他本书的文章中所述，当前的扩张是史无前例的。但是，让我们来看看在这两个时期，该行业增加了多少升纯酒精产量。20 世纪 60—70 年代幸存的 11 家蒸馏酒厂的产能为 48 000 000 升，而最新的 50 家蒸馏酒厂（其中大部分规模较小）的产能为 55 000 000 升。在讨论是否会再次出现"威士忌湖"（whisky loch）现象（如 20 世纪 80 年代因供过于求而产生的危机）时，这些数据对于评估非常重要。

　　曼洛克摩尔配备了一个 12 吨的 Briggs 全过滤糖化锅。去年起，蒸馏厂开始采用高重力糖化技术，这不仅减少了用水，还提高了每吨大麦的出酒率。蒸馏厂拥有 8 个木制发酵槽和 8 个不锈钢外部发酵槽（每个容量为 52 000 升），以及 4 对蒸馏器。清澈的麦汁和长达 100 小时的发酵过程，使得新酒具有独特的果香，蒸馏厂目前每周运行 7 天，计划在 2024 年生产 5 800 000 升纯酒精。

　　曼洛克摩尔是翰格蓝爵（Haig）品牌的标志性麦芽威士忌，该品牌最初于 19 世纪 80 年代末推出，如今每年销售约 400 万瓶。目前官方装瓶的唯一版本是 12 年的花鸟系列（Flora & Fauna）。2022 年 6 月，推出了传世臻品系列（Prima & Ultima）限量版——一款 31 年陈酿，酒精度为 45.1%，几乎 30 年都存放在未经使用的欧洲橡木桶中。

12 年陈酿

曼洛克摩尔 12 年品鉴笔记：
　　GS- 闻香时感受到轻盈、清新的香气，带有柑橘的味道。口感甜美、花香、芬芳，呈现出香草、姜味，甚至还有一丝薄荷味。尾韵中等长度，带有持久的杏仁味。

米尔顿达夫（Miltonduff）

[mill · ton · duff]

所有者：芝华士兄弟（保乐力加）
Chivas Brothers (Pernod Ricard)
地区 / 区域：斯佩塞
成立时间：1824 年
状态：活跃
产能：5 800 000 升
地址：Miltonduff, Elgin, Morayshire IV30 8TQ
电话：01343 547433

米尔顿达夫的前 100 年相对波澜不惊。1824 年，当众多蒸馏厂遵循 1823 年的《烈酒法案》时，米尔顿达夫也获得了许可证，作为一个规模较小的蒸馏厂，它以缓慢的速度持续生产。1936 年，海勒姆·沃克（Hiram Walker）接管了米尔顿达夫（同时也接管了格兰伯奇 Glenburgie）。这家加拿大公司刚刚收购了百龄坛（Ballantine）调和威士忌品牌，他们需要大量的麦芽威士忌。他们扩大了产能，1974 年左右几乎重建了蒸馏厂。几十年来，尽管所有者不断变化，但百龄坛始终是其中关键的一部分。

百龄坛这个标志性的调和威士忌多年来一直是苏格兰威士忌销量排名第二的品牌，2022 年销售了 1.07 亿瓶。这也是米尔顿达夫蒸馏厂目前正在进行大规模扩建的唯一原因。现有蒸馏厂西北部的一些仓库正在被拆除，以腾出空间建造一个可以容纳 9～10 对蒸馏器的新酒厂。新酒厂产能将达到 16 000 000 升酒精——成为苏格兰五大麦芽威士忌蒸馏厂之一。米尔顿达夫的计划还包括使蒸馏厂实现碳中和，这是芝华士兄弟旗下所有蒸馏厂未来几年的总体目标。

米尔顿达夫蒸馏厂目前配备了一个 8 吨的全过滤糖化锅（带有铜制圆顶），16 个不锈钢发酵槽（发酵时间为 56 小时），以及 6 个大型蒸馏器。蒸馏器的林恩臂都是急剧下降的，这使得回流非常少。

米尔顿达夫单一麦芽威士忌的官方装瓶直到 2017 年都很少见，当时它与格兰伯奇和格兰道奇（Glentauchers）一起被纳入一个新的系列，称为百龄坛单一麦芽系列。不过从 2024 年起，米尔顿达夫不再属于该系列。目前，官方装瓶仅有两款：一款是 24 年的斯佩塞秘境系列（Secret Speyside Collection，2024 年 4 月发布）和另一款 12 年的桶强酒厂珍藏系列（Distillery Reserve Collection），可在所有芝华士的游客中心购买。

历史：

1824 年 安德鲁·皮里（Andrew Peary）和罗伯特·贝恩（Robert Bain）获得了米尔顿达夫蒸馏厂的许可证。该蒸馏厂之前作为一个非法的农场蒸馏厂运营，名为米尔顿蒸馏厂，但在达夫家族购买了其运营地点后更名为米尔顿达夫。

1866 年 威廉·斯图尔特（William Stuart）购买了蒸馏厂。

1895 年 托马斯·尤尔公司（Thomas Yool & Co.）成为新的部分所有者。

1936 年 托马斯·尤尔公司将蒸馏厂卖给了海勒姆·沃克·古德勒姆和沃茨公司（Hiram Walker Gooderham & Worts.）。后者将管理权转移给了新收购的子公司乔治·巴拉丁父子公司（George Ballantine & Son.）。

1964 年 安装了一对洛蒙德蒸馏器以生产稀有的莫斯托维（Mosstowie）。

1974 年 蒸馏厂进行了大规模重建。

1981 年 洛蒙德蒸馏器被停用，并被两个普通的壶式蒸馏器取代，蒸馏器总数达到 6 个。

1986 年 同盟利昂（Allied Lyons）购买了海勒姆·沃克的 51% 股份。

1987 年 同盟利昂（Allied Lyons）收购了海勒姆·沃克的其余股份。

1991 年 同盟蒸馏者（Allied Distillers）效仿联合蒸馏者（United Distillers）的经典麦芽系列（Classic Malts），引入了卡利多尼亚麦芽系列（Caledonian Malts），其中包括托摩尔（Tormore）、格兰多纳（Glendronach）和拉弗格（Laphroaig），以及米尔顿达夫。后来托摩尔（Tormore）被斯卡帕（Scapa）取代。

2005 年 芝华士兄弟（保乐力加）通过收购联合多美（Allied Domecq）成为新所有者。

2017 年 发布了一款 15 年的威士忌。

2020 年 发布了一款专供亚洲市场的 19 年威士忌。

2024 年 推出了 24 年的斯佩塞秘境系列威士忌。

24 年陈酿

米尔顿达夫 15 年品鉴笔记：

IR- 闻香时有新鲜的柑橘和蜂蜜味，伴随着石楠花、姜和桃子的香气。口感上更加辛辣，带有肉桂和丁香、香草、蜂蜜、红浆果和甘草的味道。

慕赫（Mortlach）

[mort · lack]

所有者：帝亚吉欧
　　　　Diageo
地区 / 区域：斯佩塞
成立时间：1823 年
状态：活跃
产能：3 800 000 升
地址：Dufftown, Keith, Banffshire AB55 4AQ
电话：01340 822100

对于麦芽威士忌的爱好者而言，慕赫是一个特别的存在。在每年的斯佩塞威士忌节期间，人们总是争相获取这家通常不对外开放的神秘蒸馏厂的参观门票。

那款已经绝版的 16 年花鸟系列（Flora & Fauna）装瓶，常被用来代表经典的雪莉桶风味威士忌。然而，慕赫一直拥有双重身份，它在诸如尊尼获加黑牌（Johnnie Walker Black Label）等调和威士忌中的重要性，使得厂方难以释放足够数量的陈年单一麦芽威士忌。该品牌在 2014 年重新推出，并计划将蒸馏厂的产能翻倍。结果令人失望，销量从未达到预期。然而，4 年后再次推出的结果却是乐观的，2018 年以来，销量从 9 万瓶激增至 2022 年的近 100 万瓶。

慕赫蒸馏厂配备了一个 12 吨的全过滤糖化锅和 6 个由道格拉斯冷杉制成的发酵槽。多年来，这里既有短时间发酵也有长时间发酵，但自 2023 年中以来，蒸馏厂每周 7 天全产能运作，进行 16 次糖化，这意味着所有发酵时间都在 55～59 小时。拥有三台初馏器和三台再馏器，全部都连接到虫桶以冷却酒精蒸汽。其蒸馏制度可能是苏格兰威士忌行业中最独特的，考虑到各种蒸馏过程，可以说慕赫的威士忌被蒸馏了 2.81 次。

核心产品系列包括 12 年的小女巫（Wee Witchie）、16 年的蒸馏师的小酌（Distiller's Dram）、20 年的家传蓝勋（Cowie's Blue Seal），以及免税市场的 14 年的亚历山大之路（Alexander's Way）。2024 年秋季，一款在拉曼多洛白葡萄酒和桑娇维塞红葡萄酒桶中完成熟成的装瓶作为特别发布（Special Releases）的一部分出现。世界著名的工业建筑师和设计师斯塔克（Starck）与慕赫展开了合作，首批装瓶（Mortlach x Starck）于 2024 年 8 月亮相。

历史：

1823 年	詹姆斯·芬德莱特（James Findlater）创立了蒸馏厂。
1824 年	唐纳德·麦金托什（Donald Macintosh）和亚历山大·戈登（Alexander Gordon）成为部分所有者。
1831 年	蒸馏厂以 270 英镑的价格卖给了约翰·罗伯逊（John Robertson）。
1832 年	A.&T. 乔治（A. & T. Gregory）购买了慕赫。
1837 年	阿伯劳尔（Aberlour）的詹姆斯和约翰·格兰特（James and John Grant）成为部分所有者。没有生产活动。
1842 年	蒸馏厂由约翰·亚历山大·戈登（John Alexander Gordon）和格兰特兄弟拥有。
1851 年	重新开始生产。
1853 年	乔治·考伊（George Cowie）加入并成为所有者之一。
1867 年	戈登去世，考伊成为唯一所有者。
1896 年	亚历山大·考伊加入公司。
1897 年	蒸馏器的数量增加到 6 个。
1923 年	亚历山大·考伊将蒸馏厂卖给了约翰·沃克父子公司（John Walker & Sons）。
1925 年	约翰·沃克公司成为蒸馏者有限公司（DCL）的一部分。
1964 年	进行大规模翻新。
1968 年	地板发芽停止。
1996 年	慕赫 1972 作为稀有麦芽（Rare Malt）发布。
1998 年	慕赫 1978 作为稀有麦芽发布。
2004 年	发布了 32 年的慕赫 1971。
2014 年	发布了稀有老酒（Rare Old）、特强（Special Strength）、18 年和 25 年的慕赫。
2018 年	推出了新的产品系列：12 年的小女巫，16 年的蒸馏师的小酌和 20 年的家传蓝勋。
2019 年	发布了有史以来年份最高的官方装瓶 47 年慕赫，以及 26 年的特别发布。
2020 年	发布 25 年的传世臻品（Prima & Ultima），随后是 21 年的生而珍稀（Rare by Nature）。
2021 年	发布部分在处女橡木桶中熟成 13 年慕赫。
2022 年	推出 30 年午夜麦芽（Midnight Malt）。
2023 年	推出一款无年份特别版装瓶，部分在前日本桶中熟成。
2024 年	慕赫与斯塔克合作联名款首次亮相。

慕赫 12 年品鉴笔记：

IR- 闻香时感觉新鲜而浓烈，带有雪莉酒、苹果酒、黑李子、烟草和太妃糖的香气。口感强烈，带有橙果酱、黑巧克力、意式浓缩咖啡和辣椒的味道。

特别发布 2024

欧本（Oban）

[oa・bun]

所有者：帝亚吉欧
　　　　Diageo
地区 / 区域：西高地
成立时间：1794 年
状态：活跃（vc）
产能：925 000 升
地址：Stafford Street, Oban, Argyll PA34 5NH
电话：01631 572004

在帝亚吉欧拥有的 30 家苏格兰麦芽蒸馏厂中，欧本的单一麦芽威士忌销量排名第五，仅次于苏格登（Singleton）、泰斯卡（Talisker）、卡杜（Cardhu）和乐加维林（Lagavulin）。2022 年，欧本单一麦芽威士忌全球销量达到 150 万瓶，其中很大一部分销往美国。

长期以来，欧本单一麦芽威士忌的全部产量都用于调和威士忌。所有者面临的挑战是如何扩大生产能力。蒸馏厂位于奥班市中心，被繁忙的斯塔福德街（Stafford Street）和背后的巨大悬崖所夹，没有空间建造更多的新建筑和设备。然而，2023 年，通过增加一个额外的初馏器，蒸馏厂实现了 7 天生产，并将产能提高了 6%，达到 925 000 升酒精。

蒸馏厂的设备包括一个 7 吨的不锈钢糖化锅，带有耙子。4 个木制发酵槽由俄勒冈松木制成，还有一台初馏器（16 880 升）和一台再馏器（8 296 升），都连接到一个矩形的不锈钢双虫桶冷凝器上，用于冷凝酒精蒸汽。2023 年春季，一个发酵槽和再馏器被更换。多年来，蒸馏厂进行 5 个长时间的发酵（110 小时）和一个短时间的发酵（65 小时），但有了新的初馏器，所有发酵时间都变为 119 小时。与通常使用虫桶导致酒体沉重不同，欧本的新酒因为长时间的发酵而具有果香。2024 年的生产计划是每周进行 7 次糖化，产出 925 000 升纯酒精。该蒸馏厂还拥有业界最好的游客中心之一，每年接待 50 000 名游客。

核心产品系列包括：一款 14 年的威士忌小湾（Little Bay），一款仅在美国市场销售的 18 年威士忌，以及一款蒙蒂利亚（Montilla）菲诺雪莉桶收尾的蒸馏师版本（Distillers' Edition）。最近的限量版包括老泰迪（Old Teddy）、小泰迪（Young Teddy），以及一款在 2024 年秋季特别发布（Special Release）系列中的 10 年威士忌，这款威士忌在再填的美国橡木桶中熟成，并部分在用欧罗索雪莉酒调味的美国橡木桶中完成收尾，该酒于 2024 年秋季在特别发布系列中推出。

历史：

1793 年　约翰和休・史蒂文森（John and Hugh Stevenson）创立了蒸馏厂。
1820 年　休・史蒂文森去世。
1821 年　休・史蒂文森的儿子托马斯接管。
1829 年　史蒂文森破产。他的长子约翰接管。
1830 年　约翰从他父亲的债权人手中以 1 500 英镑买下了蒸馏厂。
1866 年　彼得・卡姆斯蒂（Peter Cumstie）收购了蒸馏厂。
1883 年　卡姆斯蒂将欧本卖给了詹姆斯・沃尔特・希金斯（James Walter Higgins），后者对蒸馏厂进行了翻新和现代化改造。
1898 年　欧本和欧摩 – 格兰利特公司（The Oban & Aultmore-Glenlivet Co.）接管，亚历山大・爱德华兹（Alexander Edwards）掌舵。
1923 年　布坎南・杜瓦收购欧本蒸馏厂。
1925 年　布坎南・杜瓦成为蒸馏者公司有限公司（DCL）的一部分。
1931 年　停止生产。1937 年恢复生产。
1968 年　地板发麦停止，蒸馏厂关闭进行重建。
1972 年　重新开业。1979 年欧本 12 年上市。
1988 年　联合蒸馏者推出经典麦芽系列（Classic Malts），包括欧本 14 年。
1998 年　推出了蒸馏师版本。
2002 年　迄今为止最老的欧本 32 年上市。
2010 年　发布了无年份的蒸馏厂独家威士忌。
2013 ・　发布了限量的 21 年威士忌。
2015 年　欧本小湾发布。
2016 年　发布了蒸馏厂独家威士忌。
2018 年　21 年陈酿作为特别发布的一部分。
2019 年　发布了守夜人 – 欧本湾珍藏（Night's Watch-Oban Bay Reserve）和老泰迪。
2021 年　发布了 12 年的生而珍稀（Rare by Nature）。
2022 年　推出阿蒙提拉多（Amontillado）桶收尾的 10 年特别版。
2023 年　发布了小泰迪和 11 年的朗姆酒桶收尾的特别发布。
2024 年　推出了 10 年的特别发布。

欧本 14 年品鉴笔记：

　　GS- 闻香时带有轻微的烟熏味，伴随着蜂蜜、花香的气息。还有太妃糖、谷物和一丝泥煤的味道。口感上初尝是煮熟的水果味，随后变得更加辛辣。复杂、苦甜交织，带有橡木和更柔和的烟熏味。余味相当悠长，带有辛辣的橡木味、太妃糖和新皮革的味道。

10 年陈酿特别发布

富特尼（Pulteney）

[poolt·ni]

所有者：因弗豪斯蒸馏厂（国际饮料控股公司）
　　　　Inver House Distillers（International Beverage Holdings）
地区/区域：北高地
成立时间：1826 年
状态：活跃（vc）
产能：1 700 000 升
地址：Huddart St, Wick, Caithness KW1 5BA
电话：01955 602371

富特尼和其他 4 家苏格兰麦芽蒸馏厂的所有者都是因弗豪斯（Inver House），其母公司是 InBev（国际饮料控股公司），而 InBev 又是 Thai BV（泰国饮料公司）旗下的烈酒业务部门。

这家泰国公司不仅是饮料巨头，也是泰国最大的房地产开发商之一，由创始人、亿万富翁查伦·西里瓦塔那巴卡迪（Charoen Sirivadhanabhakdi）及其家族控制。公司对威士忌生产（以及其他烈酒）的兴趣还体现在 1988 年成立的泰国红牛蒸馏厂（Red Bull Distillery）。2023 年秋季，公司还收购了新西兰的卡德罗纳蒸馏厂（Cardrona Distillery）。

富特尼在 2022 年售出了 750 000 瓶，是因弗豪斯最畅销的苏格兰单一麦芽威士忌。由于水位过低，该蒸馏厂不得不在 2021 年暂时停止生产。为了避免今后再发生这种情况，酿酒厂采用了高比重糖化工艺，从而减少了从糖化锅中提取麦芽汁所需的水量。

该蒸馏厂配备了一个带有木制外壳和铜顶的不锈钢半过滤糖化锅，以及 7 个不锈钢发酵槽。发酵时间有短周期（50 小时）和长周期（110 小时）。装有巨大沸腾球的初馏器顶部被奇特地切断。两个蒸馏器都使用不锈钢螺旋管冷凝器来冷凝酒液。过去几年，该蒸馏厂每周工作 5 天，生产约 1 300 000 升酒精。

核心系列包括没有年龄声明的海湾（Harbour）和烟熏味的赫达（Huddart），以及 12 年、15 年、18 年、25 年陈酿。对于旅游零售市场，有一款在波本桶中的 10 年陈酿，一款西班牙橡木桶陈酿 13 年，以及一款欧罗索桶过桶的 16 年陈酿。最近的限量发行包括两款海岸系列（The Coastal Series）中的——夏朗德皮诺酒桶（Pineau des Charentes）和波特桶（Port）。还有一款专为中国市场提供的 38 年欧罗索雪莉桶过桶的单桶，以及舰队 2012（Flotilla 2012）。

历史：

1826 年　詹姆斯·亨德森（James Henderson）创立了这家蒸馏厂。
1920 年　蒸馏厂被詹姆斯·沃森（James Watson）收购。
1923 年　布坎南·杜瓦（Buchanan-Dewar）接管。
1930 年　生产停止。
1951 年　在被律师罗伯特·卡明（Robert Cumming）收购后恢复生产。
1955 年　卡明将其卖给了詹姆斯和乔治·斯托达特，这是海勒姆·沃克父子公司（Hiram Walker & Sons）的子公司。
1958 年　蒸馏厂重建。
1959 年　地板发麦停止。
1961 年　联合酿酒厂收购了詹姆斯和乔治·斯托达特。
1981 年　联合酿酒厂更名为同盟利昂（Allied Lyons）。
1995 年　联合多美（Allied Domecq）将富特尼卖给因弗豪斯蒸馏厂。
1997 年　富特尼 12 年陈酿推出。
2001 年　太平洋烈酒收购因弗豪斯。
2004 年　推出 17 年陈酿。
2005 年　推出 21 年陈酿。
2006 年　国际饮料控股收购太平洋烈酒英国公司。
2010 年　发布 WK499 伊莎贝拉·福图娜（WK499 Isabella Fortuna）。
2012 年　发布 40 年陈酿和 WK217 光谱（WK217 Spectrum）。
2013 年　发布富特尼领航者（Navigator）、灯塔系列（The Lighthouse range，3 种表达）和 1990 年份酒。
2014 年　发布 35 年陈酿。
2015 年　发布邓尼特海角（Dunnet Head）和 1989 年份酒（Vintage 1989）。
2017 年　同时发布三款年份酒（1983、1990 和 2006）以及 25 年陈酿。
2018 年　推出全新的核心系列。
2020 年　发布限量 34 年陈酿。
2022 年　发布限量 38 年陈酿。
2023 年　发布海岸系列，并为免税市场推出 13 年陈酿。

富特尼 12 年品鉴笔记：

GS- 闻香呈现出令人愉悦的新鲜麦芽和花香气息，带有一丝松树的味道。口感相对甜美，带有麦芽、香料、新鲜水果和一丝盐味。余味中等长度，逐渐变干，明显带有坚果味。

12 年陈酿

皇家布莱克拉（Royal Brackla）

[royal brack·lah]

所有者：约翰·杜瓦父子公司（百加得）
John Dewar & Sons（Bacardi）
地区/区域：高地
成立时间：1812 年
状态：活跃
产能：4 300 000 升
地址：Cawdor, Nairn, Nairnshire IV12 5QY
电话：01667 402002

直到 2024 年，在欧摩（Aultmore）大幅度扩大产能之前，皇家布莱克拉蒸馏厂一直是帝王（Dewars）/百加得（Bacardi）旗下的苏格兰麦芽蒸馏厂中规模最大的一家，但它同时可能也是威士忌爱好者中最不被熟知的品牌。

历史上，这家蒸馏厂在首批调和威士忌的诞生中扮演了重要角色。19 世纪中叶，乌舍尔父子首次使用皇家布莱克拉麦芽制作了首批苏格兰调和威士忌。如今，斯蒂芬妮·麦克劳德（Stephanie Macleod）一直是威士忌的守护者。作为业界最受尊敬的调配师之一，她自 1998 年起就在皇家布莱克拉工作，并于 2006 年担任了首席调配师。她的主要任务是维护和发展公司的调和威士忌——帝王和劳森（Lawson），但在过去的 10 年里，她在创造 5 种单一麦芽威士忌的新表达方面发挥了重要作用。

百加得并不以向游客开放其蒸馏厂而闻名（艾柏迪 Aberfeldy 是例外），但皇家布莱克拉绝对应该是下一个开放的酒厂。这家蒸馏厂已有 200 多年的历史，本身就是一块瑰宝，它毗邻库洛登（Culloden）战场，以及莎士比亚《麦克白》（Macbeth）中著名的 14 世纪的卡多城堡（Cawdor Castle），有很多可以吸引游客的地方。

皇家布莱克拉配备了一个 12.9 吨的全过滤糖化锅，糖化周期为 6 小时。有 6 个木制发酵槽和另外两个不锈钢发酵槽——所有发酵时间均为 68 小时。最后，还有两对大型蒸馏器，颈部高耸且林恩臂略微上升。2024 年，生产将在每周 17 和 18 次糖化之间交替进行，年产 4 300 000 升纯酒精，这几乎是蒸馏厂的全部产能。

核心系列包括一个 12 年的欧罗索雪莉桶过桶，一款 18 年的帕罗卡塔多桶过桶，一款 20 年的在 PX、欧罗索和帕罗卡塔多桶的组合中完成，以及一款新的 25 年的 PX 过桶。在卓越桶系列（Exceptional Cask Series）中还有针对旅游零售市场的定期限量发行。

历史：

- **1812 年** 蒸馏厂由威廉·弗雷泽上尉（Captain William Fraser）创立。
- **1833 年** 布莱克拉成为第一个被允许在名称中使用"皇家"的三家蒸馏厂之一。
- **1852 年** 罗伯特·弗雷泽公司（Robert Fraser & Co.）接管了蒸馏厂。
- **1897 年** 蒸馏厂重建，皇家布莱克拉蒸馏厂有限公司成立。
- **1919 年** 阿伯丁的约翰·米切尔（Robert Fraser & Co.）和詹姆斯·莱希特（James Leict）购买了皇家布莱克拉。
- **1926 年** 约翰·比塞特有限公司（John Bisset & Company Ltd.）接管。
- **1943 年** 苏格兰麦芽蒸馏商（SMD）购买了约翰·比塞特有限公司，从而获得了皇家布莱克拉蒸馏厂。
- **1964 年** 蒸馏厂关闭，进行大规模翻新。
- **1966 年** 蒸馏器数量增加到 4 个。麦芽加工厂关闭。
- **1970 年** 蒸馏器数量从两个增加到 4 个。
- **1985 年** 蒸馏厂被暂时关闭。
- **1991 年** 生产恢复。
- **1993 年** 在联合蒸馏者的花鸟系列（Flora & Fauna）中推出了 10 年的皇家布莱克拉。
- **1997 年** 联合蒸馏者投资超过 200 万英镑进行改进和翻新。
- **1998 年** 百加得-马提尼（Bacardi-Martini）从帝亚吉欧手中收购了帝王（Dewar）。
- **2004 年** 推出了新的 10 年皇家布莱克拉。
- **2014 年** 在新加坡樟宜（Changi）机场发布了 35 年的皇家布莱克拉。
- **2015 年** 发布了新的系列：12 年、16 年和 21 年陈酿。
- **2019 年** 针对旅游零售市场，推出了包括 12 年、18 年和 20 年的新系列。
- **2021 年** 18 年的帕罗卡塔多过桶和 20 年的雪莉过桶（三种不同类型的雪莉）成为核心系列的一部分。

12 年陈酿

皇家布莱克拉 12 年品鉴笔记：

GS- 闻香时感受到温暖的香料、麦芽和奶油中的桃子香气。口感强烈，带有香料和轻微烟熏的柔软水果味。余味相当悠长，带有柑橘类水果、温和的香料和可可粉的味道。

皇家蓝勋（Royal Lochnagar）

[royal loch・nah・gar]

所有者：帝亚吉欧
　　　　Diageo
地区 / 区域：东部高地
成立时间：1845 年
状态：活跃（VC）
产能：500 000 升
地址：Crathie, Ballater, Aberdeenshire AB35 5TB
电话：01339 742700

约翰·贝格（John Begg），这位在1845 年创立了目前蒸馏厂的人物，他的故事肯定会触动你的心弦。尽管他是一位成功的酿酒师和调配师，但他的家族历史却充满了悲剧。

贝格的长子和次子都溺水身亡，两人去世时都只有 15 岁。几年后，他的一个 17 岁的儿子死于流感，另两个儿子和一个女儿也在随后几年内相继去世。在经历了失去 6 个孩子的痛苦后，贝格本人于 1882 年去世，享年 79 岁。

然而，贝格在蒸馏厂方面的成功是显而易见的。1848 年，他邀请了莅临巴尔莫勒尔城堡（Balmoral castle）的维多利亚女王和阿尔伯特（Albert）亲王参观蒸馏厂，这一举动为他赢得了皇家授权，这份荣誉一直延续到 2021 年，由伊丽莎白女王续签。苏格兰仅有的另一家拥有皇家授权的蒸馏厂是拉弗格（Laphroaig）。

这家蒸馏厂配备了一个 5.4 吨的开放式传统不锈钢糖化锅，以及两个木制发酵槽，分别进行 70 小时的短发酵和 110 小时的长发酵。蒸馏厂拥有两台小型蒸馏器，初馏器的装填量为 6 100 升，再馏器的装填量为 4 000 升，酒精蒸汽在铸铁螺旋管冷凝器中冷凝。蒸馏厂现场灌装，1 000 个桶被储存在唯一的仓库中，其余的则被送往其他地方。2024 年，每周 4 次糖化，年生产 450 000 升纯酒精。

皇家蓝勋单一麦芽威士忌每年的销售量约为 8 万瓶，尽管数量不多，但它在豪华调和威士忌尊尼获加蓝牌中占有重要地位。直到帝亚吉欧在 2022 年春季出售温莎调和酒（Windsor）之前，皇家蓝勋也是温莎调和酒的重要基酒。

皇家蓝勋单一麦芽威士忌的官方核心系列包括 12 年陈酿和精选珍藏（Selected Reserve），后者通常是 18 ~ 20 年的桶装调和酒。2022 年，传世臻品（Prima & Ultima）系列中出现了一款限量发行的 40 年陈酿，这款酒在重新装填的猪头桶中陈酿，装瓶时酒精度为 52.5%。

历史：

1823 年　詹姆斯·罗伯逊（James Robertson）在迪河（River Dee）的北岸格兰费丹（Glen Feardan）创立了一家蒸馏厂。

1826 年　蒸馏厂被竞争对手烧毁，罗伯逊决定在洛赫纳加（Lochnagar）山附近建立一个新的蒸馏厂。

1841 年　这家蒸馏厂也被烧毁了。

1845 年　约翰·贝格（John Begg）在迪河的南岸建造了一个新的蒸馏厂，命名为新蓝勋。

1848 年　蓝勋获得了皇家授权。

1882 年　约翰·贝格去世，他的儿子亨利·法夸森·贝格（Henry Farquharson Begg）继承了蒸馏厂。

1896 年　亨利·法夸森·贝格去世。

1906 年　亨利·贝格的孩子们重建了蒸馏厂。

1916 年　蒸馏厂被卖给了约翰·杜瓦父子公司。

1925 年　约翰·杜瓦父子公司成为蒸馏者公司（DCL）的一部分。

1963 年　进行了一次大规模的重建。

2004 年　在稀有麦芽系列（Rare Malts）中推出了一款 1974 年的 30 年原桶强度威士忌（6 000 瓶）。

2008 年　发布了一款麝香葡萄酒桶过桶的蒸馏师版（Distiller's Edition）。

2010 年　发布了一款 1994 年的经理之选（Manager's Choice）。

2013 年　为经典麦芽之友（Friends of the Classic Malts）发布了一款三重成熟表达。

2016 年　发布了一款无年份声明的蒸馏厂独家威士忌。

2019 年　作为权力的游戏（Game of Thrones series）系列的一部分，发布了拜拉席恩家族（House Baratheon）。

2021 年　发布了一款 16 年的生而珍稀（Rare by Nature）。

2022 年　发布了一款 40 年的传世臻品。

12 年陈酿

皇家蓝勋 12 年品鉴笔记：

　　GS- 闻香时有轻微的太妃糖味，伴随着新鲜锯木的绿色气息。口感提供了一个令人愉悦且相当复杂的焦糖、干雪莉酒和香料调和味，随后是一丝甘草的味道，然后逐渐展现出轻微的香气余味。

斯卡帕（Scapa）

[ska·pa]

所有者：芝华士兄弟（保乐力加）
Chivas Brothers（Pernod Ricard）
地区 / 区域：高地（奥克尼）
成立时间：1885 年
状态：活跃
产能：1 300 000 升
地址：Scapa, St Ola, Kirkwall, Orkney KW15 1SE
电话：01856 876585

全球两大烈酒制造商在苏格兰威士忌市场中同样占据着领导地位。帝亚吉欧占据了苏格兰威士忌销量的 40%，而保乐力加（通过芝华士兄弟）占据了 23%。

在单一麦芽威士忌的销量上，两家公司在 2022 年都达到了约 210 万箱，竞争激烈。帝亚吉欧拥有 30 家麦芽蒸馏厂，其中前两大品牌苏格登（Singleton）和泰斯卡（Talisker）占据了其麦芽威士忌销量的 53%。相比之下，芝华士兄弟的前两大品牌格兰威特（Glenlivet）和亚伯乐（Aberlour）几乎占据了其单一麦芽销量的全部，达到了 99%。

帝亚吉欧似乎比芝华士兄弟更加重视推广其他品牌，旗下有 6 个单一麦芽品牌的销量超过了 100 万瓶。而芝华士兄弟的第三大畅销单一麦芽品牌格兰凯斯（Glen Keith）销量为 18 万瓶，斯卡帕则以 11 万瓶的销量位列第四，对于奥克尼群岛中少数几个拥有数十年忠实粉丝的蒸馏厂来说，这个销量似乎并不算大。多年来，斯卡帕品牌仅以两款无年份声明的产品为主，但在 2024 年秋季，品牌所有者推出了一系列新的陈年威士忌，以满足威士忌爱好者的需求。

斯帕卡蒸馏厂的设备包括一个 2.9 吨的半过滤糖化锅，顶部为铜制。厂内有 12 个不锈钢发酵槽，发酵时间长达 160 小时。此外，还有两台蒸馏器，其中一台是来自格兰伯奇（Glenburgie）蒸馏厂的罗蒙德蒸馏器，可调节板已被移除。斯卡帕在 2015 年开设了游客中心，并在 2022 年增建了一个可以俯瞰斯帕卡湾（Scapa Bay）的品酒室。

自 2024 年 9 月起，斯帕卡停产了斯基伦（Skiren）和泥煤烟熏的格兰萨（Glansa），取而代之的是 10 年、16 年和 21 年的新系列产品。这三款新产品主要在美国首次装填的橡木桶中陈酿，前两款的酒精度为 48%，而 21 年的产品则以桶装强度装瓶。近期的限量发行包括酒厂珍藏系列（Distillery Reserve Collection）的 7 年和 17 年陈酿，以及仅在蒸馏厂有售的 11 年和 22 年陈酿。

历史：

1885 年	麦克法兰和汤森德（Macfarlane & Townsend）创立了这家蒸馏厂，约翰·汤森德（Macfarlane & Townsend）负责领导。
1919 年	斯卡帕蒸馏厂有限公司（Scapa Distillery Company Ltd.）接管。
1934 年	斯卡帕蒸馏厂有限公司自愿清算，生产停止。
1936 年	生产恢复。
1936 年	布洛赫兄弟有限公司（Bloch Brothers Ltd）[约翰和莫里斯爵士（John and Sir Maurice）]接管。
1954 年	海勒姆·沃克父子公司（Hiram Walker & Sons）接管。
1959 年	安装了一台罗蒙德蒸馏器。
1978 年	蒸馏厂进行现代化改造。
1994 年	蒸馏厂被暂时关闭。
1997 年	每年仅在几个月内使用高原骑士（Highland Park）的工作人员进行生产。
2004 年	进行了耗资 210 万英镑的大规模翻新。推出了斯卡帕 14 年陈酿。
2005 年	4 月生产停止，翻新计划的第二阶段开始。芝华士兄弟成为新所有者。
2006 年	推出了斯卡帕 1992（14 年陈酿）。
2008 年	推出了斯卡帕 16 年陈酿。
2015 年	蒸馏厂对游客开放，并推出了斯卡帕斯基伦（Scapa Skiren）。
2016 年	发布了泥煤烟熏的格兰萨（Glansa）。
2020 年	发布了三款年份酒：1977 年、1979 年和 1990 年。
2024 年	引入了新的核心系列：10 年、16 年和 21 年陈酿。

斯卡帕 10 年品鉴笔记：

IW– 闻香时强烈的香草和姜饼味，随后是柠檬挞、橙子果酱和苹果酥皮的香气。口感柔和，即刻展现出丰富的甜味和奶油般的香草美味，橙子果酱和法式焦糖苹果塔，最后是姜饼的味道。

10 年陈酿

盛贝本（Speyburn）

[spey·burn]

所有者：因弗豪斯蒸馏厂（国际饮料控股公司）
Inver House Distillers（International Beverage Holdings）
地区 / 区域：斯佩塞
成立时间：1897 年
状态：活跃（vc）
产能：4 600 000 升
地址：Rothes, Aberlour, Morayshire AB38 7AG
电话：01340 831213

期待已久的盛贝本游客中心（2023 年 8 月首次开放参观）已经成功开放。吸引游客的特色之一当然是独特的鼓式麦芽加工设备。

早在 1897 年盛贝本成立之初，就决定采用鼓式麦芽发麦机替代传统的地板发麦，这在苏格兰是首创。虽然这些设备自 1968 年以来就没有再使用过，但三个浸渍箱和六个鼓都得到了良好的维护（也被苏格兰历史遗产委员会列为保护对象），为参观者提供了一个非常特别和令人兴奋的景点。

盛贝本单一麦芽威士忌在美国一直颇受欢迎，2022 年销量达到 625 000 瓶，成为因弗豪斯产品线中仅次于富特尼的第二大畅销单一麦芽威士忌。

盛贝本蒸馏厂的设备包括一个 6.25 吨的不锈钢半过滤糖化锅。厂区内有四个木制的 27 000 升发酵槽和一个旧的堆垛仓库中存放着 15 个不锈钢发酵槽。在一周 7 天的发酵时间为 72 小时。此外，还有一组不寻常的蒸馏器组合：一个 27 000 升的初馏器连接到一个壳管冷凝器，以及两个 12 500 升的再馏器连接到一个螺旋管冷凝器。

在盛贝本的蒸馏过程中，前馏持续 20 分钟，酒精度从 74% 降至 61%，酒厂主希望在保留一定酒体的同时，还能呈现出果香味。2024 年的生产计划是每周进行 40 次糖化，年产量达到 4 600 000 升纯酒精。

在盛贝本的核心产品线中，金色三文鱼（Bradan Orach）最近被波本桶（Bourbon Cask）取代。产品系列还包括 10 年、15 年和 18 年陈酿，以及新的朗姆桶（Rum Cask）过桶。在旅游零售市场：一种是在之前装有泥煤威士忌的桶中熟成的霍普金斯珍藏（Hopkins Reserve）；另一种是 16 年的陈酿，在曾装过波本威士忌的酒桶中熟成。最后，还有仅限于美国市场的阿兰塔桶（Arranta Casks）威士忌。

历史：

1897 年   约翰和爱德华·霍普金斯（John and Edward Hopkins）兄弟以及他们的表兄爱德华·布劳顿（Edward Broughton）通过约翰·霍普金斯公司（John Hopkins & Co.）创立了这家蒸馏厂。他们已经拥有托本莫瑞（Tobermory）。建筑师是查尔斯·多伊格（Charles Doig）。建造蒸馏厂花费了 17 000 英镑，蒸馏厂被转让给盛贝本 - 格兰利特蒸馏公司（Speyburn-Glenlivet Distillery Company）。

1916 年   蒸馏公司有限公司（DCL）收购了约翰·霍普金斯公司和蒸馏厂。

1930 年   生产停止。

1934 年   生产重新开始。

1962 年   盛贝本被转让给苏格兰麦芽蒸馏商（SMD）。

1968 年   鼓式麦芽加工关闭。

1991 年   因弗豪斯蒸馏厂购买盛贝本。

1992 年   推出了 10 年陈酿，替代了花鸟系列（Flora & Fauna）中的 12 年陈酿。

2001 年   太平洋烈酒（Pacific Spirits，大鸹集团 Great Oriole Group）以 8 500 万美元购买因弗豪斯。

2005 年   发布了 25 年的索雷拉（Solera）。

2006 年   因弗豪斯更换所有者，国际饮料控股收购太平洋烈酒英国公司。

2009 年   为美国市场引入了未经陈年的金色三文鱼。

2012 年   成立了克兰·盛贝本（Clan Speyburn）。

2014 年   蒸馏厂扩建。

2015 年   发布了阿兰塔桶（Arranta Casks）。

2017 年   发布了 15 年陈酿和伴侣桶（Companion Casks）。

2018 年   为免税市场发布了两款产品：10 年陈酿和霍普金斯珍藏（Hopkins Reserve）。推出了核心产品的 18 年陈酿。

2023 年   蒸馏厂对公众开放。

2024 年   发布了波本桶（Bourbon Cask）陈酿。

10 年陈酿

盛贝本 10 年品鉴笔记：

GS- 闻香时柔和而优雅，带有辛辣和坚果的香气。口感顺滑，带有香草、香料和更多的坚果味。余味中等，辛辣且略带干燥。

诗贝（Speyside）

[spey·side]

所有者：诗贝蒸馏厂有限公司
　　　　Speyside Distillers Co.
地区 / 区域：斯佩塞
成立时间：1990 年
状态：活跃
产能：850 000 升
地址：Glen Tromie, Kingussie, Inverness-shire PH21 1NS
电话：01540 661060

　　1956 年，前潜艇舰长乔治·克里斯蒂（George Christie）萌生了建造苏格兰最浪漫的蒸馏厂之一的想法，与此同时，他还创办了苏格兰北部谷物蒸馏厂。

　　克里斯蒂在金古西（Kingussie）附近的德拉姆古什（Drumguish）购置了一块土地，计划建立一家麦芽蒸馏厂，并委托一位干石墙专家进行建造。然而，直到 28 年后，这家蒸馏厂才开始生产，而那时克里斯蒂已经出售了公司。12 年前，现任所有者接管了这个品牌，并成功地将其发展壮大。

　　2021 年，格拉斯哥威士忌公司（Glasgow Whisky）收购了拥有诗贝蒸馏厂土地和建筑的特罗米磨坊蒸馏有限公司（Tromie Mills Distillery Ltd.）。自 2012 年起，该场地和建筑被哈维的爱丁堡公司（Harvey's of Edinburgh）租赁，当时该公司在约翰·麦克唐纳（John McDonough）的领导下，得到了中国台湾投资者的支持，接管了诗贝品牌及其蒸馏厂的运营。租约将在 2025 年到期，哈维的爱丁堡公司正计划建立一个新的蒸馏厂。2023 年 11 月，当地议会批准了在斯特拉斯马希（Strathmashie，距离当前场地约 15 公里的西边）建造新蒸馏厂的规划申请。新厂将比现有蒸馏厂更靠近斯佩河，所有现有设备都将在新场地继续使用，预计产能将达到 1 200 000 升纯酒精。新蒸馏厂预计将在 2026 年底前投入使用。目前的蒸馏厂装备了 4.2 吨的半过滤糖化锅、6 个不锈钢发酵槽（发酵时间为 120 小时）以及一对蒸馏器。近年来，蒸馏厂每周运行 6 天，年产纯酒精总量为 600 000 升，每年约两周还会生产泥煤烟熏威士忌。

　　诗贝单一麦芽威士忌的核心产品线包括：波特酒桶过桶的 Tenné、波本酒桶过桶的 Trutina、类似 Trutina 但带有烟熏味的 Fumare、董事长之选（Chairman's Choice）和皇家之选（Royal Choice）。2024 年 8 月，新增了董事长之选 PX（Chairman's Choice PX）。核心产品线中还包括一款黑色威士忌 Beinn Dubh，这款威士忌在红宝石波特酒桶中熟成。

历史：

1956 年	乔治·克里斯蒂（George Christie）在金尤西（Kingussie）附近的德拉穆什（Drumguish）购置了一块土地。
1957 年	他在阿洛（Alloa）附近开设了一家谷物蒸馏厂。
1962 年	克里斯蒂委托干石墙建造者亚历克斯·费尔利（Alex Fairlie）在德拉穆什建造蒸馏厂。
1986 年	斯考维斯接管所有权。
1987 年	蒸馏厂完工。
1990 年	蒸馏厂在 12 月开始运营。
1993 年	发布了首款单一麦芽威士忌——德拉穆什（Drumguish）。
1999 年	发布了诗贝 8 年。
2000 年	诗贝蒸馏厂被卖给包括里基·克里斯蒂（Ricky Christie）、伊恩·杰曼（Ian Jerman）和詹姆斯·阿克罗伊德爵士（Sir James Ackroyd）在内的一群私人投资者。
2001 年	发布了诗贝 10 年。
2012 年	诗贝蒸馏厂被卖给爱丁堡哈维有限公司（Harvey's of Edinburgh）。
2014 年	发布了新的产品线 Spey from Speyside Distillery（无年份声明、12 年和 18 年）。
2015 年	产品线再次更新。新增 Tenné、12 年和 18 年。
2016 年	发布了拜伦之选 - 婚姻（Byron's Choice-The Marriage）和诗贝 27 年。
2017 年	发布了 Trutina 和 Fumare。
2019 年	发布了 Tenné、Trutina 和 Fumare 的原桶强度版本。
2020 年	发布了 10 年的波本 / 波特桶、12 年的泥煤和 12 年的波特桶。
2024 年	发布了董事长之选 PX 版本。

诗贝 Trutina 品鉴笔记：

　　IR- 闻香时有花香，带有柠檬、格兰诺拉燕麦卷、短饼和干草的香气。口感一开始是甜美的，有蜂蜜、白巧克力、甜红苹果的味道，最后以干燥的橡木味结束。

Trutina

云顶（Springbank）

[spring · bank]

所有者：云顶蒸馏厂（J & A 米切尔有限公司）
　　　　Springbank Distillers（J & A Mitchell）
地区 / 区域：坎贝尔镇
成立时间：1828 年
状态：活跃（vc）
产能：500 000 升
地址：Well Close, Campbeltown, Argyll PA28 6ET
电话：01586 551710

云顶蒸馏厂自 1837 年起便由米切尔家族所有，这种家族传承在苏格兰威士忌行业中极为罕见。然而，这一历史在 2023 年随着家族后代赫德利·赖特（Hedley Wright）——创始人之一的玄孙——的去世而终结。

尽管赖特先生没有留下子嗣，但他的离世并不意味着云顶蒸馏厂的独立时代就此结束。多年前，赖特先生已经为未来做好了规划，将公司大部分股份纳入信托基金，以确保蒸馏厂未来的安全。

在坎贝尔镇的其他蒸馏厂纷纷倒闭时，云顶和格兰帝（Glen Scotia）蒸馏厂成为了仅存的两家。云顶在 20 世纪 80 年代曾短暂关闭，但所有者坚持传统生产方法，不仅帮助蒸馏厂渡过难关，还使其麦芽威士忌备受追捧。尤其是最近几年，该酒厂的装瓶酒已经很难买到。

云顶蒸馏厂的设备包括一个 3.5 吨的开放式铸铁糖化锅和 6 个木制发酵槽，发酵时间从 72 小时到 110 小时不等。此外，还有一台初馏器和两台再馏器，其中初馏器在苏格兰是独一无二的，因为它既可以通过开放式油火加热，也可以通过内部蒸汽盘管加热。酒精蒸汽的冷凝过程通常使用普通冷凝器，但在第一台再馏器中使用了螺旋管冷凝器。

云顶蒸馏厂生产三种不同酚含量的单一麦芽威士忌：云顶（12～15ppm）经过两次半蒸馏，朗格罗（Longrow，40～45ppm）经过两次蒸馏，未泥煤化的哈索本（Hazelburn）经过三次蒸馏。所有的大麦都在现场发麦。云顶的生产过程中，麦芽使用 6 小时的泥煤烟和 30 小时的热空气干燥，而朗格罗则需要 48 小时的泥煤烟。2024 年的生产计划是每周进行 6 次糖化，预计生产 210 000 升云顶，以及各 25 000 升的朗格罗和哈索本。

云顶的核心产品线包括 10 年、15 年和 18 年的云顶，以及 12 年的原桶强云顶。此外，还有限量但定期发布的 21 年、25 年和 30 年陈酿。从 2025 年起，25 年的陈酿将被每年不同的年份系列取代。最近的限量发行包括 13 年的云顶本地大麦（Local Barley），一个阿蒙蒂亚多桶（Amontillado）过桶的 10 年陈酿，以及倒计时系列（Countdown Collection）的第二款——这次是 26 年陈酿，将在 2025 年被 30 年陈酿取代。核心朗格罗没有年份声明，限量的年度发行是朗格罗红（Longrow Red），7 年的陈酿在黑皮诺桶中度过了最后 3 年，最新的一款在 2024 年 6 月发布。2023 年秋季，定期发布的 18 年和 21 年的产品再次发布。对于哈索本，核心表达是 10 年陈酿，辅以限量的年份酒发布。最近的一款是在 2023 年秋季发布的 15 年雪莉木（Sherrywood）。

历史：

1828 年	米切尔家族的亲家，里德家族，创立了这家蒸馏厂。
1837 年	里德家族遇到财务困难，约翰和威廉·米切尔（John and William Mitchell）买下了蒸馏厂。
1897 年	J. & A. 米切尔有限公司成立。
1926 年	大萧条迫使蒸馏厂关闭。
1933 年	蒸馏厂恢复生产。
1960 年	停止自己的麦芽加工。
1979 年	蒸馏厂关闭。
1985 年	推出了 10 年的朗格罗。
1987 年	重新开始有限的生产。
1989 年	重新开始生产。
1992 年	再次进行麦芽加工。
1997 年	首次推出哈索本。
1998 年	推出了 12 年的云顶。
1999 年	推出了 Dha Mhile 7 年，世界上第一款有机单一麦芽威士忌。
2000 年	推出了 10 年的云顶。
2001 年	推出了 1965 年的云顶本地大麦。
2002 年	推出木韵系列（Wood Expressions）是一款在朗姆酒桶中熟成 5 年的 12 年陈酿。
2004 年	推出 100 度的云顶 10 年、14 年的朗格、32 年的云顶和 14 年的云顶波特木。
2005 年	推出了 21 年的云顶，首个版本是 8 年的 Hazel 和朗格罗 Tokaji Wood Expression。
2006 年	发布了 100 度的朗格 10 年、25 年的云顶和 8 年的哈索本。
2007 年	发布了云顶的 1997 年份酒和 16 年的朗姆桶。
2008 年	蒸馏厂暂时关闭。朗格罗的新发布包括 CV、18 年和 7 年的 Gaja Barolo。
2009 年	推出了 11 年的云顶 Madeira、云顶 18 年和哈索本 12 年。
2010 年	发布了 12 年的云顶原桶强度。

2011 年　发布了朗格罗 18 年和 8 年的苏玳桶哈索本。
2012 年　发布了云顶 Rundlets & Kilderkins，21 年的云顶和朗格罗红。
2013 年　发布了朗格罗 Rundlets & Kilderkins 和 9 年的嘉雅巴罗洛（Gaja Barolo）过桶的云顶。
2014 年　推出了哈索本 10 年和云顶 26 年。
2015 年　新发布的包括 12 年的云顶绿（Springbank Green）和新版朗格罗红。
2016 年　发布了本地大麦和哈索本 9 年巴罗洛（Barolo）桶过桶。
2017 年　发布了 14 年的云顶波本桶和 13 年的雪莉木哈索本。
2018 年　发布了 10 年的本地大麦和 14 年的朗格罗雪莉木和新版朗格罗红。
2019 年　发布了云顶 25 年、哈索本 14 年和朗格罗 21 年。
2020 年　发布了 10 年的本地大麦、17 年的马德拉过桶和朗格罗红赤霞珠（Longrow Red Cabernet Sauvignon）。
2021 年　发布了 10 年的朗格罗红马尔贝克（Longrow Red malbec）。
2022 年　发布了 15 年的朗格罗红黑皮诺（Longrow Red pinot noir），哈索本 21 年和云顶 30 年。
2023 年　发布了 11 年的朗格罗红茶色（Longrow Red tawny），11 年的本地大麦和 27 年的倒计时系列（Countdown Collection）。赫德利·赖特去世。
2024 年　发布了 7 年的朗格罗红和 26 年的倒计时系列。

朗格罗 18 年　　　云顶 18 年陈酿　　　哈索本 10 年陈酿

云顶 10 年品鉴笔记：
　　GS- 闻香时清新且带有咸味，伴有柑橘类水果、橡木和大麦的香气，还有一丝湿润土壤的味道。口感甜美，逐渐展现出盐水、坚果味和香草太妃糖的味道。余味中有椰子油和干燥的泥煤。

朗格罗无年份声明（NAS）品鉴笔记：
　　GS- 最初闻起来略带黏性，但随后发展出盐水和浓郁的泥煤味。香草和麦芽的香气也逐渐显现。烟熏味的口感带来活泼的咸味，整体感觉相当干燥且带有辛辣，伴有一些香草和大量的姜味。余味是泥煤味，带有持久的橡木姜味。

哈索本 10 年品鉴笔记：
　　GS- 闻香时有梨糖、软太妃糖和麦芽的味道，伴随着轻微的花香。随着时间的推移，油润感逐渐发展，伴随着绿色、草本的气息，最终展现出咸味。口感丰满且柔顺，带有烟熏味，大麦和成熟的、辛辣的果园水果味。余味中逐渐发展出可可和姜的味道。

朗格罗无年份声明　　朗格罗红

云顶 10 年陈酿　　哈索本 15 年陈酿　　云顶本地大麦 13 年陈酿

斯特拉赛斯拉（Strathisla）

[strath · eye · la]

所有者：芝华士兄弟（保乐力加）
Chivas Bros（Pernod Ricard）
地区 / 区域：斯佩塞
成立时间：1786 年
状态：活跃（vc）
产能：2 450 000 升
地址：Seafield Avenue, Keith, Banffshire AB55 5BS
电话：01542 783044

斯特拉赛斯拉是斯佩塞地区现存最古老的蒸馏厂，也是苏格兰第三古老的蒸馏厂，仅次于特睿谷（Glenturret）和波摩（Bowmore）。这里风景如画，深受威士忌游客的喜爱，每年约有 15 000 名游客慕名而来。

游客们在这里了解到的故事大多与芝华士有关——这款著名的调和威士忌是全球第三大畅销的苏格兰威士忌。而斯特拉赛斯拉作为单一麦芽品牌，却几乎不为人知。它从未被其所有者大力推广，因为它在调和威士忌中的作用远比作为一个独立品牌来得重要，但几年前它每年仍至少能售出 15 万瓶。但 2022 年数据显示，它的销量降至了 2 800 瓶。令人费解的是，为何芝华士兄弟会让一个即将在 2026 年迎来其 240 周年的蒸馏厂品牌逐渐淡出市场。

相比之下，芝华士的表现则相当出色。在过去 15 年中，它一直在与格兰特（Grants）争夺销售排行榜第三的位置，并在过去三年中胜出，2023 年它的销售量达到了 6 600 万瓶。

斯特拉赛斯拉的设备包括一个 5.12 吨的传统糖化锅，配有凸起的铜顶，7 个由俄勒冈松木制成的发酵槽和三个由落叶松制成的发酵槽，所有这些发酵槽的发酵周期都是 54 小时。蒸馏厂内有两对蒸馏器，初馏器是灯笼型的，配有下降的林恩臂，而再馏器则配有沸腾球，斜臂略微上升。斯特拉赛斯拉生产的酒液被输送到仅几百米外的格伦凯斯（Glen Keith）蒸馏厂进行装瓶。一小部分酒精储存在厂内的两个架式仓库和一个堆垛仓库中。

如上所述，斯特拉赛斯拉是芝华士的关键麦芽组成，作为世界上第三大调和威士忌品牌，其核心产品是 12 年陈酿。在芝华士的游客中心可购买的酒厂珍藏之选系列（Distillery Reserve Collection）中，新增了 14 年陈酿。还有两款蒸馏厂独家产品：一个是 11 年陈酿，另一个是来自二次填充雪莉桶的 21 年陈酿。

历史：

1786 年　亚历山大 · 米尔恩（Alexander Milne）和乔治 · 泰勒（George Taylor）以米尔镇（Milltown）的名字创立了蒸馏厂，但很快更名为米尔顿。

1823 年　麦克唐纳 · 英格拉姆公司（MacDonald Ingram & Co.）购买了蒸馏厂。

1830 年　威廉 · 朗默（William Longmore）获得蒸馏厂。

1870 年　蒸馏厂名称更改为斯特拉赛斯拉。

1880 年　威廉 · 朗默退休，将运营交给了他的女婿约翰 · 格迪斯－布朗（John Geddes-Brown）。威廉 · 朗默公司（William Longmore & Co.）成立。

1890 年　蒸馏厂名称更改为米尔顿。

1942 年　杰伊 · 波默罗伊（Jay Pomeroy）获得了威廉 · 朗默公司的大部分股份。波默罗伊因可疑的商业交易入狱，蒸馏厂于 1949 年破产。

1950 年　芝华士兄弟在强制拍卖中以 71 000 英镑购买了破败的蒸馏厂，并开始修复。

1951 年　名称恢复为斯特拉赛斯拉。

1965 年　蒸馏器的数量从两个增加到 4 个。

1970 年　生产了一款重泥煤威士忌 Craigduff，但后来停产。

2001 年　芝华士兄弟被保乐力加收购。

2019 年　发布了芝华士蒸馏厂系列斯特拉赛斯拉 12 年。

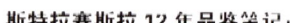

12 年陈酿

斯特拉赛斯拉 12 年品鉴笔记：

GS- 闻香时丰富，带有雪莉、炖煮水果、香料和大量的麦芽味。口感饱满，几乎像糖浆一样。太妃糖、蜂蜜、坚果、一丝泥煤味和一点橡木味。余味中等长度，略带烟熏味，最后有一丝姜味的闪现。

史特斯密尔（Strathmill）

strath · mill

所有者：帝亚吉欧
　　　　Diageo
地区/区域：斯佩塞
成立时间：1891 年
状态：活跃
产能：2 600 000 升
地址：Keith, Banffshire AB55 5DQ
电话：01542 883000

成千上万家本地啤酒厂被大公司收购，到了 20 世纪 80 年代，英国啤酒市场被 6 大企业所垄断。其中一些通过收购酿酒厂涉足威士忌行业。

大都会集团就是其中之一，它是一个业务多元化的集团，涉及酒店、餐饮、快餐、烟草以及葡萄酒和烈酒等行业。从 1972 年起，大都会集团拥有了 4 家苏格兰麦芽蒸馏厂：史特斯密尔、格兰斯佩（Glen Spey）、龙康得（Knockando）和奥赫鲁斯克（Auchroisk）。其中，史特斯密尔、格兰斯佩和奥赫鲁斯克并未作为单一麦芽品牌进行推广，而是主要用于调和威士忌，尤其是 J&B 品牌。而龙康得在 1997 年是销量排名第 12 的单一麦芽威士忌，年销量达到 80 万瓶。

1997 年，大都会集团与健力士公司合并，成立了帝亚吉欧，这家爱尔兰啤酒公司将 27 家麦芽蒸馏厂并入新公司。这次合并并没有提升史特斯密尔作为独立品牌的声誉，相反，它一直是 J&B 调和威士忌的重要组成部分。J&B 曾经是全球销量第三的调和威士忌，但近 20 年来销量持续下降，到了 2022 年，年销量为 3 300 万瓶，降至排行榜第九位。

史特斯密尔蒸馏厂的设备包括一个 9.1 吨的不锈钢半过滤糖化锅和 6 个不锈钢发酵槽。该厂拥有两对蒸馏器，并且是少数仍在再馏器上使用净化器的蒸馏厂之一。净化器安装在林恩臂和冷凝器之间，起到迷你冷凝器的作用，使较轻的酒精流向冷凝器，而较重的酒精则回流至蒸馏器进行再次蒸馏，从而得到更轻的酒精。史特斯密尔多年来也生产金酒，但在生产威士忌时，通常每周运行 5 天，每周进行 10 次糖化，年产酒精 2 000 000 升。

史特斯密尔唯一的官方装瓶是 12 年的花鸟系列（Flora & Fauna），但在 2014 年，作为特别发布（Speicial Releases）的一部分，推出了限量的 25 年陈酿。

历史

1891 年	在 1891 年的一个碾磨厂原址上建立了蒸馏厂，并被命名为格尼拉－格兰威特蒸馏厂（Glenisla-Glenlivet Distillery）。
1892 年	6 月举行了落成典礼。
1895 年	金酒公司 W.&A. 吉尔比（W. & A. Gilbey）以 9 500 英镑的价格购买了蒸馏厂，并将其命名为史特斯密尔。
1962 年	W.&A. 吉尔比与联合葡萄酒商（United Wine Traders，包括 J&B）合并，形成了国际烈酒与葡萄酒公司（IDV）。
1968 年	蒸馏器的数量从两个增加到 4 个，并增加了净化器。
1972 年	IDV 被沃特尼·曼恩公司（Watney Mann）收购，同年晚些时候沃特尼·曼恩又被大都会集团收购。
1993 年	史特斯密尔自 1909 年以来首次以单一麦芽威士忌的形式出现在奥德宾斯（Oddbins）的装瓶酒（1980 年）中。
1997 年	健力士和大都会集团合并，成立了帝亚吉欧。
2001 年	第一个官方装瓶是花鸟系列中的 12 年。
2010 年	发布了 1996 年的经理之选（Manager's Choice）单桶。
2014 年	发布了 25 年陈酿。

12 年陈酿

史特斯密尔 12 年品鉴笔记：

GS- 闻香时较为内敛，带有坚果、草本和一丝姜味。口感上以辛辣的香草和坚果为主。余味干燥，带有辛辣的橡木味。

泰斯卡（Talisker）

[tal · iss · kur]

所有者：帝亚吉欧
　　　　Diageo
地区 / 区域：高地
成立时间：1830 年
状态：活跃（vc）
产能：3 500 000 万升
地址：Carbost, Isle of Skye, Inverness-shire IV47 8SR
电话：01478 614308

帝亚吉欧，作为泰斯卡威士忌的所有者，历来强调在威士忌业务方面他们是调和酒公司。他们生产的麦芽威士忌主要用于调配如尊尼获加（Johnnie Walker）和 J & B 这样的调和威士忌。

对于威士忌爱好者而言，面对帝亚吉欧旗下如此多优秀的麦芽威士忌品牌，它的这一定位让人难以接受。但从市场份额来看，这个结论就更容易理解了，帝亚吉欧占苏格兰威士忌总销量的 37%，但在麦芽威士忌领域仅占 14%。其主要竞争对手保乐力加在麦芽威士忌方面也占了同样的份额，但只占苏格兰威士忌总销量的 22%。威廉·格兰特父子公司在整体苏格兰威士忌市场中占 8%，但在麦芽威士忌销售中占有 18% 的市场份额，这得益于他们拥有格兰菲迪（Glenfiddich）和百富（Balvenie）等品牌。

尽管如此，几十年来，泰斯卡威士忌一直在努力跻身全球十大畅销麦芽威士忌品牌之列，目前排名第七，2022 年的销售量达到 450 万瓶，在过去的五年里，销量增长了 50%，令人印象深刻。

泰斯卡蒸馏厂设备包括一个 8.75 吨的不锈钢过滤糖化锅和 8 个俄勒冈松木制成的发酵槽。糖化前，大麦麦芽按 25% 未泥煤化和 75% 泥煤化的比例混合，酚值含量为 20～25ppm。蒸馏厂有 5 个蒸馏器，包括两个初馏器和三个再馏器。初馏器装有特殊的"净化器"或回水管，利用外部冷空气，林恩臂中还有 U 型弯。这些设计增加了铜接触，提高了蒸馏过程中的回流。所有蒸馏器都连接到螺旋管冷凝器。发酵时间为 60 小时，酒心切取的酒精度范围在 76%～65%，结合酚类含量，得到中等泥煤化的酒精。每周进行 20 次糖化，高重力糖化年产酒精量为 3 500 000 升。

泰斯卡曾是斯凯岛（Skye）上唯一的威士忌蒸馏厂，直到 2016 年图拉贝格（Torabhaig）蒸馏厂的加入。几年前，蒸馏厂的游客中心进行了大规模翻新，每年吸引 65 000 名游客前来参观。

泰斯卡的核心产品线包括无年份声明的斯凯（Skye）和风暴（Storm）、10 年、18 年、25 年和 30 年陈酿，以及蒸馏师版［Distiller's Edition，阿莫罗索（Amoroso）雪莉桶过桶］和红宝石波特桶过桶的 Port Ruighe。还有专门在免税店销售的 Dark Storm 和 Surge。2023 年春季，干邑桶过桶的 Wild Seas 作为保护全球海洋森林系列的第二款产品推出，随后在 11 月推出了 45 年的冰川边缘（Glacial Edge）。2024 年 8 月发布了一款 30 年的产品，随后是一款 8 年陈酿，酒精度为 58.7%，作为当年特别发布（Special Release）的一部分。

历史：

1830 年　休和肯尼斯·麦卡斯基尔（Hugh and Kenneth MacAskill）兄弟创立了蒸馏厂。

1848 年　兄弟俩将租赁权转让给苏格兰北方银行，银行的杰克·威斯特兰德（Jack Westland）负责运营。

1854 年　肯尼斯·麦卡斯基尔（Kenneth MacAskill）去世。

1857 年　苏格兰北方银行以 500 英镑的价格将蒸馏厂卖给了唐纳德·麦克伦南（Donald MacLennan）。

1863 年　麦克伦南在运营上遇到困难，将蒸馏厂出售。

1865 年　麦克伦南仍在蒸馏厂工作，他指定了格拉斯哥的约翰·安德森作为代理人。

1867 年　来自格拉斯哥的安德森公司（Anderson & Co.）接管。

1879 年　约翰·安德森因出售不存在的威士忌桶被监禁。

1880 年　新的所有者是亚历山大·格里戈·艾伦（Alexander Grigor Allan）和罗德里克·坎普（Roderick Kemp）。

1892 年　坎普出售了他的股份，转而购买了麦卡伦蒸馏厂（Macallan Distillery）。

1894 年　成立了泰斯卡蒸馏厂有限公司。

1895 年　艾伦去世，他的合作伙伴托马斯·麦肯齐（Thomas Mackenzie）接管。

1898 年　泰斯卡蒸馏厂与大云 - 格兰威特蒸馏厂（Dailuaine-Glenlivet Distillers）和帝国蒸馏厂（Imperial Distillers）合并，成立了大云 - 泰斯卡蒸馏公司（Dailuaine-Talisker Distillers Company）。

1916 年　托马斯·麦肯齐去世，蒸馏厂被一个财团接管，其中包括约翰·沃克（John Walker）、约翰·杜瓦（John Dewar）、W.P. 劳里（W. P. Lowrie）和蒸馏者有限公司（DCL）。

1928 年	蒸馏厂放弃了三次蒸馏。
1960 年	11 月 22 日蒸馏厂发生火灾，造成重大损失。
1962 年	蒸馏厂在火灾后重新开放。
1972 年	停止自己加工麦芽。
1988 年	引入经典麦芽系列（Classic Malts），且抽芽期上调止。出口量不断扩大。
1998 年	发布了一款阿莫罗索雪莉桶收尾的蒸馏师版（Distillers Edition）。
2004 年	发布了 18 年和 25 年的产品。
2005 年	发布了 175 周年纪念版（Talisker 175th Anniver-sary）。
2006 年	发布了 30 年和第二版的 25 年产品。
2008 年	发布了泰斯卡 57°北方版（Talisker 57° North）。
2009 年	发布了新的 25 年和 30 年版本。
2010 年	发布了 1994 年经理之选（Manager's Choice）单桶和新的 30 年版本。
2013 年	发布了 4 款新表达——风暴（Storm）、暗风暴（Dark Storm）、Port Ruighe 和 27 年。
2014 年	为经典麦芽之友（Friends of the Classic Malts）发布了一款装瓶。
2015 年	发布了斯凯（Skye）和尼斯角（Neist Point）。
2018 年	发布了 40 年、新的酒窖系列（Bodega Series）和 8 年特别发行（Special Release）。
2019 年	发布了 41 年的酒窖系列（Bodega Series）和权力的游戏（Game of Thrones）系列中的葛雷乔伊家族（House Greyjoy）。
2020 年	发布了 31 年的传世臻品（Prima & Ultima）和 8 年朗姆酒收尾的生而珍稀（Rare by Nature）。
2021 年	发布了 43 年和 8 年特别发布（Special Releases）。
2022 年	发布了 27 年的元素（Elements）、44 年的深林（Forests of the Deep）和 Surge。
2023 年	发布了狂野海洋（Wilder Seas）和 45 年的冰川边缘（Glacial Edge）。
2024 年	发布了 8 年特别发布和 30 年的产品。

泰斯卡 10 年品鉴笔记：

GS- 闻香时相当浓郁且带有烟熏味，伴有烟熏鱼、海带、甜水果和泥煤的香气。口感丰满且带有泥煤味；复杂多变，带有姜、臭氧、黑巧克力、黑胡椒的味道，以及在悠长的烟熏尾韵中带有一丝辣椒的刺激。

Port Ruighe 　　风暴 　　30 年陈酿

10 年陈酿　　冰川边缘　　特别发布 2024

18 年陈酿　　Surge

苏格兰麦芽威士忌蒸馏厂

檀都（Tamdhu）

[tam·doo]

所有者：伊恩·麦克劳德蒸馏厂
Ian Macleod Distillers
地区/区域：斯佩塞
成立时间：1897 年
状态：活跃
产能：4 000 000 升
地址：Knockando, Aberlour, Morayshire AB38 7RP
电话：01340 872200

在 19 世纪 90 年代末成立的檀都单一麦芽威士忌，经过 120 年才开始被更多消费者所熟知。该品牌逐渐受到更多关注，到 2022 年销量接近 35 万瓶。

檀都在成立不久后被高地蒸馏厂收购，最终成为爱丁顿集团的一部分。近几十年来，爱丁顿集团的焦点主要集中在麦卡伦（Macallan）和高原骑士（Highland Park）单一麦芽威士忌以及威雀（Famous Grouse）和顺风（Cutty Sark）等调和酒上。并没有计划将檀都作为一个品牌来推广——所有的酒精都用于调和酒。经过三年的关闭后，蒸馏厂被卖给了独立装瓶商伊恩·麦克劳德（Ian Macleod），他同时也是格兰哥尼（Glengoyne）蒸馏厂的所有者。结果证明，这就是天作之合。伊恩·麦克劳德对于雪莉桶陈酿的麦芽威士忌有着特别的偏好，这与爱丁顿集团在过去几十年中所专注的不谋而合。他们将檀都威士忌灌装进顶级的雪莉桶中，而交易中包含的已熟成的存货正是新老板想要的。

檀都蒸馏厂配备了一个 11.85 吨的半过滤糖化锅和 9 个俄勒冈松木发酵槽，发酵时间为 59 小时。有三台各 22 500 升的初馏器，在 2023 年秋季使用了可持续的 TVR（热蒸汽压缩）技术，还有三台各 18 300 升的再馏器。现场的桶匠作坊于 2019 年开始运营，用于修复和测试木桶。2024 年的生产计划是每周 18 次糖化，年产纯酒精 3 800 000 升。现场还有不少于 28 个仓库（堆垛、架式和托盘式），储存的不仅是檀都，还有格兰哥尼以及未来罗斯班克（Rosebank）桶。

檀都的核心产品线包括一个专供英国市场的 10 年陈酿，一个 12 年陈酿，一个 15 年陈酿和一个 18 年陈酿。2025 年将增加一个 21 年陈酿。不经过冷凝过滤的桶强（Batch Strength，第九版将在 2025 年发布）每年发布，但不是核心产品线的一部分。最近的限量发行包括 2024 年 9 月的第四版雪茄麦芽（Cigar Malt），以及献礼集（Dedication Collection）中的 43 年陈酿。

历史：

1896 年	由威士忌调配商组成的檀都蒸馏厂公司成立，其中威廉·格兰特（William Grant）是主要推动者。查尔斯·多伊格（Charles Doig）是建筑师。
1897 年	7 月首次填桶。
1898 年	高地蒸馏厂公司（其管理层中有几位 1896 年财团成员）购买了檀都蒸馏厂公司。
1911 年	蒸馏厂关闭。
1913 年	蒸馏厂重新开放。
1928 年	蒸馏厂被暂时闲置。
1948 年	7 月蒸馏厂再次全面投入生产。
1950 年	在蒸馏厂重建时，地板发麦被萨拉丁箱取代。
1972 年	蒸馏器数量从两个增加到 4 个。
1975 年	又增加了两个蒸馏器。
1976 年	檀都 8 年作为单一麦芽威士忌首次推出。
2005 年	发布了 18 年和 25 年的产品。
2009 年	蒸馏厂被暂时闲置。
2011 年	爱丁顿集团将蒸馏厂卖给伊恩·麦克劳德蒸馏厂（Ian Macleod Distillers）。
2012 年	生产恢复。
2013 年	新所有者的首个官方发布——10 年陈酿。
2015 年	发布了檀都桶强（Batch Strength）。
2017 年	发布了 50 年的产品。
2018 年	发布了 12 年、15 年和达尔比利小酌（Dalbeallie Dram）。
2019 年	为免税市场推出了琥珀（Ámbar）和特级珍藏第一版（Gran Reserva First Edition）两款产品。
2020 年	发布了伊恩·怀特克罗斯单桶（Iain Whitecross Single Cask）和雪茄麦芽（Cigar Malt）。
2021 年	发布了不同凡响美国白橡木桶（Quercus Alba Distinction）。
2022 年	发布了檀都俱乐部单桶（Tamdhu Club Single Cask）、檀都不同凡响第二版（Tamdhu Distinction II）和 18 年的产品。
2023 年	发布了檀都不同凡响第三版。
2024 年	发布了 43 年的献礼集。

檀都 12 年品鉴笔记：

IR- 闻香时有鲜明的雪莉酒香，带有葡萄干和西梅的味道，以及薄荷和绿叶的香气。口感平衡，有干果、焦糖布丁、烤坚果、香蕉和肉桂的味道。

12 年陈酿

塔木岭（Tamnavulin）

[tam · na · voo · lin]

业主：怀特马凯公司（皇胜集团）
　　　Whyte & Mackay（Emperador）
地区 / 区域：斯佩塞
成立时间：1966 年
状态：活跃
产能：4 300 000 升
地址：Tomnavoulin, Ballindalloch, Banffshire AB3 9JA
电话：01807 590285

历史：

1966 年	塔木岭 - 格兰威特蒸馏公司（Tamnavulin-Glenlivet Distillery Company），作为因弗戈登蒸馏有限公司的子公司，创建了塔木岭。
1993 年	怀特马凯购买了因弗戈登蒸馏。
1995 年	酒厂于 5 月关闭。
1996 年	怀特马凯更名为 JBB（Greater Europe）。
2000 年	蒸馏活动持续了 6 周。
2001 年	公司管理层以 2.08 亿英镑的价格收购了公司，并更名为 Kyndal。
2003 年	Kyndal 更名为怀特马凯。
2007 年	联合酒业购买了怀特马凯。塔木岭在被闲置 12 年后，于 7 月重新开放。
2014 年	怀特马凯被出售给皇胜集团。
2016 年	塔木岭双桶发布。
2019 年	雪莉桶版和特姆拉尼奥桶过桶（Tempranillo Finish）发布。
2020 年	发布了三种葡萄酒桶过桶：赤霞珠、歌海娜和黑皮诺。
2022 年	发布了长相思桶过桶。
2024 年	推出了波特桶版。

　　菲律宾皇胜集团（Emperador）从联合酒业手中接管怀特马凯公司（Whyte & Mackay）至今已有 10 年。在总结过去的 10 年，他们似乎是这家自 1844 年就成立的典型苏格兰威士忌企业的杰出守护者。

　　皇胜集团成立 135 年后，如今已经成为世界上最大的白兰地生产商。实际上，用"守护者"这个词并不完全恰当，因为他们对怀特马凯和一些品牌进行了翻天覆地的改造。这一点尤其适用于塔木岭，该品牌不久前还几乎没有出现在货架上。如今，它已经成为世界上增长最快的单一麦芽威士忌，2022 年，它以不少于 260 万瓶的销量成为全球第 15 大畅销麦芽威士忌。

　　为了进一步扩大该品牌的知名度，所有者已经制定了切实可行的计划，如为其增设一个品牌之家来接待游客。可能要到 2025—2026 年才能完工，计划是使用厂区中 19 世纪 30 年代的那座建筑，那里曾经就是游客中心，但同时也会扩建。

　　塔木岭酒厂配备了一个容量为 11 吨的过滤式糖化锅，9 个容量为 48 500 升的不锈钢发酵槽，发酵时间为 57 ~ 60 小时，以及三对蒸馏器。带有水平林恩臂的初馏器都配备了亚冷却器，而带有下降林恩臂的再馏器配备了净化器，但目前尚未投入使用。前馏进行 25 分钟，酒心切取区间为 75% ~ 60%，此新酒略带青草味。2024 年，酒厂将每周进行 22 次糖化，目标是年生产 4 300 000 升纯酒精。

　　核心产品是双桶陈酿（Double Cask），雪莉酒桶过桶。2019 年，推出了一款在三种欧罗索桶过桶的雪莉桶版（Sherry Cask Edition），并在 2020 年增加了三种葡萄酒桶过桶——赤霞珠（Cabernet Sauvignon）、歌海娜（Grenache）和黑皮诺（Pinot Noir）。2022 年又推出了长相思桶（Sauvignon Blanc）过桶，2024 年将推出波特桶版（Port Cask Edition）。还有一款专为免税市场准备的特姆拉尼奥桶（Tempranillo）过桶，以及 4 款限量版年份酒（1970—2000 年）仅在亚洲有售。

双桶

塔木岭双桶品鉴笔记：

　　GS- 闻香时能感受到麦芽、软糖、杏仁和柑橘的香气。最后，还有一丝土壤的气息。口感顺滑，带有姜汁饼干、香草和果园水果的味道，再加上核桃。余味中等长度，带有持久的水果香料味。

苏格兰麦芽威士忌蒸馏厂

第林可（Teaninich）

[tee・ni・nick]

所有者：帝亚吉欧 Diageo
地区/区域：北高地
成立时间：1817 年
状态：活跃
产能：10 200 000 升
地址：Alness, Ross-shire IV17 0XB
电话：01349 885001

历史：

1817 年	第林可庄园的主人休·蒙罗上尉（Captain Hugh Munro）建立了酒厂。
1831 年	蒙罗上尉将庄园卖给了他的弟弟约翰。
1850 年	大部分时间在印度的约翰·蒙罗（John Munro）将第林可租给声名狼藉的罗伯特·帕特森（Robert Pattison）。
1869 年	约翰·麦吉尔克里斯特·罗斯（John McGilchrist Ross）接管了执照。
1895 年	蒙罗与卡梅伦公司（Munro & Cameron）接管了执照。
1898 年	蒙罗与卡梅伦公司买下了酒厂。
1904 年	罗伯特·因内斯·卡梅伦（Robert Innes Cameron）成为第林可的唯一所有者。
1932 年	罗伯特·因内斯·卡梅伦去世。
1933 年	罗伯特·因内斯·卡梅伦的遗产将酒厂卖给了蒸馏者有限公司（DCL）。
1970 年	一个新的蒸馏单元，配有 6 个蒸馏器，被称为 A 区。
1975 年	建立了一个黑麦工厂。
1984 年	酒厂的 B 区被闲置。
1985 年	A 区也被闲置。
1991 年	A 区再次投入生产。
1992 年	联合蒸馏者推出了花鸟系列中的 10 年第林可。
1999 年	B 区被永久停用。
2000 年	安装了一个糖化过滤器。
2009 年	发布了新的经理之选（Manager's Choice）系列中的单桶 1996 年第林可。
2015 年	酒厂通过增加 6 个新蒸馏器进行了扩建，产能翻倍。
2017 年	作为特别发布的一部分，推出了一款 17 年陈酿。

第林可酒厂，位于阿尔内斯村南的第林可工业区（Teaninich Industrial Estate）内，位置相当隐蔽，这也反映了它作为单一麦芽威士忌在市场上的地位。

这家酒厂主要生产帝亚吉欧旗下众多调和威士忌所需的单一麦芽威士忌。虽然偶尔会有独立装瓶商发布该酒厂的产品，但官方装瓶仅有一款 10 年陈酿。不过，说到第林可蒸馏厂，它的故事远不止这些。20 世纪 70 年代，它曾是苏格兰最大的酿酒厂之一，至今仍然是帝亚吉欧旗下第三大的酒厂。

新千年之初，在原有的酿酒厂被拆除之后，公司安装了一项划时代的创新设备——锤式磨粉机和糖化过滤器。这些技术在啤酒酿造中很常见，但在威士忌行业中却是首次应用。简而言之，这一设备将谷物磨成不带谷壳的细粉。然后在转化容器中将这种麦芽粉与水混合。淀粉转化为糖后，糖化物通过一系列网袋组成的糖化过滤器，压缩这些网袋以收集麦汁，为下一步的发酵做准备。虽然这些设备的投入成本较高，但它们能提高产量，并且能够处理更多的谷物种类。苏格兰只有英斯代尼（Inchdairnie）和格兰杰（Glenmorangie）的灯塔实验酒厂（在一定程度上）使用这种技术。

第林可酒厂的设备包括 Meurra 品牌的锤式磨粉机和 76 个平板的糖化过滤器（两次 7 吨糖化能力），18 个木制和 2 个不锈钢的发酵槽，发酵时间为 78 小时，以及 6 对蒸馏器。自 2022 年夏天重新开放以来，酒厂一直在全力生产，并且根据调和团队的要求生产黑麦威士忌。

官方核心产品仅有一款 10 年陈酿，属于花鸟系列（Flora & Fauna），但 2017 年秋季推出了一款限量版的 17 年陈酿，这款酒在美国橡木桶中熟成，作为特别发布（Special Releases）的一部分。

10 年陈酿

第林可 10 年品鉴笔记：

GS- 初闻香气清新而带有草本味，相当轻盈，带有香草和罐头菠萝的微妙气息。中等酒体，口感顺滑，略带油脂感，口中有谷物和香料的味道。回味中带有坚果味，逐渐变得干燥，带有胡椒和可可粉的暗示。

托本莫瑞（Tobermory）

[tow・bur・mo・ray]

所有者：希威仕烈酒集团
　　　　CVH Spirits
地区 / 区域：高地（马尔岛）
成立时间：1798 年
状态：活跃（vc）
产能：1 250 000 升
地址：Tobermory, Isle of Mull, Argyllsh. PA75 6NR
电话：01688 302647

作为 18 世纪创立的少数仍在运营的酒厂之一，以及马尔（Mull）岛上唯一的酒厂，人们可能会认为托本莫瑞是一个知名品牌，但事实并非如此。

2022 年，托本莫瑞版本的全球销量仅为 77 000 瓶，而泥煤味的利代格（Ledaig）约为 145 000 瓶。2023 年初宣布与获奖野生动物电影制作人戈登・布坎南（Gordon Buchanan）合作，希望这能为品牌带来更多关注。戈登在马尔岛长大，将作为岛屿大使与酒厂合作，推广可持续性并提高对独特岛屿及其生态系统的认识。

托本莫瑞生产两种风格的威士忌——无泥煤的托本莫瑞和重泥煤的利代格。传统上，两者之间的比例是 50:50，但随着市场对泥煤威士忌的需求增加，现在利代格的比例达到了 70%。蒸馏过程中，根据风格不同，切取点会有所不同。前馏是 20 分钟，在生产托本莫瑞时，酒心的切取范围为 74% ~ 63%，而在生产利代格时，酒心切取区间为 71% ~ 59%，以捕捉更重的酚类物质。

设备包括一个 7.5 吨的不锈钢半过滤糖化锅，以及 4 个由俄勒冈松木制成的发酵槽，发酵时间为 52 ~ 110 小时。最后，有 4 对蒸馏器，其中两对在 2014 年更换，另外两对在 2019 年更换。计划在 2024 年每周进行 9 ~ 10 次糖化，目标是年生产 1 250 000 升纯酒精。

核心产品系列包括 12 年陈酿的托本莫瑞和 10 年及 18 年陈酿的利代格，以及无年份声明的利代格辛克莱里奥哈红酒桶（Ledaig Sinclair rioja）过桶。秋季，增加了一款在欧罗索桶中熟成的 21 年托本莫瑞。2021 年，为托本莫瑞引入了一个新的限量系列——赫布里底群岛系列（Hebridean）。最新增加的（5 款中的第四款）是一款 26 年陈酿的欧罗索桶过桶。2024 年，推出了利代格三重木桶（Ledaig Triple Wood），在美国波本酒桶、波特酒桶和葡萄酒桶的组合中熟成。最后，还有超过 10 种的酒厂独家产品可供选择。

历史：

1798 年　约翰・辛克莱（John Sinclair）创立酒厂。
1837 年　酒厂关闭。1878 年酒厂重新开放。
1890 年　约翰・霍普金斯公司购买了酒厂。
1916 年　蒸馏者有限公司（DCL）接管。
1930 年　酒厂关闭。
1972 年　利物浦的一家航运公司和雪莉酒制造商多美购买了这些建筑，并开始翻新。工程完成后，它被命名为利代格蒸馏有限公司。
1975 年　利代格蒸馏有限公司（Ledaig Distillery Ltd.）申请破产，酒厂再次关闭。
1979 年　房地产代理商柯尔克利文顿地产公司（Kirkleavington Property）购买了酒厂，成立了一家新公司，托本莫瑞蒸馏有限公司，并开始生产。
1982 年　没有生产。部分建筑被租给一家乳制品公司用于储存奶酪。
1989 年　生产恢复。1993 年巴恩・斯图尔特蒸馏公司（Burn Stewart Distillers）购买了托本莫瑞。
2002 年　CL 金融（CL Financial）购买了巴恩・斯图尔特蒸馏公司。
2007 年　发布了利代格 10 年。
2008 年　发布了托本莫瑞 15 年。
2013 年　巴恩・斯图尔特蒸馏公司被南非迪斯特集团有限公司收购。发布了一款 40 年陈酿的利代格。
2015 年　发布了 18 年和 42 年的利代格，以及 42 年的托本莫瑞。
2018 年　发布了两款 19 年的利代格。
2019 年　发布了 12 年的托本莫瑞。
2020 年　发布了 23 年的托本莫瑞欧罗索桶过桶和利代格辛克莱里奥哈红酒桶过桶。
2021 年　推出了赫布里底群岛系列（Hebridean）。
2023 年　希威仕烈酒集团（CVH）成为新所有者，并发布了 21 年的托本莫瑞。
2024 年　推出了 26 年的托本莫瑞和利代格三重木桶。

托本莫瑞 12 年品鉴笔记：

IR- 闻香时有奶油糖果和石楠花蜜的香气，伴随着桃子和一丝橙皮的味道。口感丰富，麦芽味浓郁，带有软糖、丹麦糕点、柑橘、菠萝和一丝胡椒的味道。余味略带咸味。

利代格 10 年品鉴笔记：

GS- 闻香时泥煤味浓郁，甜美而饱满，有黄油和烟熏鱼的香气。口感大胆，但甜美，带有碘、软泥煤和石楠花的味道。逐渐展现出浓郁的香料味。余味中等至长，带有胡椒、姜、甘草和泥煤的味道。

利代格 10 年陈酿

汤玛丁（Tomatin）

[to・mat・in]

所有者：汤玛丁蒸馏厂有限公司（宝酒造株式会社、国分株式会社、丸之红公司）
Tomatin Distillery Co（Takara Shuzo Co., Kokubu & Co., Marubeni Corp.）
地区/区域：高地
成立时间：1897 年
状态：活跃（vc）
产能：5 000 000 升
地址：Tomatin, Inverness-shire IV13 7YT
电话：01463 248144

历史：

1897 年	汤玛丁蒸馏厂由汤玛丁斯佩区蒸馏公司创立（Tomatin Spey Distillery Company）。
1906 年	生产停止。
1909 年	恢复生产。
1956 年	蒸馏器从两个增加到 4 个。
1958 年	又增加了两个蒸馏器。
1961 年	6 个蒸馏器增加到 10 个。
1974 年	蒸馏器总数达到 23 个，麦芽厂关闭。
1985 年	蒸馏厂公司进入清算。
1986 年	宝酒造株式会社（Takara Shuzo Co.）和大仓公司（Okara & Co.）通过汤玛丁蒸馏厂有限公司（Tomatin Distillery Co.）购买汤玛丁。
1998 年	大仓公司清算，丸之红（Marubeni）购入其部分股份。
2004 年	推出汤玛丁 12 年。
2005 年	发布 25 年陈酿和 1973 年份酒。
2008 年	发布 30 年和 40 年陈酿。
2009 年	发布 15 年和 21 年陈酿。
2010 年	首次发布泥煤味酒款——专供日本市场的 4 年陈酿独家产品。
2011 年	发布 30 年陈酿和汤玛丁年代（Decades）系列。
2013 年	发布地狱犬系列首款泥煤味汤玛丁。
2014 年	发布 14 年波特桶过桶、36 年陈酿、汤玛丁 4 号和地狱犬雪莉桶。
2015 年	发布原桶强度（Cask Strength）和地狱犬处女橡木桶（Cù Bòcan Virgin Oak）。
2016 年	发布 44 年陈酿的汤玛丁和两款地狱犬年份酒（1988 年和 2005 年）。
2017 年	新发布的酒款包括木系列（Wood）、火与土（Fire and Earth）以及 2006 地狱犬。
2018 年	发布 30 年和 50 年陈酿。
2019 年	地狱犬全系列推出，新增三款产品。
2020 年	发布 1975 年份酒。
2021 年	发布法国系列（French Collection）。
2022 年	发布地狱犬创造 3 号和 4 号，以及葡萄牙系列。
2023 年	发布地狱犬 15 年陈酿和创造 5 号，以及汤玛丁意大利系列。
2024 年	发布 12 年雪莉系列（The Sherry Collection）。

在 20 世纪 70 年代的某个时期，汤玛丁曾是苏格兰最大的蒸馏厂。在过去的 15 年里，汤玛丁在生产规模上逐步缩减，转而专注于单一麦芽威士忌系列，以及注重打造沉浸式游客体验中心。

每年，位于因弗内斯南部、从 A9 公路轻松可达的这家蒸馏厂，会接待 40 000 名威士忌游客。最近，为了给新的游客中心和停车场腾出空间，拆除了两个仓库。计划建造一个新的仓库，以扩充现有的 11 个仓库。过去 10 年中，汤玛丁单一麦芽威士忌的销量增长了 170%，2022 年销量达到 100 万桶。

蒸馏厂配备了一个 9.6 吨的不锈钢全过滤糖化锅和 12 个不锈钢发酵槽，发酵时间非常长（超过 140 小时）。此外，还有 6 个初馏器和 4 个再馏器（另外两个再馏器目前未使用），直线型林恩臂产出了果味、甜美的新酒。在生产无泥煤的汤玛丁时，酒心的切取是 71%～65%，但在生产泥煤的地狱犬（Cù Bòcan）时，酒心的切取是 61%。2024 年的生产计划是每周糖化 14 次，目标是生产 2 350 000 升纯酒精。对于地狱犬系列，他们还将使用 600 吨酚值规格为 45ppm 的大麦。

核心产品系列包括传承（Legacy）、12 年、18 年、30 年和 36 年陈酿，以及原桶强度和 14 年波特桶过桶。2024 年 5 月，新增了 12 年雪莉桶陈酿。最近的限量发行（2024 年 9 月）包括雪莉系列中的三款酒，这些酒在不同类型雪莉桶中陈酿了 10～17 年。蒸馏厂的免税系列包括 8 年、12 年、16 年、21 年和 45 年陈酿。汤玛丁的烟熏系列由地狱犬（Cù Bòcan）代表，包括签名版（Signature）和 12 年朗姆酒桶陈酿。还有限量的创造 5 号（Creation #5）在安第斯橡木桶中熟成，创造 6 号在 PX 桶和牙买加朗姆酒桶的组合中熟成。最后，在 2023 年 10 月，推出了在欧罗索雪莉桶中熟成的地狱犬 15 年。

12 年陈酿

汤玛丁 12 年品鉴笔记：

GS- 闻香时有大麦、香料、黄油橡木和一丝花香。口感甜美，中等酒体，口中有太妃苹果、香料和草本的味道。余味中等长度，带有甜美的果香。

托明多（Tomintoul）

[tom · in · towel]

所有者：奥歌诗丹迪蒸馏者公司
Angus Dundee Distillers
地区/区域：斯佩塞
成立时间：1965 年
状态：活跃
产能：3 300 000 升
地址：Ballindalloch, Banffshire AB37 9AQ
电话：01807 590274

托明多和根兰卡登（Glencadam）的所有者，奥歌诗丹迪蒸馏者公司一直是一家多元化的威士忌生产商。他们不仅生产单一麦芽威士忌，还制造调和苏格兰威士忌，并向世界各地的公司供应散装威士忌。

在托明多的工厂有一个调和中心，拥有 14 个巨大的调和罐，而在格兰卡登（Glencadam）则有 16 个。2012 年，他们在印度成立了一家公司，进入了最有前途的威士忌市场之一，最近他们将目光投向了中国。2023 年底，他们在中国淳安县的千岛湖畔为一家麦芽威士忌蒸馏厂举行了奠基仪式。这家带有游客中心的蒸馏厂很可能会在 2025 年的某个时候开业。

托明多配备了一个 12.2 吨的半过滤糖化锅，6 个不锈钢发酵槽，发酵时间为 54~60 小时，以及两对蒸馏器。目前每周有 15 次糖化，这意味着产能已充分利用，19 个仓库（14 个架式和 5 个托盘式）的储存能力为 130 000 桶。用于糖化的麦芽是无泥煤的，但自 2001 年以来，每年也会生产重泥煤的酒液（55ppm）。2024 年，这部分将分为 6 月和 12 月两批生产，总量为 450 000 升，以符合接下来的静默季节。目前正在讨论提高生产能力的问题，但尚未作出决定。

核心产品系列包括无年份声明的秘密（Tlàth）和雪莉（Seiridh）、10 年、14 年、16 年、18 年、21 年、25 年陈酿和雪茄麦芽（Cigar Malt）。托明多的泥煤系列由无年份声明的泥煤（Peated）和泥煤余韵 15 年（Peaty Tang）为代表。作为一个独立的系列，还有重泥煤无年份声明的佰醇（Old Ballantruan）以及 10 年和 15 年陈酿。最近的限量发行包括 40 年陈酿、第二批 1973 年年份酒、14 年干邑过桶和 15 年马德拉过桶。最后，旅行零售系列有 Tor、Tundra 和 Tarn。

历史：

1966 年	托明多蒸馏厂由哈伊·麦克劳德有限公司（Hay & MacLeod & Co.）和 W.&S. 斯特朗有限公司（W. & S. Strong & Co.）拥有的托明多蒸馏厂有限公司创立。
1973 年	由弗雷泽家族拥有的苏格兰环球投资信托公司（Scottish & Universal Investment Trust）购买了蒸馏厂和怀特马凯公司。
1974 年	蒸馏器从两个增加到 4 个，并推出了托明多 12 年。
1978 年	罗荷（Lonhro）购买了苏格兰环球投资信托公司。
1989 年	罗荷将怀特马凯卖给了布伦特·沃克（Brent Walker）。
1990 年	美国名品公司收购了怀特马凯。
1996 年	怀特马凯更名为 JBB（Greater Europe）。
2000 年	奥歌诗丹迪股份有限公司收购了托明多。
2002 年	推出了托明多 10 年。
2003 年	推出了托明多 16 年。
2004 年	推出了托明多 27 年。
2005 年	推出了泥煤味的佰醇（Old Ballantruan）。
2008 年	发布了 1976 年份酒和泥煤余韵。
2009 年	发布了 14 年和 33 年陈酿。
2010 年	发布了 12 年波特桶过桶。
2011 年	发布了 21 年陈酿、10 年佰醇和 1966 年份酒。
2012 年	发布了佰醇 10 年陈酿。
2013 年	发布了 31 年单桶陈酿。
2015 年	发布了 50 年和 40 年陈酿。
2016 年	发布了 40 年陈酿和无年份声明的秘密。
2017 年	发布了 15 年泥煤余韵和 15 年佰醇。
2018 年	发布了托明多 1965 年终极桶（The Ultimate Cask）。
2020 年	发布了雪莉和一系列庆祝罗伯特·弗莱明 30 周年（Robert Fleming's 30th Anniversary）的瓶装酒。
2021 年	发布了 16 年苏玳桶过桶。
2023 年	为旅行零售发布了 Tor、Tundra 和 Tarn。

托明多 10 年品鉴笔记：

GS- 闻香时轻柔、清新且带有果香，有成熟的桃子和菠萝芝士蛋糕的味道，微妙的香料和背景中的麦芽香。口感中等酒体，果香和软糖般的味道。余味中带有葡萄酒的软糖味，温和的、轻柔香料味的橡木，麦芽和一丝烟熏味。

10 年陈酿

苏格兰麦芽威士忌蒸馏厂

托莫尔（Tormore）

[tor · more]

所有者：埃立西尔蒸馏公司
　　　　Elixir Distillers
地区/区域：斯佩塞
成立时间：1958 年
状态：活跃
产能：4 800 000 升
地址：Tormore, Advie, Grantown-on-Spey, Morayshire PH26 3LR
电话：01807 510244

历史：

1958 年	拥有长脚约翰（Long John）品牌的申利国际（Schenley International）创立了这家蒸馏厂。
1960 年	蒸馏厂准备投入生产。
1972 年	蒸馏器的数量从 4 个增加到 8 个。
1975 年	申利将长脚约翰及其蒸馏厂（包括托莫尔）出售给惠特布雷德。
1989 年	同盟利昂（后来成为联合多美）购买了惠特布雷德（Whitbread）的烈酒部门。
1991 年	联合蒸馏厂引入了卡莱多尼亚麦芽系列（Caledonian Malts），其中包括米尔顿达夫（Miltonduff）、格兰多纳（Glendronach）和拉弗格（Laphroaig），以及托莫尔。后来托莫尔被斯卡帕（Scapa）取代。
2004 年	托莫尔 12 年陈酿作为官方装瓶首次推出。
2005 年	通过收购联合多美，芝华士兄弟（保乐力加集团）成为新所有者。
2012 年	生产能力提高了 20%。
2014 年	12 年陈酿被两款新酒取代——14 年和 16 年陈酿。
2022 年	蒸馏厂被出售给埃立西尔蒸馏公司（Elixir Distillers）。

两年前，由辛格兄弟共同拥有的威士忌专业酿造厂埃立西尔蒸馏公司（Elixir Distillers），收购了托莫尔蒸馏厂。自那以后，威士忌爱好者们都在翘首期盼着这家非同寻常的酿酒厂可供参观的那一刻。

尽管对外开放参观的计划正在酝酿中，但向公众开放可能还需要一段时间。除了根据自己需求调整托莫尔的生产外，所有者们同时还在忙于在艾雷岛上建造一家新的蒸馏厂。

从外观上看，托莫尔无疑是苏格兰最不寻常的蒸馏厂之一。在 20 世纪 50 年代建成时，所有者们就决定要把它打造成一个景点。著名建筑师阿尔伯特·理查森爵士（Sir Albert Richardson），从绿色的铜屋顶（按现在的价格计算，耗资 70 万英镑）到优雅的条形窗户，无不体现出建筑的宏伟气势。多年来，许多威士忌游客都曾在 A95 公路上驻足拍照。

在收购之后，新的所有者启动了一项大规模的成熟库存重新装瓶计划，他们还继续为芝华士的混合酒和自己的需求生产单一麦芽威士忌。

这家蒸馏厂配备了一个 10.4 吨的不锈钢全过滤糖化锅和 11 个不锈钢发酵槽，分布在三个房间（其中一个是钟楼），发酵时间从 54 小时短发酵到 115~120 小时长发酵不等。在一个非常宽敞的蒸馏器室内，有 4 个 18 500 升的初馏器和 4 个 13 900 升的再馏器，全部配备了净化器，这与清澈的麦汁、长时间的前馏（25~30 分钟）和缓慢的蒸馏过程相结合，赋予了新酒轻盈和果香的特性。

目前，这家蒸馏厂每周工作 5 天，进行 17~18 次糖化，年生产 3 200 000 升纯酒精。2023 年 9 月，新业主开始在厂内重新装填桶——这是自 2006 年以来的第一次。

之前的所有者保乐力加公司曾将托莫尔装瓶为 14 年和 16 年陈酿，同时在芝华士的所有游客中心也提供这些威士忌的桶强版本。

14 年陈酿

托莫尔 14 年陈酿品鉴笔记：

GS- 闻香时有香草、奶油糖果、夏季浆果和轻微香料的香气。口感顺滑，带有牛奶巧克力和热带水果，以及柔软的太妃糖的味道。余味悠长，带有一点黑胡椒的点缀。

杜丽巴汀（Tullibardine）

[tully·bar·din]

所有者：风土蒸馏者（皮卡德酒业）
　　　　Terroirs Distillers（Picard Vins & Spiritueux）
地区/区域：高地
成立时间：1949 年
状态：活跃（vc）
产能：3 000 000 升
地址：Blackford, Perthshire PH4 1QG
电话：01764 682252

　　杜丽巴汀蒸馏厂将在2024年庆祝其75周年纪念。它成立于1949年，正值二战后的时期，那时威士忌开始进入一个受欢迎的新时代。杜丽巴汀的成立很大程度上归功于威廉·德尔梅·埃文斯（William Delmé-Evans）。这位农学家在1947年的报纸上看到布莱克福德（Blackford）一家废弃酿酒厂的广告后，立刻买下并将其改造成蒸馏厂。他得到了前税务官C·I·巴雷特（C·I·Barret）的帮助，后者后来成为了蒸馏厂的董事，直到1958年。1953年，由于健康问题，德尔梅·埃文斯将蒸馏厂卖给了布罗迪·赫本（Brodie Hepburn），但他后来又复兴了已经关闭的吉拉（Jura）蒸馏厂，并建立了格兰纳里奇（Glenallachie）。杜丽巴汀最终归怀特马凯所有，并被闲置了10年。2003年，法国葡萄酒和烈酒生产商皮卡德（Picard）接管了杜丽巴汀蒸馏厂，它在2011年得以重新崛起。三年前，法国人收购了著名的苏格兰高地女王（Highland Queen）调和威士忌品牌。他们不仅需要麦芽威士忌来维持品牌，同时也需要生产一系列单一麦芽威士忌。

　　蒸馏厂的设备包括一个6.2吨的不锈钢半过滤糖化锅和10个不锈钢发酵槽，其中最新的一个在2024年添置。所有发酵槽都是密封的，这有助于减少2 400吨二氧化碳的排放。发酵时间为55~60小时。蒸馏厂还有两对蒸馏器，酒心的切取区间在75%~64%。2024年的计划是每周进行27次糖化，预计年生产3 000 000升纯酒精。

　　核心产品系列包括无年份声明的君主（Sovereign）、225苏玳桶过桶（Sauternes）、228勃艮第桶过桶（Burgundy）、500雪莉桶过桶（Sherry）和15年陈酿。2023年底，系列中新增了18年陈酿。马尔奎斯系列至今已发布了13种不同的酒款，最新的是2008年教皇新堡桶（Châteauneuf-du-Pape）过桶。保管员收藏（Custodian Collection）包括极为罕见的酒款，如60年的杜丽巴汀，这是迄今为止最古老的杜丽巴汀装瓶。此外，还有一个酒厂独家产品，最新的是处女橡木桶陈酿。

历史

1949 年	建筑师威廉·德尔梅·埃文斯创立了蒸馏厂。
1953 年	蒸馏厂被卖给了布罗迪·赫本。
1971 年	因弗戈登蒸馏商购买了布罗迪·赫本有限公司。
1973 年	蒸馏器的数量增加到4个。
1993 年	怀特马凯购买了因弗戈登蒸馏商。
1994 年	杜丽巴汀被暂时关闭。
1996 年	怀特马凯更名为JBB（Greater Europe）。
2001 年	JBB被管理层从财富品牌收购，并更名为Kyndal（从2003年起为怀特马凯）。
2003 年	一个财团以110万英镑的价格购买了杜丽巴汀。蒸馏厂重新投入生产。
2005 年	推出了1993年的三款木桶收尾威士忌，分别是波特桶、麝香葡萄酒桶和马尔莎拉桶，以及1986年的约翰·布莱克精选（John Black selection）。
2006 年	推出了1966年份酒、1993年雪莉桶和新的约翰·布莱克精选。
2007 年	发布了5种不同的木桶过桶和几桶单桶年份酒。
2008 年	发布了40年的1968年份酒。
2009 年	发布了陈年橡木（Aged Oak）。
2011 年	发布了三款年份酒和一款木桶过桶。皮卡德购买了蒸馏厂。
2013 年	推出了全新的产品系列——君主、225苏玳（Sauternes）、228勃艮第（Burgundy）、500雪莉、20年和25年陈酿。
2015 年	发布了60年的保管员收藏。
2016 年	发布了1070年份酒和2004年的穆雷（The Murray）。
2017 年	发布了1962年份酒和穆雷教皇新堡。
2018 年	发布了默里马萨拉过桶（Murray Marsala Finish）。
2019 年	发布了1964年份酒。
2020 年	发布了15年陈酿。
2021 年	发布了默里双木桶过桶（Murray Double Wood）。
2023 年	发布了18年陈酿和默里三重波特桶（The Murray Triple Port）。
2024 年	发布了2008年教皇新堡过桶。

杜丽巴汀君主品鉴笔记：

GS-闻香时带有花香，以及新割的干草、香草和软糖的香气。口感上是果味的，带有牛奶巧克力、巴西坚果、杏仁膏、麦芽，以及一丝肉桂的味道。余味中有可可、香草、柠檬的清新和更多的香料味。

君主

斯蒂芬·坎普（Stephen Kemp）和托尼·里曼-克拉克（Tony Reeman-Clark）——这两位是柯克沃尔的奥克尼（Orkney）蒸馏厂的创始人

苏格兰新增威士忌蒸馏厂

在 2005 年齐侯门蒸馏厂成立之前的 15 年里，苏格兰仅有两家蒸馏厂开业。然而自 2005 年起，已有 52 家新的蒸馏厂建成！尽管这些新蒸馏厂中许多已经推出了自己的威士忌，其中一些甚至已经相当成熟，我们在这个部分仍然将它们称为新蒸馏厂。那些产能不足 30 000 升的蒸馏厂，可以在"新增微型酒厂"中找到介绍。此外，还有更多的蒸馏厂即将问世——关于它们的详细信息，您可以在"过去这一年"中阅读到。

八门（8 Doors）

[eyt doars]

所有者：凯莉和德里克·坎贝尔
　　　　　Kerry and Derek Campbell
地区/区域：高地
成立时间：2022年
状态：活跃（vc）
产能：150 000升
地址：John O'Groats, Wick KW1 4YR
电话：01955 482000

多年来，富特尼（Pulteney）一直是苏格兰最北端的本土威士忌蒸馏厂。随后，2013年，沃富奇（Wolfburn）在瑟索（Thurso）成立，但他们对这一称号的宣称只持续了9年。

2022年9月，八门酒厂在约翰·欧格罗茨（John O'Groats）开始了生产。创始人凯莉和德里克·坎贝尔（Kerry and Derek Campbell）成功聘请了约翰·拉姆齐（John Ramsay）作为顾问来定义他们的烈酒。拉姆齐在爱丁顿集团（麦卡伦Macallan、高原骑士Highland Park、格兰洛希Glenrothes等）担任了40年的首席调配师，是威士忌行业的传奇人物。蒸馏厂的日常威士忌生产由瑞安·萨瑟兰（Ryan Sutherland）和安德鲁·亚当森（Andrew Adamson）负责。

酒厂没有磨坊，麦芽是从外部供应商那里购买。八门的设备很有趣，因为业主决定使用一个糖化转化容槽（MCV）和一个0.4吨的半过滤糖化槽来处理谷物。MCV可以用来处理除了麦芽大麦之外的谷物，但现在它被用作大麦糖化转化的第一步，同时他们也致力于获取尽可能高的清澈麦汁。蒸馏厂有5个不锈钢发酵槽（每个2 000升），目前每周工作5天，有两个短时（70小时）和三个长时（120小时）的发酵。还有一个1 700升的初馏器和一个1 300升的再馏器，都是来自斯佩塞铜工厂，且都配备了略微下降的林恩臂。前馏持续10分钟，然后酒心切取在74%~64%，目的是酿造出果香浓郁的新酒。

在等待自己的烈酒成熟的同时，所有者推出了一系列名为七子（Seven Sons）的苏格兰调和威士忌和单一麦芽威士忌。还有一个名为874俱乐部（874 Club），这个名字来源于从英国大陆最南端的兰兹角（Land's End）到最北端的约翰奥格罗茨（John O'Groats）之间的距离（即整个大不列颠的长度）。以前可以从酒厂购买他们的整桶威士忌。

阿伯拉吉（Aberargie）

[aber · ar · jee]

所有者：莫里森苏格兰威士忌蒸馏有限公司
　　　　　Morrison Scotch Whisky Distillers Ltd.
地区/区域：低地
成立时间：2017年
状态：活跃
产能：750 000升
地址：Aberargie, Perthshire PH2 9LX
电话：01738 787044

莫里森家族拥有5代传承的威士忌制造历史，阿伯拉吉蒸馏厂的建立标志着家族自20世纪60年代以来重新开始酿造威士忌。

1963年，斯坦利·P.莫里森（Stanley P. Morrison）收购了莫里森·波摩（Morrison Bowmore），这为他后来的蒸馏、调和、经纪业务奠定了基础，直到1994年他将最后一支股份卖给了三得利。2014年，莫里森家族计划在他们的阿伯拉吉农场建造一个蒸馏厂，该农场当时向麦芽商出售大麦。同时，他们也获得了建设一个独立的调和装瓶大厅的批准，这个大厅紧邻蒸馏厂，完全由莫里森家族所有和运营。由于他们在公司拥有多数股权，这两个项目的建设可以立即开始。

2016年6月，该项目破土动工，随后进行了蒸馏试验，并于2017年11月灌装了第一桶酒。蒸馏厂配备了一个2吨的半过滤糖化锅、9个不锈钢发酵槽、一个15 000升的初馏器和一个10 000升的再馏器。这两个蒸馏器都配备了陡峭下降的林恩臂，由福赛斯制造，使用板式加热而非线圈或盘管加热。阿伯拉吉蒸馏厂大部分时间都是"从谷物到酒杯"的生产方式，委托莫里森苏格兰威士忌蒸馏有限公司管理生产并在威士忌熟成好后进行装瓶。除了发麦以外，所有工序都在阿伯拉吉工厂进行，以确保对酒液质量的完全控制。

公司的独立装瓶业务已经取得了成功，拥有三个独立的威士忌系列：Càrn Mòr代表了各种苏格兰麦芽蒸馏厂的不同年龄和酒精强度的表达，Mac-Talla单一麦芽威士忌反映了莫里森与艾雷岛和泥煤威士忌的联系，而Old Perth则是以调和麦芽威士忌的方式熟成的雪莉桶威士忌。

艾尔莎湾（Ailsa Bay）

[ail · sah bey]

所有者：威廉·格兰特父子公司
William Grant & Sons
地区 / 区域：低地
成立时间：2007 年
状态：活跃
产能：12 000 000 升
地址：KA26 9PTGirvan, Ayrshire KA26 9PT
电话：01465 713091

2007 年 9 月，这座蒸馏厂在苏格兰西海岸的格文酒厂（Girvan Distillery）附近的原址上建造，仅用了 9 个月的时间就建成了。

最初，它配备了一个 12.1 吨的全过滤糖化锅、12 个不锈钢发酵槽和 8 个蒸馏器。然而到了 2013 年，进行了一次大规模的扩建，又增加了一个糖化锅、12 个发酵槽和 8 个蒸馏器，使产能翻倍至 12 000 000 升纯酒精。还有传言称，这家蒸馏厂即将再次扩建，可能会使其产能达到 30 000 000 升——成为英国乃至世界上最大的麦芽蒸馏厂！而在扩建的同时，也有传言说同一地点的格文谷物蒸馏厂也将升级，产能将提升至大约 3 亿升！

艾尔莎湾蒸馏厂的每个发酵槽可容纳 50 000 升麦芽汁，较重风格的酒体发酵时间为 60 小时，而较轻的巴尔维尼风格则为 72 小时。作为单一麦芽装瓶的部分从小型（25 ~ 100 升）的旧波本桶开始陈酿，这些桶来自塔西尔敦蒸馏厂，6 ~ 9 个月后，酒液转移到常规尺寸的桶中，以及新的橡木桶中。计划每周进行约 50 次糖化，生产 10 000 000 升酒精。

这里生产 5 种不同类型的酒液。最常见的是一种轻盈且相当甜美的酒液。还有一种较重、含硫的风格，以及三种泥煤风味的酒液，其中泥煤味最重的酒液麦芽酚类规格为 50ppm。这些酒液主要用作格兰特调和苏格兰威士忌，但在 2016 年，发布了一款泥煤风味的单一麦芽艾尔莎湾。2018 年，艾尔莎湾甜烟熏（Ailsa Bay Sweet Smoke）随之发布，同年推出的海洋 & 陆地桶（Aerstone Land Cask）是一款在内陆熟成 10 年的艾尔莎湾单一麦芽。不久之后，爱尔斯通海洋桶（Aerstone Sea Cask）也发布了，这款酒液在格文（Girvan）沿海仓库中陈酿。

安南代尔（Annandale）

[ann · an · dail]

所有者：安南代尔蒸馏厂有限公司
Annandale Distillery Co.
地区 / 区域：低地
成立时间：2014 年
状态：活跃（vc）
产能：500 000 升
地址：Northfield, Annan, Dumfriesshire DG12 5LL
电话：01461 207817

在新千年里，安南代尔蒸馏厂已恢复生产。它从 1836 年开始生产威士忌，1895—1918 年由尊尼获加（Johnnie Walker）所有，直到 1918 年关闭。

大卫·汤姆森（David Thomson）教授和他的妻子特蕾莎·丘奇（Teresa Church）买下了这个经营状况不佳的工厂，并在已故的吉姆·斯旺博士（Dr. Jim Swan）的帮助下，精心将其翻新成了一个运营中的蒸馏厂。第一个酒桶于 2014 年 11 月装满，蒸馏厂配备了一个 2.5 吨的半过滤糖化锅，带有铜制圆顶。有三个木制发酵槽（发酵时间为 72 ~ 96 小时），一个初馏器（12 000 升）和两个再馏器（各 4 000 升）。2023 年 6 月，安南代尔宣布了一项耗资 360 万英镑的项目，该项目将采用新的热能储存技术，使安南代尔能够生产碳中和威士忌。

这里蒸馏的威士忌既有无泥煤的，也有泥煤味的（45ppm）。2018 年 6 月，发布的前两款单一麦芽威士忌，均在旧水牛足迹波本桶中熟成。安南代尔的瓶装制度以单一木桶为基础，酒精度为桶强。其核心产品是由无泥煤的言语之人（Man O'Words）组成，以纪念在安南代尔担任税务官的罗伯特·伯恩斯（Robert Burns），以及泥煤味的剑之人（Man O'Sword），以纪念国王罗伯特·布鲁斯（King Robert the Bruce），他是安南代尔的第七代领主。限量装瓶包括与演员詹姆斯·科莫（James Cosmo）合作的故事人（Storyman），并与卡勒姆设计公司（Callum Designs）共同制作。从一开始，安南代尔就在使用不同的橡木桶进行熟化方面勤于创新。

在威士忌旅游业方面，安南代尔有点偏僻。它位于苏格兰最南部，距离丹弗里斯（Dumfries）30 分钟车程，但仍有不少游客慕名而来。酒厂提供各种参观服务，甚至还为行动不便的游客提供虚拟现实参观服务。

阿比奇（Arbikie）

[ar · bi · ki]

所有者：斯特林家族
The Stirling family
地区 / 区域：东部高地
成立时间：2015 年
状态：活跃
产能：200 000 升
地址：Inverkeilor, Arbroath, Angus DD11 4UZ
电话：01241 830770

斯特林家族自 17 世纪起就开始从事农业生产，位于安格斯郡的阿比奇高地庄园（Arbikie Highland Estate），至今已传承了四代人。

三兄弟（约翰 John、艾恩 Iain 和大卫 David）在其他领域开始了他们的职业生涯，但后来又回到了家族的土地上开设了一家单一庄园蒸馏厂。单一庄园蒸馏厂的定义是整个生产链都在工厂进行，所有原料都在农场种植。斯特林家族的愿景不止于此，他们的目标是通过安装风力涡轮机、电解槽、氢气储存和氢气锅炉系统，成为世界上第一个氢能驱动的蒸馏厂。

因此，大麦是在厂区内的田地里种植的。蒸馏厂配备了一个 0.75 吨的不锈钢半过滤糖化锅和 4 个发酵槽（两个 4 400 升和两个 9 000 升），发酵时间为 96～120 小时。还有一个 4 000 升的初馏器和一个 2 400 升的再馏器。在伏特加和金酒生产的最后阶段，有一个 40 层板的精馏塔。

阿比奇是苏格兰第一家对生产黑麦威士忌产生浓厚兴趣的公司，这是 200 年来未曾有过的事情。历史上，苏格兰威士忌是由多种不同的原料调和制成的。阿比奇目前的核心配方是由 60% 的冬黑麦、25% 的麦芽大麦和 15% 的冬小麦。为了遵守苏格兰威士忌协会的规定，1794 高地黑麦必须被标记为单一谷物苏格兰威士忌。阿比奇早期就发布了由土豆制成的伏特加和金酒，第一款黑麦威士忌在 2018 年 12 月发布，这款酒在美国橡木桶中陈酿了三年，并在旧 PX 桶中收尾，此后又推出了更多产品。斯特林家族计划在 2029—2030 年首次推出由大麦制成的单一麦芽威士忌。

阿德纳侯（Ardnahoe）

[ard · na · hoe]

所有者：亨特·梁公司
Hunter Laing & Company
地区 / 区域：艾雷岛
成立时间：2017 年
状态：活跃（vc）
产能：1 000 000 升
地址：Isle of Islay, Port Askaig PA46 7RU
电话：01496 840711

对于生产商和消费者来说，蒸馏厂首次装瓶总是一个重要时刻。

阿德纳侯蒸馏厂这一历史性时刻出现在 2024 年 5 月，当时他们推出了首版装瓶，这款酒陈酿了 5 年，酒精度为 50%，限量发行。随后在同年 9 月推出了核心产品 Infinite Loch。这两款酒都是由在旧波本桶和旧雪莉桶中熟成的威士忌调和而成，其中首版装瓶的雪莉桶比例稍高（25%）。

在 2024 年波特艾伦（Port Ellen）重新开放之前，阿德纳侯一直是艾雷岛上最新的蒸馏厂。这座由独立装瓶商亨特·梁所拥有的蒸馏厂，配备了一个 2.75 吨的半过滤糖化锅，带有铜盖，尽可能少用过滤装置以获得清澈的麦汁。蒸馏厂还有 4 个 25 000 升的俄勒冈松木发酵槽，平均发酵时间为 72 小时，一个初馏器（12 500 升）和一个再馏器（8 000 升），蒸馏缓慢，两者都拥有苏格兰最长的林恩臂（7.5 米）。酒心切取在 74%～63%，新酒的特点是果味浓郁。阿德纳侯蒸馏厂还配备了木制虫桶冷凝器——艾雷岛上唯一的。大约 90% 的生产是泥煤味的（40ppm 的麦芽），其余的是无泥煤味的。80% 的新酒灌装进初填的波本桶。目前现场有三个仓库，计划再建造 4 个。

艾雷岛上的所有蒸馏厂，除了齐侯门（Kilchoman）都濒临海边，风景优美，特别是岛北端的那些酒厂，景色令人叹为观止。虽然布纳哈本（Bunnahabhain）和卡尔里拉（Caol Ila）蒸馏厂都位于海边，但中间的阿德纳侯蒸馏厂才是风景最优美的地方。周围地势较高，艾雷海峡和对岸的吉拉尽收眼底。

艾德麦康（Ardnamurchan）

[ard · ne · mur · ken]

所有者：艾德菲精选
　　　　Adelphi Selection
地区 / 区域：西高地
成立时间：2014 年
状态：活跃（vc）
产能：500 000 升
地址：Glenbeg, Ardnamurchan, Argyll PH36 4JG
电话：01972 500 285

从威廉堡（Fort William）开车到艾德麦康半岛北面的蒸馏厂需要大约 90 分钟，但绝对值得。

这家蒸馏厂由独立装瓶商艾德菲精选（Adelphi Selection）所有。他们很早就意识到，对于那些没有自己蒸馏厂的公司来说，未来几年威士忌的供应可能会变得紧张。

艾德麦康配备了一个 2 吨的半过滤不锈钢糖化锅，带有铜制顶棚；7 个发酵槽（其中 3 个由俄勒冈松木制成，1 个由橡木制成，另外 3 个由不锈钢制成）。发酵时间为 72～96 小时。有一个初馏器（10 000 升）和一个再馏器（6 000 升），最近还安装了由不锈钢制成的亚冷却器。这里生产两种不同风格的威士忌：泥煤味（30～35ppm）和无泥煤味。2024 年的目标是每周进行 10～12 次糖化，年生产 370 000 升纯酒精，其中大约 50% 将是泥煤味威士忌。

由于蒸馏厂地处偏远，功能性循环经济是其运营的精髓。酒厂所需的所有电力和热能都来自当地的可再生能源。提供冷却水的河流上有一台水力发电机，生物质锅炉的燃料是当地林场的木屑。

2020 年 10 月，首款单一麦芽威士忌——AD/09.20:01 发布。2022 年，蒸馏厂推出了他们的 AD 限量版桶强（AD Limited Edition Cask Strength）威士忌。最近的新品包括"中提琴"（The Midgie），在马德拉、苏玳、雪莉和波本桶中陈酿，2024 年 5 月发布了第二版的保罗·拉诺瓦（Paul Lanois），在香槟桶中完成陈酿，6 月发布了苏玳桶过桶，8 月发布了一款 10 年陈酿，以庆祝蒸馏厂成立 10 周年。

阿德罗斯（Ardross）

[ard · ross]

所有者：格林伍德蒸馏者
　　　　Greenwood Distillers
地区 / 区域：北高地
成立时间：2019 年
状态：活跃
产能：1 000 000 升
地址：Ardross Mains, Ardross, Alness
电话：-

在苏格兰众多新建的蒸馏厂中，大多数都计划配备游客中心、导览服务、餐厅和商店等设施。阿德罗斯蒸馏厂却与众不同，没有这些规划。

阿德罗斯蒸馏厂位于因弗内斯北部，于 2019 年 8 月投产，由格林伍德蒸馏者公司（Greenwood Distillers）所有。这家公司的业务范围广泛，包括墨西哥的梅斯卡尔、法国的阿马尼亚克、日本的制桶厂以及肯塔基州的新波本蒸馏厂。这使得阿德罗斯不同于典型的苏格兰威士忌公司，其发展目标也颇为独特。除了蒸馏厂本身，2023 年 9 月，他们还在厂区内开设了一个名为西奥多之家（Theodore House）的实验工厂，以便进行实验，且不会影响阿德罗斯的日常生产。

西奥多之家配备了 0.65 吨的糖化锅、三个 5 000 升的木制发酵槽、一个初馏器、一个谷物蒸煮器、一个小蒸馏柱和三个形状各异的再馏器，这使得他们能够生产不同类型的烈酒。

阿德罗斯蒸馏厂本身配备了 4.4 吨的半过滤糖化锅、10 个各 20 000 升的木制发酵槽，发酵时间为 100～130 小时，一个 16 800 升的初馏器和一个 12 000 升的再馏器，两者均装有净化器，尽管目前尚未使用。该厂的产能为 1 000 000 升纯酒精，2024 年计划生产 800 000 升，每周进行 10 次糖化。其标志性风格为无泥煤味，但泥煤新酒（65ppm）的产量将达到 300 000 升。此外，还有一个专门的金酒蒸馏器。

单一麦芽威士忌可能要到 8～10 年后才会首次发行。不过，该酒厂的第一款产品是 2019 年 8 月推出的西奥多金酒（Theodore gin）。

巴林达洛克（Ballindalloch）

[bal·lin·da·lock]

所有者：麦克弗森 - 格兰特家族
　　　　　The Macpherson-Grant family
地区/区域：斯佩塞
成立时间：2014 年
状态：活跃（vc）
产能：100 000 升
地址：Ballindalloch, Banffshire AB37 9AA
电话：01807 500 331

2014 年，巴林达洛克成为了苏格兰首批"从大麦到酒杯"的蒸馏厂之一。它坐落在巴林达洛克城堡庄园（Ballindalloch Castle Estate）内，紧邻繁忙的 A95 公路，任何斯佩塞地区的威士忌旅行者都不会错过它。

整个生产过程使用的大麦都是在庄园种植的，目前品种是劳雷特，生产过程中的酒糟用来喂养家族拥有的黑安格斯牛群。麦克弗森·格兰特家族（Macpherson Grants）展现出了令人钦佩的耐心。他们用了 9 年时间才决定发布第一款单一麦芽威士忌。家族在威士忌行业中有着悠久的历史，从 1923 年到 1965 年，他们曾是附近克拉格摩尔（Cragganmore）蒸馏厂的部分所有者。巴林达洛克酒厂向游客开放，需提前预约。

蒸馏厂配备了一个 1 吨的半过滤式铜包糖化锅，顶部有一个铜制圆顶。有 4 个用俄勒冈松木制成的发酵槽，进行 4 次长时间的发酵（140 小时）和一次短时间的发酵（92 小时）。有一个 5 000 升的灯笼形状的初馏器和一个 3 600 升的再馏器，再馏器上有一个回流球。两个蒸馏器都连接到两个木制的虫桶冷凝器，用于冷却酒精蒸汽。这些虫桶的运行温度略高于传统的虫桶，以增加酒精蒸汽与铜之间的反应。从虫桶流出的水也会流过一个冷却塔，然后返回到虫桶中。这些特性使得酒精蒸汽非常轻盈、细腻且带有果香。蒸馏厂目前每周工作 5 天，年生产 75 000 升纯酒精。

2023 年 8 月，酒厂推出了首批两款酒（分别在旧波本桶和旧欧罗索桶中熟成），随后又推出了多款限量装瓶酒，均很快售罄。除英国外，荷兰、日本和德国也已成为重要的初始市场。

巴尔莫德（Balmaud）

[bal·mah]

所有者：巴尔莫德蒸馏有限公司
　　　　　Balmaud Distillery Co. Ltd
地区/区域：高地
成立时间：2024 年
状态：活跃
产能：1 000 000 升
地址：Yonderton Farm, Turriff AB53 5PT
电话：-

斯特拉坎家族有着深厚的农业背景，他们选择在阿伯丁郡图里夫镇（Turriff）的优美肥沃土地上，建立一座威士忌蒸馏厂，以此扩展家族业务。

这家"从农场到装瓶"的蒸馏厂坐落在德弗隆（Deveron）河畔，位于班夫（Banff）以南 10 公里处，最近的邻居是麦克达夫（Macduff）蒸馏厂。家族拥有的这座老农场的建筑并不适合现代化蒸馏厂的需求，因此他们拆除了旧建筑，并在原址上新建了现代化厂房。2021 年 9 月，他们向当地议会提交了规划申请，2022 年 7 月提交了修订方案，最终在 2023 年 4 月获得了批准。所有设备安装完毕后，家族计划在 2024 年 11 月开始生产。蒸馏厂初期将生产金酒、伏特加和朗姆酒，而威士忌的生产则会稍后进行。

对于斯特拉坎家族而言，可持续性并非仅仅是一个时髦的词汇。他们使用的大麦来自家族拥有的周边田地，蒸馏厂则由风力涡轮机提供动力。此外，他们还安装了热回收和储存系统，以提高蒸馏厂的能源效率。蒸馏厂经理艾伦·芬德雷（Allan Findlay）拥有超过 20 年的威士忌行业从业经验，最近曾在诗贝蒸馏厂工作。

蒸馏厂配备了一个 3 吨的半过滤式糖化锅和 8 个不锈钢发酵槽，总容量为 26 000 升，但实际使用容量为 15 000 升。发酵过程持续 80～140 小时。蒸馏厂拥有一个 15 000 升的初馏器，配备了 TVR 热回收系统，以及一个 10 000 升的再馏器。此外，还有两个较小的蒸馏器（各 200 升），用于生产朗姆酒、金酒和伏特加。蒸馏厂年产量可达 1 000 000 升，现场还有两个仓库，能够存放 10 000 个酒桶。家族还计划在未来建立自己的麦芽加工设施。

博宁顿（Bonnington）

[bon · ing · tun]

所有者：哈勒伍德艺术烈酒公司
　　　　　Halewood Artisinal Spririts
地区 / 区域：低地
成立时间：2020 年
状态：活跃
产能：720 000 升
地址：21 Graham Street, Edinburgh EH6 5QN
电话：0151 480 8800

　　近年来在爱丁堡开设的第二家麦芽威士忌蒸馏厂是由约翰·哈勒伍德（John Halewood）在 1978 年创立的公司拥有的。

　　多年来作为家族企业运营，直到 2015 年引入新投资者后，它转型成为英国最大的烈酒蒸馏和分销商之一。2020 年，公司名称变更为哈勒伍德艺术烈酒公司（Halewood Artisinal Spirits），业务遍及英国、美国、澳大利亚、南非和中国等国家。他们的品牌组合包括克莱比苏格兰威士忌（Crabbie's Scotch whisky）、博谷思爱尔兰威士忌（The Pogues Irish whiskey）、J.J. 惠特利金酒（J.J. Whitley gin）、死侍手指朗姆酒（Dead Man's Fingers rum）和阿贝瀑布威尔士威士忌（Aber Falls Welsh whisky）。

　　博宁顿蒸馏厂在利斯的建设始于 2019 年 1 月，并在同年 12 月完成。但在 2018 年，已经在格兰顿不远的地方开设了一个小型试验蒸馏厂（Chain Pier）。在这里，所有者可以在博宁顿开始生产之前，试验不同的麦芽、酵母、发酵时间、酒心切取点和蒸馏方法。

　　首次蒸馏发生在 2020 年 3 月，蒸馏厂配备了一个 2 吨的半过滤式糖化锅，15 个不锈钢发酵槽，发酵时间为 48~70 小时，一个 10 500 升的初馏器和一个 8 000 升的再馏器。2023 年春季，作为大规模扩张的一部分，新增了 9 个发酵槽，这可能使蒸馏厂的产能达到 1 000 000 升。目前，蒸馏厂每周进行 28 次糖化，其中大约 5% 将使用泥煤麦芽（50ppm）。首次发布（502 瓶）在 2024 年 1 月，这款威士忌在红宝石波特酒桶中熟成，具有独特的风味。随后在 2024 年 5 月，PX 桶陈酿的威士忌被调和在一起推向市场。

边境（Borders）

[boar · ders]

所有者：边境蒸馏有限公司
　　　　　Borders Distillery Co. Ltd.
地区 / 区域：低地（苏格兰边境区）
成立时间：2017 年
状态：活跃（vc）
产能：1 600 000 升
地址：Commercial Road, Hawick TD9 7AQ
电话：01450 374330

　　2018 年 3 月 6 日，苏格兰边境地区 180 年来的首家威士忌蒸馏厂开始生产，几周后蒸馏厂对公众开放。

　　位于霍威克（Hawick）的这家边境蒸馏厂所有者是边境蒸馏有限公司，该公司由乔治·泰特（George Tait）、托尼·罗伯茨（Tony Roberts）、约翰·福迪斯（John Fordyce）和蒂姆·卡顿（Tim Carton）这 4 人于 2013 年创立，他们此前都曾在威廉·格兰特父子公司工作。2016 年，公司开始翻修这些可追溯至 19 世纪 80 年代末的美丽建筑，这些建筑曾被一家电力公司使用，现在被改造成了蒸馏厂。特维奥特（Teviot）河在蒸馏厂后方流淌，蒸馏厂利用它来冷却酒精蒸汽。

　　蒸馏厂配备了一个 5 吨的糖化锅、8 个不锈钢发酵槽，发酵时间为 80 小时，两个初馏器（各 12 500 升）和两个再馏器（各 7 500 升），所有设备均由福赛斯提供。生产的威士忌为非泥煤和花香型。同时，蒸馏厂也生产其他烈酒，例如伏特加和金酒。2022 年春季，蒸馏厂与辛普森麦芽公司（Simpsons Malt）和 12 家农场建立了合作伙伴关系（边境种植者与蒸馏者），这些农场都位于蒸馏厂附近。目的是支持可持续农业，提高供应链的可追溯性。

　　2018 年，威廉·科尔（William Kerr）的边境金酒首次装瓶推出，随后又推出了蒸汽比利伏特加（Puffing Billy Steam Vodka）。公司接着推出了一款名为克兰·弗雷泽（Clan Fraser）的调和苏格兰威士忌，以及 2022 年秋季出现的一系列新苏格兰威士忌，名为工作坊系列（Workshop Series）。其中边境麦芽与黑麦（Borders Malt & Rye）是该系列的首款产品，也是 185 年来首款离开苏格兰边境的调和苏格兰威士忌。随后推出的是长短之谈（Long and Short of It），以及最近推出的恰到好处（Right as Rain）。

酿酒狗（Brew Dog）

[bru・dog]

所有者：酿酒狗股份有限公司
　　　　Brewdog plc
地区/区域：高地
成立时间：2016 年
状态：活跃
产能：450 000 升
地址：Balmacassie Commercial Park, Ellon, Aberdeenshire AB41 8BX
电话：01358 724924

　　2019 年春天，为了借助知名酿酒品牌的名字相互宣传，蒸馏厂从孤狼（Lone Wolf）更名为酿酒狗。

　　酿酒狗成立于 2007 年，现已发展成为英国最大的独立酿酒厂，并于 2014 年决定同时开设一家蒸馏厂。酒厂毗邻阿伯丁郊外埃隆的酿酒厂，曾在帝亚吉欧等多家酒厂工作过的史蒂文·克斯利（Steven Kersley）被聘为酒厂运营总监。

　　从一开始，金酒和伏特加就是酒厂生产的重要组成部分。随着时间的推移和对白色烈酒需求的增加，所有者意识到他们必须提高产能以实现他们在威士忌方面的雄心壮志。2021 年，他们在原址上新建了一座蒸馏厂，所有现有设备都搬到了那里，包括两个 3 000 升的铜制蒸馏器。还增加了一个新的 10 000 升蒸馏器以及一个 19 米高的精馏塔，这使得威士忌生产从每周 8 桶增加到 30～35 桶，同时也为生产朗姆酒提供了更多空间。目前，一项价值 700 万英镑的扩建工程正在进行中，预计将在 2024—2025 年完成。

　　金酒和伏特加在 2017 年春季推出，此后还推出了朗姆酒，但尚未推出威士忌。2017 年，孤狼（Lone Wolf）成为现代苏格兰首批蒸馏黑麦威士忌的蒸馏厂之一。2019 年春季，公司与另外三家威士忌制造商（磨石 Millstone、指南针盒 Compass Box 和邓肯泰勒 Duncan Taylor）合作，他们各自设计了一款威士忌，与酿酒狗的啤酒搭配。2022 年底，与威士忌拍卖行威士忌锤（Whisky Hammer）合作，向消费者提供了 50 桶威士忌。

　　2023 年底，推出了一系列即饮鸡尾酒（RTD），并在 2024 年发布了他们的第一款龙舌兰，但不是在蒸馏厂生产，而是与哈利斯科（Jalisco）的奥伦丹家族（Orendain family）合作生产的。

布朗拉（Brora）

[bro・rah]

所有者：帝亚吉欧
　　　　Diageo
地区/区域：北高地
成立时间：2021 年（成立于 1819 年）
状态：活跃（vc）
产能：800 000 升
地址：Clynelish Rd, Brora, Sutherland KW9 6LR
电话：-

　　2024 年 5 月，布朗拉蒸馏厂在停产多年后重新开始生产，其首批蒸馏的威士忌已经熟成超过 3 年。不过，现阶段不太可能进行全面发布。

　　与很多新酒厂都会在 3 年后进行首次装瓶以增加现金流的做法不同的是，布朗拉的所有者（帝亚吉欧）并不急于进行市场推广。作为全球领先的烈酒生产商，他们拥有雄厚的资金实力，等得起。但这并不妨碍威士忌爱好者们猜测"新"布朗拉会是什么味道。

　　布朗拉蒸馏厂最初于 1983 年关闭，但其剩余的库存在 1995 年的稀有麦芽系列和 2002 年的特别发布中被重新装瓶，使其重获新生。这使得威士忌爱好者们激动不已，价格也一路飙升。

　　2017 年 10 月，帝亚吉欧宣布将投资 3 500 万英镑恢复和重建布朗拉和波特艾伦（Port Ellen）蒸馏厂，这一消息让业界感到震惊。原有的蒸馏器（初馏器容量为 14 400 升、再馏器容量为 13 200 升）被送往阿洛厄（Alloa）的阿伯克龙比（Abercrombie）进行翻新，同时按照旧图纸和规格制造了新的传统 6 吨麦芽糖化锅和 6 个新的发酵槽（每个容量为 28 800 升，发酵时间为 120 小时），这些新设备均由俄勒冈松木制成。蒸馏器连接到木制虫桶冷凝器，目前蒸馏厂每周运行 7 天。

　　近期，布朗拉推出了限量装瓶系列，包括一套名为"布朗拉三联画（Brora Triptych）"的 50 毫升装，包含 1972 年、1977 年和 1982 年的年份威士忌。2024 年 7 月，蒸馏厂独家推出了一款 44 年的陈酿威士忌。同时，蒸馏厂也为来访者提供了品尝新制酒和新生产线上 3 年陈酿的布朗拉威士忌的机会。

布诺本尼（Burnobennie）

[burn · o · benni]

所有者：热诚烈酒东部公司
　　　　Ardent Spirits Eastern
地区/区域：高地
成立时间：2020 年
状态：活跃
产能：680,000 升
地址：Burn Ó Bennie Road, Banchory, Aberdeenshire AB31 5NN
电话：01330 202172

2017 年，迈克·贝恩（Mike Bain）在班克拉里（Banchory）开设了一家小型实验性手工蒸馏厂，并将其命名为迪赛德蒸馏厂（Deeside Distillery）。然而，它仅运营了 18 个月就关闭了。

它是迪赛德啤酒厂（Deeside Brewery）的一部分，位于洛顿（Lochton）的莱伊斯（Leys），同样由贝恩所有，但从一开始，它更像是一个试验蒸馏厂，酿造团队可以在这里实践他们的一些想法。迪赛德仅装填了 100 桶，其中 88 桶被出售，以资助新蒸馏厂的建设。

2019 年，迈克·贝恩与利亚姆·彭尼库克（Liam Pennycook）合作，将厂房搬到了 Hill of Banchory 附近的一个商业园内。蒸馏厂于 2020 年开始生产，并于近期进行了扩建。现在它配备了一个 1.6 吨的糖化锅，专门设计用于除啤酒和黑麦汁之外的威士忌蒸馏糖化。此外，还有 13 个不锈钢发酵槽，发酵时间为 168 小时，一个 5 000 升的初馏器和一个 3 600 升的再馏器。前馏时间为一小时，实行慢蒸馏。

该酒厂在寻找新口味方面绝对是走在时代前沿，包括尝试使用酵母、发酵、分馏和酸啤酒糖化。它既生产泥煤和非泥煤单一麦芽威士忌，也生产小批量的黑麦和玉米威士忌。一个突出特点是所有者对酿酒业通常会使用但蒸馏厂不太使用的各种特制麦芽很感兴趣。这些麦芽包括水晶麦芽和巧克力麦芽，以及使用传统的古卓大麦。

2024 年，迈克·贝恩递交了另一个蒸馏厂的规划申请，这次是在阿伯丁的邦–考德（Bon-Accord）饮料厂的旧址上建造。申请中还包括建设一个咖啡馆和一个商店。

卡布拉赫（Cabrach）

[ca · brach]

所有者：卡布拉赫信托基金
　　　　The Cabrach Trust
地区/区域：斯佩塞
成立时间：2024 年
状态：活跃
产能：100 000 升
地址：Inverharroch Farm, Lower Cabrach, Historic Banffshire AB54 4EU
电话：01466 702103

最近，越来越多的蒸馏厂开业，其中一个原因就是要为所在社区发挥重要作用。

拉瑟岛（Raasay）和格伦威维斯（Glen Wyvis）就是完美的例子，如果回顾历史，云顶（Springbank）多年来一直是坎贝尔镇的重要雇主。最新的一个是卡布拉赫蒸馏厂，它在卡布拉赫信托基金的手中，成为了苏格兰东北部这个偏远地区复兴的基石。

该信托基金成立于 2013 年，蒸馏厂注册为社区利益公司。该地区最后一家酿酒厂有着悠久的威士忌酿造历史，已于 170 年前关闭，但在 2024 年夏天再次点燃了蒸馏器。卡布拉赫蒸馏厂（也将对游客开放）将创造 12 个全职工作岗位，所有未来的利润将用于推进信托的复兴愿景。

蒸馏厂配备了 0.5 吨半过滤式糖化锅、6 个木制发酵槽、一个 2 500 升的初馏器和一个 1 800 升的再馏器——两者都连接到虫桶冷凝器。还计划增加第三个 1 250 升直火加热的蒸馏器。将来会使用当地种植的大麦，首批作物已于 2023 年种植。

首款自产威士忌显然不会在未来几年内推出，但以菲林（Feering）为名的一系列采购威士忌已经上市。首版早收（Early Harvest）是一款调和麦芽威士忌，其中包含了 4 家斯佩塞当地蒸馏厂捐赠的酒桶。这款威士忌由传奇人物艾伦·温彻斯特（Alan Winchester）策划，他曾在芝华士集团的所有酿酒厂任职数十年。艾伦·温彻斯特还将担任卡布拉赫蒸馏厂的麦芽大师（Master of Malt）。

凯恩（Cairn）

[cairn]

所有者：戈登与麦克菲尔
　　　　　Gordon & MacPhail
地区 / 区域：斯佩塞
成立时间：2022 年
状态：活跃（vc）
产能：1 000 000 升
地址：Craggan, Grantown-on-Spey PH26 3NT
电话：01479 816543

　　两年前，在美丽的凯恩戈姆（Cairngorms）山边缘新开了一家蒸馏厂。如果沿着 A95 公路前往斯佩塞的中心地带，会在格兰特–斯佩河畔的右侧找到它，就在格兰特–斯佩河畔边上。

　　这是著名的独立装瓶商戈登＆麦克菲尔所拥有的第二家蒸馏厂。第一家是位于福里斯的本诺曼克（Benromach）蒸馏厂，他们在 1998 年收购了这家酒厂并使其重新焕发生机。2023 年，该公司宣布从 2024 年起停止购买独立装瓶的存货，因此，凯恩显然是该公司向酿酒商而非装瓶商迈出的关键一步。

　　凯恩对游客开放，并拥有一个宏伟的品酒室，可以俯瞰斯佩河和凯恩戈姆山，还有一个商店，提供戈登＆麦克菲尔系列的各种装瓶。蒸馏厂配备了一个 5.8 吨的全过滤糖化锅。有 6 个 27 000 升的不锈钢发酵槽，带有冷却卷，进行短时（67 小时）和长时（110 小时）的发酵。品质，还有两个传统的初馏器和 4 个再馏器。2024 年的生产计划是每周 9 次糖化，生产 1 000 000 升纯酒精——这是实际的、当前的产能。未来增加 6 个发酵槽后，产能将提升至 2 000 000 升。

　　该厂的目的是生产一款非泥煤单一麦芽威士忌，与所有者旗下的另一家蒸馏厂本曼诺克相比，风格无疑更加清淡。新酿造的酒果香浓郁，带有甜美的麦芽香味。所有者成功聘请了拥有超过 20 年行业经验的梅里·温特斯（Mhairi Winters），她曾在百富（Balvenie）和奇富（Kininvie）工作过。该酒厂的第一款威士忌预计要到本世纪 30 年代中期才能上市。

克莱赛（Clydeside）

[klajdsajd]

所有者：莫里森格拉斯哥蒸馏公司
　　　　　Morrison Glasgow Distillers
地区 / 区域：低地
成立时间：2017 年
状态：活跃（vc）
产能：620 000 升
地址：100 Stobcross Road, Glasgow G3 8QQ
电话：0141 2121401

　　克莱赛蒸馏厂是格拉斯哥（Glasgow）在现代开设的第二家威士忌酒厂。与首家酒厂（格拉斯哥酒厂）作为生产设施建造，未考虑向公众开放不同，克莱赛采取了相反的做法。

　　这家蒸馏厂坐落在风景如画的克莱德河畔，与河畔博物馆、格拉斯哥科学中心和 SEC 中心等知名景点为邻。所在的区域（女王码头 the Queen's Dock）承载着上个世纪的威士忌历史，船只曾经载着大麦和煤而来，装载着威士忌酒桶而去。该码头原名斯托克罗斯码头（Stobcross Dock），由维多利亚女王于 1877 年启用，由于内河交通量下降，于 1969 年关闭。

　　克莱赛蒸馏厂的创始人蒂姆·莫里森（Tim Morrison）是苏格兰一个著名威士忌家族的第四代传人。目前，蒂姆的儿子安德鲁担任克莱赛蒸馏厂的总经理。

　　蒸馏厂的设备包括一个 1.5 吨的半过滤式不锈钢糖化锅、8 个不锈钢发酵槽，发酵时间为 72 小时，一个 7 500 升的初馏器和一个 5 000 升的再馏器。前馏时间为 15 分钟，采用慢蒸馏，酒心切取区间为 76%～71%。2024 年的生产计划是每周进行 20 次糖化，年生产 550 000 升纯酒精。直到 2021 年秋天，克莱赛单一麦芽威士忌才首次发布。这款威士忌以 Stobcross 命名，Stobcross 曾是一个标记通往邓巴顿岩的十字架，后来为女王码头的建设而被拆除。最新装瓶的 Stobcross 已熟成超过 5 年，同时还发布了桶强版本。2024 年 6 月，该系列最新推出了在欧罗索雪莉桶中熟成了 6 年陈酿的 Napier

达夫特米尔（Daftmill）

[daf · mil]

所有者：弗朗西斯·卡斯伯特
　　　　　Francis Cuthbert
地区 / 区域：低地
成立时间：2005 年
状态：活跃
产能：约 65 000 升
地址：By Cupar, Fife KY15 5RF
电话：01337 830303

　　这家威士忌酒厂的运作方式更像 19 世纪农场蒸馏厂的经典模式，在那时酿造威士忌酒只是整个农场运营的一部分。

　　弗朗西斯（Francis）和伊恩（Ian）两兄弟不仅投身于威士忌生产，还亲自耕种大麦和饲养牛群。他们位于法夫（Fife）的蒸馏厂隐秘难寻（我曾三次前往，每次都走错了路）。此外，达夫特米尔并没有设置游客中心。2008 年，弗朗西斯萌生了制作威士忌的想法，现在他负责监管生产，但他同时也是一位农民，因此威士忌的生产仅在每年的 6～7 月和 11 月至次年 2 月进行。

　　达夫特米尔蒸馏厂自 2005 年首次蒸馏以来，所种植的大麦不仅用于自家蒸馏，还供应给其他蒸馏厂。蒸馏厂的设备包括一个带有铜制圆顶的 1 吨半过滤式糖化锅、两个发酵时间为 96～120 小时的不锈钢发酵槽，以及一对蒸馏器。这些蒸馏器采用慢蒸馏工艺，旨在通过大量的铜接触和回流来塑造威士忌的风格。初馏器的容量为 3 000 升，再馏器为 2 000 升，目标是酿造出一款轻盈风格的低地威士忌。为了达到这一目的，他们的前馏时间非常短（仅 7 分钟），酒心切取从 78% 开始，以捕获所有果香酯类，在 73% 时结束。由于需要照料农场，弗朗西斯无法全职生产威士忌，2024 年的生产计划是每周进行 2～3 次糖化，年生产 20 000 升纯酒精。

　　达夫特米尔的首款威士忌（12 年陈酿）于 2018 年由贝瑞兄弟（Berry Brothers）推出，自那以后，包括多个夏季和冬季版本以及各种单桶威士忌在内的产品都已经问世，其中包括一款熟成了 15 年的威士忌。

达姆纳克（Dalmunach）

[dal · moo · nack]

所有者：芝华士兄弟
　　　　　Chivas Brothers
地区 / 区域：斯佩塞
成立时间：2015 年
状态：活跃
产能：10 000 000 升
地址：Carron, Banffshire AB38 7QP
电话：-

　　苏格兰最大的新蒸馏厂之一，也是最美丽的蒸馏厂之一，建在了前帝国蒸馏厂（Imperial Distillery）的旧址上。

　　帝国蒸馏厂成立于 1897 年，那一年是维多利亚女王的钻石禧年，屋顶上甚至有一个大型铸铁皇冠以纪念这一时刻。帝国的创始人是托马斯·麦肯齐（Thomas Mackenzie），他当时已经拥有大云（Dailuaine）和泰斯卡（Talisker）。不过，时机并不凑巧。开业一年后，帕特森危机使威士忌行业陷入困境，蒸馏厂被迫关闭。最终它落入了 DCL 手中，DCL 从 1916 年开始拥有酒厂，直到 2005 年芝华士兄弟接管酒厂。在 1998 年之前，它有 60% 的时间处于停产状态。所有者可能从未打算将其重新用于蒸馏，因为它在 2005 年被出售，用于开发住宅。不久后，酒厂退出市场，并于 2012 年拆除旧酒厂，建造新酒厂。旧酒厂的拆除工作于 2013 年开始，到当年年底，除了旧仓库外，一切都已不复存在。

　　令人惊叹的是达姆纳克蒸馏厂配备了一个 13 吨的 Briggs 全过滤糖化锅和 16 个装有 56 000 升的不锈钢发酵槽，发酵时间为 56～62 小时。有 4 对相当大的蒸馏器——初馏器容量 28 000 升和再馏器容量 18 000 升。达姆纳克蒸馏厂成立时是芝华士兄弟公司旗下最节能的麦芽蒸馏厂，但仅仅 10 年后，该厂又迈出了新的一步，实现了碳中和。与格兰道奇（Glentauchers）和欧特班（Allt-a-Bhainne）一样，2024 年达姆纳克在蒸馏器上应用了机械蒸汽再压缩技术（MVR）以节省能源。2019 年秋季，达姆纳克单一麦芽的首次官方发布——一个 4 年陈酿的桶强装瓶，随后又发布了更多产品。

多诺赫（Dornoch）

[dor · nock]

所有者：汤普森兄弟蒸馏商
　　　　　Thompson Bros Distillers
地区/区域：北高地
成立时间：2016 年
状态：活跃
产能：12 000 升
地址：Castle Street, Dornoch, Sutherland, IV25 3 SD
电话：01862 810 216

甘尔维瑞森、汤普森兄弟是最早致力于打造苏"苔泥易饮"威士忌"的先驱者之一。

他们认为，威士忌的风味应该主要取决于原料和生产过程，而非酒桶和熟化过程。2016 年，他们在多诺赫（Dornoch）的家族酒店旁一个旧消防站内，建立了一家小型蒸馏厂。自那以后，他们以小批量生产威士忌、金酒和其他烈酒，同时两兄弟也作为独立装瓶商活跃于市场。

随着业务的扩展，2024 年 2 月，他们提交了一个规模更大的蒸馏厂（产能超过 200 000 升）的规划申请，并获得了批准。这个价值 700 万英镑的新蒸馏厂将建在布莱利思工业区（Blailiath Industrial Estate）的肖尔路（Shore Road）上，计划酿造 12 种不同酒精、用户调整、并设有游客中心。新蒸馏厂的筹资活动已于 2024 年春季启动，预计将在 2025 年底或 2026 年初开始运营。

目前，蒸馏厂使用的设备包括一个 300 千克的不锈钢半过滤式糖化锅、6 个橡木制成的发酵槽（至少发酵 7 天）、一个 1 000 升的初馏器和一个 600 升的再馏器。蒸馏器采用燃气直接加热，并配备蒸汽盘管。此外，还有一个 2 000 升的蒸馏器，配备了用于生产金酒和其他烈酒的柱子。他们的首款单一麦芽威士忌于 2020 年 11 月发布，此后陆续推出了更多产品。

多诺赫酒店曾一度挂牌出售，但现已停止出售，将继续由汤普森家族经营。

邓菲尔（Dunphail）

[done · fail]

所有者：邓菲尔蒸馏有限公司
　　　　　Dunphail Distillery Ltd.
地区/区域：高地
成立时间：2023 年
状态：活跃（vc）
产能：200 000 升
地址：Wester Greens, Dunphail, Forres IV36 2QR
电话：01309 611309

瑾罗珀（Bimber）蒸馏厂的创始人在 2015 年于伦敦西部开设了他们的第一家蒸馏厂，并一直怀有在苏格兰建立第二家蒸馏厂的愿景。

他们希望在苏格兰的蒸馏厂中延续宾铂（Bimber）的核心理念，即采用地板发麦和长时间发酵。经过精心选址，他们选择了邓菲尔，靠近福里斯（Forres），这里不仅邻近阿尔特尔庄园提供的 Sassy 谷物，而且厂区内的井眼还能提供富含矿物质的水源。与伦敦生产基地的重要区别在于，这里的所有发麦工作都在公司内部完成。第一次蒸馏于 2023 年 10 月进行，到 2024 年春天，他们已经装满了 350 个酒桶。

邓菲尔蒸馏厂的设备先进，包括一个 1 吨的半过滤式麦芽糖化锅和 12 个由道格拉斯冷杉制成的开放式发酵槽，每个发酵槽容量为 5 000 升，发酵周期通常为 6 天。蒸馏厂还拥有两台 2 250 升的初馏器和一台 2 250 升的再馏器。从一开始，酒厂就计划让初馏器使用直火加热，但直到 2024 年春天才得以实现。此外，蒸馏厂还设有一个 5 吨的地板发麦设施，成为苏格兰第二个（继云顶 Springbank 之后）在现场对所有大麦进行发麦的蒸馏厂。

邓菲尔蒸馏厂生产无泥煤和泥煤威士忌，比例为 60∶40，他们正在为这两种风格的威士忌寻找一种果香浓郁的新酿造工艺。2024 年 2 月，他们开始使用阿伯丁郡的泥煤酿造泥煤威士忌。在酒桶方面，邓菲尔倾向于使用再填桶而非初填桶。最初，邓菲尔计划年生产 100 000 升纯酒精，最大产能可达 200 000 升。总而言之，邓菲尔是新酒厂的最佳代表之一，它采用历史悠久的工艺，尽可能地实现和保留生产过程（发麦、发酵和蒸馏）的特色，而不是依赖于橡木桶的影响。

伊顿磨坊（Eden Mill）

[eden mill]

所有者：因弗利思有限公司
　　　　Inverleith LLP
地区 / 区域：低地地区
成立时间：2012 年
状态：活跃（vc）
产能：100 000 升
地址：96 Market St, St Andrews, Fife, KY16 0UU
电话：01334 834038

2012 年，伊顿磨坊在苏格兰圣安德鲁斯西侧的警卫桥（Guardbridge）成立，最初只是一个啤酒厂。到了 2014 年，他们扩展业务，增加了一个蒸馏厂。

这个蒸馏厂配备了三台由葡萄牙 Hoga 制造的 1 000 升阿尔姆贝克蒸馏器，同年，他们蒸馏出了第一批金酒和新酒，并开始陈酿第一批威士忌。这个蒸馏厂建在伊顿河旁一个旧造纸厂的遗址上，这标志着 150 多年来蒸馏工艺首次重返圣安德鲁斯。值得一提的是，海格家族曾在 1810—1860 年在同一地点经营塞吉蒸馏厂（Seggie Distillery）。

2018 年，伊顿磨坊推出了他们的首款单一麦芽威士忌，这款威士忌在法国新橡木桶、美国新橡木桶和佩德罗·希梅内斯（Pedro Ximenez）酒桶中陈酿。此后，品牌继续发展，推出了调和苏格兰威士忌、两款标志性的单一麦芽威士忌，以及每年限量发行的圣安德鲁斯的艺术（Art of St Andrews）系列。这个系列与当地艺术家合作，设计独特的标签和包装，设计灵感来源于高尔夫的发源地。

为了扩大生产规模并满足国际市场的需求，伊顿磨坊在 2018 年暂停了威士忌生产，开始建设一个新的蒸馏厂。2022 年，私募股权公司因弗利思有限公司购入了公司的大部分股份，带来了丰富的行业经验，并加快了新蒸馏厂的建设。2022 年 3 月，他们获得了在伊顿河口建设新蒸馏厂的当地议会规划许可。

新蒸馏厂的设备包括 6 个 15 000 升的发酵槽、一个 15 000 升的初馏器和一个 11 500 升的再馏器。金酒蒸馏器将由圣安德鲁斯大学的太阳能发电厂和其他可再生能源提供动力。新蒸馏厂计划将在 2024 年底完工，而游客中心计划在 2025 年春季开放，以迎接圣安德鲁斯的高尔夫旺季。

福尔柯克（Falkirk）

[fall · kirk]

所有者：斯图尔特家族
　　　　Stewart family
地区 / 区域：低地
成立时间：2020 年
状态：活跃（vc）
产能：1 200 000 升
地址：Grandsable Rd, Polmont, Falkirk FK2 0WA
电话：01324 281086

在爱丁堡西部的福尔柯克镇，仅 10 分钟车程内坐落着两家威士忌蒸馏厂：一个是经典且最近重新焕发活力的罗斯班克（Rosebank），另一个是新建立的福尔柯克蒸馏厂。

福尔柯克蒸馏厂的建立得益于菲奥娜·斯图尔特（Fiona Stewart）和她的父亲乔治的不懈努力和坚持。他们在 2010 年就获得了规划许可，但由于在蒸馏厂附近发现了 2 世纪建造的罗马安东尼长城遗址（Roman Antonine Wall），计划被迫中断。斯图尔特家族并未因此气馁，他们调整了计划，并于 2020 年 9 月进行了首次蒸馏。

这家蒸馏厂配备了一个 4 吨的来自前卡普多尼克（ex-Caperdonich）的传统麦芽糖化锅，内装有不锈钢耙和铜制顶部，能够产出清澈的麦汁。还有 6 个容量各为 20 000 升的不锈钢发酵槽，发酵时间为 72 小时，以及一个 10 000 升的初馏器和一个 7 100 升的再馏器，这两个蒸馏器同样来自卡普多尼克（Caperdonich）。前馏时间为 10 分钟，酒心的切取从 76% ~ 65%。他们的计划是生产一款轻盈、传统的低地麦芽威士忌。目前，蒸馏厂每周进行两次糖化，未来计划扩大生产规模。

蒸馏厂内有两个堆垛式仓库，其中一个是双层结构。大部分产品都装入了爱汶山的旧波本桶，仓库中也有旧雪莉桶。2024 年 1 月，首批约 600 瓶威士忌进行了拍卖，预计在秋季进行大规模发布。蒸馏厂已经为游客中心做好了准备，借助福尔柯克镇现有的三个旅游景点：卡伦德庄园（Callendar House）、福尔柯克轮（Falkirk Wheel）和凯尔派雕塑（The Kelpies），所有者希望每年能吸引超过 80 000 名游客。

格拉斯哥（Glasgow）

[glas · go]

所有者：利亚姆·休斯，伊恩·麦克道格尔
　　　　　Liam Hughes, Ian McDougall
地区 / 区域：低地
成立时间：2015 年
状态：活跃
产能：365 000 升
地址：Deanside Rd, Hillington, Glasgow G52 4XB
电话：0141 4047191

格拉斯哥蒸馏厂，坐落于金林顿商业园（Hillington Business Park），是格拉斯哥市 100 多年来首个新建的麦芽威士忌蒸馏厂。

该蒸馏厂自 2015 年 2 月投产以来，首个蒸馏的产品为非泥煤威士忌。此后，泥煤烈酒（50ppm）也纳入了生产范围，自 2017 年起，每年还有一个月专门进行三次蒸馏的工艺。蒸馏厂的设备包括一个 1 吨的糖化锅、8 个不锈钢发酵槽（至少发酵 72 小时）、两个 2 500 升的初馏器、两个 1 400 升的再馏器，以及一个 450 升的金酒蒸馏器，所有设备均采购自德国的 Firma Carl 公司。

首个装瓶产品为 Makar 金酒，该品牌如今已推出了多个版本。起初，厂方还以普罗米修斯（Prometheus）的品牌各装瓶了一些陈年的单一麦芽威士忌。2018 年 6 月，他们推出了首个自家生产的单一麦芽威士忌，这款名为 1 770 格拉斯哥单一麦芽（1 770 Glasgow Single Malt）的威士忌，先在旧波本酒桶中陈酿，后在处女橡木桶中收尾，以纪念格拉斯哥曾一度成立于 1 770 年的蒸馏厂。

此后，厂方推出了三个标志性的威士忌系列：原始（The Original）、泥煤（Peated）和三重蒸馏（Triple Distilled）。这些产品以小批量发布，每批使用的木桶类型略有不同。自 2023 年秋季起，原始和泥煤威士忌也提供桶强版本。2020 年，麦芽暴动调和麦芽威士忌（Malt Riot Blended Malt）问世，其主要成分为厂方自产的麦芽。2021 年，首个蒸馏厂独家产品制桶师桶装系列（The Cooper's Cask Release）发布。2022 年，推出了新的小桶系列（Small Batch Series），该系列展示了厂方在不同桶中过桶或完全熟成的威士忌装瓶方面的专长。截至 2024 年 2 月，最新的产品包括龙舌兰桶（Tequila Cask）和苹果白兰地桶（Calvados Cask）收尾的产品，以及一款完全在曼萨尼亚桶（Manzanilla Cask）中熟成的威士忌。

格伦威维斯（GlenWyvis）

[glen · wivis]

所有者：格伦威维斯蒸馏有限公司
　　　　　GlenWyvis Distillery Ltd.
地区 / 区域：高地
成立时间：2017 年
状态：活跃（vc）
产能：140 000 升
地址：Upper Docharty, Dingwall IV15 9UF
电话：01349 862005

位于因弗内斯西北部的丁沃尔（Dingwall），曾在 1926 年关闭了当地的最后一家威士忌蒸馏厂。经过 90 年的等待，苏格兰首家完全由社区拥有的蒸馏厂——格伦威维斯蒸馏厂，在 2017 年成立。

这个创新项目由当地土地所有者约翰·麦肯齐（John McKenzie）提出，到了 2016 年夏天，通过社区股份发行成功筹集了超过 250 万英镑，吸引了超过 3 000 名投资者。2017 年 1 月，蒸馏厂的建设工作正式启动。

仅仅两年之后，约翰·麦肯齐与蒸馏厂的其他所有者产生了争议。麦肯齐随后声称，项目已经被"篡夺"，并且蒸馏厂的方向正在偏离其最初的理念。对此，一些现有所有者对麦肯齐的这一指控表示质疑，目前各方正陷入一场法律争端。争端的部分内容涉及蒸馏厂的能源费用，另一部分则涉及是否允许游客访问蒸馏厂，麦肯齐认为这影响了他对自己财产的正常使用。

尽管如此，蒸馏厂的生产仍在继续。该厂配备了 0.5 吨的半过滤式糖化锅、6 个容量各为 4 400 升的不锈钢发酵槽（发酵时间为 96~144 小时），以及一个 2 500 升的初馏器和一个 1 700 升的再馏器。2019 年 10 月，蒸馏厂的木屑储存区发生火灾，虽然火势被控制，但直到 2020 年 3 月蒸馏厂才恢复生产。

格伦威维斯蒸馏厂生产的新酒风格独特，结合了果味和清新的草本香气，是一款无泥煤的烈酒，主要陈酿在美国橡木桶中，并在 2019 年上市销售。2020 年，首次限量版威士忌发布，而首次公开发布则是在 2021 年 12 月。最新发布的一款威士忌（2023 年）是在旧波本酒桶、红酒桶、麝香葡萄酒桶和马沙拉酒桶的组合中熟成。

哈里斯（Harris）

[har·ris]

所有者：哈里斯岛蒸馏酒业有限公司
　　　　Isle of Harris Distillers Ltd.
地区/区域：高地（哈里斯岛）
成立时间：2015 年
状态：活跃（vc）
产能：399 000 升
地址：Tarbert, Isle of Harris, Na h-Eileanan an Iar HS3 3DJ
电话：01859 502212

　　人们可能会好奇，为什么会有人选择在离岸的岛屿上建造威士忌蒸馏厂，更不用说在苏格兰外赫布里底群岛了。将原材料运入和将威士忌运往大陆都是挑战。

　　然而，安德森·贝克韦尔（Anderson Bakewell）和西蒙·埃兰格（Simon Erlanger，格兰杰 Glenmorangie 前市场总监）在哈里斯岛上就是这么做的。近 10 年后，他们可以完全享受自己的想法和工作成果。第一批威士忌于 2015 年 12 月蒸馏，在成功销售金酒多年后，他们于 2023 年 9 月推出了第一款单一麦芽威士忌——海瑞奇（The Hearach）。一年后，第二批产品问世，这次完全在初填的欧罗索雪莉桶中陈酿。更多批次将陆续推出，每个批次都有自己的特点，并且进行至少 12 周的混合陈酿。

　　这个位于塔伯特的蒸馏厂是在外赫布里底群岛成立的第二家蒸馏厂，仅次于路易斯岛上的红河（Abhainn Dearg）蒸馏厂。该厂的设备配置包括一个 1.2 吨的半过滤式糖化锅，该糖化锅以不锈钢为材质并覆以美国橡木，8 个由俄勒冈松木制成的发酵槽，这些发酵槽的发酵周期为 72 ~ 96 小时。此外，厂内还装备了一台 7 000 升的初馏器和一台 5 000 升的再馏器，两者均配备下降式林恩臂，且均为意大利制造。蒸馏厂 2024 年目标是完成 10 次糖化过程，年生产 200 000 升或更多的纯酒精。2022 年，他们在阿德哈赛格的原仓库旁新建了两个仓库。该蒸馏厂生产的威士忌风格为中等泥煤，其大麦中的酚类含量规格为 12 ~ 14ppm，也有少数使用当地泥煤制作的高泥煤批次（30ppm）。在新冠疫情暴发前，蒸馏厂每年接待的游客数量高达 10 万人次。虽然疫情后游客数量有所下降，但到了 2022 年，游客人数已经回升至 69 000 人次。

荷里路德（Holyrood）

[holly·rude]

所有者：荷里路德蒸馏有限公司
　　　　The Holyrood Distillery Ltd.
地区/区域：低地
成立时间：2019 年
状态：活跃（vc）
产能：250 000 升
地址：19 St Leonard's Lane, Edinburgh EH8 9SH
电话：0131 2858977

　　威士忌爱好者们一直在期待现代第一个在爱丁堡开业的威士忌蒸馏厂，以及第一个在爱丁堡蒸馏的单一麦芽威士忌的推出。

　　这一荣誉恰巧由两家生产商共享。荷里路德蒸馏厂成立于 2019 年，是第一个正规的蒸馏厂，但第一个单一麦芽威士忌实际上是在 2022 年初推出的。链码头单一麦芽威士忌是在 2019 年的前几个月，在后来成为利斯邦宁顿蒸馏厂（Bonnington Distillery）的试验蒸馏厂中蒸馏出来的（仅装满了 39 个桶）。

　　2023 年 10 月，荷里路德在一次慈善拍卖会上发布了他们的第一款单一麦芽威士忌，第二天就开始全面销售。这款名为抵达（Arrival）的威士忌在欧罗索、PX 雪莉、波本和朗姆酒桶的组合中混合陈酿。蒸馏厂位于爱丁堡市中心，还设有一个游客中心，2024 年 1 月，他们从葡萄酒和烈酒资产融资专家 Ferovinum 获得了 200 万英镑的资金，用于扩建蒸馏厂。

　　目前，蒸馏厂配备了一个一吨的半过滤式糖化锅和 6 个 5 000 升的不锈钢发酵槽。发酵时间通常在 48 ~ 120 小时，但也进行了超过 300 小时发酵的实验。有一个 5 000 升的初馏器和一个 3 750 升的再馏器——两者都非常高，配备了下降的林恩臂和沸腾球。再馏器上连接了一个水冷净化器。新酒被装入各种桶中，包括旧波本、雪莉、朗姆酒和处女桶。蒸馏厂使用各种不同类型的酵母以及基于传统大麦麦芽的不同麦芽配方，既包括欧芹（Chevalier）和黄金诺言（Golden Promise）等传统品种，也包括水晶麦芽和巧克力麦芽等特殊品种。

英斯代尼（InchDairnie）

[inch · dairnie]

所有者：英斯代尼蒸馏有限公司
　　　　　InchDairnie Distillery Ltd
地区 / 区域：低地
成立时间：2015 年
状态：活跃
产能：4 000 000 升
地址：Whitecraigs Rd, Glenrothes, Fife KY6 2RX
电话：01595 510010

苏格兰新蒸馏厂中的佼佼者——英斯代尼蒸馏厂，在 2024 年春季迎来了管理层的变更。

该厂的创始人之一伊恩·帕尔默（Ian Palmer）辞去了总经理的职位，转而担任董事会主席。帕尔默自 1978 年进入烈酒行业，曾在多家知名公司担任高级职位，包括因弗戈登蒸馏厂、怀特马凯和马提尼克公司。接替他总经理职位的是斯科特·斯内登（Scott Sneddon），他自英斯代尼成立以来一直服务于该厂。

英斯代尼蒸馏厂隶属于丹麦烈酒公司麦克达夫国际（MacDuff International），近期通过增加发酵槽和蒸馏器扩大了产能，达到了 4 000 000 升。该厂采用现代化设备，如锤式磨粉机和 Meurac 麦芽过滤器，替代了传统的糖化锅。厂内共有 7 个发酵槽，每个发酵时间为 50 小时，以及两组传统壶式蒸馏器，这些蒸馏器配备了双冷凝器和后置冷却器，以提高铜与酒精的比例。此外，还有一台洛蒙德蒸馏器，配备了 6 个加热盘，用于进行三重蒸馏和实验性蒸馏。

英斯代尼蒸馏厂生产至少 5 种威士忌。首先是英斯代尼单一麦芽威士忌，它将与 RyeLaw（由 53% 麦芽黑麦和 47% 麦芽大麦制成）和 KinGlassie（泥煤风味）一起构成核心产品线。此外，还有 Strathenry，占蒸馏厂总产量的 80%，主要用于制作调和威士忌。最后是 The PrinLaws Collection 系列，这是一个包含不同酵母、谷物和橡木桶类型的烈酒系列。除了这些，厂方还尝试制作单壶蒸馏和酸麦芽威士忌。2023 年 5 月，RyeLaw 作为第一个核心产品发布，标志着英斯代尼蒸馏厂的一个重要里程碑。

拉塞岛（Isle of Raasay）

[ajl ov rassay]

所有者：R&B 蒸馏公司
　　　　　R&B Distillers
地区 / 区域：高地（拉塞岛）
成立时间：2017 年
状态：活跃（vc）
产能：220 000 升
地址：Borodale House, Raasay, By Kyle IV40 8PB
电话：01478 470177

拉塞岛蒸馏厂是一个在偏远地区建立威士忌蒸馏厂的典范，它位于斯凯岛（Skye）东边的一个岛屿上，为当地居民提供了就业机会。

一座历史悠久的维多利亚式建筑被改造成了蒸馏厂和拥有 6 间客房的酒店，访客中心最近也升级了，新增了品尝室和酒吧。在拉塞岛上醒来，可以欣赏到斯凯岛上的库林山脉的壮丽景色，这是在拉塞岛上过夜的绝佳体验。蒸馏厂配备了 1 吨的麦芽糖化锅和 6 个 5 000 升的不锈钢发酵槽，这些发酵槽配备了冷却夹套，目前有 4 个短期发酵（67 小时）和 6 个长期发酵（118 小时），计划 2024 年生产 210 000 升纯酒精。5 000 升的初馏器在林恩臂周围装有冷却套，此外还有一个 3 600 升的再馏器，附带铜柱，可用于特殊蒸馏。生产的威士忌是泥煤（48～52 ppm）和非泥煤烈酒的 50/50 调和。部分大麦在拉塞岛上种植，而 2024 年的生产还将包括来自奥克尼和坎贝尔镇的大麦。所有的拉塞岛单一麦芽威士忌都在岛上蒸馏、熟成和装瓶。

首款标志性麦芽威士忌（R01）在 2021 年发布，它在处女赤松橡木桶、波尔多红酒桶和首次使用的黑麦桶中陈酿。2024 年的新发布包括标志性单一麦芽威士忌——邓·卡纳（Dun Cana）在旧黑麦桶中陈酿，最后在欧罗索和 PX 四分之一桶中熟成；橡木桶系列的首次装瓶，完全在安第斯 / 哥伦比亚橡木中熟成；以及 Na Sia 的首款年份声明表达。Na Sia 5 年陈酿是单桶装瓶桶强，包括在旧黑麦桶、赤松橡木桶和旧波尔多红酒桶中陈酿的非泥煤烈酒，以及在相同类型的桶中陈酿的泥煤烈酒。Na Sia 将每两年发布一次，到 2030 年，届时它将熟成 11 年。

杰克顿（Jackton）

[jack · ton]

所有者：拉尔苏格兰威士忌有限公司 Raer Scotch Whisky Ltd.
地区/区域：低地
成立时间：2020 年
状态：活跃
产能：300 000 升
地址：Hayhill Road, Jackton G74 5AN
电话：01355 202 590

南拉纳克郡的杰克顿蒸馏厂在最初的几年里，如果不是说简陋，那至少也是保持了非常低调的姿态。

基恩家族将东基尔布莱德（East Kilbride）附近的 O'Cathain 农场转型为蒸馏厂，并于 2020 年 2 月进行了首次蒸馏。他们在现场开设了一家小商店，销售自家的金酒和采购的威士忌，品牌名为 Raer，但最初并未提供参观服务。

从 2024 年夏天开始，杰克顿蒸馏厂的面貌焕然一新。现在，游客不仅可以参观蒸馏厂，还可以选择住在厂方提供的 12 间配备小厨房的双人房中，并享受温馨的品酒吧。

蒸馏厂的设备包括一个 1 吨的不锈钢半过滤式麦芽糖化锅和 6 个 7 000 升的不锈钢发酵槽，未来还会增加 6 个。发酵时间设定为 90 小时。厂内还有两台来自 Kothe 的蒸馏器——一个 5 000 升的初馏器和一个 2 000 升的再馏器。去年的重要进展是安装了麦芽加工设备，包括独立的浸渍罐和两个大型的 5 吨发芽及烘干桶。这个系统不仅满足蒸馏厂自身的需求，还能为其他生产商提供大麦麦芽。目前，蒸馏厂每周进行 4～5 次糖化。现场有三个仓库，包括堆垛和架式仓库，所有者使用多种桶进行陈酿，包括波本、雪莉、朗姆、波特和不同的葡萄酒桶。

在自家威士忌成熟之前，Raer 品牌目前提供的是三款调和苏格兰威士忌。

金岸逐梦（Kingsbarns）

[kings · barns]

所有者：韦姆斯家族（Wemyss family）
地区/区域：低地
成立时间：2014 年
状态：活跃（vc）
产能：600 000 升
地址：East Newhall Farm, Kingsbarns, St Andrews KY16 8QE
电话：01333 451300

金岸逐梦蒸馏厂位于法夫东纽克地区（East Neuk of Fife），靠近著名的圣安德鲁斯，由韦姆斯家族建立并于 2014 年 11 月开业。

这个项目的初衷是将一个 18 世纪末的废弃农场建筑修复并改造成一个现代化的蒸馏厂。2011 年 3 月获得了规划许可，随后在 2012 年，韦姆斯家族投资了 300 万英镑，成为该项目的新主人。韦姆斯家族烈酒公司不仅拥有这个蒸馏厂，还以其独立装瓶的威士忌品牌威姆斯麦芽和在金岸逐梦蒸馏厂生产的苏格兰金酒达恩利金酒而闻名。

蒸馏厂的设备包括一个 1.5 吨的不锈钢糖化锅和 4 个 7 500 升的不锈钢发酵槽，发酵时间控制在 72～120 小时。此外，还安装了一个热回收系统，用于在蒸馏前预热麦芽汁。到了 2024 年 4 月，又增加了一个比其他发酵槽大一倍的第五个发酵槽。蒸馏厂还拥有一个 7 500 升的初馏器和一个 4 500 升的再馏器，慢蒸馏和早期酒心切取对于获得果香味特性至关重要。目前，法夫地区的厂外正在建设仓库。主要使用首次填充的波本酒桶和 STR 桶（经过刮削、烘烤和重新炭烤的葡萄酒桶）进行陈化，蒸馏厂还在不断尝试不同类型的桶。2015 年 3 月首次装桶，目前的年产量为 300 000 升纯酒精。

金岸逐梦蒸馏厂的首款威士忌于 2018 年推出，而第一款广泛发售的产品 Dream to Dram 则在 2019 年亮相。2023 年，这款威士忌被 Doocot 取代，其陈酿时间是前一款的两倍。在此之前，他们还推出了一款经过欧罗索雪莉桶陈酿的单一麦芽威士忌 Balcomie。2024 年 7 月，核心系列的第三款产品"煤城"（Coaltown）加入，这款以 46% 酒精度装瓶的威士忌完全在旧泥煤桶中成熟。

拉格（Lagg）

[laag]

所有者：艾伦岛蒸馏酒业有限公司
Isle of Arran Distillers Ltd.
地区/区域：低地（南阿伦岛）
成立时间：2019 年
状态：活跃（vc）
产能：750 000 升
地址：Kilmory, Isle of Arran KA27 8PG
电话：01770 870565

艾伦蒸馏厂（Arran Distillers）于 1995 年在岛北部的洛赫朗扎（Lochranza）成立时，标志着苏格兰新蒸馏厂成立浪潮的起点。

尽管在近 10 年后才迎来了下一家蒸馏厂的诞生，但艾伦蒸馏厂的这一大胆举措为其他企业铺平了道路。25 年后，艾伦蒸馏厂决定在岛上南部再开设一家蒸馏厂，这个地区曾有一个同名的拉格蒸馏厂，它在 181 年前关闭了。

拉格蒸馏厂的位置优越，配备了一流的现代游客中心，已经吸引了众多来自大陆的游客。在马路对面，种植了 3 000 棵苹果树，未来计划用于生产苹果白兰地。厂主计划将所有泥煤风味的生产从洛赫朗扎工厂转移到拉格，使用的大麦酚值不同，但以 50ppm 为核心。目前，6% 的大麦在艾雷岛上种植，其余的则来自苏格兰大陆。

蒸馏厂配备了一个 4 吨半过滤式糖化锅，顶部为铜制，中俄勒冈松木发酵槽，每个容量为 25 000 升，发酵时间为 54 或 72 小时，一个初馏器（10 000 升）和一个再馏器（7 000 升）。未来还有空间增加 4 个发酵槽和一对蒸馏器。浑浊的麦汁、略微下降的林恩臂和快速蒸馏赋予了新酒青草/草本的风味，2024 年的计划是每周进行 8 次糖化，产出 500 000 升纯酒精。

2022 年，拉格蒸馏厂的首批限量单一麦芽威士忌面市。2023 年，首批核心装瓶产品——Kilmory（46%，波本酒桶陈酿）和 Corriecravie（55%，波本酒桶陈酿并在雪莉桶中收尾）。2024 年 6 月，为了庆祝拉格被评为苏格兰年度蒸馏厂，推出了一款限量的蒸馏厂独家产品。

勒威克（Lerwick）

[le·rick]

所有者：勒威克蒸馏有限公司
Lerwick Distillery Ltd.
地区/区域：高地（设得兰）
成立时间：2024 年
状态：活跃
产能：250 000 升
地址：32 Market St, Lerwick ZE1 0JP
电话：01806 249226

至少 20 年来，人们对设得兰（Shetland）第一家威士忌酒厂的期待一直很高。但千禧年初的布莱克伍德（Blackwood）项目失败，投资者血本无归。

公司解散前的计划是在恩斯特岛上的萨克萨沃德（Saxa Vord）前皇家空军基地建造酿酒厂。但 2022 年 11 月，在勒威克市中心建立威士忌酒厂的规划申请获得批准。蒸馏厂由两位土生土长的设得兰人马丁·瓦特（Martin Watt）和卡伦·米勒（Calum Miller）管理，卡琳·麦金太尔（Caroline MacIntyre）也加入了他们的行列并负责销售。他们还请来了曾在苏格兰多家酿酒厂工作过、拥有丰富经验的伊恩·米勒（Ian Millar）担任酿酒大师。

勒威克蒸馏厂的设备包括一个 0.55~0.75 吨的半过滤式糖化锅和 6 个各容纳 4 000 升的不锈钢发酵槽，发酵时间超过 70 小时，以及两台 4 000 升的壶式蒸馏器，大部分设备都是在中国制造的。

熟化将使用美国和欧洲橡木桶，他们的长期计划是在岛上种植大麦并进行发麦。威士忌在距离酿酒厂约 1 公里的斯卡洛韦（Scalloway）进行熟化，但所有者并不急于推出他们的第一款产品。他们计划至少等待 8 年。

随着首次蒸馏的进行，勒威克蒸馏厂成为了苏格兰最北端的威士忌蒸馏厂，并计划未来对游客开放参观。

林多修道院（Lindores Abbey）

[linn · doors aebi]

所有者：林多威士忌有限公司（The Lindores Distilling Co.）
地区/区域：低地
成立时间：2017 年
状态：活跃（vc）
产能：225 000 升
地址：Lindores Abbey House, Abbey Road, Newburgh, Fife KY14 6HH
电话：01337 842547

在林多修道院旧址上建立酿酒厂是所有者德鲁和海伦·麦肯齐（Drew and Helen McKenzie）的绝妙创意。

1494 年，苏格兰国王詹姆斯四世在致修道士约翰·科尔（Friar John Cor）的信中指示他用 VIII bolls 麦芽酿造"生命之水"。林多修道院是苏格兰威士忌发源地的考古和历史证据绝非无稽之谈，但如果对该遗址进一步挖掘可能会揭示更多证据。

无论如何，这里的地理位置极为壮观，所有生产设备都位于同一平面，您可以将周围的壮观景色尽收眼底。从二楼往下看，可以看到古老修道院的遗迹，再往远处看，可以看到邓迪。

酿酒设备包括一个 2 吨的半过滤麦芽糖化锅，配有铜盖，4 个道格拉斯冷杉木发酵槽，每周进行 5 次 90 小时的发酵，一个 10 000 升的初馏器和两个 3 500 升的再馏器。前馏持续时间为 15～20 分钟，酒心切取从 75% 开始，逐渐降至 67%，显然是为了在开始时捕捉到果味酯类，避免在最后出现刺鼻的同源物。2024 年的生产计划是酿造 190 000 升纯酒精。酒厂使用的所有大麦都是在周围的田地里种植的。

2021 年春季，他们首次发行的 1 494 瓶限量版威士忌问世，仅限 The1494 保护协会成员购买。随后在 7 月，首款公开发售的产品——林多修道院 MCDXCIV（Lindores MCDXCIV）正式推出。到了 2024 年 9 月，推出了 Thiron，这是一系列年度产品的首款，酒精度为 49.4%。这款威士忌融合了波本桶和 STR 桶以及 Thironvirgin 橡木桶，橡木桶是手工制作的，所用木材源自 Thiron Gardais，即林多修道院创始者的故乡。

洛赫丽（Lochlea）

[lock · lee]

所有者：洛赫丽蒸馏公司
　　　　Lochlea Distilling Co.
地区/区域：低地
成立时间：2018 年
状态：活跃
产能：200 000 升
地址：Lochlea Farm, South Ayrshire KA1 5NN
电话：07585 661 605

洛赫丽蒸馏厂被自家的大麦田环绕，坐落在位于苏格兰艾尔郡的乡村，紧邻基尔马诺克的南部的一个 18 世纪的农场遗址上。

10 年前，农场主尼尔·麦基奥奇（Neil McGeoch）将时间分在农场养牛和在格拉斯哥经营家族企业之上，后者包括管理房地产和可再生能源业务。后来他决定将农场的重心转向农业用途，并萌生了开设蒸馏厂的想法。首次蒸馏是在 2018 年 4 月，到了 2022 年，在拉弗格工作了 27 年约翰·坎贝尔（John Campbell）受聘担任生产总监和首席调配帅。

这家酿酒厂配备了一个 2 吨的半过滤糖化锅、6 个道格拉斯冷杉木发酵槽（进行短时 66 小时和长时 116 小时的发酵），以及两个高蒸馏器（分别为 10 000 升和 6 250 升）。他们生产半浑浊的麦汁，进行长时间的发酵，以及进行 25 分钟的前馏和 75%～67% 的酒心切取，目标是生产出果味浓郁的新酒、同时保留大量的谷物风味。所有的大麦都来自自家田地，其中 20% 在生产现场进行地板发芽，其余的则送往贝亚德（Baird's）进行发麦。2024 年的生产计划是每周进行 5 次糖化，尽可能接近生产 200 000 升纯酒精。到目前为止，尽管已在计划之中但还尚未生产过泥煤味威士忌。

首次限量版威士忌于 2022 年初亮相，随后推出了"我们的大麦"（Our Barley）作为核心产品。之后又推出了同一款威士忌的桶强版本，以及限量的季节性发布系列，包括播种（Sowing）、收获（Harvest）、休耕（Fallow）和犁耕（Ploughing）——这个系列在 2024 年结束。所有者正在使用各种不同的桶进行熟化，计划在 2026 年推出第一款带有年份声明的威士忌。

女巫（Nc'nean）

[nook · knee · anne]

所有者：女巫蒸馏有限公司
　　　　　Nc'nean Distillery Ltd.
地区/区域：西高地
成立时间：2017 年
状态：活跃（vc）
产能：100 000 升
地址：Drimnin, By Lochaline PA80 5XZ
电话：01967 421698

从女巫酿酒厂最初的规划阶段起，可持续性就是创始人安娜贝尔·托马斯（Annabel Thomas）及其团队的核心理念。

在 2021 年，女巫成为了英国首家获得认证的净零排放威士忌酿酒厂，这一成就比苏格兰威士忌行业的既定目标提前了 20 年。到了 2022 年，该酿酒厂因其在社会和环境标准方面的卓越表现，成为苏格兰仅有的两家获得 B 型企业认证的酿酒厂之一。酿酒厂完全使用来自附近森林木屑的生物质锅炉提供的 100% 可再生能源，并且所有的树木都会重新种植。

酿酒厂配备了 1 吨的半过滤麦芽糖化锅和 4 个不锈钢发酵槽，发酵时间 65～115 小时。此外，还有两个蒸馏器，分别是 5 000 升的初馏器和 3 500 升的再馏器，两者都配备了略微下降的林恩臂和亚冷却器，尽管亚冷却器目前并未使用。酿酒厂的主人正在研发两种基本配方的水果风味威士忌——"新风格"适合短时间熟化后享用，"老风格"酒心切取点较低，适合更长时间的陈酿。

2018 年，酿酒厂推出了一款植物烈酒。2020 年，发布首款单一麦芽威士忌 Ainnir，随后推出了现在批量装瓶的核心产品。2021 年推出了由女巫的员工挑选的安静叛逆者（Quiet Rebels）系列，Amy 是 2024 年 10 月的最新款。2022 年，酿酒厂推出了一个新的女猎手（Huntress）系列，这个系列专注于蒸馏厂的实验，尤其是酵母方面的实验。2023 年，该系列的第二款产品森林糖果（Woodland Candy）发布，随后是 2024 年的果园调酒师（Orchard Cobbler）。后者是 STR 桶和波本桶中熟化。此外，还有一些以 Aon 命名的单桶装瓶。酿酒厂坐落在莫尔文半岛，可将迷人的景色尽收眼底。

波特艾伦（Port ElleN）

[port ell · en]

所有者：帝亚吉欧
　　　　　Diageo
地区/区域：艾雷岛
成立时间：1825 年（2024 年仍在运营）
状态：活跃（vc）
产能：1 700 000 升
地址：Port Ellen, Isle of Islay, Argyll PA42 7AJ
电话：-

帝亚吉欧在 2017 年秋季决定重新启动布朗拉（Brora）和波特艾伦这两家蒸馏厂。布朗拉（Brora）的重启耗时 4 年，而波特艾伦又花了 3 年时间才恢复运营。

波特艾伦在 2024 年 3 月 19 日正式重新开业，成为艾雷岛上第十家投入运营的麦芽蒸馏厂。它曾于 1983 年关闭，当时苏格兰威士忌行业对其产品的需求日益减少，另外 20 家酿酒厂也相继关闭，波特艾伦蒸馏厂似乎要永远关闭了。与布朗拉（Brora）不同，波特艾伦只有少数原有建筑得以保留，所有设备都已不复存在。帝亚吉欧利用旧图纸为其重新制造了设备。现在厂区内有一个全过滤糖化锅，糖化量在 5.5～7.5 吨，6 个木制发酵槽，发酵时间 86～120 小时，以及一对基于 1967—1983 年运行的蒸馏器设计的新的蒸馏器。这些蒸馏器被命名为凤凰蒸馏器（Phoenix stills），意在向从灰烬中重生的神话之鸟致敬。此外，还有一套实验性蒸馏器，大小为主蒸馏器的三分之一。前馏时间为 25～30 分钟，酒心切取点从 74% 降至 60%。

波尔艾伦酒厂的历史表明，它在关闭了近 40 年后，于 1967 年重新开放，并且产能翻了一番。1973 年，厂区内新建了一个大型鼓式麦芽厂（至今仍在运营）。1980 年伊丽莎白女王曾来此参观。蒸馏厂对游客开放，起价 200 英镑。每个月还会有一次开放日，游客可以免费参观，但需要提前预约。

在波特艾伦重新开放之际，推出了波特艾伦双子座（Port Ellen Gemini），这是一对 1978 年蒸馏，44 年陈酿，在不同类型的桶中熟成的麦芽威士忌。

利斯港（Port of Leith）

[port of leeth]

所有者：Muckle Brig
　　　　Muckle Brig
地区 / 区域：低地
成立时间：2023 年
状态：活跃（vc）
产能：400 000 升
地址：11 Whisky Quay, Edinburgh EH6 6FH
电话：0131 6000 144

谈到建筑和设计，位于爱丁堡的利斯港蒸馏厂无疑是苏格兰乃至全世界最不寻常的蒸馏厂之一。

首先，它的高度达到了 42 米（瑞典的 Mackmyra 以 37 米的高度位居第二），拥有不少于 10 层的楼层，屋顶上有太阳能电池板，以及可能是行业内最小的服务场地。最高的 5 层是接待区，设有酒吧、私人餐厅、品酒区和商店。较低的楼层是生产区，顶层有 CTS 磨粉机和漏斗，紧接着是 1.5 吨的半过滤糖化锅和 7 个隔热的 7 500 升发酵槽，发酵时间为 72 小时。再往下是一台初馏器和一台再馏器，两者都配有略微下降的林恩臂。生产用水来自现场 132 米深的钻井。

两位创始人帕迪·弗莱彻（Paddy Fletcher）和伊恩·斯特林（Ian Stirling）非常谨慎地选择了这个地点。蒸馏厂位于爱丁堡历史悠久的利斯港，距离皇家游艇不列颠尼亚号仅 50 米。从 19 世纪初到 20 世纪 90 年代，利斯一直是苏格兰威士忌仓储、调和和装瓶的重要地区。

从各个楼层向北海眺望，景色也非常迷人。蒸馏厂于 2023 年 10 月开业，其烈酒未经过泥煤熏制，各种酵母和大麦品种是其重要的组成部分。新酒被装入初填和再填的波本桶和欧罗索雪莉桶，以及一小部分的各种葡萄酒桶。

在开业之前，所有者与赫瑞瓦特大学合作，进行了使用实验性酵母的威士忌试验，这些研究将持续进行。2022 年 5 月，他们开设了林德莱姆手工金酒厂（The Lind & Lime Distillery），同样位于利斯港。

罗斯班克（Rosebank）

[rows · bank]

所有者：伊恩·麦克劳德蒸馏商
　　　　Ian Macleod Distillers
地区 / 区域：低地
成立时间：2022 年
状态：活跃（vc）
产能：1 000 000 升
地址：Camelon Road, Falkirk FK1 5JR
电话：01324 374 100

2017 年伊恩·麦克劳德公司（Ian Macleod）宣布将重启 1993 年关闭的罗斯班克蒸馏厂，2023 年 7 月首次蒸馏出烈酒，整个过程耗时近 6 年。

蒸馏厂在一年后对公众开放，提供三种不同的参观路线。所有路线都包括参观蒸馏厂，其中最便宜的路线以品尝公司其他品牌的单一麦芽威士忌（格兰哥尼 Glengoyne 和檀都 Tamdhu）为主，而高端路线则包括品尝三款极陈年的罗斯班克单一麦芽威士忌。

许多威士忌爱好者认为罗斯班克是低地麦芽威士忌中的极品。该酒厂是在威士忌行业整体严重衰退之后关闭的。1988 年，当联合蒸馏者选择格兰昆奇（Glenkinchie）作为经典麦芽威士忌系列中低地威士忌的代表时，该酒厂度过艰难时期的机会就已经消失。

罗斯班克蒸馏厂配备了 3.2 吨的半过滤糖化锅，顶部为铜制。有 8 个 15 000 升的道格拉斯冷杉木发酵槽，发酵时间为 62～72 小时。罗斯班克通过 16 500 升的初馏器、7.7 米高的 10 000 升中间蒸馏器和 8 000 升的再馏器进行三次蒸馏。初馏器的天鹅颈被切断并加盖，林恩臂紧贴颈部侧面。酒精在外部的单独虫桶中冷却。对于三次蒸馏的威士忌来说，酒心切取（约 4 小时）范围较宽，从 81% 开始，以低于 70% 的酒精度结束。2024 年的计划是每周进行 17 次糖化，这几乎意味着蒸馏厂将全负荷运行。

伊恩·麦克劳德接管蒸馏厂时，将陈年的熟成威士忌也纳入其中。在过去的几年里，传承系列（Legacy Series）陆续推出，从 1990 年蒸馏的 30 年陈酿开始，到 2024 年春季的 32 年陈酿结束。

瑰屿（Roseisle）

[rose · cycl]

所有者：帝亚吉欧
　　　　Diageo
地区/区域：斯佩塞
成立时间：2009 年
状态：活跃
产能：12 500 000 升
地址：Roseisle, Morayshire IV30 5YP
电话：01343 832100

　　瑰屿蒸馏厂与现有的罗斯利斯麦芽厂（Roseisle maltings）相邻，位于埃尔金的西边。这家蒸馏厂因其致力于实现可持续生产而荣获多个奖项。

　　蒸馏厂配备了两个不锈钢的全过滤麦芽糖化锅，每个容量为 12.5 吨。此外，还有 14 个大型的 112 000 升不锈钢发酵槽和 14 个蒸馏器。初馏器通过外部热交换器进行加热，而再馏器则利用蒸汽盘管加热。酒精蒸汽通过铜冷凝器冷却，在部分蒸馏器上还安装了不锈钢冷凝器，可以根据需要切换使用，以获得更具硫磺风味的酒精。斯佩塞风格的威士忌发酵时间为 90~100 小时，而较重风格的威士忌发酵时间为 50~60 小时。蒸馏厂的生产计划是每周进行 23 次糖化，年产酒精总量达到 12 000 000 升。

　　瑰屿蒸馏厂从设计之初就非常注重热水的有效利用。例如，瑰屿通过两条长管道与位于蒸馏厂北面 3 公里处的伯格黑德麦芽厂（Burghead maltings）相连，热水从瑰屿泵出，用于伯格黑德的 7 个窑炉，然后冷水再泵回瑰屿。蒸馏过程中产生的锅渣被输送到厌氧发酵器中，转化为生物气体，而干燥的固体残渣则作为生物质燃料。现场的生物质燃烧器为蒸馏厂提供蒸汽，满足了 72% 的总需求，绿色技术的应用将二氧化碳排放量减少到普通蒸馏厂的 15%。

　　2017 年，瑰屿单一麦芽威士忌成为调和麦芽威士忌 Collectivum XXVIII 的一部分。2023 年特别发布（Special Releases）中，瑰屿首次以单一麦芽威士忌的形式发布，是一款 12 年的威士忌。随后在 2024 年秋季，又推出了另一款 12 年的威士忌，这款酒精度为 55.6%。

斯特拉森（Strathearn）

[strath · earn]

所有者：道格拉斯·梁
　　　　Douglas Laing
地区/区域：南高地
成立时间：2013 年
状态：活跃
产能：60 000 升
地址：Bachilton Farm Steading, Methven PH1 3QX
电话：-

　　斯特拉森蒸馏厂成立于 2013 年，位于珀斯以西仅 10 公里的地方，是苏格兰最早的手工蒸馏厂之一。

　　这里的"手工"意味着它非常小规模，同时也指其以非常创新和挑战性的方式进行威士忌生产。创始人托尼·里曼-克拉克（Tony Reeman-Clark）热衷于挑战苏格兰威士忌协会规定的规则。例如，他们尝试使用不同种类的非橡木木材桶进行陈酿——栗木、桑木和樱桃木。他们还使用旧品种的大麦，包括玛丽斯奥特尔（Maris Otter），在这些品种中，风味比产量更重要。

　　该酒厂于 2019 年由独立装瓶商道格拉斯·梁（Douglas Laing）接管，虽然他们已停止使用替代木材进行熟化的实验，但仍在继续发掘传统麦芽和特殊麦芽。设备包括一个新的铜包覆的 0.4 吨不锈钢糖化锅、8 个不锈钢发酵槽、两个 1 000 升的初馏器和 1 000 升的再馏器。发酵时间较长，平均为 144 小时，2024 年计划生产约 59 000 升纯酒精。前所有者也曾生产泥煤味威士忌，但现在全部是无泥煤味的。在啤酒酿造行业工作 4 年后，安吉拉·布朗（Angela Brown）在过去 3 年中一直是斯特拉森的首席蒸馏师。

　　该蒸馏厂的首款单一麦芽苏格兰威士忌于 2016 年发布。然而，新所有者推出首款产品则是 3 年后。2022 年 7 月，一款名为心（The Heart）的单一麦芽威士忌，以 63.5% 的酒精度装瓶上市。最终在 2024 年 4 月，首款斯特拉森单一麦芽威士忌（Inaugural Strathearn single malt）调和了两位所有者的威士忌：三分之一由道格拉斯·梁（Douglas Laing）制造，其余则是前所有者酿造的已熟化 6~8 年的威士忌。这 10 000 瓶（以 50% 的酒精度装瓶）的威士忌在旧波本酒桶、雪莉桶和处女桶的组合中陈酿。

图拉贝格（Torabhaig）

[tor · a · vaig]

所有者：莫斯本蒸馏公司
　　　　Mossburn Distillers
地区 / 区域：高地（斯凯岛）
成立时间：2016 年
状态：活跃（vc）
产能：500 000 升
地址：Teangue, Sleat, Isle of Skye IV44 8RE
电话：01471 833447

图拉贝格威士忌酒厂是由莫斯本蒸馏公司这家成立仅于 2012 年的年轻公司所拥有的。尽管公司本身历史不长，但其创始成员之一在烈酒行业却拥有深厚的背景。

马西森先生的兴趣最初集中在 20 世纪 90 年代初的干邑、雅文邑和葡萄酒上，后来他创建了 Eauxde Vie，这是一家主要从事进口和独立装瓶业务的公司。之后，他与瑞士的 Marussia Beverages 合作，最终成立了莫斯本蒸馏公司。除了图拉贝格，该公司还在苏格兰边境运营着小型的瑞弗斯（Reivers）蒸馏厂，生产黑麦威士忌和其他烈酒，并在日本的海洋蒸馏所（Kaikyo distillery）持有股份。他们还计划在苏格兰杰德堡附近建立一个大型蒸馏厂，用于生产麦芽威士忌和谷物威士忌。

图拉贝格蒸馏厂的设备包括一个 1.5 吨的不锈钢半过滤糖化锅，带有铜制顶部，8 个由道格拉斯冷杉木制成的发酵槽（容量为 10 000 升），发酵时间为 80~120 小时。此外，还有一台 8 000 升的初馏器和一台 5 000 升的再馏器。2024 年的生产计划是冬季每周进行 18 次糖化，夏季每周 12 次，目标是生产 500 000 升重度泥煤味的烈酒。

图拉贝格蒸馏厂的首款单一麦芽威士忌"2017. 传承系列"（2017.The Legacy Series）于 2021 年 2 月发布，这款威士忌使用重度泥煤味的大麦（55~60ppm）制成，并在首次装填的波本酒桶中成熟。2021 年秋季，Allt Gleann 威士忌继之推出，它在首次装填的波本酒桶和重新装填的酒桶中熟成。Allt Gleann 的第二版在 2022 年发布，并在 2023 年底推出了桶强版本。2024 年，Cnocna Mòine 威士忌发布，这款威士忌首次使用了少量来自雪莉桶的威士忌。

沃富奔（Wolfburn）

[wolf · burn]

所有者：极光酿造有限公司
　　　　Aurora Brewing Ltd.
地区 / 区域：北高地
成立时间：2013 年
状态：活跃（vc）
产能：135 000 升
地址：Henderson Park, Thurso, Caithness KW14 7XW
电话：01847 891051

沃富奔蒸馏厂成立于 2013 年，是苏格兰新一代蒸馏厂中的先驱之一，这些蒸馏厂都是在 2005 年之后成立的。尽管历史不长，沃富奔却因其资历而显得颇有历史感。

这一点在 2023 年他们发布了首款 10 年陈酿时得到了体现。沃富奔在开业之初曾是苏格兰本土最北端的蒸馏厂，这一地理优势在当时具有特殊意义。尽管现在至少有另外两家蒸馏厂（八门和北点）的位置更北，但沃富奔的所有者似乎并不在意这一点。蒸馏厂和品牌已经取得了长足的发展，而消费者更关注的是烈酒的品质而非其地理位置。

沃富奔蒸馏厂的设备包括一个 1.1 吨的半过滤不锈钢糖化锅，顶部覆盖铜制顶棚，4 个不锈钢发酵槽，每个容量为 5 500 升，发酵时间为 70~92 小时，一个 5 500 升的初馏器和一个 3 600 升的再馏器。他们主要生产无泥煤味的麦芽威士忌，同时也生产轻度泥煤味的烈酒。

2016 年首次装瓶的威士忌部分在艾雷岛的四分之一桶中陈酿，带有烟熏特色。随后推出了更广泛可用的波本桶陈酿威士忌北地。作为核心产品线的一部分，它后来被 Aurora（部分在欧罗索雪莉桶中陈酿）、泥煤味的 Morven、Langskip（在旧波本桶中陈酿）以及一款 10 年陈酿所补充。

沃富奔自 2017 年开始推出限量装瓶系列，最近的一次是在 2024 年 8 月，为配合年度高地运动会而发布的 Mey Games。另一个限量系列是 Kylver，其中第 13 批 Ihwaz（共 25 批）在 2024 年 6 月发布。这一次，它包含了 2015 年陈酿的首批艾雷岛四分之一桶原液威士忌。

其他新增微型蒸馏厂

正如年鉴的忠实读者所注意到的，苏格兰麦芽威士忌新蒸馏厂的数量一直在稳步增长。2005年以来，大约有50家新的蒸馏厂诞生。如果这些蒸馏厂都能成功运营，对于我们这些热爱苏格兰威士忌极其丰富多样性的人来说无疑是个好消息。

当然，这同时给《麦芽威士忌年鉴2025》的编辑带来了一个小小的（尽管是愉快的）难题。该如何将所有这些新蒸馏厂纳入其中，更别提所有新世界蒸馏厂了，而不使年鉴变得过于庞大？

我必须坦诚，如果《麦芽威士忌年鉴2025》的重量超过300克，邮寄成本将翻倍，印刷费用也会大幅增加。我的目标是让年鉴一如既往地方便读者阅读，因此我必须找到一些方法，使书籍既能保持可控的体积，同时又通俗易懂，并包含麦芽威士忌世界中发生的一切。

如果您阅读过以往版本的年鉴，您就会注意到，自2005年齐侯门之后建立的所有苏格兰麦芽威士忌蒸馏厂都被归类在"新蒸馏厂"一栏进行介绍。

这些"新蒸馏厂"中有些已经存在了近20年，推出了许多杰出的威士忌，实际上它们已经不再是新蒸馏厂了。它们多年来一直在努力维持自己的地位，然而，这必须是处理所有新增蒸馏厂的方式，同时也要确保年鉴的格式不变。

无意以一种可能被某些人视为贬损的方式来介绍这些杰出的蒸馏厂。实际上，它们都对苏格兰威士忌的多样性做出了贡献，并扮演着重要的角色。

今年，我们决定将"新蒸馏厂"分为两个部分。第一部分，每个蒸馏厂将占半页，包括2005年齐侯门之后成立的麦芽威士忌蒸馏厂，其中一些年产量高达12 000 000升。

第二部分是"其他新增微型蒸馏厂"，目前由8家蒸馏厂组成——其中一些从2008年就开始蒸馏，另一些则是今年新开业的。这些生产商大多从生产金酒、伏特加或其他蒸馏酒起家，其主要特点是年产量最多为30 000升威士忌。其中有几家表示，他们的主要目的是生产单一麦芽苏格兰威士忌，而生产金酒或伏特加酒则是为了在等待威士忌熟成期间建立和维持业务的前提。

这些微型蒸馏厂中的一些可能会在未来的《麦芽威士忌年鉴》版本中进入"新增蒸馏厂"章节，这取决于它们对单一麦芽苏格兰威士忌的专注程度。目前，它们生产的单一麦芽苏格兰威士忌数量还不足以使它们在书中的那一章节中占有一席之地，但我们肯定会密切关注它们未来的发展。

红河（Abhainn Dearg）

所有者：马克·泰本（Mark Tayburn）
地区：高地　　**成立时间**：2008年　　**产能**：20 000升
地址：Carnish, Isle of Lewis HS2 9EX

这家酿酒厂主要使用在路易斯岛（Lewis）种植的大麦，是1840年以来岛上第一家酿酒厂。首次产品发布是在2010年，此后又推出了许多其他产品，例如2018年发布的10年陈酿，以及几种不同陈酿类型的单桶威士忌。

迪恩斯（Deerness）

所有者：迪恩斯酒厂有限公司（Deerness Distillery Ltd.）
地区：岛屿区　　**成立时间**：2016年　　**产能**：10 000升
地址：Deerness, Orkney, KW17 2QJ

位于苏格兰奥克尼群岛（Orkney）的迪恩斯教区，成立于2016年，是一家生产威士忌、金酒、伏特加和利口酒的酒厂。

莫法特（Moffat）

所有者：暗空烈酒（Dark Sky Spirits）
地区：低地　　**成立时间**：2023 年　　**产能**：12 000 升
地址：Moffat, DG10 9FE

　　尼克·布尔拉德（Nick Bullard）与妻子艾琳（Erin）共同创立了调和酒公司——暗空烈酒（Dark Sky Spirits）。2023 年夏天，他们决定进军酿酒行业。他们使用的大麦 90% 都是在一个庄园内种植和麦芽化的，而且他们的初馏器采用直火加热的方式。该酿酒厂对公众开放参观。

斯特灵（Stirling）

所有者：琼与卡梅伦·麦卡恩（June & Cameron McCann）
地区：低地　　**成立时间**：2015 年　　**产能**：12 000 升
地址：Stirling FK8 1EN

　　2015 年琼和卡梅伦·麦卡恩（June and Cameron McCann）开始在斯特灵城堡（Stirling Castle）下的这家小蒸馏厂生产金酒。到了 2023 年秋天，麦芽威士忌也加入了酿造系列，并计划于 2027 年首次发售。这是自 1852 年以来斯特灵首次蒸馏威士忌。

北点（North Point）

所有者：北海岸蒸馏有限公司（North Coast Distillers Ltd.）
地区：高地　　**成立时间**：2023 年　　**产能**：18 000 升
地址：Thurso, KW14 7UZ

　　以生产朗姆酒为主要业务的麦芽威士忌酒厂没过多久就开始生产麦芽威士忌。拥有 2 吨容量的糖化锅和 6 个发酵槽表明公司有扩大产能的计划。首款威士忌预计将在 2028 年推出，而目前销售的威士忌品牌 Dalclagie 则是外购的。此外，酒厂还对外开放参观。

泰里岛（Isle of Tiree）

所有者：泰里威士忌有限公司（Tiree Whisky Co. Ltd）
地区：岛屿区　　**成立时间**：2018 年　　**产能**：5 000 升
地址：Isle of Tiree, PA77 6UF

　　在外赫布里底群岛（Outer Hebrides），由阿兰·坎贝尔（Alain Campbell）和伊恩·史密斯（Ian Smith）创立的这家蒸馏厂自 2018 年以来一直在低调地生产金酒，并在 2020 年开始生产麦芽和黑麦威士忌。三个蒸馏器都是直火加热并配备虫桶冷凝器，首个单一麦芽威士忌计划在 2025 年 1 月发布。

奥克尼（Orkney）

所有者：奥克尼蒸馏有限公司（Orkney Distilling Ltd.）
地区：岛屿区　　**成立时间**：2018 年　　**产能**：30 000 升
地址：Kirkwall, Orkney, KW15 1QX

　　这家蒸馏厂坐落在柯克沃尔（Kirkwall）的海港前沿，环境优美。最初 6 年里，生产 Kirkjuvagr 金酒，2024 年 3 月蒸馏出第一瓶威士忌。同年晚些时候，从葡萄牙引进的新 Hoga 蒸馏器安装完毕，提高了产能。蒸馏厂开放参观。

尤伊贝斯特（Uile-bheist）

所有者：乔恩与维多利亚·埃拉斯穆斯（Jon & Victoria Ersamus）
地区：高地　　**成立时间**：2023 年　　**产能**：20 000 升
地址：Ness Bank, Inverness IV2 4SG

　　这是因弗内斯（Inverness）130 年来第一家（也是目前唯一一家）新酒厂。酒厂首次蒸馏在 2023 年 4 月开始，由尼斯河水和屋顶的太阳能装置提供能源。尤伊贝斯特与啤酒厂一起对游客开放。

附：苏格兰威士忌活跃酒厂（按所有者分）

蒂业吉欧
奥赫鲁斯芯
本利林
布莱尔阿苏
布朗拉
卡尔里拉
卡杜
克里尼利基
克拉格摩尔
大云
达尔维尼
达夫镇
格兰杜兰
格兰爱琴
格兰昆奇
格兰洛希
格兰欧德
格兰斯佩
达尔维尼
龙康得
乐加维林
林克伍德
曼洛克摩尔
慕赫
欧本
波特艾伦
瑰屿
皇家蓝勋
史特斯密尔
泰斯卡
第林可
芝华士兄弟（保乐力加）
亚伯乐
欧特班
布拉佛
达姆纳克
格兰伯奇
格兰凯斯
格兰威特
格兰道奇
朗摩
米尔顿达夫
斯卡帕
斯特拉赛斯拉
爱丁顿集团
格兰路思
高原骑士
麦卡伦
因弗豪斯
国际饮料控股有限公司
巴布莱尔
诺克杜／安努克
富特尼
盛贝本
约翰杜瓦父子公司（百加得）
艾柏迪

欧摩
克莱嘉赫
麦克达夫
皇家布莱克拉
威廉格兰特父子公司
艾尔莎湾
百富
格兰菲迪
奇富
怀特马凯（皇胜集团）
人摩
兴特肯
吉拉
塔木岭
三得利全球烈酒集团
阿德摩尔
欧肯特轩
波摩
格兰盖瑞
拉弗格
CVH 烈酒集团
布纳哈本
汀思图
托本莫瑞
本利亚克蒸馏公司（百富门）
本利亚克
格兰多纳
格兰格拉索
罗曼湖集团
格兰帝
罗曼湖
J＆A 米切尔有限公司
格兰盖尔
云顶
格兰杰公司（酩悦轩尼诗）
雅柏
格兰杰
奥歌诗丹迪·蒸馏者公司
格兰卡登
托明多
伊恩·麦克劳德蒸馏公司
格兰哥尼
罗斯班克
檀都
金巴利集团
格兰冠
艾伦岛蒸馏厂
拉格
洛赫兰扎
圣弗力
埃德拉多尔
汤玛丁蒸馏厂公司
汤玛丁
J.＆G. 格兰特
格兰花格
人头马君度

布赫拉迪
人卫·曾焕小
磐火
高登＆麦克菲尔
本诺曼克
凯恩
马提尼克公司
格兰莫雷
本尼维斯酒厂有限公司（余市）
本尼维斯
皮卡德酒业
杜丽巴汀
爱丁堡哈维公司
诗贝
齐侯门酒厂公司
齐侯门
卡斯伯特家族
达夫特米尔
马克·泰本
红河
极光酿造有限公司
沃富奔
道格拉斯·梁
斯特拉森
安南代尔蒸馏厂公司
安南代尔
艾德菲精选
艾德麦康
韦姆斯
金岸逐梦
麦克弗森－格兰特家族
巴林达洛克
因弗利思有限公司
伊顿磨坊
哈里斯岛蒸馏酒业
哈里斯
格拉斯哥蒸馏酒业公司
格拉斯哥
约翰·费格斯有限公司
英斯代尼
斯特林家族
阿比奇
酿酒狗股份有限公司
酿酒狗
汤普森家族
多诺赫
莫斯本蒸馏公司
图拉贝格
R＆B 蒸馏公司
拉塞岛
林多蒸馏公司
林多修道院
莫里森格拉斯哥蒸馏公司
克莱赛
女巫蒸馏有限公司
女巫

边境蒸馏有限公司
边境
格兰纳里奇蒸馏公司
格兰纳里奇
莫里森苏格兰威士忌蒸馏公司
阿伯拉吉
格伦威维斯蒸馏公司
格伦威维斯
亨特·莱恩
阿德纳侯
荷里路德蒸馏有限公司
荷里路德
格林伍德蒸馏商
阿德罗斯
莱俪集团／汉斯约格·怀斯
特睿谷
约翰·克莱比公司
博宁顿
洛赫丽蒸馏公司
洛赫丽
斯图尔特家族
福尔柯克
热诚烈酒
布诺本尼
拉苏苏格兰威士忌有限公司
杰克顿
埃立西尔蒸馏公司
托莫尔
凯莉和德里克·坎贝尔
八门
邓菲尔蒸馏有限公司
邓菲尔
暗空烈酒
莫法特
麦克布里格
利斯港
乔恩与维多利亚·埃拉斯穆斯
尤伊贝斯特
琼与卡梅伦·麦卡恩
斯特灵
泰韦威士忌有限公司
泰里岛
奥克尼蒸馏有限公司
奥克尼
迪恩斯酒厂有限公司
迪恩斯
北海岸蒸馏有限公司
北点
勒威克蒸馏有限公司
勒威克
卡布拉赫信托基金
卡布拉赫
巴尔莫德蒸馏有限公司
巴尔莫德

苏格兰新增威士忌蒸馏厂

邛崃——世界威士忌地图上点亮中国产区

程 科*

> 临邛自古称繁庶，尤以酿酒胜其名，"黄金九度"美酒基因，生命之水邂逅东方风土。文君故里的邛崃，正在用橡木桶熟陈青藏高原东麓的风味，实现一个用橡木桶熟陈的琥珀色的梦。

中国西南地区的邛崃，是巴蜀四大古城之一，地处成都、联结滇藏，是联通泛亚的战略通道交汇点，是古南方丝绸之路通往南亚、西亚的商贸重镇，是连接成都平原和川西高原的西南门户城市，素有"天府南来第一州"的美誉。

邛崃，在藏语里意为"盛产美酒的地方"，地处北纬30°"黄金酿酒带"，横断山脉东侧、四川盆地西南夹角处，是世界名酒特色产区、全国唯一的国家中心城市酒业产区。邛崃酿酒历史悠久，可追溯至 2 000 多年前的西汉时期。邛酒是唯一经正史记载并已有 2 000 多年历史的酒种，《史记·司马相如列传》《汉书·司马相如传》《华阳国志》等史书中均有记载。《史记·司马相如列传》中"文君当垆，相如涤器"的美谈，李商隐"君到临邛问酒垆""美酒成都堪送老，当垆仍是卓文君"，陆游"一樽尚有临邛酒"等名诗佳句，以及邛崃羊安镇出土的"汉砖酿酒图"，更是见证了邛酒的千年传奇。

邛崃特有的温度、湿度、风速度、日照度、海拔度、土壤成分度、粮食品质度、水质度、酿酒工艺度"黄金九度"美酒基因，赋予了邛崃得天独厚的酿酒优势。

这里三面环山，海拔 650～1 600 米，自然形成了一片气候独特的"口袋型"山崖谷地，谷地的最宽处只有 38.5 千米，是四川盆地中的"盆地"，具有多云雾、少光照、气流异常稳定的特点，这让整个邛崃崖谷宛然一个大小适中的天然酿酒窖池，为酒的酿造提供了天然基础。

这里冬无严寒，夏无酷热，气候温和，雨量充沛，四季分明，年平均气温 16.4 ℃，相对湿度 75.87%，全年日照时长 890～1 000 小时，平均风速 1～1.5 米/秒，造就了邛崃可以与苏格兰媲美的 2%～3% 的完美"天使分享率"，既能有效降低酒体挥发和损耗，更能让橡木桶和酒液的"对话"更加深刻和频繁，在风味和口感保持平衡的同时增加更多层次。

这里背靠"中华水塔"青藏高原，得到了来自平均

---

* 邛崃市投资促进局

海拔4 000米高山冰川的滋养。不断融化的冰川融水历经亿万年砂滤矿化，水质极优，pH值呈弱碱性，富含钾、钠、锌、镁、锶等十多种微量元素，硬度较小且储量丰富，其中含锶矿泉水偏硅酸含量高达79.42%，为威士忌提供了绝佳的水质保障。

这里位于"天府粮仓"核心区域，物产丰富，大米、玉米、大麦、小麦等品质优良，拥有国家首批布局西南唯一的国家级种业园区——天府现代种业园，形成了"种源保护利用——商业研发转化——规模生产推广"现代种业全链条，为威士忌产业发展提供了充足的原料保障。

这里人才集聚，依托"美酒研究院""中国酒业梦工场"等重大功能平台，构建起了"产、学、研、协、用"酒类创新共同体。已落户的成都纺织高等专科学校开设有食品生物技术（酿酒）专业（含生产工艺方向、食品安全方向），并建有威士忌、果酒、米酒、啤酒等中式生产线，为威士忌产业发展奠定了坚实的人才基础。

2024年10月，《成都市邛崃区域酒类产业发展促进办法》正式施行，在创新发展、保护传承、要素保障等方面，以法规形式对邛酒产业发展保驾护航。

文君故里的威士忌芳香

2 000多年前，西汉首富卓王孙的女儿卓文君，在故乡邛崃开了一家远近闻名的"小酒馆"，于是便有了《史记》记载的"文君当垆，相如涤器"的美谈。那时候，为了生计在酒肆辛劳的文君不会想到，2000年后，带有麦芽醇香的琼浆的"中国威士忌"在她的故乡生根发芽。

邛崃这片土地，在传统的清冽白酒之外，还在威士忌的麦芽香中灵光乍现一般的寻到灵感，开启了属于橡木桶的独有芳香。

日前，邛崃已拥有目前中国规模最大的威士忌酒厂——崃州蒸馏厂，以及由中国威士忌商学院和新加坡先锋物流集团共同打造的回澜威士忌蒸馏厂。相关数据显示，邛崃的威士忌桶陈量约占全国的80%以上，进一步印证了邛崃威士忌产业在全国的领先位置。

未来已"崃"

2024年10月，在邛崃举行的"2024川酒成都产区传承与创新大会暨成都产区酒业产业联盟"成立仪式上，邛崃再度重申了将在国际烈酒赛道上，积极推动威士忌产区建设的决心。同时，大会还发布2025 IWSC首届中国区赛事将首次来到亚洲在邛崃举行。IWSC——国际葡萄酒与烈酒大赛，创立于1969年，是业界公认的全球顶级葡萄酒与烈酒竞赛。IWSC选择邛崃，无疑是对邛酒产业发展成就的极大认可。

各美其美、美美与共，才是中国威士忌的应有之义。

如今，坐拥崃州和回澜两大威士忌酒厂的邛崃，国际烈酒的集聚化发展和本土化生产已然成"势"。

未来，邛崃将按照"新创一个产区，新建两个片区，打造N个酒庄"的"1+2+N"总体发展思路，支持以崃州蒸馏厂为主链集聚产业链，打造中国最大威士忌产区，并在世界威士忌地图上点亮中国产区！

天府南来第一州——邛崃

中国威士忌千岛湖产区发展正当时

章 蓓[*]

> 淳安千岛湖，作为首届中国国际威士忌发展大会举办地，越来越多的人关注到了这一国产威士忌发展的"新起之秀"。如今，淳安已锚定打造"中国威士忌最佳主产区"的目标，加速推进威士忌产业高速、高端、高质量发展。

千岛湖水域

---

[*] 淳安县投资促进局

淳安部分威士忌酒厂示意图

淳安千岛湖的威士忌发展，具有最佳的产品品质、最佳的消费市场、最佳的工旅融合，是"懂得、舍得、等得"的醉美调和。

独一无二的生态环境

一湖秀水为酿造威士忌提供优质天然水质保障。淳安境内拥有被誉为"天下第一秀水"的千岛湖，蓄水量178亿米³，水质常年保持国家Ⅰ类标准，是首批"中国好水"水源地，可以和欧洲瑞士、法国的日内瓦湖、亚洲日本的琵琶湖相媲美。富含钾、钙、钠、镁、偏硅酸等人体所需天然矿物质及微量元素，是天然弱碱性水，可谓酿造威士忌的上佳之选。

独特气候：为酿造威士忌提供适宜气候环境保障。淳安地处黄金酿酒带北纬30°附近，属于中亚热带季风气候，年平均气温不到18℃，年均降雨量超1 500毫米，森林覆盖率77.8%，PM2.5浓度20微克/米³，负氧离子浓度平均值为3 000～5 000个/米³，为酿造威士忌提供了适宜的温度湿度气候保障。

优越的市场区位

广袤市场为塑造威士忌提供良好新消费前景。淳安处于长三角经济圈，已实现45分钟抵达杭州和黄山、2小时到达上海、5小时抵达北京，覆盖华东地区3.3亿高消费人群，面向东部沿海威士忌消费主力地区，年接待游客量超千万，市场消费前景潜力巨大。

工旅融合为塑造威士忌提供多元化发展模式。作为万千游客心中的"诗和远方"，淳安以碧波万顷的"千岛湖"和如诗如画的风景而蜚声中外，是"西湖——千岛湖——黄山"世界级自然生态和文化旅游廊道上的"璀璨明珠"，拥有5A级风景名胜区、国家级旅游度假区两张国字号旅游金名片，年接待游客量近1 200万人次。美景与美酒的奇妙交融，让淳安打造"威士忌+"工旅融合模式具有独特优势。

优质的营商环境

淳安坚持"地等项目"的思维，为威士忌产业发展提前规划空间布局，助力项目适配落位、加速落地。淳安真诚践行"亲商、安商、富商"的理念，坚持提供有力的产业保障，助力企业"轻装上阵""链群发展"。如今，淳安已落户建设威士忌酒厂6家，2025年将陆续建成、开始生产或试生产，预计达产后年产规模可超2万吨，还有一批酒厂及配套项目在洽谈中。

这里的美好愿景赋予威士忌独特的千岛湖故事。淳安将用时间和努力，奋力打造中国威士忌千岛湖产区，支持威士忌产业在千岛湖畔扎根飘香，让美酒和名湖相得益彰，共塑"高品质风味、高端产品、高定位品牌"的千岛湖威士忌金名片！

中国威士忌蒸馏厂

近年来,中国威士忌市场呈现爆发式增长,随着消费升级和国际文化交流的加深,威士忌作为一种高端烈酒,逐渐受到更多中国消费者的青睐,尤其是年轻一代。市场分析也显示,相比前两年,国内威士忌生产项目数量显著增加,反映出行业整体处于加速扩张阶段。其中,以四川邛崃、浙江淳安千岛湖、四川峨眉山、福建龙岩等为代表的优势产区正在加速发展,形成了多产区并行的新格局。

国际威士忌巨头对中国市场的长期潜力充满信心,纷纷在中国投资建厂。例如,百润股份在四川邛崃投资建设的崃州蒸馏厂,已成为中国规模最大的威士忌生产基地;帝亚吉欧在云南大理投资建设了"云拓单一麦芽威士忌酒厂";保乐力加在四川峨眉山投资建设的"叠川麦芽威士忌酒厂"也已投产。此外,国内本土威士忌酒厂也蒸蒸日上,如内蒙古鄂尔多斯的蒙泰威士忌蒸馏厂、湖南韶山的韶山冲酒业等。

在这样的背景下,《麦芽威士忌年鉴2025》中文版对原英文版年鉴"世界各地的蒸馏厂"一章中,中国蒸馏厂的内容进行了扩充。这一举措旨在为本土读者提供更全面、更详细的本土威士忌信息,帮助读者更好地了解国内威士忌产业的发展动态。不仅为宣传推广国内威士忌产业、提升本土品牌知名度发挥重要作用,更为威士忌行业从业者搭建一个宝贵的交流平台,助力推动整个行业的发展与进步。

展望未来,随着消费者对威士忌认知的不断提升,其需求也将日益多元化。中国威士忌产业正积极顺应市场需求,不断创新酿造技术,致力于打造更多优质产品。我们也期待未来中国威士忌在全球的舞台上绽放更耀眼的光芒。

蒙泰威士忌酒厂

蒙泰威士忌酒厂

蒙泰威士忌酒厂

所有者：内蒙古蒙泰集团有限公司
地区：内蒙古自治区
成立时间：2022 年
状态：活跃
产能：年产 800 000 升单一麦芽威士忌、800 000 升谷物威士忌
地址：内蒙古自治区鄂尔多斯市伊金霍洛旗红庆河镇蒙泰纳林希里生态基地

在内蒙古鄂尔多斯市伊金霍洛旗红庆河镇的蒙泰纳林希里生态基地，一座现代化的威士忌酒厂——蒙泰威士忌酒厂，以追求品质、求真务实的态度，书写着中国威士忌产业的新篇章。凭借先进的酿造技术、严选的优质原料以及得天独厚的自然环境，蒙泰威士忌酒厂正逐步成为行业焦点。

蒙泰威士忌酒厂的建立源于多年精心筹备。2018 年 7 月，蒙泰集团启动对威士忌市场及蒸馏设备的深入调研，为项目奠定坚实基础。2019 年 10 月，在英国伦敦第 15 届世界华商大会期间，蒙泰集团与英国瓦伦丁国际商务咨询公司正式签署咨询合作协议，标志着蒙泰威士忌项目的正式启动。

2020 年 4 月，蒙泰集团携手全球顶级威士忌蒸馏设备制造商——福赛斯公司（Forsyths Ltd），签订设备采购合同，引进国际一流酿造设备。2021 年 9 月，全套糖化发酵蒸馏设备运抵酒厂所在地。

2022 年 3 月，蒙泰威士忌酒厂正式破土动工。11 月，福赛斯公司专业团队完成了设备安装调试。2023 年，在有 40 年威士忌从业经验的苏格兰专业酿造师的精心操作下，酒厂顺利完成首次投料，正式迈入试生产阶段。2023 年 7 月 26 日，蒙泰单一麦芽威士忌初填仪式在纳林西里生态基地隆重举行，标志着蒙泰威士忌酒厂高标准酒液生产、高规格桶陈工作的开始。

蒙泰威士忌酒厂采用苏格兰传统酿造技术和工艺，全套设备由拥有 160 多年历史的英国福赛斯公司精心打造。其中纯铜蒸馏器不仅承载着经典工艺的传承，更是高品质威士忌酿造的保障。厂内单一麦芽设备包括 2 吨糖化罐及 10 个发酵槽，另一条谷物生产线生产"波本"风格威士忌，也于 2023 年 5 月正式投产。

酒厂所在的伊金霍洛旗气候条件与苏格兰相似，昼夜温差大，蒸发旺盛，为威士忌的熟成提供了理想环境。在风味塑造方面，蒙泰威士忌酒厂秉持对品质的追求，在全球范围内原产地直采优质橡木桶达到 30 000 余个。使用的西班牙政府认证雪莉桶赋予酒液甜美果香与浓郁香料气息，美国肯塔基原产波本桶带来香草与焦糖风味，而日本水楢桶则赋予其独特的木质香气与淡淡烟熏味。此外，酒厂还积极探索使用国产蒙古栎桶，并结合鄂尔多斯高原大麦、蒙古乳酸菌等特色原料，打造花香、果香、泥煤风味交织的独特威士忌。

蒙泰威士忌酒厂的崛起，不仅填补了中国北方麦芽威士忌领域的空白，也为全球威士忌爱好者提供了来自中国草原的匠心佳酿。

崃州蒸馏厂

崃州蒸馏厂

所有者：百润股份有限公司
地区：四川
成立时间：2021 年
状态：活跃
产能：30 000 000 升
地址：四川邛崃市临邛镇天官路 18 号

崃州蒸馏厂作为百润股份旗下的烈酒生产基地，凭借雄厚的资金支持、先进的产能规划以及多元化的产品布局，正在成为中国威士忌行业的重要力量。

厂区选址在四川省邛崃市，这里地处北纬 30° 世界黄金酿酒带，兼具中国南北地域的气候特征。厂区整体规模达 146 000 平方米，在尊重自然的绿色理念下，厂区自建成以来便荣获中国"绿色建筑"设计标识三星认证，这是中国绿色建筑评估标准中的最高级。

崃州蒸馏厂在生产上采用双蒸馏与双冷凝的蒸馏体系，是全球少数同时拥有壶式和柱式蒸馏器的蒸馏厂。4 对铜制壶式蒸馏器，其中一对更搭配了全球少见的双冷凝设备，可灵活切换常规铜和不锈钢冷凝装置，兼具提取纯净或复杂风味的威士忌。7 柱式蒸馏器，最高可连续蒸馏 334 次。在能耗方面也比普通蒸馏器节能 15%，并可根据蒸馏时长设计多种取酒强度，弹性化生产各式风味的新酒。年产能规划为年产谷物酒 26 000 吨，含伏特加、谷物类威士忌新酒，以及 4 000 吨麦芽威士忌新酒。

同时，崃州还拥有在全球也很稀有的 STR 系统，配备专属制桶工艺车间，并组建了自己的专业桶匠技术团队，常年保持与诸多木桶厂的技术合作。无论是新桶制造，还是旧桶再生维修，崃州都能在自己的橡木桶厂完成。除常规各类板材新桶、波本桶、雪莉桶、红酒桶等经典木桶的风味，崃州也在积极探索中国本土元素，在不同风味间寻找新的可能性。

2023 年发布了首款干型金酒，展现了其在烈酒领域的多元化布局。2024 年 11 月，崃州蒸馏厂推出了两款威士忌产品——"崃州单一麦芽威士忌创世版"和"百利得单一调和威士忌创世版"，标志着其威士忌品牌正式进入市场。

历史：

2021 年	厂区奠基仪式、开元桶灌桶仪式，厂区首次向公众开放参观。
2022 年	首次发售私人定制单桶威士忌，发起"蒙古栎良种计划"绿色公益活动，首家直营酒吧登陆上海。
2023 年	崃州中国黄酒桶首次亮相，成为"中国威士忌委员会"理事会员，旗下"椒语"金酒、"岭冽"伏特加上市，荣获"Just Drinks Excellence Award 2023" 4 个奖项，荣获百瓶 APP "2023 年度最佳中国威士忌"称号，原酒储量突破 30 万桶。
2024 年	荣获"Icons Of Whisky2024" 4 项奖章，旗下白色烈酒荣获十余项国际大奖，崃州中国蒙古栎桶亮相，旗下"崃州"与"百利得"威士忌新品上市。

崃州创世版

崃州创世版品鉴笔记：

入口甜美丰盈而圆润，温暖的烤麦芽香气悠然浮现，且伴随着浓郁的太妃糖香与丝滑的香草奶油香。尾韵悠长回甘，馥郁温柔。

韶山冲酒厂

韶山冲蒸馏厂

所有者：韶山冲红色文化产业有限公司
地区：湖南
成立时间：2019 年
状态：活跃
产能：1 200 000 升
地址：湖南省韶山市清溪镇长湖村

韶山冲酒厂，选址于湖南韶山市韶峰南端，正好处于北纬 27° 黄金酿酒带上，属亚热带季风湿润气候区。韶山冲酒厂的酿酒工艺已被列入湖南省非物质文化遗产传统技艺目录。酒厂多位经验丰富的酿酒匠人，历经数十年努力，精心打造世界烧烈酒品牌。

"世界烧"这一中文商标取自"Iworld"英文的译意，世界有诸多的不完美，酒厂的匠人们意将世界的精彩美丽、人文与自然的和谐交汇，萃聚于美酒的酿造过程之中，呈现完美和谐的世界烧烈酒。在生产过程中，"世界烧"臻选麦芽采用了平铺式圆形萨拉丁与先进塔式制麦生产线工艺。在谷物威士忌蒸馏过程中，酒厂还结合了当地种植的酿酒高粱与玉米，从源头上创新中国威士忌的风味。

在糖化及发酵过程中采用上、中、下三段式的全程自动化控温方式，更精确地控制原酒风味；蒸馏上采用手工打造 3 000 升全铜饱满圆润的壶式蒸馏器，下斜的林恩臂；谷物酿造中使用了 3 000 升全铜塔式蒸馏器，与 6 000 升 12 层铜板塔式蒸馏器，更好的萃取酸酯与呈香物质，使酒体更柔和细致的同时保持口感的一致性。

在韶山冲酒厂独特的自然微氧环境中，采用中式陶坛与橡木桶交替存储的方式让酒体在呼吸间完成熟化过程。创新二元熟成技术创造出了世界烧威士忌馥郁迷人且层次丰富的独特致柔风味，成就了惊艳口感。

特邀欧阳港生先生担任世界烧单一麦芽威士忌酿酒顾问。产品凝聚了欧阳先生近 50 年的深厚酿酒功力与灵感。

世界烧核心系列产品包括：单一谷物威士忌、三桶雪茄麦芽威士忌、九国纯麦威士忌、mini 烈酒礼盒。多款产品经典百搭，可直接饮用，也可调配成各种风味的鸡尾酒。世界烈酒新一代，让青春无限绽放，拥抱世界的热情与自由。

历史：

1957 年	建立国营湘潭酒厂韶山酒厂。
1958 年	韶山酒厂推出清香型韶峰大曲。
1982 年	工厂迁至狮山，成立民营韶山酒厂。
2004 年	工厂迁址，扩大产能至千吨，更名为韶山冲酒厂。
2013 年	创建"世界烧"品牌，引进西班牙 Belike 公司技术，成立韶山冲世界烧蒸馏所，推出世界烧调和威士忌。
2019 年	正式建立韶山冲世界烧蒸馏厂，提升产能达到 1 200 000 升，陆续推出单一谷物威士忌与纯麦威士忌。
2024 年	推出高端世界烧三桶雪茄麦芽威士忌，世界烧 mini 烈酒礼盒。

世界烧

世界烧单一谷物威士忌品鉴笔记：

淡琥珀色，充满奶油的丰腴感、层次丰富的木质香料气息；入口细腻丝滑，奶油质感，饱满香甜，稍显复杂却又均衡，余味香甜悠长、恬静。

吉斯波尔精酿蒸馏厂

吉斯波尔精酿蒸馏厂成立于2013年，坐落于有着"海上仙山之祖"美称的昆嵛山腹地，昆嵛山孕育了"天人合一、道法自然、清静无为"的仙道文化与吉斯波尔遵循自然健康的"三零加"（不加糖、不加香料香精、不加焦糖色）理念一脉相承。毗邻的中国马尔代夫——养马岛，其独特的海洋气候为威士忌陈化提供了天然环境，赋予了吉斯波尔威士忌独特的咸鲜海派风味。

吉斯波尔凭借获得国家发明专利的三重壶式蒸馏器，显著降低杂醇油含量，完美保留麦芽香气，威士忌口感结构饱满、层次纯净、清新柔顺。其在中国本土威士忌领域的领先地位，更是得益于橡木桶技术的突破，依托吉斯集团30余年家具行业经验，吉斯波尔创新性地运用蒙古栎研发出"国产雕堡"橡木桶，打破传统腰鼓型设计，增加酒液与橡木接触面积，加速风味提取，使酒体愈发醇厚。

吉斯波尔酿酒有限公司是国内首家结合精酿啤酒设备与工艺蒸馏威士忌的企业，将精酿啤酒与威士忌工艺完美融合，摒弃传统单一酿造工艺。吉斯波尔秉承匠心，以"55432"酿造标准（5大香型、5种雕堡桶、4年最低陈酿、三重蒸馏、双酵母发酵）为支撑，历经10年探索，形成独特"用桶"技艺。岁月沉淀的酒液，封藏于时光深处，愈发馥郁芬芳，成就了吉斯波尔自主蒸馏陈酿的单一麦芽威士忌原桶瑰宝。

吉斯波尔核心系列包括：东方檀香风味的昆全8年、昆全10年；东方泥煤香风味的山嵛43°、山嵛45°；东方果香风味的昆道，2015纪念款；东方茶香风味的昆宗以及东方咖啡香风味的迈号。

吉斯波尔精酿蒸馏厂

所有者：孙杰
地区：山东
成立时间：2013年
状态：活跃
产能：2 800 000 升
地址：山东省烟台市牟平区武五路555号

历史：

- **1988年** 吉斯集团成立。
- **2011年** 3月烟台吉斯波尔酿酒有限公司成立。
- **2012年** 10月开始研发单一麦芽威士忌。
- **2013年** 吉斯波尔精酿蒸馏厂成立。
- **2015年** 1月国产单一麦芽威士忌诞生。
- **2022年** 9月国产泥煤威士忌诞生。
- **2023年** 5月"昆全"单一麦芽威士忌、"2015"单一麦芽威士忌、"山嵛"泥煤单一麦芽威士忌荣获2023年旧金山世界烈酒大赛（SFWSC）金奖。
- **2023年** 9月"山嵛"泥煤单一麦芽威士忌荣获2023年布鲁塞尔（CMB）国际烈酒大赛银奖。
- **2023年** 12月6日吉斯波尔参展于日本东京举办的饮料工业展（DRINK JAPAN）。
- **2024年** 3月22日，吉斯波尔作为中国威士忌品牌参展2024年英国伦敦威士忌展（WHISKY LIVE 2024）。
- **2024年** 3月《威士忌杂志》（Whisky Magazine）旗下的艾威奖（ICONS OF WHISKY）中国奖区评选结果隆重揭晓，吉斯集团董事长孙杰获得"年度好评箍桶匠"称号。
- **2024年** 昆全10年单一麦芽威士忌诞生。
- **2024年** 5月28日，吉斯波尔作为中国威士忌品牌参展2024年香港国际葡萄酒及烈酒展（VINEXPO ASIA）。
- **2024年** 6月，吉斯波尔昆全10年威士忌经过层层严格筛选，成为2024第十五届大连达沃斯"文化之夜"及闭幕式晚宴指定用酒。
- **2024年** 10月14日，吉斯波尔以西班牙威士忌推介会为契机，受到了中国驻西班牙巴塞罗那总领事馆的关注与接见。
- **2024年** 10月19日，吉斯波尔参展2024法国巴黎食品饮料展（SIALPAIRS 2024）。

昆全10年品鉴笔记：

闻香时芳香香料、黑胡椒、苹果、花蜜的气息袭来。奶油香草和焦糖的风味盈溢口腔，伴随着肉桂、椰子、丁香等香味交替呈现。余韵悠长，檀香和轻盈柔顺的木烟味萦绕不绝。

伦布卡（南涧）蒸馏厂

伦布卡（南涧）蒸馏厂

所有者：深圳伦布卡酒业有限公司
地区：广东
成立时间：2014 年
状态：活跃
产能：375 000 升
地址：广东省深圳市南山区粤海街道科技园社区科苑路 15 号科兴学园 B 栋 133-1103

云南大理的"灵宝山"国家森林公园，地处南涧彝族自治县中国国家自然保护区的"无量山"，这里鲜有人迹，生物多样，环境优美。伦布卡（南涧）蒸馏厂就坐落于"灵宝山"旁的"樱花谷"。

自然环境决定一杯威士忌品质的上限。无量山地质结构多元，有石灰岩、砂岩、页岩、低谷、平坝和丘陵，山腹地质的复杂与独特，形成了水的清冽与透彻。悬崖绝壁构成深坑巨谷，山水互动间，展现了物种的多样性。无量山的年平均温度保持在 15℃左右。在这绝美的环境下，伦布卡旗下品牌"無量川"形成了独特的风格。

品饮了"無量川·花"，清新的茶味花香，一如穿过樱花林迎面扑来的微风；再品以陈茶润桶、着色的"無量川·廿二"，酒体似茶是酒、醇厚丰满，像品饮陈年老茶的温润、回甘。

无量山独特的海拔、气候、生态共同孕育出的"生命之水"，地质山岩间的反复冲刷回旋裹挟着丰富矿物质，已然为产自这里的"無量川"威士忌赋予了独有的灵魂，也造就了这座独一无二的"中国茶·威士忌"蒸馏酒厂。

核心系列产品："伦布卡·1221""無量川·廿二""無量川·风花雪月"等。其中"無量川·花"在 2024 年中国香港第 16 届国际美酒展威士忌盲品大赛上获得金奖。

历史

2007 年 "明园居"公司的创始人致力于茶叶深加工研究，开发以茶叶和谷物为原料酿造蒸馏酒，并以"OEM"模式开始生产"茶酒"。

2012 年 "明园居"公司注册了"伦布卡"商标，同年 12 月首次以"伦布卡"为商标推出了首批"茶酒"。

2013 年 "明园居"创始人首创"以茶润桶""以茶代糖"着色的创新威士忌酿造工艺，并获得了国家发明专利及逐年获得了制备"中国茶·威士忌"相关的 15 项实用新型专利。

2014 年 深圳伦布卡酒业有限公司正式成立。同年，第二代"中国茶·威士忌""伦布卡·1221"面市。

2021 年 "伦布卡"公司制定了中国首部茶味威士忌企业标准。同年，茶味威士忌品牌"無量川"诞生。

2024 年 6 月，"伦布卡"蒸馏酒厂在云南省大理白族自治州南涧彝族自治县无量山镇德安村落成投产。

2024 年 11 月 9 日、中国茶·威士忌"無量川"在 2024 国际威士忌盲品大赛中获得了"中国最好的威士忌奖"（金奖）。

無量川

"無量川·花"品鉴笔记：

琥珀色的酒体，闻香时带有花果香和陈年茶香。口感清新、雅致、圆润。余韵细腻、柔和、回甘，尾韵有品饮陈年老茶的美妙体验。

高朗蒸馏厂

高朗蒸馏厂

所有者：浏阳高郎烈酒酿造公司
地区：湖南
成立时间：2011年
状态：活跃
产能：4 500 000 升
地址：湖南省浏阳市两型产业园

高朗烈酒品牌始于2011年，品牌名称源于公司创始人高开朗先生，集团是一家以国际烈酒生产销售为主体，并兼具研发和生产其他各种酒水饮料的综合型集团。高朗的使命是酿造快乐和创造新兴民族品牌，旨在创造新的快乐生活方式和健康产品，为全世界带来大家喜欢的中国产品，成为中国制造的代名词。

高朗蒸馏厂采用浏阳河源头水，水资源丰富且优质，酒厂位于湖南省浏阳市，属于亚热带季风气候，夏季炎热冬季寒冷。酒窖是5层钢架结构的堆砌方式，相较苏格兰3%左右的蒸发率，高朗酒窖会达到4%～6%，酒质成熟加快，酒液能更快获得橡木桶赋予的色泽和香气。

在酒厂酒体设计中，通过一次糖化两次洗糟的方式，提取高浓度浑浊麦汁，充分释放谷物的丰富味道。高朗蒸馏厂与国际第二大酵母公司安琪酵母共同研发威士忌酵母，让新酒拥有馥郁的花果香。高朗蒸馏厂蒸馏系统、蒸馏装置同时拥有国家发明专利证书。设计上罐体采用不锈钢，通过导热油间接加热，精确控制温度，让温度达到美拉德临界值，使新酒有着烤面包的焦香味。与酒蒸气接触的部分天鹅颈、林恩臂、冷凝器内壁采用全铜材质，让酒液轻盈柔美。

目前高朗蒸馏厂设计产能为单一麦芽10 000桶/年，单一谷物10 000桶/年，麦芽与谷物威士忌合计5 000 000升纯酒精。入窖整体桶型约20种，除传统的波本、雪莉、波特等桶型外，还有比较少见的霞多丽桶、长相思桶、水楢桶，还有主打的特色中国白兰地桶型。

2023—2024年，高朗威士忌荣获多项国际大奖：2024年世界威士忌大赛6项金奖（其中包括中国单桶最佳等）、国际烈酒挑战赛（ISC）两项金奖、布鲁塞尔国际烈酒大赛金奖等。高朗威士忌出口至多个国家，也成为首家登陆世界最大烈酒电商平台 The Whisky Exchange 的中国威士忌品牌。

历史：

2011年　高朗品牌成立
2012—2013年　汨罗厂筹建、湖南高朗烈酒有限公司成立。
2015年　汨罗厂夏朗德蒸馏机安装、壶式蒸馏机安装。
2016年　第一瓶高朗威士忌——实验室1号威士忌酿出。
2017年　高朗蒸馏厂项目立项。
2019年　造访学习全球知名威士忌酒厂、浏阳高朗烈酒酿造有限公司奠基仪式、酿造基地上梁、酿造中心封顶。
2020年　高朗威士忌蒸馏厂批量引入欧美高端橡木桶。
2021年　高朗威士忌蒸馏厂设备试车酿酒。
2023年　荣获2023年国际葡萄酒及烈酒大赛（IWSC）铜奖、2023年旧金山世界烈酒大赛（SFWSC）银奖、2023年国际烈酒挑战（ISC）铜奖。浏阳高朗烈酒酿造有限公司二期奠基。

高朗单一麦芽威士忌STR红酒桶品鉴笔记：

在酒桶的翻新处理上，高朗选择少量刨除，去掉红酒的重单宁物质保留原有红酒桶的少许风味，再经轻度烘烤，重度碳化，激活木桶里的红维素，从而会产生香草风味。这样处理造就了充满浓郁果香，使得橡木、香料和酒液形成强有力互相成就。

其他蒸馏厂

久溪酒业
福建省龙岩市，成立于 2019 年

久溪酒业位于风景秀丽的福建龙岩山区大池镇，是一家致力于生产高品质蒸馏酒的现代化酒厂。这里不仅是自然爱好者的天堂，更是古老酿酒传统与现代科技相结合的典范。久溪酒厂的诞生源于一群威士忌爱好者的激情与梦想。2019 年，酒厂建设在多个关键人物的加入下逐步推进。2020 年，酒厂与当地政府签署了土地购买协议，项目进入实质建设阶段。经过多轮融资，至 2021 年，久溪酒业的投资者已增至 98 人，来自多个国家，品质卓效。酒厂工地集中向上硬化，酒厂除品牌蒸馏器外均产自中国，其中三套蒸馏器由苏格兰福赛斯公司制造，并预留了 7 套扩展空间。久溪酒厂生产的伏特加、杜松子酒、朗姆酒和威士忌将以超出国际行业规范的品质标准呈现，展现古典蒸馏与现代诠释的完美融合。

大芹陆宜威士忌
福建省漳州市，成立于 2007 年

公司总投资 15 亿元，这家规模可观的麦芽威士忌酒厂于 2014 年建成，但鲜有关注度，其年产能高达 8 400 000 升纯酒精。2019 年，该酒厂的首款威士忌产品已在国内市场发布。酒厂配备有 5 台糖化槽（3 台半劳特糖化槽和 2 台改装淀粉蒸煮器用于发酵），此外还有 48 个不锈钢发酵槽，发酵时间为 60~96 小时不等。酒厂共配备 10 台 10 000 升初馏器（其中 2 台由福赛斯公司制造，其余 8 台为国产）和 8 台 6 000 至 10 000 升再馏器（2 台由福赛斯公司制造，其余 6 台为国产），这些蒸馏器分布在 3 座蒸馏楼中。

酒业的发展以"威士忌、茶叶、咖啡、食品、精致农业与工业旅游"的多元化模式为支撑，形成了 5 条威士忌蒸馏生产线、酒文化展示厅、橡木桶酒库、橡木桶厂、产品包装厂等完备配套设施。在此基础上，酒厂扩展建设了大芹云顶酒厂和广东大芹酒厂，进一步提升了生产能力和市场影响力。通过不断创新与精益求精，大芹酒业已逐渐成为中国威士忌行业的重要力量，推动着国内威士忌文化的发展与普及。

熊猫精酿
贵州省安顺市，成立于 2016 年

威士忌探索始于 2016 年，与威士忌大师查尔斯·麦克林的品酒之旅激发了他们酿造具有中国特色威士忌的愿望。通过与百年品牌艾达菲酒厂的合作，熊猫精酿于 2017 年开始酿造威士忌，并创立了品牌"观照"。该品牌的名称源自佛经《楞严经》，象征着用智慧观察事物，达到明了的境界。"观照"的酿造工厂位于贵州省安顺市，得天独厚的气候条件使得威士忌能在优质自然环境中熟成。2022 年，经过 6 年的陈酿，第一批威士忌开瓶，展现出圆润醇和、果香浓郁的口感。该品牌专注于生产少量精品单桶威士忌，持续为消费者带来独特的风味体验。目前，"观照"威士忌已经成为中国本土与国际市场上的独特品牌，展现了威士忌与中国传统文化的完美结合。

杭州千岛湖威谷酒庄
浙江省杭州市，成立于 2020 年

在浙江淳安县汾口镇，一座隐藏在群山之间的"神仙"酒庄悄然崭露头角。这座酒庄位于原红星厂区内，依山傍水，环境宜人，产品质量达到了国际金奖级别。酒庄不仅致力于酒品研发，还通过利用当地农产品进行深加工，助力乡村振兴与产业链延伸。酒庄的建设为汾口镇的低效工业企业改造提升提供了成功范例，也推动了当地经济的发展。威谷酒庄正在成为淳安的标志性项目，逐步成为集现代化、国际化标准与科技化发展的高端酒庄，展现了传统与创新的完美结合。

淇记蒸馏厂
河北省石家庄市，成立于 2018 年

地处华北平原的暖温带半湿润气候区，得天独厚的自然环境为酿酒提供了优越的条件。酒厂始于 2010 年，前身为小型精酿啤酒厂，后转为当地威士忌的生产。淇记蒸馏厂的原料来自全球顶级产区，包括澳大利亚、比利时和苏格兰的大麦芽，橡木桶则源自美国、法国、西班牙等地。酒厂拥有先进的蒸馏设备，年产单一麦芽威士忌 600 000 升，白兰地和朗姆酒 30 万升。产品风格轻盈、优雅，带有丰富的水果香气，适合各种威士忌爱好者。作为中国威士忌产业崛起的代表之一，淇记蒸馏厂不仅致力于产品创新，还通过利用丰富的水果资源和完善的蒸馏设施，推动了国内威士忌行业的发展。

钰之锦蒸馏酒有限公司
山东省青岛市，成立于 2018 年

以其高品质和蓬莱地区的独特风土特征，逐渐形成了自己独特的口感。其产品线不仅包括单一麦芽威士忌，还涵盖了金酒、朗姆酒等其他蒸馏酒。钰之锦在生产中使用多种优质橡木桶，包括波本桶、雪莉桶、葡萄酒桶以及具有地方特色的栎树桶。品牌还与中国食品发酵工业研究院合作，探索培育适应本土酿造的酵母菌种，并参与推动威士忌国家标准的完善。钰之锦的威士忌在 2018 年获得了中国环球葡萄酒及烈酒大赛（CWSA）金奖。此外，钰之锦也积极履行社会责任，推出了以中国东北虎保护为主题的"虎年威士忌生肖酒"，并举办了中国首个"威士忌开壶节"，展示了品牌的文化自信。

峨眉山高桥威士忌酒业有限公司
四川省峨眉山市，成立于 2023 年

公司坐落于四川省峨眉山市，专注于酒制品生产和食品销售，涵盖酒类经营及进出口贸易，是四川郎酒股份有限公司的子公司，注册资本达 1 亿元人民币。峨眉山高桥威士忌项目预

久溪酒业工厂最后的建设阶段

计总投资超过 30 亿元，规划年产能 1 万吨原酒，分三期建设，旨在 2030 年全面竣工。该项目不仅将为当地带来显著的经济效益，预计每年创造近 10 亿元税收和千个就业岗位，还将推动相关产业发展，助力郎酒集团实现千亿元年销售目标，成为中国威士忌产业的重要力量。

叠川麦芽威士忌酒厂
四川省峨眉山市，成立于 2021 年

大型国际威士忌生产商进入中国市场只是时间问题。保乐力加集团于 2021 年率先在四川峨眉山投资 1.5 亿美元建立了叠川酒厂。酒厂配备 10 个不锈钢发酵槽，最短发酵时间为 78 小时，一对由福赛斯公司制造的铜制蒸馏器。酒厂以其独特的"叠式"调配技术和三大洲橡木桶陈酿法而闻名，其中包括世界上首家使用中国本土长白山橡木桶酿造威士忌的创新技术。酒厂不仅注重威士忌的风味和品质，还强调可持续性和环保，致力于实现碳中和，并 100% 使用可再生电力。2023 年 12 月，保乐力加发布了首款川纯麦威士忌，其中包含苏格兰威士忌成分。

酒厂位于峨眉山脚下，设计灵感源自峨眉山的自然风光，由如恩设计研究室设计，融合了当地风土和文化，旨在打造集威士忌、艺术与文化于一体的世界级旅游目的地。叠川酒厂的开业标志着中国原产威士忌的新纪元，同时也展现了保乐力加对中国市场的长期承诺和投资。

回澜威士忌蒸馏厂
四川省邛崃市，成立于 2023 年

回澜威士忌蒸馏厂由资深威士忌调配师岳勇先生创立，并得到了新加坡先锋物流集团与中国威士忌商学院的联合投资，总投资额约 3 亿元人民币。该蒸馏厂于 2024 年 7 月 26 日正式落成投产，采用独特的酿造工艺，仅取头两道麦汁，并在木质发酵槽中使用特有酵母组合进行发酵。蒸馏厂尝试以音乐培育原酒，并复刻古代生态环境，为酒液创造独特的熟成环境。提供多种过桶选择，并与艺术家合作制作橡木桶艺术品，旨在提供独特的文化体验。年产能约 200 000 升纯酒精，回澜威士忌蒸馏厂不仅丰富了邛崃的酒业品类，也为当地经济发展和酒文化多元化做出了贡献，致力于探索中国威士忌的国际化与多样化表达。

云南凌酝蒸馏所
云南省大理白族自治州巍山古镇，成立于 2023 年

该蒸馏所配备国内先进的紫铜釜式塔式蒸馏器，致力于酿造具有云南特色的威士忌。他们使用大理优质水资源和云南高原麦芽作为原料，并通过多样化的橡木桶进行陈酿，包括雪莉桶、干邑桶、红酒桶、蒙古栎桶和波本桶等，其中本土橡木实验桶占一定比例。凌酝蒸馏所的特色工艺包括研究和实验国内可用橡木的制作，特别是采用云南本土高海拔麻栎木制作橡木桶，以及创新使用云南咖啡威士忌桶。年产量约为 200 000 升纯酒精，核心产品包括凌酝单一麦芽雪莉桶威士忌和凌酝单一麦芽干邑桶威士忌，展现了对中国威士忌本土化和创新性的追求。

帝亚吉欧云拓酒厂
云南省大理白族自治州洱源县，成立于 2021 年

帝亚吉欧在中国投资的首个单一麦芽威士忌蒸馏厂，2021 年启动建设，2024 年建成。酒厂坐落在 2 100 多米海拔的高原，享有得天独厚的温和气候和生态多样性，为酿造提供独特风土条件，是帝亚吉欧在中国投资的首座单一麦芽威士忌酒厂。云拓酒厂采用本地资源，如云南橡木桶陈酿，探索本地原料，旨在酿造出具有中国特色的威士忌。酒厂设计现代，融合当地文化元素，设有游客体验中心，提供沉浸式体验。云拓酒厂致力于可持续发展，通过高效电锅炉和可再生能源实现运营层面碳中和、工业用水全循环、减少废弃物排放。云拓酒厂不仅是威士忌生产的新地标，也是推动当地旅游业和社区发展的重要力量。

东威蒸馏厂
湖南省长沙市洞庭湖畔，成立于 2020 年

东威是一家手工威士忌酒厂，工厂所有人魏伟东早在 2014 年就开始用小型试验蒸馏器进行蒸馏实验。酒厂配备两台传统苏格兰风格的铜制蒸馏器，由其本人设计和制造。初馏器容量为 3 000 升，再馏器容量为 2 000 升，酒厂年产能为 93 000 升纯酒精。酒厂采用中国本地大麦（包括二棱、四棱和六棱品种），并于 2022 年发布了首款 6 年单一麦芽威士忌。

无限蒸馏厂
湖南省浏阳市，成立于 2024 年

于 2024 年实现投产。初期产能将达到 900 吨 / 年，峰值产能可达 2 700 吨 / 年，是高朗烈酒集团下一家以威士忌文旅体验为主的威士忌蒸馏厂。目前该厂使用 100% 中国设备、多种中国原材料、中国团队，真正实现了全面国产化酿造体系。

无限蒸馏厂使用云杉木桶发酵、虫桶冷凝器、5 000 升壶式麦汁蒸馏器（壶体为飞碟型）、3 200 升灯笼型烈酒蒸馏器（壶体为球型）。保证酒体丰富度，控制酒体细腻和精致，也有着"一酿一樽一风味"的优势。酒窖部分占地 300 米^2，橡木桶种类多种多样，除了珍贵的欧罗索雪莉桶、PX 雪莉桶，以及常见的葡萄酒桶、波本桶外，更有来自中国的蒙古栎桶。

5 个 13 吨比利时云杉发酵槽，木质发酵槽更有利于微生物的生长代谢，形成丰富、稳定的菌群生态。发酵时间 96～120 小时，循环生产。木桶长时间发酵，给威士忌带来更加独特的风味。5 吨洋葱头型麦汁蒸馏器、3.2 吨灯笼型烈酒蒸馏器，向下林恩臂，均采用盘管导热油加热。冷凝蜂窝列管加虫桶二级搭配组合工艺，能生产出丰富醇厚的酒体，同时兼具风味，且节能。

麦芽主要有国产大麦芽和进口大麦芽，在国产的品类里面首选的是产于青藏高原的青稞麦芽——一种高原大麦（Highland barley），与国际第二大酵母公司安琪酵母共同研发的威士忌酵母，为新酒带来馥郁的花果香。

噶玛兰蒸馏厂（Kavalan Distillery）
台湾省宜兰县员山镇，成立于 2005 年

噶玛兰是台湾首家高质量威士忌酒厂，位于台湾东北部的宜兰县，距离台北市约一个小时车程。酒厂于 2006 年 3 月 11 日下午 3 点 30 分成功生产出了第一批酒液，这标志着酒厂正式启用。10 周年庆典邀请了全球各地的宾客和媒体记者，不仅是为了庆祝生产的 10 周年，同时也是为了见证酒厂扩展，噶玛兰成为全球十大单一麦芽威士忌酒厂之一。

创始人李添财和现任 CEO 李玉廷带领着酒厂进行快速发展。早期，酒厂决定引进苏格兰的专业技术，以确保从一开始就走上正确的轨道。在此过程中，酒厂与威士忌酿酒专家吉姆·斯旺（Jim Swan）博士合作，他制定了包括生产和未来成熟策略的规划，遗憾的是吉姆·斯旺在 2017 年初去世。

酒厂的设施包括 5 个麦芽糖化锅、40 个不锈钢发酵桶（发酵时间为 60～72 小时）和 10 对灯笼形铜制蒸馏锅（分别为 12 000 升初馏器和 7 000 升再馏器）。噶玛兰使用非常精确的蒸馏切割，确保更浓郁、复杂的风味档次，蒸汽冷凝器使用外壳和管式冷凝器，但由于台湾的气候炎热，酒厂还使用了辅助冷

却器。

酒厂拥有三座5层高的酒库，总容量为30万桶，宜兰地区的潮湿气候和高温（酒库顶部温度可达42℃）意味着酒厂的"天使的份额"（因蒸发而损失的酒液）比苏格兰要高，达5%~7%。噶玛兰拥有自家的木桶厂，STR（刮皮、烤制、再烘）桶的准备工作对某些威士忌的最终风味起着重要作用。

噶玛兰的核心系列包括经典系列（Classic）、升级版的噶玛兰指挥官（King Car Conductor）和以波特桶完美熟成的交响乐大师（Concertmaster）。2009年推出的Solist系列威士忌首次吸引了世界的目光，这些威士忌均采用不同类型的木桶熟成，并以桶强装瓶，分批次发布。其他系列包括波本桶、欧罗索雪莉桶以及酒厂专属的酒吧系列。

在2020年秋，噶玛兰推出了首批使用泥煤麦芽（10ppm）蒸馏的威士忌，成为其新发布。2023—2024年，噶玛兰推出了面向旅行零售的独家系列，如大师精选（Master's Select Reserve）No.1和No.2，并且在2024年9月推出了全新的"蘭"Lán系列，采用波本、STR和波特桶的混合熟成方式。

除了威士忌，噶玛兰还生产金酒和啤酒，并推出了即饮系列（The Kavalan Bar Cocktail），以及位于台北中山区的首家"桶强威士忌酒吧"。这座酒吧是全球唯一一家提供噶玛兰全系列威士忌的酒吧，游客可以直接品尝到酒桶中的威士忌。随后，酒厂在宜兰的"噶玛兰花园酒吧"也开始营业，游客可以在酒厂品尝酒桶直饮威士忌。

南投酒厂（Nantou Distillery）
台湾省南投市，成立于1977年（2008年开始酿制威士忌）

南投酒厂隶属于台湾烟酒公司（TTL）。该集团独占台湾地区市场的所有酒类和烟草产品，直到2002年。南投酒厂是TTL集团中唯一生产单一麦芽威士忌的酒厂。

酒厂的设施包括一个2.5吨的全麦芽糖化锅，8个不锈钢发酵桶（发酵时间为60~72小时）。酒厂配有两个初馏器和两个再馏器。南投酒厂还生产各种水果酒，其中包括使用荔枝酒和梅子酒的酒桶进行熟成的一些威士忌。

2013年，南投酒厂推出了两款名为Omar的桶强单一麦芽威士忌，此后又陆续发布了雪莉桶和波本桶系列，成为酒厂的核心系列，另有利口酒过桶系列。最近的发布包括：丰收系列第五版，首次使用桂花酒桶进行熟成；14年桶装威士忌，采用了索莱拉（Solera）系统进行熟成。

合力酒厂（Holy Distillery）
台湾省新北市，成立于2016年

合力酒厂由创始人张佑任（Alex Chang）创办，最初专注于酿制米威士忌。后来，酒厂逐渐扩展产品线，制作了苏格兰波本风格的威士忌，并推出了名为救赎（Salvation）的单一麦芽威士忌。近期，酒厂还推出了朗姆酒系列，继续拓展其产品阵容。

噶玛兰蒸馏厂最近开设了仓库品鉴室，并推出了噶玛兰·蘭（Kavalan Lán）

世界其他地区威士忌蒸馏厂

欧洲 · 北美洲 · 大洋洲 · 亚洲 · 南美洲 · 非洲

上一版年鉴本章节中新增了两个国家——塞浦路斯和越南，如今，世界各地都在开设麦芽威士忌蒸馏厂，似乎已不再令人感到惊讶。

20年前，当出版第一版《麦芽威士忌年鉴》时，情况截然不同。当时收录了33家位于苏格兰以外的麦芽威士忌蒸馏厂。许多读者觉得这既有趣又充满异国情调，但他们的兴趣仍然主要集中在苏格兰威士忌上。而在这一版中，全球其他地区蒸馏厂的数量已增至707家，毫无疑问，这些生产商已成为一股不可忽视的力量——无论是在品质还是产量方面。他们的产品在全球范围内巩固并扩展了整个威士忌品类，最终受益的是消费者。

尽管在过去4~5年里，一些国家（例如澳大利亚和美国）的新蒸馏厂开设速度有所放缓，但中国和印度却迈出了重要一步。这些企业通常规模庞大，有时还由欧洲的大型烈酒公司提供资金支持。在中国，初期生产主要面向国内市场，但这两个国家在不久的将来将对整个行业产生重大影响。

与此同时，在接下来的72页中，尽情享受来自世界各地、规模或大或小的众多蒸馏厂吧。你会发现一些真正的宝藏！

左页：挪威的极光——世界上最北端的威士忌蒸馏酒厂

欧洲

奥地利

海德酒厂（Destillerie Haider）
成立于1995年，位于罗根雷特（Roggenreith）

酒厂的拥有者于1998年发布了第一款奥地利威士忌。2005年开设了威士忌世界体验（Whisky Experience World），提供参观和品尝。酒厂装备有两个克里斯蒂安·卡尔铜制蒸馏器（Christian Carl copper stills）。主要生产部分由100%麦芽黑麦或黑麦和麦芽大麦混合制成，其余由麦芽大麦制成。核心系列包括5款常规版本，此外还有使用本地泥煤制作的泥煤威士忌，以及定期发布的限量版——其中一些已陈酿长达15年。

布罗格家族酒厂（Broger Privatbrennerei）
成立于1976年，位于克劳斯（Klaus）（2008年起生产威士忌）

生产威士忌补充了苹果和梨白兰地的蒸馏和生产。酒厂装备有一个150升的克里斯蒂安·卡尔铜制蒸馏器（Christian Carl copper stills）。当前的威士忌系列包括三重橡木桶陈酿（Triple Cask）、中度烟熏版（Medium Smoked）、强烟熏版（Burn Out）和限量版的酒厂版（Distiller's Edition）。2023年，为庆祝威士忌生产15周年，发布了一款在马德拉酒桶中完全熟成的瓶装酒。

阿诺·保利酒厂（Arno Pauli, Brennerei）
成立于1930年，位于阿布萨姆（2005年起生产威士忌）

酒厂结合了宾馆、啤酒厂和酿酒厂的多重功能。除了生产一种6年陈的单一麦芽威士忌（由大麦制成），他们还推出了由玉米、斯佩尔特小麦（Dinkel，一种古老的小麦品种）和小麦制成的威士忌。

达赫施泰因蒸馏厂（Dachstein Destillerie）
成立于2007年，位于拉德施塔特

除了生产各种浆果烈酒外，也生产麦芽威士忌。他们的主打产品是5年陈的岩石威士忌（Rock Whisky），最近还推出了烟熏风味的威士忌。

法尔托弗蒸馏厂（Farthofer Destillerie）
成立于1867年，位于厄林（2014年起生产威士忌）

该酒厂已有百年历史，主要生产白兰地和利口酒。近几年开始生产威士忌，除了混合型威士忌AWA外，酒厂还推出了单一黑麦威士忌和单一麦芽威士忌。生产过程采用有机原料，并且拥有自家的麦芽制备厂。

弗朗茨·科斯滕策尔，玛乌拉赫高级蒸馏厂（Franz Kostenzer, Edelbrennerei）
成立于1998年，位于阿赫湖（2006年起生产威士忌）

生产多种不同的烈酒以及威士忌，以阿尔卑斯威士忌（Whisky Alpin）品牌发布了数款产品，包括14年陈的单麦芽雪莉桶陈酿、11年陈的阿玛罗尼酒桶陈酿和6年陈的重度泥煤风味威士忌。

赫尔曼·法纳蒸馏厂（Hermann Pfanner, Destillerie）
成立于1854年，位于劳特拉赫（2005年起生产威士忌）

生产两款核心产品，范纳单一麦芽经典版（Pfanner Single Malt Classic）和在红酒桶中熟成的单一麦芽红木版（Single Malt Red Wood）。此外，还有几款限量版，包括PX单桶版和9年陈白木版，这两款均于2022年发布。

海德酒厂的首席执行官兼所有者贾斯敏（Jasmin Haider）

凯克艾斯蒸馏厂（Keckeis Destillerie）
成立于 2003 年，位于兰克维尔（2008 年起生产威士忌）

该酒厂的核心产品是凯克艾斯单一麦芽（Keckeis Single Malt），在 2021 年初，限量版酿酒师精选（Stillman's Finest）发布。部分大麦使用山毛榉木烟熏，且熟成过程采用小型的前雪莉酒桶。

库恩茨天然蒸馏厂（Kuenz Naturbrennerei）
成立于 1643 年，位于德尔萨赫（2014 年起生产威士忌）

酿酒厂最近将威士忌加入到他们的产品线中。第一款单一麦芽威士忌名为劳赫科夫尔（Rauchkofel），于 2017 年发布，此后推出了几个不同的批次，包括烟熏风味的威士忌。

老渡鸦酒厂（Old Raven）
成立于 2004 年，位于诺伊施蒂夫

一家啤酒厂为威士忌提供发酵液。核心产品是三次蒸馏的老渡鸦（Old Raven），特别版本包括 5 年陈烟熏魔鬼（Smoky Devil）、10 年陈 Lockdown 和 Black Edition。

普查斯蒸馏厂（前身为拉格勒特殊蒸馏厂）[Puchas, Destillerie (former Lagler, Spezialitätenbrennerei)]
成立于 2009 年，位于库克米尔恩

少数使用真空蒸馏的酿酒厂之一。提供两款名为库克米恩（Kukmirn）的单一麦芽威士忌。

赖塞特鲍尔父子蒸馏厂（Reisetbauer & Son）
成立于 1994 年，位于基尔赫贝格-腾宁（1995 年起生产威士忌）

专注于生产白兰地和水果白兰地，也生产一系列麦芽威士忌。目前的威士忌系列都在之前曾装过霞多丽（Chardonnay）和干贵腐葡萄酒（Trockenbeerenauslese）的酒桶中熟成，包括 7 年、12 年、15 年和 21 年陈。

罗格纳蒸馏厂（Rogner, Destillerie）
成立于 1997 年，位于拉波滕施泰因

该威士忌系列包括罗格纳瓦尔德菲尔特威士忌 3/3（Rogner Waldviertel Whisky 3/3）和单一麦芽威士忌 No. 2（Whisky No. 2）。20 年陈红路版（Red Road）和雪莉桶熟成的凤凰版（Phönix）于 2022 年发布，而 18 年陈黑麦威士忌老约翰（Rye Old John）于 2023 年 8 月推出。

湖区蒸馏厂（See-Destillerie）
成立于 2018 年，位于圣沃尔夫冈，萨尔茨卡默古特

最初是一家利口酒酿酒厂，2021 年推出了第一款沃尔夫冈威士忌 1528（Wolfgangsee Whisky 1528）。现在有 4 种不同的品种，包括两款泥煤风味威士忌。

沃伊茨蒸馏厂（Weutz, Destillerie）
成立于 2002 年，位于圣尼古拉

这家酒厂于 2004 年将威士忌纳入其产品系列。其中一些威士忌按照传统的苏格兰风格生产，而另一些则更具创新性，例如以接骨木花为基底的威士忌。

维茨蒸馏厂（Wieser Destillerie）
成立于 2002 年，位于圣尼古莱，萨乌萨尔

这家酒厂传统上生产白酒和利口酒，同时推出了四次蒸馏的乌阿侯阿威士忌（Uuahouua）。该系列包括美国橡木版、法国橡木版、黑皮诺桶版以及水上烟熏版。

比利时

比利时猫头鹰蒸馏厂（Belgian Owl Distillery）
成立于 1997 年，位于格拉斯-霍隆

比利时的第一家威士忌酒厂，自 2008 年推出首款威士忌以来，确实取得了长足的进步。目前，他们的产品已经出口到东欧、亚洲和美国，并且不断推出多样化的特别版陈年威士忌，酒龄最高达 11 年。最近推出的两款特别版分别使用了曾装有巧克力烈酒和咖啡烈酒的酒桶进行收尾。核心系列通常为 3 年陈，以 46% 的酒精度或原桶强度（Cask Strength）装瓶。酒厂配备了两台蒸馏器，这些蒸馏器来源于已经关闭的卡普多尼克（Caperdonich）酒厂。

德莫伦伯格蒸馏厂（De Molenberg Distillery）
成立于 1471 年，位于布拉斯费尔德（2003 年起生产威士忌）

2010 年，酿酒师查尔斯·勒克莱夫在家族庄园莫伦贝尔开设了蒸馏厂。洗涤锅的容量为 3 000 升，蒸馏锅为 2 000 升。首批以金卡罗鲁斯单一麦芽（Gouden Carolus Single Malt）为名的 3 年陈瓶装威士忌于 2008 年推出，现如今该系列还包括三种不同酒桶熟成的威士忌，分别是雪莉酒桶、马德拉酒桶和波特酒桶，以及烟熏风味的布拉斯菲尔德（Blassveld Broek）。

布雷克曼蒸馏厂（Braeckman Distillery）
成立于 1918 年，位于奥登纳尔德（2007 年起生产威士忌）

一家金酒酿酒厂，同时也生产威士忌。他们的首次发布是一款 9 年陈的单一谷物威士忌，目前有 4 款单一谷物威士忌可供选择，最老的是 13 年陈。他们还为德格拉尔酿酒厂（De Graal Brewery）蒸馏 5 年和 7 年陈的圣杯（San Graal）单一麦芽威士忌。

菲利尔斯蒸馏厂（Filliers）
成立于 1880 年，位于巴赫特-玛丽-勒恩（2008 年起生产威士忌）

2007 年推出了名为戈尔德利斯（Goldlys）的威士忌。如今，这款雪莉桶熟成的单一麦芽威士忌以菲利尔斯（Filliers）品牌销售，目前市面上最老的威士忌是 10 年陈的雪莉桶陈酿。也生产单一黑麦威士忌。

皮尔洛特酿酒厂（Pirlot, Brouwerij）
成立于 1998 年，位于赞德霍芬（2011 年起生产威士忌）

最初是一家啤酒厂，该酒厂配备了一台连续蒸馏器（Continuous Still），其酒液主要熟成于拉弗格（Laphroaig）提供的前波本桶（Ex-Bourbon Casks）和小型四分之一桶（Quarter Casks）的组合中。肯皮什之火（Kempisch Vuur）首款单一麦芽威士忌于 2016 年推出，此后陆续发布了多款产品。

拉德马赫蒸馏厂（Radermacher, Distillerie）
成立于 1836 年，位于拉尔伦

在这家经典酒厂丰富的产品系列中也包括威士忌。其品牌名为兰贝尔图斯（Lambertus），产品涵盖单一谷物威士忌（Single Grain）和单一麦芽威士忌（Single Malt），最长可达 10 年陈。

萨斯蒸馏厂（Sas Distillery）
成立于 2014 年，位于斯特肯

在一台容量为 200 升的柱式蒸馏器（Column Still）中，酒厂根据传统配方生产金酒、朗姆酒、苦艾酒（Absinthe）以及威士忌。2019 年，该酒厂推出了圣火（Ignis Templi）单一麦芽威士忌，第二批次于 2022 年发布。

威尔德伦酿酒厂与蒸馏厂（Wilderen, Brouwerij & Distilleederij）
成立于 2011 年，位于威尔德伦 - 圣特鲁伊登

这是一家结合了啤酒酿造与蒸馏传统的酒厂，其历史可以追溯到 1642 年。目前的核心单一麦芽威士忌名为野性黄鼠狼（Wild Weasel），提供 46% 和 60% 两种酒精度版本，同时推出限量版的雪莉桶过桶（Sherry Cask Finish）系列。

塞浦路斯

阿里斯提德斯蒸馏厂（Aristides Distilling）
成立于 2020 年，位于特斯里

在蓬勃发展的威士忌社群的推动下，塞浦路斯终于拥有了一家运作中的麦芽威士忌酒厂。在美国奥扎克山脉（Ozark Mountains）生产威士忌数年后，阿里斯和玛丽安娜·阿里斯蒂杜（Aris & Marianna Aristidou）返回塞浦路斯，并在距离尼科西亚（Nicosia）南部约 10 公里的特斯里开设了这家酒厂。虽然酒厂也生产金酒，但其核心产品是以基塞雷亚（Kythrea）为名的威士忌。该单一麦芽威士忌以当地的六棱大麦（6-row barley Kythrea）酿制，此外还推出了一款由麦芽大麦和玉米混合酿造的版本，体现了塞浦路斯独特的原料与风味。

捷克共和国

斯瓦乔夫卡酒厂（Svachovka Distillery）
成立于 2016 年，位于布杰约维采

由 Vaclav Cvach 所有，这是一家集啤酒厂、蒸馏酒厂、酒店、餐厅和水疗中心为一体的酒厂。酒厂配备了不锈钢发酵罐和铜质蒸馏器，生产水果白兰地以及每年 5 ~ 10 000 升的 Svach's Old Well 单一麦芽威士忌。2019 年秋季推出了第一款 3 年的单一麦芽，此后发布了一系列不同的表达。

金公鸡酒厂（Gold Cock Distillery）
成立于 1877 年，位于维佐维采

主要产品是李子白兰地，但也生产三种版本的威士忌——一款 3 年的混合威士忌，一款 12 年的单一麦芽和不同版本的 Small Batch 单一麦芽。生产一度停止，但该品牌和蒸馏酒厂被 R. Jelinek a.s. 收购后，重新开始生产威士忌。

丹麦

斯陶宁威士忌（Stauning Whisky）
成立于 2006 年，位于斯陶宁

丹麦第一家专用麦芽威士忌酒厂在 2009 年进入了一个更成熟的阶段，此前曾使用从西班牙购买的两台小型试验蒸馏器进行实验。2012 年，酒厂安装了更多的蒸馏器。2015 年，帝亚吉欧（Diageo）的孵化器基金项目 Distil Ventures 投资 1 000 万英镑提高了生产能力。2018 年，新酒厂启用，配备了 24 台全铜蒸馏器，均为直接加热。地面发芽区扩展至 1 000 平方米，共有 4 层，总生产能力达到 90 万升纯酒精。

核心产品系列包括 Rye（也有桶装强度版本）、烟熏风味由黑麦和大麦制成的 Kaos Triple Malt、Smoke Single Malt 和新推出的 Høst Double Malt（黑麦和大麦混合，2024 年 4 月推出）。近期限量版产品包括 Rye Sherry Cask Finish（2024 年 6 月推出），在美国橡木中初次熟成，后熟于欧罗索和莫斯特卡酒桶中。

布劳恩斯坦（Braunstein）
成立于 2005 年，位于科厄（2007 年起生产威士忌）

哥本哈根以南的丹麦第一个微型蒸馏酒厂。发酵液来自自己的啤酒厂，使用霍尔斯坦型蒸馏器（Holstein）进行蒸馏。所需的大麦中有相当一部分在丹麦生态种植。2010 年，生产的第一款麦芽威士忌首次发布。最近的发布包括未泥煤化的图书

在苏格兰使用二棱大麦时，塞浦路斯的阿里斯提德斯蒸馏厂则使用当地种植的六棱大麦

馆系列 24：1，在菲诺雪莉桶中熟成，以及 2024 年 4 月发布的限量版，重泥煤化（60ppm）并在波本桶中熟成。还有专为免税市场准备的丹妮卡（Danica）。

阿尔斯酒厂（Als, Destilleriet）
成立于 2018 年，位于西达尔

这是一家结合了金酒和威士忌的酿酒厂，由赫文威士忌（Spirit of Hven）的亨里克·莫林（Henric Molin）协助建造，威士忌在 350 升的连续蒸馏器中蒸馏。最新发布的威士忌是一款熟成 4 年的 PX（Pedro Ximénez），于 2023 年 9 月上市。

布兰德（Branderiet）
成立于 2020 年，位于布兰德（2023 年起生产威士忌）

这是一家生产金酒和烈酒的生产商，2023 年也装填了一些 30 升的单麦芽威士忌桶，计划在 2026 年装瓶。

布林克霍尔姆威士忌（Brinkholm Øl og Whisky）
成立于 2019 年，位于赫尔斯莱夫

是一家小型有机威士忌的啤酒/酿酒厂。首款产品于 2022 年推出，计划在 2024 年发布更多产品。

哥本哈根蒸馏厂（Copenhagen Distillery）
成立于 2014 年，位于哥本哈根

酒厂位于哥本哈根南部地区。最初生产了多种金酒、伏特加和利口酒作为基础产品，但这家酒厂的主要特色是生产威士忌，并且具有一些独特的特点。原料使用 Skiold 平板磨坊进行研磨，然后在 0.6 吨的糖化罐中进行糖化。经过 7～10 天的发酵，液体在一台 1050 升的铜质混合型蒸馏器中蒸馏一次，该设备由穆勒（Müller）生产，配有 2 层塔板和分馏器，以在蒸馏时有更多调控灵活性。酒液主要在 100 升的匈牙利橡木烤桶中熟成，但也会使用一些不寻常的酒桶。酒厂有三个不同的系列：臻品系列（Refined）是更传统的威士忌，原味系列（Raw）让所有风味更浓烈，以及实验性的珍藏系列（Rare）瓶装，其中有时使用替代性原料。首版威士忌于 2020 年 2 月发布，此后推出了一些限量版瓶装。

迪雷霍伊酒庄（Dyrehøj Vingård）
成立于 2007 年，位于卡隆德堡（2018 年起生产威士忌）

丹麦最大的葡萄园近年来建立了一家酿酒厂，生产金酒、苦艾酒和名为罗斯（Rös）的威士忌。

恩哈文酒厂（Enghaven, Braenderiet）
成立于 2014 年，位于梅勒鲁普

也生产朗姆酒和金酒，2017 年秋天首次生产的威士忌是一款在波本桶和波特桶中熟成的黑麦威士忌，2018 年发布了首款从朗姆酒桶中熟成的单一麦芽威士忌。最新的是一款葡萄酒桶中收尾的单一麦芽威士忌，以及 2020 年底的一款黑麦威士忌。

法尔斯特蒸馏厂与酿酒厂（Falster Destilleri & Bryghus）
成立于 2019 年，位于维格勒瑟

这家酒厂是一家集酿酒和蒸馏于一体的酒厂，在两台葡萄牙铜壶蒸馏器中生产多种类型的烈酒，包括麦芽威士忌。第一款威士忌于 2023 年 2 月发布，这款酒经过了波本、欧罗索雪莉酒和 PX 雪莉酒的混合橡木桶陈酿。此后，2023 年 6 月推出了一个带有烟熏风味的版本。

法瑞洛肯蒸馏厂（Fary Lochan Destilleri）
成立于 2009 年，位于吉夫

主要的麦芽大麦来自英国，但他们也自行进行部分麦芽处理。第一款威士忌于 2013 年发布，自那时以来，已推出多款酒品。最近的一款是 2024 年 7 月发布的 4 年陈酿泥煤臻品（Peaty Perfection）——一款非烟熏风味的烈酒，在前艾雷岛波本桶中陈酿。

林菲厄顿酿酒厂（Limfjorden, Braenderiet）
成立于 2013 年，位于布拉德里耶特罗斯莱夫

这家酒厂于 2018 年搬迁至新址，并新增了酿酒厂。除了泥煤和无泥煤的单一麦芽威士忌以及黑麦威士忌外，酒厂还生产金酒和朗姆酒。第一款单一麦芽威士忌于 2016 年发布，而最新的一款是在 2023 年 8 月推出的 10 年陈 PX 酒桶威士忌，以及庆祝酒厂成立 10 周年。

莫斯高威士忌（Mosgaard Whisky）
成立于 2015 年，位于乌雷

三座阿兰比克蒸馏器由酒厂所有者设计并在葡萄牙制造。酒厂还配备了 1 台 150 千克的糖化罐和 4 个不锈钢发酵槽，发酵周期为 7 天。威士忌使用有机种植的大麦进行生产，熟成主要在小型 50 升的橡木桶中进行。第一款单一麦芽威士忌于 2019 年春季推出。此后，酒厂推出了多款表达，包括一些在不同橡木桶组合中熟成的版本，既有泥煤风味的也有无泥煤风味的。最新款产品是在 2024 年 6 月发布的 6 年陈 PX 桶单一麦芽威士忌。

尼堡酿酒厂（Nyborg Destilleri）
成立于 1997 年，位于尼堡（2009 年起生产威士忌）

作为现有啤酒厂的扩展而开业，酿酒厂于 2017 年搬到新址。酿酒厂配备了两个带有附加柱的铜壶蒸馏器。首款费奥尼亚岛（Isle of Fionia）单一麦芽威士忌于 2012 年发布。核心系列包括小岛、丹麦橡木、泥煤和泥煤黑。另一个限量发布系列是冒险精神（Adventurous Spirit），目前包括拉普卢姆（La Plume），斯基珀的雾（Skipper's Mist）以及 2024 年夏天发布的 12 年陈的萨达德（Saudade）。

径向蒸馏厂（Radius Distillery）
成立于 2019 年，位于普雷斯蒂厄

这是一家农场酿酒厂，专注于金酒和苹果白兰地，但也使用自己的大麦生产麦芽威士忌。不寻常的是，威士忌是在谷物上蒸馏的，预计于 2024 年发布。

萨尔威士忌酒厂（Sall Whisky Distillery）
成立于 2018 年，位于萨尔

生产金酒，但最重要的是，使用生态种植的大麦生产麦芽威士忌。新酒于 2019 年推出，首款单一麦芽威士忌于 2023 年 2 月出现。随着 2024 年 8 月的最后一版，三款产品穆德、托尔夫和格洛德（Muld, Tørv and Glød）展现了他们威士忌的三种不同风格。

索戈尔酿造厂（Søgaards Bryghus）
成立于 2010 年，位于奥尔堡（2018 年起生产威士忌）

最初是一家啤酒厂，业主于 2018 年踏上了激动人心的酿酒厂冒险之旅。2018 年春天，北日德兰 4 个不同岛屿的农民种植了奥德赛大麦。大麦在同年秋天收获并麦芽化，用于在奥尔堡的啤酒厂/酿酒厂蒸馏新酒。2019 年春天，这些新酒被填入杰克丹尼尔斯酒桶，然后送回各个岛屿熟成。4 款威士忌于 2023 年 6 月以 Vindblæst（意为风吹）的名称发布。

索赫兰酿酒厂（Søhøjlandets Destilleri）
成立于 2020 年，位于锡尔克堡

以其金酒闻名，首款单一麦芽威士忌于 2022 年 12 月生产。首次发布预计将在 2025—2026 年。

托尔内斯酿酒厂（Thornaes Destilleri）
成立于 2018 年，位于赫尔辛

北西兰的一家酿酒厂，专门生产威士忌，但也生产金酒。首款单一麦芽威士忌于 2023 年发布，随后发布了更多版本，最新的是泥煤版本。

泰威士忌（Thy Whisky）
成立于 2009 年，位于费里特斯莱夫（2011 年起生产威士忌）

这是一家家族经营的农场酒厂，使用周围田地种植的生态大麦生产。酒厂主人还为威士忌使用创新的烟熏材料。首款 Thy 单一麦芽威士忌于 2014 年发布，现有的核心系列包括 Thy、Bøg 和斯佩尔特黑麦（Spelt-Rye）。多年来已推出近 30 款限量酒品，最近的两款是在 2024 年夏季发布的田园小麦（Heritage Wheat）和帝王珍藏（Imperial PX）。

特拉努姆磨坊酒厂（Tranum Mølle Destilleri）
成立于 2018 年，位于布罗夫斯特

业主从生产金酒开始，两年后扩展到生产名为科尔德莫塞（Koldmose）的威士忌。到目前为止还没有发布。

特罗尔登酒厂（Trolden Distillery）
成立于 2011 年，位于科灵

这家酒厂是啤酒厂的一部分，首款单一麦芽发布是 2014 年的宁布斯（Nimbus）。2020 年 5 月，酿酒厂搬到新址。2023 年 11 月发布了雪莉桶熟成的 Nimbus Porta et Clavis 象征开启风味之门的钥匙。

厄尔岛威士忌（Ærø Whisky）
成立于 2013 年，位于埃勒斯柯宾

位于厄尔岛，该酒厂最初使用来自葡萄牙的蒸馏设备。2016 年，酒厂安装了更大的蒸馏器，生产得以增加。首次装瓶是在 2017 年，如今核心产品是在新美国橡木、葡萄牙橡木和匈牙利橡木制成的橡木桶中熟成的。限量版酒款定期发布。

英格兰

英格兰酒厂（English Distillery, The）
成立于 2006 年，位于诺福克，劳德汉姆

最初名为圣乔治酒厂，由父子二人 James 和 Andrew Nelstrop 创立，它成为了 100 多年来第一家英格兰单一麦芽威士忌酒厂。2009 年，酒厂发布了首款威士忌——第五章。此后，发布了更多的"章节"系列（最多有 17 个章节），但这些有时让人难以理解的系列最终被简洁的 4 款核心产品所取代，包括英格兰原味（The English Original）、英格兰烟熏（The English Smokey），以及最近新增并限量发售的 11 年陈威士忌和雪莉桶威士忌（Sherry Cask）。此外，酒厂还定期发布小批量系列的限量酒款，其中包括三次蒸馏（Triple Distilled）、轻微烟熏的双桶威士忌（Gently Smoked Double Cask）、朗姆酒桶威士忌（Rum Cask）和英格兰处女橡木桶威士忌（English

汤姆·梅勒（左）和大卫·汤普森（右）——约克郡之魂的创始人

Virgin Oak）等。2023 年底，酒厂还发布了一款非常稀有的 16 年陈波特酒桶威士忌（Port Cask）。此外，酒厂还拥有单桶系列（Single Cask Series）和诺福克系列（The Norfolk），后者包括使用不同谷物制作的创新酒款。该系列的最新酒款包括有场单一谷物（Farmers Single Grain）和爆米花威士忌（Popcorn），后者采用了玉米、黑麦和大麦的混合麦芽。

科茨沃尔德酒厂（Cotswolds Distillery）
成立于 2014 年，位于斯托尔顿

2014 年 9 月，酿酒厂开始生产威士忌和金酒，配备 4 台蒸馏器：一台洗酒蒸馏器（2 400 升）、一台酒精蒸馏器（1 600 升）以及两台霍尔斯坦蒸馏器。2022 年秋季，酿酒厂进行了大规模扩建，建立了一座全新的酿酒厂，既容纳了一些旧设备，又新增了 2 吨的糖化槽和两台更大的蒸馏器。这使得产能提升至 50 万升，翻了 4 倍。所有大麦均在当地种植，并在沃敏斯特麦芽厂进行地面麦芽处理。2023 年完成了一轮融资，其中包括贝瑞兄弟与路德（Berry Brothers & Rudd）的投资。2017 年，首款单一麦芽威士忌 3 年陈奥德赛（Odyssey）问世。2018 年初，酿酒厂开始尝试黑麦威士忌，并在同年晚些时候进行首次朗姆酒的生产试验。如今，经典系列的两个核心表达是签名版（Signature）和储备版（Reserve），两者均在前波本和 STR 桶中熟成。桶表达系列包括创始人之选（Founder's Choice，STR 熟成）、烟熏桶（Peated Cask，使用前烟熏四分之一桶熟成）、雪利桶（Sherry Cask）和波本桶（Bourbon Cask）。最后，有限发行的心与工艺系列（Hearts & Craft Collection）中最新产品是皮诺·德·夏朗特桶（Pineau Des Charentes Cask）。最近的限量发布包括西班牙橡木（Spanish Oak）、爱丽丝（The Alice）来自单一卡尔瓦多斯桶和亚麻谷（Flaxen Vale）作为收获系列的一部分。

湖区酒厂（Lakes Distillery）
成立于 2014 年，位于巴森斯瓦斯湖

湖区酒厂配备了两台用于威士忌生产的蒸馏器，每台都设有铜和不锈钢冷凝器，以及第三台专用于金酒蒸馏的蒸馏器。2020 年，通过 425 万英镑的投资，酒厂新增了 8 个发酵罐，将年产能提升至 37.5 万升纯酒精。

首款酒——湖区麦芽威士忌创世版（The Lakes Malt Genesis）于 2018 年发布。2019 年，酒厂推出了以雪莉酒桶为主的威士忌匠人珍藏系列（Whiskymaker's Reserve），该系列的第七款也是最后一款于 2023 年 9 月发布。此外，还推出了威士忌匠人特别版（Whiskymaker's Editions），最新酒款包括银河（Galáxia）、春分（Equinox）、远航（Voyage）和伊莎多拉（Isadora）。

2023 年 3 月，酒厂发布了限量版元素系列（Elements），包含 7 款在不同雪莉酒桶中陈酿的威士忌。同年 5 月，发布了专属巅峰系列（Apex），其中包括速度（Velocity）和革命（Revolución）两款产品。2024 年 6 月，英国起泡酒生产商尼特巴（Nyetimber）以 7 100 万英镑收购了酒厂。

约克郡之魂酒厂（Spirit of Yorkshire Distillery）
成立于 2016 年，位于汉曼比

酒厂由汤姆·梅勒（Tom Mellor）和大卫·汤普森（David Thompson）创立，酿酒设施分布在两个地点。糖化桶和发酵槽位于汤姆的农场，该农场还设有沃尔德顶端酿酒厂（Wold Top Brewery）。蒸馏环节则位于约 4 公里外的亨曼比（Hunmanby），包括初馏器和再馏器。酒厂配备了一个 4 层蒸馏柱，可与再馏器并行运行，用于生产酒液风味较轻的新酒。所有的大麦全部来自自家农场，酒厂还少量生产黑麦酒。未来计划扩建产能，酒厂还设有访客中心，并提供每日参观体验。其核心产品非利湾旗舰版（Filey Bay Flagship）于 2019 年首次发布，采用波本桶熟成。最近的限量产品包括 2024 年 4 月推出的菲利湾波特酒桶版（Filey Bay Porter Cask），使用来自姊妹公司沃尔德顶端酿酒厂的波特酒桶进行部分熟成。同年稍晚推出了约克郡日版（Yorkshire Day），以 55% 的酒精度瓶装，结合里奥哈（Rioja）、雪莉（Sherry）、马德拉（Madeira）以及新橡木桶熟成。

宾博酒厂（Bimber Distillery）
成立于 2015 年，位于伦敦

一家充满创新精神的酒厂，配备了开放式木质发酵槽（Open Top Wooden Washbacks）、直火加热壶式蒸馏器（Direct-Fired Alembic Stills），并使用地板发芽的大麦。蒸馏工作始于 2016 年 5 月，酒厂的第一款产品是一种伏特加，但如今，酒厂专注于威士忌的生产。

2019 年 9 月，酒厂发布了其首款单一麦芽威士忌，此后推出了多款产品。最近的作品包括 2024 年春季发布的巨人肩膀系列（Shoulders of Giants Series），由 6 款单桶威士忌组成，以及同年稍晚推出的一款面向更广泛市场的批次产品。

2023 年 9 月，酒厂的拥有者在苏格兰福里斯（Forres）附近开设了第二家酒厂邓菲尔酒厂（Dunphail Distillery）。

阿宾顿酒厂（Abingdon Distillery）
成立于 2022 年，位于阿宾顿

最初生产朗姆酒和金酒，现在也开始酿造麦芽威士忌。首批酒款预计将在 2026 年推出，采用 Bulleit 黑麦威士忌桶熟成。

阿德格弗林酒厂（Ad Gefrin Distillery）
成立于 2022 年，位于伍勒

酒厂配备了两台壶式蒸馏器，第一批酒桶于 2022 年 12 月灌装。为了在自家威士忌推出前提供选择，酒厂以塔克博拉（Tácnbora）为品牌名称推出了一系列调和威士忌，这些威士忌来源于苏格兰、爱尔兰、英格兰以及斯堪的纳维亚地区。此外，酒厂还设有一座盎格鲁-撒克逊博物馆！

阿德南姆啤酒厂（Adnams Copper House Distillery）
成立于 2010 年，位于萨福克郡南沃尔德

2010 年开始生产蒸馏酒，除了威士忌外，还生产金酒、伏特加和苦艾酒。第一款威士忌于 2013 年发布，目前的产品系列包括单一麦芽（Single Malt）、黑麦麦芽（Rye Malt）和三麦芽（Triple Malt）。此外，还有限量版产品，分别经由欧罗索雪莉桶、波特桶和波本桶熟成。

班克霍尔酒厂（Bankhall Distillery）
成立于 2019 年，位于布莱克浦

隶属于 Halewood Artisinal Spirits 的酒厂，生产甜麦酿造的威士忌、由黑麦和小麦制成的酒款，并且在 2023 年推出了首款以桶装酒精度装瓶的单一麦芽威士忌。

坎特伯雷酿酒厂和蒸馏坊（Canterbury Brewers and Distillers）
成立于 2018 年，位于坎特伯雷

一家集手工酿造啤酒、蒸馏、餐厅和酒吧于一体的综合酒厂。配备了一个 500 升的蒸馏器，早期有销售金酒和朗姆酒。2019 年开始蒸馏威士忌，并于 2023 年 3 月推出了工坊街灯（Foundry Streetlight）单一麦芽威士忌。下一款计划于 2025 年春季发布的单一麦芽威士忌为工坊船头（Foundry Capstan）。

境遇酒厂（Circumstance Distillery）
成立于 2018 年，位于布里斯托

该酒厂旨在通过配备有附加柱子的壶式蒸馏器来进行灵活的威士忌和朗姆酒生产。2019 年首款瓶装酒为境遇大麦（Circumstantial Barley 1∶1∶1∶1∶6），一种由 100% 麦芽大麦制成。此后推出了多款不同的酒款，使用了 196 种不同的麦芽配方。2023 年 11 月推出了他们的首款核心酒款，采用了发芽大麦和未发芽大麦、发芽黑麦和发芽小麦。

库珀金酒厂（Cooper King Distillery）
成立于 2018 年，位于萨顿－昂－泽森林

在一次澳大利亚之行的启发下，Abbie Neilson 和 Chris Jaume 决定将酒厂装备上塔斯马尼亚铜壶式蒸馏器，结合真空蒸馏和传统蒸馏方法。大麦在沃敏斯特麦芽厂（Warminster Maltings）进行地板发芽，麦芽浆通过手工搅拌。2018 年，酒厂发布了首款金酒，2019 年开始生产威士忌，2023 年 10 月发布了首款单一麦芽威士忌初酿·果香与香辛（First Edition: Fruit + Spice），也是英国首款使用零碳能量生产的威士忌。

铜铆钉酒厂（Copper Rivet Distillery）
成立于 2016 年，位于查塔姆

酒厂配有附带柱子的铜壶式蒸馏器以及专用的金酒蒸馏器。船厂金酒（Dockyard Gin）和维拉伏特加（Vela Vodka）为早期推出。2017 年 4 月，推出了枪之子（Son of a Gun），一种熟成 8 周的谷物烈酒。首款马斯豪斯单一麦芽威士忌（Masthouse Single Malt）于 2020 年发布，随后推出了马斯豪斯谷物威士忌（Masthouse Grain Whisky）、马斯豪斯柱式蒸馏麦芽威士忌（Masthouse Column Malt）和一款桶装原酒威士忌（single malt bottled at cask strength）。

达特穆尔酒厂（Dartmoor Distillery）
成立于 2016 年，位于博维特雷西

酒厂老板购买了一座老式的雅布蒸馏器，经过翻新后附加了铜制洗涤加热器进行预热。2020 年推出了首款单一麦芽威士忌，当前的核心系列包括使用前波本、前欧罗索雪莉酒和前波尔多葡萄酒桶的酒款。2023—2024 年的最新限量发布是在波特酒桶中熟成的威士忌。

杜伦威士忌（Durham Whisky）
成立于 2014 年，位于杜伦（2018 年起生产威士忌）

酒厂最初生产金酒和伏特加，2018 年开始生产威士忌。2021 年，酒厂（以及酒吧和游客中心）搬迁至更大的场所。酒厂使用本地麦芽，配备了 1 200 升的初馏器和 1 000 升的再蒸馏器。至今尚未发布单一麦芽威士忌。

东伦敦烈酒公司（East London Liquor Company）
成立于 2014 年，位于伦敦

这家结合酒厂、酒吧和餐厅的酒厂是东伦敦超过 100 年来首家开放的蒸馏酒厂。生产多种烈酒，其中金酒最受欢迎。在威士忌方面，有使用大麦制作的黑麦威士忌和单一麦芽威士忌。近期限量版发布包括在前艾雷岛酒桶中熟成的威士忌，以及瑞迪康梅洛酒桶（Radikon）版。

艾勒斯农场酒厂（Ellers Farm Distillery）
自 2022 年开始生产威士忌，位于斯坦福桥

酒厂多年来生产了各种烈酒，2022 年开始蒸馏麦芽威士忌，计划在 2025 年底推出首款威士忌。酒厂配有 20 层塔板柱式蒸馏器以及传统的壶式蒸馏器。

森林酒厂（Forest Distillery, The）
成立于 2014 年，位于马克尔斯菲尔德

酒厂在皮克区国家公园的一座老石屋内建立，后来将蒸馏器搬迁至著名的"猫与小提琴酒馆"。他们发布了多款由自家单一麦芽和采购威士忌混合的调和酒，并在 2023 年 12 月推出了第 26 版，使用了切什尔麦芽和野生酵母，这是他们的首款核心酒款。

亨斯通酒厂（Henstone Distillery）
成立于 2017 年，位于奥斯威斯特里，什罗普郡

最初的酒品包括金酒、伏特加、苹果白兰地和玉米威士忌。第一款单一麦芽威士忌于 2021 年推出，现在的系列包括在波本桶、欧罗索桶、PX 桶和泥煤桶中成熟的单一麦芽威士忌。2023 年 11 月经过大量投资后，该酒厂正在寻找新的地点。

怀特岛酒厂（Isle of Wight Distillery）
成立于 2015 年，位于新港

该酒厂目前专注于生产伏特加和美人鱼金酒（Mermaid Gin）。在威士忌方面，发酵的麦芽浆是从当地酿酒厂购买的，并在混合铜质蒸馏器中蒸馏。第一批威士忌于 2015 年 12 月蒸馏，但尚未发布。

卢德洛酒厂（Ludlow Distillery）
成立于 2014 年，位于克雷文小镇

这家小型酒厂配备了一台 200 升的蒸馏器，2018 年 11 月发布了第一款单一麦芽威士忌年轻王子（Young Prince）。最新发布的酒桶版第 6 号（Cask Edition No. 6）经过波本酒桶、PX 雪莉酒桶和红酒桶的混合熟成。

掌中之石酒厂（Pocketful of Stones）
成立于 2019 年，位于彭赞斯

这家集蒸馏、酒吧和餐厅于一体的酒厂生产多种不同的酒精饮料，最新发布的地狱之石威士忌（Hell's Stone Whisky）经过三次蒸馏，由英国淡色艾尔啤酒为原料酿成。

复仇者酒厂（Retribution Distilling Co.）
成立于 2021 年，位于弗罗姆

在市场上已有杜松子酒和朗姆酒，酒厂主人生产少量的萨默塞特首款单一麦芽威士忌。首款发布在 2024 年，并计划有一款使用当地泥煤的版本。

伯明翰之魂酒厂（Spirit of Birmingham Distillery）
成立于 2021 年，位于伯明翰

这是一家集啤酒和伏特加生产于一体的酒厂。近年来，该酒厂开始涉足威士忌领域，采用独特的五谷配方进行酿造，包括麦芽黑麦和传统 Maris Otter 大麦等原料。目前这些威士忌正在特制橡木桶中陈酿，展现出黑麦的辛香与经典大麦的甜美相结合的独特风味。

曼彻斯特之魂酒厂（Spirit of Manchester Distillery, The）
成立于 2016 年，位于曼彻斯特（2022 年起生产威士忌）

酒厂位于曼彻斯特的前铁路拱廊下，最初生产杜松子酒，但自 2022 年起也开始蒸馏麦芽威士忌，预计 2025 年发布，名为一点六（One Point Six）。酒厂使用了水晶麦芽和卡拉麦芽、特殊酵母和长时间发酵。

十皮革酒厂（Ten Hides Distillery）
成立于 2021 年，位于梅尔克沙姆

安德鲁·威尔逊（Andrew Wilson）在长期军旅生涯后，

于2021年开设了这家酒厂。到目前为止，酒厂主要专注于杜松子酒和香料朗姆酒，但在与前格拉斯哥和霍利鲁德酒厂的杰克·梅奥（Jack Mayo）合作后，不难想象威士忌也在筹备中。不过，首款发布估需几年时间。

威特伍德酿酒厂与酒厂（Weetwood Brewery & Distillery）
成立于1992年，位于凯尔索（自2019年起生产威士忌）

这家酒厂30年前成立，并于2019年增加了蒸馏设施。最初发布了杜松子酒、伏特加、朗姆酒和白兰地，首款柴郡单一麦芽（Cheshire Single Malt）于2022年9月发布，随后在2023年4月发布了第二款，并推出了海边（Seaside）和炉边（Fireside）特别版。

西米德兰兹蒸酒厂（West Midlands Distillery, The）
成立于2017年，位于罗利·里吉斯（2021年起生产威士忌）

酒厂早已在市场上推出了杜松子酒、伏特加和朗姆酒，自2021年起开始蒸馏麦芽威士忌，计划2024年首次发布。酒厂生产过程中使用了来自沃明斯特麦芽厂的传统谷物和不同的酵母菌株。

码头酒厂（Wharf Distillery）
成立于2015年，位于托克斯特

这家曾经可能是英格兰最小的威士忌酒厂，于2022年3月扩建并增加了1台蒸馏器。首款单一麦芽威士忌于2019年1月发布，随后推出了夏至（Solstice）和春分（Equinox）（使用波特酒桶熟成）。此外，还有一系列的谷物威士忌，名为费尔·德伦克（Fyr Drenc）。

白峰酒厂（White Peak Distillery）
成立于2017年，位于安伯盖特，德比郡

这家酒厂于2018年4月开始进行蒸馏。首先发布了杜松子酒、朗姆酒以及一款陈酿30个月的麦芽烈酒，紧接着在2022年2月推出了首款威士忌——铁线作坊单一麦芽威士忌（Wire Works Single Malt）。最近的产品包括全波特桶（Full Port）、烟重之上（Over Smoke）、初榨橡木桶（Virgin Oak）和必经之恶尾桶（Necessary Evil Finish）。此外，酒厂还与诺丁汉的米其林星级餐厅萨特贝恩斯餐厅（Sat Bains）进行了合作。

惠特克酒厂（Whittaker's Distillery）
成立于2015年，位于哈罗盖特（2019年起生产威士忌）

酒厂主此前以惠特克杜松子酒（Whittaker Gin）取得了知名度，但从一开始就有意生产威士忌。2019年夏天，安装了两台新的大型蒸馏器，秋季开始生产威士忌。2024年8月1日，他们的首款单一麦芽威士忌发布。

雅姆酒厂（Yarm Distillery）
成立于2018年，位于伊格尔斯克利夫

在最初的两年里，该酒厂专注于金酒（包括黑刺李金酒和伦敦干金酒）。到了2020年，酒厂开始蒸馏第一款单一麦芽威士忌，该威士忌是使用当地酿酒厂提供的发酵酒醪，并采用了两台阿拉姆比克铜蒸馏器进行蒸馏。首批发布的酒款于2023年8月推出。

法罗群岛

克拉克斯维克酒厂（Einar's Distillery）
成立于2016年，位于克拉克斯维克

克拉克斯维克酒厂成立于2016年，是法罗群岛的第一座合法酒厂，位于法罗群岛啤酒厂（Föroya Bjór Brewery）旁边。

尽管法罗群岛的人口仅有53 000人，但如今已经拥有两家威士忌蒸馏厂，法尔岛酒厂（Faer Isles Pistillery）便是最新成立的一家

酒醪来自啤酒厂的 2 吨麦芽糖化桶，然后在 3 个不锈钢发酵桶中发酵，最后通过阿诺德·霍尔斯坦（Arnold Holstein）生产的蒸馏锅蒸馏。第一款单一麦芽威士忌于 2020 年发布。最近的发行版本包括穆萨布鲁索（Músabróður），这款威士忌在欧罗索（Oloroso）和马萨拉（Marsala）酒桶中熟成，而特尔南（Ternan，2023 年 5 月发布）则是波本和欧罗索雪莉酒酒桶的混合风味。

法尔岛酒厂（Faer Isles Distillery）
成立于 2023 年，位于维斯特曼纳

2023 年 2 月，法罗群岛的第二座酒厂开始生产。该酒厂的年生产能力为 60 万升纯酒精，业主计划在最初几年达到年产 8 万升。大部分设备均在苏格兰制造。已发布了伏特加、阿克瓦维特（Akvavit）和金酒。威士忌在类似于传统的干羊肉和干鱼的干燥仓库（opnahjallur）中熟成，业主预计潮湿、风大且含盐的天气将对威士忌的风味产生重大影响。第一款威士忌预计在 2026 年发布。

芬兰

特伦佩利酒厂（Teerenpeli）
成立于 2002 年，位于拉赫蒂

最初的酒厂位于拉赫蒂的一家餐厅，配备了一对蒸馏器。2015 年，酒厂搬迁至与啤酒厂同一建筑内，拥有一个 3 000 升的初蒸馏器，两个 900 升的再蒸馏器，年产能力为 160 000 升。酒厂的核心产品包括 10 年陈酿、100% 雪莉酒桶熟成的卡斯基（Kaski）、在波特酒桶中完成熟成的波尔提（Portti）、泥煤风味的萨武（Savu）、7 年陈酿、在 PX 桶和欧罗索酒桶中熟成的库洛（Kulo）、泥煤风味的帕洛（Palo，雪莉酒桶熟成）和仅在特佩伦利餐厅及赫尔辛基机场销售的兰基（Länki）。最近的限量版包括 2024 年 2 月发布的 15 年陈酿，庆祝特佩伦利集团成立 30 周年，以及一款 8 年陈酿的摩斯卡特单桶威士忌（Moscatel single cask）。

赫尔辛基酿酒公司（Helsinki Distilling Company）
成立于 2014 年，位于赫尔辛基

酒厂配备了一个麦芽糖化桶、三个发酵桶和两个蒸馏器。2014 年发布了第一款杜松子酒，在威士忌方面，酒厂专注于用黑麦麦芽酿制威士忌，但也生产由大麦酿制的单一麦芽威士忌和玉米威士忌。最新的一款大麦单一麦芽威士忌是 2023 年 11 月发布的 7 年陈酿，使用了苹果杰克（Applejack）酒桶进行熟成。2021 年春季，他们蒸馏了第一款有机威士忌。

纳古酒厂（Nagu Distillery）
成立于 2018 年，位于利兰地区

酒厂位于芬兰西南部群岛的一家老船厂内，酒厂老板已经发布了多款杜松子酒和伏特加。麦芽威士忌目前仍在酒厂的仓库中熟成。

艾格拉斯酒厂（Ägräs Distillery）
成立于 2017 年，位于费斯卡尔

酒厂位于芬兰南部的一个小工厂村，历史可追溯至 17 世纪。如今，这个村庄以其工艺艺术和设计活动而闻名。艾格拉斯酒厂生产多种烈酒，如阿克瓦维特（Akvavit）、杜松子酒和麦芽威士忌。第一款威士忌预计在 2025—2026 年发布。

法国

瓦朗赫姆酒厂（Distillerie Warenghem）
成立于 1900 年，位于布列塔尼大区的拉尼翁（1993 年起开始酿造威士忌）

瓦朗赫姆酒厂由莱昂·瓦朗赫姆（Leon Warenghem）创立，1967 年，其孙保罗-亨利·瓦朗赫姆（Paul-Henri Warenghem）与合伙人伊夫·雷祖尔（Yves Leizour）接管了酒厂，并将其迁至现位于布列塔尼的拉尼翁郊区位置。20 世纪 70 年代末，伊夫的儿子吉尔·雷祖尔（Gilles Leizour）接手酒厂，并将威士忌纳入了瓦朗赫姆的酿酒系列。1987 年，瓦朗赫姆推出了以大麦和小麦为原料的混合威士忌 WB，而 1998 年推出的阿莫里克（Armorik）则是法国历史上第一款单一麦芽威士忌。酒厂装备有一台 6 000 升的半滤麦芽糖化槽、6 个不锈钢发酵桶，以及两台传统的铜制蒸馏锅（6 000 升的初馏器和 3 500 升的再馏器）。每年大约生产 180 000 升纯酒精（其中包括 20% 的谷物威士忌）。单一麦芽威士忌的主力系列包括阿莫里克原版（Armorik Édition Originale）和阿莫里克雪莉酒桶过桶版（Armorik Sherry Finish），这两款都是 4 年熟成，经过波本酒桶熟成后，最后在雪莉酒桶中进行过桶。阿莫里克原版（Armorik Édition Originale）则是由 4~8 年熟成的威士忌调配而成，而阿莫里克双重熟成版（Armorik Double Maturation）（7 年熟成）则在新橡木桶和雪利酒桶中熟成。除了这些，瓦朗赫姆酒厂还酿造了黑麦威士忌，其中 10 年陈酿的鲁夫黑麦（Roof Rye）威士忌于 2021 年发布。2018 年，酒厂推出了第一款泥煤威士忌特里戈兹（Triagoz），2022 年 9 月，酒厂又将一款 15 年陈酿纳入了主力系列。自 2023 年 7 月起，酒厂开始发布特别版威士忌，以纪念公司成立。首款纪念版德伊兹（Deiz）为 10 年陈酿的单一 PX 酒桶威士忌。

格拉雷-杜皮克酒厂（Grallet-Dupic）
成立于 1860 年，位于大东部大区的罗泽利厄尔（2003 年起酿造威士忌）

由于赫伯特·格拉雷（Hubert Grallet）和他的女婿克里斯托弗·杜皮克（Christophe Dupic）于 2007 年推出了格伦·罗泽利厄尔（Glen Rozelieures）品牌，酒庄在 2024 年夏季进行了扩建，现已成为法国最大的酒厂之一，年产能为 40 万升纯酒精。目前，该酒厂有 5 款威士忌可供选择：经典系列（Original Collection）在菲诺酒桶中熟成；轻泥煤系列（Rare Collection）在苏玳酒桶（Sauternes）中熟成；烟熏系列（Fumé Collection）20ppm 在菲诺酒桶熟成；土耳比系列（Tourbé Collection）；以及无泥煤系列（Subtil Collection）。此外，酒厂还在 2018 年开设了一个麦芽工厂。

梅尼尔酒厂（Distillerie des Menhirs）
成立于 1986 年，位于布列塔尼大区的普洛梅兰（1998 年起酿造威士忌）

最初为一座便携式柱式蒸馏酒厂，酒厂于 1986 年定址，并于 1989 年推出了第一款拉姆比（lambig）。不久后，酒厂开始酿造 100% 荞麦威士忌，并于 2002 年推出了艾杜银（Eddu Silver）系列。之后，酒厂还推出了 Eddu Gold、Eddu Silver Brocéliande 和 Eddu Diamant 系列。2019 年，梅尼尔酒厂发布了 2004 年陈酿的限量版威士忌，这是第一款由荞麦麦芽酿造的威士忌。

高冰原酒庄（Domaine des Hautes-Glaces）
成立于 2009 年，位于奥弗涅-罗纳-阿尔卑斯大区的圣让代埃朗斯（2014 年起生产威士忌）

酒厂种植并自行麦芽化有机大麦。第一款威士忌源初（Principium）自 2014 年起上市。2015 年，酒厂被雷米·干邑集团（Rémy Cointreau）收购，2020 年新增了第二个蒸馏厂。核心产品系列有帕夫香产田（Les Moissons Malt）和黑麦田（Les Moissons Rye），以及 2021 年发布的首批 10 年陈 XO。最近推出的产品包括原乡（Indigène）和实验系列知源（Épistémè）。

米克洛酒厂（Miclo）
成立于 1970 年，位于大东部大区的拉普特鲁瓦（2012 年起生产威士忌）

酒厂原为水果烈酒生产商，2012 年起使用当地啤酒厂的麦汁，通过 4 台霍尔斯坦（Holstein）水浴蒸馏器生产威士忌。2021 年 9 月，酒厂重新推出产品系列，包括前萨特恩酒桶陈酿（Welke Classique）、烟熏（Welke Fumé）、泥煤（Welke Tourbé）和前勃艮第酒桶陈酿（Welke Classique）。

贝尔克鲁酒厂（Bercloux）
成立于 2000 年，位于新阿基坦大区的贝尔克鲁（2014 年起生产威士忌）

最初为一家啤酒厂，2014 年安装了斯图夫勒牌蒸馏器（Stupfler）开始生产威士忌，后续又增设了干邑蒸馏器和柱式蒸馏器。2018 年推出了首款贝尔克鲁单一麦芽威士忌（Bercloux Single Malt Whisky）。2019 年，酒厂被蒙福（Les Bienheureux）公司收购，其目标是为自有品牌 Bellevoye 三重麦芽威士忌（目前拥有 7 款产品）提供原料和生产。原贝尔克鲁（Bercloux）品牌更名为勒福（Lefort），主要在超市销售。

凯尔特威士忌酒厂（原名：海之岸）[Celtic Whisky Distillerie (former Glann ar Mor)]
成立于 1999 年，位于布列塔尼大区的普勒比安

让·多奈（Jean Donnay）于 1999 年开始尝试生产威士忌，2005 年开始常规生产。使用两台直接加热的小型蒸馏器，并配备螺旋冷凝器。发酵在木质发酵桶中完成，蒸馏过程缓慢。威士忌有两种风格：无泥煤海岸（Glann ar Mor）和泥煤科尔诺格（Kornog）。2020 年，酒厂被维尔韦酒庄（Maison Villevert）收购，2023 年更名为凯尔特威士忌酒厂（Celtic Whisky Distillerie）。

赫普酒厂（Hepp, Distillerie）
成立于 1972 年，位于大东部大区的贝拉克（2005 年起生产威士忌）

酒厂主要生产两款无年份标识的核心酒款：塔尔西斯·赫普（Tharcis Hepp）（波本/雪利酒桶陈酿）和唐尼赫普（Johnny Hepp）（波本/白葡萄酒桶陈酿）。2018 年新增产品包括欧威士忌（Ouisky）、萨尔西·赫普泥煤威士忌（Tharcis Hepp Tourbé）和法国侧门威士忌（French Flanker）。此外，酒厂还运营夏美瓦（Charmeval）、耐尔修斯（Nelcius）、16 号别墅（Villa 16）、102 雄狮（102 Lions）和拉克鲁瓦酒庄（Maison Lacroix）等品牌。

卡斯坦酒厂（Castan, Distillerie）
成立于 1946 年，位于奥克西塔尼大区的维勒纳夫叙韦尔（2010 年起生产威士忌）

2016 年，塞巴斯蒂安·卡斯坦（Sébastien Castan）增设啤酒厂以供应原料，2024 年在阿尔比开设第二个蒸馏厂。核心系列包括 5 款产品：比耶尔维罗纳（Villanova Berbie）（前白葡萄酒桶陈酿）、戈斯特（Gost）（新桶熟成）、泰罗西塔（Terrocita）（泥煤）、罗哈（Roja）（前红葡萄酒桶熟成）和塞加拉（Segala）（黑麦）。最近限量推出了吉尔伯特维罗纳特调（Vilanova Gilbert Signature）和棚屋（Shed）。

鲁热德利尔酒厂（Rouget de Lisle）
成立于 1994 年，位于勃艮第－弗朗什－孔泰大区的比莱特朗（2006 年起生产威士忌）

鲁热·德利尔啤酒厂于 2006 年委托勒韦尔蒙烘焙厂（Brûlerie du Revermont）生产威士忌。首款单一麦芽威士忌于 2009 年发布，2012 年酒厂购入了自己的蒸馏器。核心系列包括两款无年份标识威士忌，分别是在前稻草酒桶（Straw Wine Cask）和前马克万酒桶（Macvin Cask）中熟成。最近推出了从 5～21 年的 5 款威士忌系列。

马维拉酒庄（Mavela, Domaine）
成立于 1991 年，位于科西嘉岛（2001 年起生产威士忌）

使用霍尔斯坦蒸馏器（Holstein still）蒸馏，并在前科西嘉麝香葡萄酒桶（Former Corsican Muscat Wine Cask）中熟成，P&M 单一麦芽威士忌于 2004 年首次发售。2017 年底推出首款 12 年陈，2018 年发布了全新系列：P&M 特调（P&M Signature）、P&M 红橡木（前红葡萄酒桶陈酿）和 P&M 泥煤（P&M Tourbé）。2023 年，推出了以当地玉米酿制的玉米威士忌。

纳古兰酒厂（Naguelann, Distillerie）
成立于 2014 年，位于布列塔尼大区的朗盖南

莱奈克·勒迈特（Lenaïck Lemaitre）作为独立装瓶商创立了纳盖朗（Naguelann）。其首款自有蒸馏威士忌迪耶尔·坦塔德（Dieil Tantad）于 2020 年发布。2021 年增设了一家啤酒厂和两台蒸馏器，2024 年推出了 10 周年纪念系列德克（Dek）。

奥古斯特酒厂（Auguste）
成立于 2020 年，位于诺曼底大区的丰特奈（Fontenay）

保罗·里库阿尔德（Paul Ricouard）接管家族农场后，决定增设一座威士忌酒厂，并配备了葡萄牙 Hoga 蒸馏器。以其祖父命名的"奥古斯特"威士忌，先在轻度碳化的新橡木桶中熟成，随后转入白波特酒桶中完成陈酿。

贝特朗酒厂（Bertrand, Distillerie）
成立于 1874 年，位于大东部大区的乌贝拉赫（2002 年起酿造威士忌）

酒厂从当地啤酒厂购买麦芽，并采用霍斯坦（Holstein）蒸馏器进行蒸馏。品牌在 2022 年进行了焕新升级，推出两款核心产品：以法国橡木桶熟成的勒普林西帕尔（Le Principal）和以阿尔萨斯葡萄酒桶熟成的勒苏弗勒（Le Souffle）。2024 年，酒厂宣布挂牌出售。

博伊诺酒庄（Maison Boinaud）
成立于 1971 年，位于新阿基坦大区的昂热克（2018 年起酿造威士忌）

作为近年最重要的干邑酒厂之一，酒庄配备了 41 个蒸馏器。从 2018 年起，酒厂每年有两个月专门生产麦芽威士忌。2022 年 6 月推出了第一款单一麦芽威士忌埃里奥斯经典（Hériose Le Classique）。

BOWS 酒厂（BOWS）
成立于 2017 年，位于奥克西塔尼大区的拉乌尔米内尔瓦

BOWS 是由前工程师伯努瓦·加西亚（Benoit Garcia）创建的项目，他亲自设计并建造了这座酒厂。2021 年，酒厂推出了首批威士忌本莱奥原味（Benleioc Original）和本莱奥重度泥

煤（Benleioc Tourbe Intense），这两款产品均以烈性啤酒为基料。2022年，酒厂搬迁至新址，并安装了新的设备以扩大产能。

布拉纳庄园酒厂（Brana, Domaine）
成立于1974年，位于新阿基坦大区（2018年起酿造威士忌）

家族拥有4代从事葡萄酒行业的历史。1974年，布拉纳家族开始蒸馏梨制酒。2018年，配备3台铜制蒸馏器的新酒厂建成。2022年，推出了以伊鲁莱吉红酒桶熟成的威士忌拉米纳克（Laminak），第二款于2023年9月问世。

布勒伊酒庄（Château du Breuil）
成立于1952年，位于诺曼底大区的勒布勒伊昂奥热（2015年起酿造威士忌）

这家公司以卡尔瓦多斯闻名，并配备了两台夏朗特蒸馏器，用于生产麦芽威士忌。2021年，勒布勒伊（Le Breuil）命名的威士忌系列首次亮相，其中包括一款以拉弗格桶熟成的烟熏版本。目前，公司已挂牌出售。

雷尔蒙特酒厂（Brûlerie du Revermont）
成立于1991年，位于勃艮第-弗朗什-孔泰大区的内维-吕尔塞（2003年起酿造威士忌）

雷尔蒙特酒厂（Brûlerie du Revermont）依靠独特的蒸馏设备——配备3个锅炉的布拉维耶蒸馏器（Blavier still），由蒂索家族（Tissot family）自2003年起开始生产单一麦芽威士忌。2011年，酒厂推出了品牌"禁令"（Prohibition）威士忌在小橡木桶（feuillettes）桶中熟成，这是一种114升的半桶。

布鲁内酒厂（Brunet, Distillerie）
成立于1920年，位于新阿基坦大区的干邑（2006年起酿造威士忌）

酒厂的第一款威士忌于2009年由艾莉森·帕克（Allison Parc）在美国发布，品牌名为布伦（Brenne）。此后，布伦（Brenne）品牌逐渐获得声誉，并于2022年被天堂山（Heaven Hill）收购。

布赫酒厂（Bughes, Distillerie des）
成立于2017年，位于奥弗涅大区的索利尼亚克

创始人贝朗热·马约（Béranger Mayoux）最初使用3台直接用气加热的蒸馏器，2021年安装了第四台更大容量的蒸馏器。2020年，酒厂发布了熟成于雪莉桶中的蒙塔尼亚克（Montagnac）威士忌，随后发布了在红酒桶中熟成的，曼德兰（Mandrant）系列。

布斯奈尔酒厂（Busnel）
成立于1820年，位于诺曼底大区的科尔梅伊（2019年起酿造威士忌）

作为卡尔瓦多斯的经典生产商，布斯奈尔酒厂（Busnel Distillery）也开始生产威士忌。2023年，酒厂发布了两款威士忌，科尔梅伊（Cormeil）和布斯奈尔（Busnel），随后在2023年底推出了科尔梅伊泥煤（Cormeil Peated）系列。

卡穆酒庄（Camut, Domaine）
成立于1981年，位于诺曼底大区的圣莱热·兰德（2018年起酿造威士忌）

作为一家拥有6代历史的卡尔瓦多斯生产商，卡穆酒庄于2018年首次尝试酿造威士忌。酒厂在2022年和2023年发布了两款威士忌，这些威士忌在曾装有"香醋"苹果醋的酒桶中熟成。

卡斯托酒厂（Castor, Distillerie du）
成立于1985年，位于大东部大区的特鲁瓦方丹（2011年起酿造威士忌）

酒厂配备了两台小型蒸馏器，生产威士忌以及水果和酒渣白兰地。威士忌使用的蒸馏液首先在白葡萄酒桶中熟成，然后再在雪莉桶中完成陈酿。威士忌以圣帕特里克（St Patrick）品

位于诺曼底的布勒伊酒庄

牌出售。

沙尔耶尔父子酒厂（Charlier & Fils）
成立于 2016 年，位于大东部大区的瓦尔克

自创立伊始，酒厂就致力于使用本地酵母菌并进行长时间发酵，力求打造独特的威士忌风味。酒厂的第一款威士忌于 2020 年发布。随着近期收购了一台新蒸馏器，酒厂的产能将在未来几年得到提升。

克莱耶森酒厂（Claeyssens de Wambrechies, Distillerie）
成立于 1817 年，位于上法兰西大区的旺布雷基（2000 年起酿造威士忌）

酒厂的首款三年陈威士忌于 2003 年发布。2019 年，酒厂被圣日耳曼酿酒厂收购，现已暂停生产。酒厂的威士忌系列包括 5 年陈酿、雪莉桶陈酿以及泥煤风味的图尔贝（Tourbé）。

迪迪埃·巴尔布企业酒厂（Didier Barbe Entreprise）
成立于 2012 年，位于大东部大区吕西尼－苏尔－巴尔斯（2017 年起酿造威士忌）

该酒厂专注于白兰地和杜松子酒的生产，2017 年开始使用来自当地酿酒厂的酒醪生产威士忌。首款威士忌 R 于 2020 年发布，熟成于拉塔菲亚酒桶中。

德勒蒙酒厂（Dreumont）
成立于 2005 年，位于上法兰西大区的新维尔－昂－阿夫诺瓦（2015 年起酿造威士忌）

杰罗姆·德勒蒙（Jérôme Dreumont）在 2011 年建立了自己的 300 升蒸馏器，并从那时起每年只填充一个酒桶。酒厂的首款威士忌于 2015 年发布，之后又推出了更多产品。

厄尔加斯特酒厂（Ergaster, Distillerie）
成立于 2015 年，位于上法兰西大区的帕塞尔

酒厂生产泥煤和非泥煤风味的酒液，这些酒液在干邑、皮诺酒、黄葡萄酒和巴纽尔酒桶中熟成。首款有机威士忌埃尔加斯特自然（Ergaster Nature）于 2018 年发布，最新产品卓越桶（Fût D·Exception）于 2022 年发布。

埃斯卡尼亚酒庄（d'Escagnan, Domaine）
成立于 2019 年，位于奥克西塔尼大区

酒厂配备了自己的酿酒厂和一个 2 500 升的马雷斯特科涅克蒸馏器（Maresté Cognac still）。经过两次蒸馏，第一款威士忌骑行队（Cavalcade）于 2024 年初发布。

酒精工厂（La Fabrique à Alcools）
成立于 2016 年，位于法兰西岛的佩克兹

该酒厂最初于 2003 年作为帕里西斯啤酒厂（Parisis Brewery）成立，2017 年开始生产威士忌。2021 年推出了名为酒厂第一款（Le Premier de la Fabrique）的单桶威士忌，随后推出了合金（Alliage）、舍夫勒（Chevreuse）和弗罗门托（Fromenteau）。

法朗维尔酒庄（Faronville, Domaine de）
成立于 2019 年，位于奥克西塔尼大区

这是一个农场酒厂，配备了斯图普弗蒸馏器（Stupfler still），采用单次蒸馏工艺，同时也拥有酿酒厂。三款威士忌于 2023 年发布，命名为拉戈莫夫（Lagomorphe）。

丰塔加德酒厂（Fontagard）
成立于 1990 年，位于新阿基坦大区的纽亚克（2018 年起生产威士忌）

酒厂配备了备沽 12 个蒸馏器，计大 6 年，有在生产威士忌。第一批三款威士忌于 2021 年底发布，当前威士忌生产正在增加。

哈格梅耶酒厂（Hagmeyer）
成立于 2016 年，位于阿尔萨斯大区的巴尔布朗

酒厂的所有者基于佩尔啤酒厂（Perle Brewery）的啤酒开始了威士忌生产。喔！（WAH!）威士忌于 2019 年发布，2022 年以来，时不时推出了 WAH! 单桶和 WAH! 桶强版。

奥菲尔酒厂（Hautefeuille, Distillerie）
成立于 2016 年，位于上法兰西大区的博库尔－昂－桑特尔

酒厂配备了一个 800 升的斯图普弗蒸馏器（Stupfler still）。首款威士忌勇敢的狼（Loup Hardi）于 2018 年在另一家酒厂蒸馏，后来他们自己的生产的第一款威士忌于 2020 年发布，2022 年底推出了杭加尔田块（Parcelle Hangard）。

肯坦酒厂（Kentan）
成立于 2017 年，位于布列塔尼大区的托卡代克

酒厂配备了一个夏朗德风格蒸馏器（Charentais-style still），2018 年开始生产威士忌。首批威士忌第一季（Season One）和第二季（Season Two）均在科涅克桶中熟成。2023 年发布了三瓶系列，分别为常规版、泥煤版和黑麦版。

拉夏农什酒厂（Lachanenche）
成立于 2008 年，位于普罗旺斯－阿尔卑斯－蓝色海岸地区的梅奥朗－雷维尔（2018 年起生产威士忌）

这家酒厂最初以蒸馏覆盆子烈酒起家，后转型使用当地啤酒厂的麦芽汁来酿造威士忌。其首款威士忌 Laverq 经过白葡萄酒和白波特酒桶的陈酿，于 2022 年底正式推出。

洛朗酒庄（Laurens, Domaine）
成立于 1983 年，位于奥克西塔尼大区的克莱尔沃－达韦龙（2014 年起生产威士忌）

该酒庄最初在酿酒厂的帮助下开始生产。2017 年发布了第一批威士忌，包括在白葡萄酒酒桶中熟成的红色莱昂（Red Léon），以及在红色拉塔菲亚酒桶中熟成的蓝色莱昂（Blue Léon）。

雷曼酒厂（Lehmann, Distillerie）
成立于 1850 年，位于大东部大区的欧贝奈（2001 年起生产威士忌）

这家家族经营的酒厂于 2008 年推出了首批瓶装威士忌。其威士忌系列包括在白葡萄酒酒桶中熟成的埃尔萨斯原酒（Elsass Origine）和埃尔萨斯金酒（Elsass Gold），以及在苏玳酒桶中熟成的埃尔萨斯精品（Elsass Premium）。2020 年，酒厂推出了全新的三款酒系列——小鸟（Birdy）。

莱森酒厂（Leisen）
成立于 1898 年，位于大东部大区的马林（2012 年起酿造威士忌）

莱森家族自 1898 年以来一直在蒸馏水果烈酒，同时也生产由黑麦和大麦制成的烈酒。酒厂配备了两台卡尔蒸馏器（Carl）。2018 年，酒厂首款威士忌以 JML 品牌推出。

马比约酒庄（Mabillot, Domaine）
成立于 1992 年，位于中央 – 卢瓦尔河谷大区（2021 年起酿造威士忌）

　　威士忌使用 250 升的霍尔斯坦蒸馏器生产。2021 年，酒厂推出了马比约·阿特里（Mabillot Artry）和雷多丹（Les Dordans），随后推出了泥煤风味的马比约·贝尔维尤（Mabillot Bellevue），并在 2024 年发布了托蒂加洛（Les Totigaloises）和梅罗勒（Merolles）。

梅尔莱特父子酒厂（Merlet & Fils）
成立于 1850 年，位于新阿基坦大区的圣索旺（2015 年起酿造威士忌）

　　梅尔莱特家族以生产利口酒和干邑而闻名，同时也开始涉足威士忌。首款威士忌科佩里（Coperies）于 2020 年发布，随后于 2023 年推出了科佩里奥克雷（Coperies Les Ocres）。

梅耶酒厂（Meyer, Distillerie）
成立于 1958 年，位于大东部大区的霍瓦尔（2004 年起酿造威士忌）

　　酒厂的首批威士忌装瓶于 2007 年发布，目前销售的两款麦芽威士忌分别为梅耶纯麦芽（Meyer's Pur Malt）和梅耶纯麦芽烟熏版（Meyer Pur Malt Le Fumé）。2023 年，莱昂内尔·梅耶（Lionel Meyer）离开了公司。

米夏尔酒厂（Michard, Brasserie）
成立于 1987 年，位于新阿基坦大区的利摩日（2008 年起酿造威士忌）

　　这家手工酿酒厂的首款威士忌于 2011 年发布，第二批威士忌于 2013 年推出。2021 年底发布了 15 年陈酿威士忌，随后于 2023 年 12 月发布了 17 年陈酿。

黄金矿酒厂（Mine d'Or, La）
成立于 2017 年，位于布列塔尼大区的普洛尔梅尔

　　最初酒厂配备了 800 升的蒸馏器，2022 年，酒厂增设了一个 2 500 升的夏朗特蒸馏器。酒厂威士忌以加拉德（Galaad）品牌出售，并在 2023 年发布了三款新产品，2024 年又推出了另外三款新版本。

月港酒厂（Moon Harbour）
成立于 2017 年，位于新阿基坦大区的波尔多

　　酒厂配备了两台 1 000 升的施图普夫勒蒸馏器（Stupfler still）。首款威士忌多克（Dock）于 2020 年发布。2021 年，酒厂发布了多克 2 号（Dock 2），这款威士忌采用麦芽玉米制成；而多克 3 号（Dock 3）则使用了海藻烟熏的大麦。

穆塔尔酒厂（Moutard）
成立于 1892 年，位于大东部大区的比克维尔（2017 年起酿造威士忌）

　　酒厂配备了 5 台蒸馏器，并从 5 家当地啤酒厂购买酒醪进行威士忌生产。威士忌在香槟拉塔菲亚酒桶中熟成，首款威士忌于 2020 年发布。之后发布了多款产品，均与啤酒厂有着紧密关联。

纳林酒厂（Nalin, Distillerie）
成立于 1919 年，位于奥弗涅 – 罗讷 – 阿尔卑斯大区的拉夏纳（2015 年起酿造威士忌）

　　纳林家族世代为其他公司蒸馏梨白兰地。2015 年，酒厂开始生产威士忌，2018 年发布了首款威士忌，名为 NP。

宁卡西酒厂（Ninkasi）
成立于 2015 年，位于奥弗涅 – 罗讷 – 阿尔卑斯大区的塔拉尔

　　最初，威士忌在普吕洛·沙尔维尼亚克（Prulho Chalvignac）蒸馏器中蒸馏，2019 年，酒厂安装了第二台蒸馏器，并于 2023 年建成了全新的蒸馏厂，配有两台真空操作的蒸馏器。首款威士忌于 2018 年发布，2023 年发布了宁卡西实验室（Ninkasi Lab）系列，2024 年推出了面向超市的瓶装威士忌。

诺斯曼酒厂（Northmaen, Distillerie de）
成立于 1997 年，位于诺曼底大区的圣欧昂教堂（La Chapelle Saint-Ouen）（2002 年起酿造威士忌）

　　最初是一家手工酿酒厂，后来安装了便携式蒸馏器。多年来，酒厂推出了多个威士忌系列，包括索尔·博约（Thor Boyo）、斯莱普尼尔（Sleipnir）、泥煤风味的法夫尼尔（Fafnir）和肯宁（Kenning）等。2022 年，酒厂发布了 1110 批次 1 号特酿（Cuvée 1110 Batch 1）。目前，蒸馏器已不再是便携式，而是固定在真正的蒸馏厂中。

乌什·南农酒厂（Ouche Nanon）
成立于 2015 年，位于中央 – 卢瓦尔河谷大区

　　酒厂配备了木火加热的蒸馏器，并于 2018 年发布了以萨特恩酒桶熟成的拉·佩蒂特·贝尔塔（La Petite Bertha）。随后推出了泥煤威士忌青蛙泥煤（Frog's Peat）以及单桶或小批次的威士忌，如"失落之桶"（The Lost Barrel）和"卡尔多纳库姆"（Cardonaccum）。

巴黎酒厂（Paris, Distillerie de）
成立于 2016 年，位于法兰西岛大区的巴黎

　　酒厂配备了小型霍尔斯坦蒸馏器，首款巴黎威士忌于 2019 年发布。2021 年发布了以玉米和大米为原料酿制的威士忌，并在栗木酒桶中完成后熟。

皮奥特酒庄（La Piautre）
成立于 2004 年，位于卢瓦尔河地区的梅尼特雷 – 苏尔 – 卢瓦尔（2014 年起酿造威士忌）

　　最初为一座酿酒厂，现酒庄配备了两台直火蒸馏器，并自行麦芽化大麦。酒厂的首款威士忌于 2018 年发布，包括麦芽（Malt）、泥煤（Tourbé）和黑麦（Seigle）系列。过去一年，酒庄发布了大量新瓶装产品。

奎廷森酒厂（La Quintessence）
成立于 2008 年，位于大东部大区的赫尔贝格（2013 年起酿造威士忌）

　　尼古拉·舒特（Nicolas Schott）生产水果烈酒和利口酒，2016 年底，他发布了自己的首款单一麦芽威士忌舒特（Schott's），酒精度为 42%。

仙女石酒厂（La Roche Aux Fées）
成立于 1996 年，位于布列塔尼大区的圣科隆布（2010 年起酿造威士忌）

　　这家微型酿酒厂于 2010 年转型为便携式自动批量蒸馏酒厂。蒸馏器由木材加热，并配备螺旋冷凝器。首款罗克精灵（Roc'Elf）威士忌于 2016 年发布，由三种麦芽谷物蒸馏而成。2020 年，酒厂搬迁至更大的厂址。

圣帕莱酒厂（Saint-Palais）
成立于 2016 年，位于新阿基坦大区的圣帕莱·德·内格里尼亚克

　　酒厂于 1963 年建立，配备了 10 台蒸馏器，并在 1990 年

将产能翻倍。1995 年，菲利普·吉罗（Philippe Giraud）加入公司，创立了阿尔弗雷德·古罗法国麦芽威士忌。2021 年，酒厂发布了首款自家生产的单一麦芽威士忌白角（Pointe Blanche），2023 年则发布了阿尔弗雷德·吉罗地平线（Alfred Girod Horizon），这是首款完全由圣帕茹酒厂酿造的威士忌。

索利尼酒厂（Soligny）
成立于 2020 年，位于大东部大区的索利尼莱坦

由葡萄种植者和农业工程师维罗妮克（Véronique）和樊尚·戈迪耶（Vincent Godier）创立。酒厂配备了一台 2 000 升的 Istill 蒸馏器，这是法国最早投入使用的设备之一。酿造、发酵和蒸馏亦同一生产设备上连续进行。首款威士忌于 2023 年发布，2024 年 6 月发布了核心产品平原气息（Air de Plaine）。

索纽尔酒厂（Sonneur）
成立于 2020 年，位于卢瓦尔河地区的勒芒

最初为一家水果白兰地蒸馏厂，现已进入威士忌生产领域。首款勒芒（Le Mans）威士忌于 2024 年 6 月发布，采用贾斯尼埃尔（Jasnières）酒桶熟成，这个酒桶曾熟成过一款来自卢瓦尔河地区的白葡萄酒。

泰森迪尔酒厂（Tessendier）
成立于 1880 年，位于新阿基坦大区的干邑（2019 年起酿造威士忌）

作为知名的干邑生产商，酒厂配备了 7 台蒸馏器。2022 年，酒厂发布了首款威士忌，包括阿莱特（Arlette）和泥煤风味的图尔贝（Tourbé），随后发布了两款分别在朗姆酒和皮诺酒桶中熟成的单一麦芽威士忌。

T.O.S. 酒厂（T. O. S. Distillery）
成立于 2017 年，位于上法兰西大区的艾克斯 – 努莱特

圣日耳曼酒厂在法国啤酒生产复兴中取得了巨大成功，并于 2017 年开始酿造威士忌。2020 年，酒厂发布了单一麦芽威士忌 Artesia，之后又推出了 Artesia Rye、Artesia Sherry、Artesia Char#3 和 Artesia Peated 系列。

十二酒厂（Distillerie Twelve）
成立于 2017 年，位于奥克西塔尼大区的拉吉奥尔

酒厂建于拉吉奥尔的前教区住所。首款威士忌 Basalte 于 2020 年发布，随后推出了 Basalte 桶强、前朗姆酒桶 Almandin、前干邑酒桶 Aventurine 以及泥煤风味的 Azurite。每年发布的限量版索布罗尼尔（Sobroniel）也已上市。

韦尔科尔酒厂（Vercors, Distillerie）
成立于 2015 年，位于奥弗涅 – 罗讷 – 阿尔卑斯大区的圣让·韦尔科尔（2019 年起酿造威士忌）

酒厂配备了一台夏朗特铜蒸馏器（Charentais copper still）和一台在真空下工作的钢锅炉。2018 年，酒厂发布了两款麦芽酒，2020 年发布了首款正宗威士忌，2021 年发布了泥煤风味版本。2023 年，酒厂对系列进行了重新调整，目前包括红杉（Sequoia）和泥煤特酿（Tourbé Réserve）。

维内特·德尔佩什酒厂（Vinet Delpech）
成立于 1972 年，位于新阿基坦大区的布里·苏尔·阿尔基亚克（2019 年起酿造威士忌）

这家酒厂有着生产干邑和白兰地的历史，配备了 10 台蒸馏器，并于 2019 年 7 月开始酿造威士忌。首款威士忌帕利松（Palisson）在利穆赞（Limousin）法国橡木桶中熟成，于 2022 年 9 月发布。随后 2023 年又推出了在前朗姆酒桶中熟成的版本。

德国

蓝鼠酒厂（Whisky-Destillerie Blaue Maus）
成立于 1980 年，位于埃戈尔斯海姆 – 诺伊瑟斯

作为德国最古老的麦芽威士忌酒厂，蓝鼠酒厂于 1983 年开始蒸馏威士忌。然而，直到 15 年后的 1998 年，首款威士忌——格伦穆斯 1986（Glen Mouse 1986）才发布。2013 年，酒厂建成了全新的生产设施。蓝鼠酒厂的所有威士忌均为单桶威士忌，目前在系列中有大约 10 款单一麦芽威士忌。其中一些是以桶装强度发布的，而其他则被桶保持在 40%。

斯莱尔斯酒厂（Slyrs Destillerie）
成立于 1928 年，位于施利尔湖（1999 年起酿造威士忌）

酒厂使用本地种植的谷物，经过山毛榉木烟熏处理后生产麦芽，蒸馏器的容量为 1 500 升。非冷凝过滤的威士忌被命名为斯利尔斯（Slyrs），以周边地区的原始地名施利尔斯（Schliers）命名。酒厂的核心系列包括经典版、51 号（在曾装有雪利酒、波特酒或苏特尔纳酒的酒桶中熟成）和 12 年陈酿。此外，酒厂还推出了泥煤风味版和黑麦威士忌。限量版包括多种木桶熟成版本和山脉版（Mountain Editon）每年 5 月 1 日左右发布新一批。在 2023 年夏季，酒厂发布了 8 年陈的湖边版（Lakeside Edition）。

赫尔西尼安蒸馏公司 [Hercynian Distilling Co（formerly known as Hammerschmiede）]
成立于 1984 年，位于佐尔格（Zorge）（2002 年起酿造威士忌）

这家酒厂最初主要生产水果、浆果和草药烈酒，2002 年起开始酿造威士忌。首批威士忌瓶装于 2006 年发布。酒厂的核心系列以艾尔本（Elsburn）命名，其中一个子系列阿尔里克（Alrik）专注于实验性和烟熏威士忌；柳木（Willowburn）系列则包括在不同酒桶中完成熟成的威士忌；帝王之路（Emperor's Way）则专注于泥煤风味威士忌。每年酒厂会发布多款限量新版本，并且这些威士忌通常会迅速售罄。

拜恩森林熊之香料厂与特色酿酒厂（Bayerwald-Bärwurzerei und Spezialitäten-Brennerei Liebl）
成立于 1970 年，位于科茨廷（2006 年起酿造威士忌）

2009 年，酒厂发布了首批以科尔莫尔（Coillmór）品牌命名的瓶装威士忌。现有威士忌的熟成年份在 4 ~ 12 年。近期发布的限量版包括 2022 年发布 12 年陈的拜尔萨赫圣诞（Bayerische Weihnacht 德语，意为巴伐利亚的圣诞节），该款威士忌在朗姆酒桶中熟成。

圣基利安酒厂（St Kilian Distillers）
成立于 2015 年，位于吕登瑙

圣基利安酒厂是德国少数专注于威士忌酿造的酒厂之一。酒厂配备了来自福赛斯的铜锅蒸馏器和来自法夫镇的约瑟夫·布朗（Joseph Brown）的木制发酵桶，目前的生产能力为每年 60 万升纯酒精。近期，酒厂将所有熟成酒桶搬迁到山上的新仓库。酒厂的首款单一麦芽威士忌签名版一号（Signature Edition One）于 2019 年发布，而 2023 年发布了两款核心系列：经典版（Classic）和泥煤版（Peated），两者均在波本酒桶和雪莉酒桶的混合酒桶中熟成。

芬奇威士忌酒厂（Finch Whiskydestillerie）
成立于 2001 年，位于赫罗尔德斯塔特

芬奇酒厂是德国最大的酒厂之一，年产量达到 25 万升。酒厂于 2023 年启用了全新的蒸馏设施。酒厂的威士忌系列丰富，采用各种不同谷物酿制，熟成年份从 5～12 年熟成不等，并包括泥煤风味和黑麦威士忌。

艾费尔威士忌酒厂（Eifel Whisky）
成立于 2009 年，位于科布伦茨

这不是一个传统的酒厂，酒厂的所有者斯蒂芬·莫尔（Stephan Mohr）负责决定酒醪的配方，然后将麦芽大麦和其他谷物送至萨塞精酿酒厂（Feinbrennerei Sasse）进行加工和蒸馏，按照莫尔的要求进行生产。新蒸馏液随后被送回艾费尔威士忌的仓库，在科布伦茨进行熟成和调和。目前酒厂有 3 个系列：4 年熟成签名版（Signatur），6～8 年熟成珍藏版（Reserve）和 10～12 年熟成 746.9 系列。

老城区酒厂（Altstadthof, Hausbrauerei）
成立于 1984 年，位于纽伦堡

艾尔勒（Ayrer's）有机单一麦芽威士忌的当前系列包括红标（Red）、PX 雪莉桶陈酿版、波本桶陈酿版和艾拉版（Ayla，泥煤风味）。限量版包括 5 年陈的精选版（Mastercut）、5 年陈的鳄鱼（Alligator）以及三款木桶熟成版本。

哈特曼斯贝格酒厂（Am Hartmannsberg, Schaubrennerei）
成立于 2011 年，位于弗赖塔尔

酒厂生产各种烈酒，业主也酿制少量威士忌。首款威士忌于 2015 年发布，最新版本为 7 年陈单一麦芽威士忌，熟成于前雪利酒桶中。

阿瓦迪斯酒厂（Avadis Distillery）
成立于 1824 年，位于温希林根（2006 年起酿造威士忌）

威士忌在曾用于熟成白莫泽尔酒的法国橡木酒桶中进行熟成。三陆（Threeland）威士忌的熟成年份为 3～6 年，酒厂的系列产品还包括在欧罗索（Oloroso）雪莉酒桶和波特酒桶中熟成的版本。

贝尔勒霍夫酒厂（Bellerhof Brennerei）
成立于 1925 年，位于欧文（1990 年起酿造威士忌）

酒厂自 1990 年开始生产由大麦、小麦和黑麦酿制的威士忌，目前酒厂推出了多个威士忌系列，均以"丹恩"（Danne's）命名。

贝尔格韦尔特酒厂（Bergwelt Brennerei）
成立于 2017 年，位于法芬豪森 – 萨尔根

酒厂生产各种以草药为原料的烈酒，也生产品牌名为白山（White Mountain）的单一麦芽威士忌。酒醪由 5 种不同的麦芽混合而成。

比尔吉塔·鲁斯特·皮克芬内烈酒（Birgitta Rust Piekfeine Brände）
成立于 2011 年，位于不来梅

酒厂生产杜松子酒和其他烈酒，同时也生产单一麦芽威士忌。最近发布的威士忌包括 6 年的范·隆（Van Loon）单一麦芽，熟成于托卡耶（Tokaj）酒桶中。

比尔肯霍夫酒厂（Birkenhof-Brennerei）
成立于 1848 年，位于尼斯特塔尔（2002 年酿造威士忌）

酒厂的首款威士忌渐隐山（Fading Hill）于 2008 年发布，采用了 5 年陈黑麦威士忌。当前系列包括单一麦芽威士忌，涵盖泥煤风味和非泥煤风味两种，以及一款黑麦威士忌。

博仕·埃德尔品牌酒厂（Bosch Edelbrand）
成立于 1948 年，位于伦宁根（1997 年起酿造威士忌）

这家由第三代经营的家族酒厂，生产杜松子酒、埃德尔品牌烈酒和单一麦芽威士忌。酒厂的威士忌系列包括大麦和谷物威士忌，熟成年份可达 10 年。

洛赫山酿酒厂（Brauhaus am Lohberg）
位于维斯马尔（2010 年起酿造威士忌）

酒厂首款威士忌巴尔塔赫（Baltach）单一麦芽，在雪莉酒桶中熟成，已于 2013 年发布。目前有泥煤风味版本，且是在 PX 雪莉酒桶中完成熟成。

伯格酒厂（Burger Hofbrennerei）
成立于 2007 年，位于布尔格（Burg）（2012 年起酿造威士忌）

除了生产水果和浆果蒸馏酒外，酒厂还生产由麦芽大麦制成的威士忌。首款单一麦芽威士忌 Der Kolonist 于 2015 年春季发布。

多勒鲁珀酒厂（Dolleruper Destille）
成立于 1990 年，位于多勒鲁珀（Dollerup）（2014 年起酿造威士忌）

酒厂生产各种水果、浆果和坚果烈酒，同时也酿制单一麦芽威士忌。发布了多种威士忌，包括泥煤风味版本。

德雷克斯勒酒厂（Drexler, Destillerie）
位于德国阿拉赫（2007 年起酿造威士忌）

酒厂自 2009 年起开始酿造麦芽威士忌。首款"拜恩森林单一麦芽"（Bayerwald Single Malt）于 2011 年发布，最新的发布版本为 2022 年 11 月发布的 5 年陈单一酒桶威士忌，在干邑酒桶中熟成。

德鲁费尔酒厂（Druffel, Brennerei）
成立于 1792 年，位于欧尔德 – 斯特罗姆贝格（Oelde-Stromberg）（2010 年起酿造威士忌）

酒厂生产多种烈酒，包括麦芽威士忌。2020 年秋季发布的普鲁姆（Prum）单一麦芽威士忌是 5 年陈酿，在 PX 桶、波本桶和梅子木桶中熟成。

杜尔·埃德尔品牌酒厂（Dürr Edelbranntweine）
成立于 2002 年，位于新布拉赫

酒厂的首款威士忌"多伊尼奇·达尔"（Doinich Daal）于 2012 年发布为 4 年陈。最近的版本包括鲍拉海布（Baurahaib）和沃格桑（Vogelsang），这两款威士忌均在苹果开胃酒酒桶中完成熟成。

森夫特烈酒厂（Edelbrände Senft）
成立于 1988 年，位于萨勒姆 – 里肯巴赫（Salem-Rickenbach）（2009 年起酿造威士忌）

酒厂首款森夫特博登湖威士忌（Senft Bodensee Whisky）于 2012 年发布，随后推出了桶装强度版本。最近发布的限量版赫伯特版（Edition Herbert）为 6 年陈，在阿玛罗内酒桶（amarone）中熟成。

厄尔曼威士忌酒厂 [Evermann-Whisky (Bimmerle KG)]
成立于 1966 年，位于萨斯巴赫（2015 年起酿造威士忌）

这家家族酒厂专注于水果白兰地的生产，但最近也开始酿造麦芽威士忌。现有系列包括廉（Wilhelm）单一麦芽威士忌和西奥（Theo）混合威士忌。

法伯酒厂（Faber, Brennerei）
成立于 1949 年，位于费尔施韦勒

酒厂生产水果和浆果烈酒，同时也生产威士忌。迄今为止，唯一发布的威士忌是一款 6 年陈的单一麦芽威士忌，熟成于美洲白橡木桶中。

法罗酒厂（FARO）
成立于 2019 年，位于施雷斯塔肯

由法比安·罗尔瓦瑟（Fabian Rohrwasser）和他的妻子玛蒂娜（Martina）创立，这家酒厂专注于威士忌生产，甚至拥有自己的麦芽厂。2023 年，酒厂发布了首款威士忌，名为精魂（Feingeist）。

法尔尼酒厂（Farny）
成立于 1833 年，位于基斯莱格（2015 年起酿造威士忌）

最初为一家啤酒厂，酒厂于 2015 年增加了威士忌生产设施。目前酒厂有两款单一麦芽威士忌，名为法尔肯（Falken）——5 年陈和 8 年陈。

费勒酒厂（Feller, Brennerei）
成立于 1820 年，位于迪腾海姆 – 雷格利斯维勒（2008 年起酿造威士忌）

酒厂的首款 3 年陈单一麦芽威士忌瓦莱丽（Valerie）于 2012 年发布，在波本酒桶中熟成。此后发布了泥煤风味的托尔夫（Torf），以及 6 ~ 10 年陈的谷物威士忌系列，名为奥古斯塔斯（Augustus）。

费斯勒磨坊酒厂（Fessler Mühle）
成立于 2013 年，位于瑟尔斯海姆

费斯勒磨坊酒厂（Fesslermühle Distillery）拥有 625 年的历史，一直坐落于同一地点。酒厂的梅特麦芽（Mettermalt）威士忌采用雪利酒桶进行熟成，并且小批量产出并售卖。

菲茨克小型蒸馏酒厂（Fitzke, Kleinbrennerei）
成立于 1874 年，位于赫尔博尔茨海姆 – 布罗金根（2004 年起酿造威士忌）

酒厂的首款德里娜（Derrina）单一麦芽威士忌于 2007 年发布，之后陆续发布了不同版本。不同版本的威士忌采用大麦、黑麦、小麦、燕麦等麦芽谷物，或采用未发芽的大麦、燕麦、荞麦、稻米、黑麦等谷物酿造。

格利纳威士忌酒厂（Glina Whiskydestillerie）
成立于 2004 年，位于哈费尔河畔的韦尔德

酒厂的首款格利纳单一麦芽（Glina Single Malt）威士忌于 2008 年发布。大多数威士忌的熟成年份为 3 ~ 8 年，最老的威士忌是 12 年陈单一黑麦威士忌，完全在波特酒桶中熟成。

格鲁姆辛酒厂（Grumsiner Distillery）
成立于 2015 年，位于安格穆恩德

酒厂的猛犸（Mammoth）单一麦芽威士忌为 8 年陈 2023 版，熟成于 PX 酒桶中 3 年。酒厂还生产单一黑麦威士忌和单一谷物威士忌。

约翰·B·格伊廷酒厂（Gutsbrennerei Joh. B. Geuting）
成立于 1837 年，位于博霍尔特 – 斯波克（2010 年起酿造威士忌）

酒厂的首批威士忌于 2013 年发布，包括两款单一麦芽威士忌和两款单一谷物威士忌。之后推出了更多 J.B.G. 明斯特兰德（J.B.G. Münsterländer）单一麦芽威士忌，最新发布的是 6 年陈酿，在波本酒桶中熟成。

格利纳威士忌酒厂的创始人和所有者迈克尔舒尔茨（Michael Schultz）

亨里希酒厂（Henrich, Brennerei）
成立于 1983 年，位于克里夫特尔（2008 年起酿造威士忌）

酒厂的首款吉洛尔斯（Gilors）单一麦芽威士忌于 2012 年发布，3 年陈。2023 年，酒厂发布了吉洛尔斯一号（Gilors No. 1）威士忌，以庆祝公司成立 50 周年。这款威士忌是将 2008—2010 年的不同酒桶内容物经过两年混合后，在波本酒桶中进一步熟成，最终以 55.1% 的酒精度装瓶。

海因里希·哈贝尔酒厂（Heinrich Habbel）
成立于 1878 年，位于斯普罗克赫费尔（1977 年起酿造威士忌）

这家家族酒厂已传承至第四代。1977 年，生产出了德国的第一款威士忌——悠乐特（Uralter）。2013 年，建立了专门的威士忌酒厂，如今生产希洛克公园（Hillock Park）威士忌。酒厂的产品系列丰富，其中 12 年陈酿的威士忌堪称巅峰之作。

赫勒酒厂（Höhler, Brennerei）
成立于 1895 年，位于阿尔贝根（Aarbergen）（2001 年起酿造威士忌）

酒厂的首款威士忌于 2004 年发布，熟成年份是 3 年。最近发布的惠斯奇（Whesskey）系列为 6 年陈酿，在栗木酒桶中熟成。

卡默·基尔施酒厂（Kammer-Kirsch, Destillerie）
成立于 1961 年，位于卡尔斯鲁厄（2006 年起酿造威士忌）

酒厂与酿酒厂合作，生产自家"黑森林罗斯陶斯"（Black Forest Rothaus）威士忌，以及为烈酒公司鲍恩基尔希（Bauernkirsch）制作的猛禽（Bird of Prey）单一麦芽威士忌系列。

金齐格酒厂（Kinzigbrennerei）
成立于 1937 年，位于比贝拉赫（2004 年起酿造威士忌）

酒厂的首款单一麦芽威士忌比伯拉赫（Biberacher）于 2010 年发布，4 年陈。之后发布的版本有黑森林黑麦（Schwarzwälder Rye）、金齐塔勒（Kinzigtäler）和格罗尔塞克（Geroldsecker）。目前，最老的威士忌是 15 年陈酿的安诺伦十五（Annorum XV），它有两种版本，一种酒精度为 40%，另一种是桶强原酒，酒精度达 54%。

基姆湖威士忌酒厂（Kymsee Whisky）
成立于 1994 年，位于格拉本施泰特（2012 年起酿造威士忌）

酒厂的首款三次蒸馏基姆湖（Kymsee）单一麦芽威士忌于 2015 年发布。后来推出的版本采用了三重橡木桶熟成工艺，并有两种收尾方式——使用四分之一桶和雪利酒桶进行收尾。

盖默乡村酒馆酒厂（Landgasthof Gemmer）
成立于 1908 年，位于莱茵兰 - 普法尔茨州（2008 年起酿造威士忌）

发布的唯一一款单一麦芽威士忌是 3 年陈的乔治四世（Georg IV）。它在经过烘烤的施派萨尔特橡木桶中熟成 2 年，然后在曾装过邦略（Banyuls）葡萄酒的酒桶中进行为期 1 年的收尾熟成。

吕贝胡森麦芽酒厂（Lübbehusen Malt Distillery）
成立于 2014 年，位于埃姆施泰克

酒厂拥有德国最大的蒸馏锅之一。目前的威士忌系列包括三款单一麦芽威士忌无泥煤小批次 4 年陈、泥煤小批次 5 年陈和 2014 年份威士忌。

马尔德·埃德尔烈酒厂（Marder Edelbrände）
成立于 1953 年，位于阿尔布鲁克 – 翁特阿尔普芬（2009 年起酿造威士忌）

酒厂的首款马尔德单一麦芽威士忌于 2012 年发布。迄今为止最老的版本为 10 年陈威士忌，熟成于曾经盛放过艾雷岛威士忌的酒桶中。

马尔基什特烈酒厂（Märkische Spezialitäten Brennerei）
位于哈根（2010 年起酿造威士忌）

酒厂采用 4 次蒸馏工艺，且威士忌在洞窟中熟成。首款德卡沃（DeCavo）威士忌于 2013 年发布，最新版本是 2023 年 6 月发布的 6 年陈威士忌，这款酒使用了骑士（Chevalier）传家大麦。

梅斯兰酒厂（Mösslein, Destillerie）
成立于 1984 年，位于泽利茨海姆（1996 年起酿造威士忌）

这家酒厂最初是酒庄，首款威士忌在 2003 年发布。目前其产品系列包含单一麦芽威士忌和谷物威士忌，最新推出的是 5 年陈酿的矿山威士忌（Bergwerk-Whisky）。

诺尔迪克·埃德尔烈酒厂（Nordik Edelbrennerei）
成立于 2012 年，位于霍尔恩堡

酒厂生产多种烈酒，包括威士忌。最新发布的单一麦芽威士忌于 2020 年推出，包括两款 5 年陈威士忌，分别在红酒酒桶中熟成。酒厂于 2022 年迁至新址。

诺尔德法尔茨·埃德尔水果及威士忌蒸馏酒厂（Nordpfälzer Edelobst & Whiskydestille Höning）
成立于 2008 年，位于温奈维勒

酒厂的首款威士忌塔兰尼斯（Taranis）于 2011 年发布，熟成于苏玳桶中，每年 9 月发布新版本。

第九号烈酒制造厂（Number Nine Spirituosen-Manufaktur）
成立于 1999 年，位于莱因费尔德 – 沃比斯（2013 年起酿造威士忌）

酒厂在 2013 年扩大了生产范围，新增了朗姆酒、金酒和威士忌的生产。首款单一麦芽威士忌九泉（The Nine Springs）于 2016 年发布。最新推出的版本是 2023 年的泥煤风味节日威士忌（Festival Whisky）。

旧沙丘威士忌酒厂（Old Sandhill Whisky）
成立于 2012 年，位于巴德贝尔齐格

首款威士忌于 2015 年发布。目前的 6 个酒款包括采用欧罗索雪莉桶陈酿、波尔多桶陈酿、德国橡木桶陈酿、美国橡木桶陈酿、波特桶陈酿威士忌，以及 5 年陈酿的有机威士忌。

普鲁士威士忌酒厂（Preussische Whiskydestillerie）
成立于 2009 年，位于马尔克兰丁

酒厂的烈酒采用 550 升的铜蒸馏锅进行 5～6 次蒸馏。自 2013 年起，酒厂只使用有机大麦。首款威士忌于 2012 年发布，熟成年份为 3 年。自 2015 年起，酒厂所有威士忌均不低于 5 年陈。

拉尔夫·豪尔酒厂（Ralf Hauer, Destillerie）
成立于 1989 年，位于巴特迪尔克海姆（2012 年起酿造威士忌）

2015 年首次发布的是 3 年陈的赛尔特莫尔（Saillt Mor）单一麦芽威士忌。目前在售的均为 5～6 年陈酿，包括采用 PX 雪莉桶陈酿、双桶陈酿、波特桶陈酿、伍德福德储备桶陈酿以及普法尔茨橡木桶陈酿威士忌。

里格尔与霍夫迈斯特酒厂（Rieger & Hofmeister）
成立于 1994 年，位于德国弗尔巴赫（2006 年起酿造威士忌）

首款威士忌于 2009 年发布，目前系列包括 3 款表以黑皮诺桶熟成单一麦芽、雪多丽桶熟成麦芽与谷物混合威士忌、麦芽黑麦威士忌、单一谷物威士忌，以及 8 年陈三木桶熏香威士忌。

绍尔兰烈酒厂（Sauerländer Edelbrennerei）
成立于 2000 年，位于卡伦哈特（2004 年起酿造威士忌）

首款 3 年陈的千山麦克雷文（Thousand Mountains McRaven）威士忌于 2007 年亮相。最新发布的酒款之一是极为限量的戈尔（Golt）威士忌，它在红酒桶、波本桶和雪利桶中进行了收尾熟成。

舍贝尔磨坊酒厂（Scheibel Mühle）
成立于 2015 年，位于卡佩尔罗德克

这家酒厂原本酿造樱桃白兰地，如今厂主们也涉足威士忌领域。埃米尔（Emill）系列单一麦芽威士忌中，有工艺精妙的"玑衡醇酿"（Feinwerk）、层次丰富的"叠韵陈酿"（Stockwerk）、劲韵十足的"源力臻酿"（Kraftwerk），还有历经 7 年岁月沉淀的"藏桶佳酿"（Fasswerk）。

施利策酒厂（Schlitzer Destillerie）
成立于 2006 年，位于施利茨

除了生产多种烈酒，酒厂还酿造威士忌。目前系列包括三款单一麦芽威士忌经典（Classic）、泥煤风味（Peaty）和木质风味（Woody），其中木质风味熟成于新橡木桶中。

新堡酒厂（Schloss Neuenburg, Edelbrennerei）
成立于 2012 年，位于弗雷堡

首款威士忌于 2016 年 8 月发布，最近的版本为新堡威士忌 8 号（Schlosswhisky No. 8），熟成于托卡伊酒桶中。

黑森林沃尔特·西格酒厂（Schwarzwaldbrennerei Walter Seeger）
成立于 1952 年，位于卡尔夫－霍尔茨布伦（1990 年起酿造威士忌）

首款单一麦芽威士忌于 2009 年发布。目前系列包括两款 4 年陈的黑森林单一麦芽（Black-Wood Single Malt），熟成于阿蒙蒂亚多雪利酒桶中；以及 8 年陈的小麦威士忌。

斯克里普托酒厂（Scriptor）
成立于 2015 年，位于卡尔斯鲁厄

酒厂发布了一系列小批次威士忌，包括泥煤和非泥煤风味，同时还推出了卡尔斯鲁厄混合威士忌。

塞茨旅馆酒厂（Seitz, Gasthof）
成立于 2007 年，位于格拉芬贝格（2013 年起酿造威士忌）

酒厂结合了啤酒厂和蒸馏厂的功能。最新发布的版本包括 7 年陈麋鹿（Elch），熟成于干邑桶中，以及熏香风味的乡村泥炭（Torf vom Dorf）。

西蒙精酿酒厂（Simon's Feinbrennerei）
成立于 1879 年，位于阿尔岑瑙－米歇尔巴赫（1998 年起酿造威士忌）

自 2013 年起生产单一蒸馏器威士忌，其系列还包括混合威士忌、黑麦威士忌，以及由小麦和大麦制成的艾麦威士忌（Emmer Whisky）。

辛戈尔德威士忌酒厂（Singold Whisky）
成立于 2017 年，位于韦林根

虽然酒厂成立于 2017 年，但品牌早在 2012 年就由另一家酒厂生产。核心系列辛戈尔德麦芽威士忌（Singold Malt Whisky），其中包含桶强版本和雪利桶版。

施泰因豪瑟酒厂（Steinhauser Destillerie）
成立于 1828 年，位于克雷斯布隆（2008 年起酿造威士忌）

主要产品为水果类蒸馏酒，但也生产威士忌。首款单一麦芽威士忌布里甘提亚（Brigantia）于 2011 年发布，目前包括 8 年陈版本。

施泰因瓦尔德蒸馏酒厂（Steinwälder Hausbrennerei）
成立于 1818 年，位于埃尔本多夫（1920 年起酿造威士忌）

早在 20 世纪初，这里就开始酿造一种威士忌，但当时是以科恩布兰德（Kornbrand）的名称出售。当现任所有者接手后，这款酒以 10 年陈的单一谷物威士忌重新推出，命名为斯通伍德 1818（Stonewood 1818）。最新发布的酒款包括一款在阿玛罗尼桶中熟成的 8 年陈单一麦芽威士忌，以及德拉双桶一号（Drà Doublewood One）。

鹳俱乐部威士忌酒厂（Stork Club Whiskey-Destillerie）
成立于 2004 年，位于施莱普齐希

酒厂历史悠久，曾生产多种烈酒，但新主人决定将重点放在黑麦威士忌上。系列名称为鹳俱乐部（Stork Club），还包括由大麦制成的单一麦芽威士忌。

斯托特贝克酒厂（Störtebeker Brennerei）
成立于 2009 年，位于明奇古特/吕根岛

首款威士忌于 2014 年发布，目前的核心表达为"经典款"（Klassik）。近期限量版包括两种后熟风味朗姆酒桶和干邑桶。酒厂于 2023 年扩建。

特克威士忌酒厂（Tecker Whisky-Destillerie）
成立于 1979 年，位于欧文（1989 年起开始酿造威士忌）

除生产其他多种烈酒外，酒厂也生产威士忌。核心表达为 10 年陈的特克单一麦芽威士忌（Tecker Single Malt），前 5 年在波本桶中熟成，后 5 年在欧罗索雪利桶中熟成。近期发布了 18 年陈波特桶熟成版本。

托马斯·西佩尔酒厂（Thomas Sippel, Destillerie）
成立于 1992 年，位于韦森海姆（2011 年起酿造威士忌）

酒厂生产葡萄酒及多种蒸馏酒，并于 2011 年开始生产威士忌。首款威士忌普法尔茨单一麦芽（Palatinatus Single Malt）于 2014 年发布，随后推出了多种不同桶熟风味的版本。

维兰克酒厂（Vielanker Distillery）
成立于 2008 年，位于维兰克

酒厂结合了餐厅、酒店、啤酒厂及酿酒厂功能于一体。其单一麦芽威士忌品牌为奥克斯之光（Aur Ox），目前最老的表达为 10 年陈和 12 年陈。

匈牙利

杰门茨酒厂（Gemenc Distillery）
成立于 2014 年，位于波尔贝伊

与匈牙利众多生产白兰地的酒厂不同，杰门茨酒厂完全专

注于威士忌。其所有者拉约什·索凯（Lajos Szöke）尤其热衷于使用不同麦芽配方酿造的威士忌，并选择匈牙利橡木或相思木制成的酒桶熟成。自2017年以来，索凯还使用大麦酿制了泥煤味和非泥煤味的单一麦芽威士忌，并投入桶中熟成。

阿加尔迪酒厂（Agárdi Distillery）
成立于2002年，位于加尔多尼

作为一家白兰地生产商，阿加尔迪酒厂也酿造少量的阿加尔迪单一麦芽威士忌和黑麦威士忌。当前的麦芽威士忌采用新橡木桶和托卡伊（Tokaji）酒桶结合熟成。

冰岛

艾姆韦克酒厂（Eimverk Distillery）
成立于2012年，位于加尔扎拜尔

作为冰岛的第一家威士忌酒厂，艾姆韦克酒厂只使用冰岛本地种植的有机大麦进行生产，并且所有的麦芽处理都在酒厂内部完成。该酒厂在干燥麦芽时不仅使用泥煤，有时还会使用羊粪。酒厂的年生产能力为10万升，其中50%用于生产金酒和挪威药酒（aquavite），其余部分用于威士忌酿造。第一款限量版3年陈的威士忌于2017年底发布，此后推出了更多版本，包括啤酒桶熟成款以及部分在桦木桶中熟成的版本。

爱尔兰

米德尔顿酒厂（Midleton Distillery）
成立于1975年，位于科克郡米德尔顿

米德尔顿酒厂是爱尔兰最大的酒厂，也是詹姆森（Jameson's Irish Whiskey）的家乡，生产谷物威士忌和单一壶式威士忌（Single Pot Still Whiskey）。谷物威士忌主要用于调和威士忌，其中尊美醇（Jameson）是销量最大的品牌。单一壶式威士忌则是爱尔兰特有的风格，部分用于调和，但近年来越来越多地单独装瓶出售。

米德尔顿酒厂没有使用传统的糖化槽，而是配备了3台糖化过滤器。经过10年的多次重大升级，酒厂现在拥有48个发酵桶、6个柱式蒸馏器和10个壶式蒸馏器，总产能达7000万升纯酒精。2015年，酒厂开设了一座微型酒厂，专注于实验和创新。2022年6月，酒厂宣布将在未来4年内投资5000万欧元，以实现到2026年底碳中和的目标。同年9月，爱尔兰酒业宣布将在邓古尼河（Dungourney）对岸新建一座酒厂，投资额达2.5亿欧元，计划于2025年投入运营。2023年9月，全新升级的游客中心开放，但因暴风雨引发的严重洪水而被迫关闭，直到2024年3月才重新开放。

米德尔顿酒厂生产的众多品牌中，尊美醇调和爱尔兰威士忌（Jameson's blended Irish whiskey）是销量最大的产品。2023年，尊美醇品牌售出1.22亿瓶，尽管销量相比2022年下降了8%。除了无年份标识的核心款外，还有冠羽（Crested）系列、黑桶（Black Barrel）系列、黑桶原酒强度（Black Barrel Proof）系列以及三重（Triple）系列。近期的限量版包括18年弓街（Bow Street）和一种在5种不同桶中熟成的单一壶式威士忌。此外，还有桶伴（Caskmates）系列，其中包含在啤酒桶和印度淡色艾尔（IPA）桶中熟成的酒款，以及与八度酿酒厂（Eight Degrees Brewery）合作推出的三款联名装瓶产品。

其他调和威士忌品牌包括鲍尔斯（Powers），该品牌在2023年推出了100%黑麦版本；还有米德尔顿极珍稀（Midleton Very Rare）系列，该系列每年都会限量推出新品。"米德尔顿极珍稀"也是一系列年份极为久远的威士忌的名称——米德尔顿极珍稀沉默酒厂（Midleton Very Rare Silent Distillery）系列。这些威士忌均在老米德尔顿酿酒厂蒸馏而成，该酒厂于

首席调配师比利·莱顿（Billy Leighton）正在来德尔顿酒厂的一间仓库中抽取一桶样品酒

1975年关闭。2024年4月推出的第五款产品是一款49年陈酿的谷物和壶式蒸馏威士忌的调和酒。

近年来，米德尔顿越来越多地投入到他们的第二类威士忌——单一壶式蒸馏威士忌的生产中。主要品牌是知更鸟（Redbreast），该品牌有一系列产品，包括12年陈酿、12年原桶强度、15年陈酿、21年陈酿、22年陈酿、卢上诗（Lustau）版以及27年陈酿。近期的限量版产品包括伊比利亚系列（Iberian Series），2023年发布了使用茶色波特桶（Tawny Port）熟成的版本，第四款产品——使用四桶（Cuatro Barriles）工艺的版本于2024年3月推出。最后，知更鸟梦幻桶（Redbreast Dream Cask）的最新一版——38年陈酿的巅峰（Zenith）版于2021年推出。

其他单一壶式蒸馏威士忌可以在斑点（Spot）系列中找到：无年份标识的绿点（Green Spot）威士忌、在利奥维尔巴顿（Leoville Barton）波尔多桶中进行收尾熟成的12年陈酿威士忌、在蒙大维酒庄（Chateau Montelena）桶中收尾熟成的版本以及鹌鹑门（Quails' Gate）桶熟成的版本；12年陈酿的黄点（Yellow Spot）威士忌、15年陈酿的红点（Red Spot）威士忌、7年陈酿的蓝点（Blue Spot）威士忌，以及最近发布的限量版13年陈酿的金点（Gold Spot）威士忌。

鲍尔斯约翰巷（Powers John's Lane）、三燕（Three Swallow）和巴里·克罗克特传承（Barry Crocket Legacy）也是他们单一壶式蒸馏威士忌的代表，还有戴尔·盖尔拉赫（Dair Ghaelach）系列单一桶威士忌，这些威士忌在全新的爱尔兰橡木桶中进行收尾熟成，13～26年陈酿。

2017年，米德尔顿展示了其创新的一面，推出了首个实验性威士忌系列，名为方法与疯狂（Method and Madness）。近期发布的产品包括一款在南美安布拉纳木（Amburana）桶中进行收尾熟成的单一壶式蒸馏威士忌。

都拉摩杜酒厂（Tullamore Dew Distillery）
成立于2014年，位于奥法利郡克隆敏奇

在1954年之前，都拉摩杜（Tullamore D.E.W.）威士忌是在都拉摩的戴利酒厂（Daly's Distillery）酿造的。当戴利酒厂关闭后，生产临时转移至都柏林的鲍尔酒厂（Power's Distillery），随后又迁至米德尔顿酒厂（Midleton Distillery）和布什米尔酒厂（Bushmill's Distillery）。2010年，威廉·格兰特公司（William Grant & Sons）收购了都拉摩杜品牌，并于2013年5月开始在都拉摩郊区的克隆敏奇建造新的酒厂。

这座酒厂配备了4台蒸馏器，生产麦芽威士忌和单一壶式威士忌，年产能达360万升纯酒精。2017年，酒厂增加了一个装瓶厂和一座谷物蒸馏厂，后者年产能为800万升谷物蒸馏酒。2023年9月，酒厂又购买了邻近的约4.8万平方米土地，用于扩大仓储能力。

都拉摩杜的所有威士忌均为三次蒸馏工艺。2023年，全球销量达到1900万瓶，仅次于尊美醇（Jameson），位居世界第二，比上一年增长了14%。

核心产品包括原味款（Original）、12年陈特别珍藏（Special Reserve）以及14年和18年的单一麦芽威士忌。此外，在免税店和特定市场还可以找到苹果酒桶熟成（Cider Cask Finish）和加勒比朗姆酒桶熟成（Caribbean Rum Cask Finish）的威士忌。最后，还有一款独特的都拉摩杜蜂蜜威士忌（Tullamore D.E.W. Honey），以单一麦芽、单一壶式和谷物威士忌为基酒，融合波希米亚蜂蜜酿造而成。

库利酒厂（Cooley Distillery）
成立于1987年，位于劳斯郡库利

约翰·帝霖（John Teeling）在复兴爱尔兰威士忌的历史中扮演了重要角色。在20世纪下半叶，爱尔兰威士忌的市场份额持续萎缩，20世纪80年代末全国只剩下两家酒厂。1987年，帝霖收购了废弃的塞米西·特奥酒厂（Ceimici Teo），并将其更名为库利酒厂。两年后，他安装了两台壶式蒸馏器，并于1992年推出了酒厂的第一款单一麦芽威士忌——洛克单一麦芽威士忌（Locke's Single Malt）。

多年来，库利酒厂推出了许多品牌。2011年，酒厂被金宾酒业公司（Beam Inc.）收购，如今隶属于三得利全球烈酒公司（Suntory Global Spirits）。

库利酒厂的威士忌品牌众多，其中康尼马拉（Connemara）单一麦芽威士忌以其不同程度的泥煤风味闻名，包括无年份的原味款（Original）、12年陈和桶强款（Cask Strength）。另一个知名品牌是泰康尼尔（Tyrconnell），其核心产品为无年份标注的单一麦芽威士忌。此外，泰康尼尔品牌还包括3款10年木桶熟成威士忌和一款16年陈威士忌，这些酒经过欧罗索（oloroso）和麝香葡萄（moscatel）酒桶的双重熟成。

帝霖酒厂（Teeling Distillery）
成立于2015年，位于都柏林

约翰·帝霖（John Teeling）的两个儿子，杰克（Jack）和斯蒂芬（Stephen），于2015年6月在都柏林的新市场区（Newmarket）建立了这座酒厂。这是125年来都柏林市内第一座新酒厂。2017年，百加得（Bacardi）收购了帝霖威士忌公司的一小部分股份，随后多次增加持股比例，目前持股比例达到79%。

酒厂配备了2个木质发酵槽、4个不锈钢发酵槽以及3台意大利制造的蒸馏器，分别是初馏器（15 000升）、中间蒸馏器（10 000升）和烈酒蒸馏器（9 000升），其纯酒精产能为50万升。这家酒厂既生产壶式蒸馏威士忌，也生产麦芽威士忌。

酒厂的核心系列包括

- 混合威士忌（Small Batch）销量最大，采用朗姆酒桶完成熟成；
- 单一谷物威士忌（Single Grain）完全在加州红酒桶中熟成；
- 单一麦芽威士忌（Single Malt）由5种不同威士忌混合而成，并分别在5种不同类型的葡萄酒桶中完成熟成；
- 单一壶式蒸馏威士忌（Single Pot Still）由50%麦芽大麦和50%未发芽大麦混合酿造；
- 黑坑泥煤单一麦芽威士忌（Blackpitts Peated Single Malt）三次蒸馏，熟成于波本桶和苏玳酒桶。该款威士忌后推出了桶强版本。

近期的限量版木之奇迹（Wonders of Wood）系列，第三版在瑞典的全新橡木桶中熟成。此外，珍稀陈年系列（Vintage Reserve Collection）推出了超级威士忌，还有富有创新性的"非传统系列"（Unconventional Collection）。

丁格尔威士忌酒厂（The Dingle Whiskey Distillery）
成立于2012年，位于凯里郡丁格尔镇

酒厂配备了不寻常的木质糖化桶和木质发酵桶，最低发酵时间为72小时。此外，还拥有3台壶式蒸馏器和1台综合金酒/伏特加蒸馏器。酒厂于2012年开始生产威士忌，首款单一麦芽威士忌于2016年秋季发布。自此以后，酒厂推出了一系列不同的"限量批次"单一麦芽和单一壶式蒸馏威士忌。

还推出了一个名为凯尔特之轮（The Celtic Wheel，该名字反映了凯尔特太阳历）的限量系列。2024年5月发布了8款中的第六版——春之丰饶（Cónocht an Earraigh）。

皇家橡树酒厂（前身为沃尔什威士忌酒厂）[Royal Oak Distillery (formerly known as Walsh Whiskey Distillery)]
成立于2016年，位于卡洛郡卡洛

凭借成功的品牌"爱尔兰人"（The Irishman）和"作家之泪"（Writer's Tears），伯纳德·沃尔什（Bernard Walsh）于皇家橡树酒厂创立了自己的酒厂。酒厂获得意大利著名饮品公司伊尔瓦·萨龙诺（Illva Saronno）的支持，于2016年投产，总年产能为250万升纯酒精，涵盖谷物威士忌、麦芽威士忌和壶式蒸馏威士忌的生产。

2019年，伊尔瓦·萨龙诺完全控股酒厂，而伯纳德·沃尔什继续经营品牌"作家之泪"和"爱尔兰人"。后来，沃尔什威士忌公司被拉脱维亚的安博饮料集团（Amber Beverage Group）收购。皇家橡树酒厂的新所有者于2020年11月推出了自己的品牌"巴士克"（Busker），其系列包括单一谷物（Single Grain）、单一麦芽（Single Malt）、单一壶式蒸馏威士忌（Single Pot Still）和三桶混合威士忌（Triple Cask）。

大北方酒厂（Great Northern Distillery）
成立于2015年，位于劳斯郡邓多克

2013年，爱尔兰威士忌公司（Irish Whiskey Company, IWC）由约翰·帝霖（John Teeling）为主要股东，收购了邓多克的大北方啤酒厂（Great Northern Brewery），并将其改造成酒厂。酒厂于2015年8月投入运营，是爱尔兰第二大酒厂，现年产能为360万升壶式蒸馏威士忌和800万升谷物烈酒。

近期扩建后，新增6台壶式蒸馏器和8座发酵桶，总年产能增至1 600万升。酒厂的理念是向其他公司销售新酒液或成熟威士忌，其中约60%的产量是新酒液，但成熟威士忌（包括调和威士忌）的份额正在逐步增加。

沃特福德酒厂（Waterford Distillery）
成立于2015年，位于沃特福德郡沃特福德市

沃特福德酒厂由布赫拉迪酒厂（Bruichladdich Distillery）前共同所有人马克·雷尼尔（Mark Reynier）创立。2014年，他收购了沃特福德啤酒厂，并于2015年12月开始蒸馏第一批酒液。酒厂配备了两台壶式蒸馏器和一台柱式蒸馏器，虽然生产谷物酒精，但单一麦芽威士忌是首要任务。此外，酒厂采用过滤糖化设备代替传统糖化桶。

酒厂特别注重本地种植的大麦，从超过100个不同土壤类型的农场采购原料。2016年，酒厂蒸馏了爱尔兰第一款有机威士忌，随后于2018年推出第一款生物动力威士忌。2020年4月，酒厂首次推出普遍发售的威士忌朝圣者（Pilgrimage），随后在2021年发布核心表达——调配概念（Cuvée Concept），随后推出了库韦阿戈（Cuvée Argot）和库韦科菲（Cuvée Koffi）两款产品。

此外还有阿卡迪亚农场源（Arcadian Farm Origin）系列，其中最新推出的两款产品是伍德布鲁克（Woodbrook）和拉肯（Lacken）。

罗伊与公司酒厂（Roe & Co. Distillery）
成立于2019年，位于都柏林

罗伊与公司酒厂的开业标志着帝亚吉欧（Diageo）重返爱尔兰威士忌市场。帝亚吉欧曾在2014年出售布什米尔/百世醇（Bushmills）后退出该市场。2017年，该品牌推出了一款名为Roe & Co的混合威士忌，这款酒液来自其他酒厂，同时也宣布了在都柏林建设新酒厂的计划。

黑水酒厂的创始人彼得·穆里安（Peter Mulryan）一直在研究19世纪的历史谷物配方

酒厂位于都柏林的利伯蒂区（Liberties District），前身为古尼斯发电站（Guinness Power Station）。酒厂配备了3台蒸馏器和木质发酵桶，双重和三重蒸馏的年产量为50万升。2020年11月，首批来源于其他酒厂的威士忌发布。

目前的产品系列包括罗伊与科（Roe & Co）调和威士忌以及口味醇厚的单壶式蒸馏弗洛（Flor）威士忌，这两款都是用采购来的威士忌调配而成。最后，2024年2月，索莱拉（Solera）单一麦芽威士忌问世，这是首款在酒厂本地蒸馏的产品。

西科克酒厂（West Cork Distillers）
成立于2004年，位于科克郡斯基贝里恩

西科克酒厂配备了8台壶式蒸馏器和两台柱式蒸馏器，年产能力达到150万升纯酒精。主要生产麦芽威士忌和谷物威士忌，其中部分在处押在酒厂规模巨大。酒厂的威士忌系列相当丰富，涵盖了15多款表达，包括单一麦芽、单一锅炉威士忌，以及经过二次熟成的酒桶威士忌，这些威士忌使用过波特酒、黑啤、IPA和雪利酒等酒桶进行二次熟成。此外，还有格兰加里夫（Glengarriff）系列，包含泥煤威士忌。2019年秋季，酒厂创始人收购了黑尔伍德集团（Halewood Group）在公司中的多数股权，并于2020年将酒厂迁至科克郡斯基贝里恩的马什路（Marsh Road），并扩建了新的酒厂。

黑水酒厂（Blackwater Distillery）
成立于2014年，位于沃特福德郡巴利达夫上城

黑水酒厂最初位于科克郡卡波金（Cappoquin），并于2018年迁至巴利达夫。酒厂在新址时已经以其金酒而闻名。酒厂配备了来自意大利弗里利（Frilli）的两台前格拉帕酒蒸馏器，并开始生产威士忌。酒厂的创始人彼得·穆尔里安（Peter Mulryan）曾是电视制作人和威士忌作家，他对单一壶式蒸馏威士忌充满热情。根据现行法律规定，单一壶式蒸馏威士忌必须由麦芽和非麦芽大麦酿造，且其他谷物的比例不能超过5%。然而，穆尔里安通过研究19世纪和20世纪爱尔兰酒厂的数百份配方，证明实际上使用了更多比例的其他谷物。现在，关于单一壶式蒸馏威士忌的生产技术文件正在修订中。除了蒸馏单一麦芽威士忌，穆尔里安还根据各种古老的配方制作单一壶式蒸馏威士忌。2022年11月，第一款威士忌——泥谷爱尔兰威士忌（Dirtgrain Irish Whisky）发布，涵盖了4种不同的麦芽配方（包括小麦、燕麦和黑麦），并在4种不同的酒桶中熟成。2024年发布了爱尔兰原香（The Full Irish），这是一款混合威士忌，结合了单一麦芽、单一壶式蒸馏威士忌和谷物威士忌，并在黑啤酒桶中完成熟成。

阿基尔岛酒厂（Achill Island Distillery）
成立于2019年，位于梅奥郡阿基尔岛

阿基尔岛酒厂是爱尔兰首个位于岛屿上的威士忌酒厂，由家族拥有的爱美贸易公司（IrishAmerican Trading Company）经营。酒厂位于欧洲最西端，地理位置独特。酒厂最初销售的威士忌是来源于不同酒厂的陈年威士忌，酒龄在6～19年。酒厂的首个自家生产的威士忌于2022年底发布，而在2023年12月，发布了首款单一壶式蒸馏威士忌。

阿哈斯克拉赫酒厂（Ahascragh Distillery）
成立于2023年，位于戈尔韦郡阿哈斯克拉赫

阿哈斯克拉赫酒厂由麦卡利斯特蒸馏厂（McAllister Distillers）经营，将一座旧磨坊改建为威士忌和金酒蒸馏酒厂。酒厂使用可再生能源，零碳排放，并于2023年7月向公众开放，几个月后开始生产。酒厂配备了一个不寻常的47层塔式糖化过滤器，并且已发布了名为科拉家族（Clan Colla）的外购威士忌。

巴利基夫酒厂（Ballykeefe Distillery）
成立于2017年，位于基尔肯尼郡巴利基夫

巴利基夫酒厂是一座经典的农场酒厂，采用自家种植的大麦。酒厂配备了三台铜锅蒸馏器，2018年春季开始进行首次蒸馏。酒厂早期发布了金酒、伏特加和波汀（Poitín，爱尔兰传统烈酒），首款巴利基夫单一炉威士忌于2021年3月发布，紧接着单一麦芽威士忌于2021年11月上市。

博耶拉赫酒厂（Baoilleach Distillery）
成立于2018年，位于多内高尔郡卡尔克特

迈克尔·奥博伊尔（Michael O'Boyle）起初专注于金酒、朗姆酒和波汀（Poitín）的酿制，后来才开始尝试由麦芽和非麦芽大麦酿造的威士忌。酒厂于2022年3月安装了新的直接火力蒸馏器。酒厂已推出山露（Mountain Dew）系列麦芽烈酒，包括圣子（The Son）、圣父（The Father）和圣霭（The Holy Smoke）（这些产品因为陈年时间不足，尚未达到威士忌的标准）。

布莱克斯酿酒厂（Blacks Brewery & Distillery）
成立于2013年，位于科克郡金塞尔

布莱克斯酿酒厂最初是一家酿酒厂，后转型为金酒和朗姆酒的蒸馏酒厂。2020年，酒厂购买了来自意大利弗里利（Frilli）公司制造的两台铜壶蒸馏器，开始生产威士忌。目前酒厂生产单一麦芽威士忌和单一锅炉威士忌，并有外购威士忌在售。酒厂即将推出自己的威士忌系列，命名为林格罗内堡（Ringrone Castle）。目前，酒厂正在建设一个新酿酒厂（兼蒸馏酒厂），规模将是现有设施的三倍。

博安酒厂（Boann Distillery）
成立于2016年，位于米思郡德罗赫达

博安酒厂由帕特·库尼（Pat Cooney）创立，配备了3台意大利制造的铜壶蒸馏器和一台金酒蒸馏器。早期，酒厂发布了来源威士忌哨音（The Whistler）系列。2022年，酒厂发布了第一款自家生产的威士忌，PX熟成的至日（The Solstice）。2024年7月，酒厂发布了3款单一壶式蒸馏威士忌。2023年12月，公司宣布已获得500万欧元资金，用于扩建酒厂，包括新增装瓶线，并将生产能力提高至170万升纯酒精。

克洛纳基尔蒂酒厂（Clonakilty Distillery）
成立于2016年，位于科克郡克洛纳基尔蒂

斯卡利家族在西科克地区已经耕耘了9代，克洛纳基尔蒂酒厂于2019年开始生产。酒厂的主要产品是一款三次蒸馏的单一壶式蒸馏威士忌。酒厂的首个发布在2024年春季，而目前已经有部分外购威士忌在销售。酒厂目前的3款威士忌——双桶（Double Oak）、波特桶（Port Cask）以及新发布的加莱角（Galley Head），都包含了由酒厂自制的部分单一锅炉威士忌。

康纳赫特威士忌公司（Connacht Whiskey Company）
成立于2016年，位于梅奥郡巴利纳

康纳赫特威士忌公司配备了3台铜锅蒸馏器，年生产能力为30万升纯酒精。酒厂于2016年开始首次蒸馏威士忌（二次蒸馏），并于2017年开始三次蒸馏。2021年6月，酒厂发布了首批来自第一桶的限量版威士忌，并发布了第一批单一麦芽威士忌小批次1（Batch 1）。2023年6月，酒厂发布了5年陈的单一麦芽威士忌亚特兰大之魂（Spirit of the Atlantic）。目前，酒厂还销售外购的威士忌。

克罗利酒厂（Crolly Distillery）

成立于 2020 年，位于多内高尔郡克罗利

原为 1902 年建成的克罗利洋娃娃工厂，现已改造为酒厂，配备了两台科涅克蒸馏器，并在 2023 年夏季安装了更大的麦芽糖化桶。酒厂的首次蒸馏始于 2020 年 11 月，目前销售外购威士忌。

都柏林自由酒厂（Dublin Liberties Distillery）

成立于 2018 年，位于都柏林

经过 8 年的筹备，都柏林自由酒厂于 2019 年初开始生产，酒厂由昆廷塞申尔公司（Quintessential Brands）（75%）和东欧饮料公司斯托克烈酒（Stock Spirits）（25%）共同拥有。酒厂配备了 3 台铜锅蒸馏器，生产二次蒸馏和三次蒸馏的威士忌，包括泥煤威士忌。酒厂年生产能力为 70 万升纯酒精。酒厂目前销售的所有威士忌均由布什米尔（Bushmills）或库利（Cooleys）生产。

基尔贝根酒厂（Kilbeggan Distillery）

成立于 1757 年，位于西梅斯郡基尔贝根

基尔贝根酒厂自 2007 年重新启动以来，成为世界上最古老的在产威士忌酒厂之一，酒厂配备了木质麦芽糖化桶、4 个俄勒冈松木发酵罐和 2 台蒸馏器。酒厂首款的单一麦芽威士忌于 2010 年发布。酒厂目前的产品包括混合威士忌、单一锅炉威士忌、小批量黑麦威士忌和三重酒桶威士忌（以前称为单一谷物威士忌）。限量版包括泥煤威士忌黑色基尔贝根（Kilbeggan Black）和旅行零售渠道的 11 年单一麦芽威士忌。

基尔拉尼酒厂（Killarney Distillery）

成立于 2020 年，位于凯里郡基斯卡特

基尔拉尼酒厂由 Torc Brewing 公司的所有者艾丹·福德（Aidan Forde）和约翰·基恩（John Keane）创办，酒厂配备了两台 2 000 升的自制蒸馏器，2020 年春季开始首次蒸馏。目前，酒厂计划在距离现有酒厂 12 公里的阿哈多（Aghadoe）建立另一个酒厂。

基尔拉尼酿酒与蒸馏厂（Killarney Brewing Distilling）

成立于 2023 年，位于凯里郡基尔拉尼

基尔拉尼酿酒公司于 2013 年开始在凯尔拉尼市中心生产啤酒。后来，酒厂在城西靠近洛赫莱恩湖的地方建了一座较大的酿酒与蒸馏厂，酿酒部分在 2022 年夏季投入使用，蒸馏酒厂则于 2024 年投入使用。酒厂配备了 3 台意大利 2 000 升的铜锅蒸馏器，预计将于 2028 年推出首款自家生产的威士忌。

洛赫吉尔酒厂（Lough Gill Distillery）

成立于 2019 年，位于斯莱戈郡海兹伍德庄园

由大卫·雷索恩（David Raethorne）领导的投资集团于 2014 年决定在 18 世纪的海兹伍德庄园旁建造酒厂。酒厂配备了 3 台弗里利（Frilli）制造的铜锅蒸馏器，年生产能力为 100 万升。酒厂生产的外购威士忌以 Athrú 品牌销售。2022 年夏季，萨哲拉公司（Sazerac Company）收购了该酒厂，并聘请了布什米尔酒厂的前首席调酒师海伦·穆伦兰（Helen Mulholland）加入团队。2023 年，萨泽雷公司收购了经典威士忌品牌帕迪（Paddy），并计划扩大洛赫吉尔酒厂，以为其爱尔兰威士忌打造品牌家园。

洛赫马斯克酒厂（Lough Mask Distillery）

成立于 2016 年，位于梅奥郡托马凯迪

洛赫马斯克酒厂于 2018 年初开始生产，最初生产金酒和伏特加酒。几年的发展后，威士忌也加入了他们的产品系列。洛赫马斯克单一麦芽威士忌为二次蒸馏，酒厂生产泥煤和非泥煤威士忌。酒厂的首款威士忌计划于 2025 年发布。酒厂还设有游客中心。

洛赫里酒厂（Lough Ree Distillery）

成立于 2018 年，位于朗福德郡兰斯堡

这座家族酒厂位于都柏林以西，最初以其 Slingshot 金酒闻名。酒厂到 2022 年才开始生产威士忌，但目前已经有来自大北方地区酒厂（Great Northern Distillery）及其他酒厂的外购威士忌在销售，品牌包括巴特之酿（Bart's）和桥畔纯酿（The Bridge）。

米基尔酒厂（Micil Distillery）

成立于 2016 年，位于戈尔韦郡萨尔希尔

米基尔酒厂于 6 年前开始了蒸馏工作，最初生产金酒和传统的爱尔兰波廷（Poitín）。2021 年，酒厂扩展进入威士忌生产领域，使用本地泥煤干燥麦芽。米基尔酒厂自称是爱尔兰时间最长未间断的家族蒸馏传统之一。2024 年 7 月，他们发布了首款威士忌——一款泥煤单一麦芽威士忌，经过 3 种不同类型的雪利酒酒桶熟成。

皮尔斯·莱昂斯酒厂（Pearse Lyons Distillery）

成立于 2017 年，位于都柏林

皮尔斯·莱昂斯博士原为爱尔兰人，20 世纪 70 年代曾在爱尔兰酿酒公司工作。1980 年，他转行创办了一个专门从事动物营养和饲料补充剂的公司。2008 年，他在美国肯塔基州开设了一个威士忌酒厂，并于 2012 年在爱尔兰卡洛市开设了酒厂。几年后，莱昂斯博士将蒸馏器搬到了都柏林，并修复了圣詹姆斯教堂，将其改建为酒厂。2017 年首次开始蒸馏生产，早期发布了由卡洛和其他酒厂生产的陈年麦芽威士忌。酒厂目前的核心产品包括 5 年和 12 年的单一麦芽威士忌以及一些混合威士忌。2023 年 6 月，酒厂发布了限量版皮尔斯创世版（Pearse Genesis Release），这款威士忌在波本桶和处女橡木酒桶中熟成，完全由都柏林酒厂生产。

鲍尔斯科特酒厂（Powerscourt Distillery）

成立于 2017 年，位于威克洛郡恩尼斯凯里

鲍尔斯科特酒厂位于威克洛郡的鲍尔斯科特庄园，由斯莱辛杰家族拥有。酒厂配备了 3 台锅壶蒸馏器，并于 2018 年秋季开始生产。2019 年夏季，酒厂开设了游客中心。酒厂目前销售名为费库伦（Fercullen）的外购威士忌，2022 年 9 月，酒厂发布了费库伦之落（Fercullen Falls）（由 50% 的单一麦芽和 50% 的单一谷物组成的混合威士忌），这是首款由酒厂自己生产的威士忌。

棚屋酒厂（Shed Distillery）

成立于 2014 年，位于利特里姆郡德鲁姆尚伯

由企业家兼饮品行业资深人士 P. J. 里格尼（P.J. Rigney）创立，配备了 5 台铜锅蒸馏器、3 台柱式蒸馏器和 6 个发酵罐。酒厂主要生产三次蒸馏的单一锅炉威士忌，但 Drumshanbo Gin 已经在市场上销售多年。酒厂首次蒸馏威士忌是在 2014 年底，2019 年发布了 5 年陈单一锅炉威士忌 Drumshanbo Single Pot Still。最近的一款发布版本为 2024 年 5 月发布的 6 年陈威士忌，经过马萨拉酒桶熟成。

斯莱恩酒厂（Slane Distillery）

成立于 2017 年，位于梅斯郡斯莱恩

斯莱恩酒厂由康宁汉姆家族创建，几年前便推出了威士忌

品牌，在美国尤为受欢迎。最初，酒厂的威士忌生产在库利酒厂（Cooleys）进行，但后来家族决定创建自己的酒厂。酒厂配备了 3 台锅壶蒸馏器、6 台柱式蒸馏器和木质发酵罐，2018 年夏季开始生产。酒厂目前的产品包括单一麦芽威士忌、单一锅炉威士忌和谷物威士忌。最新发布的产品包括特级雪莉桶（Extra Sherry Wood），这款威士忌是酒厂木桶系列中的首款发布。

斯里亚夫·利阿格酒厂（Sliabh Liag Distillers（Ardara Distillery）
成立于 2021 年，位于多尼戈尔郡阿尔达拉

斯里亚夫·利阿格酒厂的规划于 2019 年获得批准，2022 年初，酒厂开始生产第一批威士忌，其中大部分为泥煤风味威士忌。使用的是由福赛斯（Forsyths）制造的 3 台蒸馏器。2020 年，日本饮料巨头朝日集团（Asahi Group）投资了 300 万欧元。酒厂目前的生产能力为 44 万升，预计通过 2022 年 6 月启动的众筹活动，未来生产能力将达到 60 万升。与此同时，酒厂所有者成功推出了一款名为丝滑（Silkie）的调和威士忌，首款单一麦芽威士忌——带有烟熏风味的基尔卡尔限量版（The Kilcar Release）于 2023 年 9 月面市。

蒂珀雷里精品酒厂（Tipperary Boutique Distillery）
成立于 2020 年，位于蒂珀雷里郡克朗梅尔

詹妮弗·尼克森（Jennifer Nickerson）和她的丈夫利亚姆·阿亨（Liam Ahearn）选择了位于克隆梅尔（Clonmel）和蒂珀雷里（Tipperary）之间的阿亨家族农场巴林多尼（Ballindoney），作为酒厂的选址。酒厂从一开始便销售外购威士忌，并于 2020 年 11 月发布了首款自家大麦酿制的威士忌，该威士忌在另一家爱尔兰酒厂蒸馏而成。与此同时，酒厂所有者在自己的酿酒厂进行了首次蒸馏，该酿酒厂配备了 4 台来自葡萄牙霍加（Hoga）的蒸馏器。最近，他们与路易丝·麦奎恩（Louise Mcguane）以及 J.J. 科里（J.J. Corry）合作推出了创始者（The Founders）混酿威士忌。

马恩岛

法伊诺迪里酒厂（Fynoderee）
成立于 2017 年，位于马恩岛拉姆齐

这家酿酒厂由当地夫妇保罗·凯鲁什（Paul Kerruish）和蒂芙尼·凯鲁什（Tiffany Kerruish）创立，到目前为止主要生产金酒和朗姆酒。虽然早在 2018 年就开始进行麦芽威士忌的试验生产，但首款威士忌预计要到 2026 年才会发布。

曼克斯威士忌酒厂（Manx Whisky Company）
成立于 2020 年，位于马恩岛巴尔德里

2018 年，马格努斯·格林内贝克（Magnus Grinneback）和他的妻子从瑞典搬到了马恩岛。凭借酿酒背景，他在两年后创办了这座微型酒厂（年产量为 1 000 升）。酒厂采用传统方式酿造，包括地板发芽、直接火加热的蒸馏器以及螺旋冷凝器。酒厂的首款威士忌（PX 单桶）于 2023 年 12 月发布，随后在 2024 年 9 月发布了第二款威士忌。

意大利

普尼酒厂（Puni Destillerie）
成立于 2012 年，位于南蒂罗尔省格伦斯

普尼酒厂的设计非常独特，酒厂是一座 13 米高的红砖立方体建筑，酿造配方中采用了 3 种麦芽谷物——大麦、黑麦和小麦。酒厂配备了 5 个发酵桶，发酵时间为 96 小时，还有一对蒸馏锅。首款单一麦芽威士忌于 2015 年发布，酒厂的核心系列包括索尔（Sole）（在前波本酒桶中熟成两年，接着在 PX 酒桶中熟成两年）、戈尔登（Gold）（在前波本酒桶中熟成 5 年）和维娜（Vina）（在马萨拉酒桶中熟成 5 年）。最近的限量版发布包括阿蒂（Arte）第五版，一款在前艾雷岛酒桶中熟成 6 年的威士忌，奥拉（Aura）第一版，一款在全新法国橡木酒桶中熟成 8 年的威士忌，以及仅在酒厂提供的新版本库伯（Cubo）。

普森纳酒厂（Psenner Destillerie）
成立于 1947 年，位于特拉明（2013 年起酿造威士忌）

普森纳酒厂最初生产果仁酒和格拉巴，11 年前开始尝试酿造威士忌。首款单一麦芽威士忌埃蒂克（eRètico）于 2016 年发布，目前酒厂有两款 7 年陈威士忌——一款在格拉巴酒桶和吉维兹特拉美纳葡萄酒酒桶（grappa and Gewürztraminer casks）中熟成，另一款则在格拉巴酒桶和阿马罗内酒桶（grappa and Amarone casks）的组合中熟成。

荷兰

祖达姆酒厂（Zuidam Distillers）
成立于 1974 年，位于巴尔纳瑟（1996 年起酿造威士忌）

祖达姆酒厂最初是一家传统的家庭酒厂，主要生产利口酒、金酒和伏特加，目前由帕特里克·范·祖达姆（Patrick van Zuidam）管理。首款石磨单一麦芽威士忌于 2007 年发布，为 5 年陈。现在，酒厂拥有丰富的威士忌系列，包括 5 年陈（有烟熏版和无烟熏版）、美国橡木烟熏威士忌、10 年陈美国橡木威士忌、10 年陈法国橡木威士忌、12 年陈雪莉橡木威士忌以及 1999 年 PX 威士忌。除了单一麦芽威士忌外，还有酒精度为 50% 的磨盘 100 黑麦威士忌（Millstone 100 Rye）、它的年轻版"磨盘 92 黑麦威士忌"（92 Rye），以及限量版 10 年陈的"创始人珍藏"（Founder's Reserve）。最近的限量版包括 2024 年 6 月发布的一款 5 年熟成、重度烟熏的威士忌，使用 Palo Cortado 雪莉酒桶熟成。酒厂迄今为止发布的最老威士忌是在 2023 年 12 月发布的 27 年美国橡木熟成威士忌。2020 年，酒厂新购入了 2 台由福赛斯生产的蒸馏锅，并开始在附近的农场种植大麦和黑麦。

巴斯酒厂（Bus Whisky）
成立于 2015 年，位于洛斯布鲁克

这是一家庄园酒厂，使用自家农田的大麦进行酿造。威士忌的熟成过程从波本酒桶开始，之后可能会在其他类型的酒桶中进行最后的熟成。首款威士忌于 2019 年发布，最新的一批（第 28 批）则于 2024 年发布。该酒厂的威士忌仅在酒厂本地或其官方网站上销售。

克利酒厂（Cley Distillery）
成立于 2015 年，位于鹿特丹

酒厂的威士忌生产采用三重蒸馏工艺，先在波本酒桶中熟成，然后在美国新橡木酒桶中进行后熟。酒厂既生产单一麦芽威士忌，也有大麦与黑麦的混合威士忌。最新发布的一款是 4 年熟成，最后在艾雷岛酒桶中进行收尾。

登胡尔酒厂（Den Hool Distillery）
成立于 2015 年，位于霍尔斯洛特

最初为一座农场，酒厂创始人于 20 世纪 90 年代末开始

酿造啤酒。在最初的几年里，发酵后的酒液被送往祖达姆蒸馏厂（Zuidam Distillers），以蒸馏成威士忌。2016 年，首款费恩哈尔（Veenhar）单一麦芽威士忌发布，至 2023 年 8 月，酒厂完全自产的首款威士忌问世，系一款 7 年陈的威士忌，使用新橡木桶和首次使用的美国橡木桶以及 PX 雪利酒桶进行熟成。

鼓丘酒厂（Drumlin Distillery）
成立于 2018 年，位于哈弗尔特

这座新建的酒厂首款发布的是一款金酒，但同时也生产大麦威士忌和黑麦威士忌。2023 年 1 月，首款克罗马农（Cromlech）单一麦芽威士忌发布，这款威士忌为 2019 年蒸馏的 3 年熟成威士忌。随后，在 2023 年 12 月发布了第二版。

德海默尔酿酒与蒸馏厂（Hemel Brewery and Distillery, De）
成立于 1983 年，位于奈梅亨

这家酒厂位于一座 12 世纪的修道院内，最初是一家啤酒厂，如今增设了蒸馏设施。德海默尔推出的两款阿尼玛（Anima）威士忌从技术层面来讲属于"Bierbrands"，即由添加了啤酒花的啤酒蒸馏而成。

霍斯特曼酒厂（Horstman Distillery）
成立于 2000 年，位于洛瑟

生产金维酒（Genever）和威士忌，2016 年发布了首款威士忌。当前的酒品系列包括一款 5 年熟成的单一麦芽威士忌，熟成于波特酒桶中；以及一款 9 年熟成、在雪利酒桶中熟成的威士忌，名为蓝色威士忌（Whisky Blau）。

伊斯沃格尔（Ijsvogel Distillery, De）
成立于 2012 年，位于阿尔森

这座酒厂蒸馏多种不同类型的烈酒，包括大麦威士忌。首款威士忌于 2015 年发布，最新的，2024 年 6 月发布的一款 4 年陈威士忌，在波本酒桶和 PX 雪利酒桶中熟成。

卡尔克维克蒸馏厂（Kalkwijck Distillers）
成立于 2009 年，位于弗鲁姆斯霍普

酒厂配备了一台 300 升的蒸馏锅，并有附加的蒸馏柱。2015 年，首款伊斯特穆尔（Eastmoor）单一麦芽威士忌发布，当时为 3 年陈。2023 年发布了第九批威士忌。最近，酒厂推出了一款名为希格利·皮格利（Higgledy Piggledy）的新系列，涵盖了大麦、黑麦和玉米威士忌。

莱佩拉尔蒸馏厂（Lepelaar Distillery）
成立于 2009 年，位于特塞尔岛

这座酒厂生产单一麦芽威士忌（包括泥煤和非泥煤版本）以及黑麦威士忌和金维酒。2018 年，为了感谢支持的众筹者，酒厂发布了首款限量版特塞尔威士忌（Texelse Whisky），随后于 2019 年推出了更广泛的市场发布。

斯库尔特酒厂（Stokerij Sculte）
成立于 2004 年，位于奥特马尔苏姆

这座酒厂配备了一台 500 升的不锈钢麦芽糖化桶、4 个不锈钢发酵桶和两台蒸馏器。首款斯库尔特·特文特（Sculte Twentse）威士忌于 2014 年发布，并且推出了多个不同版本。最新的第九批威士忌于 2024 年 3 月发布。

乌斯海特酒厂（Us Heit Distillery）
成立于 2002 年，位于博尔斯沃德

弗里斯克·海德（Frysk Hynder）是荷兰首款威士忌，于 2005 年发布，当时陈酿 3 年。大麦原料种植在周边地区，并在酒厂内进行麦芽处理。这款威士忌在多种酒桶中熟成（3～5 年陈酿），也有高酒精度版本。

北爱尔兰

布什米尔酒厂（Bushmill's Distillery）
成立于 1784 年，位于安特里姆布什米尔斯

布什米尔酒厂是爱尔兰第三大酒厂，规模仅次于米德尔顿（Midleton）和大北方（Great Northern）蒸馏厂。2005 年，酒厂被保乐力加（Pernod Ricard）出售给帝亚吉欧（Diageo），随后在 2014 年，帝亚吉欧将酒厂于 2014 年又将它卖给了保仕奥本（Proximo，Jé Cuervo 龙舌兰酒的生产商）。新业主计划扩建酒厂，并在未来 20 年内在毗邻的农田上建造 29 个新酒窖。当地政府于 2019 年批准了该计划。2023 年春季，酒厂新增了堤道蒸馏厂（Causewasy Distillery），配备了麦芽糖化桶、8 个发酵桶和 10 台蒸馏器，布什米尔的产能因此增加了一倍，达到了 900 万升。2023 年其销量超过 1 300 万瓶。

布什米尔酒厂生产三次蒸馏的单一麦芽威士忌。他们生产的调和威士忌，谷物部分则来自 Midleton 酒厂。调和威士忌系列包括布什米尔原味（Bushmills Original）、黑布什（Black Bush）和红布什（Red Bush）。2021 年 4 月，布什米尔推出了两款原味酒桶熟成（Bushmills Original Cask Finish），其单一麦芽部分分别在美国橡木桶和朗姆酒桶中熟成。

布什米尔单一麦芽的核心系列包括 10 年陈、16 年三重木桶（Triple Wood，采用波特酒桶熟成）、以及 21 年陈（在马德拉酒桶中熟成两年）。2024 年 4 月，布什米尔推出了一款 14 年陈，采用马拉加酒桶熟成。2023 年 4 月，发布了两款限量小批量表达——25 年陈（在波特酒桶中熟成 21 年）和 30 年陈（在 PX 雪利酒桶中二次熟成 16 年）。2020 年 12 月，布什米尔推出了限量版"堤道系列"（The Causeway Collection）其中包含多款不同酒桶熟成的单一麦芽威士忌，并且以酒桶原酒的浓度进行瓶装。最近发布的限量表达包括 31 年陈（在马德拉酒桶中 2 次熟成 18 年）以及布什米尔至今最老的威士忌——36 年陈的希尔街（Hill Street Edition）。

科普兰酒厂（Copeland Distillery）
成立于 2016 年，位于唐郡唐纳吉迪

科普兰酒厂最初位于贝尔法斯特南方 20 公里的圣菲尔德（Saintfield），创始人加雷斯·欧文（Gareth Irvine）于 2019 年将酒厂迁至海岸附近的唐纳吉迪。酒厂最初以生产金酒而闻名，2019 年 11 月，他们开始填充第一桶麦芽威士忌，并计划于 2024 年底发布首款 5 年陈酿威士忌。当前，酒厂正在销售一款来外购基酒调配的调和威士忌。

埃克林维尔酒厂（Echlinville Distillery）
成立于 2013 年，位于阿兹半岛科尔宾

埃克林维尔酒厂由谢恩·布兰尼夫（Shane Braniff）创办，位于阿兹半岛的科尔宾附近。酒厂拥有自家麦芽糖化设施，并且在近年来逐步扩建，还开设了访客中心。为了将麦芽糖化规模化，酒厂最近收购并恢复了位于纽敦阿尔兹的旧阿尔兹麦芽厂（Ards Maltings）。除了单一麦芽威士忌和单一锅蒸馏威士忌外，酒厂还生产伏特加和金酒。布兰尼夫通过引入来源威士忌，复兴了传统的邓维尔（Dunville's）品牌的调和威士忌，并包括了单一麦芽威士忌。最近，还加入了马特·达西（The Matt D·Arcy）品牌，酒厂首次推出的自家蒸馏威士忌包括一款 7 年陈单一麦芽威士忌和一款 7 年陈单一壶式蒸馏威士忌。

均于2023年秋季发布。

格伦温尼酒厂（Glenwinny Distillery）
成立于2023年，位于安特里姆郡利斯贝罗，靠近恩尼斯基林和厄尔尼湖。

格伦温尼酒厂是一座由家族经营的小型酒厂，位于他们自家的乡村旅馆"狗与鸭"（The Dog and the Duck）内。酒厂位于恩尼斯基林附近，紧邻美丽的厄尔尼湖。

欣奇酒厂（Hinch Distillery）
成立于2020年，位于唐郡巴利纳欣奇。

欣奇酒厂由波尔的拉林庄园（Chateau de La Ligne）主人特里·克罗斯（Terry Cross）创办，总部设在东北部的历史酒店基拉尼庄园（Killancy Lodge）内。酒厂最初发布了多个来源威士忌，但因新冠疫情的影响，酒厂的正式开业推迟至2020年11月。酒厂采用三次蒸馏工艺，并配备了3台蒸馏器（分别为10 000升、5 500升和2 500升）。

基洛文酒厂（Killowen Distillery）
成立于2017年，位于唐郡纽里。

基洛文酒厂由布伦丹·卡提（Brendan Carty）创办，最初于2017年开始生产金酒，并于2019年首次蒸馏单一锅蒸馏威士忌。酒厂采用双重蒸馏，并使用泥煤熏制，麦芽配方除发芽和未发芽的大麦外，还加入了其他谷物（如燕麦）。发酵在开放式发酵桶中进行，时间可能超过一周。酒厂的两台葡萄牙蒸馏器为直火加热，使用螺旋管冷凝器。2019年，酒厂发布了第一款来源威士忌系列保税臻酿·实验特款（Bonded Experimental）。2022年10月，酒厂推出了自家蒸馏的威士忌巴兰图伊尔（Barántúil），包括两款单桶单一锅蒸馏威士忌，并陆续发布了更多产品，包括一款5年陈威士忌，完美陈酿于朗姆酒桶和雪利酒桶中。

麦康奈尔酒厂（McConnell's Distillery）
成立于2023年，位于安特里姆郡以尔法斯特。

麦康奈尔酒厂的建设计划始于10多年前，但直到2023年5月，酒厂才安装了3台蒸馏器，2024年4月酒厂正式对外开放，首批酒桶于7月填充。酒厂的生产能力为50万升纯酒精，新什将在自家蒸馏威士忌发布之前，继续销售以"麦康东尔"（McConnell's）品牌推出的来源威士忌。该是一个来自贝尔法斯的标志性历史爱尔兰威士忌品牌。

穆恩·迪尤酒厂（Mourne Dew Distillery）
成立于2018年，位于唐郡沃伦波因特。

穆恩·迪尤酒厂与众不同，采用了两台真空蒸馏器和一台500升混合蒸馏器。酒厂最初发布了波廷、金酒和伏特加，最近也推出了他们的三次蒸馏威士忌，并分别以混合威士忌和单一麦芽的形式发布。酒厂使用了包括美国橡木、全新橡木、朗姆酒桶和IPA桶在内的多种酒桶进行熟成。

拉德蒙庄园酒厂（Rademon Estate Distillery）
成立于2012年，位于唐郡唐帕特里克。

拉德蒙庄园酒厂以生产金酒迅速获得成功，2015年夏季，他们开始扩展业务，进入威士忌生产领域，涵盖单一麦芽威士忌和单一锅蒸馏威士忌。利用250万英镑的投资，酒厂在

布伦丹·卡蒂（Brendan Carty），基洛文酒厂的创始人兼蒸馏师

2018 年进一步扩展，增设了新的金酒蒸馏器和威士忌蒸馏器。2021 年 12 月，肖特克罗斯（Shortcross）单一麦芽威士忌首次发布了一款 5 年陈酿的产品。这款威士忌在波尔多红酒桶中进行陈酿，并在栗木橡木桶中完成收尾熟成。此后，特克罗斯又推出了黑麦与麦芽混合威士忌、泥煤味单一麦芽威士忌和单一壶式蒸馏威士忌。

泰坦尼克酒厂（Titanic Distillers）
成立于 2022 年，位于安特里姆郡贝尔法斯特

泰坦尼克酒厂位于历史悠久的老泵房（pump-house），这一地方曾是 1911 年泰坦尼克号从哈兰德与沃尔夫造船厂移至新建的汤普森干船坞进行最后配件安装的地方。酒厂由彼得·拉弗里（Peter Lavery）、理查德·欧文（Richard Irwin）和斯蒂芬·赛明顿（Stephen Symington）创办，诺林投资公司（Norlin Ventures）为主要投资方。项目耗资近 800 万英镑，酒厂于 2023 年 3 月开放参观，并在同年 8 月开始蒸馏生产。泰坦尼克品牌的威士忌和伏特加已经上市，这些酒精由位于邓多克的大北方酒厂蒸馏。

野大西洋酒厂（Wild Atlantic Distillery）
成立于 2019 年，位于蒂龙郡阿赫亚兰

由布莱恩·阿什（Brian Ash）和吉姆·纳什（Jim Nash）两位姻亲创办，酒厂于 2018 年开始进行威士忌试验，并随后转向生产金酒和伏特加。尽管如此，威士忌始终是他们的计划之一，2020 年底，酒厂安装了单锅蒸馏器。酒厂尚未发布任何来源威士忌，目前正在耐心等待自家威士忌的熟成。首款自家威士忌计划在 2024 年底发布。

挪威

挪威酿酒厂（Det Norske Brenneri）
成立于 1952 年，位于格里姆斯塔

这家酿酒厂最初专注于生产苹果和其他水果的葡萄酒。2009 年，酒厂开始酿造威士忌，使用了两台霍尔斯坦（Holstein）蒸馏器。2012 年，酒厂推出了挪威第一款单一麦芽威士忌 Audny。最近的瓶装产品包括 2023 年 11 月推出的"四重批次 III"，这个名字并非指蒸馏方式（还是经过两次蒸馏），而是指在熟成过程中使用了 4 种不同类型的酒桶：欧罗索桶（oloroso）、麝香葡萄酒桶（moscatel）、佩德罗 – 希梅内斯雪莉桶（PX）和里韦萨尔泰甜葡萄酒桶（Rivesaltes wine）。

迈肯酒厂（Myken Distillery）
成立于 2014 年，位于迈肯岛

迈肯酒厂位于迈肯群岛，这些岛屿位于挪威的北大西洋，距离挪威本土 32 公里。酒厂生产泥煤味和非泥煤味的威士忌。首款单一麦芽威士忌于 2018 年推出。2024 年春季推出的新品包括：一款 5 年陈酿的地狱风暴经典版（Hellstrøm à la Hellstrøm），它在原波本桶和夏朗德皮诺甜酒桶中混合熟成；还有一款 6 年陈酿的北极光（Nordlys），主要在匈牙利橡木桶中熟成。

阿诺拉酒厂 [Anora（formerly Arcus）]
成立于 1996 年，位于盖尔洛森

阿诺拉酒厂是挪威最大的葡萄酒和烈酒供应商及生产商。酒厂的首款威士忌于 2013 年推出。以约莱德（Gjoleid）为品牌名，已经推出了 3 款由发芽大麦和发芽小麦制成的威士忌。2021 年，推出了 10 年陈酿的大师精选（Mesterens Utvalgte）。

极光精神酒厂（Aurora Spirit）
成立于 2016 年，位于特罗姆瑟

极光精神酒厂位于北纬 69.39°，是全球最北端的酒厂。最初，酒厂从一家啤酒厂采购酒醪，但自 2021 年起，酒厂开始自行进行糖化。除了生产单一麦芽威士忌外，酒厂还生产金酒、伏特加和阿克维特酒（Aquavit）。他们所有的产品都以弗罗斯特（Bivrost）这个品牌名进行销售。在第一款核心瓶装酒"世界树"（Yggdrasil，预计 2025 年发布）推出之前，还会有一些限量版产品问世。最近发布的限量版包括：混合熟成于波本酒桶和哥伦比亚橡木桶的 Alfheim、用欧罗索酒桶熟成的 Midgard。

贝伦森酒厂（Berentsen Distillery）
成立于 1895 年，位于厄尔松

贝伦森酒厂有着 100 多年生产矿泉水的历史，近年来也开始生产啤酒和烈酒。通过 500 万英镑的投资，酒厂使用来自德国阿诺德·霍尔斯坦（Arnold Holstein）的蒸馏器，计划成为挪威最大的威士忌生产商之一。2023 年 3 月，酒厂发布了首款 3 年陈酿的瓦德伯格·博恩（ardberg Born）单一麦芽威士忌，瓶装强度为桶装酒精度，随后发布了 48% 酒精度版本以及欧罗索单桶威士忌。

费杰海洋酒厂（Feddie Ocean Distillery）
成立于 2019 年，位于费杰岛

费杰海洋酒厂位于挪威最西端的有人居住的费杰岛，2019 年在一个现有的酿酒厂基础上增设了酿酒设施，开始生产有机威士忌。酒厂由安妮·科潘（Anne Koppang）创立，拥有超过 100 名投资者。公司的目标是通过投资为岛屿做出贡献。酒厂计划在未来几年内安装糖化过滤器。首款威士忌瓶装产品计划在 2024 年 11 月发布。

克罗斯特格登酒厂（Klostergården Distillery）
成立于 2017 年，位于挪威陶特拉岛

配备了两台来自葡萄牙霍加（Hoga）的铜制蒸馏器（容量分别为 1000 升和 600 升）。酒厂内还设有啤酒厂、酒店、餐厅和商店。目前，尚未发布官方瓶装威士忌。

奥斯手工酒厂（Oss Craft Distillery）
成立于 2016 年，位于弗莱斯兰

这家蒸馏厂专门生产金酒以及其他由草本植物和植物原料制成的烈酒，已经推出了一系列以巴雷克斯滕（Bareksten）为品牌名的烈酒。2017 年，酒厂开始生产麦芽威士忌，并在 2019 年完成扩建。

波兰

皮亚谢茨基酒厂（Piasecki Distillery）
成立于 1964 年，位于斯塔维古达

皮亚谢茨基酒厂生产多种烈酒，并且最近也开始酿造麦芽威士忌 2017 年推出了 3 年陈酿的朗格兰德（Langlander），此外还有养蜂人（Bee Keeper）调和威士忌。

卡尔奇马·弗尔佐酒厂（Karczma Wrzos）
位于乌斯特龙（2019 年起酿造威士忌）

这是一家结合餐厅、啤酒厂和酒厂的企业，生产多种烈酒，包括威士忌。这款在新橡木桶中熟成的 3 年陈酿格兰维斯瓦（Glen Vistula）威士忌于 2022 年 12 月推出。

遗产酒厂（Legacy Distillery）
成立于 2021 年，位于奥博尔尼基

由皮奥特·杜比什（Piotr Dubisz）创立的酒厂，自 2023 年起开始生产威士忌，并计划在 2025 年初搬迁至新厂址。目前酒厂的产品线包括经过进一步成熟和在波兰桶完成后熟的爱尔兰来源威士忌。

米尔赛德酒厂（Millside Distillery）
成立于 2023 年，位于德布日齿

米尔赛德酒厂最初于 2013 年作为一家威士忌商店成立，后来扩展为独立装瓶商，并新增了酿酒设施。酒厂配备了 1000 升的发酵蒸馏器、500 升的酒精蒸馏器和一台用于生产伏特加的柱式蒸馏器。这种威士忌使用的是黄金大麦（Golden Promise）大麦，该酒厂于 2023 年末开始生产。

葡萄牙

维纳基酒厂（Venakki Distillery）
成立于 2012 年，位于阿尔皮亚尔萨

由杰伊·韦纳基（Jay Venakki）创办，这座酒厂生产各种烈酒，包括麦芽威士忌。他们使用西班牙的大麦进行威士忌酿造，生产的每个环节都在酒厂内部完成。2022 年，酒厂用一台更大的蒸馏器替代了原来的 350 升蒸馏器。他们的"木工坊"（Woodwork）单一麦芽威士忌先在原波本桶中陈酿，然后在多种不同的葡萄牙葡萄酒桶中进行收尾熟成。

斯洛伐克

奈斯特维尔酿酒厂（Nestville Distillery）
成立于 2008 年，位于赫涅兹德内

该酒厂由 BGV 公司拥有，主要专注于生产用于工业的乙醇和谷物酒精。威士忌生产始于 2008 年，2012 年发布了首款奈斯特维尔（Nestville）威士忌，这是一款 3 年陈混合威士忌。目前酒厂有 6 种不同的混合威士忌，所有威士忌的基础成分为 90% 的谷物，包括麦芽大麦、杂交麦和玉米，以及 10% 的单一麦芽威士忌。首款单一麦芽威士忌于 2018 年发布，并随后推出了更多款式，包括单桶威士忌。

斯洛文尼亚

断骨酒厂（Broken Bones Distillery）
位于卢布尔雅那，成立于 2016 年

这是一家家族经营的精品蒸馏厂，专注于生产金酒和威士忌。他们所有的威士忌均在美国或斯洛文尼亚橡木桶中陈酿，并以小批量发布，未经冷凝处理也不添加人工色素。2024 年，他们最新发布了两款威士忌：一款为 3 年的无泥煤风味威士忌，另一款为 5 年的轻泥煤风味威士忌。

西班牙

Molino del Arco 酒厂（Distilerio Molino del Arco）
成立于 1959 年，位于塞哥维亚

该酒厂配备了 6 台铜制蒸馏锅，年生产能力为 800 万升谷物威士忌和 200 万升麦芽威士忌。在威士忌产品中，最畅销的是一款名为 DYC 的 4 年陈酿调和威士忌。此外，还有一款 8 年陈酿的调和威士忌，以及 DYC 纯麦芽威士忌，这款酒是该酿酒厂的麦芽和苏格兰其他酿酒厂的麦芽混合而成。2018 年推出了一个名为酿酒大师系列（Colección Maestros Destiladores）的新系列，首款产品是一款 12 年陈酿的调和威士忌。随后在 2022 年推出了 20 年陈单桶威士忌。

利波酒厂（Destilerias Liber）
成立于 2001 年，位于格拉纳达

该酒厂除了生产威士忌，还生产朗姆酒、马尔克酒、金酒和伏特加。威士忌的熟成过程使用的是 PX 雪莉酒桶，这些酒桶在之前的 20 ~ 30 年里曾使用了雪莉酒的索雷拉（Solera）系统。市场上的威士忌包括 5 年陈酿的名为格拉纳达的魔咒（Embrujo de Granada）的单一麦芽威士忌和 13 年陈酿的自由者（Liber）威士忌。从 2020 年开始，少量 12 ~ 16 年陈酿的单桶威士忌已被发布。

瑞典

海岸酒厂（High Coast Distillery，前身为 BOX 酒厂）
成立于 2010 年，位于比耶特罗

高岸酒厂位于 19 世纪的建筑中，2010 年开始生产，并于 2018 年进行了扩建。酒厂现拥有一台 1.5 吨的半流化糖化桶、10 个不锈钢发酵桶、两台 3 800 升的发酵蒸馏器和两台 2 500 升的蒸馏锅。这一扩建将产能从 10 万升提升至 30 万升。2014 年，酒厂开设了一个出色的游客中心，每年吸引超过 10 000 名游客。酒厂生产两种类型的威士忌——果味/无烟和泥煤风味。由于采用慢速蒸馏工艺，蒸馏酒的味道还受到附近河流 2 ~ 6℃水冷凝的影响。72 ~ 96 小时的发酵时间也对威士忌的风味有影响。酒厂的第一款威士忌于 2014 年发布，3 年后推出了首款核心系列——Dàlvve，2019 年该系列被现有的核心系列所取代，即川（Timmer）海（Hav）河（Älv）山（Berg）。近期的系列包括山脉和港口（Mountains and Harbours），其中当地的历史和地理环境发挥了重要作用。酒厂还有小批量的限量版系列，面向特定市场发布。

麦克米拉瑞典威士忌（Mackmyra Svensk Whisky）
成立于 1999 年，位于瓦尔博

麦克米拉的第一座酒厂于 1999 年建成，2012 年建造了一座新酒厂，距离第一座酒厂仅几公里。酒厂的建筑非常独特，其 37 米的高度使其成为世界上最高的酒厂之一。自 2017 年起，旧酒厂作为"实验室"，用于创造新的烈酒，例如金酒。麦克米拉威士忌基于两种基本配方，一种生产果香丰富、优雅的威士忌，另一种则具有较强的烟熏味。酒厂的首款威士忌于 2006 年发布，现有的核心系列包括瑞典橡木 Svensk Ek、瑞典烟熏 Svensk Rök 和不同寻常地以 PET 瓶装 Mack。2010 年，调酒大师安吉拉·多纳齐奥（Angela D'Orazio）推出了一系列名为瞬间（Moment）的限量版威士忌。她于 2021 年离开了该公司。2023 年春季，又推出了一系列新的限量版产品，名为小批量（Small Batch）。最新的一款改善（Kaizen）三部曲于 2024 年 2 月推出，在这一系列中，麦克米拉（Mackmyra）单一麦芽威士忌在浸满 3 种不同日本茶叶的酒桶中进行了陈酿。

赫文酒厂（Spirit of Hven）
成立于 2007 年，位于赫文岛

这家酿酒厂位于瑞典和丹麦之间的赫文岛（Hven）上，由化学家亨里克·莫林（Henric Molin）创办。酒厂配备了一个 0.5 吨的糖化桶、6 个不锈钢发酵桶、一台发酵蒸馏器、一台酒精蒸馏器,以及一台专用的金酒蒸馏器。此外,还安装了一台独特的木制科菲(Coffey)蒸馏器,主要用于黑麦和玉米的蒸馏。部分大麦在酒厂现场进行麦芽化,使用瑞典泥煤,有时还混合海藻和海草进行干燥。除了威士忌,酒厂还生产由甜菜制成的朗姆酒、伏特加、金酒和水仙酒。酒厂有计划将生产搬到大陆,但仍会使用岛上种植的大麦和其他谷物,陈酿工作也将继续在赫文岛进行。酒厂的首款威士忌是轻度泥煤味的乌拉尼亚(Urania),于 2012 年发布。之后推出了几款限量版威士忌,并于 2015 年发布了首个核心系列——第谷之星(Tycho's Star)。新推出的创新瓶装包括瑞典首款黑麦威士忌——赫文斯黑麦威士忌(Hvenus Rye),以及以 88% 的玉米为主的水星(Mercurious)。2022 年春季发布了瑞典首款混合威士忌。

斯莫根威士忌酒厂(Smögen Whisky)
成立于 2010 年,位于胡内博斯特兰

这家酒厂由佩尔·卡尔登比(Pär Caldenby)创立,配备了三个发酵槽、一个 900 升的糖化醪蒸馏器和一个 600 升的烈酒蒸馏器。2018 年,酒厂在设备配置上增添了一个有趣的新成员——安装了虫桶冷凝器。酒厂从苏格兰进口重度泥煤麦芽,目标是酿造出艾雷岛风格的威士忌。2014 年,酒厂推出了首款产品——3 年陈酿的普利莫尔(Primör)。随后又推出了许多限量版产品,大多是单桶威士忌。2020 年,一款在雪莉酒桶中陈酿 6 年的"100 proof"威士忌更广泛地面世。最近推出的产品包括 12 年陈酿的酒厂庄园(Distillery Estate)和轻度泥煤风味的 8 年陈酿阿斯凯姆(Askeim)。

阿吉塔托威士忌酒厂(Agitator Whiskymakare)
成立于 2017 年,位于阿尔博加

这家新建酒厂的所有者在生产过程中采用了一些颇为独特的工艺。在研磨过程中加水,发酵后的醪液被分成两份,分别输送到两组蒸馏器中。这些蒸馏器在真空条件下运行,这在壶式蒸馏威士忌的制作中极为罕见。除了大麦,酒厂还在试验使用不同种类的谷物。酒厂的纯酒精产能为 50 万升,2018 年进行了首次蒸馏。首批两款瓶装酒(2021 年 11 月推出)采用的是未经过泥煤处理的配方。目前的核心产品系列包括:瑞典麦芽威士忌(The Swedish Malt)、瑞典调和威士忌(The Swedish Blend)、栗木桶威士忌(Chestnut Cask)、双黑麦威士忌(Rye Rye)、烟熏单一麦芽威士忌(Single Malt Rök)、盲印纯黑麦威士忌(Blind Seal Straight Rye)。一个特别的限量系列——争论系列(Argument)凸显了酒厂的实验性一面,该系列威士忌会在枫糖浆桶或龙舌兰酒桶等不同寻常的酒桶中陈酿。最后,埃迪登斯(Edidens)系列威士忌是在酒精度为 55% 而非常见的 63.5% 时入桶的。

甘梅尔斯蒂拉威士忌酒厂(Gammelstilla Whisky)
成立于 2005 年,位于托尔索科

这台糖化醪蒸馏器由酒厂所有者打造,容量为 600 升,烈酒蒸馏器容量为 300 升,酒厂年产能为 2 万升。2017 年,酒厂为股东推出了首批限量版威士忌;2018 年 1 月,面向大众推出了 4 年陈酿的耶恩(Jern)威士忌。最近推出的是"2024"威士忌,它在原波本桶和瑞典橡木桶中混合陈酿而成。

麦克米拉威士忌酒厂于 2024 年 8 月申请破产,但所有者表示他们对公司的重组仍抱有希望

哥特兰威士忌酒厂（Gotland Whisky）
成立于 2011 年，位于罗马克洛斯特

酒厂配备了 1 600 升的发酵蒸馏器和 900 升的酒精蒸馏器。酒厂使用本地有机大麦，并将部分大麦在酒厂现场进行麦芽化。酒厂生产不带泥煤和带泥煤的威士忌，年产能力为 60 000 升。酒厂的首款单一麦芽威士忌莱姆岛（Isle of Lime）于 2017 年发布，除核心系列外，2024 年的新发布包括 7 年陈的斯约斯特鲁（Sjaustru），这款威士忌经过雪利酒桶熟成，以及 9 年陈的特尔瓦尔（Tjelvar）。

利内尔酒厂（Lihnell's Distillery，原名 Bergslagens Distilleri）
成立于 2014 年，位于尼尔布鲁

这是一家家族经营的酒厂，配备了一台霍尔斯坦（Holstein）蒸馏器和 4 个发酵桶，生产多种烈酒，包括单一麦芽威士忌。2016 年，公司收购了已关闭的格里特赫坦酒厂（Grythyttans distillery）的威士忌库存，之后发布了多款威士忌。目前，酒厂尚未发布其自家蒸馏的首批威士忌。2024 年，酒厂更名并搬迁至附近的新址。

诺德马克酒厂（Nordmarkens Destilleri）
成立于 2014 年，位于阿尔延

酒厂在 2015 年曾在另一家瑞典酒厂生产蒸馏酒，之后在诺德马克酒厂熟成并于 2021 年发布了特劳基奥尔（Traukiol）。2018 年夏季，酒厂在自己的场地开始了首次的威士忌蒸馏，同时也生产金酒和水仙酒。酒厂蒸馏的既有泥煤味威士忌，也有无泥煤味威士忌。

诺尔特耶酿酒厂（Norrtelje Brenneri）
成立于 2002 年，位于诺尔特耶

酒厂主要生产水果和浆果烈酒。自 2009 年起，酒厂开始生产由有机大麦酿造的单一麦芽威士忌。酒厂的第一款威士忌在 2015 年夏季发布，最近的一款是在 2022 年 9 月发布的 PX 雪利酒桶熟成威士忌。

特夫修酒厂（Tevsjö Destilleri）
成立于 2012 年，位于贾尔夫索

酒厂的业主主要专注于水仙酒和其他白酒的蒸馏，但也生产威士忌。2019 年 12 月，酒厂发布了首款单一麦芽威士忌和波本威士忌。最近，酒厂扩展了其生产能力。

瓦图达伦威士忌酒厂（Vattudalen Whisky）
成立于 2016 年，位于艾斯普内斯

这是一家小型酒厂，除了威士忌外，还生产金酒和伏特加。酒厂的第一款威士忌是用黑麦酿造的，发布于 2024 年 2 月。同年 2 月，酒厂还发布了首款大麦单一麦芽威士忌，这款威士忌在波本酒桶中熟成 5 年，并在苏玳桶中再熟成 2 年，酒精度为 53.2%。

瑞士

Luchs & Hase［Luchs & Hase（前名 Käsers Schloss）］
成立于 2001 年，位于阿尔高州

这家酒厂的首款威士忌于 2004 年以城堡山（Castle Hill）的名称进入市场。从那时起，麦芽威士忌的产品线得到了扩展。2023 年，该酒厂更名为 Luchs & Hase，而在这之前的一年，整个产品线进行了全面调整。如今，酒厂有 180 度（180 Grad）威士忌，这是一款 8 年陈酿、经过 2 年马德拉酒桶收尾的威士忌；有烟熏风格的烟标（Rauchzeichen）威士忌；有在多种酒桶中陈酿的酒桶故事（Fassgeschichten）威士忌；还有年份精选（Best of Vintage）威士忌，其中最新的一款是在全新的、经过烘烤的法国橡木桶中陈酿 12 年的产品。

洛赫酒厂（Brauerei Locher）
成立于 1886 年，位于阿彭策尔

这家酒厂的独特之处在于使用旧啤酒桶进行陈酿，有时还会在其他类型的酒桶中进行收尾处理。核心产品系列包含 3 款酒：希梅尔贝格（Himmelberg）、特里法尔蒂格凯特（Dreifaltigkeit）和西格尔（Sigel）。此外，还有一系列限量瓶装酒，2023 年推出的第四批创世纪版（Edition Genesis）就是其中最新的一款。

兰佳顿酒厂（Langatun Distillery）
成立于 2007 年，位于伯尔尼州

这家酒厂与一家啤酒厂在同一处场地内建造。其单一麦芽威士忌包括老鹿（Old Deer）、老熊（Old Bear）、烟熏风格的老鸦（Old Crow）和老狼（Old Wolf）。其他瓶装酒有老鹰黑麦威士忌（Old Eagle rye）、老野马"波本"威士忌（Old Mustang "bourbon"）以及有机的老啄木鸟威士忌（Old Woodpecker）。最近推出的限量版产品包括一款在里奥哈葡萄酒桶中完全陈酿 6 年的兰佳顿（Langatun）威士忌。

埃特酒厂（Etter Distillerie）
成立于 1870 年，位于楚格

这家酒厂的主要产品是用各种水果和浆果酿造的生命之水，但在 2007 年开始生产威士忌。2010 年首次推出了约翰内特单一麦芽威士忌（Johnett Single Malt），2022 年 6 月推出了一款有着烟熏风味的 10 年陈酿威士忌。

霍伦酿酒厂（Hollen, Whisky Brennerei）
成立于 1999 年，位于巴塞尔乡村半州

瑞士的首家威士忌酒厂。最初大部分酒品为 4~5 年陈，但 2009 年发布了首款 10 年陈威士忌，之后也推出了 12 年陈威士忌。

洪贝尔酿酒厂（Humbel Brennerei）
成立于 2004 年，位于阿尔高州

这家酒厂的历史可以追溯到 1918 年，使用巴塞尔的 Unser Bier 啤酒厂的麦芽汁来生产他们的瓦勒罗伊斯（ValeReuss）威士忌。

吕提农场酿酒厂（Lüthy, Bauernhofbrennerei）
成立于 1997 年，位于阿尔高州穆亨

这家酒厂配备了自己的麦芽制造车间。2008 年推出了首款单一麦芽威士忌——因塞尔威士忌（Insel-Whisky）。此后又有几款产品相继推出。从 2010 年开始，每年装瓶的威士忌都命名为卢蒂先生（Herr Lüthy）。2023 年秋季推出了第 14 版，这款酒在原波本桶和黑皮诺葡萄酒桶中混合陈酿。此外，酒厂还生产用黑麦、玉米、大米和单粒小麦酿造的威士忌。

马卡多酒厂（Macardo Distillery）
成立于 2007 年，位于图尔高州

酒厂建于一座废弃的奶酪工厂，并于 2020 年迁至新址。其核心单一麦芽威士忌没有年龄声明，酒精度为 42%。最近的限量版酒桶生命周期第二章（The Life Cycle of a Cask Chapter Two）是一款波特桶熟成的瓶装威士忌。

麦尔特时代酒厂（Malt Age Distillery）
成立于 2016 年，位于日内瓦

这家酒厂由 5 位来自烈酒和啤酒行业的朋友创建，是日内瓦的首家单一麦芽威士忌酒厂。酒厂使用本地大麦，并在小型铜蒸馏器中蒸馏。首批酒品于 2022 年发布，后续产品也已发布。

鲁根酒厂（Rugen Distillery）
成立于 2010 年，位于伯尔尼州因特拉肯

这原本是一家老啤酒厂，后来扩建了一座酿酒厂。其威士忌品牌名为瑞士山（Swiss Mountain），核心产品系列包括经典（Classic）、双桶（Double Barrel）以及 7 年陈酿的岩石标（Rock Label）。还有一款每年限量推出的酒款叫冰标（Ice Label），其最新版本（2024 年发布，12 年陈酿）在海拔 3 454 米的少女峰冰川中进行了长达 8 年的二次陈酿。

森皮奥内酒厂（Sempione Distillery）
成立于 1976 年，位于瓦莱州布里格 - 格里斯

这是一家家族经营的酿酒厂，原本生产水果和浆果类酒品，如今专注于威士忌酿造。目前用大麦酿造的单一麦芽威士忌有瓦利斯基（Wallisky）、瑞士石鹰（Swiss Stone Eagle）以及限量版的女王之王（Reine des Reines）。森皮奥内（Sempione）和 1815-13 星（1815-13 Sterne）还会使用黑麦参与酿造。

斯塔德尔曼酒厂（Stadelmann, Brennerei）
成立于 1932 年，位于卢塞恩州

这家酒厂配备了 3 台霍斯坦（Holstein）型蒸馏器。首款市售的威士忌（3 年陈）于 2010 年推出。自那以后，酒厂陆续推出了少量的卢塞尔·亨特兰德（Luzerner Hinterländer Single Malt）单一麦芽威士忌，最长为 10 年陈。

茨格拉根酿酒厂（Z'Graggen Distillerie）
成立于 1948 年，位于施维茨州

这家酒厂专注于水果和浆果蒸馏酒的生产，其所有者也生产金酒、伏特加和威士忌。酒厂规模相当大，年总产量达 40 万升。该酒厂的产品系列中有三款单一麦芽威士忌：3 年陈酿的故乡（Heimat）、10 年陈酿的烟熏味山崩（Bergsturz）以及未标注年份的茨格拉根（Z·Graggen）。

楚尔赫特色酒厂（Zürcher, Spezialitätenbrennerei）
成立于 1954 年，位于伯尔尼州波特镇

这家酒厂主要专注于生产各种水果蒸馏酒、苦艾酒和利口酒，但产品系列中也有一款 Lakland 单一麦芽威士忌。其最新推出的一款酒是一款在欧罗索雪莉桶中完全陈酿了 15 年的威士忌。

位于斯旺西的铜工艺酒厂的两套法拉第蒸馏器——这是彭德林集团旗下的第三家蒸馏厂

威尔士

彭德林酒厂（Penderyn Distillery）
成立于 2000 年，位于彭德林

2000 年彭德林开始生产威士忌时，它是一百多年来威尔士的第一家酿酒厂。大卫·法拉第（David Faraday）为彭德林研发的一种新型蒸馏器，与苏格兰和爱尔兰的蒸馏工艺不同，从麦芽汁到新酿威士忌的整个过程都在一个蒸馏器中完成，所产烈酒酒精度达到 92%。2013 年，启用了第二台蒸馏器（几乎是第一台的复制品）。2014 年，安装了两台传统的壶式蒸馏器以及他们自己的糖化设备。

2023 年夏天，彭德林集团的第三家酒厂——铜厂酒厂（Copperworks Distillery）在斯旺西开业。这是 3 家酒厂中规模最大的一家，3 家酒厂的总产能达到 90 万升酒精。它配备了两台法拉第蒸馏器和一对传统壶式蒸馏器。

彭德林酒厂一直积极倡导为威尔士威士忌争取地理标志（GI）认证，这一努力在 2023 年夏天取得了成效。彭德林酒厂的首款单一麦芽威士忌于 2004 年推出。如今，其核心产品系列分为两组。

- Dragon 系列包括马德拉酒桶熟成传奇（Legend）、完全以波本酒桶熟成的神话（Myth）以及泥煤风味收尾的凯尔特（Celt）。
- Gold 系列包括马德拉桶熟成、泥煤风味、波特酒桶熟成、雪利酒桶熟成和优质橡木桶熟成的威士忌。

这家酒厂泥煤风味酒款中的烟熏味源自在原艾雷岛原桶中熟成。有一个限量系列叫"威尔士象征"（Icons of Wales），其第 11 版"巴塔哥尼亚"（Patagonia）于 2024 年发布。这一次是一款混合麦芽威士忌，是将彭德林威士忌与来自阿根廷巴塔哥尼亚的拉阿拉萨纳（La Alazana）酒厂的威士忌混合调配而成。

阿伯瀑布酒厂（Aber Falls Distillery）
成立于 2017 年，位于阿伯格温格雷根

阿伯瀑布酒厂最初以生产和销售金酒为主，但也开始酿造麦芽威士忌，并在 2019 年春季首次蒸馏了黑麦威士忌。2021 年 5 月，酒厂发布了首款限量版单一麦芽威士忌，随后在 8 月推出了核心表达。2024 年 3 月，酒厂发布了首款标注年份的威士忌，这是一款限量版 6 年陈酿，经过了欧罗索桶熟成。

大米尔酒厂（Dà Mhìle Distillery）
成立于 2013 年，位于兰迪苏

大米尔酒厂专注于金酒和谷物威士忌的生产，同时也酿造木火蒸馏的麦芽威士忌。曾经推出过由云顶（Springbank）蒸馏的有机麦芽威士忌，这些威士忌源自 20 世纪 90 年代的陈酿，并曾一度销售。2019 年 12 月，酒厂发布了首款自有生产的有机单一麦芽威士忌——塔里安版（The Tarian Edition），出自单一初次填充的欧罗索雪莉桶。目前，酒厂的核心产品包括一款单一谷物威士忌和一款单一麦芽威士忌，按批次发布。

威尔士风酒厂（In The Welsh Wind）
成立于 2021 年，位于坦–伊–格罗斯

位于卡迪根（Cardigan）北部的威尔士西海岸，威尔士风酒厂已经发布了几款金酒。酒厂使用当地大麦生产的威士忌正在酒窖中陈年，计划首款威士忌 2024 年发布。

北美洲

美国

威斯特兰酒厂（Westland Distillery）
华盛顿州西雅图，成立于 2011 年

在 2012 年之前，韦斯特兰（Westland）还是一家中等规模的精酿酒厂，但在 2013 年夏天，酒厂所有者迁至另一处场地，新场地配备了一个 6 000 升的酿造车间、5 个 10 000 升的发酵罐和两台文多姆（Vendome）蒸馏器。如今，该酒厂的年产能达到 26 万升。2017 年，全球烈酒巨头人头马君度（Remy Cointreau）收购了韦斯特兰酒厂。自创立之初，这家酒厂就一直专注于使用当地的大麦和泥煤。2024 年 2 月，韦斯特兰酒厂成为了一家 B 型认证企业，这意味着该公司在社会和环境影响方面达到了非常高的标准。

其旗舰单一麦芽威士忌（2013 年首次发布）是韦斯特兰美国单一麦芽威士忌（Westland American Single Malt Whiskey），基于 6 种麦芽的谷物配方酿造而成，并在 5 种不同类型的酒桶组合中至少陈酿了 40 个月。此外还有传统系列（Heritage Collection），包括使用美国橡木桶、雪莉桶和泥煤风味的酒款。为了凸显酒厂所有者对探索威士忌酿造新领域的兴趣，推出了一个限量系列，名为"前哨"（Outpost）。目前该系列有 3 款酒："加里亚纳"（Garryana），使用当地的加里橡树来进行陈酿；"科勒雷"（Colere），采用当地的六棱冬大麦阿尔巴（Alba）酿造；"索勒姆"（Solum）2023 年 3 月发布，其独特风味源自当地的泥煤。

巴尔科尼斯酒厂（Balcones Distillery）
得克萨斯州韦科，成立于 2008 年

这家酒厂由奇普·泰特（Chip Tate）创立，他于 2014 年离开了公司。同年，又安装了 4 台小型蒸馏器。不过，真正的重大举措是在距离旧址 5 个街区的地方建造了一座全新的酒厂。2016 年 2 月开始蒸馏作业，4 月正式开业。新酒厂配备了两对蒸馏器和 5 个发酵罐。2022 年 11 月，有消息称帝亚吉欧（Diageo）以未公开的价格收购了这家公司。

酒厂所有的威士忌都在厂内进行糖化、发酵和蒸馏，并且他们是首家使用霍皮蓝玉米进行蒸馏的酒厂。目前的核心产品系列包含 6 款酒：德克萨斯单一麦芽威士忌（Texas Single Malt）、传承单一麦芽威士忌（Lineage Single Malt）、小蓝（Baby Blue，由蓝玉米酿造）、100 标准酒精度的德克萨斯黑麦威士忌（Texas Rye 100 Proof）、壶式蒸馏波本威士忌（Pot Still Bourbon）以及烟熏味的硫磺威士忌（Brimstone）。该系列最近新增的两款限量酒是米拉多尔日食单一麦芽威士忌（Mirador Eclipse Single Malt）和卡塔莱哈单一麦芽威士忌（Cataleja Single Malt）。后者由金色诺言（Golden Promise）大麦酿造，在多种酒桶中陈酿，包括不同类型的雪莉酒桶。此前的限量酒款包括：朗布尔桶藏精选（Rumble Cask Reserve）、真蓝桶强威士忌（True Blue Cask Strength）、蓝玉米波本威士忌（Blue Corn Bourbon）、泥煤单一麦芽威士忌（Peated Single Malt）、三绅士（Tres Hombres）和小麦波本威士忌（Wheated Bourbon）。

斯特拉纳汉威士忌酒厂（Stranahans Whiskey Distillery）
科罗拉多州丹佛，成立于 2003 年

这家酒厂由杰西·格拉伯（Jess Graber）和乔治·斯特拉纳汉（George Stranahan）创立，2010 年被保仕奥本（Proximo Spirits）收购。2021 年，"经典"（Classic）酒款被"原味"（Original）取代，后者由年份更久的威士忌调配而成。在此之前，2020 年推出了采用索莱拉系统陈酿的 4 年陈"蓝峰"（Blue Peak）威士忌，以及在全新美国橡木桶中完全陈酿的 10 年陈"山之天使"（Mountain Angel）威士忌。老产品系列中仍保留着"钻石峰"（Diamond Peak），这是一款由约 4 年陈酒桶原酒混合而成的威士忌，还有单桶（Single Barrel）和雪莉桶（Sherry Cask）酒款。最近推出的限量酒款包括经过卡尔瓦多斯桶收尾的威士忌、6~8 年陈的"酿酒师桶"（Brewer's cask）威士忌、7 年陈的"红酒桶"（Red Wine cask）威士忌、在原黑皮诺桶和原白波特桶中收尾的"黑色与白色"（Noir & Branca）威士忌，以及在多种欧洲葡萄酒桶中收尾的"库普第一卷"（Coupe Vol. 1）威士忌。

胡德河蒸馏厂（Hood River Distillers）
俄勒冈州胡德河，成立于 1934 年

自成立以来，该公司一直从事各类烈酒的进口、蒸馏、生产和装瓶业务。部分产品在公司内部蒸馏，而其他则从外部采购。该公司在单一麦芽威士忌领域的涉足始于 2014 年收购清澈溪酿酒厂（Clear Creek Distillery）。

清澈溪酿酒厂由史蒂夫·麦卡锡（Steve McCarthy）于 1985 年创立，是美国第一家生产单一麦芽威士忌的酒厂。该公司目前生产的唯一一款单一麦芽威士忌是泥煤风味的"麦卡锡俄勒冈单一麦芽威士忌"（McCarthy's Oregon Single Malt），有 3 年陈酿和 6 年陈酿两种版本。此外，还有分别在 PX 雪莉桶和欧罗索（Oloroso）雪莉桶中完成陈酿的 6 年陈酒款。2017 年 12 月，清澈溪酿酒厂关闭了其在波特兰的酒厂，迁至胡德河（Hood River）。

哈德逊威士忌（塔斯维尔镇蒸馏厂）[Hudson Whiskey（Tuthilltown Distillery）]
纽约州加尔丁，成立于 2003 年

这家酒厂由拉尔夫·埃伦佐（Ralph Erenzo）和布莱恩·李（Brian Lee）创立。2010 年，威廉·格兰特父子公司（William Grant & Sons）收购了哈德逊威士忌（Hudson Whiskey）品牌，而酒厂的创始人仍拥有这家酒厂。2017 年，威廉·格兰特父子公司进一步收购了整个公司。

该品牌于 2006 年推出，在 2020 年末进行了全面改革，看起来他们的单一麦芽威士忌至少暂时停产了。为了突出新核心系列中的 4 款威士忌均在纽约酿造这一事实，它们现在分别被命名为"璀璨都市波本"（Bright Lights Big Bourbon，一款纯波本威士忌）、"玩转黑麦"（Do The Rye Thing，一款纯黑麦威士忌）、"小栈"（Short Stack，在枫糖浆桶中完成陈酿的黑麦威士忌）和"幕后交易"（Back Room Deal，在曾装过泥煤味苏格兰威士忌的酒桶中完成陈酿的黑麦威士忌）。此外，还有"四部和声"（Four Part Harmony）威士忌，由 60% 的玉米、15% 的黑麦、15% 的小麦和 10% 的麦芽大麦酿造而成，以及新推出的 5 年陈纯波本威士忌。

铜狐蒸馏厂（Copper Fox Distillery）
弗吉尼亚州的斯佩里维尔和威廉斯堡，成立于 2000 年

这家酒厂由里克·瓦斯蒙德（Rick Wasmund）于 2000 年创立，2006 年迁至另一处场地。2016 年 11 月，他在威廉斯堡开设了第二家酒厂。

瓦斯蒙德采用传统地板发麦工艺处理大麦，并用精选果木（苹果木和樱桃木）产生的烟熏干麦芽。经过糖化、发酵和蒸馏后，将烈酒与手工削制并烘烤过的苹果木和橡木片一起装入

橡木桶。

2019年，整个产品系列进行了重新品牌塑造，核心单一麦芽威士忌酒款有标志性的"原味单一麦芽威士忌"（Original Single Malt）、"桃木单一麦芽威士忌"（Peachwood Single Malt）、"苹果白兰地桶陈酿威士忌"（Apple Brandy Barrel Finish）和"波特风格桶陈酿威士忌"（Port Cask Barrel Finish）。最近推出的一款限量酒款是"干邑桶陈酿单一麦芽威士忌"（Cognac Barrel Finished single malt）。

圣乔治蒸馏厂（St. George Distillery）
加利福尼亚州阿拉梅达，成立于1982年

这家酒厂由约尔格·鲁普夫（Jörg Rupf）创立，他是美国精酿蒸馏行业的先驱之一。1996年，兰斯·温特斯（Lance Winters）加入了他，如今温特斯既是酒厂的共同所有者，也是酿酒师。2005年，戴夫·史密斯（Dave Smith）也加入进来，现在他全权负责威士忌的生产。

酒厂的主要产品以生命之水和一款名为"机库一号"（Hangar One）的伏特加为主。1996年开始恢复威士忌生产，1999年第一款单一麦芽威士忌上市。圣乔治单一麦芽威士忌（St. George Single Malt）基于极其复杂的谷物配方酿造，过去是以3年陈酿的形式售卖，但如今上市的是由5～22年不同年份威士忌调配而成的产品。2024年秋季推出的最新款是"批次24"（Lot 24）。2022年10月，推出了一款特别的40周年纪念版瓶装酒。几年前还推出了单一麦芽威士忌"巴莱尔"（Baller），它在原波本桶和法国橡木葡萄酒桶中混合陈酿。

西区威士忌（House Spirits 蒸馏厂）[Westward Whiskey（House Spirits Distillery）]
波特兰，俄勒冈州，成立于2004年

2015年，克里斯蒂安·克罗格斯塔德（Christian Krogstad）和马特·芒特（Matt Mount）将他们的酒厂搬到了几个街区外更大的场地。在早期，豪斯烈酒公司（House Spirits）的主要产品是"航空金酒"（Aviation Gin）和"克罗格斯塔德古艾酒"（Krogstad Aquavit），但随着新设备的投入使用，他们大幅提高了威士忌的产能。

2018年，帝亚吉欧（Diageo）的"烈酒加速器"——蒸馏风险投资公司（Distill Ventures）收购了该品牌的少数股权，这进一步助力了产能的扩张。

2009年推出了首批3款威士忌，2012年，首款广泛上市的单一麦芽威士忌"西进美国单一麦芽威士忌"（Westward American Single Malt）问世。2020年秋季，该品牌进行了重塑，如今的核心产品系列包括"美国单一麦芽威士忌"、其桶强版本、"世涛桶（Stot Barrel）陈酿威士忌""黑皮诺桶陈酿威士忌""朗姆桶陈酿威士忌"，以及2023年11月新增的独家酒款"里程碑"（Milestone）。"威士忌俱乐部专属系列"（Whiskey Club Exclusives）会定期推出限量版酒款。

海盗酒厂（Corsair Distillery）
田纳西州纳什维尔，成立于2008年

达雷克·贝尔（Darek Bell）和安德鲁·韦伯（Andrew Webber）最初在肯塔基州的鲍灵格林开设了一家酿酒厂，两年

弗吉尼亚蒸馏厂历经8年的筹备才正式投入生产，但如今它已成为美国顶尖的麦芽威士忌蒸馏厂之一

后，又在田纳西州的纳什维尔开设了一家（几年后在纳什维尔又开了一家）。鲍灵格林的酿酒厂于2019年关闭，但2023年在纳什维尔开设了一家规模大得多的酿酒厂，年产能达2.4万桶。

海盗酒厂一直有各种各样的实验性威士忌。2020年情况发生了变化，酒厂所有者确定了新的酒瓶设计，并推出了更丰富的产品系列。现在的产品包括"三重烟熏"（Triple Smoke）单一麦芽威士忌，它是用樱桃木、山毛榉木和泥煤烟熏而成；"黑麦黑"（Dark Rye）威士忌，由发芽黑麦和巧克力黑麦酿造而成；还有两款杜松子酒——桶装和非桶装的。

金郡蒸馏厂（Kings County Distillery）
纽约州布鲁克林，成立于2010年

这家酒厂由科林·斯波尔曼（Colin Spoelman）和大卫·哈斯克尔（David Haskell）创立，是布鲁克林最古老的酒厂。麦芽汁在开放式的木质发酵罐中进行发酵，并且使用铜制壶式蒸馏器进行二次蒸馏。

这家酒厂主要专注于波本威士忌和黑麦威士忌的酿造，但早在2016年就推出了一款单一麦芽威士忌（60%无泥煤风味，40%有泥煤风味）。这款酒至今仍作为每年限量发售的产品保留在产品线中。2022年，酒厂推出了一款经过三次蒸馏的2年陈爱尔兰风格威士忌。

弗吉尼亚蒸馏厂（Virginia Distillery）
弗吉尼亚州洛文斯顿，成立于2008年（2015年开始生产）

这家酒厂的整个构想于2007年形成。2008年，铜制壶式蒸馏器从土耳其运抵，但由于多次易主以及资金困难，直到2015年11月才进行首次蒸馏。

该酒厂配备了一个3.75吨的糖化槽、8个发酵槽、一个10 000升的醪液蒸馏器和一个7 000升的烈酒蒸馏器。他们首款自主生产的单一麦芽威士忌是2019年限量发行的"前奏：勇气与信念"（Prelude: Courage & Conviction），2020年面向大众推出。这款酒如今是旗舰产品，其中50%在波本桶中陈酿，25%分别在原雪莉桶和原葡萄酒（窖藏葡萄酒）桶中陈酿。

2021年，又推出了另外3个版本，分别代表了各自独特的陈酿风格。之后还推出了菲诺（Fino）雪莉桶陈酿、欧罗索（Oloroso）雪莉桶陈酿、佩德罗·希梅内斯（PX）雪莉桶陈酿以及双桶陈酿的酒款。

长岛烈酒公司（Long Island Spirits）
纽约州贝廷霍洛，成立于2007年

长岛烈酒公司由里奇·斯塔比莱（Rich Stabile）创立，是自19世纪以来该岛上的第一家酿酒厂。该酒厂的首款单一麦芽威士忌——松林地威士忌（The Pine Barrens Whisky），起始原料是一款酿好的、添加了啤酒花的麦芽啤酒。这款威士忌于2012年首次发布，2018年推出了保税瓶装版本（至少4年陈酿），之后又推出了一款经樱桃木烟熏的酒款。该酒厂的威士忌产品系列还包括"莽骑兵"（Rough Rider）以及"田野与声响"（Field & Sound）波本威士忌和黑麦威士忌。

大车道路蒸馏公司（Great Wagon Road Distilling Co.）
北卡罗来纳州夏洛特，成立于2014年

这家酒厂最初使用一个15升的蒸馏器，2020年迁至新址，如今配备了一台3 000升的科特（Kothe）蒸馏器，2021年又安装了第二台蒸馏器。麦芽浆来自邻近的一家啤酒厂，发酵过程在酒厂内部进行。

鲁阿（Rua）单一麦芽威士忌的第一批产品于2015年推出，之后又推出了鲁阿金（Rua Gold）威士忌作为补充。2023年8月，推出了两桶单桶威士忌，其中年份最久的为7年陈酿。

汉密尔顿蒸馏厂（Hamilton Distillers）
亚利桑那州图森，成立于2011年

斯蒂芬·保罗（Stephen Paul）想出了用牧豆树（mesquite）而非泥煤来烘干大麦的主意。德尔巴克（Del Bac）单一麦芽威士忌的首批装瓶酒于2013年问世，如今该系列有4款产品：经过陈酿且用牧豆树烟熏的"多拉多"（Dorado）、经过陈酿但未烟熏的"经典款"（Classic）、经过陈酿未烟熏且以桶强装瓶的"酿酒师精选"（Distiller's Cut，一年中会分不同批次推出）以及新款的"哨兵纯黑麦威士忌"（Sentinel Straight Rye）。

还有3款每年限量推出的产品："边境"（Frontera，佩德罗·希梅内斯雪莉桶收尾）、"诺曼底"（Normandie，卡尔瓦多斯桶收尾）以及"艾雷岛颂歌"（Ode to Islay，重度牧豆烟熏）。2023年12月，与8比特麦芽酿酒厂（8-Bit Aleworks）合作推出了一个系列——伊查博德（Ichabod）、巧克力（Xocolatl）、洛雷塔（Loretta），该系列的麦芽威士忌是在世涛桶中陈酿而成。

鹿锤蒸馏公司（Deerhammer Distilling Company）
科罗拉多州布埃纳维斯塔，成立于2010年

这家酒厂位于海拔2 500米的地方，温差极大且几乎没有湿度，这对烈酒的成熟有着巨大影响。酒厂所有者于2012年发布了第一款单一麦芽威士忌，这款威士忌陈酿仅9个月。现有的、更加成熟的系列包括美式单一麦芽、波特桶后熟单一麦芽、锅炉酒麦和山胡桃烟熏威士忌。2019年秋季，他们发布了新系列Progeny的首个版本。2022年6月，第三个版本为4年陈蜂巢桶（在红石蜜酒酿酒厂的蜜酒桶中后熟）。

希尔罗克庄园酒厂（Hillrock Estate Distillery）
纽约州安克拉姆，成立于2011年

这家酒厂最初配备了一个950升的文多姆（Vendome）壶式蒸馏器和5个发酵罐。2019年，酒厂进行了大规模扩建，新增了一个壶式蒸馏器、一个过滤糖化槽和更多发酵罐，产能提高到原来的3倍。酒厂老板还在地板上自行进行大麦芽制作。

该酒厂于2012年首次推出产品——索莱拉陈酿波本威士忌（Solera Aged Bourbon）。如今，产品系列已扩展至包括一款单一麦芽威士忌和一款双桶黑麦威士忌。多年来，还推出了一些限量瓶装酒，比如泥煤味单一麦芽威士忌、一款纽约帕赤霞珠葡萄酒桶陈酿的波本威士忌，以及一款8年陈的单一麦芽黑麦威士忌。

圣达菲烈酒公司（Santa Fe Spirits）
新墨西哥州圣达菲，成立于2010年

科林·基根（Colin Keegan）使用德国克里斯蒂安·卡尔（Christian Carl）公司生产的铜制蒸馏器进行蒸馏，他酿造的威士忌带有一丝牧豆树赋予的烟熏味。

2011年推出的首款产品"银郊狼"（Silver Coyote）是一款未经陈酿的麦芽威士忌。2013年，推出了首款经过陈酿的单一麦芽威士忌"科尔基根"（Colkegan）。

从那以后，产品系列不断扩充，包括一款在苹果白兰地桶中陈酿收尾的版本、一款4年陈且在佩德罗·希梅内斯（PX）雪莉桶中再陈酿一年的酒款、一款桶强的"未烟熏科尔基根"（Colkegan Unsmoked），以及2023年12月新增的保税瓶装酒款。

铜匚蒸馏公司（Copperworks Distilling Company）
华盛顿州西雅图，成立于 2013 年

目前，这家酒厂配备了两台用于生产威士忌的大型铜制壶式蒸馏器、一台用于生产杜松子酒的较小壶式蒸馏器以及一台塔式蒸馏器。2023 年，他们与雪松畅聊酿酒公司（Talking Cedar）建立了合作关系。在这个合作中，由铜匚蒸馏公司挑选的麦芽人麦由雪松畅聊酿酒公司进行酿造和发酵，酿好的（未添加啤酒花的）啤酒随后被输送至铜匚蒸馏公司进行蒸馏和陈酿。这一合作最终将使酒厂的产能提升 5 倍。他们生产的核心产品是"五麦芽配方"，即将漆色麦芽与 4 种焦香麦芽混合。2014 年进行了首次蒸馏，2016 年推出了第一批单一麦芽威士忌。2024 年夏季推出了新的核心产品系列，包括麦芽工匠（Maltsmith，由 5 种麦芽配方酿造）、农场工匠（Farmsmith，由华盛顿州产大麦酿造）和泥煤工匠（Peatsmith，使用华盛顿州的泥煤酿造）。

罗格精酿与烈酒公司（Rogue Ales & Spirits）
俄勒冈州纽波特，成立于 2009 年

该公司由一家啤酒厂、两家啤酒厂兼酒吧以及两家蒸馏酒厂兼酒吧组成，分布在俄勒冈州、华盛顿州和加利福尼亚州。公司的主要业务是生产罗格精酿啤酒，但除了威士忌外，也蒸馏朗姆酒和杜松子酒。

首款麦芽威士忌"死鬼威士忌"（Dead Guy Whiskey）于 2009 年推出，至今仍是核心产品系列之一。后来新增的威士忌产品中有两款分别在世涛桶和葡萄酒桶中陈酿收尾。另一款限量发行的产品是烟熏味极淡的"森本"（Morimoto）单一麦芽威士忌。

高西蒸馏厂（High West Distillery）
犹他州帕克城，成立于 2007 年

大卫·珀金斯主要以调配黑麦威士忌的技艺而声名远扬。这些威士忌都不是在高西蒸馏厂蒸馏的。2015 年，他们在犹他州万希普的蓝天牧场开设了另一家蒸馏厂。2016 年，星座集团以 1.6 亿美元收购了高西蒸馏厂。

尽管他们以调配工艺为核心，但 2018 版的"瑞凡德兹黑麦威士忌"（Rendezvous Rye）和"双料黑麦威士忌"（Double Rye）首次融入了他们自己生产的威士忌。该蒸馏厂高度专注于黑麦威士忌和波本威士忌的生产。2019 年，他们推出了首款完全由自己酿造的单一麦芽威士忌"高地"（High Country），其麦芽配方为 85% 的基础麦芽和 15% 的焦糖麦芽。

FEW 酒业（FEW Spirits）
伊利诺伊州埃文斯顿市，成立于 2010 年

前律师保罗·赫莱科（Paul Hletko）于 2010 年在芝加哥郊区埃文斯顿创办了这家酒厂。酒厂配备了 3 台蒸馏器：一台文多姆（Vendome）塔式蒸馏器和两台科特（Kothe）混合蒸馏器。在推出波本威士忌和黑麦威士忌之后，首款单一麦芽威士忌于 2015 年发布。除了一款用樱桃木烟熏的单一麦芽威士忌外，核心产品系列还包括多种波本威士忌和黑麦威士忌。

自由之子烈酒公司（Sons of Liberty Spirits Co.）
罗德岛州南金斯敦市，成立于 2010 年

这家酒厂配备了一个不锈钢糖化槽、开放式发酵罐以及一台壶式和塔式结合的蒸馏器。两款核心酒品分别是由世涛啤酒酿造而成的"起义美国威士忌"（Vprising American Whiskey）和由比利时风格麦芽啤酒酿造的"战斗呐喊"（Battle Cry）。这两款威士忌也有 5～6 年陈酿的单桶版本推出，而最新的限量版产品是一款在欧罗索桶中陈酿的谷物和麦芽威士忌。

塔尔努阿蒸馏厂（Talnua Distillery）
科罗拉多州阿尔瓦达市，成立于 2017 年

帕特里克（Patrick）和梅根·米勒（Meagan Miller）从事石油和天然气行业，他们创办这家蒸馏厂的目的是按照传统爱尔兰风格生产单一壶式蒸馏威士忌。对他们来说，这意味着采用 50% 未发芽大麦和 50% 发芽大麦的成熟麦配方，并且进行三次蒸馏。

他们目前推出的陈酿 3 年及以上的单一壶式蒸馏威士忌系列包括"泥煤桶"（Peated Cask）、"延续"（Continuum）、"波本桶与桶板"（Bourbon Cask & Stave）和"处女白橡木桶"（Virgin White Oak）。此外还有"传统精选"（Heritage Selection），这是一款单一壶式蒸馏威士忌与谷物威士忌的混合酒。

最新的限量版产品（于 2024 年春季推出）是"老圣之窖藏"（Olde Saint's Keep），它在雪莉桶、波特桶、安布拉纳木桶和全新美国白橡木桶中进行陈酿。

橡木与谷物蒸馏公司（Oak & Grist Distilling Co.）
北卡罗来纳州布莱克山，成立于 2015 年

酒厂老板专注于用当地种植并麦芽化的大麦酿造威士忌。在最初的几年里，他们推出的是陈酿不超过 3 年的单桶威士忌。近期推出的酒款包括一款在新美国橡木桶和二手波本桶组合中陈酿的单一麦芽威士忌、一款在波本桶中陈酿 3 年的威士忌以及限量版的朗姆桶收尾威士忌。其中两位创始人是埃德·多德森（Ed Dodson）和拉塞尔·多德森（Russell Dodson）父子。埃德在苏格兰威士忌行业拥有超过 40 年的从业经验，在 2005 年之前一直担任格兰莫雷酒厂（Glen Moray）的经理。

第二街蒸馏厂（2nd Street Distilling Co.）
华盛顿州瓦拉瓦拉，成立于 2011 年

该酒厂曾用名河沙蒸馏厂（River Sands Distillery）。除了生产杜松子酒和伏特加外，还出品一款名为 R.J. 卡拉汉（R.J. Callaghan）的单一麦芽威士忌。2016 年，该厂还推出了一款百分百麦芽黑麦威士忌——雷瑟斯黑麦威士忌（Reser's Rye）。

第十街蒸馏厂（10th Street Distillery）
加利福尼亚州圣荷西，成立于 2017 年

受到一次艾雷岛之行的启发，维拉格·萨克塞纳（Virag Saksena）和维沙尔·高里（Vishal Gauri）着手建立了他们自己的酒厂。到目前为止，他们已经推出了泥煤单一麦芽威士忌、STR 单一麦芽威士忌、酿酒师精选版，还有一款波特桶麦芽威士忌，而最近推出的限量版产品是朗姆桶收尾的 STR 单一麦芽威士忌。

117 西街蒸馏厂（117 West Spirits）
加利福尼亚州维斯塔，成立于 2018 年

经验丰富的家庭酿酒师贾斯汀·麦凯布（Justin McCabe）开办了一家酒厂，生产威士忌、朗姆酒和杜松子酒。在产品系列中，除了波本威士忌、麦芽黑麦威士忌和麦芽/小麦威士忌外，还有两款单一麦芽威士忌——"西加利福尼亚 117° 单一麦芽威士忌"，由淡色麦芽、慕尼黑麦芽和焦糖麦芽酿造而成；以及"西海岸 117° 威士忌"，原料包含结晶麦芽、巧克力麦芽和烘焙大麦。

英亩蒸馏厂（Acre Distilling）
得克萨斯州沃斯堡，成立于 2015 年

酒厂生产金酒、伏特加、波本威士忌、黑麦威士忌及不同版本的单一麦芽威士忌。核心产品是得州单一麦芽，此外

还包括熏制单一麦芽及最近推出朗姆酒桶陈酿 5 年的单一麦芽威士忌。

六号巷精酿蒸馏厂（Alley 6 Craft Distillery）
加利福尼亚州希尔兹堡，成立于 2014 年

这是一家小型酿酒厂，主打黑麦威士忌。2015 年，酒厂发布了第一瓶威士忌，2016 年推出了单一麦芽威士忌。酒厂采用直接加热的蒸馏器，并尝试使用不同品种的大麦。

安马尔加蒸馏厂（Amalga Distillery）
阿拉斯加州朱诺，成立于 2017 年

这家蒸馏厂使用一台来自文多姆（Vendome）的 950 升壶式蒸馏器，并且他们还在进行地板发麦，所用的部分大麦产自阿拉斯加。首款核心单一麦芽威士忌于 2020 年推出，而最新推出的一款在苏玳（Sauternes）葡萄酒桶中陈酿的单一麦芽威士忌于 2023 年 12 月亮相。

安达卢西亚威士忌（Andalusia Whiskey）
得克萨斯州布兰科，成立于 2016 年

这家酒厂专注于威士忌生产，使用一个 950 升的壶式蒸馏器对酒液进行二次蒸馏，首款单一麦芽威士忌于 2016 年推出。核心产品包括用牧豆树烟熏的"斯特赖克"（Stryker）、轻度泥煤风味的"亡魂橡木"（Revenant Oak）以及经过三次蒸馏的威士忌。

亚利桑那蒸馏公司（Arizona Distilling Company）
亚利桑那州坦佩和梅萨，成立于 2012 年

这家酒厂首次推出的产品是"铜城波本威士忌"（Copper City bourbon），随后是用小麦酿造的"沙漠硬质小麦威士忌"（Desert Durum）、2014 年首次推出的单一麦芽威士忌"汉弗莱威士忌"（Humphrey's）以及"铜城纯黑麦威士忌"（Copper City Straight Rye）。2023 年末，该酒厂在梅萨市开设了第二家门店。

ASW 蒸馏厂（ASW Distillery）
乔治亚州亚特兰大，成立于 2016 年

这家蒸馏厂配备了两台传统的苏格兰铜制壶式蒸馏器，并且在亚特兰大拥有 3 间品鉴室。其最新推出的麦芽威士忌产品包括："二元性"（Duality），由 50% 的麦芽大麦和 50% 的麦芽黑麦酿造而成；泥煤味浓郁的"轮胎之火"（Tire Fire）；经过三次蒸馏的"德鲁伊山"（Druid Hill）；"玛丽奥特"（Maris Otter）以及"彭斯之夜单一麦芽威士忌"（Burns Night Single Malt）。

维工坊蒸馏厂（Atelier Vie Distillery）
路易斯安那州新奥尔良，成立于 2012 年

酒厂的首个产品是 2013 年发布的丽兹（Riz）——一款由路易斯安那州大米酿造的威士忌。随后，所有者杰德·哈斯（Jedd Haas）开始酿造麦芽威士忌，2019 年首次发布了路易斯安那单一麦芽威士忌，并在 2023 年 1 月发布了 5 年陈的桶强版本。

斧与橡木蒸馏厂（Axe and the Oak Distillery）
科罗拉多州科罗拉多斯普林斯，成立于 2013 年

酒厂是集酿酒厂、酒吧和餐厅于一体的复合型酒厂，至今已发布了波本威士忌（包括最近的 10 年陈威士忌）和黑麦威士忌，同时还有单一麦芽威士忌正在熟成中。

贝莱玛拉蒸馏厂（Bellemara Distillery）
新泽西州希尔斯堡，成立于 2021 年

这家蒸馏厂由卡姆登·温克尔斯坦（Camden Winkelstein）和他的妻子克里斯蒂娜·李（Christina Lee）创立。该蒸馏厂十分专注于单一麦芽威士忌的生产，其首批装瓶酒（包括一款单桶原酒强度威士忌）于 2023 年 6 月推出，后续还会有更多批次的产品推出。

本特蒸馏公司（原威瑟斯庞蒸馏厂）[Bendt Distilling Co.（former Witherspoon Distillery）]
得克萨斯州刘易斯维尔，成立于 2011 年

这家蒸馏厂原名威瑟斯庞（Wiherspoon），最近推出了一系列新的核心产品，包括纯麦芽威士忌、纯波本威士忌和纯小麦威士忌。此外，还有一款调和威士忌——本特 5 号（Bendt No. 5）。

黑鹭酒厂（Black Heron）
华盛顿州西里奇兰，成立于 2013 年

酒厂是一家结合了酿酒厂和酒庄，生产两款由本地大麦（泥煤版使用部分苏格兰大麦）酿造的单一麦芽威士忌，还包括波本威士忌和其他烈酒。

黑羊酒厂（Black Sheep Distillery）
纽约州普拉特斯堡，成立于 2021 年

金（Kim）和迪恩·马萨罗（Dean Massaro）已经推出了杜松子酒，此外，他们还在筹备推出一款波本威士忌、一款黑麦威士忌和一款单一麦芽威士忌。

博格桑德蒸馏厂（Bogue Sound Distillery）
北卡罗来纳州博格，成立于 2018 年

这家蒸馏厂配备了一台 500 加仑（1 892 升）的蒸馏器，生产杜松子酒、伏特加、黑麦威士忌和波本威士忌。一款将以"约翰·A. P. 康诺利"（John A.P. Conoley）品牌推出的单一麦芽威士忌目前正在陈酿中。

布雷肯里奇蒸馏厂（Breckenridge Distillery）
科罗拉多州布雷肯里奇，成立于 2008 年

布雷肯里奇蒸馏厂坐落在海拔 2 900 米的地方，号称是世界上海拔最高的蒸馏厂。它主要生产波本威士忌，尤其有许多经过桶陈收尾的版本。此外，还有限量版的"黑暗艺术"单一麦芽威士忌，陈酿时间长达 10 年。

布鲁克林酿酒厂（Breuckelen Distilling）
纽约州布鲁克林，成立于 2010 年

这家公司最初专注于用黑麦、玉米和小麦酿造杜松子酒和威士忌。当当地有了可供使用的麦芽大麦后，其产品种类得以扩充。2020 年，该公司推出了首款单一麦芽威士忌——6 年陈的"褐石麦芽威士忌"（Brownstone Malt Whiskey）。

布里克韦啤酒酿造蒸馏厂（前身为博尔加塔）[Brickway Brewery & Distillery（former Borgata）]
内布拉斯加州奥马哈，成立于 2013 年

酒厂的所有者专注于单一麦芽威士忌的酿造，但他们也会少量生产波本威士忌、黑麦威士忌，还有杜松子酒和朗姆酒。他们的首款威士忌于 2014 年问世，最近推出的产品之一是一款在利伯塔斯朗姆酒桶中完成陈酿的 10 年陈威士忌。

贾斯特斯兄弟（Brother Justus）
明尼苏达州明尼阿波利斯，成立于 2014 年

菲尔·斯特格（Phil Steger）和他的团队最初几年一直在地下蒸馏厂里默默钻研，试图利用来自明尼苏达州的当地泥煤，找到完美的单一麦芽威士忌配方。他们采用了一种与众不同的方法：让威士忌在装有泥煤的酒桶中静置，而不是通过燃烧泥煤来烘干大麦。首批威士忌，仅指"冷泥煤威士忌"（Cold Peated Whiskey），于 2020 年末问世，而最新的产品是"单桶精选威士忌"（Single Barrel Select）。

公牛溪蒸馏厂（Bull Run Distillery）
俄勒冈州波特兰，成立于 2009 年

酒厂专注于 100% 俄勒冈州单一麦芽威士忌，同时也生产波本威士忌、白兰地和金酒。首款单一麦芽威士忌于 2016 年发布，之后推出了大量不同的表达，最近发布的几款威士忌有 14 年陈在雪莉桶中熟成和 15 年陈在诺奇诺桶中熟成。

燃烧桶烈酒公司（Burning Barrel Spirits）
加利福尼亚州普拉瑟维尔，成立于 2023 年

2023 年，燃烧桶酿酒公司（Burning Barrel Brewing Co.）在萨克拉门托以东的普莱瑟维尔（Placerville）开设了一家蒸馏厂，扩大了业务规模。他们的仓库里已经装满了正在陈酿的麦芽威士忌酒桶。

凯塞尔啤酒与烈酒公司（Caiseal Beer & Spirits Company）
弗吉尼亚州汉普顿，成立于 2017 年

这是一家集啤酒酿造和烈酒蒸馏于一体的企业，啤酒厂为各类蒸馏产品生产糖化醪。最初生产的烈酒有伏特加、金酒和波本威士忌，2019 年推出了一款单一麦芽威士忌。从那以后，该系列产品中又增添了一款泥煤风格的威士忌。

雪松岭蒸馏厂（Cedar Ridge Distillery）
爱荷华州斯威舍，成立于 2003 年

首款单一麦芽威士忌于 2013 年推出，核心产品是"精华"（The Quintessential）。一款名为"墨菲精华"（Murphy Quint）的特别版在初次装填的雪莉酒桶中完成陈酿。该系列的其他烈酒还包括波本威士忌、麦芽黑麦威士忌和麦芽小麦威士忌。

查尔湾酒庄及蒸馏厂（Charbay Winery & Distillery）
加利福尼亚州圣赫勒那，成立于 1983 年

这家酒庄及蒸馏厂产品种类繁多，有葡萄酒、伏特加、格拉巴酒、帕斯蒂斯利口酒、朗姆酒和波特酒等。1999 年，酒庄主人决定涉足威士忌酿造领域。他们是用加了啤酒花的啤酒蒸馏威士忌的先驱，多年来推出了多款产品。2024 年初推出的最新产品是"加倍与扭转"（Doubled & Twisted）系列的 3 号批次，以及查尔湾 R5 的最后一批产品。

查塔努加威士忌（Chattanooga Whiskey）
田纳西州查塔努加，成立于 2015 年

自 2017 年搬到更大厂房以来，酒厂主要专注于波本威士忌，但也推出了不少由麦芽大麦制成的威士忌。最近的一款是 2024 年 1 月发布的 Batch 033，这款威士忌由 3 种不同的泥煤麦芽酿造，并在 3 种不同的艾雷岛苏格兰威士忌桶中熟成。

铜海蒸馏厂（Coppersea Distilling）
纽约州新帕尔次，成立于 2011 年

铜海酒厂现场进行麦芽处理，配备开放式木质发酵桶和直接火焰加热的蒸馏器。酒厂的一大特色是不干燥麦芽大麦，而是使用未烘干的绿色大麦进行麦芽浆制备。"大安格斯"（Big Angus）由 100% 的青大麦制成，该品牌产品系列中还有波本威士忌和黑麦威士忌。

科瑟曼蒸馏厂（Cotherman Distilling）
佛罗里达州邓尼丁，成立于 2015 年

所有威士忌都由 100% 麦芽大麦酿成。酒厂于 2016 年 7 月发布了首款威士忌，此后推出了多个批次的威士忌。除了威士忌，还生产金酒、朗姆酒和伏特加。

火山口湖烈酒公司（弯市蒸馏厂）[Crater Lake Spirits (Bend Distillery)]
俄勒冈州本德，成立于 1996 年

在专注于伏特加以及在一定程度上专注于黑麦威士忌的同时，生产商们还推出了一款单一麦芽威士忌（黑丘威士忌，Black Butte），它是用来自德舒特啤酒厂（Deschutes Brewery）的波特啤酒发酵液蒸馏而成的。

潮流烈酒公司（Current Spirits）
纽约州埃尔姆斯福德，成立于 2019 年

斯科特·瓦卡罗（Scott Vaccaro）在他的啤酒厂隔壁开了一家蒸馏厂，主要生产金酒、伏特加、黑麦威士忌以及多种波本威士忌。2020 年，推出了首款原桶强度的单一麦芽威士忌，2023 年，又发布了两个版本的"永恒"（Perpetual）单一麦芽威士忌。

截穗蒸馏厂（原名为：索拉斯蒸馏厂）[Cut Spike Distillery (formerly Solas Distillery)]
内布拉斯加州拉维斯塔，成立于 2009 年

2013 年推出了首批瓶装单一麦芽威士忌。此后，新批次的威士忌定期推出，目前的产品系列包括小批量版、原桶强度版、赤霞珠桶陈版、枫糖浆桶陈版、"认证邪恶桶"陈酿版以及雪莉桶陈酿版。2020 年 1 月开始生产泥煤风味威士忌。

蒸汽工坊蒸馏厂（Dampfwerk Distillery, the）
明尼苏达州圣路易斯公园，成立于 2016 年

这家蒸馏厂生产水果白兰地、草本利口酒、金酒和威士忌。首款单一麦芽威士忌（4 年陈）由淡色艾尔啤酒和巧克力麦芽制成，在红酒桶中完成陈酿，于 2021 年 1 月推出，之后又有更多批次问世。

黑岛酒厂（Dark Island Spirits）
纽约州亚历山大湾，成立于 2015 年

通过酒桶内的一种装置，酒厂老板借助不同类型音乐产生的声波来陈酿他们的烈酒。该酒厂已推出多种不同的烈酒，其中包括一款名为埃莉诺·格伦（Eleanor Glen）的单一麦芽威士忌。最新的酒款有"幻影风笛手"（Phantom Piper）、"高地人"（Highlander）以及泥煤风味的"千座艾雷岛"（1000 Islays）。

黯波酒厂（Dirty Water Distillery）
马萨诸塞州普利茅斯，成立于 2013 年

这家蒸馏厂最初生产伏特加、金酒和朗姆酒，2015 年开始涉足麦芽威士忌领域。2016 年首次推出"单身汉"单一麦芽威士忌，而最近（2022 年 11 月）推出的一款产品是"夜班桑蒂利印度淡色艾尔"（Night Shift Santilli IPA），它是用啤酒发酵液酿造而成的。

291 酒厂（Distillery 291）
科罗拉多州科罗拉多斯普林斯，成立于 2011 年

291 酒厂的核心产品包括多种黑麦威士忌、波本威士忌和美式威士忌。此外，酒厂也推出了两款由 100% 大麦酿成的单一麦芽威士忌。2021 年 2 月，酒厂搬迁至新址并扩大了生产规模。

角鲨头酿酒厂（Dogfish Head Distillery）
特拉华州米尔顿，成立于 2002 年

这家公司最初是一家啤酒厂，后来也扩展成为了一家蒸馏厂。厂里使用两台铜制蒸馏釜和一根铜制蒸馏柱来生产朗姆酒、金酒和伏特加。在麦芽威士忌方面，有纯威士忌、"迷失之旅"（Let's Get Lost）以及多种不同的陈酿版本。

门县蒸馏厂（Door County Distillery）
威斯康星州卡尔斯维尔，成立于 2011 年

这里最初是一家酒庄，后来增设了蒸馏厂。金酒、伏特加和白兰地是主要产品，但他们也酿造单一麦芽威士忌。首款门县单一麦芽威士忌于 2013 年推出，产品系列中还有波本威士忌和黑麦威士忌。

多伍德蒸馏厂（Dorwood Distillery）
加利福尼亚州比尔顿，成立于 2014 年

这家蒸馏厂使用牧豆树烟雾烘干大麦，在两台回流式蒸馏器中进行三次蒸馏。到目前为止，已推出未经陈酿的"白鹰麦芽威士忌"。

逸坡蒸馏公司（DownSlope Distilling）
科罗拉多州森特尼尔，成立于 2008 年

双钻威士忌于 2010 年首次推出，至今仍是核心产品。之后又推出了多种波本威士忌、发芽黑麦威士忌、发芽小麦威士忌，最近还推出了一款在当地"樱桃波特"葡萄酒桶中完成陈酿的单一麦芽威士忌。

涸掘坊蒸馏厂（Dry Diggings Distillery）
加利福尼亚州埃尔多拉多山，成立于 2012 年

2015 年，干掘地蒸馏厂收购了阿马多尔蒸馏厂，从那以后便以两个品牌生产烈酒。除了金酒、伏特加、黑麦威士忌和波本威士忌外，还有一款单一麦芽威士忌——博迪 5 犬（Bodie 5 Dog）。

乾逸酒厂（Dry Fly Distilling）
华盛顿州斯波坎，成立于 2007 年

这家酒厂生产多种风格的威士忌，其中单一麦芽威士忌最为稀有。最新推出的（第 16 号）酒款是一款 9 年陈酿的威士忌。2021 年，该酒厂迁至新址。

东基尔蒸馏厂（原灰空蒸馏厂）[Eastern Kille Distillery (former Gray Skies Distillery)]
密歇根州罗克福德，成立于 2014 年

这家酒厂生产波本威士忌和黑麦威士忌。2016 年，第一瓶密歇根单一麦芽威士忌问世，随后又有更多批次推出。2023 年秋，该酒厂迁至罗克福德的新址。

埃奇菲尔德蒸馏厂（Edgefield Distillery）
俄勒冈州特劳特代尔，成立于 1998 年

它是俄勒冈州和华盛顿州麦克梅纳明（McMenamin）酒吧与酒店连锁集团的一部分。该集团的一些酒吧旁边设有微型酿酒厂。1998 年，这家连锁集团开设了第一家蒸馏厂，2002 年开始装瓶大桶威士忌。每年圣帕特里克节都会以"恶魔之角"（The Devil's Bit）的名义限量发布酒品。2011 年，该集团在希尔斯伯勒的科尼利厄斯山口客栈（Cornelius Pass Roadhouse）开设了第二家蒸馏厂。

十一泉蒸馏厂（Eleven Wells Distillery）
明尼苏达州圣保罗，成立于 2013 年

这家蒸馏厂配备了敞口发酵罐和两台蒸馏器，主要产品是威士忌。2014 年首次推出了两款陈酿威士忌，即波本威士忌和黑麦威士忌，随后又推出了小麦威士忌、玉米威士忌，以及一款用发芽大麦制成的、带有淡淡烟熏味的单一麦芽威士忌。

埃尔金蒸馏厂（亚利桑那精酿饮品公司旗下）[Elgin Distillery (Arizona Craft Beverage)]
亚利桑那州埃尔金，成立于 2015 年

这家企业最初是 1982 年由比尔·勒塔特创办的一家酒庄，后来业务拓展，增设了啤酒厂和蒸馏厂。这里生产金酒、朗姆酒、波本威士忌、黑麦威士忌，还有一款用 100% 大麦酿造、陈酿 5 年的麦芽威士忌。

麋鹿围栏蒸馏厂（Elk Fence Distillery）
加利福尼亚州圣罗莎，成立于 2020 年

这是一家由斯科特·伍德森（Scott Woodson）和盖尔·科普平格（Gail Coppinger）创办的精酿蒸馏厂。该蒸馏厂配备了两台来自缅因州的铜制三叉戟蒸馏器，生产伏特加、金酒、朗姆酒，以及一款名为"深海咸味"（The Briny Deep）的单一麦芽威士忌。

晕羊烈酒公司（Fainting Goat Spirits）
北卡罗来纳州格林斯博罗，成立于 2015 年

酒厂的首批产品是金酒和伏特加。2017 年，酒厂推出了 C. B. Fisher 的单一麦芽威士忌，最初为 2 年陈，现在还有一款酒厂精选版（Distiller's Reserve），最新发布的是在马德拉酒桶中熟成的版本。此外，酒厂也有黑麦威士忌和波本威士忌。

指尖湖酒厂（Finger Lakes Distilling）
纽约州伯代特，成立于 2008 年

虽然这家酒厂在威士忌方面主要专注于波本威士忌、黑麦威士忌和单一壶式蒸馏威士忌，但他们也在 2019 年推出了 10 年陈酿的美国纯麦芽威士忌"麦肯齐"（McKenzie）。

冰川蒸馏厂（Glacier Distilling）
蒙大拿州科拉姆，成立于 2010 年

这家蒸馏厂生产各种各样的烈酒。在麦芽威士忌方面，有添加了美洲越橘汁调味的"耐熊"（Bearproof）威士忌、用发芽小麦酿造的"小麦鱼"（Wheatfish）威士忌，还有用大北方酿酒公司的麦芽啤酒酿造的"双药"（Two Med）威士忌。

大提顿蒸馏厂（Grand Teton Distillery）
爱达荷州德里格斯，成立于 2012 年

这家蒸馏厂产量最大的产品是用土豆酿造的伏特加。它也生产多种威士忌，包括波本威士忌、小麦威士忌以及一款 4 年陈酿的单一麦芽威士忌。此外，还有一款私人珍藏的单一麦芽威士忌，这款酒经过 7 年陈酿，装瓶时酒精度为 50%。

高岸酿酒厂（Highside Distilling）
华盛顿州班布里奇岛，成立于 2018 年

这家酒厂在 2019 年开始生产单一麦芽威士忌，此前已发布过几款金酒和苦艾酒。首款威士忌为 3 年陈单一麦芽，2023 年 1 月发布。随后的 2023 年 12 月发布了单桶原酒和桶强版本。

亨特豪斯酿酒厂（Hinterhaus Distilling）
加利福尼亚州阿岱德，成立于 2020 年

这家家族酒馆位于内华达山脉，最初生产金酒、伏特加以及外购的波本和黑麦威士忌。首款单一麦芽威士忌（由 6 种不同麦芽酿制，命名为 Discovery）于 2023 年 4 月发布。

霍格巴克酿酒厂（Hogback Distillery）
科罗拉多州博尔德，成立于 2017 年

创始人是苏格兰人格雷姆·华莱士（Graeme Wallace），该厂专注于酿造苏格兰风格的单一麦芽威士忌，有时会带有泥煤风味。首款单一麦芽威士忌于 2020 年推出，之后又陆续推出了"华莱士珍藏系列"（Wallace Collection）的多款限量版产品。该厂计划将蒸馏厂迁至科罗拉多落基山脉的埃斯蒂斯帕克（Estes Park）。

霍勒霍恩酿酒厂（Hollerhorn Distilling）
纽约州那波利斯，成立于 2018 年

霍勒霍恩最初专注于由枫糖浆酿制的烈酒，但最终扩展至威士忌生产。发布了单一麦芽威士忌以及添加哈瓦那辣椒的威士忌。2022 年 3 月推出了"运动中的麦芽"（Malt in Motion）——浓烟泥煤单一麦芽。酒厂在 2022 年 5 月几乎完全被火灾摧毁，但在 2023 年夏天得以重建并重新开业。

艾德威尔德烈酒厂（Idlewild Spirits）
科罗拉多州冬季公园，成立于 2015 年

首批麦芽威士忌于 2016 年 6 月生产，采用全麦发酵和蒸馏的工艺，增加了整体风味特征。其科罗拉多州单一麦芽威士忌于 2018 年首次发布。

不朽烈酒厂（Immortal Spirits）
俄勒冈州梅德福德，成立于 2008 年

生产多种烈酒，包括金酒、朗姆酒、伏特加和柠檬酒。唯一的由未发芽的大麦酿制的威士忌是 5 年陈单一谷物威士忌。单桶系列有时会发布单一麦芽威士忌。

艾尔顿酿酒厂（Ironton Distillery）
科罗拉多州丹佛，成立于 2018 年

酒厂生产多种烈酒，首批威士忌在 2019 年发布。其单一麦芽威士忌使用经过熏制的榉木麦芽，2022 年发布了原味版本。2023 年 11 月发布了一个经过咖啡酒桶陈酿的版本。

泽西烈酒厂（Jersey Spirits Distilling Co）
新泽西州费尔菲尔德，成立于 2015 年

除了金酒和伏特加外，酒厂还拥有两种波本威士忌。首款单一麦芽威士忌于 2018 年蒸馏，2020 年推出了苹果木熏制和樱桃木熏制版本。最新的威士忌是爱尔兰风格的单一麦芽 Celtic Rivera 特里维埃拉。

约翰·艾美拉德酿酒公司（John Emerald Distilling Company）
亚拉巴马州奥佩利卡，成立于 2014 年

酒厂利用谷物发酵麦芽酒，其中的主要产品为单一麦芽威士忌 John's Alabama，该威士忌的独特风味来自用南方胡桃木和桃木熏制的大麦。首款发布于 2015 年，目前已陈酿 3 年。

乔尼曼酿酒厂（Journeyman Distillery）
密歇根州三橡树市和印第安纳州瓦尔帕莱索，成立于 2010 年

酒厂的威士忌系列包括波本、黑麦、小麦和单一麦芽威士忌。首款"樱树单一麦芽威士忌"于 2013 年发布，并在波本、黑麦和朗姆酒桶中陈酿。2023 年 10 月，酒厂在印第安纳州瓦尔帕莱索开设了第二个大型酿酒厂。

贾德森与摩尔（Judson & Moore）
伊利诺伊州芝加哥，成立于 2020 年

位于芝加哥的一座前肉类腌制仓库，酒厂专注于威士忌生产，包括波本、黑麦和由 65% 熏制大麦和 35% 未熏制大麦酿制的单一麦芽威士忌。首批威士忌于 2022 年春季发布。

克罗巴工艺酿酒厂（Krobar Craft Distillery）
加利福尼亚州圣路易斯·奥比斯波，成立于 2012 年

两家葡萄酒企业转型为酿酒厂，目前生产金酒、伏特加和威士忌。现有的单一麦芽威士忌系列包括一款由马里斯·奥特大麦酿制的主打款，带有波特酒桶的陈酿味。2023 年 8 月，酒厂迁至新的地点。

洛斯威士忌酒厂（Laws Whiskey House）
科罗拉多州丹佛，成立于 2011 年

该酒厂的大部分波本和黑麦威士忌都是按批次发布的，可达 10 年陈。酒厂的旗舰产品是"四谷直酿波本"，此外，他们还推出了一款名为"亨瑞路"（Henry Road）的 4 年陈单一麦芽威士忌。

自由呼唤酒厂（Liberty Call Spirits）
加利福尼亚州圣地亚哥，成立于 2014 年

酒厂使用多种大麦品种，包括焦糖麦芽和稀有的马里斯·奥特大麦。除了波本、金酒和朗姆酒外，酒厂还推出了一款名为"老铁号"（Old Ironsides）的单一麦芽威士忌。2020 年春，酒厂在圣地亚哥开设了第二家餐厅/酿酒厂。

液态品牌酿酒厂（布朗家族葡萄园）[Liquid Brands Distillery (Browne Family Vineyards)]
华盛顿州斯波坎，成立于 2018 年

里奇（Rich）和玛丽·克莱姆森（Mary Clemson）开始生产多种烈酒，其中包括用麦芽大麦酿造的"勇士"（Warrior）单一麦芽威士忌。他们退休后，这个项目被著名的布朗家族酒庄（Browne Family Vineyards）以及经验丰富的酿酒师亚伦·克莱因黑尔特（Aaron Kleinhelter）接手。

液态暴动瓶装公司（Liquid Riot Bottling Co.）
缅因州波特兰，成立于 2013 年

位于老港口的海滨，公司是缅因州首家集啤酒、酿酒厂、餐吧、酒吧于一体的酒厂，生产包括波本、黑麦、燕麦、朗姆酒、伏特加、龙舌兰酒和樱桃木熏制的老港单一麦芽威士忌在内的广泛酒品。

洛杉矶酿酒厂（Los Angeles Distillery）
加利福尼亚州卡尔弗城，成立于 2013 年

虽然该酒厂的产品包括金酒和朗姆酒，但其主要专注于威士忌。酒厂生产不同版本的波本和黑麦威士忌，以及多种由大麦酿制的单一麦芽威士忌。目前两款核心酒品分别是在匈牙利新橡木桶中陈酿 7 年的轻烟熏风格的格伦洛杉矶（Glen L.A.）

威士忌，以及在单一橡木桶中陈酿 8 年的格伦洛杉矶（Glen L.A.）托卡伊桶威士忌。

马德河蒸馏酒厂（Mad River Distillers）
佛蒙特州沃伦，成立于 2011 年

这家酒厂位于绿色山脉的有着 150 年历史的农场上，专注于生产朗姆酒、白兰地和威士忌。目前唯一的单一麦芽威士忌是"霍普斯科奇"（Hopscotch），首次发布于 2016 年底，最新的版本由 IPA 蒸馏而成，并陈酿了 3 年。

缅因工艺蒸馏酒厂（Maine Craft Distilling）
缅因州波特兰，成立于 2013 年

酒厂提供伏特加、金酒、朗姆酒以及限量批次的费提石（Fifty Stone）单一麦芽威士忌。酒厂现场使用地板麦芽化大麦，并使用泥炭和海藻来干燥大麦。

枫木酿酒厂和蒸馏酒厂（Maplewood Brewery and Distillery）
伊利诺伊州芝加哥，成立于 2014 年

这家啤酒厂兼蒸馏厂推出了 4 款麦芽酒："胖哈巴狗"（Fat Pug），由淡麦芽、深色结晶麦芽、深色慕尼黑麦芽、巧克力麦芽和烘焙麦芽制成；"燕麦水獭"（Oaty Otter），采用玛丽奥特（Maris Otter）大麦和燕麦酿造；"节庆"（Fest），灵感源自节庆啤酒（festbier）；"酸麦芽比尔森"（Sour Mash Pils），是比尔森麦芽和维也纳麦芽的混合酒。

明登磨坊酒厂（Minden Mill Distillery）
内华达州明登，成立于 2023 年

2016 年，克里斯托弗·本特利（Christopher Bentley）在明登（Minden）的一座老磨坊里开了一家威士忌蒸馏厂。6 年后，他在苏格兰购置了一处大型房产，与此同时，内华达州的这家蒸馏厂被挂牌出售。一年后，比尔·福利（Bill Foley）买下了这家蒸馏厂、周边部分农田以及一批正在陈酿的威士忌。福利不仅是拉斯维加斯金骑士（Las Vegas Golden Knights）曲棍球队的老板，自 1996 年起还经营着福利家族酒庄（Foley Family Wines），旗下拥有位于索诺玛谷（Sonoma Valley）、俄勒冈州、华盛顿州以及新西兰的知名葡萄园。按照计划，将在明登的两家不同蒸馏厂继续生产威士忌和其他烈酒。团队中有一位传奇人物奇普·泰特（Chip Tate），头衔是"创新型首席酿酒师"，他是巴尔科内斯蒸馏厂（Balcones Distillery）的创始人。

蒙哥马利蒸馏酒厂（Montgomery Distillery）
蒙大拿州米苏拉，成立于 2012 年

酒厂所有者使用锤式粉碎机处理原料，然后谷物发酵。2015 年推出的首款威士忌是黑麦威士忌，2016 年推出了 3 年陈酿的蒙哥马利单一麦芽威士忌。2023 年末推出的最新一款产品是 6 年陈酿的威士忌。

摩托城酒厂（Motor City Gas）
密歇根州皇家橡树市，成立于 2014 年

酒厂生产一系列威士忌，包括黑麦威士忌、波本威士忌和单一麦芽威士忌。最新的两款单一麦芽威士忌包括 5 年陈的"维也纳"（Vienna）和 5 年陈的泥煤味威士忌"洛克尼斯"（Lockness）。酒厂于 2021 年收购了位于安阿伯的农场，种植自己的有机大麦。

明登磨坊酒厂几年前以本特利传承蒸馏厂（Bentley Heritage Distillery）的名字为人所知

新荷兰酿酒公司（New Holland Brewing Co.）
密歇根州荷兰市，成立于1996年（2005年起生产威士忌）

2008年，新荷兰手工精酿烈酒公司（New Holland Artisan Spirits）首次推出产品，其中包括"齐柏林弯道"（Zeppelin Bend），这是一款3年陈酿的纯麦芽威士忌，如今已成为该公司的旗舰品牌。该系列产品还包括4年陈酿的"齐柏林弯道珍藏"（Zeppelin Bend Reserve），以及一系列波本威士忌、黑麦威士忌和小麦威士忌。

新自由酒厂（New Liberty Distillery）
宾夕法尼亚州费城，成立于2014年

这是一家在威士忌酿造上采用两种模式的蒸馏厂，一种是自行酿造"新自由"系列威士忌（包括烟熏麦芽威士忌和荷兰麦芽威士忌）；另一种是采购其他蒸馏厂的原酒来生产"金西"系列威士忌。

诺科酒厂（Noco Distillery）
科罗拉多州富特柯林斯，成立于2016年

酒厂通过长达3周的发酵、慢速蒸馏以及多达9种不同木材桶的熟成来酿制威士忌。其威士忌系列包括波本、黑麦和单一麦芽威士忌，后者首次于2019年发布。酒厂于2022年初安装了新的混合蒸馏器。

旧居酒厂（Old Home Distillers）
纽约州莱班农，成立于2014年

酒厂主要生产波本、玉米威士忌和纽约单一麦芽威士忌。酿造过程中，麦芽浆在粮食中发酵4~5天，蒸馏则使用混合柱式蒸馏器。2023年7月，酒厂发布了限量版的黑暗之心（Darkest Hearts）单一麦芽威士忌。

古道酒厂（Old Line Spirits）
马里兰州巴尔的摩，成立于2014年

酒厂于2016年开始蒸馏威士忌，并于2017年推出了泥煤风味威士忌，2018年发布了雪莉桶熟成版，2019年发布了桶强版。2023年4月，酒厂推出了新的核心系列，包括95度旗舰版、114度海军强度版、瓶中禁忌版和单桶版。此外，酒厂还推出了双重橡木系列，涵盖9种不同的木桶熟成。

老栈道酒厂（Old Trestle Distillery）
加利福尼亚州特拉是，成立于2012年

酒厂使用自家地下水源酿制威士忌，最初发布的烈酒为伏特加和金酒。2020年夏季，酒厂发布了3年陈的山脉（Sierra）波本威士忌，并于2023年春季推出了首款单一麦芽威士忌。

橙县酒厂（Orange County Distillery）
纽约州戈申，成立于2013年

酒厂自行麦芽化大麦，并在需要时使用自家泥煤。自2014年以来，酒厂推出了各种威士忌，包括玉米威士忌、波本威士忌、黑麦威士忌和单一麦芽威士忌。首款陈年单一麦芽威士忌于2015年发布，之后推出了更多版本。

奥斯卡岛酒厂（Orcas Island Distillery）
华盛顿州奥尔卡斯岛，成立于2014年

主要生产苹果白兰地，但也推出了由斯卡吉特谷大麦酿造

游骑兵溪酿酒与酿造公司以其"篝火"威士忌而著称

的 3 年陈"西岛单一麦芽威士忌"。

画条酒厂（Painted Stave Distilling）
特拉华州斯麦纳，成立于 2013 年

大部分产品为波本威士忌和黑麦威士忌为主，但也有用发芽大麦和黑麦酿造的"钻石州壶式蒸馏威士忌"，以及用加了啤酒花的啤酒酿造的"双重麻烦"威士忌。

桃街酿酒厂（Peach Street Distillers）
科罗拉多州帕利塞德，成立于 2005 年

广泛的烈酒系列包括波本威士忌（2008 年首次发布）、烟熏黑麦威士忌、啤酒花风味威士忌、泥煤单一麦芽威士忌，以及 2021 年 12 月发布的 8 年陈单桶泥煤单一麦芽威士忌。

佩里克酒厂（Perlick Distillery）
威斯康星州萨罗纳，成立于 2014 年

一家家族酒厂，以小麦和大麦酿造的美国农夫伏特加为核心产品。也生产少量的单一麦芽威士忌。第一款 5 年陈威士忌于 2023 年发布，下一款计划 2024 年发布。

领航屋蒸馏厂（Pilot House Distilling）
俄勒冈州阿斯托里亚，成立于 2013 年

起初生产伏特加和杜松子酒，业主最终将产品范围扩大至包括威士忌。主要产品是由玉米和麦芽大麦制成的 A-O 美国威士忌，但也生产少量单一麦芽威士忌。首款 2 年陈酿的单一麦芽威士忌于 2021 年推出，2023 年 2 月推出了第 13 批次。

后现代蒸馏厂（PostModern Distilling）
田纳西州诺克斯维尔，成立于 2017 年

在专注于杜松子酒、伏特加和利口酒的同时，业主于 2018 年推出了他们的首款单桶单一麦芽威士忌。目前的核心产品是纯麦芽威士忌。

普里查德蒸馏厂（Prichard's Distillery）
田纳西州凯尔索和纳什维尔，成立于 1999 年

生产的主要品类是朗姆酒。首款单一麦芽威士忌于 2010 年推出，后来推出的产品通常是不同陈酿时间的酒桶（有些长达 10 年）的混合调配。

昆西街蒸馏厂（Quincy Street Distillery）
伊利诺伊州河滨，成立于 2011 年

该蒸馏厂生产一系列烈酒，包括杜松子酒、伏特加、苦艾酒、波本威士忌、玉米威士忌和黑麦威士忌。2 年陈酿的"金色草原"单一麦芽威士忌于 2015 年首次推出，最新推出的产品陈酿时间为 3～4 年。

游骑兵溪酿酒与酿造公司（Ranger Creek Brewing & Distilling）
得克萨斯州圣安东尼奥，成立于 2010 年

专注于啤酒酿造和威士忌生产，首款威士忌产品为 2011 年发布的游骑兵 36 号（Ranger Creek 36）德克萨斯波本威士忌。其核心单一麦芽威士忌"棱火"（Rimfire）于 2013 年发布。最新版本为 2023 年 10 月发布的"棱火 305"，其在曾装过黑莓白兰地的桶中完成熟成。

复兴手工蒸馏厂（Rennaisance Artisan Distillers）
俄亥俄州阿克伦，成立于 2013 年

除了威士忌，这家蒸馏厂还生产金酒、白兰地、格拉帕酒和柠檬利口酒。首款推出的是王者之选（The King's Cut）单一麦芽威士忌，由包含烤麦芽和焦糖麦芽的谷物配方酿造而成。2021 年 3 月，推出了苏格兰泥煤格纹（Kilted Peat）麦芽威士忌。

岩镇酒厂（Rock Town Distillery）
阿肯色州小石城，成立于 2010 年

这是一家从谷物到成品的酒厂，生产的主力产品包括多款波本威士忌、黑麦威士忌、小麦威士忌和伏特加，同时也推出了一款 4 年陈的单一麦芽威士忌，完成于原先存放过干邑的酒桶中。

岩谷烈酒厂（Rock Valley Spirits）
纽约州朗埃迪，成立于 2018 年

这是一家位于凯茨基尔山脉的小型家族酒厂。首批推出的烈酒为金酒和伏特加，随后在 2021 年 12 月发布了单一麦芽威士忌。

鲁特酒厂（Routt Distillery）
科罗拉多州斯廷博特斯普林斯，成立于 2022 年

由布拉德·克里斯滕森（Brad Christensen）创立的酒厂，最初发布了金酒和伏特加，目前已有美国产单一麦芽威士忌在酒窖中熟成。

圣迭戈酒厂（San Diego Distillery）
加利福尼亚州春谷，成立于 2015 年

这是一家几乎完全专注于威士忌的酒厂。2016 年发布了首批 6 款威士忌，包括一款艾雷泥煤单一麦芽威士忌。从那时起，酒厂陆续推出了多款限量版单一麦芽威士忌。

圣坦烈酒厂（SanTan Spirits）
亚利桑那州钱德勒和凤凰城，成立于 2007 年（2015 年）

这家位于亚利桑那州的酿酒厂兼餐厅，在 2015 年增设了烈酒生产业务。Sacred Stave 单一麦芽威士忌有两款核心版本，均以红酒桶熟成，其中一款为桶装强度。2023 年 8 月发布了限量版 4 年陈 J.W. Powell 单一麦芽威士忌。

七洞烈酒厂（Seven Caves Spirits）
加利福尼亚州圣地亚哥，成立于 2016 年

除了金酒、朗姆酒和波本威士忌，杰夫·朗格内克（Geoff Longenecker）也用麦芽大麦酿造威士忌。2022 年 8 月推出的最新产品之一，是一款在朗姆酒桶中陈酿 4 年的泥煤风味威士忌。

影岭烈酒厂（Shadow Ridge Spirits）
加利福尼亚州海滨城，成立于 2017 年

系列包括朗姆酒和金酒，但其主要聚焦于威士忌，包括波本威士忌、黑麦威士忌和单一麦芽威士忌。后者使用不同种类的麦芽酿造，也有一种特别的烟熏版本，使用了泥煤和樱桃木。

庇护所酿酒厂（Shelter Distilling）
加利福尼亚州猛犸湖，成立于 2018 年

除了金酒、伏特加、朗姆酒和利口酒，还生产波本威士忌、黑麦威士忌和单一麦芽威士忌。最新推出的产品包括"余烬"泥煤威士忌、"暗夜星空"威士忌以及"高山岭"威士忌，这些酒都在匈牙利橡木桶和美国橡木桶的组合中进行过陈酿。

银兄弟酒厂（Silver Brothers）
纽约州旧查塔姆，成立于 2023 年

这是一家位于哈德逊河谷的地缘驱动型酒厂，他们种植

自己的有机黑麦和大麦。生产两种威士忌：黑麦威士忌和美国产单一麦芽威士忌。典型的发酵时间为7天，首次蒸馏发生在2023年2月，预计首次发布将在2025年。

邪恶酿酒厂（Sinister Distilling）
俄勒冈州阿尔巴尼，成立于2015年

作为一家啤酒蒸馏联合厂的一部分，另一半是德Luxe酿酒厂（DeLuxe Brewing），该厂生产多种烈酒，包括霍华德·雅各布（Howard Jacob）单一麦芽威士忌。第五批次的酒在法国橡木红酒桶中陈酿了6年。

告密女士酒厂（Snitching Lady Distillery）
科罗拉多州曼尼图普泉，成立于2018年

该酒厂于2019年8月迁至新址，至今已发布桃子白兰地、波本威士忌、黑麦威士忌和蓝玉米烈酒。用大麦酿造的单一麦芽威士忌首次蒸馏是在2019年，2022年9月发布。

太阳烈酒厂（Solar Spirits）
华盛顿州里奇兰，成立于2018年

这是一家"农场到酒瓶"的酒厂，凭借现场的太阳能电池板实现100%的可再生能源。当前的产品系列包括金酒、伏特加、白兰地和单一麦芽威士忌。

南山酒厂（South Mountain Distilling）
北卡罗来纳州康内利斯普林斯，成立于2015年

该厂主要专注于私酿威士忌，但产品系列中也有经过陈酿的威士忌，包括"高雅"单一麦芽威士忌以及一款名为"邪恶"的玉米威士忌。

灵犬酿酒厂（Spirit Hound Distillers）
科罗拉多州莱昂斯，成立于2012年

该酒厂的招牌产品是金酒和麦芽威士忌。威士忌所用的大麦由科罗拉多麦芽厂种植、麦芽化并进行泥煤熏制。首批威士忌于2015年上市，目前还有桶强版本和4年陈的瓶装威士忌。

精神实验室酒厂（Spirit Lab Distilling）
弗吉尼亚州夏洛茨维尔，成立于2015年

这家蒸馏厂由伊瓦尔·阿斯（Ivar Aass）创立，生产金酒、白兰地和美国麦芽威士忌。该厂采用索莱拉陈酿系统，定期推出原桶强度的Aass单一麦芽威士忌批次产品。最新一批（第15批）中陈酿年份最久的威士忌为8年。

圣路易斯烈酒厂（前身为方形一号酒厂）[Spirits of St Louis Distillery（formerly known as Square One）]
密苏里州圣路易斯，成立于2006年

这是一家啤酒厂与餐厅的综合体。除了朗姆酒、金酒、伏特加和苦艾酒外，其经营者还生产J.J.诺伊科姆威士忌（J.J. Neukomm），这是一种麦芽威士忌，原料中25%是经樱桃木烟熏的麦芽。

斯塔克烈酒厂（Stark Spirits）
加利福尼亚州帕萨迪纳，成立于2013年

第一款单一麦芽威士忌于2015年蒸馏，2017年2月首次正式发布了单一麦芽威士忌（包括泥煤和非泥煤版本）。酒厂有两台蒸馏器，其中一台专门用于所有泥煤味威士忌生产。

暴风王酿酒公司（Storm King Distilling Co.）
科罗拉多州蒙特罗斯，成立于2017年

受威士忌热情启发，酒厂发布了小麦威士忌、波本威士忌和黑麦威士忌。第一款单一麦芽威士忌，由8个初始批次混合而成，2024年发布。

斯图特里奇酒厂（Stoutridge Distillery）
纽约州马尔伯勒，成立于2017年

该出版社是一家酒庄，后来扩建了一座蒸馏厂，配备直火蒸馏器和自有地板式麦芽制造设施。产品系列包括伏特加、金酒、白兰地和威士忌。"南阿尔斯特尔"麦芽威士忌"在黑皮诺葡萄酒桶中陈酿了2年，最后在原拉弗格威士忌酒桶中进行收尾熟成。

糖屋酒厂（Sugar House Distillery）
犹他州盐湖城，成立于2014年

酒厂于2014年发布的第一款产品是伏特加，随后推出了单一麦芽威士忌。此后，该酒厂陆续推出了更多单一麦芽威士忌，包括桶强版本和不同的熟成版本。

甜草酒厂（Sweetgrass Distillery）
缅因州波特兰，成立于2007年

这家蒸馏厂从一开始就专注于葡萄酒以及金酒、白兰地、朗姆酒和利口酒的蒸馏，之后开始生产麦芽威士忌。他们最新一批的"沉疆"麦芽威士忌已经陈酿了8年。

谈木酒厂（Talking Cedar Distillery）
华盛顿州罗切斯特，成立于2020年

这是美国第一家由部落拥有的酒厂，也是自1834年以来首家允许在"印第安"土地上生产烈酒的酒厂。1834年安德鲁·杰克逊签署的关于禁止在"印第安"土地上生产烈酒的法律直到2018年才被废除。这家酒厂由Chehalis部落拥有和运营，是一个结合了美食酒吧、酿酒厂和烈酒厂的场所，产品包括波本威士忌、黑麦威士忌和单一麦芽威士忌。

十英里酒厂（Tenmile Distillery）
纽约州瓦赛克，成立于2020年

这家蒸馏厂配备了苏格兰福赛斯公司生产的蒸馏器，主要专注于金酒、伏特加和单一麦芽威士忌的生产。首款名为"小歇"（Little Rest）的单一麦芽威士忌于2023年4月发布，之后又推出了更多酒款。首席蒸馏师谢恩·弗雷泽（Shane Fraser），他曾在苏格兰的格兰花格（Glenfarclas）和沃尔本（Wolfburn）蒸馏厂工作。

拇指山酒厂（Thumb Butte Distillery）
亚利桑那州普雷斯科特，成立于2013年

酒厂生产各种金酒、深色朗姆酒、伏特加和威士忌。酒厂发布了皇冠王（Crown King）单一麦芽威士忌以及黑麦威士忌和波本威士忌。最新版本的单一麦芽威士忌使用了经过亚利桑那州胡桃木熏制的大麦。

森林溪酒厂（Timber Creek Distillery）
佛罗里达州克雷斯特维尤，成立于2014年

酒厂在谷物上进行发酵和蒸馏，并使用传统的虫管冷凝器来冷却蒸馏出来的酒液。发布的产品包括黑麦威士忌、小麦波本威士忌、4谷物威士忌和佛罗里达单一麦芽威士忌。

镇道酒厂（Town Branch Distillery）
肯塔基州列克星敦，成立于1999年

1980年，皮尔斯·莱昂斯博士创立了奥特奇公司（Alltech Inc），这是一家专门从事动物营养和饲料添加剂业务的生物技术公司。1999年，奥特奇公司收购了列克星敦酿酒公司。2008年，安装了两台传统的铜制壶式蒸馏器。目前，单一麦芽威士忌系列产品有7年陈酿的"镇溪麦芽威士忌"（Town Branch Malt）和一款11年陈酿的原桶强度版本。此外，还有一款名为"皮尔斯"（Pearse）的爱尔兰风格威士忌，有5年、7年和12年陈酿的不同版本。该公司在肯塔基州的派克维尔以及爱尔兰的都柏林各拥有一家蒸馏厂。

三八酒厂（Triple Eight Distillery）
马萨诸塞州南塔基特，成立于2000年

除了威士忌，公司还生产伏特加、朗姆酒和金酒。首款单一麦芽威士忌于2008年8月8日推出，为8年陈酿。之后又推出了更多"诺奇"（Notch）系列产品，目前有三款，分别是8年、12年和15年陈酿。

双詹姆斯烈酒（Two James Spirits）
密歇根州底特律，成立于2013年

酒厂配备了1900升的铜壶蒸馏器，带有分馏柱，已发布伏特加、金酒、波本威士忌（包括泥煤版）和黑麦威士忌，同时一款单一麦芽威士忌仍在仓库中熟成。这款威士忌使用来自苏格兰的泥煤大麦，并在雪莉酒桶中熟成。

北方酒厂（Up North Distillery）
爱达荷州波士顿瀑布，成立于2015年

兰迪·曼恩（Randy Mann）和希拉里·曼恩（Hilary Mann）在开始生产时就着眼于麦芽威士忌，但首批推出的产品却是蜂蜜烈酒和苹果白兰地。2020年秋季，首款北爱达荷单一麦芽威士忌（North Idaho Single Malt Whiskey）发布，之后又推出了更多批次。

范布伦蒸馏厂（Van Brunt Stillhouse）
纽约州布鲁克林，成立于2012年

酒厂于2012年发布了首款Van Brunt美国威士忌。之后，酒厂推出了波本威士忌、黑麦威士忌、玉米威士忌，以及2023年推出的米威士忌。范布伦（Van Brunt）单一麦芽威士忌定期装瓶，采用多种不同酿酒麦芽的麦芽浆发酵，并在多种酒桶中熟成。最新一批出现在2023年初。

蒸汽酒厂[Vapor Distillery（former Roundhouse Spirits）]
科罗拉多州博尔德，成立于2007年

自2014年起，酒厂使用3800升的铜制壶式蒸馏器，专注于美国麦芽威士忌的生产，但也生产麦芽大麦比例异常高的波本威士忌。酒厂目前有4款单一麦芽威士忌，包括"博尔德"（Boulder）美国单一麦芽威士忌、一款泥煤版本、一款保税装瓶威士忌和一款波特桶收尾版本。还有一款限量版的7年陈威士忌，酒精度为50%。

金星烈酒（Venus Spirits）
加利福尼亚州圣克鲁斯，成立于2014年

该厂生产重点为威士忌，不过也推出过金酒以及以蓝色龙舌兰为原料的烈酒。首款单一麦芽威士忌是"漂泊者威士忌"（Wayward Whiskey），在波特酒桶和雪莉酒桶中陈酿。最近又推出了5年陈酿的"漂泊者司陶特威士忌"（Wayward Stout）。

维克尔酒厂（Vikre Distillery）
明尼苏达州杜鲁斯，成立于2012年

这家蒸馏厂除了生产威士忌，还酿造金酒、伏特加和阿夸维特酒。威士忌产品包括畅销款"糖枫威士忌"（现已推出第11批次）、"铁矿区美国单一麦芽威士忌"以及"北方勇气烟熏黑麦威士忌"。

沃菲尔德酒厂（Warfield Distillery）
爱达荷州基奇姆，成立于2015年

沃菲尔德有机美国威士忌于2019年推出，该酒厂同时还生产金酒、伏特加、白兰地和啤酒。2020年夏天，酒厂进行了扩建，增添了两台由苏格兰福赛斯公司制造的铜制壶式蒸馏器（每台容量3800升）。2023年，一款特别版威士忌问世，它由这些蒸馏器蒸馏而成，名为"沃菲尔德的铜制苏格兰人单桶威士忌"。

木石溪酒厂（Woodstone Creek Distillery）
俄亥俄州辛辛那提，成立于1999年

酒厂于1999年作为一家农场酒庄开业，并于2003年增加了蒸馏业务。第一款波本威士忌于2008年发布，随后发布了10年陈的单一麦芽威士忌。酒厂的威士忌生产规模非常小，仅发布过少量酒品。

伍兹高山酒厂（Wood's High Mountain Distillery）
科罗拉多州萨利达，成立于2011年

首款产品"新手威士忌"（Tenderfoot Whiskey）是一款三重麦芽威士忌，后续推出的"萨瓦奇"（Sawatch）同样如此。"萨瓦奇"陈酿4~5年，由发芽大麦、发芽黑麦和发芽小麦酿制。还有一款5年陈酿的"黎明巡逻"（Dawn Patrol），其原料45%是经樱桃木烟熏的大麦。2024年1月推出了5年陈酿的"新手蒸馏师精选"（Distiller's Reserve Tenderfoot）。

赖特与布朗蒸馏公司（Wright & Brown Distilling Co.）
加利福尼亚州奥克兰，成立于2015年

酒厂专注于桶陈烈酒的生产。首款威士忌——黑麦威士忌于2016年发布，随后在2017年推出了波本威士忌。2020年初，首款单一麦芽威士忌问世，这款保税瓶装威士忌，陈酿了4.5年，第四批（6年陈）于2023年11月推出。

加拿大

谢尔特尔波因特酒厂（Shelter Point Distillery）
不列颠哥伦比亚省温哥华岛，成立于2009年

该酒厂由奶农帕特里克·埃文斯（Patrick Evans）创立。2005年，他转行种植农作物，4年后成立了这家蒸馏厂。酒厂2011年开始蒸馏生产，所用大麦均产自自家农场。除了威士忌，这里也生产金酒和伏特加。2016年，一款5年陈酿的单一麦芽威士忌问世，直至今日，陈酿7年的"经典款"仍是核心产品。其丰富的产品线中，其他产品包括"涟漪岩威士忌"（在原波本酒桶和全新橡木桶中陈酿）、由未发芽大麦制成的三次蒸馏的"蒙特福特威士忌"、原桶强度威士忌以及一款10年陈酿威士忌。还有"烟点威士忌"，通过管道将熏制浮木和当地泥炭产生的烟雾导入熟成酒桶的木材中。最近推出的一款属于"埃文斯家族珍藏系列"的威士忌，是在欧罗索雪莉酒桶中收尾熟成的。2023年11月，该厂推出了一款限量版12年陈酿威士忌，这是一个重要的里程碑。

麦卡洛尼岛酒厂（Macaloney's Island Distillery）
不列颠哥伦比亚省维多利亚，成立于2016年

这家酒厂由苏格兰人格雷姆·麦卡洛尼（Graeme Macaloney）创立，配备了一个1吨容量的半自动糖化槽、7个不锈钢发酵槽、一个5500升的初馏蒸馏器和一个3600升的再馏器。部分大麦在酒厂内进行发芽处理，其中也有一家精酿啤酒厂。首款单一麦芽威士忌也具有古怪名字"格伦洛伊"（Glenloy）于2020年12月推出（后更名为"安洛伊"All Loy），同时推出的还有两款名为"因弗马利"（Invermallie）的单一酒桶威士忌（分别来自波本桶和STR桶）。最近推出的产品包括"卡斯纳阿文"（Cath-Nah-Aven）的第二代产品，该酒在波本桶、欧罗洛索雪莉桶和佩德罗·希梅内斯（PX）雪莉桶的组合中陈酿，以及"原桶强度泥煤项目：红酒桶"威士忌。2024年6月，该酒厂发布了世界上首款注入糖海带的泥煤威士忌。

格伦诺拉酒厂（Glenora Distillery）
新斯科舍省格伦维尔，成立于1990年

加拿大第一家麦芽威士忌蒸馏厂。2000年，该厂首次推出自产威士忌，一款8年陈酿的"格伦布雷顿珍稀威士忌"（Glen Breton Rare），如今10年陈酿的威士忌成为核心产品。多年来，酒厂推出了许多其他酒款，有14年、19年、21年和25年陈酿的威士忌，其中还包括泥煤风味版本。2006年推出了在冰酒桶中陈酿的"格伦布雷顿冰威士忌"（Glen Breton Ice），最古老的版本为19年陈酿。近期的限量版产品包括"格伦布雷顿·亚历山大·基思18年陈酿威士忌"，它由当地一家啤酒厂酿造的印度淡色艾尔（IPA）啤酒蒸馏而成，以及16年陈酿的泥煤风味威士忌"格连·杜布"（Gleann Dubh）。

斯蒂尔沃特酒厂（Still Waters Distillery）
安大略省康科德，成立于2009年

该厂配备了一个3000升的糖化锅，两个3000升的发酵槽以及一个450升的克里斯蒂安·卡尔（Christian Carl）壶式蒸馏器。该蒸馏器还带有精馏柱。其生产重点是威士忌，但也生产伏特加、白兰地和金酒。首款单一麦芽威士忌名为"茎与桶单一麦芽威士忌"（Stalk & Barrel Single Malt），于2013年发布，2014年又推出了首款黑麦威士忌。目前的产品系列包括黑麦威士忌和单一麦芽威士忌，均有46%酒精度装瓶和原桶强度装瓶两种版本。

阿尔布图斯酒厂（Arbutus Distillery）
不列颠哥伦比亚省纳奈莫，成立于2014年

生产各种类型的烈酒，包括黑麦威士忌和单一麦芽威士忌。首款单一麦芽威士忌于2018年发布，2023年12月发布了限量版单桶威士忌。

布里奇兰酒厂（Bridgeland Distillery）
阿尔伯塔省卡尔加里，成立于2018年

这家酒厂配备了一台独特的铜制壶式蒸馏器，其鹅颈管连接着一个巨大的铜制螺旋管，延伸至冷凝器。首款单一麦芽威士忌"格伦博"（Glenbow）于2022年推出，2023年末又推出了单一壶式蒸馏的"因尼斯费尔"（Innisfail）威士忌。

中央城市酿酒与蒸馏酒厂（Central City Brewers & Distillers）
不列颠哥伦比亚省萨里，成立于2013年

加拿大最大的精酿啤酒厂之一，在2013年增设了一家蒸馏厂。其威士忌以洛欣·麦金农单一麦芽（Lohin McKinnon Single Malt）品牌销售，包括一些特别装瓶产品，如泥煤风味、龙舌兰酒桶收尾熟成的，以及一款与当地巧克力制造商合作、用可可参与陈酿的威士忌。

德维因酒庄与烈酒厂（De Vine Wine & Spirits）
不列颠哥伦比亚省维多利亚，成立于2007年（威士忌自2014年起）

首款威士忌是2017年推出的3年陈酿单一麦芽威士忌"格伦·萨尼"（Glen Saanen），最近发布了第九批次。该系列产品还包括波特风格葡萄酒桶收尾熟成的威士忌，以及"古老谷物"威士忌，由古上斯佩尔特小麦、二粒小麦、单粒小麦和卡姆小麦混合制成。

迪奥尼酒厂（Diony Distillery）
阿尔伯塔省红鹿市，成立于2018年

该微型酒厂的当前系列基于至少67%的发芽黑麦麦芽，并经非常长的发酵时间（10～14天），此外，还生产由发芽大麦酿制、在酒库中熟成的威士忌。

杜夫格拉斯酒厂（Dubh Glas Distillery）
不列颠哥伦比亚省奥利弗，成立于2015年

这里的威士忌使用阿诺德·霍尔斯坦（Arnold Holstein）蒸馏器进行二次蒸馏，同时也生产金酒。2019年6月，首款单一麦芽威士忌产品——泥煤风味的"逆势而上"（Against All Odds）发布。酒厂老板格兰特·斯特维利（Grant Stevely）每年都会推出大量威士忌产品，最新产品包括"王国之匙"（Keys to The Kingdom）和"绿色鳄鱼"（Green Alligators）。

欧克莱尔酒厂（Eau Claire Distillery）
阿尔伯塔省特纳谷，成立于2014年

这家蒸馏厂首款限量版单一麦芽威士忌于2017年推出，最新推出的是第七批次（融合了匈牙利新橡木桶、原波本桶和原雪莉桶陈酿）。产品系列还包括近期推出的第三批次"敬上"（Yours Truly）单一麦芽威士忌。

铁工酒厂（Ironworks Distillery）
新斯科舍省卢嫩堡，成立于2010年

主要生产朗姆酒、白兰地和伏特加，还有"铁心"（Heart Iron）单一麦芽威士忌，这款酒于2020年首次推出。2023年秋季，推出了由巧克力麦芽制成的"铁厂铁匠"（Ironworks Blacksmith）威士忌。

最后山酒厂（Last Mountain Distillery）
萨斯喀彻温省伦斯登，成立于2010年

生产多种烈酒，包括由黑麦、小麦和麦芽大麦酿制的威士忌。目前有6年陈单一麦芽、烟熏单一麦芽以及酒桶交换系列。

最后一根稻草酒厂（Last Straw Distillery）
安大略省沃恩，成立于2016年

生产多种烈酒，包括由各种谷物（如黑麦、玉米、大米等）酿制的威士忌。首款由麦芽大麦酿成的单一麦芽威士忌于2023年9月发布。

自由酒厂（Liberty Distillery）
不列颠哥伦比亚省温哥华，成立于2010年

生产金酒、伏特加以及多种用有机谷物酿造的威士忌。这些威士忌以"信诺威士忌"（Trust Whiskey）品牌销售，其中的单一麦芽威士忌在马德拉酒桶、波特酒桶、勃艮第酒桶和雪莉酒桶中陈酿。

幸运混蛋酒厂（Lucky Bastard Distillers）
萨斯喀彻温省萨斯卡通，成立于2012年

该厂由迈克尔·戈尔德尼（Michael Goldney）、卡里·鲍曼（Cary Bowman）和莱西·克罗克（Lacey Crocker）创立。最初推出的产品是伏特加、金酒和多种利口酒。2016年，首款单一麦芽威士忌问世，如今该款威士忌以小批量形式发布——2023年推出的是一款6年陈酿的泥煤风味版本。

赛沃酒庄（Maison Sivo）
魁北克省欣欣布鲁克，成立于2014年

受其成长地匈牙利水果白兰地酿造工艺的启发，亚诺什·西沃（Janos Sivo）酿造包括威士忌在内的多种烈酒。2018年推出了在苏玳（Sauternes）酒桶中收尾的"Le 单一麦芽威士忌"（Le Single Malt）以及"Le 黑麦威士忌"（Le Rye）。此外，还有限量版的"Le 精选单一麦芽威士忌"（Le Sélection Single Malt）。

月亮厂（Moon Distillery）
不列颠哥伦比亚省维多利亚，成立于2012年

克莱·波特（Clay Potter）既生产啤酒，也酿造包括麦芽威士忌在内的多种烈酒。最新的两款单一麦芽威士忌——"防雾极乐"（Antifogmatic Bliss）和"三张帆"（3 Sheets）推出的同时，还推出了一系列3款，分别融入可可豆粒、咖啡豆和黑樱桃的威士忌。

北纬7度蒸馏厂（North of 7 Distillery）
安大略省渥太华，成立于2013年

最初推出的产品是金酒和其他烈酒。随后推出了由各种谷物配方酿造的威士忌，2022年，5年陈酿的北纬7度单一麦芽威士忌问世。

奇异社会烈酒公司（Odd Society Spirits）
不列颠哥伦比亚省温哥华，成立于2013年

2018年推出了前两款威士忌："准将单一麦芽威士忌"（Commodore Single Malt）和"勘探者黑麦威士忌"（Prospector Rye）。之后，他们与当地啤酒厂展开了合作项目。

奥卡纳根烈酒厂（Okanagan Spirits）
不列颠哥伦比亚省维农和基洛纳，成立于2004年

奥卡纳根烈酒厂始建于1970年是该地区的第一家蒸馏厂，但于1995年关闭。2004年，奥卡纳根烈酒厂烈酒公司成立，并在弗农市开设了一家蒸馏厂（随后在基洛纳市也开设了一家）。该公司生产多种烈酒，包括金酒、伏特加和威士忌。2013年推出了"芬特里领主"单一麦芽威士忌，从那以后又发

春磨酒厂（左）和育空烈酒厂（右）代表了加拿大麦芽威士忌充满活力的景象

布了多个不同版本。近期的其他单一麦芽威士忌包括"肖特船长珍藏""1麦芽""包装厂琥珀"以及"果园赛松"——后两款由加了啤酒花的麦芽酒酿造而成。

菲利普斯发酵厂（Phillips Fermentorium）
不列颠哥伦比亚省维多利亚，成立于2014年

最初是一家啤酒厂，13年后开始蒸馏烈酒。2019年末，首款限量版威士忌——3年陈酿的"闲聊威士忌"问世。

铁手酒厂（Rig Hand Distillery）
阿尔伯塔省尼斯库，成立于2014年

生产各种烈酒，首款威士忌于2017年面世，"酒吧M"（Bar M）是一款调和威士忌，由小麦、大麦和黑麦三种谷物原酒调配而成。之后又推出了"钻石S"单一麦芽威士忌、"摇摆R"黑麦威士忌以及"慵懒B"玉米威士忌。近期推出的酒款通常为5年陈酿。

舍林汉酒厂（Sheringham Distillery）
不列颠哥伦比亚省兰福德，成立于2015年

主要生产金酒、阿夸维特酒和伏特加，但也偶尔会推出"红法夫"（Red Fife）和"伍德黑文"（Woodhaven）威士忌。2023年，酒厂迁至新址。

春磨酒厂（Spring Mill Distillery）
安大略省圭尔夫，成立于2019年

早在1836年，斯利曼家族就在安大略省的圣大卫建造了一家蒸馏厂。近200年后，斯利曼啤酒厂的创始人约翰·斯利曼在圭尔夫开设了这家威士忌蒸馏厂。这家蒸馏厂由家族经营，配备了用于生产中性谷物烈酒、玉米威士忌和黑麦威士忌的塔式蒸馏器，以及来自福赛斯公司、用于酿造麦芽威士忌的传统铜制壶式蒸馏器，还有产自苏格兰的木制发酵槽。厂内还设有一个小型制桶车间。其畅销产品是主要由玉米酿造的纯威士忌，此外还推出过黑麦威士忌以及雪莉桶收尾的单一麦芽威士忌。

斯蒂尔黑德酒厂（Stillhead Distillery）
不列颠哥伦比亚省邓肯，成立于2017年

生产各类威士忌，包括黑麦威士忌、小麦威士忌、波本风格威士忌，还有麦芽威士忌。近期推出的产品包括一款5年陈酿威士忌，该酒在匈牙利橡木桶中进行了为期3年的二次熟成；波特酒桶收尾的强力波特便携装威士忌；以及一款在马德拉酒桶中熟成的威士忌。

育空烈酒厂（Yukon Spirits）
育空地区怀特霍斯，成立于2009年

这里生产的所有威士忌均由发芽谷物酿造而成，所用谷物不仅有大麦，还有小麦和黑麦。7年陈酿的"双酿酒师育空单一麦芽威士忌"于2016年首次装瓶发售。目前的产品系列基于4种风格：经典型、泥煤型、特殊收尾型和创新型。2024年3月推出的经典42号和泥煤43号是其最新产品。

大洋洲

澳大利亚

拉克酒厂（Lark Distillery）
塔斯马尼亚州，剑桥，成立于 1992 年
塔斯马尼亚州，庞特维尔，成立于 2015 年

1992 年，比尔·拉克（Bill Lark）成为 153 年来首位在塔斯马尼亚取得蒸馏许可的人。酒厂的成功促使比尔·拉克引入投资，以实现未来的发展。自 2018 年起，澳大利亚威士忌控股公司（Australian Whisky Holdings，简称 AWH）持有该公司的多数股份。2020 年，AWH 更名为拉克蒸馏公司（Lark Distilling Co）。2021 年秋季，他们买下了位于霍巴特以北 30 分钟车程的谢恩庄园（Shene Estate）。谢恩庄园蒸馏厂背后的人物是达米安·麦基（Damian Mackey），他早在 2007 年就开始蒸馏威士忌。2016 年，在投资者约翰·易卜拉欣（John Ibrahim）以及安妮（Anne）和大卫·克恩克（David Kernke）的帮助下，他获得机会将生产迁至庞特维尔（Pontville）的谢恩庄园。拉克蒸馏公司收购谢恩庄园时，交易中包含了一座已有 35 万升产能的蒸馏厂以及一批正在熟成的威士忌库存。这使得两座蒸馏厂（位于剑桥的原厂和谢恩庄园的蒸馏厂）的总产能达到近 60 万升。庞特维尔蒸馏厂（即谢恩庄园蒸馏厂）于 2022 年在拉克蒸馏公司成立 30 周年之际开业，并有计划将年产量提高到 100 万升。拉克威士忌系列的标志性产品有经典桶陈、经典桶原桶强度、金诺柑橘桶以及塔斯马尼亚泥煤风味。限量装瓶产品包括暗黑拉克二世（Dark Lark II）、麝香葡萄酒桶收尾二世（Muscat Cask Finish II）、白兰地与 PX 雪莉桶陈、朗姆酒与 PX 雪莉桶收尾，以及 2023 年 12 月推出的一款在曾装过 1911 年帕拉年份茶色波特酒的酒桶中完成收尾的麦芽威士忌。

贝克里希尔酒厂（Bakery Hill Distillery）
维多利亚州，肯辛顿，成立于 1998 年

贝克里希尔酒厂由大卫·贝克（David Baker）创办，首批烈酒于 2000 年生产，首款单一麦芽威士忌则在 2003 年秋季推出。2016 年，大卫的儿子安德鲁（Andrew）加入了酒厂，父子俩开始计划迁移至更大的厂房，并增加第二台蒸馏器。这个计划于 2023 年底得以实现，酒厂迁至了肯辛顿的新址。酒厂目前有 5 款核心表达：经典款（Classic）和泥煤款（Peated）（均在前波本酒桶中熟成）以及双木桶版（Double Wood）（前波本酒桶和法式橡木桶的复合熟成）。经典款和泥煤款还提供桶强版。最近推出的 3 款限量版威士忌分别是：8 年陈酿的泥煤风味威士忌"蜕变"（Metamorphosis），部分在麝香葡萄酒桶中陈酿；泥煤风味双桶威士忌（Peated Double Wood）；以及"埃尔多拉多"（Eldorado）的第二版，此酒在美国橡木桶、法国橡木桶和原阿佩拉雪利酒桶中陈酿。

萨利文斯科夫酒厂（Sullivans Cove Distillery）
塔斯马尼亚州，剑桥，成立于 1994 年

萨利文斯科夫酒厂由罗伯特·霍斯肯（Robert Hosken）于 1994 年创立，5 年后，帕特里克·麦奎尔（Patrick Maguire）加入公司，成为首席酿酒师和共同所有人。2016 年，麦奎尔和其他所有者将酒厂出售给由亚当·萨布尔（Adam Sable）领导的一家公司，后者曾担任布拉德诺赫（Bladnoch）酒厂的总

萨利文斯科夫酒厂是最早将澳大利亚单一麦芽威士忌推向世界舞台的酒厂之一

经理两年。酒厂的核心系列包括美洲橡木、法式橡木（使用过塔尼酒桶的橡木）和双桶（Double Cask）。此外，还有特别酒桶系列（Special Cask），如16年以上的"老与稀有"（Old & Rare）威士忌、2次填充（Second-fill）（使用过萨利文斯科夫酒厂威士忌的酒桶再次被使用）和酒桶变化（Cask Variations）系列。迄今为止，最老的瓶装威士忌为21年陈。在2021年，酒厂宣布计划将整个生产线迁回霍巴特的霍恩湾（Huon Quays），靠近原酒厂创立的位置。该年晚些时候，他得了330万澳元的联邦政府资助以支持这一项目。2022年5月，获得了规划许可，计划2024年完成迁移。

斯塔沃德酒厂（Starward Distillery）
维多利亚州，墨尔本，成立于2008年

2016年，该酒厂迁至墨尔本港一处更大的场地，而在这前一年，帝亚吉欧（Diageo）对酒厂进行了投资。2020年，除了原有的蒸馏器（一个1800升的发酵液蒸馏器和一个600升的烈酒蒸馏器）外，又新增了一个7000升的发酵液蒸馏器，同时原来的发酵液蒸馏器改作新的烈酒蒸馏器。首款星沃德（Starward）单一麦芽威士忌于2013年推出，目前的核心产品系列包括新星（Nova）和100标准酒度（100 Proof，这两款均在澳大利亚红酒桶中陈酿），以及索莱拉（Solera，在曾装过阿佩拉酒——澳大利亚版雪利酒的酒桶中陈酿）。此外还有调和威士忌双合（Two-Fold，由发芽大麦和小麦制成）。近期小批量实验系列的限量版产品包括世涛啤酒桶陈酿、霞多丽葡萄酒桶陈酿、慕尼黑麦芽、姜啤酒桶陈酿、左场（Leftfield），以及一款在原拉弗格（Lagavulin）酒桶中完成收尾的威士忌。

赫利尔斯路酒厂（Hellyers Road Distillery）
塔斯马尼亚州，伯尼，成立于1999年

赫利尔斯路酒厂是澳大利亚最大的单一麦芽威士忌酒厂之一，年产纯酒精能力为120 000升。酒厂配备了6.5吨的糖化桶、60 000升的初馏器和20 000升的再馏器。蒸馏器的锅体均为不锈钢材质，而蒸馏器的头部、颈部和蒸馏臂则为铜质。首款威士忌于2006年发布，现已有超过10款不同的威士忌表达，包括10年和12年陈、泥煤版及非泥煤版以及各种熟成版本。一系列限量版威士忌中，有年份高达21年的酒款，其中最新推出的（2024年3月）一款为"黑暗和谐二号"（Dark Harmony No. 2）。这款威士忌在圣餐酿造公司（Communion Brewing Co）的啤酒桶中完成了收尾熟化。

大南方酿酒公司（Great Southern Distilling Company）
西澳大利亚州，阿尔巴尼，成立于2004年

大南方酿酒公司位于阿尔巴尼的公主皇家港（Princess Royal Harbour）。2015年，酒厂在玛格丽特河（Margaret River）开设了第二家酒厂，专注于金酒的生产；2018年秋季，第三家酒厂——虎蛇酒厂（Tiger Snake）在波隆古鲁普（Porongurup）投入生产。酒厂的年产能为40万升纯酒精，且公司拥有自己的麦芽生产设施。第一款威士忌"Limeburners"于2008年发布，现在的核心系列包括：美国橡木、波特酒桶、雪莉酒桶和泥煤版，所有产品的酒精浓度为43%。每年都会发布一些限量版威士忌，其中一些最新的包括"最黑的冬天"和"龙年波特酒桶版"。

阿奇罗斯酿酒公司（Archie Rose Distilling Company）
新南威尔士州，悉尼郊区，成立于2014年

阿奇罗斯酒厂最初是一家相对普通的酒厂，无论是在规模还是生产技术方面。然而，酒厂在2020年11月发生了巨大的变化，当时他们位于悉尼银行草地（距原址南4公里）的新建酒厂正式启用。这家酒厂现已成为澳大利亚最大的一家，年产能达到320万升纯酒精。酒厂的独特之处在于威士忌（及其他烈酒）的生产方式。糖化过程使用了糖化过滤器，但真正独特的是他们在整个生产过程中如何处理不同种类的麦芽。阿奇罗斯的威士忌从一开始就是基于6种麦芽的配方。在新酒厂中，每种麦芽在从磨粉、酿造、发酵、蒸馏到熟成的整个过程中都会单独处理，只有在最终的混合阶段，才将所有麦芽种类合并。通过这种方式，每种麦芽都能根据其独特属性得到最佳的处理。除了生产黑麦威士忌和泥煤及非泥煤单一麦芽威士忌外，酒厂还生产金酒、朗姆酒和伏特加。第一款威士忌于2019年6月发布，目前的核心系列包括单一麦芽（Single Malt）和黑麦麦芽（Rye Malt）。限量版产品陆续发布，包括朗姆酒桶单一麦芽和（2024年2月发布的）"红胶木单一麦芽"，后者是使用红胶木桶熟成的威士忌。

奥弗里姆酿酒公司（前身为索福德酿酒公司）[Overeem Distillery (former Sawford Distillery)]
塔斯马尼亚州，金斯顿，成立于2017年

这家酒厂的历史可追溯至2007年，当时凯西·奥弗里姆（Casey Overeem）创立了老霍巴特蒸馏厂（Old Hobart Distillery）。最终，他凭借奥弗里姆单一麦芽威士忌声名远扬，他的女儿简（Jane）也加入进来。2014年，老霍巴特蒸馏厂被拉克蒸馏厂（Lark Distillery）收购，随后又归澳大利亚威士忌控股公司（Australian Whisky Holdings）所有。2020年夏天，奥弗里姆商标及部分威士忌库存被卖回给简（婚后姓索福德，Sawford）和她的丈夫马克（Mark）。交易不包括生产设备，从那以后，奥弗里姆威士忌的生产就在新的索福德厂（后更名为奥弗里姆酿酒公司）。该厂配备了两台来自克纳普·勒韦尔（Knapp Lewer）的蒸馏器（分别为1800升和800升），产能达8万升。奥弗里姆单一麦芽威士忌的核心系列（至少陈酿5年）包括波特桶、雪莉桶和波本桶陈酿的酒款，装瓶酒精度有43%和60%两种。2023年3月，推出了12年陈酿的波本桶单一麦芽威士忌，这是凯西·奥弗里姆本人亲自酿造的最后一款酒。近期的限量版产品包括"希望之人珍藏4号"（Man of Promise Reserve #4），这是一款雪莉桶与波本桶的桶陈混酿威士忌。

酋长之子酿酒公司（Chief's Son Distillery）
维多利亚州，萨默维尔，成立于2017年

酒厂配备了一台4000升的铜质蒸馏锅，专注于单一麦芽威士忌的生产。目前，核心系列包括3种不同类型的威士忌，分别是在法国橡木桶中熟成的威士忌，酒精浓度为45%或60%；轻度泥煤风味的900标准版、900甜泥煤和900纯麦芽版；还有900美国橡木版。另有一款"二次木桶"的威士忌——"酋长之子"定位为入门级单一麦芽威士忌。此外，他们还生产泥煤麦芽威士忌、不同版本的900标准单桶版、2023年酿酒师精选版以及一些桶陈表达的限量版。最新发布的是2024年4月的单桶900标准波特酒桶熟成版。

卡林顿磨坊酿酒公司（Callington Mill Distillery）
塔斯马尼亚州，奥特兰兹，成立于2021年

2018年，约翰·易卜拉欣（John Ibrahim）在霍巴特开设了一家产能为10万升的蒸馏厂。3年后，又在奥特兰兹（Oatlands）开设了一家规模更大（产能50万升）的蒸馏厂。该厂配备了两台铜制壶式蒸馏器和8个发酵槽，厂主的目标是比其他澳大利亚蒸馏厂遵守更严格的规定（包括最低3年的陈酿期）。2022年，发布了在谢恩（Shene）和老肯普顿（Old Kempton）蒸馏厂蒸馏的"信仰之跃"（Leap of Faith）系列的8款酒。2023年2月，该厂推出了首个自主生产的核心系列产品，包括在雪莉桶中陈酿的"艾尔·索尔"（El

Sol）、在波特桶中陈酿的"因维克塔"（Invicta），以及结合了两者特点的"融合"（Fusion）。随后又推出了泥煤风味的"泥沼"（Quagmire）。

（5 Nines Distilling）
南澳大利亚州，尤莱德拉，成立于 2017 年
　　该酒厂主要使用本地大麦酿造威士忌，首批酒款于 2020 年 8 月发布。后续版本包括曾在加了可乐调味的酒桶中熟成的酒款以及曾在祭酒酒桶中熟成的酒款。

7K 酿酒公司（7K Distillery）
塔斯马尼亚州，布赖顿，成立于 2017 年
　　最初发布了一系列的金酒，随后在 2020 年推出了第一款单一麦芽威士忌。最新版本于 2023 年 8 月发布，经过了浓缩浓烈咖啡马提尼酒桶的二次熟成。

23 街酒厂（23rd Street Distillery）
南澳大利亚州，伦马克，成立于 2016 年
　　该酒厂配备 3 台 7 500 升的蒸馏锅，最初专注于各种金酒、伏特加和朗姆酒的生产。2019 年推出了第一款单一麦芽威士忌。最新版本是 2023 年 7 月发布的第三批。

36 Short 酿酒公司（36 Short Distillery）
南澳大利亚州，弗吉尼亚，成立于 2014 年
　　这是一家多功能的酒厂，生产金酒、伏特加、拉基亚以及使用 1 200 升铜锅蒸馏器酿造的单一麦芽威士忌。最新的限量版是 2024 年 3 月发布的戴克斯 35（Daicos 35）。

78 度（又名阿德莱德山酿酒公司）[78 Degrees（a.k.a Adelaide Hills Distillery）]
南澳大利亚州，海谷，成立于 2016 年
　　萨查·拉福贾（Sacha La Forgia）领导的酒厂，年产 40 万升，是澳大利亚本土谷物威士忌的先锋之一。第一瓶威士忌在 2019 年发布，由于含有澳洲金合欢种子（不是谷物），无法称作"威士忌"。现在的威士忌以"78 度"品牌销售，其中包括使用麝香桶熟成的最新版本。

2020 酿酒公司（2020 Distillery）
昆士兰州，库诺伊，成立于 2020 年
　　该酒厂已发布金酒，目前也在开发单一麦芽威士忌（包括未熏制和熏制款）、三次蒸馏单一麦芽威士忌以及 100% 黑麦威士忌，所有这些酒款尚未发布。

亚当斯酿酒公司（Adams Distillery）
塔斯马尼亚州，珀斯，成立于 2016 年
　　酒厂在生产不到两年后，售出所有设备，建立了一座更大的新酒厂。新酒厂于 2019 年 3 月投入生产。2021 年 2 月，酒厂被完全摧毁，但不久后复兴，2023 年夏季重新运营。2023 年 3 月发布了签名系列 2（Signature Series 2），酒精度为 42% 或 59%。2023 年 12 月发布了限量版波本酒桶版本。

艾斯林酿酒公司（Aisling Distillery）
新南威尔士州，格里菲斯，成立于 2015 年
　　主打麦芽威士忌，不过也生产金酒、伏特加和朗姆酒。前两款单一麦芽威士忌于 2020 年推出，目前有以茶色波特（Tawny）和阿佩拉（Apera）为代表的传统系列（Heritage Collection），还有限量版的"优质设拉子桶陈酿"（Preimhe Shiraz Baraille）以及"克诺克·尼阿姆"（Cnoc Neamh）。

琥珀巷酿酒厂（Amber Lane Distillery）
新南威尔士州，威翁，成立于 2017 年
　　专注于威士忌生产，使用 3 600 升的铜锅蒸馏器。首个核心系列"Destiny"之后，发布了多个版本，包括春分（Equinox）和丝绸之路（Silk Road）。

后乡酿酒厂（Backwoods Distilling）
维多利亚州，雅肯丹达，成立于 2017 年
　　配备 1 200 升的铜锅蒸馏器，2018 年开始生产，2020 年 8 月发布了首款酒品。近期发布的产品包括几款黑麦威士忌以及两款单一麦芽威士忌——白橡（White Oak）和托尼（Tawny）。

巴罗萨酿酒公司（Barossa Distilling Company）
南澳大利亚州，努里奥普塔，成立于 2016 年
　　这家酒厂位于历史悠久的老奔富蒸馏厂（Old Penfolds Distillery）旧址。最初几年，酒厂专注于金酒生产，已推出十几种金酒版本。首款麦芽威士忌是 6 年陈酿的"加卢斯·巴罗萨"（Gallus Barossa），在麝香葡萄酒桶中进行了 12 个月的收尾陈酿，于 2023 年 9 月面市。

电池点酿酒厂（Battery Point Distillery）
塔斯马尼亚州，霍巴特，成立于 2018 年
　　在威士忌界传奇人物比尔·拉克（Bill Lark）的儿子杰克·拉克（Jack Lark）的领导下，该酒厂于 2021 年 4 月发布了首款威士忌。专注于单一麦芽威士忌，酒桶包括雪莉桶、托尼桶、波本桶和 IPA 桶。

贝拉林酿酒厂（Bellarine Distillery）
维多利亚州，德赖斯代尔，成立于 2017 年
　　该酒厂位于一个不太可能的地址——苏格兰人路，配备了 4 台蒸馏器，生产金酒和单一麦芽威士忌。首款威士忌于 2021 年春季发布。随后，推出了旗舰系列——橡木与烈酒系列（Oak and Spirit），以"橡木"为首款。此外，还有限量版的珍藏系列。

黑门酿酒厂（Black Gate Distillery）
新南威尔士州，门杜兰，成立于 2012 年
　　除了单一麦芽威士忌，该酒厂还生产伏特加和朗姆酒。首款威士忌于 2015 年发布，采用雪莉桶熟成。此后，发布了多款威士忌，包括几款泥煤威士忌，并与其他酒厂合作推出了"乡村与海岸"系列。

船摇酿酒与酿酒师公司（Boatrocker Brewers & Distillers）
维多利亚州，布雷赛德，成立于 2012 年
　　最初是一家啤酒厂，随后增设了蒸馏厂。除了啤酒、金酒、伏特加和黑麦酒外，还生产少量单一麦芽威士忌。首款威士忌"七年之痒"（Seven Year Itch）于 2021 年发布，最近推出了"麦努卡熏制威士忌"。

博根路酿酒厂（Bogan Road Distillery）
塔斯马尼亚州，昆贝布鲁克，成立于 2018 年
　　该酒厂最初作为瓶装商于 2016 年成立，2018 年开始生产自家烈酒。已发布了金酒和多款利口酒，目前单一麦芽威士忌仍在熟成中。

堪培拉酿酒厂（Canberra Distillery）
澳大利亚首都领地，堪培拉，成立于 2016 年
　　该酒厂主要生产金酒、伏特加和各类利口酒。首款单一麦芽威士忌"老乔治珍藏"（Old George Reserve）于 2018 年蒸馏，

并在 PX 雪莉酒桶中熟成，首次发布于 2021 年底。

凯普拜伦酿酒厂（Cape Byron Distillery）
新南威尔士州，麦克劳德斯·肖特，成立于 2016 年

这是一家家族经营的蒸馏厂，位于一座坚果农场内。埃迪·布鲁克（Eddie Brook）在澳大利亚担任布鲁拉迪（Bruichladdich）和植物学家金酒（Botanist gin）的品牌经理时，结识了传奇人物吉姆·麦克尤恩（Jim McEwan），两人决定共同建造一家蒸馏厂。起初，他们只打算生产金酒，但在 2019 年，他们也开始生产麦芽威士忌。除了 2022 年推出的核心威士忌外，还有维欧尼（Viognier）和霞多丽（Chardonnay）桶陈酿的威士忌。

城堡格伦酿酒厂（Castle Glen Distillery）
昆士兰州，山顶，成立于 2009 年

成立于 1990 年的城堡格伦最初是一家葡萄园，后来开设了酿酒厂和酿酒厂。除了葡萄酒和啤酒外，该酒厂还生产各种烈酒。首款威士忌于 2012 年发布，2 年陈酿，至今最老的版本为 12 年陈威士忌。

科本斯酿酒厂（Coburns Distillery）
新南威尔士州，布劳旺，成立于 2017 年

创始人马克·科本（Mark Coburn）于 2017 年春季开始生产，该酒厂的业务重点是销售陈酿中的整桶威士忌。科本斯是少数几家拥有自家泥煤沼泽（用于熏制大麦）的澳大利亚酒厂之一。

科罗瓦酿酒公司（Corowa Distilling Co.）
新南威尔士州，科罗瓦，成立于 2010 年

这家蒸馏厂位于一座经过修复的面粉厂内，完全专注于单一麦芽威士忌的生产，使用的大麦来自自家农场。科罗瓦从 2016 年开始蒸馏，目前的核心产品系列包括酒窖 XB 泥煤味（Barrel House XB Peated）、博斯克·维德（Bosque Verde）、科罗瓦人物（Corowa Characters）和疯狗摩根（Mad Dog Morgan）。此外，还有月球系列（Lunar Series），最新的一款是龙年（Year of the Dragon）威士忌。

摇篮山威士忌（Cradle Mountain Whisky）
塔斯马尼亚州，摇篮山，成立于 2019 年

摇篮山威士忌的故事可以追溯到 1989 年，即当前酒厂开始生产的 30 年前。那年，布莱恩·波克（Brian Poke）在他的达尔文酿酒厂蒸馏了第一款摇篮山单一麦芽威士忌。尽管生产偶尔中断，但这一酿酒业务在多个名字下继续运营，直到 2015 年，摇篮山威士忌（包括库存）被拉赫拉家族收购。2019 年，酒厂重新开业，生产了单一麦芽威士忌，如林间漫步（A Walk in the Woods）和森林小径（The Forest Trail），最新发布的是 26 号桶（Barrel 26）。

匠心酿酒厂（Craft Works Distillery）
新南威尔士州，卡珀提，成立于 2018 年

酒厂所有者克拉夫蒂·菲尔德（Crafty Field）最初推出的产品是与其他蒸馏厂合作的成果。2021 年初，该厂首次推出自主生产的威士忌——"我是……"（I Am...）。随后推出的产品包括"耶"（Yeah）、"卡珀蒂"（Capertee）和"烟熏汁"（Smoke Juice）。

达比-诺里斯酿酒厂（Darby-Norris Distillery）
塔斯马尼亚州，斯科茨代尔，成立于 2018 年

酒厂最近从凯尔索搬迁到更大的斯科茨代尔厂房。该酒厂已发布金酒、伏特加和朗姆酒，首款单一麦芽威士忌计划 2024 年发布。

德温特酿酒厂（Derwent Distillery）
塔斯马尼亚州，德罗梅达里，成立于 2019 年

酒厂创始人在塔斯马尼亚威士忌行业工作多年后，决定开设自己的酒厂。酒厂于 2022 年春季开业，最初发布的威士忌是由其他酒厂蒸馏、在德温特酒厂熟成并装瓶的。其中一款最新发布的威士忌是二次蒸馏并在贝丽酒桶中熟成的版本。

尘封桶酿酒厂（Dusty Barrel Distillery）
新南威尔士州，麦吉尔斯菲尔德，成立于 2017 年

酒厂的 3 800 升蒸馏器通过天然气直接加热，并采用加特林型蒸馏头，蒸汽会通过多个小管道上升，直到达到冷凝器。首款威士忌由五种谷物制成，于 2023 年 11 月发布。

世界尽头酿酒厂（Edge of the World Distillery）
塔斯马尼亚州，伯尼，成立于 2019 年

酒厂专注于麦芽威士忌的生产，同时也酿造金酒和其他烈酒。首款麦芽威士忌（在前波本酒桶中熟成）于 2023 年 9 月发布，随后推出了双木桶熟成版（波本桶与波特酒桶混合熟成）。

范妮湾酿酒厂（Fannys Bay Distillery）
塔斯马尼亚州，卢尔沃斯，成立于 2014 年

酒厂配备了一个 400 升的铜质蒸馏锅，长达 7 ~ 8 天的发酵过程。首款威士忌于 2017 年 5 月发布，目前有 4 个主要版本：波本、雪莉、黑比诺和波特。大部分酒品为单桶版，最近还开始推出轻度泥煤版本。

弗勒尤酿酒厂（Fleurieu Distillery）
南澳大利亚州，古尔瓦，成立于 2016 年

2016 年，一家啤酒厂转型成为蒸馏厂，不过自 2014 年起这里就已经开始蒸馏威士忌。2016 年，首款单一麦芽威士忌问世，此后又推出了多款不同酒款。其中一些最新产品包括在阿佩拉雪利酒桶中陈酿的"堂吉诃德"（Don Quixote），以及经波本桶和阿佩拉雪利酒桶陈酿的"织锦"（Tapestry）。

弗内克斯酿酒厂（Furneaux Distillery）
塔斯马尼亚州，弗林德斯岛，成立于 2018 年

最初，酒厂从朗塞斯顿酿酒厂引进发酵液，但在 2024 年安装了自己的酿酒设备。首款单一麦芽威士忌于 2020 年发布，并于 2022 年推出了新系列，包括未泥煤版本的 Sawyers Bay Double Oak，以及两款泥煤威士忌——弗林德斯岛（Flinders Island）和烟雾婚礼（Smoky Wedding）。后者由弗林德斯岛麦芽和苏格兰麦芽 1∶1 酿成。

海岸酿酒公司（Headlands Distilling Co.）
新南威尔士州，北伍伦贡，成立于 2018 年

酒厂初期推出了一系列金酒和伏特加，但在 2020 年推出了首两款单一麦芽威士忌，分别在 Apera 酒桶和穆斯卡酒桶中熟成。2023 年 12 月，发布了一款限量版 7 年陈威士忌，在伊拉瓦拉李子酒精桶中完成了 3 年的熟成。

希尔伍德威士忌（塔玛尔谷酒厂）[Hillwood Whisky（Tamar Valley Distillery）]
塔斯马尼亚州，希尔伍德，成立于 2018 年

酒厂使用 600 升的铜质蒸馏锅蒸馏烈酒。首批威士忌在 2020 年夏季发布，至今已推出了多个单一麦芽威士忌（其中一些是泥煤威士忌），这些威士忌经过多种不同酒桶的熟成。

霍巴特威士忌（前身为魔鬼酿酒厂）[Hobart Whisky (formerly known as Devil's Distillery)]

塔斯马尼亚州，穆纳，成立于 2015 年

　　酒厂的首款核心威士忌是 2020 年发布的波本酒桶熟成版本"签名"（Signature），此后推出了 2022 年版本 Pedro Ximenez Solera。此外，还推出了多款限量酒桶熟成版（如黑比诺、玫瑰、贵腐酒、啤酒桶等）。

亨宁顿酿酒厂（Hunnington Distillery）

塔斯马尼亚州，凯特林，成立于 2016 年

　　酒厂专注于金酒和伏特加的生产，同时也酿造少量的三次蒸馏单一麦芽威士忌。首款威士忌于 2020 年 8 月发布，并陆续推出了更多酒款。

铁屋酿酒厂与酒吧（Iron House Brewery & Distillery）

塔斯马尼亚州，白沙度假村，成立于 2007 年

　　这家企业最初是一家啤酒厂，2010 年开始蒸馏威士忌。首款名为"塔斯曼威士忌"（Tasman Whisky）的产品于 2019 年推出，目前核心系列产品包括波特桶、雪莉桶和波本桶陈酿的威士忌，所有酒款陈酿时间均超过 4 年。近期推出的产品有"特立独行"麝香葡萄酒桶陈酿威士忌以及"酿酒师精选"黑皮诺葡萄酒桶陈酿威士忌。

乔德贾酿酒厂（Joadja Distillery）

新南威尔士州，乔德贾，成立于 2014 年

　　酒厂的主要大麦来自自家农田。首款威士忌于 2017 年发布，随后推出了多个瓶装版本。最新的几款威士忌包括在稀有雪莉酒桶中熟成的版本，如菲诺（Fino）、阿蒙蒂拉多（Amontillado）和帕罗科塔多（Palo Cortado）。

琼斯与史密斯酿酒厂（Jones & Smith Distillery）

新南威尔士州，春山，成立于 2017 年

　　这是一家家族经营的精酿蒸馏厂，其主要产品是"纪元"（Epoch）金酒。在麦芽威士忌方面，有两个主要系列——经典系列（Classic Collection）和签名系列（Signature Series）。

基尔德金酿酒厂（Kilderkin Distillery）

维多利亚州，巴拉腊，成立于 2016 年

　　酒厂配备了一对铜质蒸馏锅，主要专注于金酒的酿造。首款单一麦芽威士忌在 2023 年末发布，该款威士忌在小型美式橡木桶中熟成了 5 年。

基拉拉酿酒厂（Killara Distillery）

塔斯马尼亚州，里士满，成立于 2016 年

　　该蒸馏厂由克里斯蒂·布斯（Kristy Booth）创立，旗下颇为成功的"药剂师"（Apothecary）金酒已在市场上销售了相当长一段时间。2018 年 11 月，首款单一麦芽威士忌面市，这是一款原桶强度的威士忌，在曾盛过茶色波特酒的旧桶中陈酿了两年。此后又有更多产品推出，其中较新的一款是 2023 年 12 月推出的在旧茶色波特酒桶中陈酿 5 年的威士忌。

金湖酿酒厂（Kinglake Distillery）

维多利亚州，金湖，成立于 2018 年

　　这家蒸馏厂位于亚拉河谷附近，专注于麦芽威士忌的酿造。首款威士忌于 2021 年推出，之后又有更多产品问世，包括"奥格雷迪的立场"（O'Grady's Stand）、"全面喧嚣"（Full Noise）以及"法国橡木"（French Oak）。

朗塞斯顿酿酒厂（Launceston Distillery）

塔斯马尼亚州，西部交叉口（靠近朗塞斯顿），成立于 2013 年

　　酒厂使用 1 100 升不锈钢糖化槽、不锈钢发酵桶、1 600 升蒸馏锅和 700 升精馏锅进行生产。首款在阿佩拉（Apera）桶中陈酿的威士忌于 2018 年 7 月推出。从那时起，一个特色系列逐渐形成，包括阿佩拉桶、茶色波特桶、波本桶以及波本原桶强度的威士忌。除此之外，每月或多或少都会推出一些在不同类型酒桶中陈酿、按批次装瓶的威士忌。

乔德贾酿酒厂的大部分大麦原料来自自己的农田

劳雷尼酿酒厂（Lawrenny Distilling）
塔斯马尼亚州，欧斯，成立于 2017 年

首款单一麦芽威士忌"阿森松"（Ascension）于 2020 年推出，2022 年又推出了"下降"（Descension），这款酒在多种酒桶中陈酿，包括波特桶、波本桶和马德拉桶。与此同时，还持续推出系列名为"酒窖精选"（Cellar Collection）的产品。2023 年末，核心系列中的首款产品"传承"（Heritage）面市。

利桑德拉酿酒厂（Lisandras Distillery）
西澳大利亚州，贝斯沃特，成立于 2019 年

一家家族拥有的酿酒厂，最近进行了扩建。酒厂的首款威士忌于 2021 年发布，目前有 3 个系列：美式橡木、西班牙橡木和朗姆桶熟成版。

洛赫酿酒厂（Loch Distillery）
维多利亚州，洛赫，成立于 2014 年

这是一家结合了啤酒厂和酿酒厂的酒厂，使用自家啤酒厂的酒液来生产威士忌。首款单一麦芽威士忌于 2018 年发布，截止到 2024 年春季，酒厂已推出大约 40 个不同的酒款。

下沼泽酿酒厂（Lower Marsh Distillery）
塔斯马尼亚州，阿普斯利，成立于 2019 年

酒厂的所有者使用自家农场种植的大麦，并自己进行麦芽化。威士忌采用多种酒桶熟成，首批 3 款酒于 2021 年发布。其中一款最近的酒款是在枫糖浆酒桶中完成熟成的。

麦肯里酿酒厂（McHenry Distillery）
塔斯马尼亚州，阿瑟港，成立于 2011 年

酒厂最初配备 500 升的铜质蒸馏锅，2022 年底又安装了一个 3 400 升的蒸馏锅。首款威士忌于 2016 年发布，2023 年 8 月发布了首款 10 年陈威士忌。此外，酒厂还有一款泥煤威士忌。

麦克拉伦山谷酿酒厂（The McLaren Vale Distillery）
南澳大利亚州，布鲁伊特斯普林斯，成立于 2014 年

2020 年，首批两款麦芽威士忌发布。2021 年，该蒸馏厂增添了更多蒸馏器，并进行扩建。目前的核心产品是澳大利亚葡萄酒桶单一麦芽威士忌，近期的限量版产品包括"彭妮山"（Penny's Hill，经麝香葡萄酒桶收尾陈酿）和"奥利弗的塔兰加"（Oliver's Taranga，经波特葡萄酒桶收尾陈酿）。

麦克罗伯特酿酒厂（McRobert Distillery）
西澳大利亚州，阿马代尔，成立于 2019 年

酒厂生产金酒和威士忌，除了裸麦、玉米和波本风格的威士忌外，酒厂还推出了 4 款单一麦芽威士忌，分别是单一麦芽、特色麦芽、轻度泥煤和重度泥煤威士忌，酒精度分别为 40% 和 61%。

曼利烈酒酿酒厂（Manly Spirits Co. Distillery）
新南威尔士州，悉尼布鲁克维尔，成立于 2017 年

首款单一麦芽威士忌于 2021 年面世。目前，在"海岸石"（Coastal Stone）品牌下有 4 个单一麦芽威士忌系列：签名系列（Signature Series）、元素系列（Element Series）、"受染之爱"系列（Tainted Love series，泥煤风味）以及"意大利奢华"系列（Italian Luxe Series，在不同红葡萄酒桶中陈酿）。

莫里斯威士忌（Morris Whisky）
维多利亚州，鲁瑟格伦，成立于 2016 年

莫里斯家族传统上是生产加强型葡萄酒的。他们在 2016 年增设了一家蒸馏厂。其标志性产品于 2021 年推出，随后又有其他酒款推出，这些酒大部分是在该公司自己的葡萄酒桶中完成陈酿的。最新的产品之一是限量版的烟熏雪莉酒桶威士忌。

莫里斯巷酿酒厂（Morris Lane Distillery）
维多利亚州，东本迪戈，成立于 2018 年

这家蒸馏厂位于罗思赛庄园（一个著名的酒庄），生产金酒、伏特加和白兰地。在威士忌品类中，有玉米威士忌、小麦威士忌，还有一种酒精度为 48% 的单一麦芽威士忌。

山脉酿酒厂（Mountain Distilling）
维多利亚州，新古斯伯恩，成立于 2017 年

主要专注于金酒、伏特加，尤其是龙古酒的生产。到目前为止，该厂还推出了泥煤风味的赤桉单一麦芽威士忌。

山叔酿酒厂（Mt Uncle Distillery）
昆士兰州，沃卡敏，成立于 2001 年

酒厂最初生产金酒、朗姆酒和伏特加。他们的首款单一麦芽威士忌"大黑公鸡"（The Big Black Cock）于 2014 年推出，经过了 5 年陈酿，随后又推出了"沃特金斯威士忌"（Watkins Whisky）。

南特酿酒厂（Nant Distillery）
塔斯马尼亚州，博斯威尔，成立于 2007 年

这家蒸馏厂是由基思·巴特（Keith Batt）创立的，但后来被澳大利亚威士忌控股公司（Australian Whisky Holdings）接管，该公司后来更名为拉克（Lark）蒸馏公司。第一批装瓶的酒于 2010 年推出。

纽卡斯尔酿酒厂（Newcastle Distilling）
新南威尔士州，波科尔宾，成立于 2020 年

这是一家集啤酒酿造与威士忌蒸馏为一体的企业，总部位于波科尔宾（Pokolbin），并在沃纳斯湾（Warner's Bay）设有品酒门店。他们首款单一麦芽威士忌"维克多·欣斯顿"（Victor Hingston）于 2022 年推出，酒精度为 55%。

诺森奇酿酒厂（Nonesuch Distillery）
塔斯马尼亚州，道奇斯费里，成立于 2018 年

酒厂最初只生产金酒，不过很快就将业务扩展到了单一麦芽威士忌的生产。目前其产品系列包括 PX（佩德罗－希梅内斯雪莉酒）单一麦芽威士忌、"范例"（Paradigm）威士忌，还有"双桶"（Double Wood）威士忌。在双桶威士忌的酿造中，采用了波特桶和雪莉桶的桶板组合，以此来陈酿威士忌。

努萨海岸酿酒厂（Noosa Heads Distillery）
昆士兰州，努萨维尔，成立于 2018 年

酒厂配备了一台 2 000 升的铜质回流蒸馏锅，首款产品于 2019 年发布，包括金酒、伏特加和白麦芽（新酒液）。首款单一麦芽威士忌"拉古纳"（Laguna）于 2023 年春季发布。

老肯普顿酿酒厂（Old Kempton Distillery）
塔斯马尼亚州，肯普顿，成立于 2012 年

最初名为红土地庄园酿酒厂，2016 年迁至肯普顿（Kempton）的戴萨特庄园（Dysart House），随后更名为老肯普顿。2015 年推出了第一款威士忌，目前的核心产品是"老马厩"（Old Stables），限量版产品包括在马德拉酒桶、干邑桶和茶色波特酒桶中完成陈酿的威士忌。

奥斯特拉酿酒厂（Ostra Distillers）
维多利亚州，罗宾维尔，成立于 2010 年

酒厂由企业家大卫·奥斯特罗夫斯基（David Ostrowski）创立，一直为澳大利亚国内外的客户供应谷物（包括麦芽）和葡萄制成的烈酒。2022 年，他们收购了位于阿德莱德的西端啤酒厂（West End brewhouse），打算将重点转向麦芽威士忌。2023 年 11 月底，管理人员接管了公司，目的是寻找买家或获取进一步的投资。酒厂的未来如何仍有待观察。

水獭手工酿酒厂（Otter Craft Distilling）
新南威尔士州，圣彼得斯，成立于 2017 年

这家小型酒厂推出了多款金酒，并于 2019 年夏季发布了首款单一麦芽威士忌。之后又推出了多个酒款，每款均为单桶瓶装。

河湾酿酒厂（Riverbourne Distillery）
新南威尔士州，金杰拉，成立于 2016 年

酒厂位于堪培拉附近，生产威士忌、朗姆酒和伏特加。2018 年 6 月推出了首批两款单一麦芽威士忌，分别是"里弗本身份"（The Riverbourne Identity）和"里弗本至尊"（The Riverbourne Supremacy），之后又推出了"最后通牒"（Ultimatum）、"谜"（Enigma）、"倡议"（Initiative）和"目标"（Objective）。

圣阿格尼斯酿酒厂（St Agnes Distillery）
南澳大利亚州，伦马克，成立于 1925 年（2016 年起酿造威士忌）

安戈夫（Angove）家族在 19 世纪后期以葡萄酒酿造起家，后来成为澳大利亚领先的白兰地生产商。2016 年，家族的第五代成员也涉足小规模的威士忌生产。2022 年末，坎伯恩（Camborne）单一麦芽威士忌首次发布。这些威士忌均为单桶陈酿，分别在白兰地桶、雪莉桶、茶色波特桶和设拉子葡萄酒桶中完成陈酿。

桑迪·格雷酿酒厂（Sandy Gray Distillery）
塔斯马尼亚州，斯普雷顿，成立于 2016 年

酒厂生产金酒，目前已发布了少量单一麦芽威士忌。2022 年安装了新的更大容量的蒸馏器，首款威士忌于 2019 年发布，酒厂计划从 2025 年起发布更多的威士忌酒款。

定居者工艺烈酒（Settlers Artisan Spirits）
南澳大利亚州，麦克拉伦谷，成立于 2015 年

这家酒厂最初专注于金酒生产。2018 年，一台新的壶式蒸馏器使威士忌产量增加了两倍。到目前为止，唯一推出的单一麦芽威士忌是在波特酒桶中熟成的"殖民者单一麦芽威士忌"（Settlers Single Malt）。

苏韦斯特烈酒（Souwester Spirits）
西澳大利亚州，玛格丽特河，成立于 2016 年

酒厂酿造的烈酒（金酒和麦芽威士忌）均在曾盛过葡萄酒的旧桶中陈酿。2020 年，首款在冰霰多丽小橡木桶中陈酿的单一麦芽威士忌问世。2024 年，又推出一款自 2017 年起便在"甘蔗切割"赛美蓉桶（Cane Cut semillon）中陈酿的单一麦芽威士忌。

春湾酿酒厂（Spring Bay Distillery）
塔斯马尼亚州，春滩与剑桥，成立于 2015 年

这家酒厂最先推出的是金酒，随后在 2017 年推出一款单一麦芽威士忌。2019 年，在剑桥（Cambridge）建造了第二家蒸馏厂。厂主们研究了一种索莱拉（Solera）系统，从那以后，更多在波特桶、雪莉桶和波本桶中陈酿的威士忌问世了。2024 年初最新的限量版是酒精度为 64.5% 的"三位一体"（The Holy Trinity）威士忌。

史特尔与子酿酒厂（Stillmaker and Sons Distillery）
昆士兰州，蒙特维尔，成立于 2019 年

这是一家专注于单一麦芽威士忌的家族酒厂。2023 年初，酒厂发布了私人酒桶装威士忌，计划 2024 年发布首款官方酒款。

日光山酿酒厂（Sunny Hill Distillery）
南澳大利亚州，阿瑟顿，成立于 2018 年

1872 年起，这里是一个家庭农场，如今这家酒厂生产金酒、伏特加和利口酒。2021 年，该厂推出首款用自家种植大麦酿造的单一麦芽威士忌。2023 年 9 月推出的最新产品之一是在全新法国橡木桶中陈酿的"诺斯特拉帕布斯"（Nostraparbus）威士忌。

塔拉酿酒厂（Tara Distillery）
新南威尔士州，诺拉山，成立于 2019 年

这家酒厂于 2020 年秋季推出的首款烈酒是金酒。还生产爱尔兰风格的单一壶式蒸馏威士忌以及单一麦芽威士忌，目前这两种酒仍在陈酿中，不过"流放者"（Exile）波廷酒（一种爱尔兰传统烈酒）已经推出。

泰勒与史密斯酿酒公司（Taylor & Smith Distilling Co.）
塔斯马尼亚州，穆纳，成立于 2017 年

酒厂使用自建的 400 升直火锅炉蒸馏器生产小批量的金酒和麦芽威士忌。首款单一麦芽威士忌于 2020 年 10 月发布，随后的酒款均在波本酒、雪莉酒、波特酒或朗姆酒桶中熟成。

廷布恩铁路棚酿酒厂（Timboon Railway Shed Distillery）
维多利亚州，廷布恩，成立于 2007 年

2010 年推出了首款威士忌——波特桶风味（Port Expression），这款酒至今仍是标志性产品。其他装瓶酒款包括烟熏 1881（Smoky 1881）、汤姆的投降（Tom's Surrender）、克里斯蒂之选（Christie's Cut），以及在御兰堡（Yalumba）波特桶中完成陈酿的总督特藏（Governor's Reserve）。

铁棚酿酒公司（Tin Shed Distilling Co.）
南澳大利亚州，阿德莱德（威兰德），成立于 2013 年

酒厂所有者在 2004 年开设了他们的第一家酒厂——南岸，最终关闭，2013 年开设了如今的蒸馏厂。2015 年，推出了首款单一麦芽威士忌，名为"罪孽"（Iniquity），2 年陈。2023 年 8 月推出的"塔拉马拉"（Talamara）4 年陈，是较新的一款产品。其他系列包括异常系列（Anomaly Series）、黄金系列（Gold Series）和白银系列（Silver Series）。

小熊酿酒厂（Tiny Bear Distillery）
维多利亚州，诺克斯菲尔德，成立于 2017 年

目前酒厂的主要产品是多种风味的金酒。首款单一麦芽威士忌于 2021 年发布，近期的酒款包括"Barrel 13"和"Barrel 18"，这两款威士忌均在葡萄酒桶中熟成。

三原酿酒厂（Tria Prima Distillery）
南澳大利亚州，巴克山，成立于 2017 年

这家蒸馏厂位于阿德莱德山区，配备一台 2 200 升的壶

式蒸馏器，专注于麦芽威士忌的酿造。2021年8月，推出了首批两款单一麦芽威士忌：3年陈的"女巫"（Enchantress）和"布鲁萨"（Bruxa）。如今，其产品分为3个系列：传统系列（Traditional）、瑞比斯系列（Rebis）以及全新的变形系列（Transfiguration）。

特纳蒸馏厂（Turner Stillhouse）
塔斯马尼亚州，格林德的里奇蒙德，成立于2018年

酒厂由前加利福尼亚人贾斯廷·特纳（Justin Turner）创办，他个主要专注于金酒生产。2019年夏天，酒厂安装了一台专用的威士忌蒸馏器，计划首款单一麦芽威士忌在2024年发布。

沃布斯港酿酒厂（Waubs Harbour Distillery）
塔斯马尼亚州，比切诺，成立于2018年

这家蒸馏厂由蒂姆·波尔米尔（Tim Polmear）、他的妻子贝丝（Bec）以及蒂姆的兄弟罗布（Rob）共同创立。罗布在威士忌酿造领域有着丰富的履历，曾先后为凯西·奥弗瑞姆（Casey Overeem）和比尔·拉克（Bill Lark）工作，之后成为沃布斯（Waubs）蒸馏厂的首席酿酒师。2023年4月，沃布斯推出了首批威士忌，包括"沃布斯原味"（Waubs Original）、"波特风暴"（Port Storm）和"创始人特藏"（Founder's Reserve）。到2024年3月，已有1 000个橡木桶被灌装。

白标酿酒厂（White Label Distillery）
塔斯马尼亚州，亨廷菲尔德，成立于2018年

这是一家与其他客户合作的特殊酿酒厂，提供合同酿酒与蒸馏服务。客户可以获得酒厂生产的酒液来进行自己的蒸馏，或根据自身需求定制新的烈酒。酒厂拥有多达16个4 000升的不锈钢发酵桶和两对铜锅蒸馏器。

野河山酿酒厂（Wild River Mountain Distillery）
昆士兰州，温德克拉，成立于2017年

是澳大利亚海拔最高的蒸馏厂之一，于2019年推出其首款单一麦芽威士忌——"海拔"（Elevation）。2024年，推出了在巴罗萨设拉子葡萄酒桶中陈酿的第11批次产品。

蜿蜒之路酿酒厂（Winding Road Distilling）
新南威尔士州，廷滕巴，成立于2017年

除了单一麦芽威士忌，还生产金酒和朗姆酒。2019年春季，使用一个1 250升的铜制壶式蒸馏器蒸馏出第一批威士忌。2022年春季，推出首款"腹地单一麦芽威士忌"（Hinterland Single Malt），2024年3月推出了第四批产品。

雅克溪酿酒厂（Yack Creek Distillery）
维多利亚州，雅克安丹达，成立于2015年

配备两个带有精馏柱的蒸馏器，生产麦芽威士忌、朗姆酒、金酒和伏特加。2019年推出第一批威士忌，之后又有更多批次产品问世。2024年的最新批次（编号027）是在曾盛装过红酒、烟熏威士忌、朗姆酒和啤酒这种独特组合液体的酒桶中完成陈酿的。

这些酒厂各具特色，反映了澳大利亚酿酒业的多样性。每个酒厂都在自己的领域内做出创新和探索，推出了各具风味和特色的威士忌，展现了澳大利亚在全球威士忌市场日益崭露头角的实力。

新西兰

波克诺威士忌公司（Pokeno Whisky Company）
北岛，波克诺，成立于2018年

由马特（Matt）和席琳·约翰斯（Celine Johns）创立，二人在英国和法国的威士忌行业都拥有丰富经验。酒厂配备两台铜制壶式蒸馏器（分别为4 000升和3 800升），目前纯酒精产能为10万升，2025年将增至25万升。厂内还设有一个制桶车间。2022年8月，该厂发布了首批3款单一麦芽威士忌："起源"（Origin）、"发现"（Discovery）和"启示"（Revelation）。2023年，又推出了"三次蒸馏"（Triple Distilled）、"冬季麦芽"（Winter Malt）以及全球首款用新西兰特有的桃拓罗汉松（Podocarpus totara）桶陈酿的威士忌。

汤姆森威士忌酒厂（Thomson Whisky Distillery）
北岛，奥克兰，成立于2014年

这家公司最初是一家独立装瓶商，不过在2014年，其所有者在奥克兰西北部的哈勒陶啤酒厂（Hallertau Brewery）开设了一家小型蒸馏厂。2018年首次推出产品，目前的核心系列包括黑麦与大麦（Rye & Barley）、麦卢卡烟熏（Manuka Smoke）、双石（Two Stone）和南岛泥煤（South Island Peat）。近期的限量版产品有"全噪"（Full Noise）——一款原桶强度的麦卢卡烟熏威士忌，以及"马丁桶"（Cask Martin），它由新西兰种植的大麦制成，在当地的黑皮诺葡萄酒桶中陈酿。

卡德罗纳威士忌酒厂（Cardrona Distillery）
南岛，卡德罗纳（近瓦纳卡），成立于2015年

酒厂配备了1.4吨的糖化锅、6个金属发酵槽、一个2 000升的初馏器和一个1 300升的再馏器。2018年12月，首款3年陈酿威士忌发布，随后推出了"刚孵化"（Just Hatched）。接着，推出了3款名为"羽翼渐丰"（Growing Wings）的威士忌。2023年春季，推出了"展翅高飞"（Full Flight）——两款7年陈酿威士忌，分别在波本桶和PX雪莉桶中陈酿，以原桶强度装瓶。2023年9月，"猎鹰"（Falcon）威士忌发布，随后是"奥塔哥黑皮诺桶"（Otago Pinot Cask）威士忌。2023年9月，总部位于泰国的国际饮料公司（International Beverage），以未公开的价格收购了这家酒厂。创始人德西蕾·里德（Desiree Reid）将留任董事总经理。

1919蒸馏酒厂（1919 Distilling）
北岛，奥克兰，成立于2016年

酒厂所有者拥有种类丰富的金酒产品。2020年夏天，该厂推出首款单一麦芽威士忌。截至目前，最陈酿年份最久的产品是2022年5月推出的5年陈酿的"基里基罗阿"（Kirikiriroa）。酒厂也生产泥煤威士忌。2024年，计划推出一款核心产品。

奥尔德农场酒厂（Auld Farm Distillery）
南岛，斯科茨隘口，成立于2017年

奥尔德家族3代人都在自家农场种植谷物。2017年，罗布（Rob）和托尼（Toni）开始涉足蒸馏业务。他们所用的大麦产自自家土地，并在农场内进行麦芽加工。截至目前，仅推出了新酿威士忌和一款调味型生命之水（usquebaugh，这里指威士忌）。

赫里克溪酒厂（Herrick Creek Distillery）
南岛，基督城，成立于2020年

这家小型酒厂已经推出了金酒，并生产3种类型的威士忌——大麦单一麦芽、玉米威士忌和波本风格威士忌。泥煤单

一麦芽威士忌（Dusky Whisky）已发布，但迄今尚未发布以大麦为主的单一麦芽威士忌。

奇异精神公司（Kiwi Spirit Company）
南岛，金湾，成立于 2002 年

20 年来，这家蒸馏厂生产了种类繁多的烈酒，其中包括独特的怀图伊单一麦芽麦卢卡蜂蜜威士忌（Waitui Single Malt Manuka Honey），8 年陈，是在曾盛放过麦卢卡蜂蜜的酒桶中熟成。

兰摩尔酒厂（Lammermoor Distillery）
南岛，兰福利，成立于 2018 年

这是一家"从农场到酒瓶"的蒸馏厂，从有机种植大麦、制成麦芽，到蒸馏和陈酿，每个步骤都自行完成。2020 年推出了麦卢卡烟熏的首版单一麦芽威士忌，随后又有澳新军团版（The Anzac Edition）、乔克·斯科特版（The Jock Scott）和双桶版（Double Cask）问世。2024 年 3 月推出了最新的限量版。

里夫顿蒸馏公司（Reefton Distilling Co.）
南岛，里夫顿，成立于 2018 年

这家酒厂最初蒸馏金酒、伏特加和利口酒。2021 年，酒厂迁至新址，增添了一台蒸馏器，并开始生产月光溪威士忌（Moonlight Creek Whisky），该威士忌将于 2025 年面市。

斯凯普格雷斯酒厂（Scapegrace Distillery）
南岛，达斯坦湖，成立于 2024 年

该公司由马克·尼尔（Mark Neal）和丹尼尔·麦克劳克林（Daniel McLaughlin）于 2014 年创立。在最初的 10 年里，他们打造了一家成功的企业，这在很大程度上得益于他们生产的金酒，此外还有伏特加和单一麦芽威士忌。所有这些烈酒最初都是通过合同委托其他蒸馏厂生产的。随着自身蒸馏厂建设计划的推进，2024 年夏天，他们在奥塔哥中部开设了新西兰最大的蒸馏厂，配备了一个 5 000 升的初馏器和一个 3 600 升的再馏器。其早年生产的一系列单一麦芽威士忌已经上市。

烈酒工作坊酒厂（Spirits Workshop Distillery）
南岛，基督城，成立于 2012 年

长期以来，这家蒸馏厂一直使用两台铜制壶式蒸馏器为其他品牌生产烈酒，其中就有为新西兰威士忌公司生产的麦芽威士忌。不过，最近他们推出了自有品牌的单一麦芽威士忌——"分歧"（Divergence）。最新发布的产品包括初填法国橡木桶陈酿款、伊比利亚双桶陈酿款以及黑刺李金酒桶收尾款。

怀赫科威士忌（Waiheke Whisky）
北岛，怀赫科岛，成立于 2010 年

这家蒸馏厂由马克·伊泽德（Mark Izzard）和理查德·埃瓦特（Richard Evatt）在奥克兰市外的怀赫科岛（Waiheke Island）创立。他们从设计一款极为独特的测地线蒸馏器起步，该蒸馏器由若干块平整的铜板拼接而成。其目的是在增加烈酒产出量的同时，扩大与铜的接触面积，以实现更高的回流。2023 年，蒸馏厂迁至更大的场地，配备了更多发酵槽和一套新的蒸馏器。该厂的许多产品都使用新西兰泥煤，首批推出的酒款包括"苔藓"（Moss）、"系列 1"（Seris 1）、"泥沼怪物"（Bog Monster）、"二元组Ⅰ和Ⅱ"（Dyad Ⅰ and Ⅱ）以及"甜水"（The Sweetwater）。

波克诺——新西兰规模最大的威士忌酒厂之一

亚洲

中国

中国蒸馏厂参见 192～201 页。

印度

雅沐特酒厂有限公司（Amrut Distilleries Ltd）
卡纳塔克邦，班加罗尔，成立于 1948 年

这家家族经营的蒸馏厂，位于印度南部班加罗尔郊外的昆巴尔戈杜（Kumbalgodu），于 20 世纪 80 年代中期开始蒸馏麦芽威士忌。该厂每年生产 6 000 万瓶的烈酒（包括朗姆酒、金酒和伏特加），其中威士忌为 150 万瓶。大部分威士忌用于调配品牌，但在 2004 年推出了"雅沐特"（Amrut）单一麦芽威士忌，如今该酒已销往 50 多个国家。2018 年，蒸馏厂又增添了 4 台蒸馏器，目前共有两个糖化槽和 12 个发酵槽，纯酒精年产能达 100 万升。单一麦芽威士忌的发酵时间为 140 小时，所用大麦来自印度北部，在斋浦尔和德里制成麦芽，最后在班加罗尔蒸馏，装瓶前不经过冷凝过滤和添加色素。

雅沐特核心系列包括"印度未泥煤熏烤"和"印度泥煤熏烤"两款，均有 46% 酒精度和原桶强度版本，还有"融合"（Fusion）款，它由 25% 的苏格兰泥煤麦芽和 75% 的印度未泥煤麦芽制成。多年来的特别版产品，常以新批次推出，包括："两大洲"（Two Continents），其熟成酒桶从印度运往苏格兰进行最后阶段的熟成；"中度雪莉桶熟成"（Intermediate Sherry Matured），新酒先在波本桶或新橡木桶中熟成，然后转移至雪莉桶，最后再放入波本桶进行第三次熟成；"卡丹巴姆"（Kadhambam），一款在欧罗索雪莉桶、原班加罗尔蓝牌白兰地桶和原朗姆酒桶中熟成的泥煤味雅沐特威士忌；"波托诺瓦"（Portonova），在波本桶和波特酒桶中熟成；"混合"（Amalgam），由雅沐特以及来自苏格兰和亚洲的单一麦芽威士忌组成（2018 年末推出了泥煤版本）；"光谱"（Spectrum），其第四版在 4 种橡木制成的酒桶中熟成；"双桶"（Double Cask），一款 5 年陈的波本桶和波特酒桶组合陈酿威士忌，以及 100% 麦芽制成的"雅沐特黑麦单一麦芽威士忌"。2013 年，令人惊喜的是推出了 8 年陈的"雅沐特典藏威士忌"（Amrut Greedy Angels），在印度这样炎热的气候条件下，蒸发严重，这是一项了不起的成就。几年后，推出了 12 年陈版本，2024 年发布了 15 年陈的 75 周年纪念版——这是迄今为止最老的印度单一麦芽威士忌。

2020 年，推出了首款三次蒸馏的印度威士忌——雅沐特·特里帕尔瓦（Amrut Triparva）；2021 年，推出雪莉桶收尾的巴吉拉（Bagheera）。同年晚些时候，首款"首席酿酒师特藏"（Master Distiller's Reserve）问世，这是一款在波本桶和 PX 雪莉桶中熟成的泥煤版本。2021 年推出了一个名为"印度单一麦芽威士忌"（Single Malts of India）的特别系列，首款装瓶酒是泥煤味的"内达尔"（Neidhal）。它在另一家蒸馏厂蒸馏，由雅沐特进一步熟成和装瓶。2023 年推出了第二款"库林吉"（Kurinji），2024 年春季推出了 10 年陈的"马鲁德姆"（Marudham）。

约翰蒸馏厂 Jdl（John Distilleries Jdl）
卡纳塔克邦，果阿，康坎，班加罗尔，成立于 1992 年

保罗·P·约翰（Paul P John）如今担任公司董事长，他

坚持手工装瓶，雅沐特为当地提供了大量就业机会

于1992年开始生产多种烈酒，其中包括用糖蜜酿造的印度威士忌。如今最畅销的产品是"原味精选"（Original Choice），这是一款由糖蜜蒸馏出的特级中性酒精与自家生产的麦芽威士忌调和而成的酒。该品牌于1995年推出，目前是全球第六大畅销威士忌品牌（2023年销量达2.64亿瓶）。蒸馏厂目前拥有3家蒸馏厂，其品牌产品在18个地点生产，总部位于班加罗尔，在果阿还有一座大型蒸馏厂和游客中心。调和威士忌的基酒是通过柱式蒸馏器蒸馏而成，每年可生产5亿升特级中性酒精。2007年，他们建立了单一麦芽威士忌蒸馏厂，最近又进行了扩建，新增了一个更大的糖化锅和两台壶式蒸馏器（总计6台）。目前麦芽产能达到300万升。"马尔哈尔印度手工金酒"（Malhar Indian Craft Gin）最近加入了产品线，并且还推出了一个全新品牌"轮盘"（Roulette，调和威士忌、白兰地和金酒）。美国大型烈酒生产商萨泽拉克（Sazerac）持有该公司43%的股份，其余股份由保罗·P·约翰掌控。目前，两家公司正在洽谈将萨泽拉克的股份增至60%。

该公司在2012年推出首款单一麦芽威士忌，随后又推出了几款单桶威士忌。自2015年起，核心系列包括3款6年及以上的陈酿："光辉"（Brilliance）——未泥煤熏烤，在波本桶中陈酿；"雕琢"（Edited）——波本桶陈酿，轻度泥煤熏烤；"无畏"（Bold）——重度泥煤熏烤。2019年，还推出了一款入门级产品"涅槃"（Nirvana），3年陈酿，酒精度40%。2014年，在"精选桶"（Select Cask）系列中推出了两款原桶强度装瓶酒，从那以后又发布了更多产品。欧罗索桶（Oloroso）和佩德罗·希梅内斯雪莉桶（Pedro Ximenez）版本已上市，"马德拉桶"（Madeira）和"波特桶"（Port）版本也将陆续推出。每年都会推出一款特别的圣诞版威士忌。

兰普尔蒸馏厂（Rampur Distillery）
北方邦，兰普尔，成立于1943年

这座大型蒸馏厂于1972年被G. N. 凯坦（G. N. Khaitan）收购，如今归属于印度最大的酒类公司之一——拉迪科·凯坦（Radico Khaitan）。该厂以糖蜜为原料生产威士忌的产能为7500万升，谷物威士忌产能为3000万升。他们还有一家使用发芽大麦生产威士忌的蒸馏厂。2019年秋季的一次扩建，将这家蒸馏厂的年产能提升至300万升。厂里安装了更大的糖化锅，以及一个新的初馏器（2.5万升）和一个新的再馏器（1.6万升）。他们在马哈拉施特拉邦还拥有另一家蒸馏厂，产能为5200万升。拉迪科于1997年推出的首个威士忌品牌是"8点"（8PM），该品牌年销量约1.15亿瓶。2016年，首款单一麦芽威士忌"精选"（Select）上市，这款酒在波本桶中陈酿。从那以后，核心系列又推出了在波本桶和雪莉桶中陈酿的"双桶"（Double Cask）以及PX雪莉桶陈酿版本。2020年推出的"阿萨瓦"（Asava）在赤霞珠葡萄酒桶中完成陈酿。2022年，相继推出"特瑞根"（Trigun）、"朱加尔班迪1号"（Jugalbandi #1）和"朱加尔班迪2号"（Jugalbandi #2）。2023年春季，推出"桑加姆"（Sangam），这是一款由世界各地威士忌调配而成的混合麦芽威士忌。同年10月，又推出"朱加尔班迪3号"（Jugalbandi #3，

皮卡迪利蒸馏厂的多款印德里单一麦芽威士忌大获成功

在波本桶和波特酒桶中陈酿）和"朱加尔班迪 4 号"（Jugalbandi #4，在波本桶和淡色艾尔啤酒桶中陈酿）。

Imperial 蒸馏厂及酿酒商（Imperial Distillers & Vintners）
果阿邦，庞达，成立于 2009 年

该公司隶属于莫汉·克里希纳（Mohan Krishna）创立的"干杯集团"（Cheers Group），生产多种烈酒，其中包括"三只猴子"单一麦芽威士忌（Three Monkeys Single Malt）。这家蒸馏厂配备铜制壶式蒸馏器，每年酒精产能达 100 万升。

科迪酒厂（Khoday）
卡纳塔克邦，班加罗尔，成立于 1906 年

科迪（Khoday）是一家业务广泛的公司，涵盖酿造和蒸馏等领域。早在 1968 年，该公司就推出了（IMFL）威士忌——彼得·斯科特（Peter Scot）。2019 年春季，又推出了彼得·斯科特黑色单一麦芽威士忌（Peter Scot Black Single Malt）。

麦克道尔蒸馏厂（McDowell's Distillery）
果阿邦，庞达，成立于 1988 年（麦芽威士忌）

这家公司成立于 19 世纪后期，在印度全国拥有 7 家蒸馏厂。它生产的"麦克道尔一号"（McDowell's No. 1）是全球最畅销的威士忌，2023 年销量达 3.77 亿瓶。自 2014 年起，该公司归帝亚吉欧（Diageo）所有，同时也生产少量单一麦芽威士忌。2024 年春季，该品牌进行了重塑，首款产品为"酿酒师精选印度单一麦芽威士忌"（Distiller's Batch Indian Single Malt），其熟成过程使用了 4 种酒桶：波本桶、新橡木桶、赤霞珠葡萄酒桶和设拉子葡萄酒桶。

莫汉米金蒸馏厂（Mohan Meakin）
喜马偕尔邦，索兰，成立于 1855 年

这家企业于 1820 年以啤酒厂的形式创立，可能由爱德华·戴尔（Edward Dyer）创办，并于 1855 年组建为公司。1887 年，H.G. 米金（H.G. Meakin）接管了该企业，最终在 1949 年，纳伦德拉·纳特·莫汉（Narendra Nath Mohan）收购了它。如今，该公司生产啤酒、威士忌和朗姆酒。其最著名的品牌是"老和尚"朗姆酒（Old Monk rum）和"索兰一号"威士忌（Solan No. 1 whisky）。2019 年，他们首次全面推出一款名为"索兰金单一麦芽威士忌"（Solan Gold Single Malt）的产品。

皮卡迪利蒸馏厂（Piccadily Distillery）
哈里亚纳邦，因德里，成立于 1967 年（1994 年开始生产威士忌）

皮卡迪利农业工业公司（Piccadily Agro Industries）成立于 1952 年，皮卡迪利蒸馏厂于 1967 年注册，并在 1994 年恢复蒸馏业务。该蒸馏厂配备了两个糖化锅（分别为 4.5 吨和 6.5 吨）、8 个发酵槽（每个 60 000 升）、3 个 25 000 升的初馏器和 3 个 15 000 升的再馏器——所有蒸馏器均为铜制壶式蒸馏器。纯酒精的麦芽总产能为 400 万升，但同时也生产谷物烈酒，且规模要大得多。这使得皮卡迪利成为印度最大的独立麦芽生产蒸馏厂。2020 年，通过与峰之烈酒公司（Peak Spirits）的合资企业，他们推出了首款单一麦芽威士忌，名为"卡迈特"（Kamet）。2022 年，推出了在波本桶、葡萄酒桶和 PX 雪莉桶组合中陈酿的"印德里"（Indri）。2023 年，又推出了原桶强度版本的"印德里：德鲁"（Indri: Dru）。2024 年，"印德里三桶"（Indri Triple Cask）面向旅游零售市场发布。这款威士忌背后的首席调配师是苏林德·库马尔（Surrinder Kumar），他曾多年担任雅沐特（Amrut）的首席调配师。

以色列

奶与蜜蒸馏厂（The Milk & Honey Distillery）
特拉维夫，成立于 2013 年

以色列第一家威士忌蒸馏厂，配备有不锈钢糖化锅、6 个不锈钢发酵槽以及两个铜制蒸馏器。纯酒精产能为 80 万升。2015 年 3 月首次进行蒸馏，在最终设备安装完成前酿造的首批限量版 3 年陈单一麦芽威士忌于 2017 年 8 月发布。2019 年秋季推出了"创始人版"，2020 年 1 月推出了首款面向大众且目前作为核心产品的"经典版"。名为"元素"的系列基于在波本桶和 STR 桶（刮削、烘烤、再烧焦处理的桶）中陈酿，并为每个版本添加其他类型的酒桶。目前有马萨拉桶、比诺桶、红酒桶和石榴酒桶版本。另一个限量系列是"Apex"，首席蒸馏师托默·戈伦（Tomer Goren）在此系列中尝试使用在不同寻常的酒桶中完全陈酿或收尾，或者使用存放在以色列各地不同风土条件仓库中的麦芽。2024 年发布了"Apex 风土"系列的第三款产品，该产品在死海（地球最低点）陈酿，计划于 2025 年 2 月发布 3 款在不同气候区陈酿的产品——分别在加利利海、耶路撒冷山区和阿拉德陈酿。

与以色列朱利叶斯蒸馏厂（Julius Distillery）合作的产品也在"Apex"系列下发布，这是一款在格拉帕风格酒桶中收尾的威士忌。第三个系列名为"艺术与工艺"（Art&Craft），专注于不同类型的酒桶。2022 年的第一版聚焦于啤酒桶，2024 年的第二批则全部采用甜酒桶。2023 年 9 月，推出了首款完全由以色列大麦酿造的以色列威士忌，名为"本地大麦"（Local Barley）。随后在 11 月推出了"希望之魂"单桶系列，为 10 月 7 日以色列南部的受害者筹集捐款。

戈兰尼蒸馏厂（Golani Distillery）
卡兹林，成立于 2014 年

由 David Zibell 创立，酒厂配备了两台手工铜制蒸馏器，一部分蒸馏水在附近的戈兰高地酒庄的葡萄酒桶中熟成。2020 年春季，酒厂安装了一台 1 吨的麦芽糖化器和两个新的发酵罐；2021 年秋季，又增设了一台麦芽糖化器，两个发酵罐和两个 1 000 升的新蒸馏器。酒厂专注于大麦单一麦芽威士忌和谷物威士忌（51% 的大麦和 49% 的小麦）。首款 3 年陈威士忌于 2017 年底发布。从那时起，酒厂推出了多个单桶表达，其中包括一款名为"单桶"（Unicask）的单一麦芽系列，该系列威士忌主要在曾装过葡萄酒或白兰地的酒桶中熟成。

N.G.K. 蒸馏酒厂（N.G.K. Distillery）
廿哈尚蒙，成立于 2021 年

由托默·戈伦（Tomer Goren，奶与蜜蒸馏厂首席蒸馏师）和阿莫斯·尼尔（Amos Nir）创立，与奶与蜜蒸馏厂合作，于 2022 年 5 月开始蒸馏作业。该蒸馏厂配备一个糖化锅、3 个不锈钢发酵槽和两台蒸馏器，生产轻度泥煤风味的威士忌。目前，蒸馏厂正在进行扩建。2024 年推出了创始人系列预售活动，提供一系列年轻的单一麦芽威士忌套装，以及"创始人版"威士忌的预购，"创始人版"计划于 2026 年 1 月发布。

Shevet 啤酒与蒸馏厂（Shevet Brewing & Distilling）
帕尔德斯哈纳，成立于 2017 年

这是一家附设蒸馏厂的啤酒厂，配备两台传统的铜制壶式蒸馏器。啤酒厂酿造的发酵液被蒸馏成威士忌。麦芽威士忌名为"Ruach"，2023 年秋季推出了一款特别版"携手共进"（Stronger Together），为 10 月 7 日袭击事件的幸存者筹集资金。

耶路撒冷蒸馏酒厂（Yerushalmi Distillery）
耶路撒冷，成立于2017年

这是大卫·齐贝尔（David Zibell，戈拉尼 Golani 的所有者）的第二家蒸馏厂，配备一个3 000升的初馏器和一个2 000升的再馏器，年产能为15万升。其规划是将泥煤威士忌的生产集中在这家蒸馏厂。2019年首次进行蒸馏，推出了泥煤含量35ppm的单一麦芽威士忌"摩利亚山"（Mount Moriah），还在名为"索勒姆"（Solum）的系列中推出了4款泥煤单桶威士忌，分别是："无梗橡木桶"（Sessile Oak，新的法国烤橡木桶）、"海盗橡木桶"（Pirate Oak，朗姆酒桶）、"比拉橡木桶"（Birra Oak，精酿啤酒桶）以及"甜点橡木桶"（Dessert Oak，白甜酒桶）。2023年3月，推出了泥煤威士忌"燔祭"（Burnt Offering）。

日本

山崎蒸馏所（Yamazaki）
大阪，三岛，成立于1923年

1923年，鸟井信治在日本建造了第一个麦芽威士忌蒸馏厂。作为一位务实的企业家，鸟井决定将酒厂设立在当时商业中心大阪附近。山崎蒸馏酒厂的建设始于1922年底，次年完工。酒厂最初配备了两台蒸馏器，但随着时间的推移多次扩建，最近一次是在2013年，新增了4台蒸馏器，总数达到16台。酒厂采用多种加热方式，不同的蒸馏器形状、大小、竖臂角度以及冷凝器类型。在发酵罐方面，酒厂有8个木桶和9个不锈钢桶。使用不同的泥煤水平、大麦酵母菌株和众多不同类型的酒桶，山崎蒸馏酒厂所酿制的威士忌种类繁多，令人惊叹。2023年，酒厂对游客设施进行了全面翻新，并于2023年秋季重新开放。最新发布的酒款是"山崎——蒸馏酒厂的故事2024"，这是一款限量版威士忌，包含在西班牙、日式和白橡木酒桶中熟成的成分。

余市蒸馏酒厂（Yoichi）
北海道，余市，成立于1934年

竹鹤政孝于1934年离开寿屋（现为三得利）后创办了余市蒸馏酒厂。他选择在北海道的余市町建立酒厂，因为这里的地理和气候条件让他想起了他曾学习威士忌酿造的苏格兰。酒厂的第一次蒸馏酒于1936年流出，首款产品则于1940年推出。最初，酒厂只有一台双功能蒸馏器（同时用作酒精蒸馏和洗蒸馏）。如今，酒厂拥有6台蒸馏器，这些蒸馏器采用煤加热，并配备直头和向下弯曲的竖臂，能够蒸馏出浓烈的酒精。虽然余市的"家族风格"以泥煤味和浓烈口感为主，但人们往往忽视了这一点——像日本其他大型酒厂一样，余市也设有多种蒸馏设备，能够酿制多种类型的威士忌。通过不同的泥煤程度、酵母菌株、发酵时间、蒸馏方法和熟成类型，余市酒厂被认为能够生产多达3 000种不同风味的麦芽威士忌。2022年，酒厂建成了一座最先进的全自动架式酒窖。2024年，酒厂成立90周年，发布了"Nikka 90年"——一款含有来Nikka 旗下酒厂（包括本尼维斯）的原酒。这款限量版威士忌中还包含了20世纪40年代在余市蒸馏的麦芽威士忌。

奶与蜜蒸馏厂是以色列首家威士忌蒸馏厂，在短短10年间就在国际上崭露头角

富士御殿场蒸馏酒厂（Fuji Gotemba）
静冈县，御殿场，成立于 1973 年

富士御殿场蒸馏酒厂位于富士山脚下，距离山顶不到 12 公里。该酒厂由麒麟啤酒公司、Seagram & Sons 和 Chivas Brothers 共同创办，是一座综合性的威士忌酒厂，所有的生产流程——从麦芽到谷物威士忌的蒸馏和调和，再到瓶装——都在现场完成。与大多数遵循苏格兰威士忌制作工艺的日本酒厂不同，富士御殿场蒸馏酒厂采用了来自世界各地的生产技术和方法。在 Seagram 开始全球出售饮料资产后，麒麟成为了酒厂的唯一拥有者。该酒厂具典型的本地威士忌之家，生产麦芽威士忌采用了立式蒸馏器，锅炉和焙蒸馏器以模块化的方式生产。酒厂还在不断多样化其麦芽威士忌的风味谱系。2021 年 6 月，酒厂启用了两台新的铜壶蒸馏器和 1 个木质发酵桶。酒厂在过去几年曾改名为"富士山蒸馏酒厂"，但决定恢复原名"富士御殿场蒸馏酒厂"。2023 年，酒厂还更换了自创立以来使用的两台大型铜壶蒸馏器，退役的酒精蒸馏器现已成为御殿场车站附近的纪念碑。为了纪念酒厂成立 50 周年，酒厂于 2023 年推出了 3 款限量版威士忌，包括一款单一麦芽威士忌（春季发布）、一款单一调和威士忌（秋季发布），以及一款单一谷物威士忌（2024 年夏季发布），这些威士忌均使用自酒厂成立以来多年来的库存酿制。

白州蒸馏酒厂（Hakushu）
山梨县，北杜市，成立于 1973 年

白州蒸馏酒厂成立于日本三得利第一座麦芽威士忌蒸馏酒厂 50 年后，位于南阿尔卑斯山（指日本山梨县阿尔卑斯山）的开高正岳脚下，周围被广阔的森林所环绕。酒厂常被称为"森林蒸馏酒厂"，因为超过 80% 的土地未开发。最初的蒸馏酒厂配备了 6 对蒸馏器。1977 年，酒厂的生产能力翻倍，并在"白州 1 号"旁边的建筑中增加了 6 对蒸馏器。凭借 4 个麦芽糖化槽、44 个发酵桶和 24 个蒸馏器，白州（1 号和 2 号）在当时是世界上最大的蒸馏酒厂。1981 年，三得利在该地建设了新的蒸馏酒厂——"白川 3 号"或"白川东"，并决定逐步停产 1 号和 2 号蒸馏酒厂，转而专注于 3 号。1 号和 2 号蒸馏酒厂的大部分蒸馏器形状相同，而 3 号酒厂则引入了多种不同形状、尺寸、冷凝器朝向、加热方式和冷凝器类型的蒸馏器，追求的是多样性和质量，而非单纯的产量。目前运营的酒厂为白州 3 号。自 2014 年起，酒厂增加了两对铜壶蒸馏器，使其总数达到 8 对，和山崎蒸馏酒厂相同。值得一提的是，白州自 2010 年起就设有一小型的谷物威士忌蒸馏设施。酒厂的游客设施经过了大规模翻新，并于 2023 年秋季重新开放。最近酒厂推出的限量版威士忌是白州"蒸馏酒厂的故事 2024"，这是一款限量版的泥煤威士忌。

宫城峡酒厂（Miyagikyo）
宫城县，仙台市，成立于 1969 年

宫城峡酒厂是一甲（Nikka）公司的第二座酒厂，传说高田正孝花了 3 年时间才找到这个理想的选址。他选择了位于广濑川与净川交汇的峡谷，因其优质的水源、适宜的湿度以及清新的空气。酒厂的建设始于 1968 年，并于次年完工。最初名

2023 年山崎迎来了它的百年庆典

为"仙台酒厂",2001年朝日控股收购日加后,酒厂更名为"宫城峡酒厂"。目前,酒厂配备了22个钢质发酵桶和8个巨型"沸球型"铜锅蒸馏器,这些蒸馏器采用向上弯曲的蒸馏臂,促进蒸汽回流,从而实现慢速蒸馏,得以生产更加清淡、纯净的酒精。酒厂还设有两台巨大的咖啡蒸馏器,原本由高田正孝从苏格兰引进,分别用于生产谷物威士忌(咖啡谷物)和麦芽威士忌(咖啡麦芽)。2017年起,这些蒸馏器还用于生产咖啡金酒(Coffey Gin)和咖啡伏特加(Coffey Vodka)。酒厂全年不停工,每周7天,每天5次麦芽糖化处理。曾经有两台麦芽糖化锅,但2023年小型麦芽糖化锅被移除,并开发出一种巧妙的系统,仅用大锅即可完成所有麦芽糖化操作。

秩父酒厂 #1(Chichibu #1)
埼玉县,秩父市,成立于2007年

秩父酒厂自2008年开始生产,酒厂设施小而紧凑:一个2 400升的麦芽糖化锅(用木勺手工搅拌)、8个3 000升的水楢木发酵桶(2023年秋季更换),以及一对2 000升的铜锅蒸馏器。秩父酒厂 #1专注于非泥煤威士忌的生产,持续9个月,每年进行一个月的重泥煤蒸馏。酒厂主要使用当地的大麦,并且现场有地板发麦区。酒厂老板赤尾一郎(Ichiro Akuto)还在秩父酒厂附近几分钟车程的地方运营着一家酒桶厂。2010年起,秩父酒厂团队开始从北海道采购水楢木,少量的威士忌桶是由当地秩父的水楢木制成的。供应与需求成了赤尾的一大难题,因为可用的水楢木数量实在有限。最近发布的"重量级"单一麦芽威士忌是2024年的 On The Way Floor Malted 限量版(12 000瓶),它于2024年下半年上市。这款威士忌是目前为止最高年份的秩父威士忌,酒龄在9~15年。

秩父酒厂 #2(Chichibu #2)
埼玉县,秩父市,成立于2019年

秩父酒厂老板赤尾一郎(Ichiro Akuto)在2014年左右开始考虑建立第二家酒厂。新酒厂距离"老"酒厂仅两分钟车程,建设工作于2018年4月开始,首批蒸馏酒于2019年7月生产完成。新酒厂有许多与秩父酒厂 #1相似之处,但规模是前者的5倍。在秩父酒厂 #2,每批次处理2吨大麦麦芽,使用非泥煤、轻度泥煤、中度泥煤和重度泥煤麦芽。糖化过程采用半滤式糖化桶。酒厂的5个发酵桶由法国橡木制成,未来还可能增加更多。蒸馏器的形状与秩父酒厂 #1相同,但尺寸更大,且是间接加热,而秩父酒厂 #1使用直接加热。2024年2月,秩父酒厂 #2首次亮相,当时推出了为秩父威士忌祭(Chichibu Whisky Matsuri)准备的单桶瓶装威士忌。

厚岸酒厂(Akkeshi)
北海道,厚岸市,成立于2015年

厚岸酒厂的灵感来源于苏格兰的艾雷岛(Islay),采用从苏格兰进口的设备和工艺,酒厂的目标是创造一种独特地受环境塑造的威士忌。生产过程中大量使用泥煤麦芽(50ppm),虽然也使用非泥煤麦芽。酒厂现场拥有两个仓库,并在靠近海边的地方另有两个仓库,以探索不同的成熟方式。自2021年8月起,酒厂还开始在北海道中部熟成部分酒液。2024年2月,酒厂推出了其"二十四节气系列"中的第14款酒——立春(Risshun)。

安积酒厂(Asaka)
福岛县,郡山市,成立于2015年

笹之川酒造(Sasanogawa Shuzo)成立于1765年,威士忌

2007年秩父酒厂的成立开启了日本威士忌的新时代

的酿造始于1946年,但具体的过程已经无从考证。酒造公司一直以酿造清酒为主,这也帮助它度过了日本威士忌发展的艰难时光。为了纪念公司成立250周年,2015年在一座废弃仓库内建立了专门的麦芽威士忌酒厂,即安积酒厂。到年底,酒厂安装了两台小型铜蒸馏器。首款单一麦芽威士忌Asaka The First于2019年发布,随后,其又发布了古积泥煤威士忌Asaka The First Peated。酒厂的主要生产无烟煤威士忌,仅有10%的产品是泥煤威士忌。最新的常规发布是安积2024版(Asaka 2024 Edition),于2024年5月发布。

江井岛酒厂(Eigashima)
兵库县,明石市,成立于1919年(1984年起生产威士忌)

日本最古老的威士忌生产商之一,早在1919年就获得了威士忌生产许可,比山崎酒厂还早4年。然而,他们花了40年的时间才真正开始酿造威士忌,并且又过了40年,才在2007年发布了首款单一麦芽威士忌。原有的蒸馏器在2019年退休并被新的设备替代。为延长发酵时间并促进乳酸发酵,酒厂于2023年4月新增了一个木制发酵桶。所有威士忌都在老旧的单层仓库中熟成,使用多种不同类型的酒桶进行熟成。2023年11月,酒厂发布了"江井岛四重奏"(Eigashima Quartet),这是一款将4种不同酒桶熟成的威士忌混合而成的单一麦芽威士忌。

富岳酒厂(Fugaku)
山梨县,富士吉田市,成立于2021年

酒厂位于富士山的脚下,富士箱根伊豆国家公园内。酒厂配备了6个道格拉斯冷杉发酵桶和一对由宫家工业生产的铜蒸馏器(发酵锅采用直接加热方式)。目前尚未发布任何产品。

富士北陆酒厂(Fuji Hokuroku)
山梨县,富士河口湖町,成立于2020年

酒厂归属井手常光(Ide Jozoten)酒厂,该酒厂以酿造清酒而闻名。现任公司总裁井手五右卫门(Yogoemon Ide)决定扩展到威士忌生产领域,便在他们的清酒酿造厂旁建造了一小型威士忌酒厂。酒厂于2020年9月首次磨麦,配备两个重新利用的搪瓷涂层钢制清酒桶以及一个带铜板颈部的单一不锈钢蒸馏器。酒厂仅使用清酒酵母进行发酵。

立川酒厂(Gakkogawa)
山形县,游佐町,成立于2021年

由著名的清酒酿造商——立の川酒厂(Tatenokawa Shuzo)创立,酒厂建设完成于2023年7月,生产从2023年10月开始。酒厂配备了5个不锈钢发酵桶和一对蒸馏锅(分别为2 400升和1 200升)。主要生产无烟味威士忌,在前波本桶中熟成,但酒厂也使用了带有当地水楢木桶头的波本桶。2024年3月,酒厂发布了新酒(Newmake)瓶装。

羽生酒厂(Hanyu)
埼玉县,羽生市,成立于2021年

原羽生酒厂于2000年停产,2004年被拆除。自那时起,该酒厂的威士忌成为了传奇,价格飙升,瓶装威士忌成交价上万美元。2002年,东亚酒造(Toa Shuzo)成为日之出控股有限公司的子公司,最近决定恢复威士忌生产。新建的酒厂配备了1吨的麦芽桶、5个不锈钢发酵桶以及一对基于原羽生酒厂

位于鹿儿岛的菱田酒厂是从烧酒领域进军威士忌行业的酒厂之一

蒸馏器蓝图制作的蒸汽加热的灯笼形蒸馏锅,并于 2021 年 2 月开始生产。至今,尚未发布新酒厂生产的成熟威士忌。

飞驒高山酒厂(Hida Takayama)
岐阜县,高山县,成立于 2022 年

由一家当地清酒公司创立,位于高山市一所关闭的小学内,2023 年 5 月开始生产。酒厂使用 4 个木制发酵桶,其中两个是橡木桶,另外两个是落叶松桶。蒸馏锅使用了"泽门蒸馏器",这种蒸馏器类型与三郎丸(Saburomaru)蒸馏所相同。发酵锅的容量为 2 600 升,蒸馏锅为 2 200 升。主要生产无烟味威士忌,在前波本桶中熟成。酒厂的首个产品预计将于 2026 年或以后发布。

光酒厂(Hikari)
埼玉县,鸿巢市,成立于 2020 年

由乔阿(Eric Chhoa)创立的,目前是距离东京最近的威士忌酒厂之一。酒厂目前正专注于酿造高质量的麦芽威士忌,并尽量保持低调,避免过多的曝光。酒厂的建筑设计采用了弗拉芒风格,颇具特色。酒厂内部所有设备都安装在可移动的滑轨上,未来若需要调整生产布局时,能够方便地重新配置。酒厂的设备包括一个 1 吨的麦芽桶、6 个不锈钢发酵桶和一对蒸馏锅。自创办之初,酒厂便开始使用从英国进口的无烟味大麦进行威士忌酿造,偶尔会使用中等和重度烟熏的大麦。2024 年 4 月,酒厂购买了一块毗邻酒厂的土地,开始种植大麦。

日之神酒厂(Hinokami)
鹿儿岛县,枕崎市,成立于 2022 年

日之神酒厂隶属于萨摩酒造(Satsuma Shuzo)是其原有生产设施的一部分,专注于桶熟化大麦烧酒的生产。酒厂现代化的建筑内设有 5 个不锈钢发酵桶和一对蒸馏锅,蒸馏锅容量分别为 6 000 升和 3 000 升,呈灯笼形,配有上升式、狭窄的蒸汽导管。酒厂从 2023 年 2 月开始生产威士忌。酒厂的木桶政策为约 80% 的波本木桶和 20% 的雪莉木桶。同时,酒厂还配备了一个连续蒸馏器,用于生产谷物威士忌,并设有一个酒桶厂。

菱田酒厂(Hishida)
鹿儿岛县,大崎町,成立于 2022 年

菱田酒厂由烧酒生产商天成酒造(Tensei Shuzo)设立,利用现有烧酒酒厂的基础设施,结合烧酒设备来生产麦芽威士忌和谷物威士忌。麦芽威士忌的生产在夏季进行,谷物威士忌则在冬季生产。酒厂使用不锈钢蒸馏器进行第一次蒸馏,蒸馏器的颈部装有铜制蜂窝状填料;第二次蒸馏则使用铜质混合蒸馏器。酒厂从 2022 年 11 月开始生产,目前尚未发布任何产品。

饭山山农酒厂(Iiyama Mountain Farm)
长野县,饭山市,成立于 2016 年

饭山山农酒厂围绕"从农场到酒瓶"的理念,尽管该地区冬天寒冷,但酒厂依然克服了这一挑战。威士忌生产自 2019 年开始。酒厂拥有 4 个意大利橡木发酵桶和 6 个不锈钢发酵桶,蒸馏设备来自意大利 Frilli 公司。此外,酒厂还配备了生产谷物威士忌的设备。

伊川酒厂(Ikawa)
静冈县,静冈市,成立于 2020 年

伊川酒厂是日本海拔最高的威士忌酒厂,位于南阿尔卑斯山的联合国教科文组织生态公园内,海拔 1 200 米,距离静冈市中心有 4 小时车程。酒厂由十山株式会社(Juzan Co., Ltd.)拥有,酒厂的设备包括 4 个不锈钢发酵桶和一对带微下坡蒸汽导管的蒸馏锅。酒厂使用来自苏格兰的有烟和无烟大麦,熟成过程中使用波本木桶和雪莉木桶。酒厂还计划使用周边森林的其他木材制造酒桶。

海峡酒厂(Kaikyo)
兵库县,明石市,成立于 2017 年

海峡酒厂位于明石酒造的厂区内,明石酒造自 1856 年开始酿酒,1918 年开始酿造(非威士忌)。为纪念公司百年酿酒历史,酒厂新建了一个新的蒸馏楼,并安装了福赛斯(Forsyths)品牌的蒸馏设备,酒厂因此得名"海峡酒厂"。海峡酒厂是与苏格兰托莫尔酒厂、边境酒厂以及默斯本(Mossburn)酒厂和混合商一起,属于瑞典投资公司的一个家族企业。酒厂旨在生产一种轻盈、果香丰富的酒液,以便于长期陈酿。

神威威士忌公司(Kamui Whisky K.K.)
北海道,利尻岛,成立于 2020 年

神威威士忌由夫妻创业家凯西·瓦尔(Casey Wahl)和美久·平野(Miku Hirano)创立。他们所选的地点极为偏远:位于北海道西北端外海的利尻岛。酒厂配备了两台来自肯塔基州路易斯维尔市文多姆(Vendome)公司的蒸馏器。这两台蒸馏器均采用蒸汽夹套加热,并通过小型盘管冷却器冷却。酒厂于 2022 年秋季开始生产,目前产量因客观条件限制依然十分有限。

嘉之助蒸馏所(Kanosuke)
鹿儿岛县,日置市,成立于 2017 年

嘉之助酒厂由鹿儿岛著名的烧酒制造商小正酒造(Komasa Jozo)所有。2015 年,第四代代表小正义次(Yoshitsugu Komasa)在公司烧酒熟成仓库旁边选定了空闲土地,并于 2017 年夏季安装了所需的设备:一台 6 000 升的糖化锅、5 个不锈钢发酵桶和 3 个蒸馏锅(容量分别为 6 000 升、3 000 升和 1 600 升),所有蒸馏锅都配有螺旋管冷凝器。2022 年,酒厂增加了 5 个不锈钢发酵桶。2021 年,帝亚吉欧开始对酒厂进行了投资。第一款威士忌于 2021 年发布,成为日本首家拥有核心产品系列的蒸馏所,包括单一麦芽(Kanosuke)、单一谷物(Hioki Pot Still)和混合威士忌(Kanosuke Double Distillery),所有成分均由酒厂自家生产。

轻井泽酒厂(Karuizawa)
长野县,轻井泽町,成立于 2021 年

不要与早已关闭的同名蒸馏厂混淆,这家酒厂由户塚酒造的第 16 代酿酒师户塚茂(Shigeru Totsuka)所创立。户塚茂在轻井泽镇购买了土地建厂,并于 2022 年 12 月开始生产。酒厂的首席酿酒师中里义行(Yoshiyuki Nakazato)曾在原轻井泽酒厂工作。蒸馏锅的设计与原酒厂相似,虽然稍大些,且雪莉木桶将在熟成过程中发挥重要作用。酒厂表示最初 10 年不会发布任何单一麦芽威士忌。

北轻井泽蒸馏所(Kita-Karuizawa)
群马县,吾妻郡,成立于 2022 年

北轻井泽蒸馏所由东京银座区 Bar LAG 的老板兼调酒师坂本达彦(Tatsuhiko Sakamoto)创立,是日本最小的酒厂之一。威士忌生产始于 2023 年 7 月。酒厂采用一种独特的蒸馏设备,该设备结合了不锈钢主体和铜质的炼酒头与蒸汽导管,进行首次和二次蒸馏。

神户蒸馏所（Kobe）
兵库县，神户市，成立于2015年

2021年，贸易公司GrowStars决定在神户的"道之驿神户水果花卉公园大藏"内增设威士忌蒸馏设施，该地曾用于白兰地生产。这样可重启白兰地生产，同时增加威士忌酿造。蒸馏所内安装了一个糖化桶、两个发酵桶以及一对蒸馏锅，并于2022年秋季开始威士忌生产。使用的大麦大多为未烘烤的大麦。2023年5月，蒸馏所发布了第一批新酒。

小诸蒸馏所（Komoro Distillery）
长野县，小诸市，成立于2020年

这家酒厂是岛冈浩二的创意结晶。在投身轻井泽酒店行业之前，岛冈浩二曾在投资银行工作超20年。为了让蒸馏酿造重回大轻井泽地区，岛冈浩二在小诸市找到了绝佳的场地。2020年，他邀请了曾就职于噶玛兰的张郁岚（Ian Chang）作为联合创始合伙人加入。酒厂配备一个1吨的糖化锅、5个不锈钢发酵槽以及5个俄勒冈松木发酵槽。与众不同的是，再馏器比初馏器更大（分别为7 800升和5千升）。这样的配置能将两次初馏得到的低度酒合并进行二次蒸馏。该蒸馏厂的年产能为50万升纯酒精，2023年6月首次产出蒸馏酒液。大部分蒸馏酒液不是泥煤风味，但为了向吉姆·斯旺博士（张郁岚的导师）致敬，每年12月会专门用来酿造轻度泥煤风味的威士忌。对游客开放，并提供丰富多样的体验活动。2024年2月，小诸蒸馏厂承办了第五届世界威士忌论坛，有100多位代表参会。

九重蒸馏所（Kuju Distillery）
大分县，竹田市，成立于2021年

对于宇田达章二（Shoji Utoda）而言，这实现了他自21世纪初就怀揣的梦想。这家蒸馏厂配备了一个0.5吨的糖化锅、5个花旗松材质的发酵槽，以及两台福赛斯（Forsyth）公司生产的蒸馏器。酿造过程中既使用泥煤酚值含量为40~50ppm的麦芽，也使用未熏泥煤的麦芽，并且大部分产品会注入曾盛放过波本威士忌的橡木桶中陈酿。

仓吉蒸馏所（Kurayoshi Distillery）
鸟取县，仓吉市，成立于2017年

仓吉品牌首次亮相日本威士忌市场是在2015年，当时以"日本纯麦威士忌"的品牌形式发布并标注了年份。那是日本威士忌的年龄声明开始变得稀缺的时候。当时，尚存的日本的酿酒厂通常不会交换库存，聪明的消费者很快发现这些瓶装威士忌是从国外批量进口的。2017年，仓吉蒸馏所正式成立，最初配备了3台小型蒸馏锅。2018年，增加了两台较大的蒸馏锅，并开始逐渐向公众开放蒸馏所。松井威士忌无疑是最广泛可得的日本手工威士忌品牌，尽管其酒液的来源并不总是很清晰。

京都宫古蒸馏所（Kyoto Miyako Distillery）
京都府，京丹波町，成立于2020年

隶属于京都酒造株式会社，位于丹波高地。所有生产工序都在同一屋檐下进行，设备包括4个搪瓷涂层的开放发酵槽、发酵时间为60小时，以及两台壶式蒸馏器（带有略微下倾的林恩臂）。此外，还有一台小型蒸馏锅，用于生产杜松子酒。目前公司销售的威士忌产品似乎包含了从国外采购的酒液。

这家蒸馏厂虽然与传奇的轻井泽蒸馏厂同名，但其实在2021年才成立

真老蒸馏所（Maoi Distillery）
北海道，长沼町，成立于 2008 年

真老蒸馏所最初是一家酒庄，2021 年开始增设蒸馏设施（用于威士忌和白兰地的生产）。威士忌生产始于 2022 年 9 月。蒸馏所的设备包括一台手工搅拌的麦芽糖化锅、两台不锈钢发酵槽以及一台由福赛斯公司制造的混合型蒸馏锅，配备两个柱式蒸馏装置用于生产谷物威士忌和白兰地。该蒸馏所使用本地种植的大麦和泥炭。

马尔斯·神冈岳蒸馏所（Mars Komagatake Distillery）
长野县，宫田村，成立于 1985 年

在日本威士忌消费的高峰期建成的，但在日本威士忌市场经历了为期 25 年的长期衰退后，这家蒸馏所于 1992 年关闭。直到 2011 年，才重新启动蒸馏设备。2014 年，旧的蒸馏锅被全新的设备替代，2018 年装了 3 台道格拉斯冷杉发酵槽。作为 12 亿日元投资的一部分，2019—2020 年，蒸馏所建造了新的仓库、新的不锈钢发酵槽和糖化锅，还建立了新的游客中心。大部分大麦为进口（包括泥煤和非泥煤大麦），但在 2021 年，首批本地种植的大麦被用于蒸馏。最新的公开发布产品是"神冈岳 2023 版"。

津贯蒸馏所（Mars Tsunuki Distillery）
鹿儿岛县，南萨摩市，成立于 2016 年

2015 年底，宝酒造在鹿儿岛县津贯总部设立了第二家蒸馏所，并于 2016 年 10 月完成首次蒸馏。这家蒸馏所由久野辰郎主导运营，他曾在马尔斯·信州蒸馏所的蒸馏厂长竹平幸启的指导下学习酿酒。这里继承了一些信州蒸馏所的传统，但也有显著的不同之处，尤其是在威士忌的酿造方法上，包括使用特殊的大麦、不同的酵母类型等。最新的公开发布产品是"津贯 2024 版"，该产品于 1 月发布。

长滨蒸馏所（Nagahama Distillery）
滋贺县，长滨市，成立于 2016 年

长滨蒸馏所是日本最小的蒸馏所之一，仅用 7 个月的时间就完成了建设，作为长滨罗曼啤酒厂的扩展项目。蒸馏所于 2016 年 11 月开始生产。糖化和发酵过程使用了原本用于酿造啤酒的设备。其余的蒸馏过程则在一个小型"蒸馏间"进行，配备了 3 台 1 000 升的霍加蒸馏锅。最新的发布产品"第三批"于 2023 年 12 月问世。

新潟龟田蒸馏所（Niigata Kameda Distillery）
新潟县，新潟市，成立于 2019 年

新潟龟田蒸馏所位于龟田工业园区，靠近新潟 JR 车站。由于该车站是新干线的停靠站，从东京出发，前往这家威士忌蒸馏所的交通时间为全日本威士忌酒厂最短。蒸馏所是日本最大印章制造商大谷公司的一项副业。首次蒸馏发生在 2021 年 2 月。大部分麦芽大麦（包括泥煤和非泥煤大麦）从苏格兰进口，但也使用了一些本地的新潟大麦。2022 年，安装了一台小型自动化麦芽化设备，未来计划在厂内进行本地大麦的麦芽化。此外，蒸馏所还计划未来生产以米为原料的谷物威士忌和以北海道甜菜糖为原料的朗姆酒。

二世古蒸馏所（Niseko Distillery）
北海道，成立于 2019 年

由日本著名清酒制造商八海山酒厂的 CEO 长森次郎所创办。蒸馏所的设备包括一台来自瑞士的 Bühler 磨麦机，一台

竹石雄（Yu Takeishi）——九重蒸馏所的首席酿造师

来自斯洛文尼亚的1吨全麦糖化锅，3台日本制造的道格拉斯冷杉发酵槽，以及一对来自苏格兰福赛斯的蒸馏器——一台5 500升的初馏器和一台3 600升的再馏器。此外，还有一台600升的混合型霍斯坦（Holstein）蒸馏锅，用于生产金酒。首次威士忌蒸馏在2021年3月。

野泽温泉蒸馏所（Nozawa Onsen Distillery）
长野县，下高井郡，成立于2020年

野泽温泉蒸馏所位于长野县的著名旅游胜地——野泽温泉，威士忌生产于2023年1月开始。首席蒸馏师Sam Yoneda使用一种带有自枝盘的蒸入和快速冷却夹套的麦芽蒸煮锅，并与麦芽过滤器配合使用。蒸馏所还配备了不锈钢发酵槽，一对灯笼形蒸馏锅和一台金酒蒸馏锅。目前，它是唯一一家使用麦芽过滤器的日本手工威士忌蒸馏所，这为开发独特风味提供了极大的灵活性。

沼田蒸馏所（Nukada Distillery）
茨城县，那阿市，成立于2016年

沼田蒸馏厂由木内酒造（Kiuchi Shuzo）在其新的常陆野猫头鹰（Hitachino Nest）啤酒厂一角设立。就产量而言，它可谓是日本最小的威士忌蒸馏厂。那台1 000升的混合蒸馏器既用于酿造威士忌，也用于酿造金酒。其产量每年有所不同，且因还要蒸馏啤酒和木内利口酒而受到限制。

冈山蒸馏所（Okayama Distillery）
冈山县，冈山市，成立于2011年

其母公司宫下酒造成立于1915年，最初是一家清酒酿酒厂。1994年，他们成为了日本手工精酿啤酒的先驱之一。2003年，公司开始用不锈钢烧酒蒸馏锅蒸馏部分啤酒。2011年获得了生产麦芽威士忌的许可证——最初是在烧酒蒸馏锅中蒸馏，2015年起改用铜质混合蒸馏器。生产量非常有限，瓶装产品也很少见。最新产品是2023年9月发布的单桶冈山2023葡萄酒桶强度版，在前阿玛罗尼桶中熟成。

御岳蒸馏所（Ontake Distillery）
鹿儿岛县，成立于2019年

御岳蒸馏所由西酒造生产商四酒造总公司建立，座落于他们拥有的高尔夫球场内。蒸馏所配备了一个麦芽蒸煮锅，5个不锈钢发酵槽和两个铜质蒸馏锅。暂时只使用无泥煤的麦芽大麦。大多数生产酒液在欧罗索酒桶中熟成，但该蒸馏所也使用来自新西兰自家酒庄的黑比诺酒桶。首批酒品于2023年12月发布。

东方金泽蒸馏所（Oriental Kanazawa Distillery）
石川县，金泽市，成立于2016年

这是一家总部位于金泽市的精酿啤酒公司，2022年夏季，安装了一台混合型蒸馏锅、3个木制发酵槽以及3个重新改造的搪瓷涂层钢制清酒桶，随后不久开始进行蒸馏。其目标是在2025年推出首款威士忌。

尾铃山蒸馏所（Osuzuyama Distillery）
宫崎县，儿汤郡，成立于1998年（2019年起生产威士忌）

最初作为烧酒蒸馏所建立，所有原料均来自当地。设备包括15个用尾杉（一种杉树）制作的发酵槽。大麦使用一种名为"箱麦芽法"的专有方法进行自家麦芽化。蒸馏设备结合了不锈钢烧酒蒸馏锅和铜质蒸馏锅。最新的酒款是2024年3月

位于鹿儿岛的御岳蒸馏所

发布的"尾铃山麦芽樱花桶威士忌"。

三郎丸蒸馏所（Saburomaru Distillery）
富山县，砺波市，成立于1990年

若鹤酒造自太平洋战争结束后开始生产威士忌，但自1862年便开始酿造清酒。最初专注于较为简单的威士忌，2016年开始生产麦芽威士忌。2018年，安装了新的磨坊和糖化槽。2019年，开始使用一对新的铜质蒸馏器，也被称为"泽门蒸馏器"，是世界上首批铸铜壶式蒸馏器。2020年，一台道格拉斯冷杉发酵槽被加入生产线，并于2022年增加了第二个。这些发酵槽在搪瓷罐中发酵4天后使用24小时。最新的酒款是"IV天皇"，有标准版本（酒精度48%），也有限量的桶强版本。

樱尾蒸馏所（Sakurao Distillery）
广岛县，廿日市市，成立于2018年

虽然是一个新蒸馏所，但其背后的中越酿造有着悠久的历史，成立于1918年，并于1938年正式注册。公司经营的酒品种类包括烧酒、清酒、味醂和各种利口酒。中国酿造公司自1938年起便开始"生产"威士忌，在1989年酒税改革之前，主要生产"经济型"威士忌。2003年，推出了由进口威士忌调和而成的Togouchi品牌。为了庆祝公司成立100周年，在公司总部建立了一个真正的威士忌蒸馏所。蒸馏所生产泥煤威士忌（20ppm）和无泥煤威士忌。酒桶既在现场陈酿，也在废弃的隧道中陈酿。市面上长期供应两款单一麦芽威士忌：樱尾和Togouchi。最近一次（2024年5月）发布的限量版是Togouchi蒸馏师精选系列——迷雾（Misty）。

濑户内蒸馏所（Setouchi Distillery）
广岛县，吴市，成立于2020年

濑户内蒸馏所是宫毛本店（Miyake Honten）的最新项目，该公司自1856年起开始生产味醂、烧酒，后来又涉足清酒酿造。20世纪20年代末期，其产品成为日本海军舰艇上的官方军用清酒。新的威士忌生产线（自2021年开始）规模较小，但在2022年8月，蒸馏所增加了一个铜锅蒸馏器，进一步提升生产能力。最新的酒款是2023年7月发布的"Newborn – Aged 1 Year"。

新道蒸馏所（Shindo Distillery）
福冈县，朝仓市，成立于2021年

由著名的烧酒制造商Shinozaki Co., Ltd.建立，自开设以来，使用了多种类型的麦芽大麦，但每年有一个月专门用于生产高泥煤（50ppm）的威士忌。麦芽化在一台1吨半滤式蒸煮锅中进行，蒸馏所还配备了5个带水套的耐腐蚀钢发酵槽和一对铜质蒸馏锅。蒸馏所生产的第一款产品是"新道新酒"，于2022年9月发布。

静冈蒸馏所（Shizuoka Distillery）
静冈县，静冈市，成立于2015年

由Gaia Flow的创始人中村太光所有，并于2017年2月开始生产。蒸馏所最初设有5个发酵槽：4个由俄勒冈松木制成，一个由静冈杉木制成。2018年2月，蒸馏所增加了3个杉木发酵槽。蒸馏室配备了3个铜锅蒸馏器：一个来自已停产的轻井泽蒸馏所，另有一对由苏格兰福赛斯公司制造的新蒸馏锅，其中一个蒸馏锅是直接火焰加热的。最新的酒款是2024年5月发布的"联萃S 2024 仲夏夜之酒"（United S Summer 2024），这款酒包含了使用两种不同蒸馏锅蒸馏的麦芽威士忌。

丹波蒸馏所（Tamba Distillery）
兵库县，丹波篠山市，成立于2018年

丹波蒸馏所归喜撰久（喜撰久Co.）所有，喜撰久是一家成立于1925年的酒类生产商。蒸馏所位于四面环山的内陆盆

三郎丸蒸馏所以其独特的泽门（Zemon）蒸馏器而闻名

地，有着得天独厚的亚热带气候。自2004年起，喜撰久开始生产烧酒，但公司认为这个湿润的地理位置同样适合生产威士忌。最初，使用不锈钢蒸馏锅生产威士忌，但在2021年，蒸馏所安装了两台由福赛斯制造的铜质蒸馏锅。磨坊和麦芽蒸煮过程发生在场外，并使用泥煤和非泥煤大麦。发酵发生在一种搪瓷冷凝的发酵罐中，这种发酵罐通常用于清酒生产。目前丹波蒸馏所发布了一些限量版的单一麦芽威士忌，主要面向馆以行业，包括首发版"丹波第一版"、2022年装瓶的"丹波第二版"和2023年装瓶的"丹波第三版"。

山鹿蒸馏所（Yamaga Distillery）
熊本县，山鹿市，成立于2021年

山鹿蒸馏所是熊本县的第一家蒸馏所，配备了1吨的麦芽蒸煮槽，5个不锈钢发酵槽和一对铜质蒸馏锅。蒸馏所生产非泥煤和高泥煤麦芽威士忌。蒸馏所的酒窖位于现场，使用可移动货架，仓储容量为3 300桶。最新发布的酒款之一"山鹿新生"是一款非泥煤蒸馏酒，成熟期为5～7个月。

矢里田蒸馏所（Yasato Distillery）
茨城县，石冈市，成立于2019年

其所有者（早在2016年就创立了沼田蒸馏厂）基于酿造新型威士忌的理念设计了这家蒸馏厂，使用多种谷物和不同类型的酵母。这里配备一台四辊磨粉机、一个5 000升的谷物蒸煮锅，用于分步糖化以及蒸煮大米、荞麦和玉米，还有一个6 000升的过滤槽、4个12 000升的不锈钢发酵罐和4个6 000升的木质发酵罐。此外，还有一个12 000升的初馏器和一个8 000升的再馏器。2020年3月进行了首次蒸馏。木内酒造（Kiuchi Shuzo）偶尔会以"日之丸威士忌"（Hinomaru Whisky）品牌，推出在安里和（或）沼田蒸馏厂蒸馏的威士忌。

游佐蒸馏所（Yuza Distillery）
山形县，游佐町，成立于2018年

游佐蒸馏所由金龙公司（Kinryu）拥有，该公司成立于1950年，最初是由9家当地酿酒厂共同投资，旨在生产中性烈酒。随着时间的推移，金龙开始使用连续蒸馏器生产烧酒并销售。由于近年来烧酒和清酒的消费量持续下降，为了应对这一趋势，公司决定开始生产威士忌，并在游佐市建立了全新的蒸馏所。蒸馏所的第一次蒸馏发生在2018年11月。最新发布的酒款是2024年7月发布的"游佐2024"，旨在展示蒸馏所的家族风格。

巴基斯坦

穆里酿酒厂有限公司（Murree Brewery Ltd.）
拉瓦尔品第，成立于1860年

穆里酿酒厂最初作为啤酒厂开始运营，后来逐步扩展产品线，涵盖了威士忌、金酒、朗姆酒、伏特加和白兰地等多种酒类。其核心单一麦芽系列包括两款表达：穆里经典8年（Murree's Classic 8 Years Old）和穆里千禧年珍藏12年（Murree's Millennium Reserve 12 Years Old）。此外，还有一款名为穆里艾雷珍藏（Murree's Islay Reserve）以及限量版的穆里金色陈年（Murree's Vintage Gold）。

韩国

三社会酿酒厂（Three Societies Distillery）
京畿道，南杨州市，成立于2020年

20世纪80年代末，韩国曾建有3家蒸馏厂，但后来均关闭了。这家则是韩国现代第一家麦芽威士忌蒸馏厂。两位创始人分别是美籍韩裔前游戏节目主持人布赖恩·杜（Bryan Do），以及1980年在格兰利威（Glenlivet）开启职业生涯的安德鲁·尚德（Andrew Shand）。该蒸馏厂位于首尔以北30公里处，配备一台5 000升的初馏器和一台3 000升的再馏器，二者均由福赛斯制造。年产量可达100万升纯酒精。此外，还有一台700升的蒸馏器，用于酿造金酒、黑麦威士忌、波本威士忌以及实验性酒品。部分大麦由蒸馏厂自有农场，上述便用韩国木土酵母和橡木。蒸馏厂的旗舰威士忌产品"启一"（Ki One）于2023年2月首次面市。

泰国

红牛蒸馏厂（Red Bull Distillery）
芒县，那迪镇，成立于1988年

红牛酿酒厂是一家大型酿酒厂，生产多种烈酒，至少10年前开始生产单一麦芽威士忌。该酒厂由亚洲顶级饮品生产商泰国百利（ThaiBev）所有，泰国亿万富翁查伦·西里瓦丹纳帕基（Charoen Sirivadhanabhakdi）及其家族控制。尽管酒厂生产单一麦芽威士忌已有多年，但目前似乎尚未发布单一麦芽威士忌。酒厂的主要威士忌产品是"Blend 285"，这款威士忌由泰国和苏格兰蒸馏的威士忌混合而成。

越南

Về Đề Đi 蒸馏厂（Về Đề Đi Distillery）
河内，成立于2020年（2023年起生产威士忌）

这家由迈克尔·罗森（Michael Rosen）和阮兴权（Nguyen Hung Quan）创立的酒厂，是越南第一家生产麦芽威士忌蒸馏厂。其最初的产品是金酒和可可甜酒，首批威士忌于2023年10月开始陈酿。对于酒厂所有者来说，使用当地原料至关重要，一方面是想看看风土条件能为酒带来怎样的特色，另一方面也是为了支持西北部的农户家庭。"Về Đề Đi"越语的意思是"回来是为了出发"。

Về Đề Đi 蒸馏厂是越南首家威士忌蒸馏厂

南美洲

阿根廷

拉阿拉萨纳蒸馏厂（La Alazana Distillery）
戈隆德里纳斯，成立于 2011 年

这家麦芽威士忌蒸馏厂位于巴塔哥尼亚安第斯山脉地区，是阿根廷第一家威士忌蒸馏厂。它由内斯特·塞雷内利（Néstor Serenelli）和他的妻子莉拉（Lila）拥有并经营。厂主坚信"风土"理念，认为当地的大麦、水和气候会在威士忌的风味中得以体现。2022 年，"风土"概念有了新的演绎，两桶正在陈酿的威士忌被运往南极的马兰比奥军事基地，在极端气候下再陈酿几年。后来这一实验再次进行，又有两桶新酒被运往另一个基地，打算在冰洞中陈酿 8 ~ 10 年。该蒸馏厂配备了一个过滤糖化槽、4 个 1 100 升的不锈钢发酵槽，发酵时间为 100 小时，还有两台蒸馏器。在过去 3 年里，厂主一直在种植并进行麦芽处理他们自己的大麦。除了经典麦芽和有机麦芽，他们还制作了一种名为"海伊德·梅利斯"（Haidd Merlys）的轻度泥煤麦芽。厂主的首款 10 年陈酿威士忌于 2021 年 12 月装瓶。2023 年秋季，威尔士的彭德林蒸馏厂（Penderyn Distillery）与拉阿拉萨纳蒸馏厂出人意料地展开合作，推出了一款威尔士－阿根廷风味的威士忌！

埃米利奥·米尼翁公司（Emilio Mignone y Cia）
卢汉，成立于 2015 年

由兄弟 Carlos 和 Santiago Mignone 拥有，是阿根廷第二家威士忌蒸馏厂。第一次蒸馏是在 2015 年 11 月，蒸馏厂配备了一个 300 升的开放式糖化槽，一个 600 升的发酵槽，发酵时间为 72 ~ 96 小时，以及两个直接由天然气加热的蒸馏器。蒸馏厂在 2022 年扩建，年产量达到 6 000 瓶。蒸馏厂有 4 个不同的版本：2019 年发布的 EM&C Pampa 单一麦芽经典款在前波旁酒桶中陈酿，2020 年推出的 EM&C Pampa 单一麦芽泥炭款在 PX 雪莉桶中陈酿，2022 年 7 月发布的 EM&C Pampa 单一麦芽经典款在前雪莉桶中陈酿，以及 2022 年 9 月发布的新泥炭版，该版本在大西洋海岸的前威士忌酒桶中陈酿。

马多克蒸馏厂（Madoc Distillery）
迪纳瓦皮，成立于 2015 年

厂主是拉阿拉扎纳的创始人。2015 年，他离开了前公司，并带走了一些设备以及部分陈酿库存，在迪纳瓦皮建立了这家新蒸馏厂。现有的设备包括一个过滤糖化槽、一个发酵槽和一个铜壶式蒸馏器，补充了一个洗涤蒸馏器，第一次蒸馏发生在 2016 年 9 月，发布了一个酒精度 40% 的单一麦芽威士忌。

巴西

联合蒸馏厂（Union Distillery）
本托贡萨尔维斯，成立于 1948 年（1972 年起生产威士忌）

该公司成立于 1948 年，起初生产葡萄酒，自 1972 年起专注于麦芽威士忌的生产。20 世纪 80 年代，公司对生产设施进行了投资，其中包括与莫里森·鲍莫尔蒸馏厂（Morrison Bowmore Distillers）开展合作。其产品大多以散装威士忌的形式出售，但自 2019 年起，公司重新开始推出自有品牌产品。他们的单一麦芽威士忌核心系列包括"纯麦芽"（有葡萄酒桶收尾、处女橡木桶收尾、泥煤味的图尔法多以及重度泥煤味的特级图尔法多），还有"签名"限量版以及"年份"版产品，其中 2005 年份威士忌可能是拉丁美洲发布的陈酿时间最长的单一麦芽威士忌。

内斯特·塞雷内利（右）和他的儿子托马斯在南极贝尔格拉诺基地

拉马斯酒厂（Lamas Destilaria）
马托津纽斯，成立于 2019 年

拉马斯酒厂由拉马斯兄弟创办，现在由第二代和第三代拉马斯家族成员管理。酒厂是一家手工酿酒厂，生产多种烈酒，包括单一麦芽威士忌。拉马斯酒厂的单一麦芽威士忌核心系列包括：普雷努斯（Plenus）、维鲁斯（Verus）、拉鲁斯（Rarus），以及带烟熏味的尼姆布斯（Nimbus）和尼姆布斯·罗布斯图斯（Nimbus Robustus）。此外，还生产名为卡内姆（Canem）的混合威士忌，并且偶尔推出一些特别版，例如近期的普图穆胡（Putumuju）威士忌（用巴西本土树种 Centrolobium robustum 的木桶陈酿）。

非洲

南非

詹姆斯·塞奇威克蒸馏厂（James Sedgwick Distillery）
威灵顿，成立于 1886 年（1990 年起生产威士忌）

帝斯戴尔集团有限公司（Distell Group Ltd.）于 2000 年由斯泰伦博斯农夫酒庄（Stellenbosch Farmers' Winery）与蒸馏酒公司（Distillers Corporation）合并而成，不过詹姆斯·塞奇威克蒸馏厂早在 1886 年就已成立。该公司生产种类繁多的葡萄酒和烈酒，自 1990 年起，詹姆斯·塞奇威克蒸馏厂就成为了南非威士忌的酿造之地。在过去几年里，这家蒸馏厂进行了大规模扩张，如今配备了一台带有两根蒸馏柱的蒸馏器用于生产谷物威士忌，两台壶式蒸馏器用于生产麦芽威士忌，以及一台带有 5 根蒸馏柱的蒸馏器专门用于生产中性烈酒。2022 年，帝斯戴尔的大多数股东接受了荷兰啤酒商喜力（Heineken）的收购要约。在威士忌产品系列中，三船（Three Ships）品牌占据了大部分销售额。该系列包括 3 款调和威士忌：精选（Select）、5 年陈酿的优质精选（Premium Select）以及 3 年陈酿的波本桶陈酿（Bourbon Cask）。此外，还有 2003 年首次推出的 10 年陈酿单一麦芽威士忌。2015 年，该品牌推出了"大师系列"（Master's Collection），计划每年推出一款产量有限且具有南非特色的新品。其第 7 版是一款 6 年陈酿的白诗南（Chenin Blanc）收尾威士忌。2023 年，三船威士忌达到了新高度，推出了 21 年陈酿的威士忌。除了三船系列，该蒸馏厂还生产南非首款单一谷物威士忌——贝恩开普山威士忌（Bain's Cape Mountain Whisky）。

赫尔登酒厂（Helden Distillery）
帕里斯，成立于 2018 年

赫尔登酒厂生产赫尔登单麦威士忌（Helden Single Malt）和非洲火焰威士忌（African Bonfire Whisky）。后者由红高粱和大麦酿造，并在法国橡木和南非本土的骆驼刺木桶中陈酿。

因森多酒厂（Incendo Distillery）
哈特比斯波特，成立于 2017 年

这家蒸馏厂生产多种烈酒，其中包括威士忌。以"Lexicon"之名推出了一些限量版威士忌，有 3 年陈酿的大麦单一麦芽威士忌，还有使用其他糖化原料制成的单一麦芽威士忌。

过去这一年

单一麦芽威士忌的热点地区 / 行业巨头 / 主流品牌 / 新建蒸馏厂

全球酒精行业在回顾 2023 年时不会感到太多喜悦。2022 年酒类销量增长了 5%，而在 2023 年，这一增长被 1% 的下降所取代。而且看起来直到 2025 年才有望迎来复苏。主要原因在于通货膨胀，它导致生产商和消费者的成本都大幅上升。俄罗斯与乌克兰以及以色列与巴勒斯坦之间的战争，加剧了全球的经济不安全感，限制了家庭支出。根据国际葡萄酒与烈酒研究所（IWSR）的预测，2025 年开始的复苏也只会是一个温和的 1% 增长。不过，从更宏观的角度来看，2023 年不尽如人意的数据，是在新冠疫情后复苏的几年良好表现之后出现的。

将酒类细分为不同品类，情况又会因地区而异，呈现出截然不同的景象。2018 年以来葡萄酒销售一直处于结构性下滑态势，2022 年葡萄酒销量下降了 5%，而 2023 年又继续下滑了 4%。只有少数几个国家的葡萄酒消费有所增加，例如俄罗斯、罗马尼亚、日本和巴西。随着销售放缓，葡萄酒生产也减缓了。2023 年全球葡萄酒产量是自 1961 年以来的最低水平。少数几个国家设法维持或增加产量（法国和美国），而更多国家的产量大幅下降（意大利、西班牙、澳大利亚、南非以及南美洲主要葡萄酒生产国）。

尽管 2023 年全球啤酒的销量下降了 1%，但与 2022 年相比，表现其实相当不错。实际上，2023 年啤酒的销售额增长了 4%。巴西和南非的市场表现尤为突出。许多分析师预计，啤酒市场在 2023—2028 年每年将增长 3%~4%。

烈酒，作为三大品类之一，历来被认为是最具韧性的品类，但在 2023 年也受到了冲击，销量下降了 2%。2024—2028 年，IWSR 预计销量将趋于平稳，而销售额可能会以每年 1% 的速度增长。如果不包括本土烈酒（主要是白酒、烧酒和清酒），预计销量将增长 1%，销售额将增长 2%。

烈酒在 2022 年表现糟糕（下降 13%），而 2023 年也仅是略有好转（下降 8%）。朗姆酒在 2023 年也表现不佳，销量下降了 4%。这可能令人意外，因为朗姆酒多年来一直被视为威士忌的潜在竞争对手之一。其中一个原因可能是新消费者对朗姆酒的需求正在转向陈年、适合品鉴的类型，这将减少未陈年、价格较低品牌的销量。在 2023 年销量下降的烈酒品类中，还有伏特加（下降 1%）。

龙舌兰酒在最近几年的发展令人惊叹。墨西哥和美国是两个主导市场，但澳大利亚、加拿大、意大利和英国等国家的消费者也对龙舌兰酒表现出浓厚的兴趣。然而，有迹象表明其增长速度正在放缓。2022 年，龙舌兰酒的销量增长了 13%，而 2023 年对应的增长率仅为 3%。与此同时，龙舌兰（用于制作龙舌兰酒的主要原料）的价格似乎经历了一段过山车式的波动：2022 年秋季，其价格飙升至 32 墨西哥比索/千克。18 个月后，价格下降到了 5 墨西哥比索/千克。价格下跌的原因是大量新种植的龙舌兰。未来几年内，这种价格变化将如何影响龙舌兰酒的销售，还有待观察。

2022 年全球威士忌销量增长了 8%，而到 2023 年，这一增长幅度只有 2%。最大的品类仍然是苏格兰威士忌，其次是美国威士忌，之后是加拿大威士忌、爱尔兰威士忌、日本威士忌以及"世界威士忌"。尽管印度威士忌产量巨大，但由于其大部分是用糖蜜而非谷物酿造的，因此在许多国家并不被认可为威士忌。其他品类的数据如下：金酒（+4%）、白兰地（+1%）和利口酒（0%）。

对苏格兰威士忌的简单分析是：2023 年是一个令人失望的年份。2021 年和 2022 年看到的令人印象深刻的增长后，在 2023 年转变为下降。主要原因是新冠疫情之后的全球经济衰退。不过我们也要看到，2021—2022 年非常积极的百分比增长是建立在 2020 年崩盘后的基数效应上，而 2023 年的数据实际上都高于 2019 年（新冠疫情前的最后一年）的数据。

苏格兰威士忌协会表示："2023 年的数据更真实地反映了当前全球出口的现状，与新冠疫情前相比，出口增长强劲。"

2023 年苏格兰威士忌的出口量下降了 19.3%，相当于 13.5 亿瓶。实际上，这个数字与 2021 年销售数量大致相当。出口额下降了 9.5%，达到 56 亿英镑，实际上比 2021 年高出 24%。单一麦芽苏格兰威士忌的出口额增长了 2%，首次突破 20 亿英镑大关。单一麦芽苏格兰威士忌的出口量现在占苏格兰威士忌总出口量的 11.5%，而其出口额占比则达到了创纪录的 36%。

单一麦芽苏格兰威士忌——2023 年出口

销售额：+2.0%，达到 20.2 亿英镑

销量：−13.6%，达到 1.557 亿瓶

调和苏格兰威士忌*——2023 年出口

销售额：−15.3%，达到 35 亿英镑

销量：−20.9%，达到 11 亿瓶

苏格兰威士忌总计——2023 年出口

销售额：−9.5%，达到 56 亿英镑

销量：−19.3%，达到 13.5 亿瓶

* 包括瓶装及散装调和威士忌、瓶装及散装调和麦芽威士忌，不包括谷物威士忌。

欧盟

欧盟仍然是苏格兰威士忌按销量计的最大市场，但与亚洲和大洋洲的差距正在缩小。2023 年，欧盟的销量下降了 12%，但该地区仍然占全球销量的 36.5%。从销售额角度来看，欧盟在 2022 年被亚洲和大洋洲超越，目前位居第二。尽管 2023 年其销售额下降了 1%，但由于其他地区表现极为糟糕，欧盟在销售额方面的市场份额仍保持在 32%。

欧盟——前 3 名

法国：销量 −15%，销售额 −3%

德国：销量 −12%，销售额 −2%

西班牙：销量 −14%，销售额 +7%

法国人对威士忌，尤其是苏格兰威士忌的喜爱已经持续了数十年，欧盟内没有任何其他国家能在销量或销售额方面对其构成挑战。实际上，法国的苏格兰威士忌市场占欧盟总市场的 35%，而在法国销售的所有威士忌中，大约 80% 是苏格兰威士忌（有趣的是，法国销量最高的威士忌是一种美国威士忌——杰克·丹尼尔）。法国在销量方面重新夺回了世界第一的位置，这一位置在 2022 年曾被印度短暂占据过一年。然而，印度作为一个新兴市场，似乎很快就会重新夺回领先地位。2023 年，法国的销量下降了 15%，而销售额仅下降了 3%。

位居第二的是德国，其销量下降了 12%，销售额下降了 2%。德国是一个传统上更倾向于单一麦芽威士忌而非调和苏格兰威士忌的国家，这一趋势在 2023 年仍然保持，单一麦芽威士忌的市场份额为 53%。单一麦芽威士忌的销量大幅下降了 50%，而销售额仅下降了 8%，这清楚地表明高端产品仍然受到欢迎。

紧随其后的是位居第三的西班牙，西班牙是欧盟前 3 名中唯一一个销售额增长的国家（+7%）。2022 年增长了 50%，2023 年又增长了 12%。和德国一样，高端品牌表现强劲。

亚洲和大洋洲

自 2022 年起，亚洲和大洋洲在销售额方面已成为全球最大地区，未来几年内有望在销量上也超越欧盟。2023 年，该地区的销量下降了 17%，销售额下降了 1%。然而，这也是 2023 年单一麦芽威士忌销售额唯一增长的地区，增幅达 16%。30 年前，苏格兰威士忌在亚洲还处于起步阶段，但鉴于中国和印度是人口最多的两个国家，生产商早已将目光投向了这个市场。尽管通往成功的道路上存在税收、分销问题以及政治干预，但未来一片光明。

亚洲和大洋洲——前 3 名
印度：销量 -24%，销售额 -23%
日本：销量 -20%，销售额 -3%
中国：销量 -6%，销售额 +1%

尽管苏格兰威士忌在印度威士忌市场的占比仅为 2%，但印度在销量方面是亚洲最大的苏格兰威士忌市场。这并不令人意外，因为印度是世界上人口最多的国家，收入迅速增长，并且对威士忌的兴趣可追溯到 19 世纪。人口结构很重要，印度的中位年龄低于 30 岁，而中国接近 40 岁，每年有 1 500～2 000 万人达到法定饮酒年龄。2023 年，苏格兰威士忌对印度的出口大幅下降，销量下降 24%，销售额下降 23%。细分来看，下降主要出现在调和威士忌方面，而单一麦芽威士忌则表现良好。2023 年，印度的单一麦芽威士忌市场总量为 67.5 万箱，而印度本土生产的单一麦芽威士忌首次占据了大部分份额（53%）。在印度开展业务面临的挑战是，该国由 28 个邦和 8 个地区组成，每个邦和地区都有各自不同的酒类法规，其中一些甚至禁止销售酒类饮料。除此之外，对进口烈酒征收 150% 的关税，这一问题一直是英国和印度之间谈判的主题，但双方最近似乎更接近于达成解决方案。目前的提议是先将关税降至 100%，然后在 10 年内降至 50%。

位居第二的是日本，日本是世界上最大的散装苏格兰威士忌（未装瓶的调和威士忌、调和麦芽威士忌和谷物威士忌）进口国之一。由于日本的法规较为宽松，这些威士忌通常会与国产烈酒混合，并作为日本威士忌出售。2023 年，日本的销量下降了 20%，销售额下降了 3%。日本生产威士忌已有超过一个世纪的历史，而在过去 10 年中，该行业迅速发展，大量新酒厂纷纷开业。京都的苏格兰 & 枝酒吧中陈列的众多苏格兰威士忌就是日本对苏格兰威士忌巨大兴趣的一个例证。日本威士忌在鉴赏家中的受欢迎程度不断上升，这对苏格兰威士忌构成了挑战。

2023 年，中国在苏格兰威士忌的亚洲市场中按销量计位居第三，超越了新加坡。其销量仅下降了 6%，而销售额却增长了 1%。向中国出口的优势在于，关税仅为 5%，且与印度相比，分销渠道更容易操作。然而，缺点是中国的政策存在不确定性，例如政府可能会突然打击过度送礼行为，让人措手不及。与此同时，2024 年 7 月央行降息，这将对苏格兰威士忌进口贸易产生重大影响。中国引人注目的地方在于对单一麦芽威士忌的巨大兴趣，尤其是高端产品。出口到中国的苏格兰威士忌销售额中有高达 75% 来自单一麦芽威士忌。相比之下，印度的这一比例为 14%，日本为 32%。出口到中国的单一麦芽威士忌的平均单价为 13.46 英镑/瓶，只有中国台湾地区略高于此，为 13.80 英镑/瓶。

北美地区

欧洲曾经一直是按销售额和销量计的最大地区，北美地区在 2020 年之前一直是按销售额计的第二大地区，但后来被亚洲和大洋洲超越。2023 年，北美地区的销量下降了 14%，销售额下降了 10%。

北美地区——前三名
美国：销量 -7%，销售额 -7%
墨西哥：销量 -30%，销售额 -17%
加拿大：销量 -27%，销售额 -23%

从禁酒令时期（1920—1933 年）开始，当时美国生产商无法合法生产威士忌，苏格兰竞争对手迅速抓住这一机会。美国对苏格兰威士忌的增长一直起着至关重要的作用。如今，美国是该地区最大的进口国，占该地区销量的 75% 和销售额的 81%。美国也是苏格兰威士忌（尤其是单一麦芽威士忌）在全球最重要的市场之一。20 年前，美国销售的苏格兰威士忌的销量与今天大致相当，但单一麦芽威士忌的占比已从 9% 上升到 22%。2023 年，美国的销量和销售额都下降了 7%，这意味着其尚未恢复到新冠疫情前的水平。美国销量最高的威士忌类型是波本威士忌，其次是加拿大威士忌，苏格兰威士忌和爱尔兰威士忌分别位居第三和第四。鉴于爱尔兰威士忌在过去几年强劲的发展势头，曾认为它可能在未来几年内在美国市场超越苏格兰威士忌。然而，2023 年苏格兰威士忌销量下降了 7%，而爱尔兰威士忌则暴跌了 20%。

一个无法回避的问题是美国与欧盟之间的关税战，这场争端早在 2004 年就已开始涉及飞机制造商。2019 年，烈酒也被卷入其中，双方都对酒类征收了关税。但拜登就职后，双方同意暂停征收关税。然而，这一暂停期将于 2025 年 3 月到期，而在 2024 年秋季美国大选之后，未来会发生什么还有待观察。

位居第二的墨西哥，对苏格兰威士忌而言是一个非常重要的市场（按销量计排名第 10，按销售额计排名第 15），对威士忌整体市场也是如此。墨西哥占整个拉丁美洲威士忌市场的 20% 以上，其中苏格兰威士忌占据主导地位。这无疑是一个以调和苏格兰威士忌为主的市场，单一麦芽威士忌仅占出口销售额的 3%。2023 年，墨西哥的销量下降了 30%，销售额下降了 17%，但单一麦芽威士忌的销售额实际上增长了 9%。

最后，加拿大从全球销售额排名第 14 位下降到第 17 位，原因是销售额暴跌 23%，销量下降了 27%。与其他许多市场不同，其下降趋势在单一麦芽威士忌和调和威士忌之间分布较为均匀。

拉丁美洲和加勒比地区

2022 年，该地区在苏格兰威士忌的销量方面超越北美，成为第三大畅销地区，但随后在 2023 年因销量暴跌 50% 而失去了这一位置，尽管销售额"仅"下降了 45%。这一表现让大多数苏格兰威士忌生产商不寒而栗，不断发布财年利润预警。

从历史上看，拉丁美洲和加勒比地区一直是苏格兰威士忌的一个重要但不稳定的市场。反复出现的经济衰退使得消费者倾向于选择更便宜的本地烈酒，例如巴西的卡莎萨（Cachaça）、哥伦比亚的阿瓜迪恩特（Aguardiente）以及玻利维亚和秘鲁的皮斯科（Disco）。该地区主要由调和威士忌主导，单一麦芽威士忌仅占总销售额的 5%。实际上，出口到比利时（人口 1200 万）的单一麦芽威士忌销售额与出口到拉丁美洲（人口 4.7 亿）的相当。

拉丁美洲和加勒比地区——前三名
巴西：销量 -54%，销售额 -42%
智利：销量 -34%，销售额 -21%
巴拿马：销量 -65%，销售额 -65%

按销量计算最大的市场是巴西，占该地区销量的 36% 和销售额的 22%。目前，巴西在苏格兰威士忌的进口量方面位居世界第八，在销售额方面排名第 18 位——与 2022 年相比，这一表现明显下滑。单一麦芽威士忌的销售额仅占总量的 4%，但在 2023 年增长了 70%。通货膨胀和高利率对消费者支出造成了压力，这也影响了整个烈酒行业。然而，巴西最近的经济报告显示，积极的变化可能最早在 2024 年出现。2024 年 8 月，苏格兰威士忌在巴西获得了地理标志（GI）地位。

位居第二的是智利，尽管出现了两位数的下降（销量下降 34%，销售额下降 21%），但其表现仍优于其他国家。单一麦芽威士忌在总销售额中的占比与巴西大致相当。位居第三的是巴拿马，其销量和销售额均下降了 65%。按销售额计算，巴拿马是该地区第二大市场。巴拿马的贸易条件较为特殊，该国拥有多个经济特区，其中大西洋沿岸的科隆自由贸易区是西半球最大的自由贸易区。这意味着相当一部分进口的苏格兰威士忌被分发到了拉丁美洲和加勒比地区的其他地方。

撒哈拉以南非洲地区

2022 年，当其他地区都在蓬勃发展时，该地区的表现并不突出。2023 年情况也未见好转，销量下降了 24%，销售额下降了 21%。从销售额角度来看，该地区甚至被本概览中的下一个地区——西欧（非欧盟）超越。

撒哈拉以南非洲地区——前 3 名
南非：销量 -42%，销售额 -44%
尼日利亚：销量 +45%，销售额 -11%
肯尼亚：销量 +9%，销售额 +7%

南非依旧是该地区的主要市场，但其影响力在 2023 年明显减弱。2023 年，南非占该地区销售额的 36%（2022 年为 51%）和销量的 45%（2022 年为 54%）。2023 年，南非的销量下降了 42%，销售额下降了 44%。在全球排名中，南非的销量排名从第 10 位下降到第 16 位，销售额排名从第 20 位下降到第 22 位。部分原因是风味酒精饮料（FAB，如冰爽饮料和气泡酒）的成功，这些饮品在年轻消费者中越来越受欢迎。

位居第二的是尼日利亚，该国在 2023 年逆势而上，销量增长了 45%，尽管销售额下降了 11%。调和威士忌表现尤为出色，销量增长了 65%，但单一麦芽威士忌仍然受到显著关注，占总销售额的 55% 以及该地区所有麦芽威士忌销售额的 29%。排名第三的依旧是肯尼亚，该国的销量增长了 9%，销售额增长了 7%，表现积极。与尼日利亚不同，肯尼亚主要以调和威士忌为主。

西欧（不含欧盟）

该地区仅有 7 个市场，2023 年是唯一一个在销量（+22%）和销售额（+14%）均呈现正增长的地区。由于土耳其是最大的赢家，不难推测在对俄罗斯实施制裁的背景下，相当一部分进口产品被重新定向到了俄罗斯。

西欧（不含欧盟）——前 3 名

土耳其：销量 +31%，销售额 +24%
瑞士：销量 +115%，销售额 -12%
挪威：销量 -15%，销售额 -18%

土耳其是该地区最大的市场，占该地区总销量的 86% 和总销售额的 78%。这使得土耳其在全球销量方面位居第九位，在销售额方面位居第 10 位。2023 年，土耳其的销量增长了 31%，销售额增长了 24%。其他两个国家在 2023 年均出现了两位数的下降，且与土耳其相比，它们更倾向于单一麦芽威士忌。在瑞士，单一麦芽威士忌占总销售额的 54%，在挪威占 44%。而土耳其的这一比例仅为 5%。

中东和北非地区

尽管该地区在销量方面是第二小的地区，但从销售额角度来看，它比撒哈拉以南非洲和东欧（不含欧盟）都要大。2023 年，该地区的销量下降了 22%，销售额下降了 18%。

中东和北非地区——前 3 名

阿联酋（UAE）：销量 -25%，销售额 -17%
以色列：销量 -19%，销售额 -25%
伊拉克：销量 -6%，销售额 -4%

阿联酋进口的很大一部分是用于免税销售，随着新冠疫情后旅行市场的恢复，单一麦芽威士忌的销量（占该地区总量的 68%）在 2023 年继续增长，尽管增长速度不如 2022 年。以色列凭借其知识渊博的消费者群体，尤其是得益于成功的本地生产商，仍然是单一麦芽苏格兰威士忌的良好市场。

东欧地区

这是所有地区中最小的一个，包括俄罗斯以及一些周边国家，涵盖部分巴尔干地区。传统上属于东欧但已成为欧盟成员国的国家未包含在此地区内。

东欧——前3名
俄罗斯：销量 -17%，销售额 -16%
格鲁吉亚：销量 +18%，销售额 +2%
乌克兰：销量 +41%，销售额 +65%

俄罗斯仍然是该地区的主要市场，尽管销量下降了17%，销售额下降了16%。自2022年2月俄罗斯与乌克兰发生战争以来，这个地区对于苏格兰威士忌生产商以及其他行业的公司来说，业务经营变得困难重重。对俄罗斯的贸易制裁于2022年初生效，但并未完全禁止威士忌的出口。售价低于300欧元的酒瓶被豁免。然而，另一方面，一些生产商在消费者要求他们对战争采取道德立场的压力下，已经停止了所有对俄罗斯的出口。

俄罗斯的进口商已经找到方法，通过允许从"友好"国家（如土耳其和印度）进行"平行"或"灰色"进口，来为他们的客户供应苏格兰威士忌，甚至一些欧盟国家如拉脱维亚和立陶宛也继续将苏格兰威士忌再出口至俄罗斯。排在第二和第三位的市场是格鲁吉亚和乌克兰，2023年的数据表现良好。格鲁吉亚的销量增长了18%，销售额增长了2%，而乌克兰的对应数据分别为+41%和+65%。

单一麦芽威士忌热门市场

经常被问到哪些市场偏好单一麦芽苏格兰威士忌，让我们来看看这些数据。在这些数据中，我们关注了前40大市场，并选择了单一麦芽威士忌份额前10位。

2023年单一麦芽苏格兰威士忌进口占比

	市场（国家/地区）	销量占比（%）	销售额占比（%）
1.	中国台湾	50	61
2.	中国*	42	74
3.	加拿大	36	60
4.	新加坡	31	45
5.	瑞典	29	63
6.	韩国	27	35
7.	意大利	20	50
8.	美国	19	40
9.	尼日利亚	19	55
10.	以色列	18	23

（*不包括港、澳、台）

如果我们考虑到人口因素，即人均单一麦芽苏格兰威士忌的消费量，排名如下（同样是前10的市场）：

2023年人均单一麦芽苏格兰威士忌进口量前10
1. 新加坡
2. 拉脱维亚
3. 中国台湾
4. 法国
5. 荷兰
6. 瑞典
7. 澳大利亚
8. 以色列
9. 德国
10. 加拿大

需要注意的是，新加坡和拉脱维亚都作为再出口到其他市场的枢纽。

行业巨头

帝亚吉欧（Diageo）

早在2023年11月，帝亚吉欧就发出警告，拉丁美洲和加勒比地区的销售显著放缓将对公司本财年的整体业绩产生影响。随后，股价下跌了35%，而在2024年6月结束的财年结果公布后，股价又下跌了7%，跌至4年来的最低点。与此同时，有传言称帝亚吉欧现在可能处于可能被收购的境地。2024年7月30日公布结果时，净销售额下降了1%，至202.69亿美元，而营业利润增长了8%，至60.01亿美元。然而，有机营业利润下降了5%。这是公司自2020年以来首次年度销售额下降。帝亚吉欧首席执行官黛布拉·克鲁（Debra Crew）将其描述为："对我们的行业和帝亚吉欧来说都是充满挑战的一年，宏观经济和地缘政治的波动仍在持续。"加勒比海地区表现最差，下降了15%。占有公司销售额39%的重要北美市场下降了2%。实际上，唯一显示正增长的地区是欧洲（增长了12%）。除了中国白酒和啤酒之外，所有产品类别都出现了负增长。苏格兰威士忌下降了7%，龙舌兰酒下降了4%。具体到品牌，整体情况不容乐观，尊尼获加（Johnnie Walker）销售额下降了2%，而J&B、布坎南（Buchanans）和黑白狗（Black&White）的下降幅度稍大。单一麦芽苏格兰威士忌的销售额下降了14%。另一方面，美国威士忌布莱特（Bulleit）却增长了11%。尽管结果令人失望，帝亚吉欧仍然是世界上最大的烈酒生产商，拥有一系列非常强大的品牌，如尊尼获加、健力士（Guinness）、百利（Baileys）、斯米诺夫（Smirnoff）、哥顿（Gordon's）和唐·胡里奥（Don Julio）。如果有关公司被收购的传言属实，那将是令人惊讶的。目前帝亚吉欧的市值为710亿美元，而其主要竞争对手保乐力加（Pernod Ricard）的市值为350亿美元。市场上唯一可能买得起帝亚吉欧的单一玩家可能是市值3760亿美元的酩悦·轩尼诗–路易·威登集团（LVMH）。另一方面，这家法国公司可能不想扩大他们现有的葡萄酒和烈酒部门，而是专注于他们的主要业务——奢侈品。

保乐力加（Pernod Ricard）

与最大的竞争对手帝亚吉欧一样，世界第二大烈酒生产商保乐力加在 2024 年 6 月 30 日结束的财年回顾中，可看出其在新冠疫情后的两年表现相当成功。与帝亚吉欧一样，两家公司都经历了经济和地缘政治不确定性的艰难时期。净销售额下降了 4%，至 116 亿欧元，而经常性营业利润下降了 7%，至 31.2 亿欧元。不过在有机营业利润增长了 1.5%。

公司的首席执行官亚历山大·里卡德（Alexandre Ricard）称这一结果为"稳健"，并希望当前年份能看到保乐力加"恢复增长，销量持续回升。"

在市场表现方面，最大的失望是美国，销售额下降了 9%，而加拿大保持稳定，墨西哥则显示出轻微的增长。在亚洲和世界其他地区（公司最大的地区，占销售额的 40% 以上），中国下降了 10%，而印度则相反，销售额增长了 6%，日本显示出良好的数字，而韩国则是负数。欧洲的销售额下降了 5%，而全球旅游零售（+2%）继续显示出复苏。

苏格兰威士忌占公司销售额的三分之一以上。在亚洲部分地区和欧洲的强劲表现被中国和美国的销售额下降所抵消。投资组合中的明星品牌是全球第二大调和苏格兰威士忌百龄坛（Ballantines）和全球第二大单一麦芽威士忌格兰威特（Glenlivet）。公司在苏格兰的对生产可持续性方面进行了巨额投资，预计在未来 1~2 年内，亚伯乐（Aberlour）和米尔敦道夫（Miltonduff）蒸馏厂的产能将翻倍。

爱尔兰威士忌（这里指的是尊美醇，Jameson）占公司销售额的约 13%，尽管美国销售缓慢导致 2023—2024 年销量下降，但尊美醇销售了 1.22 亿瓶，是世界上销量前十的威士忌之一。保乐力加旗下其他重要品牌包括马爹利（Martell）、绝对伏特加（Absolut）、哈瓦那俱乐部（Havana Club）和里卡尔（Ricard，利口酒品牌）。2024 年，保乐力加出售了其大部分葡萄酒投资组合（包括畅销品牌杰卡斯 Jacob's Creek）给澳大利亚葡萄酒控股有限公司（Australian Wine Holdco Limited）。

爱丁顿（Edrington）

尽管 2023 年对于烈酒业务来说是一个艰难的年份，尤其是对于苏格兰威士忌，但爱丁顿集团却昂首挺胸地度过了这一年。在截至 2024 年 3 月 31 日的财年中，核心收入（销售额）比去年增长了 11%，达到 12 亿英镑，而税前利润增长了 16%，达到 4.55 亿英镑。

爱丁顿集团的首席执行官 Scott McCroskie 评论道："爱丁顿集团度过了一个充满挑战的 年，取得了烈酒行业中最好的财务业绩之 。我们专注于超高端烈酒的策略继续带来健康的品牌形象和强劲的基本面表现。"

"超高端"这个词很重要，因为取得良好业绩的主要驱动力是麦卡伦（Macallan）的销售——这个品牌在销量上可能不是第一名［它排在格兰菲迪（Glenfiddich）和格兰威特（Glenlivet）之后，位列第三］，但在销售额上绝对是第一名。如今最大的市场是亚太地区，高端品牌在这里特别受欢迎。欧洲的表现仍然令人满意，而美洲由于去年消费者需求减弱而受到影响。与宾利汽车（Bentley Motors）的合作以及为旅游零售推出的新色彩系列（Colour Collection）是去年两个成功的决策例子。

公司旗下的另外两个单一麦芽品牌，高原骑士（Highland Park）和格兰洛希（Glenrothes），也已经开始成为超高端品牌，并且在公司内部它们现在被标记为庄园品牌。投资组合中的其他品牌包括威雀（Famous Grouse）调和苏格兰威士忌（连续第 4 年增长）、调和麦芽威士忌裸麦（Naked Malt）和布鲁加尔（Brugal）朗姆酒。多年来，爱丁顿集团在美国威士忌类别中没有代表。然而，2018 年购买了怀俄明威士忌（Wyoming Whisky）35% 的股份，到 2023 年增加到 80%。2023 年春季，爱丁顿集团还采取了确保未来雪莉酒桶供应的措施，收购了雪莉酒生产商 Grupo Estévez 50% 的股份。

爱丁顿集团的主要股东是罗伯逊信托基金（The Robertson Trust），自 1961 年以来已向慈善事业捐赠超过 3.5 亿英镑。自 2020 年以来，日本三得利（Suntory）拥有爱丁顿集团 10% 的股份，以及麦卡伦 25% 的股份（自 1989 年以来一直持有的股份）。

金巴利集团（GrupDo Campari）

担任了 17 年的首席执行官 Bob Kunze-Concewitz 于 2024 年 4 月离开了他的职位，由 Matteo Fantacchiotti 接任。他离职时完成了公司历史上最大的一笔收购。这笔价值 13.2 亿美元的交易涉及从宾三得利手中接管馥华诗干邑白兰地。该品牌 2005 年以来一直在宾三得利手中。这笔交易的背后理念是在金巴利投资组合中增加第四大支柱，与开胃酒（阿佩罗和金巴利）、波旁威士忌和龙舌兰酒并列。

公司公布了 2023 财年的业绩，其中净收入增长了 8%，达到 29 亿欧元，而净利润下降了 0.7%，至 3.31 亿欧元。

公司的主要品牌分为 3 大类，其中"全球优先品牌"占销售额的 57%。阿佩罗（Aperol）无疑是最重要的品牌，销售额增长了 23%，而金巴利增长了 11%。两个品牌的成功得益于鸡尾酒文化的持续流行，包括对阿佩罗起泡酒和 Negroni 等饮品的兴趣，都推动了成功。第三人品牌是 Wild Turkey 波旁威士忌，销售额增长了 9%，主要得益于美国、日本、韩国和澳大利亚市场的增长。

第二梯队是"区域优先品牌"（占销售额的 26%），包括 Espolòn 龙舌兰酒、Crodino 苦酒、Cinzano 和格兰冠（Glen Gront）单一麦芽威士忌。后者实现了两位数的增长，特别是在亚洲，得益于整体的高端化趋势。最后，"本地优先品牌"（占 8%）主要是即饮品牌。

在地区方面，美洲是最大的（占 44%），其次是南欧、中东和非洲（占 28%），但较小的地区（北欧、中欧和东欧以及亚太地区）在 2023 年表现出了实力，分别增长了约 20%。

宾三得利（Beam Suntory）

当三得利在 2014 年收购 Beam 后，成立了一个全新的公司宾三得利（Beam Suntory），负责其母公司（三得利控股）烈酒业务。2023 年 10 月，Albert Baladi 被 Greg Hughes 接替成为 CEO，而在 2024 年 4 月，公司重新更名为三得利全球烈酒（Suntory Global Spirits）。

与其他大型酒类公司一样，三得利专注于其产品组合中的高端的部分，或者正如 Greg Hughes 所说，"展望 2024 年，我们仍然专注于我们的高端化战略，并进一步建立我们在高端领域的信誉。"

三得利控股并未详细披露宾三得利的财务数据，但 2023 年的净销售额增长了 7%，营业收入增长了 13%。地理上，日本和新兴亚洲的强劲表现推动了增长，抵消了美国、印度、中国和西班牙的销售放缓。全球旅游零售也是增长的来源之一。

尽管 Beam 的名字最近从公司名称中消失，但吉姆·金宾（Jim Beam）仍然是旗舰品牌。它仍然是全球最受欢迎的波旁威士忌，位列所有威士忌榜单的第七位。2023 年销量增长了 3%，销售了 1.25 亿瓶。集团旗下的其他波旁威士忌销售也良好；美格（Makers Mark）和诺布溪（Knob Creek）的销量都增长了 10%。公司旗下的日本威士忌（山崎、白州、角瓶等）表现良好，实现了两位数的增长。

宾三得利还拥有一系列苏格兰单一麦芽威士忌品牌，其中拉弗格（Laphroaig）领先，其次是艾雷岛邻居波摩（Bowmore）。其他三个品牌是阿肯特轩（Auchentoshan）、阿德摩尔（Ardmore）和格兰盖瑞（Glen Garioch）。在过去几年中，公司对这 5 家蒸馏厂都进行了大量投资，主要目的是提高质量而不是增加产能。最后，在 2024 年，公司将全球主要干邑品牌之一的库瓦西耶（Courvoisier）出售给了金巴利集团。

百富门公司（Brown Forman）

该公司位列世界十大烈酒生产商之一，在最新的财年（截至 2024 年 4 月 30 日）中，净销售额下降了 1%，至 42 亿美元，而营业利润增长了 25%，至 14 亿美元。

销售下降的原因之一是美国市场的销售量下降了 4%，这部分被新兴市场和旅游零售的增长所抵消。公司的旗舰品牌是杰克·丹尼尔（Jack Daniels）——世界上销量最好的美国威士忌，在全球威士忌榜单上排名第六。在连续几年的增长之后，该品牌在过去一年销售量下降了 2%，为 1.71 亿瓶。另一方面，高端波旁威士忌表现更好，Woodford Reserve 增长了 3%，Old Forester 增长了 11%。

百福门公司也对龙舌兰酒有兴趣，其主要品牌是艾尔·希玛多（El Jimador），在朗姆酒方面，该公司在 2022 年从西班牙的 Destillers United Group 手中收购了 Diplomático。2023 年 11 月，他们将拥有近 20 年的芬兰伏特加（Finlandia vodka）品牌出售给了可口可乐。

Matteo Fantacchiotti，2024 年 4 月起成为金巴利集团的新任首席执行官，接替了 Bob Kunze-Conzewitz 长达 17 年的任期

2016年，百福门公司对苏格兰麦芽威士忌产生了兴趣，他们收购了本利亚克（BenRiach）、格兰多纳（GlenDronach，即将扩建）和格兰格拉索（Glenglassaugh，拥有全新的产品系列）。一年前，该公司还进入了爱尔兰威士忌市场，与康尼汉姆家族合作接管了斯莱恩酿酒厂。

知名品牌

调和苏格兰威士忌

对于调和苏格兰威士忌来说，2022年是非常好的一年，前20个品牌中只有4个显示负增长，但2023年变得暗淡。只有两个品牌销量增加，三个品牌持平，而15个品牌出现了下降。生活成本的增加、通货膨胀导致生产成本上升，以及世界各地战争带来的普遍不确定性，无疑对市场造成了影响。

第一名，像往常一样，是尊尼获加（Johnnie Walker）。销量仅下降了3%，降至2.64亿瓶，这仍然是该品牌历史上第二好的年份。所有者帝亚吉欧一直在努力发展这个品牌系列，最新的增加之一是2024年推出的即饮（RTD）老式鸡尾酒，此外还有罐装销售的尊尼获加红牌和可乐。

第二名是芝华士兄弟的百龄坛，销售额下降了11%，降至9 800万瓶。尽管如此，这是有史以来第三好的年份，比新冠疫情前的数据高出6%。品牌持续成功的部分原因归功于10年前推出的True Music平台，该平台展示了800多位艺术家，试图让品牌与流行文化联系起来。尽管去年令人印象深刻的27%增长变成了今年12%的下降，但芝华士仍然成功地保住了第三名的位置，这是在2022年从格兰特（Grant's）手中夺过来的，总销量为5 500万瓶。另一方面，格兰特是两个显示增长的品牌之一。格兰特父子公司的旗舰品牌销量增长了5%，销售了5 300万瓶。这家家族企业发现越来越多的销量，包括其麦芽威士忌格兰菲迪（Glenfiddich）和百富（Balvenie），来自10年前进入的印度市场。

在百加得拥有的两大调和威士忌品牌中，威廉·劳森（William Lawson's）在2023年表现更胜一筹。它设法保持了与2022年相同的销量，总共销售了4 200万瓶，使该品牌排名第五。在英国市场占有率27%的第一名苏格兰威士忌威雀（Famous Grouse），以4 100万瓶的销量位居第六。除了英国，该品牌在北欧国家和东欧也非常受欢迎。

销量下降了6%、销售了4 000万瓶的帝王（Dewar's），也在百加得手中，排名第七。该品牌最近失去了在美国最畅销苏格兰威士忌的位置，输给了尊尼获加。

近年来最大的攀升者之一，黑白狗在2023年下降了11%。这是该品牌14年来第一次没有增加销量，这是相当引人注目的。黑白狗在拉丁美洲和印度特别受欢迎，总销量为3 800万瓶，排名在榜单上第八位。第九名是威廉·皮尔（William Peel），属于法国公司Marie Brizard Wine & Spirits，销量为3 200万瓶，与前一年相同。最后，排名第十的是珍宝（J&B），2023年销量下降了14%，降至3 000万瓶。

单一麦芽苏格兰威士忌

调和苏格兰威士忌在过去150年中一直是行业的主力产品，并继续如此。然而，单一麦芽威士忌在继续扩大其市场份额，2023年，单一麦芽威士忌占苏格兰威士忌出口总额的36%，而2022年为32%，5年前这一比例为27%。其在总销量中的份额仍然约为11%。

如果我们将出口的苏格兰单一麦芽威士忌总销售额除以出口瓶数，得到每瓶12.97英镑，这个数字与过去5年比增长了24%。

让我们来看看2023年前10名苏格兰单一麦芽威士忌的销售发展情况：

连续两年，格兰威特（The Glenlivet）是世界上销量第一的单一麦芽威士忌，但在2023年，格兰菲迪（Glenfiddich）设法重新夺回了他们过去几十年一直占据的首位。在大多数品牌经历下滑的一年中，格兰菲迪销售额提高了6%，达到了略多于2 000万瓶。

另一方面，对于格兰威特来说，2022年的13%增长在2023年变成了负增长（-18%），销售量为1 700万瓶。大约三分之一出口到美国市场，在那里该品牌仍然是销量第一的单一麦芽威士忌，领先于麦卡伦和格兰菲迪。

对于榜单上前10名的其他麦芽威士忌，截稿时还没有2023年的销售数据公布，所以接下来是2022年的数字：麦卡伦1140万瓶，格兰杰（Glenmorangie）910万瓶，苏格登（Singleton）（890万瓶），百富（Balvenie）530万瓶，泰斯卡（Talisker）450万瓶，拉弗格（Laphroaig）450万瓶，亚伯乐（Aberlour）420万瓶和大摩（Dalmore）320万瓶。所有前10名品牌，除了大摩首次以牺牲卡杜（Cardhu）为代价加入榜单外，都与去年相同。所有品牌均有比2021年有所增长——最显著的是百富（增长22%），苏格登（增长19%）和大摩（增长18%）。

最后，让我们来看看北美、印度和爱尔兰的最畅销威士忌。

在北美地区，杰克·丹尼尔（Jack Daniel's）是无可争议的领导者。它也是全球第六大受欢迎的威士忌品牌，2023年共售出1.72亿瓶，同比销量下降了2%。排名第二的是全球销量最高的波本威士忌金宾（Jim Beam），它也是全球第七大畅销威士忌品牌。2023年共售出1.25亿瓶。其后是加拿大威士忌皇冠皇家（Crown Royal，售出9 200万瓶），以及两款波本威士忌——伊万·威廉姆斯（Evan Williams，售出3 700万瓶）和美格（Maker's Mark，售出3 600万瓶）。

在印度，全球销量前10的威士忌中有6款来自该国，尽管这些产品由于是由糖蜜而非谷物酿造的，因此不能在欧盟作为威士忌销售。排名前5的分别是麦克道威尔1号（McDowell's No. 1，3.77亿瓶）、皇家之鹿（Royal Stag，3.35亿瓶）、长官之选（Officer's Choice，2.81亿瓶）、帝国之蓝（Imperial Blue，2.74 亿瓶）和原味之选（Original Choice，2.64 亿瓶）。

最后是爱尔兰，尊美醇（Jameson）长期以来一直占据主导地位，并在很多方面定义了这一类别。在 2023 年，该品牌在全球威士忌榜单上排名第八，销售了 1.22 亿瓶。第一名是图拉多·德鲁（Tullamore Dew），销售了 1 900 万瓶，而布什米尔（Bushmills）以 1 300 万瓶的成绩排在第三位。

新建蒸馏厂

这部分内容讨论的是尚在萌芽阶段的蒸馏厂项目——那些还没有开始生产的项目。在这些既没有确保资金也没有获得规划许可的情况下，这些故事更多的是关于愿景而不是已经采取的具体行动。

苏格兰

自新千年以来，苏格兰威士忌酒厂出现了虚拟爆炸式的增长。总共可以统计出 53 家，其中 9 家在 2023—2024 年开始生产。你可以在第 162 ~ 186 页"苏格兰新增蒸馏厂"阅读更多关于 Balmaud、C Cabrach、Deerness、Lerwick、North Point、Orkney、Port Ellen、Stirling 和 Tiree 的信息。

这些新企业遍布苏格兰各地，但对许多威士忌爱好者来说，坎贝尔镇作为威士忌复兴的中心可能是最令人关注的。在 20 世纪初，大约有 25 家酒厂在运营，只有两家（云顶和格兰帝）幸存下来，第三家格兰盖尔在 2004 年重新开放。目前有计划将这个数字翻倍，增加 3 家新酒厂。

在坎贝尔镇中心的 Dál Riata 酒厂后面，我们找到了 Iain Croucher 和 Ronnie Grant。2023 年 9 月，规划申请获得批准。该酒厂的酒精产能为 850 000 升，将配备一个两吨的半自动麦芽浆槽，10 个发酵槽，一个 10 000 升的初馏器和一个 7 200 升的再馏器。业主还计划在更北边的 Machrihanish 机场建造仓库。

2024 年 1 月，市议会批准了该贝尔镇附近另一家酒厂的规划申请。Dhurrie Farm 农场将从奶牛场转变为再生耕地和一个名为 Machrihanish 的酒厂。Isle of Raasay Distillery 的所有者，R&B Distillers 是这个项目的背后推手。从酒厂（尤其是计划中的游客中心酒吧）360 度的视角将非常壮观。Machrihanish 将配备一个麦芽过滤器，6 个带有冷却夹克的不锈钢发酵槽，两个 6 250 升的初馏器和两个 4 000 升的再馏器。公司还计划在现场建立小型麦芽厂，用于蒸馏的麦芽将种植在周围的田地里。

2023 年 6 月，坎贝尔镇地区宣布了第三家新酒厂。独立装瓶商 Brave New Spirits 成立于 2020 年，在 2023 年 8 月获得了名为 Witchburn 的酒厂的规划许可，该酒厂将位于坎贝尔镇机场和 Machrihanish 村之间的 MACC 商业园区。这家酒厂将由可再生能源驱动，拥有 200 万升的惊人产能，并将配备 16 个发酵槽和两对蒸馏器。

在艾雷岛上，由著名威士忌经销商和收藏家 Sukhinder Singh 和他的兄弟 Rajbir 领导的 Elixir Distillers，终于在 2021 年 4 月获得了 Portintruan 酒厂的规划申请批准。这家由经验丰富的 Georgie Crawford 管理的酒厂将位于 Port

麦卡伦在高端烈酒领域巩固了其地位，这一点通过麦卡伦地平线（The Macallan Horizon）得到了充分体现

Ellen 外，通往格弗格（Laphroaig）、乐加维林（Lagavulin）和雅伯（Ardbeg）的路上。2022 年 7 月，开始打地基。到 2024 年 8 月，大部分内部容器和大型设备已经就位，蒸馏器将在接下来的几个月内跟进。计划在 2025 年晚春启动酒厂。酒厂配备了 14 个发酵槽（8 个木制和 6 个不锈钢），以及两对直接加热的初馏器，将有能力生产 100 万升纯酒精。现场地板麦芽厂将满足 60%～80% 的麦芽需求。项目中包括 14 栋供酒厂工作人员家庭居住的房子、一个游客中心和一个教育设施。还有计划建立一个微型酒厂，配备两个壶式蒸馏器和一个柱式蒸馏器，用于实验，可能还会生产其他烈酒，尤其是朗姆酒。酒厂的这一部分将有一个摇磨机和麦芽过滤器。

麦克·史密斯（Mackay Smith）和唐纳德·麦肯齐（Donald MacKenzie），被称为艾雷男孩，最近将他们的艾雷岛啤酒厂搬到了艾雷岛机场东边的 Glenegedale。多年来，他们也一直计划在附近建立一个威士忌酒厂。这个名为拉根湾蒸馏厂（Laggan Bay Distillery）的酒厂在 2022 年 6 月获得了当地议会的批准，不久之后，苏格兰最大的烈酒公司之一伊恩·麦克劳德蒸馏者公司（Ian Macleod Distillers），也将参与其中。建筑工作已经开始，预计生产将在 2025 年开始。该酒厂将使用湿地来管理液体废物，正如伊恩·麦克劳德多年来在格兰哥尼（Glengoyne）所做的那样。

在艾雷岛上，一个名为 ili 蒸馏厂的规划申请已经获得批准，该酒厂将建在 Kilchoman 南部的 Gearach 农场和 Port Charlotte 西部。这个项目背后的是 Bertram Nesselrode（Gearach 农场的主人）和当地农民 Scott McLellan。他们的目标是使这个产能为 20 万升的酒厂实现碳中和，包括一个氢气厂、太阳能板和风力涡轮机。2014 年，当时拥有法国 Glann ar Mor 酒厂的 Jean Donnay 获得了 Gartbreck 酒厂的规划许可，该酒厂位于波摩南部。不久之后，亨特·梁（Hunter Laing）参与了该项目，但后来双方分道扬镳，亨特·梁转而推进在艾雷岛北部建造他们的 Ardnahoe 酒厂。

多年后，Gartbreck 地块被芝华士兄弟收购，芝华士兄弟已经在苏格兰大陆运营着 12 家麦芽酒厂，并且在 10 月份宣布他们将建造他们的第一个艾雷岛酒厂。到目前为止，还没有规划申请获得批准。

在科瓦尔（Cowal）半岛的西海岸，Polphail 村庄建于 20 世纪 70 年代，原计划是为了安置附近计划中的石油钻井平台建筑工地的工人。然而，石油钻井场并未建成，已经建成的房屋变成了鬼城，并在 2016 年最终被拆除。2017 年，Sandy Bulloch，罗曼湖蒸馏厂的前所有者，买下了这个地点，计划建造一个名为 Portavadie 的酒厂。该计划申请在 2018 年获得了 Argyll&Bute Council 的批准，但之后没有进一步的发展。后来，整个项目（在 2022 年 10 月第二次获批）被印度公司 Piccadily Agro Industries 接管，该公司以其单一麦芽威士忌 Kamet 和 Indri 而闻名，已在该地点投资了 1 500 万英镑。

在科瓦尔半岛的西海岸，Inveraray 村庄，Stock Spirits 饮料公司已经提交了一份规划申请，计划在 Inveraray 城堡建造一个价值 2 500 万英镑的酒厂。斯托克烈酒（Stock Spirits）是欧洲最大的酒精生产商之一，并在 2023 年从 Pernod Ricard 手中收购了 Clan Campbell 调和苏格兰品牌。计划于 2025 年初开始建设，这个产能为 200 万升的酒厂还将设有一个游客中心。

继续向北，到达 Gairloch，这是一个可以欣赏斯凯岛（Skye）美丽景色的村庄。2017 年，Gordon 和 Vanessa Quinn 开设了 Badachro 酒厂，这是一个与住宿加早餐相结合的企业。主要产品是杜松子酒和伏特加，但很快这对夫妇就考虑生产麦芽威士忌。为了预期在现场蒸馏的威士忌，他们有一系列以 Ban na h-Achlaise 命名的来源威士忌。

向东移动，位于黑岛（Black Isle），自 1998 年以来成立的有机精酿啤酒制造商已获得规划许可，将在因弗内斯（Inverness）东部建造一个最先进的新啤酒厂和蒸馏厂。该开发项目还将包括一个品酒室、商店以及户外活动空间，用于举办活动和节日。蒸馏厂将配备一对蒸馏器，预计施

计划在 2025 年春季启用 Portintruan 蒸馏厂（照片拍摄于 2024 年 8 月 30 日）

根据计划，位于因弗内斯的黑岛啤酒厂和蒸馏厂将在 2026 年投入运营

工将于 2025 年初开始。新蒸馏厂所需的大麦将在几公里外的有机啤酒厂农场自家种植，横跨莫雷湾（Moray Firth）。

在更北的边境地区，Mossburn Distillers（拥有斯凯岛的 Torabhaig 蒸馏厂）参与了两个蒸馏厂的建设。其中之一，Reivers Distillery 位于梅尔罗斯（Melrose）郊外，已经开始生产。它配备了壶式蒸馏器和柱式蒸馏器，主要生产黑麦和混合谷物烈酒，但也计划生产金酒等其他烈酒。这是一个相当小的蒸馏厂，产能为 10 万升，而他们的另一个蒸馏厂规模要大得多：将建在靠近杰德堡（Jedburgh）的杰德堡酒店旧址上，实际上将由两个蒸馏厂组成——一个配备 3 个壶式蒸馏器，产能为 150 万升，另一个配备 5 个柱式蒸馏器。计划是首先建造公司其他业务所需的仓库，然后是蒸馏厂。生产启动时间可能要到 2025 年。

在边境地区，R&B Distillers 已经计划了很长时间要建立另一个蒸馏厂。最终，他们在 Raasay 成立了一个蒸馏厂，现在计划在 Kintyre 半岛再建一个。尽管如此，公司并没有放弃边境地区的计划。当前的愿景包括在 Berwick-upon-Tweed 西南的 Coldstream 建立一个微型谷物蒸馏厂，正好位于英格兰边境，但这可能是 3～4 年后的事情。

2017 年，位于爱丁堡西部的 Linllthgow 蒸馏厂成立，主要生产金酒和伏特加。2024 年，美国投资集团 Billion Global Chase 收购了 75% 的股份，并有意增加一个麦芽威士忌蒸馏厂。该项目仍处于早期阶段，可能在 3 年内启动。

对于位于格拉斯哥以西 50 公里的 Ardgowan 蒸馏厂来说，这是一个漫长的过程。2017 年获得了规划许可，业主希望在 2019 年开始生产。后来时间表被修订，提交了新的申请。创始人从奥地利投资者罗纳德·格（Ronald Grain）（IT 公司 Grain GmbH 的所有者）那里获得了 720 万英镑的重大投资。最终，业主在 2023 年秋季破土动工，预计 2025 年初开始生产。这个零碳排放的蒸馏厂将拥有 100 万升的产能。2024 年初，公司任命了 The Lakes 蒸馏厂的联合创始人保罗柯里（Paul Currie）为新任董事长。

在斯佩塞地区，一个长期关闭的蒸馏厂即将重新焕发生机。Dallas Dhu 酒厂成立于 1898 年，在 1983 年与另外 10 个蒸馏厂一起关闭。1983 年这个糟糕的年份。多年来，它一直被苏格兰历史环境机构作为博物馆保存。2013 年，Aceo 接管了独立装瓶商 Murray McDavid，多年来他们一直在已关闭的 Coleburn 蒸馏厂内开展业务。作为与政府机构的合资企业，公司已经承担了在 Dallas Dhu 重新开始蒸馏的任务。他们打算从 2024 年秋季开始接待游客，并计划在 2025 年开始蒸馏。

安格斯·麦克雷尔德（Angus MacRaild）和乔尼·麦克米伦（Jonny McMillan）10 多年来一直是老式威士忌的倡导者。2014 年以来，他们一直在培养建立一个符合他们目标的自己的蒸馏厂的想法，2023 年 4 月，他们公布了位于珀斯郡 Coupar Angus 北部 Bendlochy 农场建设 Kythe 蒸馏厂的计划。该蒸馏厂将配备一个一吨的麦芽浆槽、7 个木制发酵槽、一个木炭加热的初馏器和一个电加热的再馏器。酒精将通过虫管冷凝器进行冷凝。将使用周围种植的传统大麦和专有酵母，计划包括未来的地面麦芽制作。除了利用古老的蒸馏技术、环境可持续生产、再生农业，也是重点关注的。

2020 年春季，透露了在洛蒙德国家公园开设一个联合啤酒厂和威士忌蒸馏厂的计划。Glen Luss 蒸馏厂预计将在罗曼湖西岸的 A82 上的 Luss 村开业。2021 年 2 月获得了规划许可，但除了 2021 年 11 月与 Netball Scotland 达成赞助协议外，几乎没有发生（或至少没有传达）太多事情。

几年前，现代时代在格拉斯哥开设第三家威士忌蒸馏厂似乎迫在眉睫。2017 年，独立装瓶商道格拉斯·梁（Douglas Laing）宣布计划在克莱德河畔的 Pacific Quay 建造一个名为 Clutha 的蒸馏厂。该项目还将包括一个装瓶综合体、一个新的公司总部和一个游客中心。蒸馏厂的提议地点后来被移到了西边的 Hillingdon，那里已经建造了仓库，并且装瓶厅正在运行。与此同时，Douglas Laing 购买了 Strathearn 蒸馏厂，是否实际会开设一个新的蒸馏厂还有待观察。

坎贝尔·迈耶公司（Campbell Meyer & Co）在格拉斯哥南部的东基尔布莱德拥有一个约 14 000 平方米的保税仓库。2016 年春季，公司宣布计划增加一个名为 Burnbrae 的蒸馏厂。自那以后很少有消息分享，但除了灌装、混合和装瓶，他们可能也增加了蒸馏。

在更西边的邓耐特（Dunnet）附近的卡斯尔敦（Castletown），马丁·默里（Martin Murray）和莱尔·默里（Claire Murray）在 2022 年 7 月获得了规划许可，将历史悠久的卡斯尔敦磨坊改造成威士忌蒸馏厂。他们的公司 Dunnet Bay Distillers 已经在生产金酒和伏特加，这个 400 万英镑的项目将资助一个有 4 个发酵槽和一对蒸馏器的威士忌蒸馏厂，有望在 2025 年生产威士忌。

在西部的巴拉岛，2017 年以来一直有一家金酒蒸馏厂在运营。业主打算新建蒸馏厂中也包括威士忌生产。他们在 2022 年 12 月从规划部门获得了规划许可，并在 2024 年夏季通过股份发行筹集了 90 万英镑。

在赫布里底群岛的本贝库拉岛上（位于北尤伊斯特和南尤伊斯特之间），我们发现了两个蒸馏厂项目。其中之一的背后是安格斯·A·麦克米伦和他的儿子安格斯·E。他们的 Uist Distilling Company 在 2021 年 7 月从高地和岛屿企业获得了近 200 万英镑的资金，用于在本贝库拉的 Gramsdale 附近的建造一家新蒸馏厂。说实话，这个蒸馏厂在 2024 年 6 月开始生产，本应被包括在这本书的"新增蒸馏厂"章节中，读者将在下一版年鉴中找到它。业主们聘请了布伦丹·麦卡伦（之前在帝亚吉欧、格伦莫兰吉和 Distell 任职）作为顾问，目标是生产出一种平滑、花香、略带烟熏味的威士忌。2024 年 8 月，玛丽（18 岁时离开岛屿，拥有 18 年北英蒸馏厂经验）回来担任蒸馏厂经理。

与此同时，乔尼·英格鲁和凯特·麦克唐纳在 2019 年 4 月已经在北尤伊斯特开设了一家杜金酒蒸馏厂，并且在 2020 年 7 月买下了本贝库拉的 18 世纪的努顿宅邸（Nunton Steadings）。打算开设他们指定的北尤伊斯特威士忌蒸馏厂，并且在 2024 年 5 月，从安装了福赛斯铜釜蒸馏器。

在 2020 年，前怀特·马凯（Whyte&Mackay）的首席执行官迈克尔·伦恩（Michael Lunn，他于 2023 年去世）宣布了在斯特林建立一个名为 Wolfcraig 的新蒸馏厂的计划。2021 年，原始地点变更为斯特林的 Craigforth Campus，但公司的规划申请没有通过。决定再上诉，但在 2023 年再次被拒绝。由迈克尔的儿子杰米（Jamie）领导的创始人团队现在正在寻找替代地点。

在多诺赫湾的东费恩，距离巴布莱尔仅几公里布兽克家族（自 1893 年以来的庄园所有者）正在考虑建造一个威士忌蒸馏厂。该家族在 2022 年 5 月向高地议会提交了规划申请，该申请在 10 月获得批准，用于建造一个配备一个麦芽浆槽、10 个发酵槽和两对蒸馏器的蒸馏厂，产能为 100 万升。

在 2021 年，诗贝蒸馏厂（Speyside Distillers）宣布他们位于金纽西南部的当前蒸馏厂的租约将到期，他们正在寻找一个新的地点来建造。关于可能的位置的传言四处流传，但在 2023 年 11 月，一个位于 Strathmashie（在当前地点西边大约 15 公里处）的蒸馏厂的规划申请获得了当地议会的批准。它将比当前的蒸馏厂更靠近斯佩河。计划中的设备将是 6 个发酵槽，还有空间再增加 6 个，并且将有两对蒸馏器。

爱尔兰和北爱尔兰

曾经有一段时间，蒸馏厂遍布爱尔兰，爱尔兰威士忌是世界上最受欢迎的饮品。到了 1978 年，情况完全变了。爱尔兰本土只剩下两座运营中的蒸馏厂，米德尔顿（Midleton）和布什米尔（Bushmills），它们都由同一家公司，爱尔兰蒸馏厂（Irish Distillers）拥有。11 年后，当库利（Cooley）蒸馏厂启动时，这个数字增加到了 3 个。进入 21 世纪的最初几年，情况开始好转，而且变化巨大。如今，在爱尔兰有不少于 47 家威士忌蒸馏厂在运营。更多信息请阅读"世界其他地区蒸馏厂"爱尔兰和北爱尔兰部分。这里介绍另外 16 家正在建设中或寻求启动资金的蒸馏厂。

在梅奥郡的拉赫达内（Laherdane），朱德和保罗·戴维斯（Jude and Paul Davis）已经为他们的新蒸馏厂 Nephin 工作了一段时间。2023 年 3 月，戴维斯夫妇宣布他们正在寻找另外 110 万欧元的投资来完成蒸馏厂。一年后，朱德和保罗·戴维斯从公司董事会辞职，被两位乌克兰董事取代，尽管这对夫妇仍然是股东。进一步的发展还有待观察。

在科克海岸 6 公里外的凯普克利尔岛合作社，在 2016 年获得了建造 700 万欧元的蒸馏厂规划许可。不幸的是，一位主要投资者在途中退出，业主在 2019 年发起了 Kickstarter 众筹活动以资助项目的部分资金。一年后，一家杜松子酒蒸馏厂开始运营。他们也获得了建造一个单独的威士忌蒸馏厂的规划许可，但到目前为止还没有具体成果。

戈尔蒂诺尔酿酒厂（Gortinore），位于沃特福德，于 2019 年推出了他们的非自有、三重蒸馏的 Natterjack 爱尔兰威士忌。在 2020 年末，所有者获得了在 Kilmacthomas 的老磨坊遗址建造威士忌蒸馏厂的规划批准。然而，在 2022 年春季，由于新冠疫情的负面影响，公司进入了破产审查程序。2022 年 8 月，一群美国投资者收购了这家公司，避免了其清算。Natterjack 作为一个品牌仍然活跃，但是否将建造蒸馏厂还有待观察。

再往西，在凯里郡的凯尔西温（Cahersiveen），一家公司正在将一个旧袜子厂改造成名为 Skellig Six 18 的蒸馏厂。这个不寻常的名字灵感来自通往斯凯利格·迈克尔岛顶部的 618 级台阶，该岛位于伊弗拉（Iveragh）半岛海岸 10 公里处。目前，这里生产金酒，但已经安装了 3 套意大利铜蒸馏器，业主希望在 2024 年底开始威士忌生产。

在基拉尼（Killarney），流浪爱尔兰烈酒公司（Wayward Irish Spirits）在湖景庄园（Lakeview Estate）建立了一个保税设施，他们在那里混合并陈酿自家大麦制成的威士忌，品牌名为 Wayward 和 Irish Liberator。计划是在现场建立一个单一庄园的从谷物到成品的蒸馏厂。

在德里拉万（Derrylavan），蒙纳汉郡（Co.Monaghan）以及邓多克（Dundalk）西边，坐落着老卡里克磨坊酒厂

以数千只海鹦为邻居,兰贝岛上的酒厂将在 2025 年开业

(Old Carrick Mill Distillery)。杜松子酒已经推出,并且计划生产三重蒸馏的威士忌。蒸馏器是自行设计并在中国制造的。还有一款名为 May Loag 的威士忌已上市。

另一座旧磨坊,计划恢复为蒸馏厂,位于基尔代尔郡(Co.Kildare)的 Ballymore Eustace。规划申请已经获批,但许多工作仍需完成,因为这些建筑不过是废墟。

泰隆伯爵(Earl of Tyrone),即理查德·德拉珀·贝雷斯福德(Richard de la Poer Beresford),计划在沃特福德郡波特劳的库拉摩尔庄园(Curraghmore Estate)上建造一个蒸馏厂。大麦在庄园种植,并且将使用庄园的橡木进行陈酿。尽管蒸馏厂尚未投入使用,但来自其他蒸馏厂的新制烈酒已经在仓库中陈酿。2023 年 12 月,发布了一款 4 年的纪念版单一壶式威士忌,该威士忌来源于采购的威士忌。

在爱尔兰海中,距离北都柏林郡海岸 4 公里处,有一个小岛叫兰贝岛(Lambay)。这个岛屿在 1904 年被 Baring 家族收购,他们将其转变为野生动物保护区和自然保护区域。2017 年,该家族与著名的干邑生产商 Camus 家族合作,推出了一系列名为 Lambay 的调配威士忌,这些威士忌在岛上进一步陈酿,部分收入用于保护岛上的野生动物。业主最近购买了两套铜制蒸馏器,计划在岛上建造一个蒸馏厂。由于兰贝岛没有电力供应,工厂将由 HVO 发电机供电。蒸馏厂计划在 2024 年底开始生产。

在都柏林以北 40 公里的巴尔布里根(Balbriggan),一个大规模的蒸馏厂项目正在兴起。在贷款票据专家 Invest 123 的支持下,计划创建一个包括蒸馏厂在内的商业园区。整个项目预计耗资 1 亿欧元。蒸馏厂的名称将是 Harvest Lodge,提交给当地议会的规划申请在 2021 年底获得批准,并于 2023 年 1 月获批。

在都柏林以西的西米斯郡的福尔(Fore),奥利弗·吉尔克(Oliver Guirke)在 2021 年创立了福尔谷(Fore Valley)蒸馏厂。最初专注于朗姆酒和波廷,计划在不久的将来扩展到威士忌生产。

最后,在北爱尔兰,有许多正在进行的项目。恩尼斯森的船坞酿酒厂在 2016 年开始蒸馏。该公司的金酒和伏特加取得了显著的成功,并且在 2023 年成为了第一家获得 B Corp 认证的爱尔兰蒸馏厂,以表彰他们对环境可持续性的承诺。业主还计划在不久的将来推出威士忌。

北爱尔兰的费尔曼纳郡的加里森(Garrison),一个耗资 500 万英镑的威士忌蒸馏厂的建设工作已经开始。财政支持来自伦敦的一个投资集团。Scott's 蒸馏厂的名字来源于农场的原主人——Hammy Scott,该蒸馏厂就建在这片农场上。

都柏林自由区蒸馏厂的前总蒸馏师达里尔·麦克纳利(Darryl McNally)最近获得了在德里东北部马吉里根(Magilligan)建造利马瓦迪蒸馏厂(Limavady)的规划批准,该蒸馏厂将建在他的家族农场上。一旦建成,它将是一个相当大的蒸馏厂,年产能力达到 350 万瓶。计划在 2027 年初全面投入运营。

在阿马郡的卢尔根(Lurgan),一家新蒸馏厂正在建设中。卢尔根湖蒸馏厂已经运营着斯帕德敦酿酒厂(Spadetown),并且也在建设威士忌蒸馏厂,新冠疫情迫使其暂时停工。

最后,麦克基洛普家族(McKillop family)在 2020 年提交了在安特里姆郡(Co.Antrim)的库申达尔(Cushendall)建造名为格伦斯·奥夫·安特里姆(Glens of Antrim)蒸馏厂的规划申请,最终在 2024 年 2 月获得批准。与此同时,已经推出了一系列名为 Lir 的威士忌。

独立装瓶商

独立装瓶商在威士忌行业中扮演着重要的角色。通过他们的创新装瓶，增加了威士忌产品的多样性。关于这个话题的一本新颖且精彩的图书是大卫·斯特克（David Stirk）的《独立苏格兰威士忌——独立装瓶商的历史》（ISBN 978-1-399-94553-0）。以下是精选的一些主要公司。品鉴笔记由伊恩·维斯涅夫斯基（Ian Wisnewski）提供。

高登 & 麦克菲尔（Gordon & MacPhail）

公司成立于1895年，目前由乌尔克哈特（Urquhart）家族所有。除了作为独立装瓶商外，公司还在埃尔金拥有一家传奇的商店，该商店目前正在从南街迁至高街的圣吉尔斯中心，而旧店铺将改造成一个威士忌体验场所，并将于2025年开放。1993年，收购了本诺曼奇（Benromach）酒厂，2022年，在靠近格兰托恩－斯佩（Grantown-on-Spey）的地方委托建造了第二家酒厂——凯恩（The Cairn）。2023年7月，当所有者宣布将从2024年起停止购买用于独立装瓶的库存时，这让许多人感到意外。这一决定的原因之一是，越来越多的生产商希望推出自己的装瓶产品，导致可供购买的新制酒越来越少。展望未来，该公司将更多地专注于自己的品牌，但也向客户保证，有正在熟成的酒桶库存，这些库存足以支持数十年的独立装瓶生产。

公司在大多数生产商意识到单一麦芽苏格兰威士忌潜力之前，就对推动其兴趣发挥了不可估量的作用。目前，公司有5个独特的系列：鉴赏家之选（Connoisseurs Choice）单一麦芽威士忌。多年来，该系列已经推出了来自超过100家苏格兰酒厂的装瓶产品；探索系列（Discovery）根据三种风味特征烟熏、雪莉和波本——进行分组；酒厂标签系列（Distillery Labels）是高登 & 麦克菲尔在为多家生产商推出官方装瓶产品时期留下的产物；私人珍藏系列（Private Collection）包括一些古老的单一麦芽威士忌，其中也有来自已关闭酒厂的装瓶产品；世代系列（Generations）则包含库存中最古老和最稀有的威士忌，包括2021年9月推出的格兰威特（Glenlivet）80年陈酿。乔治·乌尔克哈特（George Urquhart）是家族的第二代成员，他对单一麦芽威士忌的成功和普及起到了关键作用，为了纪念他，公司推出了以他的名字命名的系列——乔治先生的遗产（The Legacy of Mr. George）。该系列的第四版，一款1958年的格兰冠（Glen Grant），于2024年4月发布。

Port Ellen 1981/2023, 52.5%
闻香：李子、葡萄干和巧克力松露，背景中有海滩上的篝火气息。
口感：天鹅绒般的口感，干果和巧克力布朗尼的丰富混合，涂有黄油的烤面包和橘子果酱，随后干度唤醒了核心，而甜味在表面飘浮。

Tomatin 2011 12年陈酿，43%
闻香：新鲜，花香的玫瑰和茉莉，随后是甘菊茶、柠檬皮和野蜂蜜。
口感：丝滑的口感展开，呈现出焦糖奶油、太妃糖、野蜂蜜和橡木的味道，麦芽味作为基调，而甜味提供了高音调。

贝瑞兄弟与鲁德（Berry Bros. & Rudd）

作为世界上最古老的葡萄酒和烈酒零售商，公司成立于1698年，并在2023年庆祝了其325周年纪念！公司自创立之初便一直位于著名的圣詹姆斯街3号（3 St James's Street），并于2017年恢复了其35年前的外观，如今这里专门提供咨询服务。与此同时，公司在帕尔马尔街63号（63 Pall Mall）开设了一家新的旗舰店。2024年4月，公司开设了一家专门的烈酒商店，目前专注于葡萄酒。多年来一直为客户提供私人装瓶的麦芽威士忌，但直到2002年，才推出了Berry's Own Selection单一麦芽威士忌系列。该系列由道格·麦考夫（Doug McIvor）实施，后来乔尼·麦克米伦（Jonny McMillan）被赋予了作为烈酒策展人的责任。2023年底，乔尼离开去负责Kythe酒厂项目，由费利克斯·迪尔（Felix Dear）接任。2018年，公司推出了一个名为"经典系列"（The Classic Range）的产品线，包括雪莉风味和泥煤风味，最近又增加了斯佩塞传统 16 年陈酿。2021 年，公司通过推出历史上首次定制的烈酒瓶，对烈酒系列进行了更新，其中包括"小批量"（Small Batch）、"卓越桶装"（Exceptional Casks）和"视角"（Perspective）等系列。2023 年秋季，推出了一个新主题——"果体系列"（The Collective series）的第一版，提供来自世界各地酒厂的威士忌。第一版包括了 10 家专注于可持续发展的酒厂。2023 年 4 月，收购了英格兰最著名酒厂之一柯茨沃尔德酒厂（Cotswolds Distillery）的少数股权。

Speyside Sherry Cask 12 年陈酿，45.3%
- 闻香：巧克力松露和烤橡木的香气，随后是焦糖奶油和烤苹果的味道，最后是葡萄干和无花果的香气。
- 口感：优雅的口腔感受，逐渐展现出香草的甜味，烤橡木、水果布丁、葡萄干、意式浓缩咖啡的味道，再次伴随着橡木的爆发。

Speyside Traditional Cask 16 年陈酿，48.2%
- 闻香：明显的橡木香，随后是橘子果酱，紧接着是亚麻籽的香气，伴随着焦糖奶油的缥缈气息。
- 口感：柔和的口腔感受，逐渐展现出橡木的微妙香气和橘子果酱的丰富层次，随后甜味浮现，基调中带有细腻的干燥感和麦芽风味。

圣弗力（Signatory）

最有影响力的独立装瓶商之一，由安德鲁（Andrew）和布莱恩·西明顿（Brian Symington）于 1988 年创立。公司能够用罕见的装瓶产品给消费者带来惊喜，特别是这些产品往往来自已经停产的酒厂。最广泛销售的产品系列是原桶强度系列（Cask Strength Collection）。其他系列包括未经冷凝过滤系列（The Un-chill Filtered Collection）、100 度证明版（100 Proof Edition）和小批量版（Small Batch Edition）。2002 年，安德鲁·西明顿从保乐力加（Pernod Ricard）手中买下了埃德拉多尔（Edradour）酒厂，目前的所有业务运营现在都集中在这家酒厂。

伊恩·麦克劳德蒸馏者公司（Ian Macleod Distillers）

该公司成立于 1933 年，是烈酒行业中规模最大的独立家族企业之一。其产品系列除了威士忌，还涵盖金酒、朗姆酒、伏特加和利口酒。公司旗下拥有格兰哥尼（Glengoyne）、檀都（Tamdhu）和罗斯班克（Rosebank）蒸馏厂。这还不止，目前他们正在艾雷岛（Islay）建造一座新的蒸馏厂，并且在印度北部喜马偕尔邦（Himachal Pradesh）的蒸馏厂即将投产。他们最畅销的产品是调和威士忌"罗伯特二世国王"（King Robert II），而单一麦芽威士忌系列包括"酋长"（The Chieftain's），其中"雪茄麦芽"（Cigar Malt）是常推出的装瓶酒款。麦克劳德（Macleod）的"地区麦芽"系列是精选的单一麦芽威士忌，代表了苏格兰的 5 个威士忌产区。"如吾所得"（As We Get It）有两款单一麦芽威士忌，分别来自高地（Highland）和艾雷岛（Islay）。"六岛"（Six Isles）调和麦芽威士忌包含了来自大多数产区威士

忌岛屿的原酒，而最畅销的产品之一是 Isle of Skye 调和苏格兰威士忌，有 8 年、12 年、18 年、21 年、25 年和 30 年陈酿的不同版本。最后，2006 年推出的"烟民头"（Smokehead）是一款重度泥煤味的艾雷岛单一麦芽威士忌，取得了巨大成功。2018 年对该系列进行了改进，推出了几款新酒款，包括"烟民头龙舌兰桶收尾"（Smokehead Tequila Cask Terminado）。

Isle of Skye 30 年陈酿，40%
- 闻香：温暖的太妃布丁，白豆蔻和肉豆蔻的干果，随后是苦叶的暗示，紧接着是奶油糖果的香气。
- 口感：奢华的丝滑口感，逐渐展现出水果蛋糕和奶油糖果的味道，然后是干橡木伴随着更多的浓缩咖啡和提拉米苏的高光时刻。

Isle of Skye 25 年陈酿，40%
- 闻香：丰富的杏子和枣子，姜和肉豆蔻，太妃糖和提拉米苏，随后是柔和的橡木香。
- 口感：丝滑的口感，姜饼、橘子果酱，甜与干的平衡，然后是香草奶油英式甜点伴随着杏子的沉醉。

黑蛇（Blackadder International）

黑蛇品牌背后是罗宾·图塞克（Robin Tucek）和他的两个孩子迈克尔（Michael）与汉娜（Hannah）。除了黑蛇原桶（Blackadder Raw Cask，完全不经任何过滤直接从桶中装瓶）之外，还有许多其他系列——烟熏艾莱（Smoking Islay）、泥煤味（Peat Reek）、泥煤余烬（Peat Reek Embers）、声明（Statement）以及印度雅沐特（Amrut）单一麦芽威士忌的特别装瓶酒款。近年来，3 个新品牌越来越受欢迎：黑蛇（Black Snake）是一种在单一雪莉桶中完成后混合装瓶的威士忌；红蛇（Red Snake）是单桶麦芽威士忌，总是采用初次装填过波本威士忌的酒桶；雪莉蛇（Sherry Snake）则来自初次装填雪莉酒的酒桶。黑蛇的所有装瓶酒都不添加色素，也不进行冷凝过滤，而且大多数酒款稀释到 43%～46% 的酒精度，但原桶系列总是以原桶强度装瓶。

默里·麦克戴维（Murray McDavid）

该公司于 1996 年由马克·雷尼尔（Mark Reynier）、西蒙·库格林（Simon Coughlin）和戈登·赖特（Gordon Wright）创立。2013 年，默里·麦克戴维被阿塞奥有限公司（Aceo Ltd.）收购。一年后，他们签署了一份租赁协议，租用已关停的科尔本（Coleburn）蒸馏厂的仓库，用于储存自家威士忌以及客户的存货。

其装瓶威士忌分为 6 个不同系列：使命金（Mission Gold，极为珍稀的原桶强度装瓶威士忌）、基准（Benchmark，酒精度 46% 的成熟单一麦芽威士忌）、神秘麦芽（Mystery Malt，不透露蒸馏厂信息的单一麦芽威士忌）、精选谷物（Select Grain，单一谷物威士忌）、混酿麦芽（The Vatting，混合麦芽威士忌）以及精心调配（Crafted Blend，自家调配的苏格兰调和威士忌）。2022 年推出了第七个系列——桶艺（Cask Craft），展示不同的橡木桶收尾工艺。

阿塞奥还宣布，将与苏格兰历史环境局（Historic

Environmental Scotland）合资，计划于 2025 年某个时间重启在 1983 年关停的达拉斯·杜（Dallas Dhu）蒸馏厂，并恢复生产。

邓肯·泰勒（Duncan Taylor）

1938 年，该公司在格拉斯哥成立，起初是一家酒桶经纪和贸易公司。2002 年，尤恩·尚德（Euan Shand）收购了这家公司，并将业务迁至亨特利，在那里他们还经营一家威士忌商店。最近，他们在亨特利又开设了"银行咖啡馆与餐厅"（The Bank Café & Restaurant）以及一家威士忌酒吧"俱乐部室"（The Club Room）。

邓肯·泰勒的旗舰品牌是苏格兰调和威士忌"黑公牛"（Black Bull），这个品牌的历史可追溯至 1864 年。2009 年，邓肯·泰勒对"黑公牛"进行了品牌重塑，其系列包括 4 款核心产品——凯洛（Kyloe）、8 年陈酿、12 年陈酿和 21 年陈酿。此外，还有一些限量版，比如 40 年陈酿和泥煤版。

与"黑公牛"品牌相辅相成的是"烟熏"（Smokin'），这是一款融合了斯佩塞地区泥煤威士忌、艾雷岛威士忌以及低地谷物威士忌的调和酒。

其产品系列还包括"最珍稀"（The Rarest，来自已拆除蒸馏厂的高年份单桶、原桶强度威士忌）、"维度"（Dimensions，一系列陈酿长达 39 年的单一麦芽和单一谷物威士忌）、"坦塔罗斯"（The Tantalus，精选的所有陈酿在 40 年左右）、"战山"（Battle hill，一系列单一麦芽和单一谷物威士忌）以及"珍稀古谷物"（Rare Auld Grain，精选的原桶强度珍稀谷物威士忌）。

近年来，或许最受欢迎的系列是"八度"（The Octave）。这些单一麦芽威士忌会在 60～70 升的小型雪莉八度桶中进行二次陈酿。2019 年，推出了年份更久威士忌的"八度特选"（The Octave Premium）。

最后，调和麦芽威士忌类别中有"浓烟"（Big Smoke），这是一款年轻的泥煤威士忌，酒精度分别为 46% 和 60%。

Black Bull 10 年朗姆酒桶陈酿，50%
闻香：朗姆酒和葡萄干的味道首先出现，随后是利口酒、橙子和柠檬皮的香气，温和的香料、茴香和巧克力松露。
口感：柔和的口感，甜味逐渐展开，带有甜美感，甘草、茴香，然后是朗姆酒的暗示，葡萄干和多汁感持续。

Caledonian 谷物 1987，34 年陈酿，52.7%
闻香：丰富的水果蛋糕伴随着橙子果酱的顶级香气，浓郁的橡木味，淡淡的牛轧糖味，杏子的香气，直接而集中。
口感：柔和、奶油般的口感，甜与干的平衡展开，随后是水果糖浆、杏子、蜂窝和巧克力松露，营造出优雅和复杂性。

苏格兰麦芽威士忌协会（Scotch Malt Whisky Society）

苏格兰麦芽威士忌协会成立于 1983 年，2003 年至 2015 年期间由格兰杰公司（Glenmorangie Co）持有，之后被一群私人投资者收购，再后来，手工烈酒公司（Artisanal Spirits Company）成为其所有者。自 2021 年起，该协会在伦敦证券交易所上市。

该协会在全球拥有超过 4.1 万名会员，除英国本土外，在全球 26 个国家设有国际分支机构和合作酒吧网络。从创立之初，协会的理念便是从生产商处购买单一麦芽威士忌原桶酒液，以原桶强度装瓶，且不添加色素，不进行冷凝过滤。近几十年来，对单桶单一麦芽苏格兰威士忌的热衷呈爆发式增长，该协会在其中发挥了重要作用。

协会产品的酒标不会透露蒸馏厂名称，取而代之的是一个编号，以及一段简短描述，消费者可从中推测出酒液来自哪家蒸馏厂。协会每年装瓶约 500 桶酒。

苏格兰麦芽威士忌协会在爱丁堡（皇后街和利斯）、伦敦（格雷维尔街）和格拉斯哥（巴斯街）运营着 4 处场所，设有酒吧和会员专属空间，同时也与世界各地的合作酒吧开展业务。近年来，其产品范围已扩大，涵盖单一谷物威士忌、其他国家的威士忌，以及朗姆酒、金酒、干邑和其他烈酒。

威士忌公司（Compass Box Whisky Co）

在过去 20 年里，指南针的创始人约翰·格拉泽（John Glaser）一直是苏格兰威士忌领域最具影响力的人物之一。他有着葡萄酒行业的背景，通过精心挑选橡木桶用的橡木，对苏格兰威士忌品类进行了重塑。2024 年春季，格拉泽离开了公司，但仍保留股东身份。威士忌酿造总监的职位由詹姆斯·萨克森（James Saxon）接任。2015 年，百加得（Bacardi）收购了指南针的少数股权，2022 年，凯伦资本有限公司（Cælum Capital Limited）收购了该公司的多数股权，百加得便出售了其持有的股份。

格拉泽和指南针一直倡导行业提高透明度，尽可能向消费者提供瓶内酒液的详细信息。该公司将产品系列分为核心系列和限量系列。核心系列包括泥煤怪兽（Peat Monster，融合了艾雷岛泥煤威士忌和高地麦芽威士忌）和调和麦芽威士忌果园屋（Orchard House），而香料树（Spice Tree）、享乐主义（Hedonism）和西班牙人的故事（The Story of the Spaniard）最近已停产。取而代之的是苏格兰调和威士忌甜蜜诱惑（Nectarosity）和调和麦芽威士忌绯红酒桶（Crimson Casks）。

限量版威士忌会定期更换，有时几年后会以新的变体形式重新出现。最新的两款酒是绝迹调和四重奏（Extint Blends Quartet）的第三版和第四版——大都会（Metropolis），以及受 20 世纪 60 年代威士忌启发而酿造的烟熏味的天空（Celestial）。另一款是实验性谷物威士忌（Experimental Grain Whisky），配方中包含了来自罗曼湖（Loch Lomond）的谷物威士忌。最后，还有两款常规的苏格兰调和威士忌，即艺术家调和（Artist's Blend）和格拉斯哥调和（Glasgow Blend）。

Crimson Casks，46%
闻香：优雅而丰富，煮熟的水果，肉豆蔻和丁香的暗示，然后转向橡木和麦芽味。
口感：超柔软，煮熟的夏季水果，接骨木果和野李子创造了甜、浓、干的完美平衡，提升了丰盈感。

Nectarosity，46%
闻香：独特的橡木衬托出柑橘类水果，橙子皮和麦芽糖，然后出现了消化饼干和蜂窝状结构。
口感：柔软的丰盈感展开，甜味随着微妙的底层干燥感扩展，然后是奶油般的香草、杏子和橙

子果酱的味道，出现、退去又再次出现。

北极星烈酒（North Star Spirits）

该公司于2016年由伊恩·克劳彻（Iain Croucher）创立。在决定独自创业之前，他曾就职于AD拉特雷（AD Rattray）公司。北极星的主要产品系列包括单桶麦芽威士忌和调和麦芽威士忌。2023年春季，该公司推出了一个名为"期刊"（Periodical）的新系列，瓶装容量为0.5升，酒精度为50%，售价50英镑。"塔罗"（Tarot）是一个苏格兰调和威士忌系列，其中的谷物威士忌部分来自北英蒸馏厂（North British distillery）。最后，还有新推出的"神秘与珍品"（Obscurities & Curiosities）系列，克劳彻将自己发现的奇特且出众的威士忌装瓶于此系列。

伊恩·克劳彻与罗尼·格兰特（Ronnie Grant）及其他合作伙伴共同着手在坎贝尔镇（Campbeltown）建造一家名为"达尔里阿达"（Dál Riata）的新蒸馏厂。2023年9月，规划申请获得批准。如果一切按计划进行，该蒸馏厂可能于2025年某个时间开业。

梅多赛德调配公司（Meadowside Blending）

唐纳德·哈特（Donald Hart）是"双耳浅酒杯执杯者"（Keeper of the Quaich），也是著名装瓶商哈特兄弟公司（Hart Brothers）的联合创始人。他与儿子安德鲁（Andrew）共同经营这家位于格拉斯哥的公司。

该公司业务涵盖6个方面：以"皇家蓟花"（The Royal Thistle）为名销售的调和威士忌；标有"麦芽人"（The Maltman）标签的单一麦芽威士忌；以"谷人"（The Grainman）为标签的单桶单一谷物威士忌；主打超珍稀装瓶的"年份桶藏储备"（Vintage Cask Reserve）系列；专注于带有"海洋风味"单一麦芽威士忌的"生命火花"（Vital Spark）系列；以及2020年推出的、以调和谷物威士忌为主的"谷仓"（The Granary）系列。

麦芽大师（Master of Malt）

麦芽大师是一家独立的在线零售商，其销售产品远不止"麦芽"。作为英国最具创新精神的烈酒、葡萄酒和啤酒零售商之一，该公司还自行独立装瓶朗姆酒、金酒、白兰地和威士忌。在过去一年里，他们还从诸如洛赫丽（Lochlea）、杰克丹尼（Jack Daniels）和格兰菲迪（Glenfarclas）等蒸馏厂，以及像贝瑞兄弟与路德（Berry Brothers & Rudd）、James Eadie 和漫画标（That Boutique-y Whisky Company）这样的独立品牌处，获得了独家酒桶精选产品。

Tobermory 23年陈酿，47%
闻香：柔顺的橡木香伴随着青苹果和花香，亚麻籽，然后是苹果馅饼的香气。
口感：柔软丝滑的口感，以杏草和巧克力松露开始，随后是成熟的烤苹果，被清脆的青苹果、更多的巧克力松露和基础的麦芽味所取代。

Nectarosity，46%
闻香：独特的橡木香衬托出柑橘类水果、橙子皮和麦芽糖的香气，然后出现了消化饼干和蜂窝状结构。
口感：柔软的丰盈感以甜味展开，随着微妙的底层干燥感扩展，然后是奶油般的香草、杏子和橙子果酱的味道，出现、退去又再次出现。

原子品牌（Atom Brands）

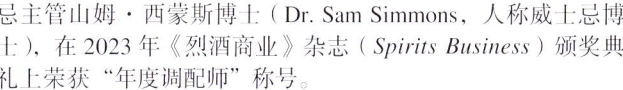

原子品牌隶属于原子集团。该集团旗下还包括在线零售商麦芽大师（Master of Malt）、麦芽大师贸易（Master of Malt Trade）以及英国经销商特立独行饮品公司（Maverick Drinks）。原子品牌不断推出越来越多创新品牌，同时也独立装瓶来自世界各地的威士忌、朗姆酒、金酒及其他烈酒。

其产品组合有"按杯卖酒"（Drinks by the Dram），还打造了装满酒水的圣诞倒数日历、品鉴套装以及30毫升的小杯样品酒；还有"浴缸金酒"（Bathtub Gin）、"朗姆风暴"（Rumbullion!）、"精品饮品公司"（That Boutique-y Drinks Company）、"黑暗"（Darkness）、"蠕虫桶"（Wormtub）、"173计划"（Project 173），以及"雅法蛋糕金酒"（Jaffa Cake Gin）、"& 威士忌"（&Whisky）、"焦香尾韵"（Burnt Ends）和"原子实验室"（Atom Labs）。原子品牌的威士忌主管山姆·西蒙斯博士（Dr. Sam Simmons，人称威士忌博士），在2023年《烈酒商业》杂志（Spirits Business）颁奖典礼上荣获"年度调配师"称号。

Wormtub 10年雪莉桶完成，56.1%
闻香：丰富的黑糖浆、黏性的太妃布丁和牛轧糖，以及烤咖啡豆，整体飘散着烘烤的香气。
口感：柔软的英式奶油口感，李子的味道引领着变得更加丰富和甜美，伴随着逐渐升级的奢华感，烤咖啡的香气伴随着干燥的橡木和麦芽味。

漫画标（That Boutique-y Whisky Company）

漫画标是一家成立于2012年的独立装瓶商，专门从世界各地的蒸馏厂采购并装瓶稀有、独特且往往别具一格的威士忌酒款。十多年来，该公司一直专注于单桶、小批次、限量版且不可复刻的装瓶产品。但在2023年9月，一切发生了改变，他们推出了0.07升瓶装的核心系列产品。其旗舰酒款包括三款苏格兰单一麦芽威士忌；8年陈酿的艾雷岛威士忌、12年陈酿的斯佩塞威士忌和18年陈酿的高地威士忌，一款30年陈酿的调和谷物威士忌，以及一款8年陈酿的加拿大玉米威士忌。

高地泥煤18年陈酿，45.8%
闻香：煤烟的暗示，焖烧的余烬，湿润的森林空气，然后是巧克力覆盖的消化饼干和烧烤烟。

口感：丝滑、天鹅绒般的口感，逐渐展现出甜美和泥土味，然后是李子、奶油般的麦芽味和粥，丰富的口感由微妙的底层干燥感和烧烤味平衡。

黑暗威士忌（Darkness）

黑暗威士忌于2016年首次进入市场，提供一系列具有浓郁雪莉风味的威士忌。其首款核心酒款，一款8年陈酿的威士忌，于2019年发布。每一款威士忌都会在手工箍制的雪莉八度桶中额外陈酿6个月。无论是旗舰产品8年陈酿的斯佩塞威士忌，还是在欧罗索、佩德罗·希梅内斯（PX）、帕洛·科尔塔多（Palo Cortado）或麝香（Moscatel）雪莉桶中完成陈酿的限量版酒款，黑暗威士忌都能为雪莉威士忌爱好者带来独特的体验。

雪莉桶完成的8年陈酿，47.8%酒精度：
闻香：优雅的丰富性，李子、葡萄干、古董橡木的顶级音符，然后是带有肉豆蔻的煮熟水果和涂在烤面包上的蜂蜜。
口感：柔软的奶油口感，丰富性逐渐展开建立，以李子为首的干果混合，然后是巧克力慕斯和蜂蜜，底层的麦芽味出现。

威士忌代理公司（The Whisky Agency）

这家公司背后的人是卡斯滕·埃利希（Carsten Ehrlich），对于许多威士忌爱好者来说，他是德国林堡一年一度威士忌展会（Whisky Fair）的创始人之一而被熟知。他为威士忌展会限量装瓶酒采购酒桶的经验，促使他以"威士忌代理公司"（The Whisky Agency）之名开启了独立装瓶业务，该业务于2018年庆祝了成立10周年。公司有多个系列，包括"威士忌代理公司"系列、"完美小酌"（The Perfect Dram）系列和"特制品"（Specials）系列，其中有一些不同寻常的装瓶酒款。

TWA 有限公司（A Dewar Rattray Ltd）

该公司由安德鲁·杜瓦·拉特雷（Andrew Dewar Rattray）于1868年创立。2004年，蒂姆·莫里森（Tim Morrison）重振了这家公司。蒂姆之前就职于莫里森·鲍莫尔蒸馏厂（Morrison Bowmore Distillers），是安德鲁·杜瓦的第四代后裔，他希望装瓶来自苏格兰不同地区的单桶麦芽威士忌。后来，他的儿子安德鲁也加入进来。2011年，公司在南艾尔郡的柯科斯沃尔德（Kirkoswald）开设了"A·杜瓦·拉特雷威士忌体验店"。这里除了有大量威士忌可供选购，还有一个样品室和一个酒桶室。

公司最畅销的产品之一是一款名为斯特罗纳奇（Stronachie）的单一麦芽威士忌，实际上它的原酒来自本里尼斯（Benrinnes）蒸馏厂。目前有两款酒款，一款是10年陈酿，另一款是10年陈酿雪莉桶收尾。2011年，一款泥煤调和麦芽威士忌"艾雷岛酒桶"（Cask Islay）成为名为"苏格兰酒桶"（Casks of Scotland）新系列的首款产品。现在该系列有三款不同版本的酒款可供选择——"艾雷岛酒桶经典版"（Cask Islay Classic）、"奥克尼酒桶"（Cask Orkney）和"斯佩塞酒桶"（Cask Speyside）。

TWA 的"酒桶精选系列"（AD Rattray's Cask Collection）每年推出四款产品，该系列是原桶强度装瓶的单桶威士忌，不添加色素，也不进行冷凝过滤。而"年份酒桶系列"（Vintage Cask Collection）则包含稀有且年份久远的单一麦芽威士忌。2020年，公司推出了新的单桶威士忌系列"仓库精选系列"（The Warehouse Collection）。这些酒有的以原桶强度装瓶，有的酒精度为46%，它们的酒液来自整桶或部分酒桶，包括"酒桶尾货"以及重新上架酒桶中的剩余酒液。最后还有"店内麦芽系列"（House Malts range），仅在该店（及线上）有售。

Glenallachie 2008, 15年陈酿，64.5%
闻香：诱人的姜饼，微妙的焦吐司配黄油和橘子果酱，然后是更多的姜饼香。
口感：丰富的丝绒般的口感，姜饼、太妃糖和提拉米苏的混合，伴随着橘子果酱、李子和巧克力松露的爆发。

Glenrothes 1986, 36年陈酿，42.1%
闻香：柠檬汁、甘菊茶，带有桃子的暗示，然后是橙子，由橡木支撑。
口感：优雅的奶油般的口感和酒体，甜味，柠檬挞和柠檬皮，然后是甜美的李子、杏子和甘菊茶，最后是干燥的橡木和麦芽味。

道格拉斯·梁公司（Douglas Laing & Co）

该公司由道格拉斯·梁（Douglas Laing）于1948年创立，多年来一直由他的两个儿子弗雷德（Fred）和斯图尔特（Stewart）经营。2013年，兄弟俩决定分道扬镳。如今，道格拉斯·梁公司由弗雷德·梁及其女儿卡拉（Cara）掌管。

道格拉斯·梁公司的产品组合中有以下品牌："起源"（Provenance，以46%酒精度装瓶的单桶威士忌）、"卓越酒桶"（Premier Barrel，采用陶瓷醒酒器包装的单一麦芽威士忌）以及"老特选"（Old Particular），该系列包含单一麦芽威士忌和谷物威士忌。"老特选"系列还拓展出两个子系列："XOP"和"XOP黑标系列"。一个名为"双桶"（Double Barrel）的系列最近进行了品牌重塑，该系列酒款仅由两种单一麦芽威士忌调配而成。

10年前，公司推出了一个大获成功的系列，该系列最终定名为"非凡地域麦芽威士忌"（Remarkable Regional Malts），首款产品是"捣蛋鬼"（Scallywag）——一款受斯佩塞雪莉威士忌影响的调和麦芽威士忌。随后又推出了更多版本，如10年陈酿版、"巧克力版7号"（The Chocolate Edition #7），以及"2023冬季版"（Winter Edition 2023）等最新产品。多年来，"地域麦芽威士忌"系列不断扩充，现在还包括来自高地的"胆小鬼"（Timorous Beastie），有无年份标识版和10年陈酿版。近期的限量版包括单一麦芽版本和18年陈酿雪莉版。

"岩岛"（Rock Island）是一款融合了来自艾雷岛、艾伦岛、奥克尼岛和吉拉岛威士忌的调和麦芽威士忌，有无年份标识版、10年陈酿版、原桶强度版以及雪莉版。近期的限量版包括在龙舌兰酒桶中收尾的龙舌兰版。

"美食家"（The Epicurean）代表低地威士忌，有无年份标识版和12年陈酿版，以及最近推出的限量版"卡尔瓦多斯版"（Calvados Edition）和"格拉斯哥版 2号"（Glasgow Edition #2）。

"大锅"（The Gauldrons）由坎贝尔敦麦芽威士忌制成，最新的限量版包括雪莉桶版和原桶强度2号批次。

最后一款地域威士忌是"大泥煤"（Big Peat），它是艾雷岛麦芽威士忌的混合酒。这款酒几年前推出，目前很流行。该系列核心系列由无年份标识装瓶版和12年陈酿版组成。为庆祝该品牌成立15周年，近期推出的限量版包括10年陈酿版以及在白波特酒桶中收尾的"哈默尔戴姆"（Hameldaeme）版。

2017年，有消息称道格拉斯·梁公司计划在格拉斯哥开设克卢萨蒸馏厂（Clutha distillery）。仓库已经建成，装瓶厂也已投入运营，但蒸馏厂何时建成仍有待观察。取而代之的是，公司于2019年收购了珀斯西部的斯特拉森蒸馏厂（Strathearn distillery）。2024年4月，他们发布了首款产品，其中包含了前所有者和道格拉斯·梁公司酿造的威士忌。

Strathearn，50%
闻香：焦糖奶油，逐渐过渡到提拉米苏和意式浓缩咖啡，然后扩展到奶油糖果，最终以谷物香气结束。
口感：奶油般的口感伴随着香草甜味，随着卡布奇诺和提拉米苏的味道扩展，随后成熟的果味和平衡的干燥感增强。

Timorous Beastie Madeira Finish，48%
闻香：由橡木衬托的软糖，随后香草和黑巧克力浮现，带有活跃的干薄荷香气。
口感：轻柔的奶油口感，立即展现出甜–丰富–干的平衡，随后甜味和丰富感增强，而干燥感减弱，最后黑巧克力和李子的味道浮现。

亨特·梁公司（Hunter Laing & Co）

这家公司是在2013年弗雷德（Fred）和斯图尔特·梁（Stewart Laing）（见道格拉斯·梁公司相关内容）拆分业务后成立的。它由斯图尔特·梁和他的两个儿子斯科特（Scott）和安德鲁（Andrew）经营。

亨特·梁公司的产品组合包括以下系列和品牌："老麦芽酒桶"（The Old Malt Cask，珍稀且年份久的麦芽威士忌，以50%酒精度装瓶）、"珍稀老酒精选"（The Old and Rare Selection，一系列原桶强度装瓶的珍稀老酒）、"君主"（The Sovereign，一系列珍稀古老的谷物威士忌）、"赫本之选"（Hepburn's Choice，较年轻的麦芽威士忌，以46%酒精度装瓶）和"初版"（The First Editions）。"初版"系列是安德鲁·梁在亨特·梁公司成立之前创立的，现在是产品组合中的重要部分。后来还增加了两个子系列，即向英国著名作家和艺术家致敬的"作者系列"（the Author's Series）和"酿酒师艺术系列"（Distiller's Art）。

2019年，一款来自未公开艾雷岛蒸馏厂的单一麦芽威士忌"斯卡拉布斯"（Scarabus）被推出，现在有10年陈酿版和批次强度版。还有"旅程"系列（Journey series，包括艾雷岛、高地、坎贝尔镇和赫布里底群岛），是由苏格兰4个不同地区的麦芽威士忌调和而成。

2018年，阿德诺霍蒸馏厂（Ardnahoe Distillery）在艾雷岛东北海岸靠近布纳哈本（Bunnahabhain）的地方开业。这家年产量达100万升的蒸馏厂于2019年春季向公众开放。2024年5月，推出了一款限量的5年陈酿首次发布酒款，随后在9月

推出了核心产品"无尽之湖"（Infinite Loch）。为庆祝在艾雷岛的业务，自2019年以来，公司在艾雷岛威士忌节（Feis Ile）期间推出了许多珍稀古老的艾雷岛单一麦芽威士忌，这些酒款以"亲属关系"（Kinship）为名。不过在首款阿德诺霍威士忌推出后，这个系列就暂停了。

Ardnahoe Infinite Loch 5年陈酿，50%
闻香：海风携带着橡木、焦糖奶油和麦芽味，然后出现麻烟岛气息和淡青刺鼻气。
口感：非常柔软的口感，烤面包的焦香随后是甜味和香草奶油的爆发，然后微妙的干燥感加入，最后是柠檬挞和黏性太妃布丁的华丽收尾。

Ardnahoe Inaugural Release 5年陈酿，50%
闻香：橄榄油、亚麻籽和橡木，海风和海滩烧烤的味道，然后是燕麦粥过渡到烤奶酪三明治。
口感：柔软、丝滑的口感呈现出甜–干–咸的范围，新鲜的柠檬皮清新感，焦糖布雷，然后是飘渺的烟雾和余烬。

苏格兰麦芽（Malts of Scotland）

这是一家由托马斯·埃弗斯（Thomas Ewers）于2009年创立的德国装瓶商。其产品种类的核心是基础系列（Basic Line），包含三款调和麦芽威士忌：经典（18年陈酿）、雪莉（15年陈酿）和泥煤（10年陈酿）。除了其他苏格兰单一麦芽威士忌系列，埃弗斯还推出了三个系列，分别是爱尔兰麦芽（Malts of Ireland）、印度麦芽（Malts of India）和美国威士忌（Whiskeys of America）。目前，他已经推出了200多款装瓶酒，除了大量单桶威士忌外，还有两个特别系列，即"神奇酒桶"（Amazing Casks）和"天使之选"（Angel's Choice），这两个系列都专注于非常特别和优质的酒桶。

威姆斯麦芽威士忌公司（Wemyss Malts）

威姆斯麦芽威士忌公司成立于2005年，是一家独立的家族企业，由威廉（William）和伊莎贝拉·威姆斯（Isabella Wemyss）兄妹经营。他们家族有着数百年历史，根基在苏格兰东海岸的法夫（Fife）。2014年，他们在圣安德鲁斯（St Andrews）以南几公里处开设了自己的蒸馏厂——金岸逐梦（Kingsbarns）。

该公司主要以其调和麦芽威士忌系列而闻名，其中有三款核心酒款——"蜂巢"（The Hive）、"香料之王"（Spice King）和"泥煤烟囱"（Peat Chimney）。这些酒款酒精度为46%，未经冷凝过滤，也有限量版的批次原桶强度版本。近期的限量版产品包括"波西米亚之花"（Bohemian Blossom）、"花蜜园"（Nectar Grove），以及2024年发布的25年陈酿调和麦芽威士忌"一刻之过"（A Quarter Passed）。

公司业务的另一方面涉及单桶单一麦芽威士忌，这些酒以46%的酒精度装瓶，偶尔也会以原桶强度装瓶。所有威士忌均未经冷凝过滤且不添加色素。最后，还有两款"埃尔乔勋爵"（Lord Elcho）调和威士忌（无年份标识版和15年陈酿版）。

2019年，威姆斯推出了一个全新系列——威姆斯麦芽威士忌酒桶俱乐部（Wemyss Malts Cask Club），为会员提供独家装瓶酒款。公司有金斯巴恩斯蒸馏厂的核心系列，包括5年陈酿

的"巴尔科米"（Balcomie）、在波本桶和 STR 红酒桶组合陈酿的"鸽舍"（Doocot），以及 2024 年发布的"煤镇"（Coaltown）。"煤镇"是在先前盛装过泥煤威士忌的酒桶中陈酿而成。

Kingsbarns Coaltown，46%
- 闻香：轻微的炒制气息，然后是雪莉酒、橘子果酱和麝香葡萄与接骨木花的暗示。
- 口感：丝绒般的口感以甜度和酸橙的新鲜感平衡开头，然后下面是奶油糖果和焦糖奶油的出现，随后消化饼干增添了麦芽味。

A Quarter Passed 25 年陈酿，53.6%
- 闻香：咸味的烤制气息，柠檬挞和羊角面包，然后是脆绿苹果和多汁的桃子。
- 口感：丝绒般的口感带来立即的甜味，持续扩展，中途麦芽味和橡木味出现，带有轻微的沙尔特、苹果酒然后是苹果馅饼的暗示。

灵丹妙药蒸馏厂（Elixir Distillers）

该公司由苏金德（Sukhinder）和拉吉比尔·辛格（Rajbir Singh）所有，他们最为人熟知的成就是在伦敦创立了商店"威士忌交易所"，同时他们也是全球最大的苏格兰威士忌在线零售商。每年 10 月初，他们都会在伦敦举办标志性的"威士忌展"，这是世界上最顶级的威士忌盛会之一。此外，他们还参与在格拉斯哥和伦敦举办的"珍稀威士忌展"。最近，他们将"威士忌交易所"出售给了保乐力加（Pernod Ricard）。

2002 年，他们以"苏格兰单一麦芽威士忌"为品牌，开始独立装瓶麦芽威士忌。2009 年，推出了一个新的艾雷岛单一麦芽威士忌系列，名为"阿斯凯格港"（Port Askaig）。目前的核心系列包括一款 8 年陈酿、一款原桶强度以及一款 17 年陈酿的酒款。

"艾雷岛元素"（Elements of Islay）系列麦芽威士忌比"阿斯凯格港"系列早一年推出。该系列的三款主要酒款均为调和麦芽威士忌，"酒桶精选"（Cask Edit）酒精度为 46%，"波本酒桶"（Bourbon Cask）和"雪莉酒桶"（Sherry Cask）酒精度均为 54.5%。2024 年 5 月，为艾雷岛威士忌节（Feis Ile）发布了一款限量版酒，名为"炉边"（Fireside）。

2023 年初，推出了一个引人入胜的系列的第一部分。"麦克白系列"（The Macbeth Collection）的灵感源自威廉·莎士比亚著名戏剧中的角色，在未来 4 年内将总共发布 42 款装瓶酒。

灵丹妙药蒸馏厂目前正在艾雷岛艾伦港（Port Ellen）郊区建造一座威士忌蒸馏厂。该蒸馏厂配备地板发麦芽设施，目标是在 2025 年开业，命名为"波廷特鲁安蒸馏厂"（Portintruan Distillery）。2022 年，他们还收购了斯佩塞的托莫尔蒸馏厂（Tormore Distillery）。

Elements of Islay Fireside，54.5%
- 闻香：独特的烧烤气息，香草奶油倒在苹果馅饼上，海风穿过。
- 口感：丝滑的口感逐渐展现出焦糖布蕾，然后是干果，首先出现干燥感，然后是甜味。

Port Askaig 17 年陈酿，50.5%
- 闻香：焖烧的余烬，然后是特级初榨橄榄油和盐水，然后是酸橙和焦糖布丁。
- 口感：丝滑的口感，烟熏气息，逐渐展开，带有美味的甜味和焦糖奶油，海盐的味道和柠檬皮的新鲜感。

单桶国度（Single Cask Nation）

单桶国度最初是以会员俱乐部的形式成立的，但后来其所有者决定也通过美国、欧洲和加拿大的零售商进行销售。尽管该公司主要聚焦于苏格兰威士忌，但多年来，它也发布了越来越多来自世界其他地区蒸馏厂的装瓶酒。2024 年 1 月，该公司被手工烈酒公司（The Artisinal Spirits Company）收购。

其他独立装瓶商

The Ultimate Whisky Company

成立于 1994 年，由汉·范·维斯（Han van Wees）和他的儿子莫里斯（Maurice）创立。所有威士忌均不经过冷凝过滤，不添加色素，并以 46% 或原桶强度装瓶。范·维斯家族还经营着欧洲最优秀的烈酒商店之一——位于阿默斯福特的 Van Wees Whisky World，店内有超过 1 000 种不同的威士忌。

Svenska Eldvatten

成立于 2011 年，除了威士忌外，他们的产品线还包括陈年龙舌兰酒和朗姆酒，并推出了自己的朗姆酒、金酒和水仙酒。他们还是来自 Murray McDavid、AD Rattray、North Star Spirits、Claxton's、Single Cask Nation 和 Watt Whisky 的威士忌在瑞典的进口商。

The Vintage Malt Whisky Company

成立于 1992 年，该公司向超过 35 个国家供应威士忌。2022 年，他们在艾雷岛的艾伦港开设了一家朗姆酒蒸馏厂。威士忌系列中最著名的品牌是两款单一艾雷岛麦芽威士忌，分别是 Finlaggan 和 The Ileach。Ileach 有两个版本，分别以 40% 和 58% 的酒精度装瓶。Finlaggan 系列包括 Old Reserve、Eilean Mor、Port Finish、Sherry Finish、Cask Strength 和 Red Wine Cask Matured。其他表达包括以 The Cooper's Choice 命名的一系列单桶单一麦芽威士忌。

Wm Cadenhead&Co

成立于 1842 年的经典装瓶商。所有者 J&A Mitchell 还拥有位于坎贝尔镇的云顶和格兰盖尔蒸馏厂。他们的核心系列 Authentic Collection 由单桶原桶强度威士忌组成，仅在自家商店和在线销售。其他系列包括 World Whiskies（来自非苏格兰

蒸馏厂的单一麦芽）、关停酒厂系列和小批次系列。其中小批次系列可以分为三个独立的子系列：单桶原酒、桶强、小批次46%酒精度。Creations 系列由小批量调和和纯麦芽威士忌组成。还拥有自己的金酒和朗姆酒系列。

Adelphi Distillery

成立于 1993 年，由杰米·沃克（Jamie Walker）创立，以一个在 1907 年停止生产麦芽威士忌的蒸馏厂命名。公司提供一系列以原桶强度装瓶的单一麦芽威士忌，每年也发布一些新酒。还有两个反复出现的品牌，Fascadale 和 Liddesdale，其中单一麦芽威士忌每批次都有所不同。2015 年，两个新品牌的首批装瓶问世。Adelphi 与 Fusion Whisky 合作推出了 The Glover，这是一个独特的混合，包括来自已关闭的日本蒸馏厂羽生（Hanyu）的单一麦芽和两款苏格兰单一麦芽——Longmorn 和 Glen Garioch。此后，Adelphi 还与印度的雅沐特（Amrut）、澳大利亚的斯塔沃德（Starward）、荷兰的祖达姆（Zuidam）和日本的秩父进行了合作。自 2014 年以来，Adelphi 还在其位于苏格兰西部的艾德麦康蒸馏厂（Ardnamurchan Distillery）生产威士忌。该蒸馏厂的首款单一麦芽威士忌于 2020 年 10 月发布。最近的装瓶包括 The Midgie、Paul Lanois 的第二版（在香槟桶中完成）和一款 10 年陈酿。

Ardnamurchan The Midgie，48%
闻香：最初是切尔西小面包，然后烤面包的焦香，带有焦糖、水果糖浆和橡木的暗示，伴随着蜂蜜和肉桂的香气。
口感：超细腻的奶油口感，甜美和丰富感以苹果酒、肉桂、苏丹纳斯开启，然后轻微的烟雾增添了风味。

Maclean's Nose，46%
闻香：巧克力布朗尼、香草、柠檬淋蛋糕，丰富的顶级音符但优雅，水果奶油冻的奶油感，微妙的细微差别。
口感：奶油巧克力松露、麦芽味和干燥感真正展开，然后是一些黑巧克力和干橡木的深沉共鸣。

Deerstalker Whisky Co

Deerstalker 品牌的历史可以追溯到 1880 年，1994 年被 Aberko Ltd 收购。目前，产品线中有一个核心单一麦芽威士忌，即 12 年陈酿，以及两款混合麦芽威士忌——泥煤版和高地版。Deerstalker 还会不时发布限量的单一麦芽威士忌。

Morrison Distillers

由一家在苏格兰威士忌行业拥有数十年经验的家族拥有，公司最著名的系列是 Carn Mor 单一麦芽威士忌。其他系列包括 Mac-Talla，提供艾雷岛单一麦芽威士忌，以及 Old Perth 混合麦芽威士忌。2017 年，所有者在法夫（Fife）开设了自己的蒸馏厂——Aberargie Distillery。

Dramfool

布鲁斯·法夸尔（Bruce Farquhar）从私人收藏家以及经纪人那里采购威士忌。2021 年，他新增了一个系列——Jim McEwan 的签名系列，该系列代表了布赫拉迪（Bruichladdich）的不同风格。他还是第一个独立装瓶沃富奔（Wolfburn）威士忌的人。

Angel's Nectar

高芬公司（Highfern Ltd）以 Angel's Nectar 品牌名装瓶和销售威士忌。目前的酒款包括酒相克什 Original、单一奥洛罗索雪莉桶版，酒精度为 46%，最近又推出了酒精度为 57.9% 的版本。还有一个新版本的 Cairngorms 第四版单一麦芽。高芬也是瑞士兰佳顿（Langatun）单一麦芽威士忌在英国的进口商。

The Single Cask Ltd

Ben Curtis 在 2010 年在新加坡开始作为独立装瓶商之前，曾是东南亚的威士忌分销商。从那时起，他已搬回英国。多年来，业务不断增长，品牌现在在英国、欧洲和亚洲销售。公司还充当经纪人，销售装有新酒和陈年威士忌的桶。

Selected Malts

一个瑞典的装瓶商和调和商，专门从事苏格兰以及瑞典的单一麦芽威士忌。2019 年，他们发布了自己的混合麦芽威士忌品牌 Zippin，后来成为 Glen Allachie、James Eadie 和 Milk&Honey 在瑞典的经销商。

The Alistair Walker Whisky Co.

当艾利斯特·沃克（Alistair Walker）的家族在 2016 年出售了本里亚（BenRiach）、格兰多纳赫（GlenDronach）和格兰格拉斯（Glenglassaugh）酒厂时，他决定成为一名独立装瓶商。他的品牌名为 "Infrequent Flyers"，到目前为止已经发布了超过 100 款装瓶产品。2024 年 5 月发布的第 15 批次包括一款 25 年的吉拉（Jura）威士忌，采用新橡木桶收尾；一款 9 年的托明图尔（Tomintoul）黑麦桶收尾威士忌；以及一款 26 年的邓巴顿（Dumbarton）单一谷物威士忌。

Watt Whisky

马克·瓦特（Mark Watt）离开卡登海德（Cadenheads）后，决定与他的妻子凯特（Kate）一起创办自己的公司，凯特曾在春岸（Springbank）和格兰法拉斯（Glenfarclas）工作过。他们的理念主要是以桶装原度装瓶苏格兰单一麦芽威士忌（但也装瓶谷物威士忌和朗姆酒），并且不添加色素或进行冷凝过滤。2020 年秋季，马克与他的朋友大卫·斯特克（David Stirk）一起推出了名为 "Electric Coo" 的自有产品系列。瓦特威士忌最近的发布包括戈吉（Gorgie）的泥煤烟熏混合苏格兰威士忌、本与雪莉的混合麦芽威士忌、一款 26 年的因弗戈登（Invergordon）威士忌、一款 11 年的格兰莫雷（Glen Moray）威士忌和一款 7 年的洛克兰扎（Lochranza）威士忌。

The Whisky Baron

Jake Sharpe 起初将交易桶作为投资业务，但最终开始向私人客户销售单桶单一麦芽威士忌。当前的产品分为 Renaissance、Founder's Collection 和 Signature 系列。

Lady of the Glen

格雷戈尔·汉娜（Gregor Hannah）于 2012 年创立的 Hannah Whisky Merchants，主要以品牌 Lady of the Glen 而闻名，提供单桶单一麦芽和单一谷物苏格兰威士忌。每年大约装瓶 40 桶，最新发布包括 16 年的 Auchentoshan 红宝石波特桶陈酿、11 年的 Caol Ila 里韦萨尔特（Rivesaltes）桶陈酿和 32 年的 Cambus 谷物威士忌雪莉桶陈酿。

The Islay Boys

麦凯·史密斯（Mackay Smith）和唐纳德·麦肯齐（Donald MacKenzie）于 2018 年收购了艾雷岛啤酒厂（Islay Ales Brewery）。不久之后，他们开始从事威士忌装瓶业务，目前他们的产品系列包括 Bårelegs 艾雷岛单一麦芽威士忌和 Flatnöse 混合麦芽威士忌以及混合苏格兰威士忌。2022 年 6 月，他们关于在艾雷岛建造拉根湾酒厂（Laggan Bay Distillery）的规划申请获得批准，伊恩·麦克劳德酒厂（Ian Macleod Distillers）是该项目的合作伙伴。

Asta Morris

由前"麦芽狂人"伯特·布鲁因内尔（Bert Bruyneel）于 2009 年创立的公司，最初以威士忌起家，后来也扩展到朗姆酒、干邑和卡尔瓦多斯等品类。通常每年大约发布 15 种单一麦芽威士忌，从年轻且价格亲民的表达到古老且稀有的装瓶。伯特的一个特别项目是 NOG 金酒，这种金酒在一些之前使用过的威士忌桶中成熟，并分批装瓶。

James Eadie

由鲁珀特·帕特里克（Rupert Patrick）创立，他是 19 世纪苏格兰调酒师詹姆斯·伊迪（James Eadie）的曾曾孙。凭借在苏格兰威士忌行业的丰富经验，鲁珀特成立了这家独立装瓶商，专注于小批量和单桶苏格兰威士忌。他还成功复刻了伊迪早期推出的"商标 X"（Trade Mark X）混合威士忌。除了威士忌，该公司还在 2022 年出版了一本令人惊叹的图书——《大不列颠及爱尔兰的蒸馏厂》（The Distilleries of Great Britain & Ireland）。这是一本 630 页的汇编，收录了 20 世纪 20 年代关于 124 家酒厂的早已被遗忘的故事（以及令人惊叹的照片）。2023 年，公司又推出了一部巨著《威士忌蒸馏》（The Distillation of Whisky），其中包含关于 20 世纪 20 年代末威士忌生产的文章。

Claxton's Spirits

这是一家专注于独特威士忌和其他烈酒的独立装瓶商。公司位于达尔斯温顿庄园（Dalswinton Estate），该庄园位于邓弗里斯（Dumfries）以北约 11 公里处。公司拥有一个保税仓库，这使得他们能够开展桶装酒的重新堆叠、陈酿、调配和装瓶等一系列操作，这对于一家独立装瓶商来说是罕见的。公司业务重点是桶装原度的单一麦芽或单一谷物苏格兰威士忌。其产品系列分为三个部分：1 号仓库（Warehouse No. 1）、8 号仓库（Warehouse No. 8）和探索系列（Exploration）。2024 年 6 月的最新发布包括：一款 25 年的诗贝（Speyside）威士忌、一款 35 年的斯特拉斯米尔（Strathmill）威士忌、一款 33 年的因弗戈登（Invergordon）谷物威士忌和一款 31 年的卡梅隆桥（Cameronbridge）谷物威士忌，这些酒款均来自不同的雪利桶，还有一款 34 年的曼洛克摩（Mannochmore）波本桶陈酿威士忌。

Brave New Spirits

一个相当新的独立装瓶商和混合商，他们在格拉斯哥拥有自己的仓库。在短短的时间里，他们已经确立了自己作为行业中更高产的公司之一。在他们自己称之为的 Party Department 中，他们与大品牌合作，通常为特定的超市和零售商设计。对于鉴赏家，最初有 3 个系列：Whisky of Voodoo（小批量发布）、Yellow Edition（通常陈酿 10 至 12 年的单桶发布）和 Cask Noir（来自不寻常和有趣的桶的单桶发布）。最近又推出了两个新系列：Cask Masters（通常陈酿 30 年以上的标志性威士忌）和 WhiskyHeroes（带有壮观标签）。2023 年 8 月，他们获得了在坎贝尔镇以北的 Machrihanish 机场附近建造 Witchburn 蒸馏厂的规划许可。

Saltire Rare Malt Ltd.

创始人 Nigel Heywood 和长期商业伙伴 Keith Rennie 在过去 30 年里一直在低调地从各种蒸馏厂购买原酒。被称为威士忌夫妇的 Hans&Becky Offringa 被任命为库存的策展人，并提供品酒笔记。公司位于法夫的福克兰镇（Falkland），拥有自己的仓库和装瓶线。2024 年，他们的前 6 个单桶装瓶首次发布。

Goldfinch Whisky

格拉斯哥新兴独立装瓶商，由威士忌行业资深人士安德鲁·麦克唐纳–班尼特（Andrew Macdonald-Bennett）创立。旗下产品系列包括：主打多种雪莉桶收尾单一麦芽威士忌的"酒窖系列"（Bodega Series）；以帕洛科塔多雪莉桶为核心风味的"帕洛玛系列"（Paloma）；将布莱尔阿苏威士忌在 5 种不同葡萄酒桶中收尾的"葡萄酒桶系列"；重泥煤风格的 Kilnsman's Dram；以及 Stormbound Ocean Edition 系列。

威士忌商店

澳大利亚

尼克葡萄酒商（Nicks Wine Merchants）
地址：10-12 Jackson Court, East Doncaster, VIC, 3109
电话：+61（0）3 9848 1153
　　这是一家供应各种烈酒和葡萄酒的商家，其威士忌种类尤为丰富，是澳大利亚最大的威士忌供应商，拥有超过500种澳大利亚本土威士忌！

奇特威士忌公司（The Odd Whisky Coy）
地址：25 Anzac Ridge Road, Bridgewater, SA, 5155
电话：+61（0）417 852 296
　　一家专业的在线威士忌销售商，其威士忌种类令人印象深刻。

威士忌世界（World of Whisky）
地址：Shop G12, Cosmopolitan Centre, 2-22 Knox Street, Double Bay NSW 2028
电话：+61（0）2 9363 4212
　　一家专业的威士忌商店，威士忌种类繁多，其中大部分是单一麦芽威士忌。

威士忌公司（The Whisky Company）
地址：PO Box 2559, Seaford, VIC, 3198
电话：+61（0）434 438 617
　　这是澳大利亚最大的单一麦芽威士忌在线零售商之一，目前库存约800种产品。

橡木桶商店（The Oak Barrel）
地址：152 Elizabeh St, Sydney, NSW, 2000
电话：+61（0）2 9264 3022
　　有丰富的苏格兰威士忌，但最令人印象深刻的还是其澳大利亚本土威士忌。

奥地利

壶式蒸馏器商店（Potstill）
地址：Währinger Straße 65, 1090 Wien
电话：+43（0）664 118 85 41
　　自1992年起就是奥地利首屈一指的威士忌商店，拥有超过1 100种不同的单一麦芽威士忌，其中包括一些真正的珍稀酒款。

维也纳威士忌商店（Whisky Wien）
地址：Hahngasse 17, 1190 Wien
电话：+43（0）677 622 476 40
　　前身为卡登黑德（Cadenhead）威士忌商店，但现在已焕然一新。

平克内尔威士忌市场（Pinkernells Whisky Market）
地址：Alter Markt 1, 5020 Salzburg
电话：+43（0）662 84 53 05
　　提供超过500种威士忌，他们也是麦芽谷仓（Maltbarn）、威士忌酒廊（The Whisky Chamber）和杰克·威伯斯（Jack Wiebers）品牌的进口商。

希尔申布伦纳烈酒（Hirschenbrunner Spirits）
地址：Zieglergasse 88-90/23, 1070 Wien
电话：+43 699 1132 37 30
　　一家设备齐全的商店，拥有超过1 000种威士忌，其中包括许多年份久远和珍稀的装瓶酒。

比利时

威士忌角落（Whiskycorner）
地址：Kraaistraat 16, 3530 Houthalen
电话：+32（0）89 386233
　　有非常多的单一麦芽威士忌可供选择，超过2 000种不同的品类。也有其他威士忌、苹果白兰地和格拉巴酒。

克龙贝之家商店（Huis Crombé）
地址：Doenaertstraat 20, 8510 Marke
电话：+32（0）56 21 19 87
　　除了大量的苏格兰威士忌外，还补充了来自日本、美国和爱尔兰等地的威士忌。

我们是威士忌商店（We Are Whisky）
地址：Avenue Rodolphc Gossia 33, 1350 Orp-Jauche
电话：+32（0）471 134556
　　一家在线零售商，有超过800种不同的威士忌。他们还每月定期举办品鉴活动。

242 酒饮商店（Dram 242）
地址：Rijgerstraat 60, 9310 Moorsel
电话：+32（0）477 26 09 93
　　威士忌种类繁多。除了核心的官方装瓶酒款外，还专注于珍稀、年份久远的酒款。

加拿大

肯辛顿葡萄酒市场（Kensington Wine Market）
地址：1257 Kensington Road NW，Calgary, Alberta T2N 3P8
电话：+1 403 283 8000
　　这家商店有种类非常丰富的威士忌（超过1500种），还有其他烈酒和葡萄酒。每年在店内举办超过80场品鉴活动。

威士忌世界（World of Whisky）
地址：Unit 240, 333 5 Avenue SW，Calgary, Alberta T2P 3B6
电话：+1 587 956 8511
　　专门经营来自世界各地的威士忌。目前店内有超过1100种不同的威士忌，其中包括一些来自苏格兰的极其珍稀的酒款。

丹麦

丹麦威士忌商店（Whisky.dk）
地址：Vejstruprodvej 15，6093 Sjolund
电话：+45 5210 6093
　　亨里克·奥尔森（Henrik Olsen）和乌尔里克·贝伦森（Ulrik Bertelsen）在丹麦因举办的威士忌品鉴活动而闻名，他们还经营着北欧最大的威士忌商店之一，主要经营威士忌，同时也有大量令人印象深刻的朗姆酒库存。

尤尔葡萄酒与烈酒商店（Juul's Vin & Spiritus）
地址1：Værnedamsvej 15，1819 Frederiksberg
电话：+45 33 31 13 29
地址2：Lyngby Hovedgade 43，2800 Kongens Lyngby
电话：+45 33 18 37 93
　　有非常丰富的葡萄酒、加强型葡萄酒和烈酒，其中有超过1100种不同的威士忌（800种单一麦芽威士忌）。

威士忌观察者（Whisky Watcher）
地址：Kongensgade 69 F，5000 Odense C
电话：+45 66 13 95 05
　　一家专业的威士忌商店，威士忌种类丰富，同时也有精选的香槟、干邑白兰地和朗姆酒。

卡洛威士忌与葡萄酒商店（Kalø Whisky og Vin）
地址：Ebeltoftvej 54, Feldballe, 8410 Ronde
电话：+45（0）71 90 82 40
　　这是一家精心挑选麦芽威士忌以及其他烈酒、葡萄酒和啤酒的商店。定期举办品鉴活动。

英格兰

威士忌交易所（The Whisky Exchange）
地址1：2 Bedford Street, Covent Garden, London WC2E 9HH
电话：+44（0）20 7100 0088
地址：90-92 Great Portland Street, Fitzrovia, London W1W 7NT
电话2：+44（0）20 7100 9888
地址：88 Borough High Street, London Bridge, London SE1 1LL
电话：+44（0）20 7631 3888
　　苏克辛德（Sukhinder）和拉杰比尔·辛格（Rajbir Singh）最近将它卖给了保乐力加公司。他们最初在汉威尔的一间展厅里经营一家邮购业务，但后来在伦敦市中心的 Vinopolis 开设了店铺。几年前，他们搬到了位于伦敦考文特花园的一个更大、更新的地方，并从那时起又开了两家店。他们的商品种类繁多，有超过1000种单一麦芽威士忌可供选择。由于辛格（Singh）家族对古董威士忌的浓厚兴趣，这里还提供一些几乎在其他地方都找不到的稀有威士忌。此外，这里还有其他类型的威士忌、干邑、卡尔瓦多斯苹果白兰地、朗姆酒等。

威士忌商店（The Whisky Shop）
地址1：11 Coppergate Walk，York YO1 9NT
电话：+44（0）1904 640300
地址2：7 Turl Street，Oxford OX1 3DQ
电话：+44（0）1865 202279
地址3：3 Swan Lane，Norwich NR2 1HZ
电话：+44（0）1603 618284
地址4：169 Piccadilly，London W1J 9EH
电话：+44（0）207 499 6649
地址5：Unit 7 Queens Head Passage，Paternoster，London EC4M 7DZ
电话：+44（0）207 329 5117
地址6：3 Exchange St，Manchester M2 7EE
电话：+44（0）161 832 6110
地址7：25 Chapel Street，Guildford GU1 3UL
电话：+44（0）1483 450900
地址8：Unit 9 Great Western Arcade，Birmingham B2 5HU
电话：+44（0）121 233 4416
地址9：64 East Street，Brighton BN1 1HQ
电话：+44（0）1273 327 962
地址10：3 Cheapside，Nottingham NG1 2HU
电话：+44（0）115 958 7080
地址11：9-10 High Street，Bath BA1 5AQ
电话：+44（0）1225 423 535
地址12：Unit 1/9 Red Mall，Intu Metro Centre，Gateshead NE11 9YP
电话：+44（0）191 460 3777
地址13：Unit 210 Trentham Gardens，Stoke on Trent ST4 8AX
电话：+44（0）1782 644 483
地址14：36 Royal Arcade，Cardiff CF10 1AE
电话：+44（0）29 2213 0033
地址15：12-14 County Arcade, Victoria Quarter, Leeds LS1 6BN
电话：+44（0）113 430 0158
　　（其他见苏格兰的"威士忌商店"）
　　这是英国最大的威士忌专业零售商，拥有22家门店。产品种类极为丰富，有超过1500种苏格兰单一麦芽威士忌，以及其他烈酒、相关配件和书籍。他们还运营着W俱乐部，这是英国领先的威士忌俱乐部，会员福利之一就是可以获得优秀的《威士忌酒馆》（Whiskeria）杂志。提供全球发货服务。

贝瑞兄弟与路德烈酒商店（Berry Bros. & Rudd Spirits Shop）
地址：1 St James's St, London SW1A 1EF
电话：+44（0）20 7022 8973

这是一家可追溯至1698年的传奇公司！它是世界上最负盛名的葡萄酒商店之一，同时拥有广泛且独特的麦芽威士忌精选品类，其中一些威士忌由贝瑞兄弟公司自己装瓶。该公司还以威士忌和朗姆酒独立装瓶商而闻名。

怀特葡萄酒与威士忌公司（The Wright Wine & Whisky Company）
地址：The Old Smithy, Raikes Road, Skipton, North Yorkshire BD23 1NP
电话：+44（0）1756 700886

店内精心挑选了近1000种不同的威士忌，设有一品鉴橱柜，里面有近100瓶已开封的酒供顾客品尝，还定期举办有主持人的品鉴之夜活动。有很棒的"收藏者对收藏者"系列的年份威士忌可供选择，此外还有超过1200种葡萄酒、优质烈酒和利口酒供挑选。

麦芽大师（Master of Malt）
地址：Unit 1, Ton Business Park, 2-8 Morley Rd., Tonbridge, Kent, TN9 1RA
电话：+44（0）1892 888376

这是一家在线零售商和独立装瓶商，威士忌种类超过2500种，其中包括2000多种苏格兰威士忌和1500多种单一麦芽威士忌。还有大量的杜松子酒、朗姆酒、干邑白兰地、雅文邑白兰地、龙舌兰酒等可供选择。该网店包含大量关于各蒸馏厂的信息和新闻，以及富有创意的个性化礼品创意。"逐杯品鉴"（Drinks by the Dram）服务提供超过3300种不同威士忌的30毫升样品，还提供"逐杯品鉴俱乐部"（Dram Club）的月度威士忌订阅服务，以及"调配属于自己的威士忌"（Blend Your Own）选项、个性化威士忌，并有一个礼品查找器来帮助满足特殊场合的需求。

英国威士忌商店（Whiskys.co.uk）
地址：The Square, Stamford Bridge, York YO4 11AG
电话：+44（0）1759 371356

店内有丰富的威士忌种类，超过600种不同的威士忌。还有不错的雅文邑白兰地、朗姆酒、苹果白兰地等可供选择。店主还有另一个网店，上面有关于世界上几乎每一家威士忌蒸馏厂的大量信息。

小酌威士忌（The Wee Dram）
地址：5 Portland Square, Bakewell, Derbyshire DE45 1HA
电话：+44（0）1629 812235

店内有大量的苏格兰单一麦芽威士忌，也有来自世界其他地区的威士忌，还有种类丰富的威士忌书籍。运营"小酌威士忌爱好者俱乐部"（The Wee Drammers Whisky Club），举办研讨会和品鉴活动。在每年10月，他们会举办一年一度的"小酌威士忌节（Wee Dram Fest）"。

稀有威士忌（Hard To Find Whisky）
地址：1 Spencer Street, Birmingham B18 6DD
电话：+44（0）121 448 84 84

正如店名所示，这家家族经营的商店专注于稀有、可收藏以及新发布的单一麦芽威士忌。种类繁多，超过3000种不同的瓶装，其中500多种不同的麦卡伦。提供全球配送服务。

尼科尔斯与珀克斯（Nickolls & Perks）
地址：37 Lower High Street, Stourbridge West Midlands DY8 1TA
电话：+44（0）1384 394518

主要以葡萄酒商而闻名，但也拥有庞大的威士忌种类，1900种不同的威士忌，包括1300种单一麦芽威士忌。他们还组织米德兰威士忌节。

诺丁汉的盖恩特利公司（Gauntleys of Nottingham）
地址：4 High Street, Nottingham NG1 2LT
电话：+44（0）115 9110555

一家成立于1880年的高级葡萄酒商店。其葡萄酒系列堪称"英国最佳"之一。各类烈酒，尤其是威士忌，占据了越来越多的空间，可以找到一些稀有的麦芽威士忌。

享乐主义葡萄酒公司（Hedonism Wines）
地址：3-7 Davies St., London W1K 3LD
电话：+44（020）729 078 70

这家公司位于伦敦市中心，是葡萄酒爱好者的圣地，同时拥有1200多种来自苏格兰以及世界其他地区的不同瓶装威士忌。

林肯威士忌商店（The Lincoln Whisky Shop）
地址：87 Bailgate, Lincoln LN1 3AR
电话：+44（0）1522 537834

主要专注于威士忌，拥有超过300种不同的威士忌，还有500种烈酒和利口酒。提供全球邮寄服务。

索霍区的米罗伊商店（Milroys of Soho）
地址：3 Greek Street, London W1D 4NX
电话：+44（0）207 734 2277

这是一家位于索霍区的经典威士忌商店，商品种类丰富，拥有700多种麦芽威士忌，还有来自世界各地的精选威士忌。店内还设有一个威士忌酒吧。

卡登黑德威士忌商店（Cadenhead's Whisky Shop）
地址：26 Chiltern Street, London W1U 7QF
电话：+44（0）20 7935 6999

这是一家由独立装瓶商卡登黑德经营的连锁店。销售卡登黑德品牌的产品以及约200款其他威士忌。店内定期举行品酒活动。

寻味馆（Drinkfinder）
地址：30 Fore Street, Constantine, Falmouth Cornwall TR11 5AB
电话：+44（0）1326 340226

这是一家提供全系列葡萄酒和烈酒的经销商，拥有来自世界各地的威士忌丰富选择（其中超过1000种是苏格兰威士忌）。提供全球范围的配送服务。

麦芽之家（House of Malt）
地址：48 Warwick Road, Carlisle CA1 1DN
电话：+44（0）1228 658 422

提供来自苏格兰和世界各地的广泛威士忌，以及其他烈酒和精酿啤酒。定期举办品酒晚会和其他活动。

复古商店（The Vintage House）
地址：42 Old Compton Street London W1D 4LR
电话：+44（0）20 7437 2592

拥有1400种麦芽威士忌的庞大阵容，其中许多都是罕见品种。除此之外，还提供精选的优质葡萄酒。

威士忌在线（Whisky On-line）
地址：Units 1-3 Concorde House, Charnley Road, Blackpool, Lancashire FY1 4PE
电话：+44（0）1253 620376

　　该店有多种精选的威士忌，还有干邑白兰地、朗姆酒、波特酒等。特别专注于稀有威士忌的收藏，并定期举办拍卖活动。

米切尔酒商（Mitchell's Wines Merchants）
地址：354 Meadowhead, Sheffield S8 7UJ
电话：+44（0）114 274 5587

　　提供大量啤酒、葡萄酒和雪茄，并且拥有 500 种单一麦芽苏格兰威士忌以及一系列世界威士忌。此外，还设有私人酒吧供品酒使用。

法国

威士忌之家（La Maison du Whisky）
地址 1：20 rue d'Anjou 75008 Paris
电话：+33（0）1 42 65 03 16
地址 2：6 carrefour d l'Odéon 75006 Paris
电话：+33（0）1 46 34 70 20
地址 3：The Pier at Robertson Quay 80 Mohamed Sultan Road, #01-10 Singapore 239013（该店位于新加坡）
电话：+65 6733 0059

　　法国最大的威士忌商店，拥有超过 1 200 种威士忌，并且还有许多自家装瓶的单一麦芽威士忌。该店还是许多全球威士忌生产商在欧盟的分销商。此外，还经营位于巴黎蒂凯通街（Tiquetonne）的 Golden Promise 威士忌酒吧和商店。

威士忌商店（The Whisky Shop）
地址：7 Place de la Madeleine, 75008 Paris
电话：+33（0）1 45 22 29 77

　　英国的大型威士忌连锁店在巴黎开设的一家店铺。

德国

斯科玛（SCOMA）
地址：Am Bullhamm 17, 26441 Jever
电话：+49（0）4461 912237

　　拥有大约 750 种苏格兰麦芽威士忌，以及许多来自其他国家的威士忌。这里定期举办研讨会和品酒会。此外，还制作了优秀的月度苏格兰威士忌俱乐部月刊 SCOMA News。

威士忌商店（The Whisky Store）
地址：Am Grundwassersee 4, 82402 Seeshaupt
电话：+49（0）8801 30 20 000

　　拥有非常丰富的威士忌种类，其中大约有 1 200 种是苏格兰威士忌。

科隆威士忌市场（Whisky Market Cologne）
地址：Luxemburger Strasse 257, 50939 Köln
电话：+49（0）221-2831834

　　拥有大约 350 种不同的单一麦芽威士忌，包括卡登黑德（Cadenhead）的装瓶产品。此外，还提供葡萄酒、白兰地和朗姆酒等多种产品。定期举办品鉴活动，并且拥有一个在线商店。

塔拉烈酒（Tara Spirits）
地址：Rindermarkt 16, 80331 München
电话：+49（0）89 26 51 18

　　提供出色的威士忌、杜松子酒和朗姆酒，并定期举办品酒活动。

麦芽之家（Home of Malts）
地址：Hosegstieg 11, 22880 Wedel
电话：+49（0）4103 965 9695

　　提供种类繁多的威士忌，超过 800 款单一麦芽威士忌以及来自多个国家的威士忌，此外还有精美的干邑、朗姆酒等。支持在线订购。

赖费尔舍德（Reifferscheid）
地址：Mainzer Strasse 186, 53179 Bonn
电话：+49（0）228 9 53 80 70

　　这是一家库存丰富的商店，提供多种威士忌、葡萄酒、烈酒、雪茄和美食。商店内还提供专门为店铺瓶装的多种威士忌。

威士忌·多丽丝（Whisky-Doris）
地址：Germanenstrasse 38, 14612 Falkensee
电话：+49（0）3322-219784

　　提供超过 300 种威士忌，并销售自家特别瓶装的威士忌。通过电子邮件接受订单，并提供德国以外的配送服务。

芬莱斯威士忌商店（Finlays Whisky Shop）
地址：Hohenzollernstr. 88, 80796 München
电话：49（0）89 3270 979 145

　　专注于威士忌的商店，提供超过 700 种威士忌和 300 种朗姆酒。也是多家苏格兰品牌的进口商。

葡萄酒源（Weinquelle）
地址：Lübeckerstrasse 145, 22087 Hamburg
电话：+49（0）40 300 672 950
展示厅地址：Jacobsrade 65, 22962 Siek
电话：+49（0）4107 908 900

　　提供丰富的葡萄酒和烈酒选择，威士忌种类超过 1 000 种，其中 850 种为麦芽威士忌。

威士忌角落（The Whisky-Corner）
地址：Reichertsfeld 2, 92278 Illschwang
电话：+49（0）9666-951213

　　这是一家小型商店，但在邮件订单方面有着广泛的业务。提供超过 2000 种威士忌的丰富选择。

环球烈酒（World Wide Spirits）
地址：Am Söterberg 12, 66620 Nonnweiler
电话：+49（0）6873 800 990

　　提供超过 1 000 款威士忌，其中包括一些来自 20 世纪 20 年代的稀有威士忌。此外，还有大量其他烈酒的选择。

威士忌料理（WhiskyKoch）
地址：Weinbergstrasse 2, 64285 Darmstad
电话：+49（0）6151 96 96 886

这是一家结合了威士忌商店和餐厅的商店。商店提供精选的单一麦芽威士忌以及其他苏格兰产品，而餐厅专注于威士忌晚宴和品鉴活动。

苏格兰之魂（Scotia Spirit）
地址1：Friesenstrasse 169, 50670 Cologne
电话：+49（0）221 789 443 70
地址2：Arnoldshrasse 9, 40479 Dusseldorf
电话：+49（0）211 016003349

这两家设备齐全的商店，科隆的店还设有威士忌酒吧，定期举办品鉴会，有时由来自苏格兰的生产商主持。商店库存超过600款不同的威士忌，产品范围还包括50款朗姆酒和450款来自世界各地的葡萄酒等其他产品。

基尔泽克商店（Kierzek）
地址：Weitlingstrasse 17, 10317 Berlin
电话：+49（0）30 525 11 08

该店备有600多种不同的威士忌。在其商品种类中，除了威士忌之外，还能找到50种朗姆酒以及来自世界各地的450种葡萄酒。

烟雾与威士忌（Smoke&Whisky）
地址：Wittelsbacherstrasse 14, 82319 Starnberg
电话：+49（0）8151-368223

这是一家专注于威士忌和雪茄的商店（店内甚至有一个巨大的步入式雪茄柜）。商店提供700多款不同的威士忌和朗姆酒。

威士忌永伴（Whisky For Life）
地址：Fahrgasse 6, 60311 Frankfurt am Main
电话：+49（0）173-6602413

提供丰富的麦芽威士忌和其他烈酒的商店。

威士忌兄弟（The Whisky Brothers）
地址：Glockengasse 8, 93047 Regensburg
电话：+49（0）941 99 22 44 15

这是一家由家庭经营的商店，库存超过1 000款威士忌，并且还提供朗姆酒、金酒等其他烈酒。

匈牙利

布达佩斯威士忌（Whisky Shop Budapest）
地址1：Veres Pálné utca 7., 1053 Budapest
电话：+36 1 267-1588
地址2：Hadak útja 1., 1119 Budapest
电话：+36 20 325 29 75

提供匈牙利最丰富的威士忌选择，提供超过900种来自世界各地的威士忌，以及大量其他优质烈酒。大部分酒品可以在同一地点的GoodSpirit威士忌与鸡尾酒吧内品尝。

爱尔兰

凯尔特威士忌店（Celtic Whiskey Shop）
地址：27-28 Dawson Street, Dublin 2
电话：+353（0）1 675 9744

提供超过900种爱尔兰威士忌，还有丰富的苏格兰威士忌、葡萄酒和其他烈酒。支持全球配送。

意大利

米兰威士忌专卖店（Whisky Shop）
地址：Via Cavaleri 6, Milano
电话：+39（0）2 40760000

由优秀的米兰威士忌团队运营的在线威士忌店，提供1 000种不同的品种。另外，提供咖啡品鉴和装瓶上课。

威士忌古董有限公司（Whisky Antique S.R.L.）
地址：Via Giardini Sud, 41043 Formigine（MO）
电话：+39（0）59 574278

威士忌爱好者及收藏家马西莫·里吉（Massimo Righi）拥有这家专门经营稀有及可收藏酒类的商店——不仅有威士忌，还有白兰地、朗姆酒、雅文邑等。

日本

酒之山株式会社（Liquor Mountain Co.,Ltd.）
地址：京都府京都市下京区四条通高仓西入立花西町82号京都兴和大厦4楼，邮编600-8007
电话：+81（0）75 213 8880

该公司拥有150多家专门经营烈酒、啤酒和食品的店铺。其中约20家被指定为"威士忌王国"（Whisky Kingdom）旗舰店（尽管它们也有齐全的其他烈酒品类），有500种不同的威士忌可供选择。

最主要的三家店铺是：

洛山三条御前
地址：京都市中京区西之京东月光町1-8号
电话：+81（0）75-842-5123

长久手
地址：爱知县长久手市市川洞2-105号
电话：+81（0）561-64-3081

歌舞伎町1丁目
地址：东京都新宿区歌舞伎町1-2-16号
电话：+81（0）3-5287-2080

荷兰

威士忌酒商德科宁商店（Whiskyslijterij De Koning）
地址：Hinthamereinde 41, 5211 PM's Hertogenbosch
电话：+31（0）73-6143547

商品种类极为丰富，有超过1 400种威士忌，其中约800种是单一麦芽威士忌。定期组织品鉴活动。

范韦斯 – 荷兰威士忌世界商店（Van Wees - Whiskyworld.nl）
地址：Leusderweg 260, 3817 KH Amersfoort
电话：+31（0）33-461 53 19

拥有非常多的威士忌，达1 000多种，其中包括500多种单一麦芽威士忌。他们也有自己品牌的装瓶酒（终极威士忌公司）。支持在线订购。

范祖伊伦葡萄酒商行（Wijnhandel van Zuylen）
地址：Loosduinse Hoofdplein 201, 2553 CP Loosduinen（Den Haag）
电话：31（0）70-397 1400

　　有非常优质多样的威士忌（约1 100种）和葡萄酒。接受电子邮件订购，可发货至约10个欧洲国家。

葡萄酒与烈酒（Wijnwinkel-Slijterij）
地址：Ton Overmars, Hoofddorpplein 11, 1059 CV Amsterdam
电话：+31（0）20-615 71 42

　　商品种类极为丰富，有葡萄酒、烈酒和啤酒，其中包括400多种单一麦芽威士忌。定期组织品鉴活动。

葡萄酒与威士忌舒尔（Wijn & Whisky Schuur）
地址：Blankendalwei 4, 8629 EH Scharnegoutem
电话：+31（0）515-520706

　　商品种类丰富，有1 000种不同的威士忌，还有大量其他优质烈酒。定期组织品鉴活动。

范德博格葡萄酒与威士忌专卖店－威士忌的热爱（Wine and Whisky Specialist van der Boog - Passion for Whisky）
地址：Prinses Irenelaan 359-361, 2285 GA Rijswijk
电话：+31 70 - 394 00 85

　　有非常优质多样的近700种麦芽威士忌，以及大量其他种类的烈酒。可全球发货。

新西兰

威士忌大赏（Whisky Galore）
地址：834 Colombo Street, Christchurch 8013
电话：+64（0）800 944 759

　　这是新西兰最好的威士忌商店，拥有750种不同的威士忌，其中大约400种是单一麦芽威士忌。还提供在线邮购服务，可发货至除美国和加拿大以外的世界各地。该店由迈克尔·弗雷泽·米尔恩（Michael Fraser Milne）所有，他于2019年成为了"双耳小浅杯执杯大师"。

波兰

乔治·百龄坛（George Ballantine´s）
地址1：Krucza str 47 A, Warsaw
电话：+48 22 625 48 32
地址2：Pulawska str 22, Warsaw
电话：+48 22 542 86 22
地址3：Marynarska str 15, Warsaw
电话：+48 22 395 51 60
地址4：Zygmunta Vogla str 62, Warsaw
电话：+48 22 395 51 64

　　拥有种类繁多的单一麦芽威士忌，除了威士忌之外，还有来自世界各地的各种烈酒和葡萄酒。定期举办品鉴活动，并且是华沙威士忌品鉴会（Whisky Live Warsaw）的组织者。

威士忌之家（Dom Whisky）
地址：Wejherowska 67, Reda
电话：+48 691 760 000（店铺）+48 691 930 000（邮购）

　　这是一家在线零售商，在雷达（Reda）有一家实体店。另外在弗罗茨瓦夫（Wroclaw）和华沙（Warsaw）各有两家实体店。他们提供非常丰富的威士忌和其他烈酒产品。此外，他们还在亚斯特日比亚戈拉（Jastrzębia Góra）举办威士忌节。

苏格兰

高登 & 麦克菲尔（Gordon & MacPhail）
地址：58 - 60 South Street, Elgin，121 High Street, Elgin，Moray IV30 1JY
电话：+44（0）1343 545110

　　这家传奇的商店早在1895年就在埃尔金开业了。其店主可能是独立装瓶商中最知名的。该店存有大约1 000种单一麦芽威士忌和600多种葡萄酒。店内会安排品鉴活动，并且提供英国国内及海外的邮寄服务。这家店吸引着来自世界各地的游客，该公司还拥有两家威士忌蒸馏厂——本诺曼克（Benromach）和凯恩（The Cairn）。

皇家英里威士忌（Royal Mile Whiskies）
地址：379 High Street, The Royal Mile，Edinburgh EH1 1PW
电话：+44（0）131 2253383

　　皇家英里威士忌商店是英国最知名的威士忌零售商之一。它于1991年在爱丁堡成立。其威士忌种类非常出色，有许多在其他地方很难找到的产品。他们有一个全面的网站，提供有关产区、蒸馏厂、生产工艺、品鉴等方面的信息。皇家英里威士忌商店还在爱丁堡举办"威士忌艺穗节"（Whisky Fringe），这是一个为期两天的威士忌节，每年8月中旬举行。支持在线订购，并可全球发货。

威士忌商店（The Whisky Shop）
地址1：Unit L2-02 Buchanan Galleries，220 Buchanan Street，Glasgow G1 2GF
电话：+44（0）141 331 0022
地址2：17 Bridge Street，Inverness IV1 1HD
电话：+44（0）1463 710525
地址3：93 High Street，Fort William PH33 6DG
电话：+44（0）1397 706164
地址4：52 George Street，Oban PA34 5SD
电话：+44（0）1631 570896
地址5：Unit 23 Waverley Mall，Waverley Bridge，Edinburgh EH1 1BQ
电话：+44（0）131 558 7563
地址6：28 Victoria Street，Edinburgh EH1 2JW
电话：+44（0）131 225 4666
地址7：Unit 18, Multrees Walk，Edinburgh EH1 3DQ
电话：+44（0）7721 973 463

　　（另见英格兰的"威士忌商店"）

　　第一家门店于1992年在爱丁堡开业，如今它已成为英国最大的威士忌专业零售商，拥有22家门店（另外在巴黎还有一家）。产品种类繁多，超过700种，其中包括400种麦芽威士忌和140种小瓶装威士忌，此外还有相关配件和书籍。他们自有品牌的"格兰基尔珍宝"（Glenkeir Treasures）是精选麦芽威士忌的特别系列。他们还运营着W俱乐部，会员福利之一就是可以获得优秀的《威士忌酒馆》（Whiskeria）杂志。

苏格兰麦芽威士忌协会（The Scotch Malt Whisky Society）

地址1：28 Queen Street, Edinburgh EH2 1JX

电话：+44（0）131 625 7484

地址2：87 Giles Street, Edinburgh EH6 6BZ

电话：+44（0）131 554 3451

地址3：30 Bath Street, Glasgow G2 1HG

电话：+44（0）141 220 0910

地址4：19 Greville Street, London EC1N 8SQ

电话：+44（0）20 7831 4447

这是一个享誉全球的协会，在全球拥有4万多名会员，专门从事单一桶苏格兰威士忌的独立装瓶，每年发布150～200款装瓶酒。该协会也装瓶来自世界其他地区的威士忌，以及杜松子酒、朗姆酒、雅文邑白兰地和其他烈酒。与世界各地的酒吧开展合作。

苏格兰威士忌（Whiskies of Scotland）

地址：36 Gordon Street，Huntly AB54 8EQ

电话：+44（0）1466 795 105

由独立装瓶商邓肯·泰勒（Duncan Taylor）所有。店内的商品种类包括整个邓肯·泰勒系列，同时还有他们自家装瓶的名为"苏格兰威士忌"的单一麦芽威士忌精选系列。总共有700种不同的酒款。也有一个提供全球发货服务的在线商店。

达夫镇威士忌兄弟（WhiskyBrother Dufftown）

地址：1 Fife Street, Dufftown，Moray AB55 4AL

电话：+44（0）1340 821097

达夫镇这家知名的威士忌专卖店最近被南非威士忌界名人马克·彭德尔伯里（Marc Pendlebury）收购，他还在镇上经营着一家酒店、酒吧和餐厅。

卡登黑德威士忌商店（Cadenhead's Whisky Shop）

地址：30-32 Union Street，Campbeltown PA28 6JA

电话：+44（0）1586 551710

是独立装瓶商卡登黑德（Cadenhead）旗下的连锁商店之一。出售卡登黑德的产品以及其他威士忌，有丰富的云顶（Springbank）威士忌可供选择。

卡登黑德威士忌商店（Cadenhead's Whisky Shop）

地址：172 Canongate, Royal Mile Edinburgh EH8 8DF

电话：+44（0）131 556 5864

这是卡登黑德（Cadenhead）旗下的连锁店中最古老的一家。店内销售卡登黑德的产品系列，以及精选的其他威士忌和烈酒。店内还定期举办品酒活动。

优质烈酒公司（The Good Spirits Co.）

地址1：23 Bath Street, Glasgow G2 1HW

电话：+44（0）141 258 8427

地址2：21 Clarence Drive, Hyndland, Glasgow G12 9QN

电话：+44（0）141 334 4312（主要经营葡萄酒和啤酒）

地址3：105 West Nile Street, Glasgow G1 2SD

电话：+44（0）141 332 4481

这是一家专业的烈酒商店，售卖威士忌、波旁威士忌、朗姆酒、伏特加、龙舌兰酒、杜松子酒、干邑白兰地和雅文邑白兰地、利口酒以及其他烈酒。他们还备有优质香槟、加强型葡萄酒和雪茄。店内有400多种单一麦芽威士忌，以及来自世界其他地区的威士忌。

A.D. 拉特雷威士忌体验店及商店（A.D. Rattray's Whisky Experience & Whisky Shop）

地址：32 Main Road, Kirkoswald，Ayrshire KA19 8HY

电话：+44（0）1655 760308

最近进行了翻新，这家店由独立装瓶商A.D. 拉特雷所有，集威士忌商店、样品间和教育中心于一体。这里有种类繁多的威士忌，还提供不同主题的品鉴菜单。

芬湖威士忌（Loch Fyne Whiskies）

地址1：Main Street, Inveraray, Argyll PA32 8UD

电话：+44（0）149 930 2219

地址2：30 Cockburn St, Edinburgh EH1 1PB

电话：+44（0）131 226 2134

这是一家传奇般的店铺，自2018年起在爱丁堡开设了第二家分店。店内拥有丰富的麦芽威士忌种类，并且有自家的调和威士忌，屡获殊荣的"芬湖威士忌"，以及他们的芬湖威士忌利口酒。

卡内基威士忌酒窖（The Carnegie Whisky Cellars）

地址：The Carnegie Courthouse, Castle Street，Dornoch IV25 3SD

电话：+44（0）1862 811791

这家店于2016年开业，已经成为了威士忌爱好者的打卡地。店内装修令人着迷，丰富的商品种类包括所有最新发布的酒款，以及珍稀的和具有收藏价值的瓶装酒。提供国际邮寄服务。

修道院威士忌（Abbey Whisky）

地址：Dunfermline KY11 3BZ

电话：+44（0）800 051 7737

一家家族经营的在线威士忌商店，专门销售来自苏格兰和世界各地的独家、珍稀和年份久远的威士忌。除了种类繁多的官方和独立装瓶酒，修道院威士忌商店还会挑选自己的酒桶，并以"珍稀酒桶"和"神秘酒桶"的名义进行装瓶。

苏格兰威士忌体验中心（The Scotch Whisky Experience）

地址：354 Castlehill, Royal Mile，Edinburgh EH1 2NE

电话：+44（0）131 220 0441

对于到访爱丁堡的威士忌爱好者来说，苏格兰威士忌体验中心是必去之地。这里有一个互动式游客中心，专门展示苏格兰威士忌的历史。这个五星级的旅游景点内有一家很棒的威士忌商店，备有300种不同的威士忌。经过大规模翻新后，一家全新的互动式商店已经开业。

廷德姆威士忌（Tyndrum Whisky）

地址：Tyndrum, Perthshire FK20 8RY

电话：+44（0）1301 702 084

这是"绿色惠灵顿驿站"（The Green Welly Stop）的"威士忌大赏"（Whisky Galore）商店的新名字。它大约60年前设立在格伦科（Glencoe）和特罗萨克斯（The Trossachs）之间的一个公路交会处。店内配备齐全，有丰富的苏格兰单一麦芽威士忌、谷物威士忌和混合威士忌，也有来自世界各地的威士忌和其他烈酒。

威士忌城堡（The Whisky Castle）

地址：6 Main Street, Tomintoul AB37 9EX

电话：+44（0）1807 580 213

这是一家以经营单一麦芽威士忌（超过600种）和单桶

威士忌而闻名的传奇店铺。此外，店内还提供专门的"威士忌城堡"装瓶的威士忌系列。

威士忌商店（Whiski Shop）

地址：4-7 North Bank Street，Edinburgh EH1 2LP

电话：+44（0）131 225 7224

这是位于爱丁堡城堡附近的一个新概念店，将商店和品鉴室相结合，同时在高街119号还有一家酒吧和餐厅。也定期举办威士忌品鉴活动。

罗比的美酒（Robbie's Drams）

地址：3 Sandgate, Ayr, South Ayrshire KA7 1BG

电话：+44（0）1292 262 135

店内和其在线商店都有种类繁多的威士忌可供选择。专门经营单一酒桶装瓶威士忌、已关闭蒸馏厂的装瓶威士忌、珍稀麦芽威士忌、限量版威士忌，还有一系列不错的自家装瓶威士忌。提供全球发货服务。

威士忌酒桶（The Whisky Barrel）

地址：Unit 3, Cupar, KY15 5JY

电话：+44（0）1334 655 499

这是一家位于爱丁堡的专业在线威士忌商店。他们备有超过3 000种单一麦芽威士忌和混合威士忌，包括苏格兰、日本、爱尔兰、印度、瑞典的威士忌，以及他们用自己酒桶装瓶的威士忌。

酒商（Drinkmonger）

地址1：100 Athol Road, Pitlochry PH16 5BL

电话：+44（0）1796 470133

地址2：11 Bruntsfield Place，Edinburgh EH10 4HN

电话：+44（0）131 229 2205

由皇家英里威士忌商店（Royal Mile Whiskies）所有，其理念是葡萄酒和专业烈酒各占50%的比例，另外还增加了雪茄品类。威士忌的种类丰富多样，有一些珍稀酒款，并且重点展示当地蒸馏厂的产品。

卢维安（Luvian's）

地址1：93 Bonnygate, Cupar, Fife KY15 4LG

电话：+44（0）1334 654 820

地址2：66 Market Street, St Andrews，Fife KY16 9NU

电话：+44（0）1334 477 752

这是一家传奇的葡萄酒和威士忌零售商，由卢维安三兄弟所有，精选了超过1 200种威士忌（其中600种是单一麦芽威士忌）。

尊尼获加体验中心（The Johnnie Walker Experience）

地址：145 Princes Street, Edinburgh EH2 4BL

电话：+44（0）131 376 9494

这家非凡的5层建筑于2021年开业，位于爱丁堡市中心，专门展示世界上销量最高的威士忌——尊尼获加。可以预订参观行程和独特的体验活动，这里还有一家餐厅和一个屋顶酒吧。一楼的商店出售各种尊尼获加装瓶威士忌，以及帝亚吉欧（Diageo）出品的多种单一麦芽威士忌。

蒸馏室（The Stillroom）

地址：Gleneagles Hotel，Auchterarder, Perthshire PH3 1NF

电话：+44（0）1764 694 188

这家商店位于著名的格伦伊格尔斯酒店内，拥有一系列优秀的珍稀和值得收藏的威士忌，以及来自许多苏格兰蒸馏厂的单一麦芽威士忌。

皮特洛赫里的罗伯逊（Robertsons of Pitlochry）

地址：44-46 Atholl Road, Pitlochry PH16 5BX

电话：+44（0）1796 472011

自2013年新店主接手以来，这家商店已发展成为苏格兰最好的商店之一。店内有丰富的威士忌和杜松子酒，还补充了一些自有品牌装瓶的单一麦芽威士忌。这里还有一个很棒的品鉴室（The Bothy）。

罗伯特·格雷厄姆有限公司（Robert Graham Ltd）

地址1：194 Rose Street，Edinburgh EH2 4AZ

电话：+44（0）131 226 1874

地址2：111 West George Street，Glasgow G2 1QX

电话：+44（0）141 248 7283

地址3：9 Sussex Street, Cambridge CB1 1PA

电话：+44（0）1223 354 459

该公司成立于1874年，专门经营苏格兰威士忌和雪茄。精选的麦芽威士忌搭配种类令人印象深刻的雪茄。他们也用自有品牌装瓶威士忌。

斯佩塞威士忌商店（The Speyside Whisky Shop）

地址：110A High Street，Aberlour AB38 9NX

电话：+44（0）1340 871260

这家商店于2018年开业，位于斯佩塞地区的中心阿伯劳尔。店主专门经营来自各种蒸馏厂的极具收藏价值的单一麦芽威士忌。同时也有多种精酿金酒可供选择。

因弗鲁里威士忌商店（Inverurie Whisky Shop）

地址：1 Burnside, Burn Lane，Inverurie AB51 3RY

电话：+44（0）1467 622412

这是一家优秀的葡萄酒和烈酒商店，拥有种类繁多的威士忌，包括他们自己装瓶的产品。定期安排品鉴活动和威士忌之旅。还有一个名为"The Blether"的定期在线威士忌交流活动，会邀请业内人士分享他们的观点。

高地威士忌商店（Highland Whisky Shop）

地址：23 Castle Street, Inverness IV2 3EP

电话：+44（0）1463 592 055

这是一家相当新的威士忌商店，就在因弗内斯城堡旁边。有近400种不同的威士忌以及其他烈酒，还有一个酒吧，可以在那里定制自己的品鉴体验。

威士忌请（Whisky Please）

地址：24 Heather Avenue, Glasgow G61 3JE

电话：+44（0）781 806 1010

这是一家威士忌和其他烈酒的在线零售商。每个蒸馏厂都配有图片和文字介绍，有酒厂专属形象图、品牌历史与工艺、产品风味特征描述等。

艾雷岛威士忌商店（The Islay Whisky Shop）

地址：Shore Street, Bowmore, Islay PA43 7LB

电话：+44（0）1496 810 684

对于任何参观艾雷岛的游客来说，这家商店都是必去之地，拥有一系列令人印象深刻的艾雷岛威士忌，其中一些非常珍稀且限量。

阿伯丁威士忌商店（Aberdeen Whisky Shop）
地址：472 Union Street, Aberdeen AB10 1TS
电话：+44（0）1224 647 433

　　店内有精选的威士忌以及其他烈酒。每周六，店内有免费品鉴活动。

麦芽与烈酒（Malts and Spirits）
地址：32 St John Street, Perth PH1 5SP
电话：+44（0）1738 871 103

　　这是一家家族经营的商店，商品种类中有大约400种单一苏格兰威士忌。店家定期举办品鉴活动。

南非

威士忌兄弟（WhiskyBrother）
地址1：Shop 16 D Middle Mall, Hyde Park Corner Shopping Centre, Johannesburg
电话：+27（0）63 294 7285
地址2：Nicolway Mall（top level）, William Nicol Drive, Bryanston, Johannesburg
电话：+27（0）81 081 8832
地址3：Bedford Centre（Inside mall, ground level）, Van Der Linde Road, Bedfordview, Johannesburg
电话：+27（0）10 054 6007

　　这三家商店除了经营400多种不同的装瓶威士忌外，他们还出售威士忌酒杯、图书等，以及专门为该店装瓶的威士忌。定期举办品鉴活动，并且有在线商店。此外，还在约翰内斯堡经营着一家威士忌酒吧，有1000多种不同的威士忌可供品尝。店主马克·彭德尔伯里（Marc Pendlebury）也是约翰内斯堡和开普敦"唯一威士忌展"（The Only Whisky Show）的组织者。

瑞士

P. 乌尔里希股份公司（P. Ullrich AG）
地址：Schneidergasse 27，4051 Basel
电话：+41（0）61 338 90 91

　　另外在巴塞尔还有两家店铺：分别位于Laufenstrasse 16和Unt. Rebgasse 18；在苏黎世有一家位于Talacker 30；在伯尔尼有一家位于Kramgasse 45。
　　商品种类非常丰富，有葡萄酒、烈酒、啤酒、相关配件和书籍。拥有超过800种威士忌，其中近600种是单一麦芽威士忌。支持在线订购。最近，他们还成立了一个威士忌俱乐部，定期举办品鉴活动并推出优惠。

埃迪威士忌（Eddie's Whiskies）
地址：Bahnhofstrasse/Dorfgasse 27，8810 Horgen
电话：+41（0）43 244 63 00

　　这是一家威士忌专卖店，备有超过750种不同的威士忌，重点经营单一麦芽威士忌（500多种），也会安排品鉴活动。

威士忌世界（World of Whisky）
地址：By Waldhaus, Via Dimlej, 7500 St. Moritz
电话：+41（0）81 852 33 77

　　这是一家非凡的商店，拥有超过1500种单一麦芽威士忌。他们还在瓦尔德豪斯湖酒店（Waldhaus am See Hotel）设有一个酒吧（根据《吉尼斯世界纪录大全》，这是世界上最大的酒吧），提供2500种不同的威士忌。

美国

宾尼饮品仓库（Binny's Beverage Depot）
地址：5100 W. Dempster, Skokie, IL 60077
电话：888 942-9463（订购）

　　在芝加哥地区拥有16家连锁店，经营与葡萄酒和烈酒相关的各类商品。多数门店还设有美食杂货区、奶酪区，并且还聘请了专业的个人式侍酒师。店内也举办各种活动。有超过1850种威士忌，其中包括650种苏格兰单一麦芽威士忌、700种波旁威士忌、300种黑麦威士忌等。其他商品有900种龙舌兰酒和梅斯卡尔酒、450种伏特加、480种朗姆酒和275种金酒。

统计数据

这些信息来自苏格兰威士忌协会（SWA）、《国际饮品》杂志（*Drinks Interational*），以及生产商。

2023年全球威士忌销量前30的品牌数据

（单位：百万箱，每箱9升）

品牌名称及制造商	销量
麦克道威尔1号（帝亚吉欧/联合酒业，印度威士忌）	31.4
皇家之鹿（保乐力加，印度威士忌）	27.9
长官之选（联合调配与酿造商，印度威士忌）	23.4
帝国之兆（保乐力加，印度威士忌）	22.8
尊尼获加（帝亚吉欧，苏格兰威士忌）	22.5
原味之选（约翰酒厂，印度威士忌）	22.0
杰克丹尼（布朗福曼，田纳西威士忌）	14.3
金宾（三得利全球烈酒，波本威士忌）	10.4
尊美醇（保乐力加，爱尔兰威士忌）	10.2
调和骄傲（保乐力加，印度威士忌）	9.6
8点（Radico Khaitan，印度威士忌）	8.9
皇家挑战（帝亚吉欧/联合酒业，印度威士忌）	8.6
百龄坛（保乐力加，苏格兰威士忌）	8.2
皇冠皇家（帝亚吉欧，加拿大威士忌）	7.7
储备之星（联合调配与酿造商，印度威士忌）	5.0
芝华士（保乐力加，苏格兰威士忌）	4.6
格兰特（威廉格兰特父子公司，苏格兰威士忌）	4.4
角瓶（三得利，日本威士忌）	4.2
皇家绿（ADS酒业，印度威士忌）	4.1
威廉·劳森（百加得，苏格兰威士忌）	3.5
威雀（爱丁顿，苏格兰威士忌）	3.4
导演特选（帝亚吉欧/联合酒业，印度威士忌）	3.3
黑尼卡清酒（朝日啤酒，日本威士忌）	3.3
帝王（百加得，苏格兰威士忌）	3.3
8点高级黑（Radico Khaitan，印度威士忌）	3.3
黑白狗（帝亚吉欧，苏格兰威士忌）	3.2
伊万威廉姆斯（天堂山酒厂，波本威士忌）	3.1
马克大师（三得利全球烈酒，波本威士忌）	3.0
签名（帝亚吉欧/联合酒业，印度威士忌）	2.9
威廉皮尔（Marie Brizard，苏格兰威士忌）	2.7

来源：《国际饮品》杂志（Drink International）、百万富豪俱乐部（2024）

2023年苏格兰威士忌全球出口区域数据

地区	销量（千升*）	变化率（%）	地区	销售额（千英镑）	变化率（%）
亚洲及大洋洲	110 743	1.4	亚洲及大洋洲	1 793 028	1.4
东欧（不含欧盟）	7 362	-7.8	东欧（不含欧盟）	42 375	8.9
欧盟	138 428	-12.0	欧盟	1 567 287	-1.8
拉丁美洲及加勒比海	33 279	-50.4	拉丁美洲及加勒比海	408 073	-44.6
中东及北非	12 823	-22.1	中东及北非	266 136	-18.3
北美	48 246	-14.1	北美	1 197 279	-9.7
撒哈拉以南非洲	13 824	-24.2	撒哈拉以南非洲	161 530	-20.8
西欧（不含欧盟）	13 268	22.4	西欧（不含欧盟）	166 653	13.8
总计	377 977	-19.3	总计	5 602 431	-9.5

*以纯酒精千升为单位的销量

来源：苏格兰威士忌协会

2023 年苏格兰威士忌出口统计

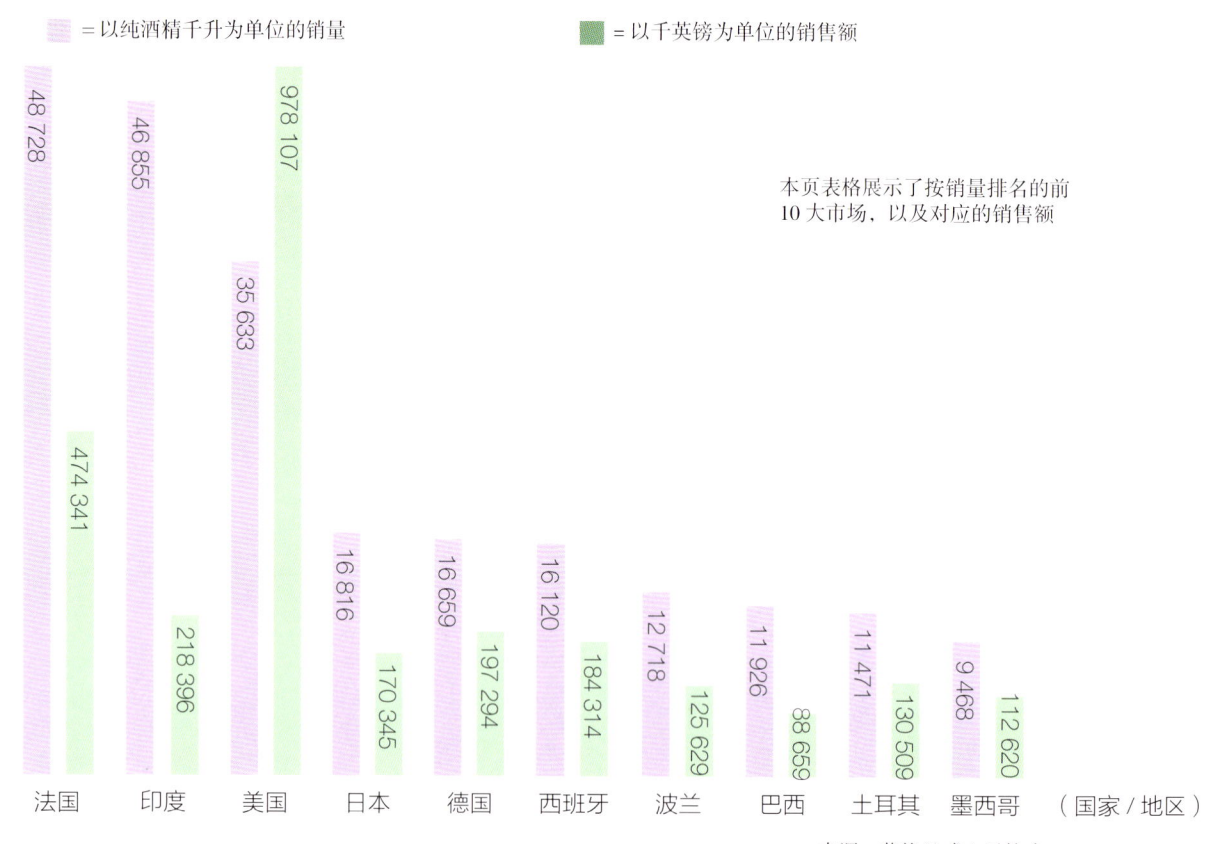

来源：苏格兰威士忌协会

本页表格展示了按销量排名的前 10 大市场，以及对应的销售额

2023 年单一麦芽苏格兰威士忌的出口统计

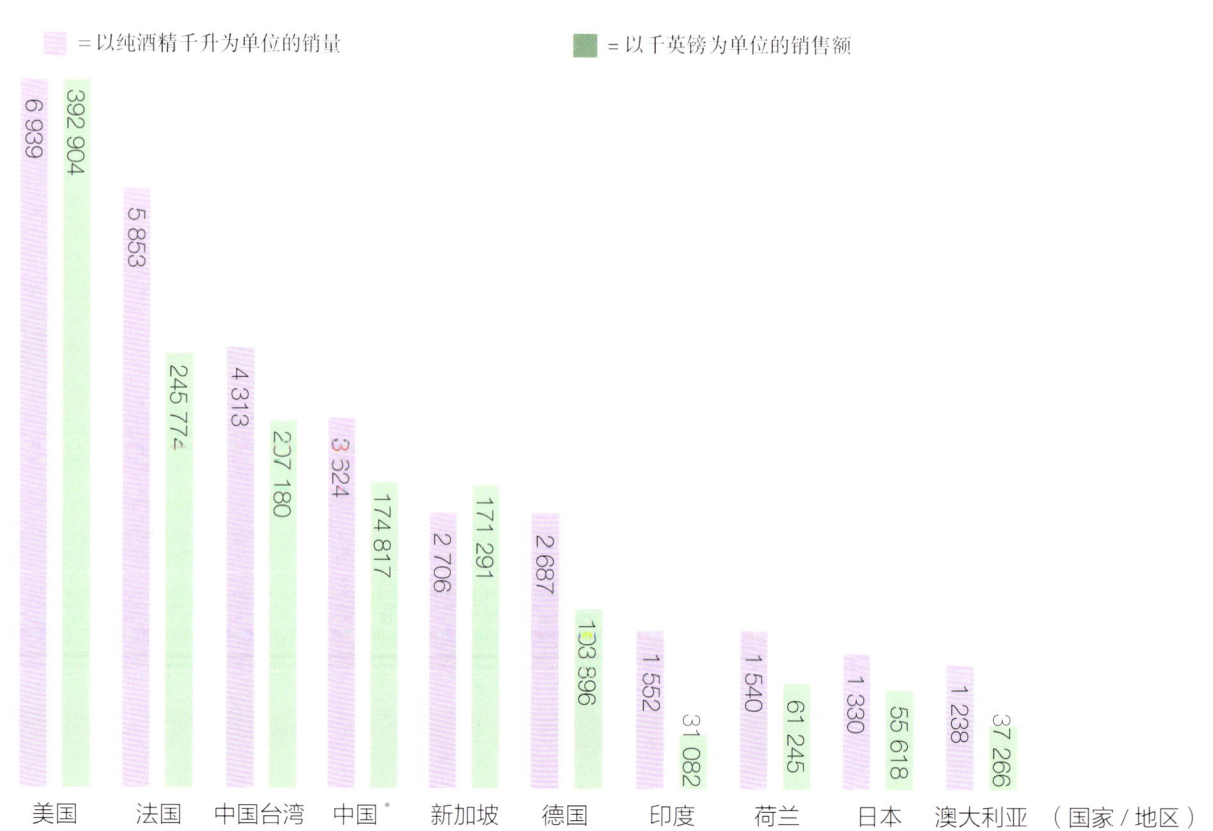

来源：苏格兰威士忌协会
* 港、澳、台地区未统计在内

蒸馏厂产量

蒸馏厂	产量（升）	蒸馏厂	产量（升）	蒸馏厂	产量（升）
格兰菲迪	21 000 000	费特肯	2 200 000	金岸逐梦	600 000
格兰威特	21 000 000	波摩	2 150 000	安南代尔	500 000
麦卡伦	15 000 000	本尼维斯	2 000 000	艾德麦康	500 000
瑰屿	12 500 000	布赫拉迪	2 000 000	特睿谷	500 000
艾尔莎湾	12 000 000	格兰多纳	2 000 000	皇家蓝勋	500 000
怡本欧斯	11 000 000	诺克杜	2 000 000	云顶	500 000
苹林可	10 200 000	巴布莱尔	1 800 000	因拉贝格	500 000
迪阿纳克	10 000 000	波特艾伦	1 700 000	酿酒狗	450 000
人座	9 000 000	昌特伦	1 700 000	临卫坪	400 000
格兰岗雷	8 400 000	边烧	1 600 000	利斯迪	400 000
怡兰点	7 100 000	奥人	1 500 000	怡业斯司	300 000
西草	7 000 000	伯兰而瑞	1 500 000	度摩坎仇尔	300 000
卡尔坐拉	6 500 000	格兰斯佩	1 500 000	杰克顿	300 000
格兰冠	6 200 000	龙康得	1 400 000	荷里路德	250 000
欧摩	6 000 000	格兰卡登	1 300 000	勒威克	250 000
达夫镇	6 000 000	斯卡帕	1 300 000	林多修道院	225 000
格兰凯斯	6 000 000	托本莫瑞	1 250 000	拉塞岛	220 000
曼洛克摩尔	6 000 000	福尔柯克	1 200 000	阿比奇	200 000
奥克鲁斯克	5 900 000	格兰杜尼	1 200 000	邓菲尔	200 000
米尔顿达夫	5 800 000	洛赫兰扎	1 200 000	洛赫丽	200 000
格兰路思	5 600 000	格兰格拉索	1 100 000	八门	150 000
林可伍德	5 600 000	阿德纳侯	1 000 000	格伦威维斯	140 000
大云	5 200 000	阿德罗斯	1 000 000	沃富奔	135 000
格兰杜兰	5 000 000	巴尔莫德	1 000 000	巴林达洛克	100 000
罗曼湖	5 000 000	罗斯班克	1 000 000	卡布拉赫	100 000
汤玛丁	5 000 000	凯恩	1 000 000	伊顿磨坊	100 000
阿德摩尔	4 900 000	欧本	925 000	女巫	100 000
克里尼利基	4 800 000	诗贝	850 000	达夫特米尔	65 000
托莫尔	4 800 000	布朗拉	800 000	斯特拉森	60 000
奇富	4 500 000	格兰帝	800 000	奥克尼	30 000
朗摩	4 500 000	阿伯拉吉	750 000	红河	20 000
盛贝本	4 500 000	格兰盖尔	750 000	尤伊贝斯特	20 000
克莱嘉赫	4 300 000	拉格	750 000	北点	18 000
皇家布莱克拉	4 300 000	博宁顿	720 000	多诺赫	12 000
塔木岭	4 300 000	布诺本尼	700 000	莫法特	12 000
格兰伯奇	4 250 000	伯恩奥班尼	680 000	斯特灵	12 000
欧特班	4 200 000	齐侯门	650 000	迪侯内斯	10 000
布拉佛	4 200 000	克莱塞	620 000	泰里岛	5 000
格兰道奇	4 200 000				
麦克达夫	4 100 000				
格兰纳里奇	4 000 000				
英斯代尼	4 000 000				
檀都	4 000 000				
亚伯乐	3 800 000				
布纳哈本	3 800 000				
慕赫	3 800 000				
格兰洛希	3 700 000				
本利林	3 500 000				
格兰花格	3 500 000				
泰斯卡	3 500 000				
艾柏迪	3 400 000				
卡杜	3 400 000				
拉弗格	3 300 000				
托明多	3 300 000				
英尺高尔	3 200 000				
乐加维林	3 200 000				
汀思图	3 000 000				
杜丽巴汀	3 000 000				
巴门纳克	2 900 000				
本利亚克	2 800 000				
布莱尔阿苏	2 800 000				
格兰爱琴	2 700 000				
史特斯密尔	2 600 000				
欧肯特轩	2 500 000				
格兰昆奇	2 500 000				
高原骑士	2 500 000				
吉拉	2 500 000				
斯特拉赛斯拉	2 450 000				
雅柏	2 400 000				
克拉格摩尔	2 200 000				
达尔维尼	2 200 000				

注：产量以纯酒精升数计，仅统计苏格兰活跃蒸馏厂

按所有者划分的麦芽威士忌蒸馏厂的产量汇总

所有者（蒸馏厂数量）	产量（升）	行业占比（%）
帝亚吉欧（30）	125 725 000	28.6
保乐力加（12）	71 700 000	16.3
威廉·格兰特（4）	44 500 000	10.1
爱丁顿集团（3）	23 100 000	5.2
百加得（约翰·杜瓦父子公司）（5）	22 100 000	5.0
皇胜集团（怀特 & 马凯）（4）	18 000 000	4.1
宝三得利（5）	14 350 000	3.3
太平洋酒业（因弗豪斯）（5）	12 900 000	2.9
酩悦轩尼诗（格兰杰）（2）	9 500 000	2.2
马提尼克（格兰莫雷）（1）	8 400 000	1.9
CVH 烈酒集团（3）	8 050 000	1.8
金巴利（格兰冠）（1）	6 200 000	1.4
伊恩·麦克劳德蒸馏公司（3）	6 200 000	1.4
本利亚克蒸馏公司（3）	5 900 000	1.3
罗曼湖集团（2）	5 800 000	1.3
汤玛丁蒸馏厂（1）	5 000 000	1.1
灵丹妙药蒸馏厂（托莫尔）（1）	4 800 000	1.1
奥歌诗丹迪（2）	4 600 000	1.0
英斯代尼蒸馏有限公司（英斯代尼）（1）	4 000 000	0.9
格兰纳里奇蒸馏厂（1）	4 000 000	0.9
J&G 格兰特（格兰花格）（1）	3 500 000	0.8
皮卡德（杜丽巴汀）（1）	3 000 000	0.7
日本威士忌（本尼维斯蒸馏厂）（1）	2 000 000	0.4
人头马君度（布赫拉迪）（1）	2 000 000	0.4
艾伦岛蒸馏厂（2）	1 950 000	0.4
高登 & 麦克菲尔（2）	1 700 000	0.4
其他（50）	20 309 000	4.6
总计（147）	439 284 000	

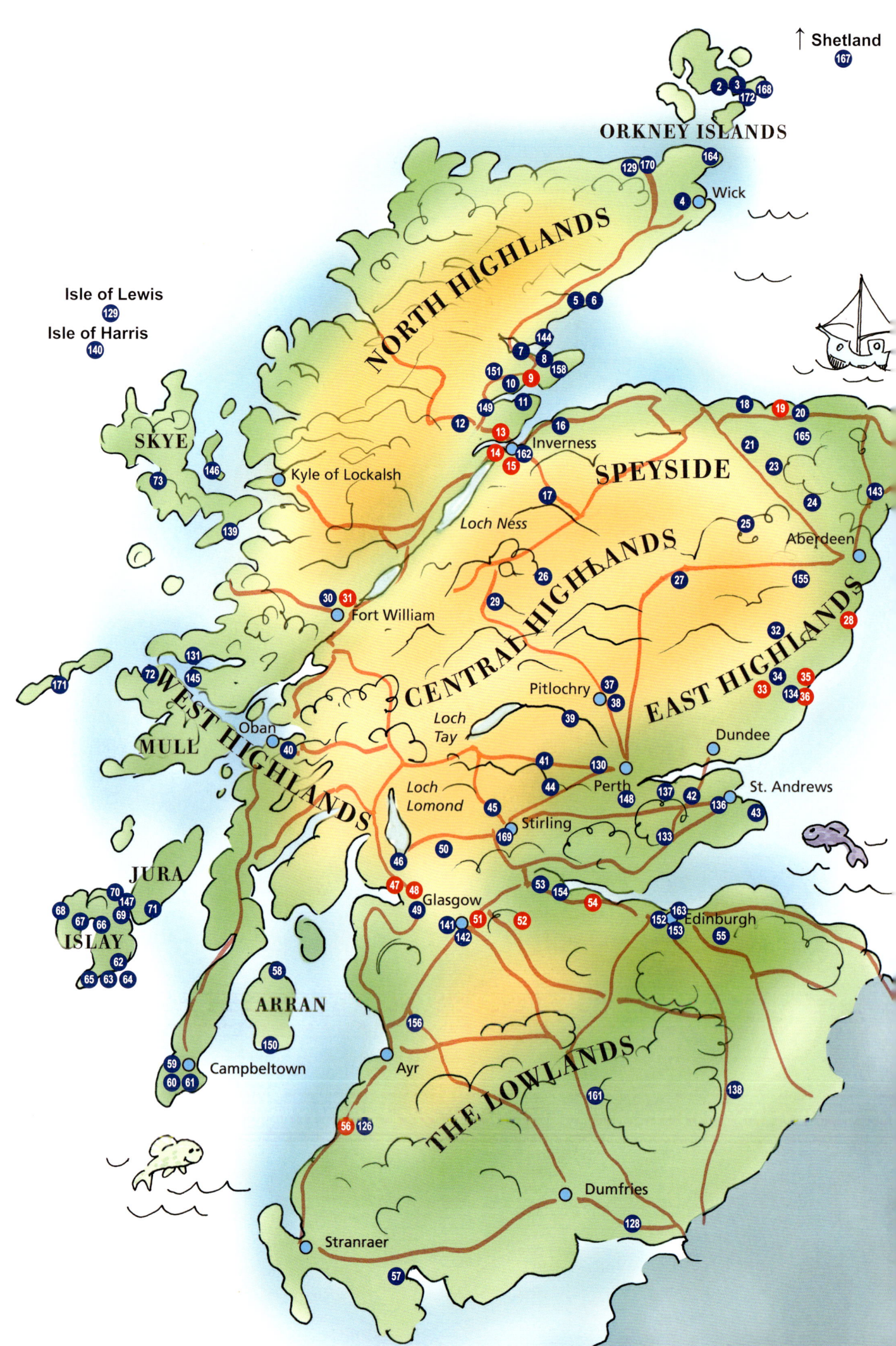

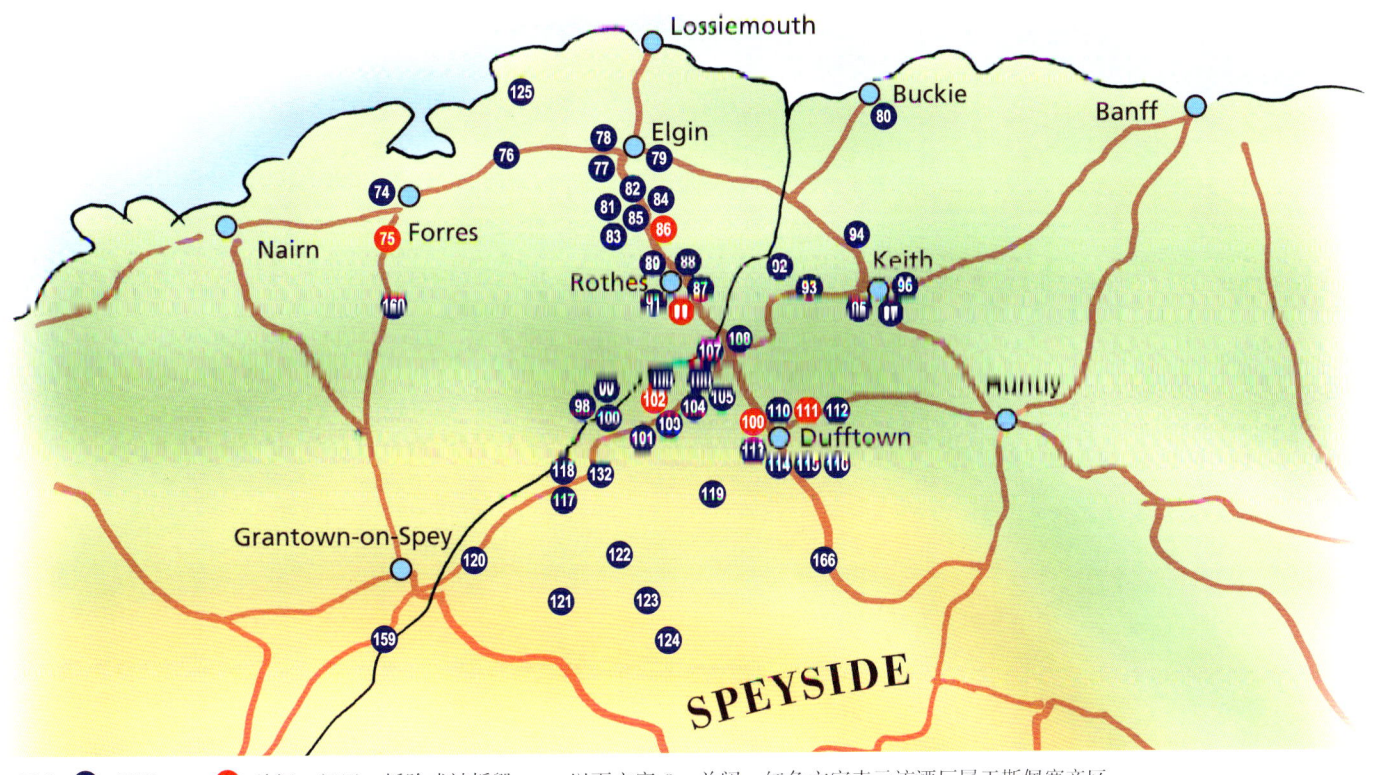

图中 ● 活跃　● 关闭、闲置、拆除或被拆毁　以下文字 C = 关闭　红色文字表示该酒厂属于斯佩塞产区

ID	中文名称										
2	高原骑士	30	本尼维斯	59	云顶	88	盛贝本	117	托莫尔	146	拉塞岛
3	斯卡帕	31	格兰洛奇（C）	60	格兰盖尔	89	格兰路思	118	克拉格摩尔	147	阿德纳侯
4	富特尼	32	费特肯	61	格兰帝	90	凯普多尼克（C）	119	欧特班	148	阿伯拉吉
5	布朗拉	33	诺斯波特（C）	62	雅柏	91	格兰斯佩	120	巴门纳克	149	格伦威维斯
6	克里尼利基	34	格兰卡登	63	乐加维林	92	奥赫鲁斯克	121	托明多	150	拉格
7	巴布莱尔	35	格兰斯克（C）	64	拉弗格	93	格兰道奇	122	格兰威特	151	阿德罗斯
8	格兰杰	36	湖畔（C）	65	波特艾伦	94	欧摩	123	塔木岭	152	荷里路德
9	本尼维斯（C）	37	布莱尔阿苏	66	波摩	95	史特斯密尔	124	布拉佛	153	博宁顿
10	第林可	38	埃德拉多尔	67	布赫拉迪	96	格兰凯斯	125	瑰屿	154	福尔柯克
11	大摩	39	艾柏迪	68	齐侯门	97	斯特拉赛斯拉	126	艾尔萨湾	155	伯恩奥班尼
12	格兰欧德	40	欧本	69	卡尔里拉	98	檀都	127	红河	156	洛赫丽
13	格兰艾尔宾（C）	41	特睿谷	70	布纳哈本	99	卡杜	128	安南代尔	157	杰克顿
14	格兰莫尔（C）	42	达夫特米尔	71	吉拉	100	龙康得	129	沃富奔	158	图尔瓦迪
15	米尔本（C）	43	金岸逐梦	72	托本莫瑞	101	格兰花格	130	斯特拉森	159	凯恩
16	皇家布莱克拉	44	杜丽巴汀	73	泰斯卡	102	帝国（C）	131	艾德麦康	160	邓菲尔
17	汤玛丁	45	汀思图	74	本诺曼克	103	大云	132	巴林达洛克	161	莫法特
18	格兰格拉索	46	罗曼湖	75	达拉斯·杜赫（C）	104	本利林	133	英斯代尼	162	尤伊贝斯特
19	班夫（C）	47	因弗利文（C）	76	格兰伯奇	105	格兰纳里奇	134	阿比奇	163	利斯港
20	麦克达夫	48	小磨坊（C）	77	米尔顿达夫	106	亚伯乐	135	达姆纳克	164	八门
21	诺克杜	49	欧肯特轩	78	格兰莫雷	107	麦卡伦	136	伊顿磨坊	165	巴尔莫德
22	格兰乌吉（C）	50	格兰哥尼	79	林可伍德	108	克莱嘉赫	137	林多修道院	166	卡布拉赫
23	格兰多纳	51	金克拉斯（C）	80	英尺高尔	109	康沃摩尔（C）	138	边境	167	勒威克
24	格兰盖瑞	52	格兰弗拉格勒（C）	81	曼洛克摩尔	110	达夫镇	139	图拉贝格	168	迪恩内斯
25	阿德摩尔	53	罗斯班克	82	本利亚克	111	皮蒂维克（C）	140	哈里斯	169	斯特林
26	诗贝	54	圣玛德莲（C）	83	格兰洛希	112	格兰菲迪	141	格拉斯哥	170	北点
27	皇家蓝勋	55	格兰昆奇	84	朗摩	113	百富	142	克莱塞	171	泰里岛
28	皇家格兰乌妮	56	雷迪朋（C）	85	格兰爱琴	114	奇富	143	酿酒狗	172	奥克尼
29	达尔维尼	57	磐火	86	科尔本（C）	115	慕赫	144	多诺赫		
		58	洛赫兰扎	87	格兰冠	116	格兰杜兰	145	女巫		

索 引

世界其他地区蒸馏厂

欧洲

奥地利 204

海德酒厂（Destillerie Haider） 204
布罗格家族酒厂（Broger Privatbrennerei） 204
阿诺·保利酒厂（Arno Pauli, Brennerei） 204
达赫施泰因蒸馏厂（Dachstein Destillerie） 204
法尔托弗蒸馏厂（Farthofer Destillerie） 204
弗朗茨·科斯滕策尔，玛乌拉赫高级蒸馏厂
（Franz Kostenzer, Edelbrennerei） 204
赫尔曼·法纳蒸馏厂（Hermann Pfanner, Destillerie） 204
凯克艾斯蒸馏厂（Keckeis Destillerie） 205
库恩茨天然蒸馏厂（Kuenz Naturbrennerei） 205
老渡鸦酒厂（Old Raven） 205
普查斯蒸馏厂（前身为拉格勒特殊蒸馏厂）
〔Puchas, Destillerie (former Lagler, Spezialitätenbrennerei)〕 205
赖塞特鲍尔父子蒸馏厂（Reisetbauer & Son） 205
罗格纳蒸馏厂（Rogner, Destillerie） 205
湖区蒸馏厂（See-Destillerie） 205
沃伊茨蒸馏厂（Weutz, Destillerie） 205
维茨蒸馏厂（Wieser Destillerie） 205

比利时 205

比利时猫头鹰蒸馏厂（Belgian Owl Distillery） 205
德莫伦贝尔蒸馏厂（De Molenberg Distillery） 205
布雷克曼蒸馏厂（Braeckman Distillery） 205
菲利尔斯蒸馏厂（Filliers） 205
皮尔洛特酿酒厂（Pirlot, Brouwerij） 205
拉德马赫蒸馏厂（Radermacher, Distillerie） 205
萨斯蒸馏厂（Sas Distillery） 205
威尔德伦酿酒厂与蒸馏厂（Wilderen, Brouwerij & Distilleederij） 206

塞浦路斯 206

阿里斯提德斯蒸馏厂（Aristides Distilling） 206

捷克共和国 206

斯瓦乔夫卡酒厂（Svachovka Distillery） 206
金公鸡酒厂（Gold Cock Distillery） 206

丹麦 206

斯陶宁威士忌（Stauning Whisky） 206
布劳恩斯坦（Braunstein） 206
阿尔斯酒厂（Als, Destilleriet） 207
布兰德（Branderiet） 207
布林克霍尔姆威士忌（Brinkholm Øl og Whisky） 207
哥本哈根蒸馏厂（Copenhagen Distillery） 207
迪雷霍伊酒庄（Dyrehøj Vingård） 207
恩哈文酒厂（Enghaven, Braenderiet） 207
法尔斯特蒸馏厂与酿酒厂（Falster Destilleri & Bryghus） 207
法瑞洛肯酿酒厂（Fary Lochan Destilleri） 207
林菲尔顿酿酒厂（Limfjorden, Braenderiet） 207
莫斯高威士忌（Mosgaard Whisky） 207
尼堡酿酒厂（Nyborg Destilleri） 207
径向蒸馏厂（Radius Distillery） 207
萨尔威士忌酒厂（Sall Whisky Distillery） 207
索戈尔酿造厂（Søgaards Bryghus） 207
索赫兰酿酒厂（Søhøjlandets Destilleri） 208
托尔内斯酿酒厂（Thornaes Destilleri） 208
泰威士忌（Thy Whisky） 208
特拉努姆磨坊酒厂（Tranum Mølle Destilleri） 208
特罗尔登酒厂（Trolden Distillery） 208
厄尔岛威士忌（Ærø Whisky） 208

英格兰 208

英格兰酒厂（English Distillery, The） 208
科茨沃尔德酒厂（Cotswolds Distillery） 209
湖区酒厂（Lakes Distillery） 209
约克郡之魂酒厂（Spirit of Yorkshire Distillery） 209
宾博酒厂（Bimber Distillery） 209
阿宾顿酒厂（Abingdon Distillery） 209
阿德格弗林酒厂（Ad Gefrin Distillery） 209
阿德南姆啤酒厂（Adnams Copper House Distillery） 209
班克霍尔酒厂（Bankhall Distillery） 209
坎特伯雷酿酒厂和蒸馏坊（Canterbury Brewers and Distillers） 209
境遇酒厂（Circumstance Distillery） 210
库珀金酒厂（Cooper King Distillery） 210
铜铆钉酒厂（Copper Rivet Distillery） 210
达特穆尔酒厂（Dartmoor Distillery） 210
杜伦威士忌（Durham Whisky） 210
东伦敦烈酒公司（East London Liquor Company） 210
艾勒斯农场酒厂（Ellers Farm Distillery） 210
森林酒厂（Forest Distillery, The） 210
亨斯通酒厂（Henstone Distillery） 210
怀特岛酒厂（Isle of Wight Distillery） 210
卢德洛酒厂（Ludlow Distillery） 210
掌中之石酒厂（Pocketful of Stones） 210
复仇者酒厂（Retribution Distilling Co.） 210
伯明翰之魂酒厂（Spirit of Birmingham Distillery） 210
曼彻斯特之魂酒厂（Spirit of Manchester Distillery, The） 210
十皮革酒厂（Ten Hides Distillery） 210
威特伍德酿酒厂与酒厂（Weetwood Brewery & Distillery） 211
西米德兰兹酒厂（West Midlands Distillery, The） 211
码头酒厂（Wharf Distillery） 211
白峰酒厂（White Peak Distillery） 211
惠特克酒厂（Whittaker's Distillery） 211
雅姆酒厂（Yarm Distillery） 211

法罗群岛 211

克拉尔斯维克酒厂（Einar's Distillery） 211
法尔岛酒厂（Faer Isles Distillery） 212

芬兰 212

特伦佩利酒厂（Teerenpeli） 212
赫尔辛基酿酒公司（Helsinki Distilling Company） 212
纳古酒厂（Nagu Distillery） 212
艾格拉斯酒厂（Ägräs Distillery） 212

法国 212

瓦朗赫姆酒厂（Distillerie Warenghem） 212
格拉雷－杜皮克酒厂（Grallet-Dupic） 212
梅尼尔斯酒厂（Distillerie des Menhirs） 212
高冰原酒庄（Domaine des Hautes-Glaces） 212
米克洛酒厂（Miclo） 213
贝尔克鲁酒厂（Bercloux） 213
凯尔特威士忌酒厂（原名：海之岸）
〔Celtic Whisky Distillerie (former Glann ar Mor)〕 213
赫普酒厂（Hepp, Distillerie） 213
卡斯坦酒厂（Castan, Distillerie） 213
鲁热德利尔酒厂（Rouget de Lisle） 213
马维拉酒庄（Mavela, Domaine） 213
纳古兰酒厂（Naguelann, Distillerie） 213
奥古斯特酒厂（Auguste） 213
贝特朗酒厂（Bertrand, Distillerie） 213
博伊诺酒庄（Maison Boinaud） 213
BOWS 酒厂（BOWS） 213
布拉纳庄园酒厂（Brana, Domaine） 214
布勒伊酒庄（Château du Breuil） 214
雷尔蒙特酒厂（Distillerie du Revermont） 214
布鲁内酒厂（Brunet, Distillerie） 214
布赫酒厂（Bughes, Distillerie des） 214
布斯奈尔酒厂（Busnel） 214
卡穆酒庄（Camut, Domaine） 214
卡斯托尔酒厂（Castor, Distillerie du） 214
沙尔耶尔父子酒厂（Charlier & Fils） 215
克莱耶森酒厂（Claeyssens de Wambrechies, Distillerie） 215
迪迪埃·巴尔布企业酒厂（Didier Barbe Entreprise） 215

德勒蒙酒厂（Dreumont） 215
厄尔加斯特酒厂（Ergaster, Distillerie） 215
埃斯卡尼亚酒庄（d'Escagnan, Domaine） 215
酒精工厂（La Fabrique à Alcools） 215
法朗维尔酒庄（Faronville, Domaine de） 215
丰塔加德酒厂（Fontagard） 215
哈格梅耶酒厂（Hagmeyer） 215
奥菲尔酒厂（Hautefeuille, Distillerie） 215
肯坦酒厂（Kentan） 215
拉夏农什酒厂（Lachanenche） 215
洛朗酒庄（Lourane, Domaine） 215
雷曼酒厂（Lehmann, Distillerie） 215
莱森酒厂（Leisen） 215
马比约酒庄（Mabillot, Domaine） 216
梅尔莱特父子酒厂（Merlet & Fils） 216
梅耶酒厂（Meyer, Distillerie） 216
米洛尔酒厂（MLT och, Descrante） 216
蒙古尔酒厂（Mombruroli 75） 216
月港酒厂（Moon Harbour） 216
穆塔尔酒厂（Moutard） 216
纳林酒厂（Nalin, Distillerie） 216
宁卡西酒厂（Ninkasi） 216
诺斯曼酒厂（Northmaen, Distillerie de） 216
乌什·南农酒厂（Ouche Nanon） 216
巴黎酒厂（Paris, Distillerie de） 216
皮奥特酒庄（La Piautre） 216
奎廷森酒厂（La Quintessence） 216
拉罗石女酒厂（La Roche Aux Fées） 216
圣帕莱酒厂（Saint-Palais） 216
索利尼酒厂（Soligny） 217
索纽尔酒厂（Sonneur） 217
泰森迪尔酒厂（Tessendier） 217
T.O.S. 酒厂（T. O. S. Distillery） 217
十二酒厂（Distillerie Twelve） 217
韦尔科尔酒厂（Vercors, Distillerie） 217
维内特·德尔佩什酒厂（Vinet Delpech） 217

德国
蓝鼠酒厂（Whisky-Destillerie Blaue Maus） 217
斯莱尔斯酒厂（Slyrs Destillerie） 217
赫尔西尼安蒸馏公司
　（Hercynian Distilling Co（formerly known as Hammerschmiede）） 217
拜恩森林熊之香料厂与特色酿酒厂
　（Bayerwald-Bärwurzerei und Spezialitäten-Brennerei Liebl） 217
圣基利安酒厂（St Kilian Distillers） 217
芬奇威士忌酒厂（Finch Whiskydestillerie） 218
艾费尔威士忌酒厂（Eifel Whisky） 218
老城区酒厂（Altstadthof, Hausbrauerei） 218
哈特曼斯贝格酒厂（Am Hartmannsberg, Schaubrennerei） 218
阿瓦迪斯酒厂（Avadis Distillery） 218
贝尔勒霍夫酒厂（Bellerhof Brennerei） 218
贝尔格韦尔特酒厂（Bergwelt Brennerei） 218
比尔吉塔·鲁斯特·皮克芬肉烈酒（Birgitta Rust Piekfeine Brände） 218
比尔肯霍夫酒厂（Birkenhof-Brennerei） 218
博仕·埃德尔品牌酒厂（Bosch Edelbrand） 218
洛赫山酿酒厂（Brauhaus am Lohberg） 218
伯格酒厂（Burger Hofbrennerei） 218
多勒鲁珀酒厂（Dolleruper Destille） 218
德雷克斯勒酒厂（Drexler, Destillerie） 218
德鲁费尔酒厂（Druffel, Brennerei） 218
杜尔·埃德尔品牌酒厂（Dürr Edelbranntweine） 218
森夫特烈酒厂（Edelbrände Senft） 218
厄尔曼威士忌酒厂（Evermann-Whisky（Bimmerle KG）） 219
法伯酒厂（Faber, Brennerei） 219
法罗酒厂（FARO） 219
法尔尼酒厂（Farny） 219
费勒酒厂（Feller, Brennerei） 219
费斯勒磨坊酒厂（Fessler Mühle） 219
菲兹克小型蒸馏酒厂（Fitzke, Kleinbrennerei） 219
格利纳威士忌酒厂（Glina Whiskydestillerie） 219
格鲁姆辛酒厂（Grumsiner Distillery） 219
约翰·B·格伊廷酒厂（Gutsbrennerei Joh. B. Geuting） 219
亨里希酒厂（Henrich, Brennerei） 220
海因里希·哈贝尔酒厂（Heinrich Habbel） 220
赫勒酒厂（Höhler, Brennerei） 220
卡默·基施酒厂（Kammer-Kirsch, Destillerie） 220
金齐格酒厂（Kinzigbrennerei） 220
基姆湖威士忌酒厂（Kymsee Whisky） 220
盖默乡村酒馆酒厂（Landgasthof Gemmer） 220
吕贝胡森麦芽酒厂（Lübbehusen Malt Distillery） 220
马尔德·埃德尔烈酒厂（Marder Edelbrände） 220
马尔基尔特烈酒厂（Märkische Spezialitäten Brennerei） 220
梅斯兰酒厂（Mösslein, Destillerie） 220
诺尔迪克·埃德尔烈酒厂（Nordik Edelbrennerei） 220
诺尔德法尔茨·埃德尔水果及威士忌蒸馏酒厂
　（Nordpfälzer Edelobst & Whiskydestille Höning） 220
第九号烈酒制造厂（Number Nine Spirituosen-Manufaktur） 220
旧砂丘威士忌酒厂（Old Sandhill Whisky） 220
普鲁士威士忌酒厂（Preussische Whiskydestillerie） 220
拉尔夫·豪尔酒厂（Ralf Hauer, Destillerie） 220
里格尔与霍夫迈斯特酒厂（Rieger & Hofmeister） 221
绍尔兰烈酒厂（Sauerländer Edelbrennerei） 221
舍贝尔磨坊酒厂（Scheibel Mühle） 221
施洛弗烈酒厂（Schlover Destillerie） 221
新堡酒厂（Schloss Neuenburg, Edelbrennerei） 221
黑森林沃尔特·西格酒厂（Schwarzwaldbrennerei Walter Seeger） 221
斯克里普托酒厂（Scriptor） 221
塞茨旅馆酒厂（Seitz, Gasthof） 221
西蒙精酿酒厂（Simon's Feinbrennerei） 221
辛古德威士忌酒厂（Singold Whisky） 221
施泰因豪泽酒厂（Steinhauser Destillerie） 221
高原西格堡蒸馏酒厂（Ambrosian Hannoverum KG） 221
鹳俱乐部威士忌酒厂（Stork Club Whiskey-Destillerie） 221
斯托特贝克酒厂（Störtebeker Brennerei） 221
特克威士忌酒厂（Tecker Whisky-Destillerie） 221
托马斯·西佩尔酒厂（Thomas Sippel, Distillerie） 221
维兰克酒厂（Vielanker Distillery） 221

匈牙利
杰门茨酒厂（Gemenc Distillery） 221
阿加尔迪酒厂（Agárdi Distillery） 222

冰岛
艾姆韦克酒厂（Eimverk Distillery） 222

爱尔兰共和国
米德尔顿酒厂（Midleton Distillery） 222
都拉摩杜酒厂（Tullamore Dew Distillery） 223
库利酒厂（Cooley Distillery） 223
帝霖酒厂（Teeling Distillery） 223
丁格尔威士忌酒厂（The Dingle Whiskey Distillery） 223
皇家橡树酒厂（前身为沃尔什威士忌酒厂）
　(Royal Oak Distillery(formerly known as Walsh Whiskey Distillery)) 224
大北方酒厂（Great Northern Distillery） 224
沃特福德酒厂（Waterford Distillery） 224
罗伊与公司酒厂（Roe & Co. Distillery） 224
西科克酒厂（West Cork Distillers） 225
黑水酒厂（Blackwater Distillery） 225
阿基尔岛酒厂（Achill Island Distillery） 225
阿哈斯克拉赫酒厂（Ahascragh Distillery） 225
巴利基夫酒厂（Ballykeefe Distillery） 225
博耶拉赫酒厂（Baoilleach Distillery） 225
布莱克斯酿酒厂（Blacks Brewery & Distillery） 225
博安酒厂（Boann Distillery） 225
克罗纳基尔蒂酒厂（Clonakilty Distillery） 225
康纳赫特威士忌公司（Connacht Whiskey Company） 225
克罗利酒厂（Crolly Distillery） 226
都柏林自由酒厂（Dublin Liberties Distillery） 226
基尔贝根酒厂（Kilbeggan Distillery） 226
基尔拉尼酒厂（Killarney Distillery） 226
基尔拉尼酿酒与蒸馏厂（Killarney Brewing Distilling） 226
洛赫吉尔酒厂（Lough Gill Distillery） 226
洛赫马斯克酒厂（Lough Mask Distillery） 226
洛赫里酒厂（Lough Ree Distillery） 226
米基尔酒厂（Micil Distillery） 226
皮尔斯·莱昂斯酒厂（Pearse Lyons Distillery） 226
鲍尔斯科特酒厂（Powerscourt Distillery） 226
棚屋酒厂（Shed Distillery） 226
斯莱恩酒厂（Slane Distillery） 226
斯里亚夫·利阿格酒厂（Sliabh Liag Distillers（Ardara Distillery）） 227
蒂珀雷里精品酒厂（Tipperary Boutique Distillery） 227

马恩岛
法伊诺迪里酒厂（Fynoderee） 227
曼克斯威士忌酒厂（Manx Whisky Company） 227

意大利
普尼酒厂（Puni Destillerie） 227
普森纳酒厂（Psenner Destillerie） 227

荷兰
祖达姆酒厂（Zuidam Distillers） 227
巴斯酒厂（Bus Whisky） 227
克利酒厂（Cley Distillery） 227
登胡尔酒厂（Den Hool Distillery） 227
鼓丘酒厂（Drumlin Distillery） 228
德海默尔酿酒与蒸馏厂（Hemel Brewery and Distillery, De） 228
霍斯特曼酒厂（Horstman Distillery） 228

伊斯沃格尔（Ijsvogel Distillery, De）	228	**北美洲**	236
卡尔克维克蒸馏厂（Kalkwijck Distillers）	228	美国	236
莱佩拉尔蒸馏厂（Lepelaar Distillery）	228	威斯特兰酒厂（Westland Distillery）	236
斯库尔特酒厂（Stokerij Sculte）	228	巴尔科尼斯酒厂（Balcones Distillery）	236
乌斯海特酒厂（Us Heit Distillery）	228	斯特拉纳汉威士忌酒厂（Stranahans Whiskey Distillery）	236
		胡德河蒸馏厂（Hood River Distillers）	236
北爱尔兰	228	哈德逊威士忌（塔斯维尔镇蒸馏厂）[Hudson Whiskey（Tuthilltown Distillery）]	236
布什米尔酒厂（Bushmill's Distillery）	228	铜狐蒸馏厂（Copper Fox Distillery）	236
科普兰酒厂（Copeland Distillery）	228	圣乔治蒸馏厂（St. George Distillery）	237
埃克林维尔酒厂（Echlinville Distillery）	228	西区威士忌（House Spirits 蒸馏厂	
格伦温尼酒厂（Glenwinny Distillery）	229	［Westward Whiskey（House Spirits Distillery）］	237
欣奇酒厂（Hinch Distillery）	229	海盗酒厂（Corsair Distillery）	237
基洛文酒厂（Killowen Distillery）	229	金郡蒸馏厂（Kings County Distillery）	238
麦康奈尔酒厂（McConnell's Distillery）	229	弗吉尼亚蒸馏厂（Virginia Distillery）	238
穆恩·迪尤酒厂（Mourne Dew Distillery）	229	长岛烈酒公司（Long Island Spirits）	238
拉德蒙庄园酒厂（Rademon Estate Distillery）	229	大车道路蒸馏公司（Great Wagon Road Distilling Co.）	238
泰坦尼克蒸馏厂（Titanic Distillers）	230	汉密尔顿蒸馏厂（Hamilton Distillers）	238
野大西洋蒸馏厂（Wild Atlantic Distillery）	230	鹿锤蒸馏厂（Deerhammer Distilling Company）	238
		希尔罗克庄园酒厂（Hillrock Estate Distillery）	238
挪威	230	圣塔菲烈酒公司（Santa Fe Spirits）	238
挪威酿酒厂（Det Norske Brenneri）	230	铜工蒸馏公司（Copperworks Distilling Company）	238
迈肯酒厂（Myken Distillery）	230	罗格精酿与烈酒公司（Rogue Ales & Spirits）	239
阿诺拉酒厂［Anora（formerly Arcus）］	230	高西蒸馏厂（High West Distillery）	239
极光精神酒厂（Aurora Spirit）	230	FEW 酒业（FEW Spirits）	239
贝伦森酒厂（Berentsen Distillery）	230	自由之子烈酒公司（Sons of Liberty Spirits Co.）	239
费杰海洋酒厂（Feddie Ocean Distillery）	230	塔尔努阿蒸馏厂（Talnua Distillery）	239
克罗斯特格登酒厂（Klostergården Distillery）	230	橡木与谷物蒸馏公司（Oak & Grist Distilling Co.）	239
奥斯手工酒厂（Oss Craft Distillery）	230	第二街蒸馏厂（2nd Street Distilling Co.）	239
		第十街蒸馏厂（10th Street Distillery）	239
波兰	230	117 西街蒸馏厂（117 West Spirits）	239
皮亚谢茨基酒厂（Piasecki Distillery）	230	英亩蒸馏厂（Acre Distilling）	239
卡尔奇马·弗尔佐酒厂（Karczma Wrzos）	230	六号巷精酿蒸馏厂（Alley 6 Craft Distillery）	240
遗产酒厂（Legacy Distillery）	231	安马尔加蒸馏厂（Amalga Distillery）	240
米尔赛德酒厂（Millside Distillery）	231	安达卢西亚威士忌（Andalusia Whiskey）	240
		亚利桑那蒸馏公司（Arizona Distilling Company）	240
葡萄牙	231	ASW 蒸馏厂（ASW Distillery）	240
维纳基酒厂（Venakki Distillery）	231	维工坊蒸馏厂（Atelier Vie Distillery）	240
		斧与橡木蒸馏厂（Axe and the Oak Distillery）	240
斯洛伐克	231	贝莱玛拉蒸馏厂（Bellemara Distillery）	240
奈斯特维尔酿酒厂（Nestville Distillery）	231	本特蒸馏公司（原威瑟斯庞蒸馏厂）	
		［Bendt Distilling Co.（former Witherspoon Distilling）］	240
斯洛文尼亚	231	黑鹭酒厂（Black Heron）	240
断骨酒厂（Broken Bones Distillery）	231	黑羊酒厂（Black Sheep Distillery）	240
		博格桑德蒸馏厂（Bogue Sound Distilling）	240
西班牙	231	布雷肯里奇蒸馏厂（Breckenridge Distillery）	240
Molino del Arco 酒厂（Distilerio Molino del Arco）	231	布鲁克林酿酒厂（Breuckelen Distilling）	240
利波酒厂（Destilerias Liber）	231	布里克韦啤酒酿造蒸馏厂（前身为博尔加塔）	
		［Brickway Brewery & Distillery（former Borgata）］	240
瑞典	231	贾斯特兄弟（Brother Justus）	241
海歌酒厂（High Coast Distillery，前身为 BOX 酒厂）	231	公牛溪蒸馏厂（Bull Run Distillery）	241
麦克米拉瑞典威士忌（Mackmyra Svensk Whisky）	231	燃烧桶烈酒公司（Burning Barrel Spirits）	241
赫文酒厂（Spirit of Hven）	231	凯塞尔啤酒与烈酒公司（Caiseal Beer & Spirits Company）	241
斯莫根威士忌酒厂（Smögen Whisky）	232	雪松岭蒸馏厂（Cedar Ridge Distillery）	241
阿吉塔托威士忌酒厂（Agitator Whiskymakare）	232	查尔湾酒庄及蒸馏厂（Charbay Winery & Distillery）	241
甘梅尔斯蒂拉威士忌（Gammelstilla Whisky）	232	查塔努加威士忌（Chattanooga Whiskey）	241
哥特兰威士忌酒厂（Gotland Whisky）	233	铜海蒸馏厂（Coppersea Distilling）	241
利内尔酒厂（Lihnell's Distillery，原名 Bergslagens Distilleri）	233	科瑟曼蒸馏厂（Cotherman Distilling）	241
诺德马克酒厂（Nordmarkens Destilleri）	233	火山口湖烈酒公司（弯市蒸馏厂）［Crater Lake Spirits（Bend Distillery）］	241
诺尔特耶酒厂（Norrtelje Brenneri）	233	潮流烈酒公司（Current Spirits）	241
特夫修酒厂（Tevsjö Destilleri）	233	截穗蒸馏厂（原名为：索拉斯蒸馏厂）	
瓦图达伦威士忌酒厂（Vattudalen Whisky）	233	［Cut Spike Distillery（formerly Solas Distillery）］	241
		蒸汽工坊蒸馏厂（Dampfwerk Distillery, the）	241
瑞士	233	黑岛酒厂（Dark Island Spirits）	241
Luchs & Hase［Luchs & Hase（前名 Käsers Schloss）］	233	黯波酒厂（Dirty Water Distillery）	241
洛赫酒厂（Brauerei Locher）	233	291 酒厂（Distillery 291）	242
兰佳顿酒厂（Langatun Distillery）	233	角鲨头酿酒厂（Dogfish Head Distillery）	242
埃特酒厂（Etter Distillerie）	233	门贝蒸馏厂（Door County Distillery）	242
霍伦酿酒厂（Hollen, Whisky Brennerei）	233	多伍德蒸馏厂（Dorwood Distilling）	242
洪贝尔酿酒厂（Humbel Brennerei）	233	逸坡蒸馏公司（DownSlope Distilling）	242
吕提农场酿酒厂（Lüthy, Bauernhofbrennerei）	233	润掘坊蒸馏厂（Dry Diggings Distillery）	242
马卡多酒厂（Macardo Distillery）	233	乾逸酒厂（Dry Fly Distilling）	242
麦尔特时代酒厂（Malt Age Distillery）	234	东基尔蒸馏厂（原灰空蒸馏厂）	
鲁根酒厂（Rugen Distillery）	234	［Eastern Kille Distillery（former Gray Skies Distillery）］	242
森皮奥内酒厂（Sempione Distillery）	234	埃奇菲尔德蒸馏厂（Edgefield Distillery）	242
斯塔德尔曼酒厂（Stadelmann, Brennerei）	234	十一皇蒸馏厂（Eleven Wells Distillery）	242
苴格拉根酿酒厂（Z'Graggen Distillerie）	234	埃尔金蒸馏厂（亚利桑那精酿饮品公司旗下）	
苏尔赫特伦酒厂（Zürcher, Spezialitätenbrennerei）	234	［Elgin Distillery（Arizona Craft Beverage）］	242
		麋鹿围栏蒸馏厂（Elk Fence Distillery）	242
威尔士	235	晕羊烈酒公司（Fainting Goat Spirits）	242
彭德林酒厂（Penderyn Distillery）	235	指尖湖酒厂（Finger Lakes Distilling）	242
阿伯瀑布酒厂（Aber Falls Distillery）	235	冰川蒸馏厂（Glacier Distilling）	242
大米尔酒厂（Dà Mhìle Distillery）	235	大提顿蒸馏厂（Grand Teton Distillery）	242
威尔士风酒厂（In The Welsh Wind）	235	高岸酿蒸馏厂（Highside Distilling）	243

亨特豪斯酿酒厂（Hinterhaus Distilling）	243
霍格巴克酿酒厂（Hogback Distillery）	243
霍勒霍恩酿酒厂（Hollerhorn Distilling）	243
艾德威尔德烈酒厂（Idlewild Spirits）	243
不朽烈酒厂（Immortal Spirits）	243
艾尔顿酿酒厂（Ironton Distillery）	243
泽西烈酒厂（Jersey Spirits Distilling Co）	243
约翰·艾美拉德酿酒公司（John Emerald Distilling Company）	243
乔尼曼酿酒厂（Journeyman Distillery）	243
贾德森与摩尔（Judson & Moore）	243
克罗巴工艺酿酒厂（Krobar Craft Distillery）	243
劳斯威士忌坊（Laws Whiskey House）	243
自由山烈酒厂（Liberty Pole Spirits）	244
北朗家族酿酒厂	
[Liquid Branda Distillery（Browne Family Vineyards）]	244
液态暴动瓶装公司（Liquid Riot Bottling Co.）	244
洛杉矶酿酒厂（Los Angeles Distillery）	244
马德河蒸馏厂（Mad River Distillers）	244
缅因工艺蒸馏厂（Maine Craft Distilling）	244
枫木酿酒厂和蒸馏酒厂（Maplewood Brewery and Distillery）	244
明登磨坊酒厂（Minden Mill Distillery）	244
蒙哥马利蒸馏厂（Montgomery Distillery）	244
摩托城酒厂（Motor City Gas）	244
新荷兰酿酒公司（New Holland Brewing Co.）	245
新自由酒厂（New Liberty Distillery）	245
诺科酒厂（Noco Distillery）	245
旧居酒厂（Old Home Distillers）	245
古道酒厂（Old Line Spirits）	245
老栈道酒厂（Old Trestle Distillery）	245
橙县酒厂（Orange County Distillery）	245
奥斯卡岛酒厂（Orcas Island Distillery）	245
画条酒厂（Painted Stave Distilling）	246
桃街酿酒厂（Peach Street Distillers）	246
佩里克酒厂（Perlick Distillery）	246
领航屋蒸馏厂（Pilot House Distilling）	246
后现代蒸馏厂（PostModern Distilling）	246
普里查蒸馏厂（Prichard's Distillery）	246
昆西街蒸馏厂（Quincy Street Distillery）	246
游骑兵溪酿酒与酿造公司（Ranger Creek Brewing & Distilling）	246
复兴手工蒸馏厂（Rennaisance Artisan Distillers）	246
岩镇酒厂（Rock Town Distillery）	246
岩谷烈酒厂（Rock Valley Spirits）	246
鲁特酒厂（Routt Distillery）	246
圣迭戈酒厂（San Diego Distillery）	246
圣坦烈酒厂（SanTan Spirits）	246
七洞烈酒厂（Seven Caves Spirits）	246
影岭烈酒厂（Shadow Ridge Spirits）	246
庇护所酿酒厂（Shelter Distilling）	246
银兄弟酒厂（Silver Brothers）	246
邪恶酿酒厂（Sinister Distilling）	247
告密女士酒厂（Snitching Lady Distillery）	247
太阳烈酒厂（Solar Spirits）	247
南山酒厂（South Mountain Distilling）	247
灵犬酿酒厂（Spirit Hound Distillers）	247
精神实验室酒厂（Spirit Lab Distilling）	247
圣路易斯酒厂（前身为方形一号酒厂）	
[Spirits of St Louis Distillery（formerly known as Square One）]	247
斯塔克烈酒厂（Stark Spirits）	247
暴风王酿酒公司（Storm King Distilling Co.）	247
斯图特里奇酒厂（Stoutridge Distillery）	247
糖屋酒厂（Sugar House Distillery）	247
甜草酒厂（Sweetgrass Distillery）	247
谈木酒厂（Talking Cedar Distillery）	247
十英里酒厂（Tenmile Distillery）	247
拇指山酿厂（Thumb Butte Distillery）	247
森林溪酒厂（Timber Creek Distillery）	247
镇道酒厂（Town Branch Distillery）	248
三八酒厂（Triple Eight Distillery）	248
双詹姆斯烈酒（Two James Spirits）	248
北方酒厂（Up North Distillery）	248
范布伦蒸馏厂（Van Brunt Stillhouse）	248
蒸汽酒厂 [Vapor Distillery（former Roundhouse Spirits）]	248
金星烈酒（Venus Spirits）	248
维克尔酒厂（Vikre Distillery）	248
沃菲尔德酒厂（Warfield Distillery）	248
木石溪酒厂（Woodstone Creek Distillery）	248
伍兹高山酒厂（Wood's High Mountain Distillery）	248
赖特与布朗蒸馏公司（Wright & Brown Distilling Co.）	248

加拿大 248

谢尔特尔波因特酒厂（Shelter Point Distillery）	248
麦卡洛尼岛酒厂（Macaloney's Island Distillery）	249
格伦诺拉酒厂（Glenora Distillery）	249
斯蒂尔沃特蒸馏厂（Still Waters Distillery）	249
阿布布图酒厂（Arbutus Distillery）	249
布里奇兰酒厂（Bridgeland Distillery）	249
中央城市酿酒与蒸馏酒厂（Central City Brewers & Distillers）	249
德维因酒庄与烈酒厂（De Vine Wine & Spirits）	249
迪奥尼酒厂（Diony Distillery）	249
杜大格拉斯酒厂（Dubh Glas Distillery）	249
欧克莱尔酒厂（Eau Claire Distillery）	249
铁工酒厂（Ironworks Distillery）	249
最后山酒厂（Last Mountain Distillery）	249
最后一抹稻草酒厂（Last Straw Distillery）	249
自由酒厂（Liberty Distillery）	249
幸运杂种酒厂（Lucky Bastard Distillers）	250
梅森烈酒（Maison Sivo）	250
月光烈酒厂（Moon Distillery）	250
北方7烈酒蒸馏厂（North of 7 Distillery）	250
奇异社会烈酒公司（Odd Society Spirits）	250
娥根酿酒厂（Okanagan Spirits）	250
菲利普斯发酵厂（Phillips Fermentorium）	251
右手酒厂（Right Hand Distillery）	251
舍林汉酒厂（Sheringham Distillery）	251
春磨厂（Spring Mill Distillery）	251
斯蒂尔黑德酒厂（Stillhead Distillery）	251
育空烈酒（Yukon Spirits）	251

大洋洲 252

澳大利亚 252

拉克酒厂（Lark Distillery）	252
贝克里希尔酒厂（Bakery Hill Distillery）	252
萨利文斯科夫酒厂（Sullivans Cove Distillery）	252
斯塔沃德酒厂（Starward Distillery）	253
赫利尔斯路酒厂（Hellyers Road Distillery）	253
大南方酿酒公司（Great Southern Distilling Company）	253
阿奇罗斯酿酒公司（Archie Rose Distilling Company）	253
奥弗里姆酿酒公司（前身为索福德酿酒公司）	
[Overeem Distillery（former Sawford Distillery）]	253
酋长之子酿酒厂（Chief's Son Distillery）	253
卡林顿磨坊酿酒公司（Callington Mill Distillery）	253
（5 Nines Distilling）	254
7K 酿酒公司（7K Distillery）	254
23 街酒厂（23rd Street Distillery）	254
36 Short 酿酒公司（36 Short Distillery）	254
78 度（又名阿德莱德山酒厂）	
[78 Degrees（a.k.a Adelaide Hills Distillery）]	254
2020 酿酒公司（2020 Distillery）	254
亚当斯酿酒公司（Adams Distillery）	254
艾斯林酿酒厂（Aisling Distillery）	254
琥珀巷酿酒厂（Amber Lane Distillery）	254
后乡酒厂（Backwoods Distilling）	254
巴罗萨酿酒公司（Barossa Distilling Company）	254
电池点酿酒厂（Battery Point Distillery）	254
贝拉林酒厂（Bellarine Distillery）	254
黑门酒厂（Black Gate Distillery）	254
船摇酿酒与酿酒师公司（Boatrocker Brewers & Distillers）	254
博根路酿酒厂（Bogan Road Distillery）	254
堪培拉酒厂（Canberra Distillery）	254
凯普拜伦酿酒厂（Cape Byron Distillery）	255
城堡格伦酿酒厂（Castle Glen Distillery）	255
科本斯酿酒厂（Coburns Distillery）	255
科罗瓦酿酒公司（Corowa Distilling Co.）	255
摇篮山威士忌（Cradle Mountain Whisky）	255
匠心酿酒厂（Craft Works Distillery）	255
达比-诺里斯酿酒厂（Darby-Norris Distillery）	255
德温特酿酒厂（Derwent Distillery）	255
尘封桶酿酒厂（Dusty Barrel Distillery）	255
世界尽头酿酒厂（Edge of the World Distillery）	255
范妮湾酿酒厂（Fannys Bay Distillery）	255
弗勒尤酿酒厂（Fleurieu Distillery）	255
弗内克斯酿酒厂（Furneaux Distillery）	255
海岸酿酒公司（Headlands Distilling Co.）	255
希尔伍德威士忌（塔玛尔谷酒厂）	
[Hillwood Whisky（Tamar Valley Distillery）]	255
霍巴特威士忌（前身为魔鬼酿酒厂）	
[Hobart Whisky（formerly known as Devil's Distillery）]	256
亨宁顿酿酒厂（Hunnington Distillery）	256
铁屋酿酒厂与酒吧（Iron House Brewery & Distillery）	256
乔德贾酿酒厂（Joadja Distillery）	256
琼斯与史密斯酿酒厂（Jones & Smith Distillery）	256
基尔德克酿酒厂（Kilderkin Distillery）	256
基拉拉酿酒厂（Killara Distillery）	256
金湖酿酒厂（Kinglake Distillery）	256
朗塞斯顿酿酒厂（Launceston Distillery）	256
劳雷尼酿酒厂（Lawrenny Distilling）	257
利桑德拉酿酒厂（Lisandras Distillery）	257

索　引

洛赫酿酒厂（Loch Distillery）	257
下沼泽酿酒厂（Lower Marsh Distillery）	257
麦肯里酿酒厂（McHenry Distillery）	257
麦克拉伦山谷酿酒厂（The McLaren Vale Distillery）	257
麦克罗伯特酿酒厂（McRobert Distillery）	257
曼利烈酒酿酒厂（Manly Spirits Co. Distillery）	257
莫里斯威士忌（Morris Whisky）	257
莫里斯巷酿酒厂（Morris Lane Distillery）	257
山脉酿酒厂（Mountain Distilling）	257
山叔酿酒厂（Mt Uncle Distillery）	257
南特酿酒厂（Nant Distillery）	257
纽卡斯尔酿酒厂（Newcastle Distilling）	257
诺森奇酿酒厂（Nonesuch Distillery）	257
努萨海岸酿酒厂（Noosa Heads Distillery）	257
老肯普顿酿酒厂（Old Kempton Distillery）	257
奥斯特拉酿酒厂（Ostra Distillers）	258
水獭手工酿酒厂（Otter Craft Distilling）	258
河湾酿酒厂（Riverbourne Distillery）	258
圣阿格尼斯酿酒厂（St Agnes Distillery）	258
桑迪·格雷酿酒厂（Sandy Gray Distillery）	258
定居者工艺烈酒（Settlers Artisan Spirits）	258
苏韦斯特烈酒（Souwester Spirits）	258
春湾酿酒厂（Spring Bay Distillery）	258
史特尔与子酿酒厂（Stillmaker and Sons Distillery）	258
日光山酿酒厂（Sunny Hill Distillery）	258
塔拉酿酒厂（Tara Distillery）	258
泰勒与史密斯酿酒酒厂（Taylor & Smith Distilling Co.）	258
廷布恩铁路棚酿酒厂（Timboon Railway Shed Distillery）	258
铁棚酒酒公司（Tin Shed Distilling Co.）	258
小熊酿酒厂（Tiny Bear Distillery）	258
三原酿酒厂（Tria Prima Distillery）	258
特纳蒸馏所（Turner Stillhouse）	259
沃布斯港酿酒厂（Waubs Harbour Distillery）	259
白标酿酒厂（White Label Distillery）	259
野河山酿酒厂（Wild River Mountain Distillery）	259
蜿蜒之路酿酒厂（Winding Road Distilling）	259
雅克溪酿酒厂（Yack Creek Distillery）	259

新西兰 259

波克诺威士忌公司（Pokeno Whisky Company）	259
汤姆森威士忌酒厂（Thomson Whisky Distillery）	259
卡德罗纳威士忌酒厂（Cardrona Distillery）	259
1919 蒸馏酒厂（1919 Distilling）	259
奥尔德农场酒厂（Auld Farm Distillery）	259
赫里克溪酿酒厂（Herrick Creek Distillery）	259
奇异精神公司（Kiwi Spirit Company）	260
兰摩尔酒厂（Lammermoor Distillery）	260
里夫顿蒸馏公司（Reefton Distilling Co.）	260
斯凯普格雷斯酒厂（Scapegrace Distillery）	260
烈酒工作坊酒厂（Spirits Workshop Distillery）	260
怀赫科威士忌（Waiheke Whisky）	260

亚洲 261

印度 261

雅沐特蒸馏有限公司（Amrut Distilleries Ltd.）	261
约翰蒸馏厂 Jdl（John Distilleries Jdl）	261
兰普尔蒸馏（Rampur Distillery）	262
Imperial 蒸馏厂及酿酒商（Imperial Distillers & Vintners）	263
科迪酒厂（Khoday）	263
麦克道尔蒸馏厂（McDowell's Distillery）	263
莫汉米金蒸馏厂（Mohan Meakin）	263
皮卡迪利蒸馏厂（Piccadilly Distillery）	263

以色列 263

奶与蜜蒸馏厂（The Milk & Honey Distillery）	263
戈兰尼蒸馏厂（Golani Distillery）	263
N.G.K. 蒸馏厂（N.G.K. Distillery）	263
Shevet 啤酒与蒸馏厂（Shevet Brewing & Distilling）	263
耶路撒冷蒸馏酒厂（Yerushalmi Distillery）	264

日本 264

山崎蒸馏所（Yamazaki）	264
余市蒸馏酒厂（Yoichi）	264
富士御殿场蒸馏厂（Fuji Gotemba）	265
白州蒸馏所（Hakushu）	265
宫城峡酒厂（Miyagikyo）	265
秩父酒厂 #1（Chichibu #1）	266
秩父酒厂 #2（Chichibu #2）	266
厚岸酒厂（Akkeshi）	266
安积酒厂（Asaka）	266
江井岛酒厂（Eigashima）	267
富岳酒厂（Fugaku）	267
富士北陆酒厂（Fuji Hokuroku）	267

学江川酒厂（Gakkogawa）	267
羽生酒厂（Hanyu）	267
飞驒高山酒厂（Hida Takayama）	268
光酒厂（Hikari）	268
日之神酒厂（Hinokami）	268
菱田酒厂（Hishida）	268
饭山山农酒厂（Iiyama Mountain Farm）	268
伊川酒厂（Ikawa）	268
海峡酒厂（Kaikyo）	268
神威威士忌公司（Kamui Whisky K.K.）	268
嘉之助蒸馏所（Kanosuke）	268
轻井泽酒厂（Karuizawa）	268
北轻井泽蒸馏所（Kita-Karuizawa）	268
神户蒸馏所（Kobe）	269
小诸蒸馏所（Komoro Distillery）	269
九重蒸馏所（Kuju Distillery）	269
仓吉蒸馏所（Kurayoshi Distillery）	269
京都宫古蒸馏所（Kyoto Miyako Distillery）	269
真老蒸馏所（Maoi Distillery）	270
马尔斯·神冈岳蒸馏所（Mars Komagatake Distillery）	270
津贯蒸馏所（Mars Tsunuki Distillery）	270
长滨蒸馏所（Nagahama Distillery）	270
新潟龟田蒸馏所（Niigata Kameda Distillery）	270
二世古蒸馏所（Niseko Distillery）	270
野泽温泉蒸馏所（Nozawa Onsen Distillery）	271
沼田蒸馏所（Nukada Distillery）	271
冈山蒸馏所（Okayama Distillery）	271
御岳蒸馏所（Ontake Distillery）	271
东方金泽蒸馏所（Oriental Kanazawa Distillery）	271
尾铃山蒸馏所（Osuzuyama Distillery）	271
三郎丸蒸馏所（Saburomaru Distillery）	272
樱尾蒸馏所（Sakurao Distillery）	272
濑户内蒸馏所（Setouchi Distillery）	272
新道蒸馏所（Shindo Distillery）	272
静冈蒸馏所（Shizuoka Distillery）	272
丹波蒸馏所（Tamba Distillery）	272
山鹿蒸馏所（Yamaga Distillery）	273
矢里田蒸馏所（Yasato Distillery）	273
游佐蒸馏所（Yuza Distillery）	273

巴基斯坦 273

穆里酿酒厂有限公司（Murree Brewery Ltd.）	273

韩国 273

三社会酿酒厂（Three Societies Distillery）	273

泰国 273

红牛蒸馏厂（Red Bull Distillery）	273

越南 273

Vẻ Đẹ Đi 蒸馏厂（Vẻ Đẹ Đi Distillery）	273

南美洲 274

阿根廷 274

拉阿拉萨纳蒸馏厂（La Alazana Distillery）	274
埃米利奥·米尼翁公司（Emilio Mignone y Cia）	274
马多克蒸馏厂（Madoc Distillery）	274

巴西 274

联合蒸馏厂（Union Distillery）	274
拉马斯酒厂（Lamas Destilaria）	275

非洲 275

南非 275

詹姆斯·塞奇威克蒸馏厂（James Sedgwick Distillery）	275
赫尔登酒厂（Helden Distillery）	275
因森多酒厂（Incendo Distillery）	275

麦芽威士忌年鉴 2025

致　谢

首先，我要向那些以精彩且有趣的方式分享专业知识的作家们表达我的感激之情：马克·詹宁斯（Mark Jennings）、查尔斯·麦克林（Charles Maclean）、尼克·摩根（Nick Morgan）、克里斯蒂安·谢丽（Kristiane Sherry）、加文·D·史密斯（Gavin D Smith）和伊恩·维希涅夫斯基（Ian Wisniewski）。对于伊恩，我要特别致谢，他今年在独立装瓶的品鉴、尝试和记录笔记方面投入了大量的精力。同时，我也非常感激斯特凡·范·艾肯（Stefan van Eycken）和菲利普·朱格（Philippe Jugé），他们就日本和法国的蒸馏厂部分提供了宝贵的见解和建议。

以下人员同样对图片拍摄和文字编辑做出了重要的贡献，对他们的付出表示感激：

Asa Abraham, Iain Allan, David Allen, Andre de Almeida, Alasdair Anderson, Russel Anderson, Nuno Antunes, Aris Aristidou, Andrew Ballantyne, Kirsteen Beeston, Chelsey Belec, Rhianna Bell, Marilena Bidaine, Stewart Bowman, Thomas Boyd, Ross Bremner, Mikey Brenker, Keith Brian, Katie O´Brien, Jacqueline Broadfoot, Andrew Brown, Angela Brown, Stuart Brown, Amy Brownlee, Gordon Bruce, Neil Bulloch, Katie Burns, Alain Campbell, Kerry Campbell, Jonathan Christie, Suzanne Clark, Maria Coelho, Rebekah Cormack, Georgie Crawford, Tori Currie, Torin Currie, Francis Cuthbert, Ewa Czernecka, Steven Dalgarno, Alasdair Day, Pamela Dobbin, Lucy Donaldson, Alex Driver, Piotr Dubisz, Roy Duff, Lukasz Dynowiak, Michael Elliot, Simon Erlanger, Graham Eunson, Kirstie Eunson, James Evans, Carina Ewens, David Ferguson, Allan Findlay, Robert Fleming, Paddy Fletcher, John Fordyce, George Forsyth, Leah Forsyth, Callum Fraser, Michael Fraser, Kathrin Furst, Sophie Gall, Graham Geddes, Gillian Gibson, Archie Gillies, Colin Gordon, Tomer Goren, Jonas Gram, Sebastien Gratiot, Magnus Grinneback, Andre Haberecht, Gary Haggart, Soichiro Harada, Jessica Haworth, Kieran Healey-Ryder, Euan Henderson, Erik Hirschfeld, Peter Holroyd, Dánial Hoydal, David Hsieh, Robbie Hughes, Sandy Jamieson, Pramod Kashyap, Rebecca Kean, Murray Kerr, Ekaterina Kolesnik, Andrew Laing, Mark Lancaster, John Laurie, Chanel Liquori, Alan Logan, Ian Logan, Polly Logan, Alistair Longwell, Barry Macaffer, Iain McAlister, Brian MacAulay, Alistair McDonald, John MacDonald, Sandy Macintyre, Matt McKay, Sarah McKeeman, Connal Mackenzie, John MacKenzie, Joanne McKerchar, Jaclyn McKie, Hamish Maclean, Paul Mclean, Kevin MacPherson, Ian McWilliam, Russell Main, Martin Markvardsen, Kwanele Mdluli, Eilidh Mellis, Charles Metcalfe, Ian Millar, Calum Miller, Gary Mills, Andrew Millsopp, Scott Morrison, Peter Moser, David Moule, Ingemar Nordblom, Katie O´Brien, Graham Omand, Geoff Oxley, Ian Palmer, Katie Palmer, Bruce Perry, Vin Perry-French, Lauren Plumpton, Colin Poppy, Calum Rafferty, Struan Grant Ralph, Tony Reeman Clark, Malcolm Rennie, Ian Renwick, Heather Ricker, Jay Robertson, Mairi Robertson, Michael Rosen, Joseph Sammons, Lauren Sendles White, Lila Serenelli, Sam Simmons, Greig Stables, Piotr Stachura, Paul Stephenson, Pamela Stewart, Karen Taylor, Amy Teasdale, Eddie Thom, Chris Trevino, David Turner, Sandrine Tyrbas de Chamberet, Gabriel Valentin, Mark van der Vijver, Andrew Waite, Stewart Walker, Sarah Ward, Claire Watkins, Leon Webb, Iain Weir, Ronald Whiteford, Susan Williamson, Anthony Wills, Jamie Winfield, Kristoffer Wittström, Chloe Wood, Rebecca Wood, Elliot Wynn-Higgins, Emily Yao, Allison Young and Derek Younie.

最后，是我的妻子佩尼拉（Pernilla）和我的女儿爱丽丝（Alice），感谢你们的耐心和爱！

英格瓦·龙德（Ingvar Ronde）

图书在版编目（CIP）数据

麦芽威士忌年鉴. 2025 /（英）英格瓦·龙德
(Ingvar Ronde) 主编；卢霖编译. -- 上海：上海科学
技术出版社, 2025. 5. -- ISBN 978-7-5478-7134-8
Ⅰ. TS262.3-54
中国国家版本馆CIP数据核字第2025L6H518号

Malt Whisky Yearbook 2025 copyright © MagDig Media Limited 2024
This Chinese edition published by arrangement with Ingvar Ronde through Richard/Lin Lu 卢霖
上海市版权局著作权合同登记号（图字：09-2024-0897号）

其他编译团队成员
翻译　王培苗　岳仕鉴
校对　李　旭

麦芽威士忌年鉴2025
［英］英格瓦·龙德（Ingvar Ronde）　主编
卢　霖（Richard）　编译

上海世纪出版（集团）有限公司
上 海 科 学 技 术 出 版 社　出版、发行
（上海市闵行区号景路159弄A座9F-10F）
邮政编码201101　　www.sstp.cn
上海雅昌艺术印刷有限公司印刷
开本 889×1194　1/16　印张 20
字数 500 千字
2025 年 5 月第 1 版　2025 年 5 月第 1 次印刷
ISBN 978-7-5478-7134-8/TS·265
定价：158.00 元

本书如有缺页、错装或坏损等严重质量问题，请向工厂联系调换